# 建筑节能工程施工质量控制与验收手册

卜一德　主编

中国建筑工业出版社

**图书在版编目（CIP）数据**

建筑节能工程施工质量控制与验收手册/卜一德主编. —北京：中国建筑工业出版社，2008
ISBN 978-7-112-10338-6

Ⅰ. 建… Ⅱ. 卜… Ⅲ. ①建筑-节能-工程质量-质量控制-手册②建筑-节能-工程验收-手册 Ⅳ. TU111. 4-62

中国版本图书馆 CIP 数据核字（2008）第 138299 号

**建筑节能工程施工质量**
**控制与验收手册**

卜一德 主编

*

中国建筑工业出版社出版、发行（北京西郊百万庄）
各地新华书店、建筑书店经销
北京千辰公司制版
北京蓝海印刷有限公司印刷

*

开本：787×1092 毫米 1/16 印张：25 字数：624 千字
2008 年 12 月第一版 2010 年 4 月第四次印刷
印数：7001— 9000 册 定价：55.00 元
ISBN 978-7-112-10338-6
（17141）

本书系针对《建筑节能工程施工质量验收规范》(GB 50411—2007 所涉及内容而编写。内容包括：建筑节能工程施工质量控制与验收基本规定、墙体节能分项工程施工质量控制与验收、玻璃幕墙节能分项工程施工质量控制与验收、门窗节能分项工程施工质量控制与验收、屋面节能分项工程施工质量控制与验收、地面节能分项工程施工质量控制与验收、采暖节能分项工程施工质量控制与验收、通风与空调节能工程施工质量控制与验收、空调与采暖冷热源及管网节能分项工程施工质量控制与验收、配电与照明节能分项工程施工质量控制与验收、监测与控制节能工程施工质量控制与验收、建筑节能工程现场检验、建筑节能分部质量验收等。

本书内容翔实，可作为建筑施工人员学习贯彻实施《建筑节能工程施工质量验收规范》的手册，也可供建筑节能工程设计、监理、质检等工程技术人员以及相关大专院校师生学习参考。

* * *

责任编辑：郦锁林
责任设计：赵明霞
责任校对：兰曼利　安　东

# 前　言

构建社会主义和谐社会，建设资源节约型社会，实现社会经济的可持续发展，是全社会共同的责任和义务。我国是耗能大国，建筑能源浪费更加突出，据相关部门统计，建筑能耗已占全国总能耗的近30%。据预测，到2020年，我国城乡还将新增建筑300亿$m^2$。能源问题已经成为制约经济和社会发展的重要因素，建筑能耗必将对我国的能源消耗造成长期的巨大影响，从能源战略和安全的角度来看，减轻建筑能耗，在中国不仅仅是个技术问题，更是一个政治任务。

建筑节能是缓解我国能源紧缺矛盾、改善人民生活工作条件、减轻环境污染、促进经济可持续发展的一项最直接、最重要的措施，也是深化经济体制改革的一个重要组成部分；是全面建设小康社会，加快推进社会主义现代化建设的根本指针，具有极其重要的现实意义和深远的历史意义。多年来，在各级政府的领导下，各地不少单位为此作了大量工作，取得了许多科技和工程成果，积累了不少宝贵经验。

当前，我国建筑节能工作正在进入蓬勃发展的新阶段，中华人民共和国原建设部、国家质量监督检验检疫总局于2007年1月16日联合发布了《建筑节能工程施工质量验收规范》(GB 50411)(以下简称《规范》)，自2007年10月1日起实施。《规范》依据国家现行法律法规和相关标准，总结了近年来我国建筑工程中节能工程的设计、施工、验收和运行管理方面的实践经验及研究成果，借鉴了国际先进经验和做法，充分考虑了我国现阶段建筑节能工程的实际情况，突出了验收中的基本要求和重点，是一部涉及多专业，以达到建筑节能要求为目标的施工验收规范。《规范》的发布实施进一步完善了国家有关建筑节能的标准体系，不仅为建筑节能工程施工的质量验收提供了统一的技术要求，也为落实建筑节能设计标准和有关建筑节能的要求提供了有力的技术支撑和具有可操作性的技术手段，对强化建筑节能管理，保障建筑节能工程质量，实现建筑节能的目标和要求等都具有十分重要的意义。

为全面贯彻实施《规范》而尽微薄之力，我们针对《规范》所涉及的内容结构而编写本书。全书内容包括：建筑节能工程施工质量控制与验收基本规定、墙体节能分项工程施工质量控制与验收、玻璃幕墙节能分项工程施工质量控制与验收、门窗节能分项工程施工质量控制与验收、屋面节能分项工程施工质量控制与验收、地面节能分项工程施工质量控制与验收、采暖节能分项工程施工质量控制与验收、通风与空调节能工程施工质量控制与验收、空调与采暖冷热源及管网节能分项工程施工质量控制与验收、配电与照明节能分项工程施工质量控制与验收、监测与控制节能工程施工质量控制与验收、建筑节能工程现场检验、建筑节能分部质量验收等，共13章和3个附录。

本书由卜一德主编，参加编写的人员有：万成梅、吕红军、廖悦、杨晓霞、刘培丰、丁玉清、春贵、卫华、向红、石玉、利华、张友德、卜显富、吴蓉等。

本书内容翔实，不仅可作为建筑施工人员学习贯彻实施《规范》之手册，也可供建筑节能工程设计、监理、质检人员以及相关大专院校师生学习之用。

本书在编写过程中，引用了国内同行多部文献和著作，在此一并致以诚挚的谢意。由于编写时间仓促，加之编者水平所限，书中错误和遗漏之处在所难免，恳请读者批评指正。

# 目　录

# 第一章　建筑节能工程施工质量控制与验收基本规定

## 第一节　技术与管理

1. 承担建筑节能工程的施工企业应具备相应的资质；施工现场应建立相应的质量管理体系、施工质量控制和检验制度，具有相应的施工技术标准。

2. 设计变更不得降低建筑节能效果。当设计变更涉及建筑节能效果时，应经原施工图设计审查机构审查，在实施前应办理设计变更手续，并获得监理或建设单位的确认。

3. 建筑节能工程采用的新技术、新设备、新材料、新工艺，应按照有关规定进行评审、鉴定及备案。施工前应对新的或首次采用的施工工艺进行评价，并制定专门的施工技术方案。

4. 单位工程的施工组织设计应包括建筑节能工程施工内容。建筑节能工程施工前，施工单位应编制建筑节能工程施工方案并经监理（建设）单位审查批准。施工单位应对从事建筑节能工程施工作业的人员进行技术交底和必要的实际操作培训。

5. 建筑节能工程的质量检测，应由监理（建设）人员见证下实施，可委托有资质的检测机构实施，也可由施工单位实施。

## 第二节　材料与设备

1. 建筑节能工程使用的材料、设备等，必须符合设计要求及国家有关标准的规定。严禁使用国家明令禁止使用与淘汰的材料和设备。

2. 材料和设备进场验收应遵守下列规定：

（1）对材料和设备的品种、规格、包装、外观和尺寸等进行检查验收，并应经监理工程师（建设单位代表）确认，形成相应的验收记录。

（2）对材料和设备的质量证明文件进行核查，并应经监理工程师（建设单位代表）确认，纳入工程技术档案。进入施工现场用于节能工程的材料和设备均应具有出厂合格证、中文说明书及相关性能检测报告；定型产品和成套技术应有型式检验报告，进口材料和设备应按规定进行出入境商品检验。

（3）对节能工程材料和设备应按照表 1-1 及有关规定在施工现场抽样复验。复验应为见证取样送检。

建筑节能工程进场材料和设备的复验项目　表 1-1

| 序　号 | 分 项 工 程 | 复 验 项 目 |
| --- | --- | --- |
| 1 | 墙体节能工程 | （1）保温材料的导热系数、密度、抗压强度或压缩强度；<br>（2）粘结材料的粘结强度；<br>（3）增强网的力学性能、抗腐蚀性能 |
| 2 | 幕墙节能工程 | （1）保温材料：导热系数、密度；<br>（2）幕墙玻璃：可见光透射比、传热系数、遮阳系数、中空玻璃露点；<br>（3）隔热型材：抗拉强度、抗剪强度 |
| 3 | 门窗节能工程 | （1）严寒、寒冷地区：气密性、传热系数和中空玻璃露点；<br>（2）夏热冬冷地区：气密性、传热系数，玻璃遮阳系数、可见光透射比、中空玻璃露点；<br>（3）夏热冬暖地区：气密性、玻璃遮阳系数、可见光透射比、中空玻璃露点 |
| 4 | 屋面节能工程 | 保温隔热材料的导热系数、密度、抗压强度或压缩强度 |
| 5 | 地面节能工程 | 保温材料的导热系数、密度、抗压强度或压缩强度 |
| 6 | 采暖节能工程 | （1）散热器的单位散热量、金属热强度；<br>（2）保温材料的导热系数、密度、吸水率 |
| 7 | 通风与空调节能工程 | （1）风机盘管机组的供冷量、供热量、风量、出口静压、噪声及功率；<br>（2）绝热材料的导热系数、密度、吸水率 |
| 8 | 空调与采暖系统冷、热源及管网节能工程 | 绝热材料的导热系数、密度、吸水率 |
| 9 | 配电与照明节能工程 | 电缆、电线截面和每芯导体电阻值 |

3. 建筑节能工程使用材料的燃烧性能等级和阻燃处理，应符合设计要求和现行国家标准《高层民用建筑设计防火规范》(GB 50045)、《建筑内部装修设计防火规范》(GB 50222) 和《建筑设计防火规范》(GB 50016) 等的规定。

4. 建筑节能工程使用的材料应符合国家现行有关标准对材料有害物质限量的规定，不得对室内外环境造成污染。

5. 现场配制的材料，如保温浆料、聚合物砂浆等，应按设计要求或试验室给出的配合比配制。当未给出要求时，应按照施工方案和产品说明书配制。

6. 节能保温材料在施工使用时的含水率应符合设计要求、工艺要求及施工技术方案要求。当无上述要求时，节能保温材料在施工使用时的含水率不应大于正常施工环境湿度下的自然含水率，否则，应采取降低含水率的措施。

## 第三节　施工与控制

1. 建筑节能工程应按照经审查合格的设计文件和经审查批准的施工方案施工。

2. 建筑节能工程施工前，对于采用相同建筑节能设计的房间和构造做法，应在现场采用相同材料和工艺制作样板间或样板件，经有关各方确认后方可进行施工。

3. 建筑节能工程的施工作业环境和条件，应满足相关标准和施工工艺的要求。节能保温材料不宜在雨雪天气中露天施工。

4. 建筑节能工程施工质量控制与验收，应严格贯彻执行《民用建筑节能条例》(中华人民共和国国务院令第530号）、《民用建筑节能管理规定》（建设部令143号）、《民用建筑工程节能质量监督管理办法》（建设部建质[2006]192号）、《民用建筑节能工程质量监督工作导则》（建设部建质［2008］19号）和《建筑节能工程施工质量验收规范》（GB 50411）等国家法律、法规及技术规范。

## 第四节　验收的划分

建筑节能工程为单位建筑工程的一个分部工程。其分项工程和检验批的划分，应符合下列规定：

1. 建筑节能分项工程应按照表1-2划分。

2. 建筑节能工程应按照分项工程进行验收。当建筑节能分项工程的工程量较大时，可以将分项工程划分为若干个检验批进行验收。

3. 当建筑节能工程验收无法按照上述要求划分分项工程或检验批时，可由建设、监理、施工等各方协商进行划分。但验收项目、验收内容、验收标准和验收记录均应遵守《建筑节能工程施工质量验收规范》（GB 50411）的规定。

4. 建筑节能分项工程和检验批的验收应单独填写验收记录，节能验收资料应单独组卷。

**建筑节能分项工程划分**　　表1-2

| 序　号 | 分　项　工　程 | 主　要　验　收　内　容 |
|---|---|---|
| 1 | 墙体节能工程 | 主体结构基层；保温材料；饰面层等 |
| 2 | 幕墙节能工程 | 主体结构基层；隔热材料；保温材料；隔汽层，幕墙玻璃；单元式幕墙板块；通风换气系统；遮阳设施；冷凝水收集排放系统等 |
| 3 | 门窗节能工程 | 门；窗；玻璃；遮阳设施等 |
| 4 | 屋面节能工程 | 基层；保温隔热层；保护层；防水层；面层等 |
| 5 | 地面节能工程 | 基层；保温层；保护层；面层等 |
| 6 | 采暖节能工程 | 系统制式；散热器；阀门与仪表；热力入口装置；保温材料；调试等 |
| 7 | 通风与空气调节节能工程 | 系统制式；通风与空调设备；阀门与仪表；绝热材料；调试等 |
| 8 | 空调与采暖系统的冷热源及管网节能工程 | 系统制式；冷热源设备；辅助设备；管网；阀门与仪表；绝热、保温材料；调试等 |
| 9 | 配电与照明节能工程 | 低压配电电源；照明光源、灯具；附属装置，控制功能；调试等 |
| 10 | 监测与控制节能工程 | 冷、热源系统的监测控制系统；空调水系统的监测控制系统；通风与空调系统的监测控制系统；监测与计量装置；供配电的监控制系统；照明自动控制系统；综合控制系统等 |

# 第二章 墙体节能分项工程施工质量控制与验收

## 第一节 外墙外保温工程技术规定和要求

### 一、外墙外保温工程基本规定

1. 外墙外保温工程应能适应基层的正常变形而不产生裂缝或空鼓。

2. 外墙外保温工程应能长期承受自重而不产生有害的变形。

3. 外墙外保温工程应能承受风荷载的作用而不产生破坏。

4. 外墙外保温工程应能耐受室外气候的长期反复作用而不产生破坏。

5. 外墙外保温工程在罕遇地震发生时不应从基层上脱落。

6. 高层建筑外墙外保温工程应采取防火构造措施。

7. 外墙外保温工程应具有防水渗透性能。

8. 外保温复合墙体的保温、隔热和防潮性能应符合国家现行标准《民用建筑热工设计规范》(GB 50176)、《民用建筑节能设计标准（采暖居住建筑部分）》(JGJ 26)、《夏热冬冷地区居住建筑节能设计标准》(JGJ 134) 和《夏热冬暖地区居住建筑节能设计标准》(JGJ 75) 的有关规定。

9. 外墙外保温工程各组成部分应具有物理、化学稳定性。所有组成材料应彼此相容并应具有防腐性。在可能受到生物侵害（鼠害、虫害等）时，外墙外保温工程还应具有防生物侵害性能。

10. 在正确使用和正常维护的条件下，外墙外保温工程的使用年限不应少于25年。

### 二、外墙外保温工程性能要求

1. 应按《外墙外保温工程技术规程》(JGJ 144) 附录A第A.2节规定对外墙外保温系统进行耐候性检验。

2. 外墙外保温系统经耐候性试验后，不得出现饰面层起泡或剥落、保护层空鼓或脱落等破坏，不得产生渗水裂缝。薄抹灰面层的外保温系统，抹面层与保温层的拉伸粘结强度不得小于0.1MPa，并且破坏部位应位于保温层内。

3. 应按《外墙外保温工程技术规程》(JGJ 144) 附录A第A.7节规定对胶粉EPS颗粒保温浆料外墙外保温系统进行抗拉强度检验，抗拉强度不得小于0.1MPa，并且破坏部位不得位于各层界面。

4. EPS板现浇混凝土外墙外保温系统应按《外墙外保温工程技术规程》(JGJ 144) 附录B第B.2节规定作现场粘结强度检验。

5. EPS板现浇混凝土外墙外保温系统现场粘结强度不得小于0.1MPa，并且破坏部位应位于 EPS 板内。

6. 外墙外保温系统其他性能应符合表 2-1 规定。

**外墙外保温系统性能要求**　　**表 2-1**

| 检验项目 | 性能要求 | 试验方法 |
|---|---|---|
| 抗风荷载性能 | 系统抗风压值 $R_b$ 不小于风荷载设计值。<br>EPS 板薄抹灰外墙外保温系统、胶粉 EPS 颗粒保温浆料外墙外保温系统、EPS 板现浇混凝土外墙外保温系统和 EPS 钢丝网架板现浇混凝土外墙外保温系统安全系数 $K$ 应不小于 1.5，机械固定 EPS 钢丝网架板外墙外保温系统安全系数 $K$ 应不小于 2 | 《外墙外保温工程技术规程》(JGJ 144) 附录 A 第 A.3 节；由设计要求值降低 1kPa 作为试验起始点 |
| 抗冲击性 | 建筑物首层墙面以及门窗口等易受碰撞部位：10J 级；建筑物二层以上墙面等不易受碰撞部位：3J 级 | 《外墙外保温工程技术规程》(JGJ 144) 附录 A 第 A.5 节 |
| 吸水量 | 水中浸泡 1h，只带有抹面层和带有全部保护层的系统的吸水量均不得大于或等于 1.0kg/m² | 《外墙外保温工程技术规程》(JGJ 144) 附录 A 第 A.6 节 |
| 耐冻融性能① | 30 次冻融循环后，保护层无空鼓、脱落，无渗水裂缝；保护层与保温层的拉伸粘结强度不小于 0.1MPa，破坏部位应位于保温层 | 《外墙外保温工程技术规程》(JGJ 144) 附录 A 第 A.4 节 |
| 热阻 | 复合墙体热阻符合设计要求 | 《外墙外保温工程技术规程》(JGJ 144) 附录 A 第 A.9 节 |
| 抹面层不透水性 | 2h 不透水 | 《外墙外保温工程技术规程》(JGJ 144) 附录 A 第 A.10 节 |
| 保护层水蒸气渗透系数 | 符合设计要求 | 《外墙外保温工程技术规程》(JGJ 144) 附录 A 第 A.11 节 |

① 水中浸泡 24h，只带有抹面层和带有全部保护层的系统的吸水量均小于 0.5kg/m² 时，不检验耐冻融性能。

7. 应按《外墙外保温工程技术规程》(JGJ 144) 附录 A 第 A.8 节规定对胶粘剂进行拉伸粘结强度检验。

8. 胶粘剂与水泥砂浆的拉伸粘结强度在干燥状态下不得小于 0.6MPa，浸水 48h 后不得小于 0.4MPa；与 EPS 板的拉伸粘结强度，在干燥状态和浸水 48h 后均不得小于 0.1MPa，并且破坏部位应位于 EPS 板内。

9. 应按《外墙外保温工程技术规程》(JGJ 144) 附录 A 第 A12.2 条规定，对玻纤网进行耐碱拉伸断裂强力检验。

10. 玻纤网经向和纬向耐碱拉伸断裂强力均不得小于 750N/50mm。耐碱拉伸断裂强力保留率均不得小于 50%。

11. 外保温系统其他主要组成材料性能应符合表 2-2 规定。

外墙外保温系统组成材料性能要求 表 2-2

<table>
<tr><th colspan="3" rowspan="2">检 验 项 目</th><th colspan="2">性 能 要 求</th><th rowspan="2">试 验 方 法</th></tr>
<tr><th>EPS板</th><th>胶粉EPS颗粒保温浆料</th></tr>
<tr><td rowspan="13">保温材料</td><td colspan="2">表观密度（$kg/m^3$）</td><td>18~22</td><td>—</td><td>GB/T 6343—1995</td></tr>
<tr><td colspan="2">干密度（$kg/m^3$）</td><td>—</td><td>180~250</td><td>GB/T 6343—1995（70℃恒温）</td></tr>
<tr><td colspan="2">导热系数［W/(m·K)］</td><td>≤0.041</td><td>≤0.060</td><td>GB 10294—88</td></tr>
<tr><td colspan="2">水蒸气渗透系数［ng/(Pa·m·s)］</td><td>符合设计要求</td><td>符合设计要求</td><td>《外墙外保温工程技术规程》(JGJ 144）附录A第A.11节</td></tr>
<tr><td colspan="2">压缩性能（MPa）（形变10%）</td><td>≥0.10</td><td>≥0.25（养护28d）</td><td>GB 8813—88</td></tr>
<tr><td rowspan="2">抗拉强度（MPa）</td><td>干燥状态</td><td>≥0.10</td><td rowspan="2">≥0.10</td><td rowspan="2">《外墙外保温工程技术规程》(JGJ 144）附录A第A.7节</td></tr>
<tr><td>浸水48h，取出后干燥7d</td><td>—</td></tr>
<tr><td colspan="2">线性收缩率（%）</td><td>—</td><td>≤0.3</td><td>GBJ 82—85</td></tr>
<tr><td colspan="2">尺寸稳定性（%）</td><td>≤0.3</td><td>—</td><td>GB 8811—88</td></tr>
<tr><td colspan="2">软化系数</td><td>—</td><td>≥0.5（养护28d）</td><td>JCJ 51—2002</td></tr>
<tr><td colspan="2">燃烧性能</td><td>阻燃型</td><td>—</td><td>GB/T 10801.1—2002</td></tr>
<tr><td colspan="2">燃烧性能级别</td><td>—</td><td>$B_1$</td><td>GB 8624—1997</td></tr>
<tr><td colspan="5"></td></tr>
<tr><td rowspan="3">EPS钢丝网架板</td><td rowspan="2">热阻［$(m^2·K)/W$］</td><td>腹丝穿透型</td><td colspan="2">≥0.73（50mm厚EPS板）<br>≥1.5（100mm厚EPS板）</td><td rowspan="2">《外墙外保温工程技术规程》(JGJ 144）附录A第A.9节</td></tr>
<tr><td>腹丝非穿透型</td><td colspan="2">≥1.0（50mm厚EPS板）<br>≥1.6（80mm厚EPS板）</td></tr>
<tr><td colspan="2">腹丝镀锌层</td><td colspan="3">符合QB/T 3897—1999规定</td></tr>
<tr><td>抹面胶浆、抗裂砂浆、界面砂浆</td><td colspan="2">与EPS板或胶粉EPS颗粒保温浆料拉伸粘结强度（MPa）</td><td colspan="2">干燥状态和浸水48h后≥0.10，破坏界面应位于EPS板内或胶粉EPS颗粒保温浆料试块</td><td>《外墙外保温工程技术规程》(JGJ 144）附录A第A.8节</td></tr>
<tr><td>饰面材料</td><td colspan="5">必须与其他系统组成材料相容，应符合设计要求和相关标准规定</td></tr>
<tr><td>锚栓</td><td colspan="5">符合设计要求和相关标准规定</td></tr>
</table>

12. 以上所规定的检验项目应为型式检验项目，型式检验报告有效期为2年。

## 三、外墙外保温设计与施工规定

1. 设计选用外保温系统时，不得更改系统构造和组成材料。

2. 外保温复合墙体的热工和节能设计应符合下列规定：

（1）保温层内表面温度应高于0℃；

（2）外保温系统应包括门窗框外侧洞口、女儿墙以及封闭阳台等热桥部位；

（3）对于机械固定 EPS 钢丝网架板外墙外保温系统，应考虑固定件、承托件的热桥影响。

3. 对于具有薄抹面层的系统，保护层厚度应不小于 3mm，并且不宜大于 6mm；对于具有厚抹面层的系统，厚抹面层厚度应为 25～30mm。

4. 应做好外保温工程的密封和防水构造设计，确保水不会渗入保温层及基层，重要部位应有详图。水平或倾斜的出挑部位以及延伸至地面以下的部位应作防水处理。在外墙外保温系统上安装的设备或管道应固定于基层上，并应作密封和防水设计。

5. 除采用现浇混凝土外墙外保温系统外，外保温工程的施工应在基层施工质量验收合格后进行。

6. 除采用现浇混凝土外墙外保温系统外，外保温工程施工前，外门窗洞口应通过验收，洞口尺寸、位置应符合设计要求和质量要求，门窗框或辅框应安装完毕。伸出墙面的消防梯、水落管、各种进户管线和空调器等的预埋件、连接件应安装完毕，并按外保温系统厚度留出间隙。

7. 外保温工程的施工应具备施工方案，施工人员应经过培训并经考核合格。

8. 基层应坚实、平整。保温层施工前，应进行基层处理。

9. EPS 板表面不得长期裸露，EPS 板安装上墙后应及时做抹面层。

10. 薄抹面层施工时，玻纤网不得直接铺在保温层表面，不得干搭接，不得外露。

11. 外保温工程施工期间以及完工后 24h 内，基层及环境空气温度不应低于 5℃。夏季应避免阳光暴晒。5 级以上大风天气和雨天不得施工。

12. 外保温施工各分项工程和子分部工程完工后应做好成品保护。

## 四、外墙外保温节能工程施工方案编制的主要内容

（一）外保温工程施工方案编制依据

1. 施工合同
2. 施工图纸
3. 主要规程、规范
4. 主要法规

（二）工程概况

1. 工程简介
2. 工程现场概况
3. 设计概况
4. 分项工程工作量
5. 施工任务特点
6. 文明施工、环保要求
7. 季节施工

（三）施工部署

1. 部署原则

（1）满足合同要求的原则；

（2）时间连续、空间占满的原则（季节施工和立体交叉作业）；

（3）符合施工总顺序之间逻辑关系连接的原则；
（4）明确分阶段的施工重点；
（5）重点处理季节性施工的原则；
（6）以科技为先导的原则；
（7）按精品工程的要求部署的原则；
（8）满足周围环境的要求（扰民、环保）。

2. 目标部署

（1）质量目标；
（2）工期目标；
（3）安全目标；
（4）场容目标；
（5）消防目标；
（6）环保目标；
（7）节能目标。

3. 施工组织

（1）施工组织系统（组织机构图），见图 2-1；
（2）任务划分：分包合同范围；
（3）分包与总包单位的关系；
（4）组织协调；
（5）内部协调；
（6）对外协调。

（四）施工准备

1. 技术准备

（1）图纸、图集、规范、规程的准备；
（2）器具配置；
（3）方案编制计划；
（4）试验工作计划；
（5）样板墙计划；
（6）科研和新技术推广应用计划；
（7）测量与定位。

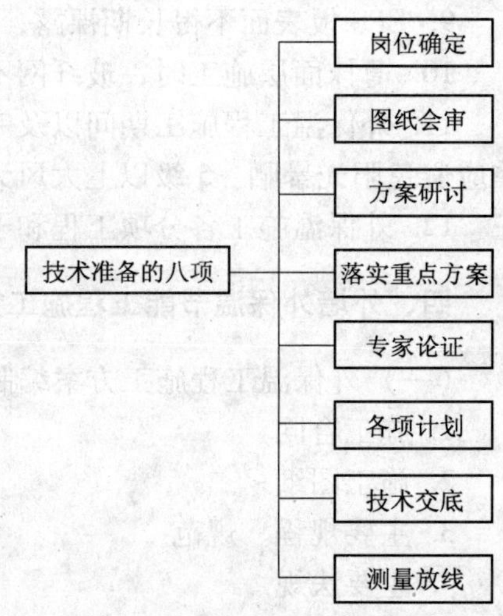

图 2-1　施工组织系统（组织机构图）

2. 施工准备

（1）供电；
（2）临时用水；
（3）生产、生活临时设施；
（4）加工订货计划。

3. 人员准备

（1）管理人员；
（2）劳动力人员准备。

（五）主要施工方法及技术措施

1. 流水段的划分
2. 施工用机械的选择
3. 主要施工方法
（1）原材要求；
（2）施工方法；
（3）技术质量要求及措施。
4. 雨期施工
5. 冬期施工
（六）施工技术交底
（1）工程概况；
（2）材料组成；
（3）施工要求及条件；
（4）施工工具；
（5）工艺流程；
（6）细部及特殊部位做法；
（7）安全措施；
（8）节能、文明施工及成品保护措施；
（9）降低成本措施。

## 第二节　板材墙体节能工程施工质量控制

### 一、EPS板薄抹灰外墙外保温系统施工质量控制

（一）系统构造

采用EPS板为保温材料，玻纤网格布增强抹面层和外饰面层为保护层，采用粘结方式固定，保护层厚度小于6mm的外墙保温系统。适用范围：由于聚苯板的绝热作用，本系统在冬期可起保温作用，在夏季可起隔热作用，因此，在按设计需冬期保温或夏季隔热地区的新建、改建居住建筑的混凝土和砌体结构外墙外保温工程使用。

EPS板薄抹灰外墙外保温系统构造见表2-3、表2-4。

无锚栓薄抹灰外保温系统基本构造　**表2-3**

| 系统的基本构造 | | | | | 构造示意图 |
|---|---|---|---|---|---|
| 基层墙体① | 粘结层② | 保温层③ | 薄抹灰增强防护层④ | 饰面层⑤ | 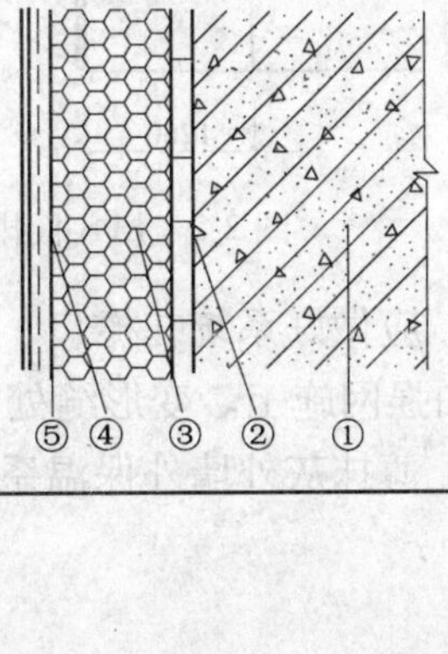 ⑤ ④ ③ ② ① |
| 混凝土墙体、各种砌体墙体 | 胶粘剂 | 膨胀聚苯板 | 抹面胶浆、复合耐碱网布 | 涂料 | |

**辅有锚栓的薄抹灰外保温系统基本构造** **表 2-4**

| 系统的基本构造 | | | | | | 构造示意图 |
|---|---|---|---|---|---|---|
| 基层墙体① | 粘结层② | 保温层③ | 连接件④ | 薄抹灰增强防护层⑤ | 饰面层⑥ | ⑥ ⑤ ④ ③ ② ① |
| 混凝土墙体、各种砌体墙体 | 胶粘剂 | 膨胀聚苯板 | 锚栓 | 抹面胶浆、复合耐碱网布 | 涂料 | |

注：建筑物高度在 20m 以上时，在受负风压作用较大的部位宜使用锚栓辅助固定。

（二）系统技术要求

（1）EPS 板宽度不宜大于 1200mm，高度不宜大于 600mm。

（2）必要时应设置抗裂分隔缝。

（3）EPS 板薄抹灰系统的基层表面应清洁，无油污、脱模剂等妨碍粘结的附着物。凸起、空鼓和疏松部位应剔除并找平。找平层应与墙体粘结牢固，不得有脱层、空鼓、裂缝，面层不得有粉化、起皮、爆灰等现象。

（4）应按有关规定作基层与胶粘剂的拉伸粘结强度检验，粘结强度不应低于 0.3MPa，并且粘结界面脱开面积不应大于 50%。

（5）粘贴 EPS 板时，应将胶粘剂涂在 EPS 板背面，涂胶粘剂面积不得小于 EPS 板面积的 40%。

（6）EPS 板应按顺砌方式粘贴，竖缝应逐行错缝。EPS 板应粘贴牢固，不得有松动和空鼓。

（7）墙角处 EPS 板应交错互锁（图 2-2）。门窗洞口四角处 EPS 板不得拼接，应采用整块 EPS 板切割成型，EPS 板接缝应离开角部至少 200mm（图 2-3）。

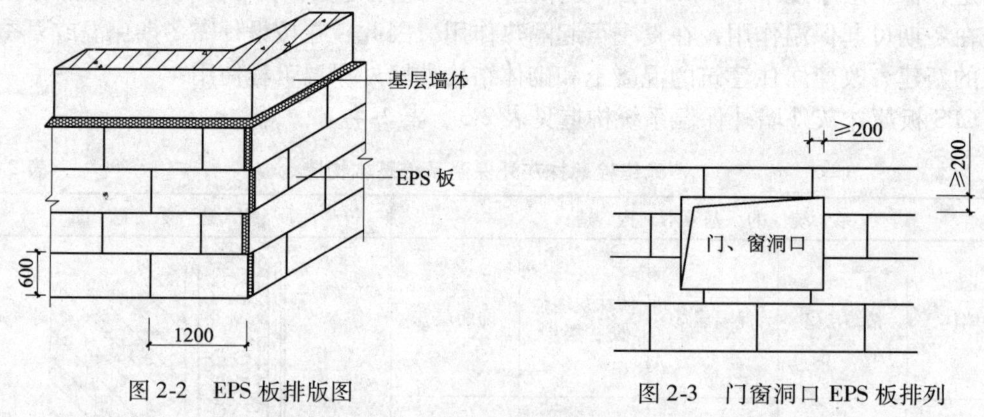


图 2-2 EPS 板排版图

图 2-3 门窗洞口 EPS 板排列

（8）应做好系统在檐口、勒脚处的包边处理。装饰缝、门窗四角和阴阳角等处应做好局部加强网施工。变形缝处应做好防水和保湿构造处理。

（9）薄抹灰外墙外保温系统的性能指标，应符合表 2-5 的要求。

薄抹灰外保温系统的性能指标 表 2-5

| 试验项目 | | 性能指标 |
|---|---|---|
| 吸水量（$g/m^2$，浸水 24h） | | ≤1000 |
| 抗冲击强度（J） | 普通型（P 型） | ≥3.0 |
| | 加强型（Q 型） | ≥10.0 |
| 抗风压值（kPa） | | 不小于工程项目的风荷载设计值 |
| 耐冻融 | | 表面无裂纹、空鼓、起泡、剥离现象 |
| 水蒸气湿流密度［$g/(m^2 \cdot h)$］ | | ≥0.85 |
| 不透水性 | | 试样防护层内侧无水渗透 |
| 耐候性 | | 表面无裂纹、粉化、剥落现象 |

（10）胶粘剂的性能指标应符合表 2-6 的要求。

胶粘剂的性能指标 表 2-6

| 试验项目 | | 性能指标 |
|---|---|---|
| 拉伸粘结强度（MPa）（与水泥砂浆） | 原强度 | ≥0.60 |
| | 耐水 | ≥0.40 |
| 拉伸粘结强度（MPa）（与膨胀聚苯板） | 原强度 | ≥0.10，破坏界面在膨胀聚苯板上 |
| | 耐水 | ≥0.10，破坏界面在膨胀聚苯板上 |
| 可操作时间（h） | | 1.5~4.0 |

（11）膨胀聚苯板应为阻燃型。其性能指标除应符合表 2-7、表 2-8 的要求外，还应符合《绝热用模塑聚苯乙烯泡沫塑料》(GB/T 10801.1）第Ⅱ类的其他要求。膨胀聚苯板出厂前应在自然条件下陈化 42d 或在 60℃蒸汽中陈化 5d。

膨胀聚苯板主要性能指标 表 2-7

| 试验项目 | 性能指标 | 试验项目 | 性能指标 |
|---|---|---|---|
| 导热系数［$W/(m \cdot K)$］ | ≤0.041 | 垂直于板面方向的抗拉强度（MPa） | ≥0.10 |
| 表观密度（$kg/m^3$） | 18.0~22.0 | 尺寸稳定性（%） | ≤0.30 |

膨胀聚苯板允许偏差（mm） 表 2-8

| 试验项目 | | 允许偏差 | 试验项目 | 允许偏差 |
|---|---|---|---|---|
| 厚度 | ≤50 | ±1.5 | 对角线差 | ±3.0 |
| | >50 | ±2.0 | 板边平直 | ±2.0 |
| 长度 | | ±2.0 | 板面平整度 | ±1.0 |
| 宽度 | | ±1.0 | | |

注：本表的允许偏差值以 1200mm×600mm 的膨胀聚苯板为基准。

（12）抹面胶浆的性能指标应符合表 2-9 的要求。

（13）耐碱网布的主要性能指标应符合表 2-10 的要求。

**抹面胶浆的性能指标**　　表 2-9

| 试验项目 | | 性能指标 |
|---|---|---|
| 拉伸粘结强度（MPa）（与膨胀聚苯板） | 原强度 | ≥0.10，破坏界面在膨胀聚苯板上 |
| | 耐水 | ≥0.10，破坏界面在膨胀聚苯板上 |
| | 耐冻融 | ≥0.10，破坏界面在膨胀聚苯板上 |
| 柔韧性 | 抗压强度/抗折强度（水泥基） | ≤3.0 |
| | 开裂应变（非水泥基）(%) | ≥1.5 |
| 可操作时间（h） | | 1.5～4.0 |

**耐碱网布主要性能指标**　　表 2-10

| 试验项目 | 性能指标 | 试验项目 | 性能指标 |
|---|---|---|---|
| 单位面积（g/m²） | ≥130 | 耐碱断裂强力保留率（经、纬向）(%) | ≥50 |
| 耐碱断裂强度（经、纬向）（N/50mm） | ≥750 | 断裂应变（经、纬向）(%) | ≤5.0 |

（14）金属螺钉应采用不锈钢或经过表面防腐处理的金属制成，塑料钉和带圆盘的塑料膨胀套管应采用聚酰胺、聚乙烯或聚丙烯制成，制作塑料钉和塑料套管的材料不得使用回收的再生材料。锚栓有效锚固深度不小于25mm，塑料圆盘直径不小于50mm，数量为每平方米2～3个，且每块不少于1个。其技术性能指标应符合表2-11的要求。

**锚栓技术性能指标**　　表 2-11

| 试验项目 | 技术指标 |
|---|---|
| 单个锚栓抗拉承载力标准值（kN） | ≥0.30 |
| 单个锚栓对系统传热增加值［W/(m²·K)］ | ≤0.004 |

涂料必须与薄抹灰外保温系统相容，其性能指标应符合外墙建筑涂料的相关标准。

在薄抹灰外保温系统中所采用的附件，包括密封膏、密封条、包角条、包边条、盖口条等应分别符合相应的产品标准的要求。

（15）聚苯乙烯泡沫塑料板薄抹灰外墙外保温层厚度参见表2-12、表2-13。

**严寒和寒冷地区居住建筑保温层厚度选用表**　　表 2-12

| 建筑物体型系数 | 采暖期室外平均温度（℃） | 代表性城市 | 外墙传热系数［W/(m²·K)］ | 外窗传热系数［W/(m²·K)］ | 聚苯板厚度（mm） 钢筋混凝土墙（200） | 混凝土空心砌块墙（190） | （挤塑聚苯板厚度）(mm) 灰砂砖墙（240） | 黏土多孔砖墙 DM（190） | $KP_1$（240） |
|---|---|---|---|---|---|---|---|---|---|
| ≤0.3 | 2.0～1.0 | 郑州、洛阳、宝鸡、徐州 | 1.10 | 4.70 | 35（25） | 30（25） | 30（25） | 30（25） | 30（25） |
| | | | 1.40 | 4.00 | 30（25） | 30（25） | 30（25） | 30（25） | 30（25） |
| | 0.9～0.0 | 西安、拉萨、济南、青岛、安阳 | 1.00 | 4.70 | 40（25） | 35（25） | 30（25） | 30（25） | 30（25） |
| | | | 1.28 | 4.00 | 30（25） | 30（25） | 30（25） | 30（25） | 30（25） |
| | -0.1～-1.0 | 石家庄、德州、晋城、天水 | 0.92 | 4.70 | 45（30） | 40（25） | 35（25） | 30（25） | 30（25） |
| | | | 1.20 | 4.00 | 30（25） | 30（25） | 30（25） | 30（25） | 30（25） |

续表

| 建筑物体型系数 | 采暖期室外平均温度（℃） | 代表性城市 | 外墙传热系数［W/(m²·K)］ | 外窗传热系数［W/(m²·K)］ | 聚苯板厚度（mm） | | （挤塑聚苯板厚度）(mm) | | |
|---|---|---|---|---|---|---|---|---|---|
| | | | | | 钢筋混凝土墙（200） | 混凝土空心砌块墙（190） | 灰砂砖墙（240） | 黏土多孔砖墙 DM（190） | 黏土多孔砖墙 $KP_1$（240） |
| ≤0.3 | -1.1 ~ -2.0 | 北京、天津、大连、阳泉、平凉 | 0.90 | 4.70 | 45（30） | 40（25） | 30（25） | 30（25） | 30（25） |
| | | | 1.16 | 4.00 | 30（25） | 30（25） | 30（25） | 30（25） | 30（25） |
| | -2.1 ~ -3.0 | 兰州、太原、唐山、阿坝、喀什 | 0.85 | 4.70 | 50（30） | 45（30） | 40（30） | 35（25） | 30（25） |
| | | | 1.10 | 4.00 | 35（25） | 30（25） | 30（25） | 30（25） | 30（25） |
| | -3.1 ~ -4.0 | 西宁、银川、丹东 | 0.68 | 4.00 | 60（40） | 60（40） | 55（35） | 50（35） | 45（30） |
| | -4.1 ~ -5.0 | 张家口、鞍山、酒泉、伊宁、吐鲁番 | 0.75 | 3.00 | 55（35） | 50（35） | 50（35） | 40（30） | 40（25） |
| | -5.1 ~ -6.0 | 沈阳、大同、本溪、阜新、哈密 | 0.68 | 3.00 | 60（40） | 60（40） | 55（35） | 50（35） | 45（30） |
| | -6.1 ~ -7.0 | 呼和浩特、抚顺、大柴旦 | 0.65 | 3.00 | 65（45） | 60（40） | 60（40） | 55（35） | 50（35） |
| | -7.1 ~ -8.0 | 延吉、通辽、通化、四平 | 0.65 | 2.50 | 65（45） | 60（40） | 60（40） | 55（35） | 50（35） |
| | -8.1 ~ -9.0 | 长春、乌鲁木齐 | 0.56 | 2.50 | 80（50） | 75（50） | 70（50） | 65（45） | 60（40） |
| | -9.1 ~ -11.0 | 哈尔滨、牡丹江、克拉玛依、佳木斯、安达、齐齐哈尔 | 0.52 | 2.50 | 85（55） | 80（55） | 80（50） | 70（50） | 70（45） |
| | -11.1 ~ -14.5 | 伊春、呼玛、海拉尔、满洲里、海伦、博克图 | 0.52 | 2.00 | 85（55） | 80（55） | 80（50） | 70（50） | 70（45） |
| >0.3 | 2.0 ~ 1.0 | 郑州、洛阳、宝鸡、徐州 | 0.80 | 4.70 | 50（35） | 45（30） | 45（30） | 40（25） | 35（25） |
| | | | 1.10 | 4.00 | 35（25） | 30（25） | 30（25） | 30（25） | 30（25） |
| | 0.9 ~ 0.0 | 西安、拉萨、济南、青岛、安阳 | 0.70 | 4.70 | 60（40） | 55（35） | 55（35） | 45（30） | 45（30） |
| | | | 1.00 | 4.00 | 40（25） | 35（25） | 30（25） | 30（25） | 30（25） |
| | -0.1 ~ -1.0 | 石家庄、德州、晋城、天水 | 0.60 | 4.70 | 75（50） | 70（45） | 65（45） | 60（40） | 55（40） |
| | | | 0.85 | 4.00 | 50（30） | 45（30） | 40（30） | 35（25） | 30（25） |
| | -1.1 ~ 2.0 | 北京、天津、大连、阳泉、平凉 | 0.55 | 4.70 | 50（35） | 50（30） | 45（30） | 40（25） | 35（25） |
| | | | 0.82 | 4.00 | 50（35） | 45（30） | 45（30） | 35（25） | 35（25） |
| | -2.1 ~ 3.0 | 兰州、太原、唐山、阿坝、喀什 | 0.62 | 4.70 | 70（45） | 65（45） | 65（40） | 55（40） | 55（35） |
| | | | 0.78 | 4.00 | 55（35） | 50（30） | 45（30） | 40（25） | 35（25） |
| | -3.1 ~ 4.0 | 西宁、银川、丹东 | 0.65 | 4.00 | 65（45） | 60（40） | 60（40） | 55（35） | 50（35） |
| | -4.1 ~ 5.0 | 张家口、鞍山、酒泉、伊宁、吐鲁番 | 0.60 | 3.00 | 75（50） | 70（45） | 65（45） | 55（35） | 55（40） |
| | -5.1 ~ 6.0 | 沈阳、大同、本溪、阜新、哈密 | 0.56 | 3.00 | 80（50） | 75（50） | 70（50） | 65（45） | 60（40） |

续表

| 建筑物体型系数 | 采暖期室外平均温度（℃） | 代表性城市 | 外墙传热系数［W/($m^2$·K)］ | 外窗传热系数［W/($m^2$·K)］ | 聚苯板厚度（mm） | | （挤塑聚苯板厚度）(mm) | | |
|---|---|---|---|---|---|---|---|---|---|
| | | | | | 钢筋混凝土墙（200） | 混凝土空心砌块墙（190） | 灰砂砖墙（240） | 黏土多孔砖墙 | |
| | | | | | | | | DM（190） | $KP_1$（240） |
| >0.3 | −6.1～7.0 | 呼和浩特、抚顺、大柴旦 | 0.50 | 3.00 | 90（60） | 85（55） | 85（55） | 75（50） | 75（50） |
| | −7.1～8.0 | 延吉、通辽、通化、四平 | 0.50 | 2.50 | 90（60） | 85（55） | 85（55） | 75（50） | 75（50） |
| | −8.1～9.0 | 长春、乌鲁木齐 | 0.45 | 2.50 | 100（65） | 95（65） | 95（60） | 85（60） | 85（55） |
| | −9.1～−11.0 | 哈尔滨、牡丹江、克拉玛依、佳木斯、安达、齐齐哈尔 | 0.40 | 2.50 | 115（75） | 110（75） | 110（70） | 100（65） | 100（65） |
| | −11.1～−14.5 | 伊春、呼玛、海拉尔、满洲里、海伦、博克图 | 0.40 | 2.00 | 115（75） | 110（75） | 110（70） | 100（65） | 100（65） |

**夏热冬冷地区居住建筑保温隔热层厚度选用表**　　**表 2-13**

| 代表性城市 | 外墙传热系数［W/($m^2$·K)］ | 热惰性指标 | 聚苯板厚度（mm）（挤塑聚苯板厚度）(mm) | | | | |
|---|---|---|---|---|---|---|---|
| | | | 钢筋混凝土墙（200） | 混凝土空心砌块墙（190） | 灰砂砖墙（240） | 黏土多孔砖墙 | |
| | | | | | | DM（190） | $KP_1$（240） |
| 上海、重庆、南京、合肥、蚌埠、杭州、宁波、南昌、九江、武汉、宜昌、长沙、衡阳、成都、遵义、桂林、韶关 | $K \leqslant 1.5$ | $D \geqslant 3.0$ | — | — | 30（25） | 30（25） | 30（25） |
| | 按《民用建筑热工设计规范》(GB 50176—93)的隔热设计要求 | | 50（40） | 50（40） | — | — | — |

（三）系统施工工艺流程

基层处理 → 粘贴或锚固聚苯板 → 聚苯板表面扫毛 → 薄抹一层抹面胶浆 → 贴压玻纤网布 → 细部处理和加贴玻纤网布 → 抹面胶浆找平 → 面层涂饰工程

（四）系统施工环境要求

（1）施工环境空气温度和基层墙体表面温度不小于5℃；风力不大于5级；

（2）施工现场应具备通电、通水施工条件，并保持清洁的工作环境；

（3）外墙和外门窗口施工及验收完毕（门窗框已安装就位）；

（4）冬期施工时，应采取适当的保温措施；

（5）暑期施工时，应避免阳光暴晒。必要时，可在施工脚手架上搭设防晒布，遮挡施工墙面；

（6）雨期施工时，应采取有效措施，防止雨水冲刷墙面；

（7）系统在施工过程中，应采用必要的保护措施，防止施工墙面受到污损，待建筑泛水、密封膏等构造细部按设计要求施工完毕后，方可拆除保护物。

（五）系统施工质量控制要点

1. 基层墙体的处理

（1）基层墙体必须清理干净，墙面应无油、灰尘、污垢、隔离剂、风化物、涂料、防水剂、潮气、霜、泥土等污染物或其他有碍粘结的材料，并应剔除墙面的凸出物，再用水冲洗墙面，使之清洁平整。

（2）清除基层墙体中松动或风化的部分，用水泥砂浆填充后找平。

（3）基层墙体的表面平整度不符合要求时，可采用1∶3水泥砂浆找平。

（4）既有建筑进行保温改造时，应彻底清除原有外墙饰面层，露出基层墙体表面，并按上述方法进行处理。

（5）基层墙体处理完毕后，应将墙面略微湿润，以备进行粘贴聚苯板工序的施工。

2. 粘贴聚苯板

（1）根据设计图纸的要求，在经平整处理的外墙面上沿散水标高用墨线弹出散水水平线。当需设置系统变形缝时，应在墙面相应位置弹出变形缝及其宽度线，标出聚苯板的粘贴位置。

（2）粘贴聚苯板可以采用以下两种方法：

① 点粘法。沿聚苯板的周边用不锈钢抹子涂抹配制好的粘结胶浆，浆带宽50mm、厚10mm。当采用标准尺寸的聚苯板时，尚应在板面的中间部位均匀布置8个粘结胶浆点，每点直径为100mm，浆厚10mm，中心距200mm。当采用非标准尺寸的聚苯板时，板面中间部位涂抹的粘结胶浆一般不多于6个点，但也不少于4个点。点粘法粘结胶浆的涂抹面积与聚苯板板面面积之比不得小于1/3，见图2-4。

② 条粘法。在聚苯板的背面全涂上粘结胶浆（即粘结胶浆的涂抹面积与聚苯板板面面积之比为100%），然后将专用的锯齿抹子紧压聚苯板板面，并保持成45°，刮除锯齿多余的粘结胶浆，使聚苯板面留有若干条宽为10mm、厚度为13mm、中心距为40mm平行于聚苯板长边的浆带，见图2-5。

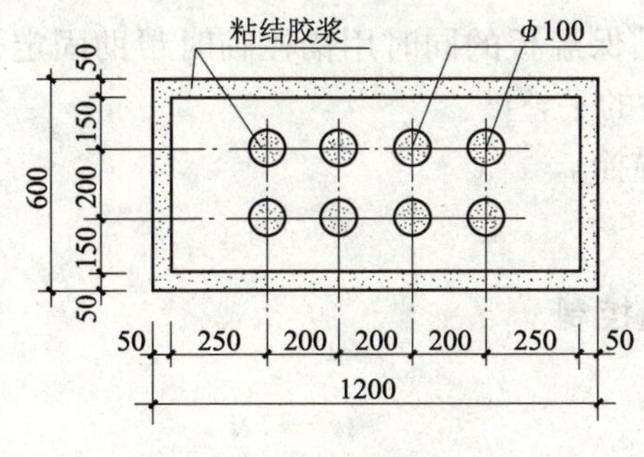


图2-4 聚苯板点粘法图

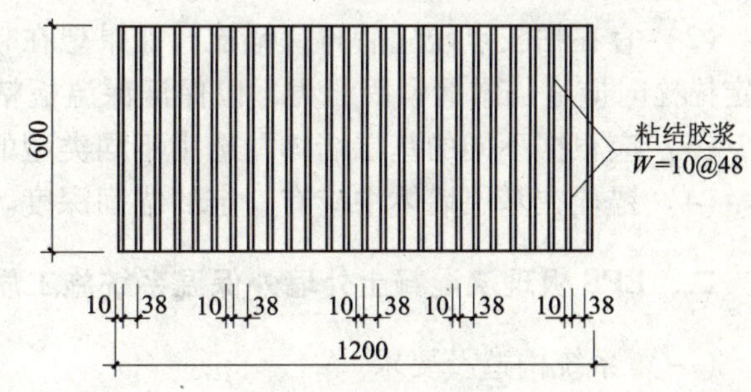


图2-5 聚苯板条粘法

（3）聚苯板抹完粘结胶浆后，应立即将板平贴在基层墙体墙面上滑动就位。粘贴时动作应轻柔，均匀挤压。为了保持墙面的平整度，应随时用一根长度超过2.0m的靠尺进行压平操作。

（4）聚苯板应由建筑外墙勒脚部位开始，自下而上，沿水平方向横向铺设，每排板应互相错缝 1/2 板长，见图 2-2。

(5) 聚苯板贴牢后，应随时用专用抹子将板边的不平处搓平，尽量减少板与板间的高差接缝。当板缝间隙大于 1.6mm 时，则应切割聚苯板条将缝填实后磨平。

(6) 在外墙转角部位，上下排聚苯板间的竖向接缝应为垂直交错连接，保证转角处板材安装的垂直度，并将标有厂名的板边露在外侧，见图 2-2。门窗洞口四角处 EPS 板接缝离开角部至少 200mm，见图 2-3。

(7) 粘贴上墙后的聚苯板应用粗砂纸磨平，然后再将整个聚苯板面打磨一遍。打磨时，散落的碎屑粉尘应随时用刷子、扫把或压缩空气清理干净，操作工人应带防护面具。

3. 薄抹一层抹面胶浆

(1) 涂抹抹面胶浆前，应先检查聚苯板是否干燥，表面是否平整，去除板面的有害物质、杂质或表面变质部分，并用细麻面的木抹子将聚苯板表面扫毛，扫净聚苯浮屑。

(2) 薄抹一层抹面胶浆。

4. 贴压玻纤网布

(1) 在一薄层抹面胶浆上从上而下铺贴标准玻纤网布。

(2) 平整、不皱折，网布对接，用木抹子将网布压入抹面胶浆内。

(3) 对于设计切成 V 形或 U 形的分格缝，网布不应切断，将网布压入 V 形或 U 形分格缝内，用抹面胶浆在表面做成 V 形或 U 形缝。

5. 抹面胶浆找平

贴压网布后再用抹面胶浆在网布表面薄薄抹一层，找平。

6. 面层涂饰工程

按《建筑装饰装修工程质量验收规范》(GB 50210) 中第 10 章“涂饰工程”的要求施工验收。

7. 锚栓使用注意事项

(1) 当采用点粘方式固定 EPS 板时，锚栓应钉在粘胶点上，否则，会使 EPS 板因受压而产生弯曲变形，对系统产生不利影响。

(2) 宜在粘胶点硬化后再钉锚栓。如果想在粘贴保温板的同时用锚栓临时帮助固定，固定锚栓时应适当掌握紧固压力，以保证保温板粘贴的平整度。

(3) 应根据不同的基层墙体，选用不同类型的锚栓。

(4) 锚栓在基层墙体中应有一定的锚固深度。

## 二、EPS 板现浇混凝土外墙外保温系统施工质量控制

### (一) 系统构造及要求

1. 基本构造：

EPS 板现浇混凝土外墙外保温系统（以下简称无网现浇系统）以现浇混凝土外墙作为基层，EPS 板为保温层。EPS 板内表面（与现浇混凝土接触的表面）沿水平方向开有矩形齿槽，内、外表面均满涂界面砂浆。施工时，将 EPS 板置于外模板内侧，并安装锚栓作为辅助固定件。浇筑混凝土后，墙体与 EPS 板以及锚栓结合为一体。EPS 板表面抹抗裂砂浆薄抹面层，外表以涂料为饰面层（图 2-6），薄抹面层中满铺玻纤网。

2. 无网现浇系统 EPS 板两面必须预喷刷界面砂浆。

3. EPS 板宽度宜为 1.2m，高度宜为建筑物层高。

4. 锚栓每平方米宜设 2~3 个。

5. 水平抗裂分隔缝宜按楼层设置。垂直抗裂缝宜按墙面面积设置，在板式建筑中不宜大于 $30m^2$，在塔式建筑中可视具体情况而定，宜留在阴角部位。

6. 应采用钢制大模板施工。

7. 混凝土一次浇筑高度不宜大于 1m，混凝土需振捣密实、均匀，墙面及接槎处应光滑、平整。

8. 混凝土浇筑后，EPS 板表面局部不平整处宜抹胶粉 EPS 颗粒保温浆料修补和找平，修补和找平处厚度不得大于 10mm。

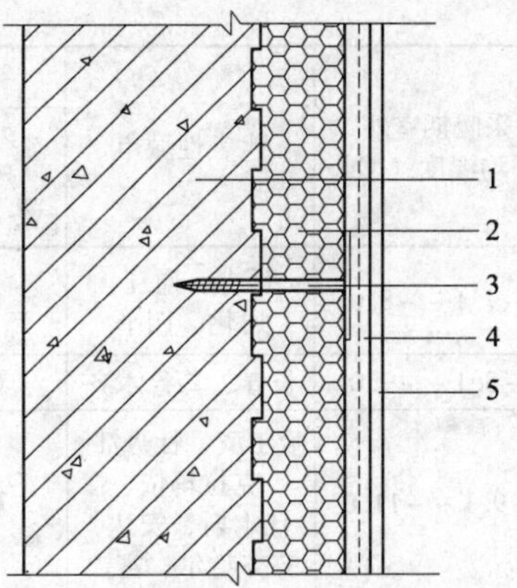

图 2-6 无网现浇系统
1—现浇混凝土外墙；2—EPS 板；3—锚栓；4—抗裂砂浆薄抹面层；5—饰面层

9. 主要特点：

(1) 施工简单、安全、省工、省力、经济，与墙体结合好，并能进行冬期施工。

(2) 摆脱了人贴手抹的手工操作安装方式，实现了外保温安装的工业化和减轻了劳动强度，有很好的经济效益和社会效益。

10. 聚苯乙烯泡沫塑料板现浇混凝土外墙外保温层厚度参见表 2-14。

**严寒和寒冷地区居住建筑保温层厚度选用表** **表 2-14**

| 采暖期室外平均温度（℃） | 代表性城市 | 体形系数≤0.3 | | | 体形系数>0.3 | | |
|---|---|---|---|---|---|---|---|
| | | 外墙传热系数［W/(m²·K)］ | 外窗传热系数［W/(m²·K)］ | 保温层厚度（mm） | 外墙传热系数［W/(m²·K)］ | 外窗传热系数［W/m²·K)］ | 保温层厚度（mm） |
| 2.0~1.0 | 郑州、洛阳、宝鸡、徐州 | 1.10 | 4.70 | 40（35） | 0.80 | 4.70 | 55（40） |
| | | 1.40 | 4.00 | 40（35） | 1.10 | 4.00 | 40（35） |
| 0.9~0.0 | 西安、拉萨、济南、青岛、安阳 | 1.00 | 4.70 | 45（35） | 0.70 | 4.70 | 65（45） |
| | | 1.28 | 4.00 | 40（35） | 1.00 | 4.00 | 45（35） |
| -0.1~-1.0 | 石家庄、德州、晋城、天水 | 0.92 | 4.70 | 50（35） | 0.60 | 4.70 | 80（35） |
| | | 1.20 | 4.00 | 40（35） | 0.85 | 4.00 | 55（35） |
| -1.1~-2.0 | 北京、天津、大连、阳泉、平凉 | 0.90 | 4.70 | 50（35） | 0.55 | 4.70 | 85（60） |
| | | 1.16 | 4.00 | 40（35） | 0.82 | 4.00 | 55（40） |
| -2.1~-3.0 | 兰州、太原、唐山、阿坝、喀什 | 0.85 | 4.70 | 55（35） | 0.62 | 4.70 | 75（50） |
| | | 1.10 | 4.00 | 40（35） | 0.78 | 4.00 | 60（40） |
| -3.1~-4.0 | 西宁、银川、丹东 | 0.68 | 4.00 | 65（45） | 0.60 | 3.00 | 85（55） |
| -4.1~-5.0 | 张家口、鞍山、酒泉、伊宁、吐鲁番 | 0.75 | 3.00 | 60（40） | 0.60 | 3.00 | 80（55） |
| -5.1~-6.0 | 沈阳、大同、本溪、阜新、哈密 | 0.68 | 3.00 | 65（45） | 0.56 | 3.00 | 85（55） |
| -6.1~-7.0 | 呼和浩特、抚顺、大柴旦 | 0.65 | 3.00 | 70（50） | 0.50 | 3.00 | 95（65） |

续表

| 采暖期室外平均温度（℃） | 代表性城市 | 体形系数≤0.3 | | | 体形系数>0.3 | | |
|---|---|---|---|---|---|---|---|
| | | 外墙传热系数[W/($m^2$·K)] | 外窗传热系数[W/($m^2$·K)] | 保温层厚度（mm） | 外墙传热系数[W/($m^2$·K)] | 外窗传热系数[W/$m^2$·K)] | 保温层厚度（mm） |
| -7.1～-8.0 | 延吉、通辽、通化、四平 | 0.65 | 2.50 | 85（55） | 0.50 | 2.50 | 95（65） |
| -8.1～-9.0 | 长春、乌鲁木齐 | 0.56 | 2.50 | 90（60） | 0.40 | 2.50 | 105（70） |
| -9.1～-11.0 | 哈尔滨、牡丹江、克拉玛依、佳木斯、安达、齐齐哈尔、富锦 | 0.52 | 2.50 | 90（60） | 0.40 | 2.50 | 120（80） |
| -11.1～-14.5 | 伊春、呼玛、海拉尔、满洲里、海伦、博克图 | 0.52 | 2.00 | 90（60） | 0.40 | 2.00 | 120（80） |

（二）材料性能要求

膨胀聚苯板应为阻燃型。其性能指标除应符合表2-15的要求外，还应符合《绝热用模塑聚苯乙烯泡沫塑料》（GB/T 10801.1）第Ⅱ类的其他要求，膨胀聚苯板出厂前应在自然条件下陈化42d或在60℃蒸汽中陈化5d。

**膨胀聚苯板主要性能指标** **表2-15**

| 试验项目 | 性能指标 | 试验项目 | 性能指标 |
|---|---|---|---|
| 导热系数[W/(m·K)] | ≤0.041 | 垂直于板面方向的抗拉强度（MPa） | ≥0.10 |
| 表观密度（kg/$m^3$） | 18.0～22.0 | 尺寸稳定性（%） | 40.30 |

聚苯板界面砂浆的性能指标应符合表2-16的要求。

**聚苯板界面砂浆的性能指标** **表2-16**

| 项目 | | | 性能指标 |
|---|---|---|---|
| 拉伸粘结强度 | 与水泥砂浆试块 | 标准状态（7d） | ≥0.30MPa |
| | | 标准状态（14d） | >10.50MPa |
| | | 浸水后 | ≥0.30MPa |
| | 与18kg/$m^3$聚苯板试块（标准状态或浸水后） | | ≥0.10MPa或聚苯板破坏 |
| | 与胶粉聚苯颗粒找平浆料试块（标准状态） | | ≥0.10MPa或胶粉聚苯颗粒找平浆料试块破坏 |

## 三、EPS钢丝网架板现浇混凝土外墙外保温系统施工质量控制

（一）系统构造及要求

1. 基本构造：

该系统用于建筑剪力墙体系，其施工工序是当外墙的钢筋绑扎完毕后，然后将一种由工厂预制的保温构件放在墙体钢筋外侧（这种构件是外表面有横向齿形槽的聚苯板，中间斜插若干$\Phi$2.5穿过板材的镀锌钢丝，这些斜插镀锌钢丝与板材外的一层$\phi$2钢丝网片

焊接，构件表面喷有界面剂）并与墙体钢筋固定，再支墙体内外模板（此时保温板位于外钢模板内侧），然后浇筑混凝土墙，拆模后保温板和混凝土墙体牢固地结合在一起。为确保保温板与墙体之间结合的可靠性，在聚苯保温构件上有镀锌斜插钢丝伸入混凝土墙内，并通过聚苯板插入经防锈处理的ϕ6、L形钢筋，或插入ϕ10塑料胀管，每平方米约3~4个。然后，在钢丝网架上抹抗裂型水泥砂浆找平层或胶粉聚苯颗粒保温浆料找平层复合抗裂防护面层。最后，用弹性胶粘剂粘贴面砖。如在表面做涂料面层，则在抗裂型水泥砂浆找平面层或胶粉聚苯颗粒保温浆料找平层上抹4~5mm左右的聚合物水泥砂浆玻纤网格布防护层和弹性腻子防裂层，最后在表面涂刷有机弹性涂料，见图2-7和图2-8所示。

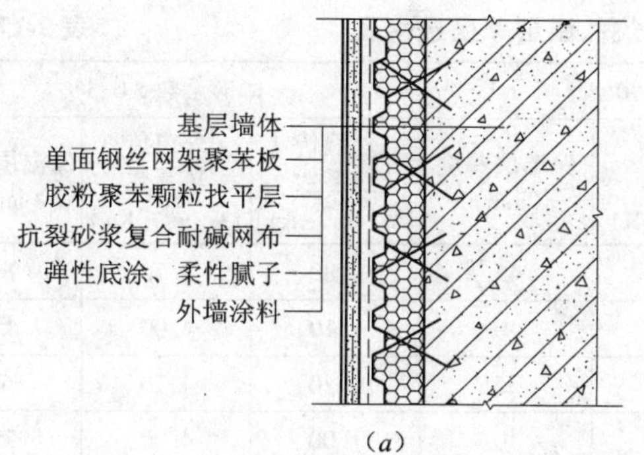


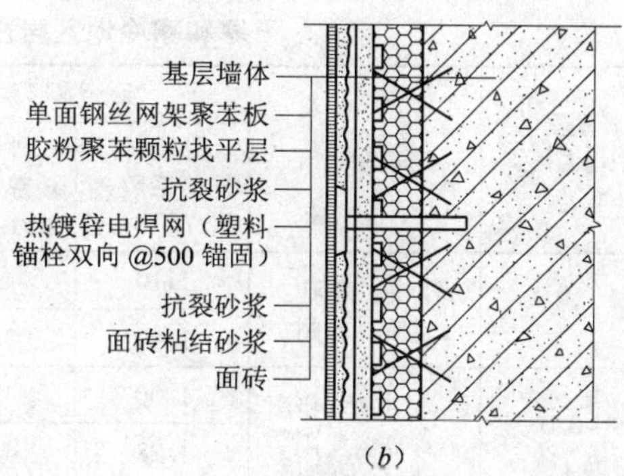


图2-7　EPS钢丝网架板现浇混凝土外墙外保温系统（胶粉聚苯颗粒保温浆料找平层）
(a) 涂料饰面；(b) 面砖饰面

2. EPS单面钢丝网架板每平方米斜插腹丝不得超过200根，斜插腹丝应为镀锌钢丝，板两面应预喷刷界面砂浆。加工质量除应符合表2-18规定外，尚应符合现行行业标准《钢丝网架水泥聚苯乙烯夹芯板》(JC 623)有关规定。

3. 有网现浇系统EPS钢丝网架板厚度、每平方米腹丝数量和表面荷载值应通过试验确定。EPS钢丝网架板构造设计和施工安装应考虑现浇混凝土侧压力影响，抹面层厚度应均匀。钢丝网应完全包覆于抹面层中。

4. ϕ6钢筋每平方米宜设4根，锚固深度不得小于100mm。

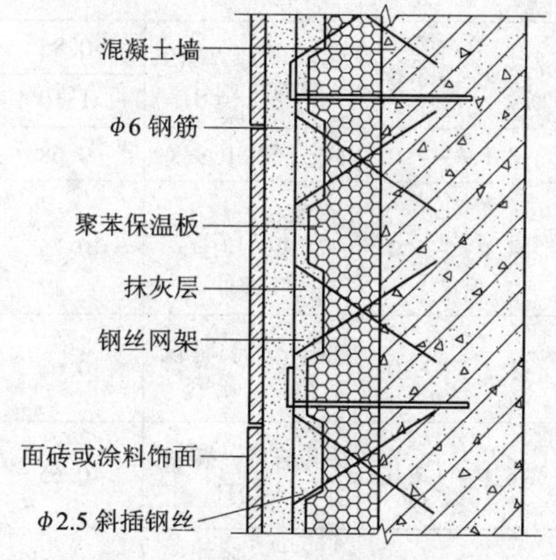


图2-8　EPS钢丝网架板现浇混凝土外墙外保温系统（抗裂型水泥砂浆料找平层）

5. 在每层层间宜留水平抗裂分隔缝，层间保温板外钢丝网应断开，抹灰时嵌入层间塑料分隔条或泡沫塑料棒，外表用建筑密封膏嵌缝。垂直抗裂分隔缝宜按墙面面积设置，在板式建筑中不宜大于30m²，在塔式建筑中可视具体情况而定，宜留在阴角部位。

6. 应采用钢制大模板施工，并应采取可靠措施保证EPS钢丝网架板和辅助固定件安装位置准确。

7. 混凝土一次浇筑高度不宜大于1m，混凝土需振捣密实、均匀，墙面及接槎处应光滑、平整。

8. 应严格控制抹面层厚度并采取可靠抗裂措施，确保抹面层不开裂。

9. 主要特点：

（1）施工速度快，可大大缩短工期；

（2）与主体结构连接可靠，施工安全；

（3）能冬期施工（因保温板置于钢模内侧，相当于保温模板）；

（4）造价低；

（5）适宜于在面层粘贴面砖。

10. 钢丝网架聚苯乙烯泡沫塑料板现浇混凝土外墙外保温层厚度见表 2-17。

**严寒和寒冷地区居住建筑保温层厚度选用表**　　**表 2-17**

| 采暖期室外平均温度（℃） | 代表性城市 | 体形系数≤0.3 | | | 体形系数＞0.3 | | |
|---|---|---|---|---|---|---|---|
| | | 外墙传热系数 [W/(m²·K)] | 外窗传热系数 [W/(m²·K)] | 保温层厚度（mm） | 外墙传热系数 [W/(m²·K)] | 外窗传热系数 [W/m²·K)] | 保温层厚度（mm） |
| 2.0～1.0 | 郑州、洛阳、宝鸡、徐州 | 1.10 | 4.70 | 45 | 0.80 | 4.70 | 70 |
| | | 1.40 | 4.00 | 40 | 1.10 | 4.00 | 45 |
| 0.9～0.0 | 西安、拉萨、济南、青岛、安阳 | 1.00 | 4.70 | 55 | 0.70 | 4.70 | 80 |
| | | 1.28 | 4.00 | 40 | 1.00 | 4.00 | 55 |
| -0.1～-1.0 | 石家庄、德州、晋城、天水 | 0.92 | 4.70 | 60 | 0.60 | 4.70 | 85 |
| | | 1.20 | 4.00 | 40 | 0.85 | 4.00 | 65 |
| -1.1～-2.0 | 北京、天津、大连、阳泉、平凉 | 0.90 | 4.70 | 60 | 0.55 | 4.70 | 105 |
| | | 1.16 | 4.00 | 45 | 0.82 | 4.00 | 65 |
| -2.1～-3.0 | 兰州、太原、唐山、阿坝、喀什 | 0.85 | 4.70 | 65 | 0.62 | 4.70 | 90 |
| | | 1.10 | 4.00 | 45 | 0.78 | 4.00 | 70 |
| -3.1～-4.0 | 西宁、银川、丹东 | 0.68 | 4.00 | 85 | 0.65 | 4.00 | 90 |
| -4.1～-5.0 | 张家口、鞍山、酒泉、伊宁、吐鲁番 | 0.75 | 3.00 | 75 | 0.60 | 3.00 | 95 |
| -5.1～-6.0 | 沈阳、大同、本溪、阜新、哈密 | 0.68 | 3.00 | 85 | 0.56 | 3.00 | 105 |
| -6.1～-7.0 | 呼和浩特、抚顺、大柴旦 | 0.65 | 3.00 | 90 | 0.50 | 3.00 | |
| -7.1～-8.0 | 延吉、通辽、通化、四平 | 0.65 | 2.50 | 90 | 0.50 | 2.50 | 120 |
| -8.1～-9.0 | 长春、乌鲁木齐 | 0.56 | 2.50 | 105 | 0.45 | 2.50 | 130 |
| -9.1～-11.0 | 哈尔滨、牡丹江、克拉玛依、佳木斯、安达、齐齐哈尔、富锦 | 0.52 | 2.50 | 115 | 0.40 | 2.50 | 150 |
| -11.1～-14.5 | 伊春、呼玛、海拉尔、满洲里、海伦、博克图 | 0.52 | 2.00 | 115 | 0.40 | 2.00 | 150 |

## （二）材料性能

斜嵌入式钢丝网架聚苯板的性能指标应符合表 2-18～表 2-21 的要求。

其他材料性能参见本章相关内容。

**斜嵌入式钢丝网架聚苯板的质量要求　　表 2-18**

| 项　目 | 质　量　要　求 |
|---|---|
| 凹槽 | 钢丝网片一侧的聚苯板面上凹槽宽 20～30mm，凹槽深 10mm±2mm，并且间距均匀 |
| 企口 | 聚苯板两长边设高低槽，宽 20～25mm，深 1/2 板厚，要求尺寸准确 |
| 界面处理 | 聚苯板的两面及钢丝网架上均匀喷涂聚苯板界面砂浆，聚苯板界面砂浆与聚苯板粘结牢固，涂层均匀一致，不得露底，干擦不掉粉 |

**EPS 单面钢丝网架板质量要求　　表 2-19**

| 项　目 | 质　量　要　求 |
|---|---|
| 外观 | 界面砂浆涂敷均匀，与钢丝和 EPS 板附着牢固 |
| 焊点质量 | 斜丝脱焊点不超过 3% |
| 钢丝挑头 | 穿透 EPS 板挑头不小于 30mm |
| EPS 板对接 | 板长 3000mm 范围内 EPS 板对接不得多于两处，且对接处需用胶粘剂粘牢 |

**斜嵌入式钢丝网架聚苯板的规格　　表 2-20**

| 层　高（mm） | 长（mm） | 宽（mm） | 厚（mm） |
|---|---|---|---|
| 2800 | 2825～2850 | 1220 | 40～150 |
| 2900 | 2925～2950 | | |
| 3000 | 3025～3050 | | |
| 其他 | 其他规格可根据实际层高协商确定 | | |

注：1. 斜嵌入式钢丝网架聚苯板的钢丝网片尺寸应略小于聚苯板的尺寸；

2. 聚苯板的厚度包括梯形槽部分的厚度，厚度根据保温要求计算确定。

**斜嵌入式钢丝网架聚苯板的规格尺寸允许偏差（mm）　　表 2-21**

| 项　目 | | 允　许　偏　差 | 项　目 | | 允　许　偏　差 |
|---|---|---|---|---|---|
| 长度、宽度（mm） | ≤1000 | ±5 | 厚度（mm） | ≤50 | ±2 |
| | 1000～2000 | ±8 | | 50～75 | 3 |
| | 2000～4000 | ±10 | | 75～150 | ±4 |
| | >4000 | 正偏差不限，－10 | | 含钢丝网时 | ±5 |
| 两对角线偏差 | | ≤10 | 钢丝网两对角线偏差 | | ≤10 |

## （三）施工质量控制要点

### 1. 施工准备

（1）技术准备：

① 熟悉图纸资料，参阅有关施工工艺，做好内业。

② 了解材料性能，掌握施工要领，明确施工顺序。

③ 与提供成套材料和技术的企业联系，并由该企业派技术人员在现场对工人进行培训和作技术指导。

（2）材料准备：

① 保温构件。厚度按设计要求，表观密度 18～20kg/m³ 自熄型单层钢丝网架聚苯泡沫保温构件（表面应喷涂界面剂）。

② 保温板与墙体连接材料。经防锈处理的 L 形、$\phi$6 钢筋或尼龙胀栓。

③ 抗裂砂浆抹灰层材料。普通硅酸盐水泥 P·O　42.5、中砂、干粉料或聚合物乳液、防裂外加剂、耐碱涂塑型玻纤网格布。

④ 面层。面砖或弹性有机涂料按设计要求。

⑤ 其他材料。聚苯颗粒保温浆料、泡沫塑料棒、塑料滴水线槽、分格条和嵌缝油膏等。

（3）机具准备：

① 进行保温施工前，按工程量的大小、进场工人的数量，安装好容积约 300L 砂浆搅拌机，按现场平面布置搭设搅拌机棚，接通水电，调试正常，搅拌棚的地点应选择背风向，靠近垂直运输机械。搅拌棚应三侧封闭，一侧作为进出料通道，应有顶棚，地面应平整坚实。

② 保温施工若采用双排脚手架施工时，脚手架应搭设牢固，脚手板应分层铺严；若采用电动吊篮施工，电动吊篮应安装完毕，安全验收检查合格后方可使用。配套垂直运输机械应安装验收完毕后使用。

③ 切割聚苯板操作平台、电热丝、接触式调压器、电烙铁、强制式搅拌机、垂直运输机械、水平运输机械、手提电动搅拌器、喷枪、瓷砖切割器、手提式电动打磨机、电动冲击钻、$\phi$8mm 合金钻头。

④ 常用抹灰工具、抹灰专用的检测工具、经纬仪、放线工具、水桶、剪子、滚刷、铁锹、手锤、方尺、靠尺等。

2. 施工顺序

（1）施工工艺流程，见图 2-9。

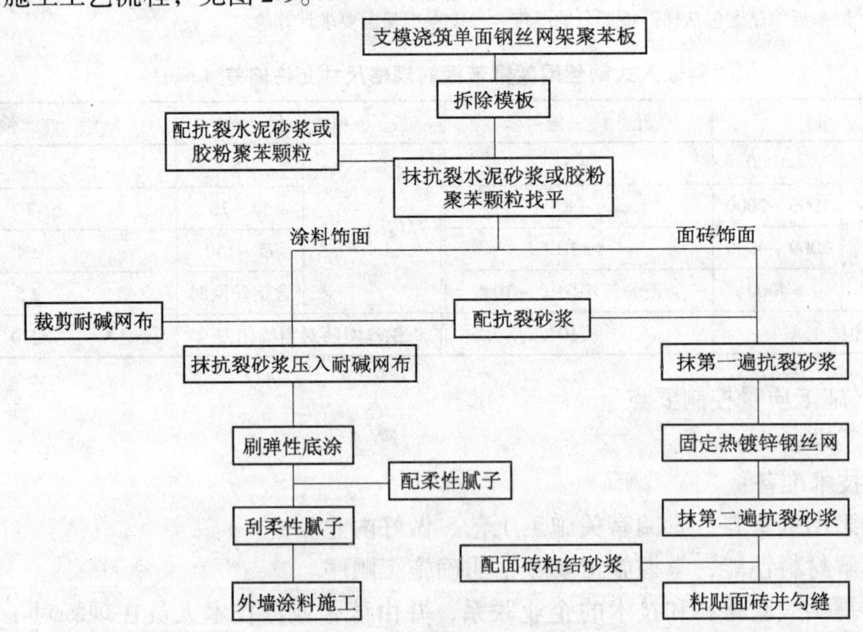


图 2-9　EPS 钢丝网架板现浇混凝土外墙外保温系统施工程序

（2）钢筋绑扎：

① 钢筋须有出厂证明及复试报告。

② 采用预制点焊网片作墙体主筋时，须严格按其操作规程执行。

③ 绑扎钢筋时，严禁碰撞预埋件，若碰动时应按设计位置重新固定牢固。

（3）安装外墙外保温构件：

① 单面钢丝网架聚苯板在工厂加工成型，板面及钢丝网架均匀喷涂聚苯板界面砂浆。注意，不得有漏喷之处，厚度不小于1mm，对漏喷部位应及时补涂；聚苯板在运输及现场码放过程中应平放不宜立摆，轻拿轻放。

② 内、外墙钢筋绑扎经验收合格后，方可进行保温构件安装。

③ 按照设计所要求的墙体厚度弹水平线及垂直线，以确定外墙厚度尺寸，同时，在外墙钢筋外侧绑砂浆垫块（不得采用塑料垫卡），每块板内不少于6块，以确保钢筋与保温构件之间的保护层。

④ 拼装保温构件。保温构件就位后，板之间用22号钢丝绑扎，间距不大于150mm，用电烙铁在聚苯板上烫孔，将L形筋按位置穿过保温板，用22号钢丝将其与墙体钢筋绑扎牢固。

L形筋：$\phi$6、长150mm，弯钩30mm，外表应刷防锈漆两道或其他防锈处理。

⑤ 保温板外侧低碳钢丝网片均按楼层层高断开，互不连接。

（4）模板安装：

宜采用大模板。按保温板厚度确定模板配置尺寸、数量。

① 按弹出墙线位置安装模板。在底层混凝土强度不低于7.5MPa时，开始安装。安装上一层模板时，利用下一层外墙螺栓孔挂三角平台架（安全防护架）。

② 安装外墙外侧模板。安装前须在现浇混凝土墙体的根部或保温板外侧采取可靠的定位措施，以防模板挤靠保温板。模板放在三角平台架上，将模板就位，穿螺栓紧固、校正，连接必须严密、牢固，以防止出现错台和漏浆现象。

（5）混凝土浇筑：

宜采用商品混凝土，其坍落度应不小于180mm。

① 墙体混凝土浇筑前，保温板顶面必须采取遮挡措施，应安装槽口保护套，形状如“Π形”，宽度为保温板厚度加模板厚度。新、旧混凝土接槎处应均匀浇筑30～50mm同强度等级的减半石子混凝土。混凝土应分层浇筑，厚度控制在500mm，一次浇筑高度不宜超过1.0m，混凝土下料点应分散布置，连续进行，间隔时间不超过2h。

② 振捣棒振动间距一般应小于500mm，每一振动点的延续时间以表面呈现浮浆和不再沉落为度。

③ 洞口处浇筑混凝土时，应沿洞口两边同时下料，使两侧浇筑高度大体一致，振捣棒应距洞边300mm以上，以保证洞口下部混凝土密实。

④ 施工缝留置在门洞口过梁跨度1/3范围内，也可留在纵横墙的交接处。

⑤ 墙体混凝土浇筑完毕后，需整理上口甩出钢筋，并以木抹子抹平混凝土表面，采用预制楼板时，宜采用硬架支模，墙体混凝土表面标高低于板底30～50mm。

（6）模板拆除：

① 在常温条件下，墙体混凝土强度不低于1.0MPa，冬期施工墙体混凝土强度不低于

7.5MPa 时，才可以拆除模板；拆模时，应以同条件养护试块抗压强度为准。

② 先拆外墙外侧模板，再拆外墙内侧模板，并及时修整墙面混凝土边角和清除粘在板面的漏浆。

③ 穿墙套管拆除后，混凝土墙部分孔洞应用干硬性砂浆捻塞，保温板部分孔洞应用保温材料补齐。

④ 拆模后保温板上的横向钢丝必须对准凹槽，钢丝距槽底不小于 8mm。

(7) 混凝土养护：

常温施工时，模板拆除后 12h 内喷水或养护剂养护，不少于七昼夜，次数以保持混凝土具有湿润状态为准。冬期施工时应定点、定时测定混凝土养护温度，并做记录。

(8) 外墙外保温板板面抹灰：

① 抹灰前准备：

a. 凡保温板表面有余浆与板面结合不好，如有疏松、空鼓现象者，均应清除干净，达到无灰尘、油渍和污垢。

b. 绑扎阴阳角、窗口四角角网，角网尺寸应为 400mm×1200mm、200mm×1200mm，钢丝网架板拼缝处应用钢丝绑扎，间距应不大于 150mm，窗口四角八字网尺寸应为 400mm×200mm，呈 45°。

c. 两层之间保温板钢丝网应断开，不得相连。

② 原材料：

a. 水泥：42.5 级普通硅酸盐水泥；

b. 砂子：中砂，含泥量不大于 3%；

c. 水泥砂浆按 1:3 比例配置，并按水泥重量加入防裂剂，要求其收缩值不大于 1%。

③ 抹灰。钢丝网架可用胶粉聚苯颗粒保温浆料进行找平，并用胶粉聚苯颗粒对浇筑的缺陷进行处理。

a. 板面上界面剂如有缺损，应在表面上补界面处理剂，要求均匀一致，不得露底（包括钢丝网架）；

b. 抹灰层之间及抹灰层与保温板之间必须粘结牢固，无脱层、空鼓现象。表面应光滑洁净，接槎平整，线角须垂直、清晰；

c. 抹灰通常分底层和面层，分层抹灰时应待底层抹灰凝结后方可进行面层抹灰，每层抹完后均需洒水养护，或喷养护剂；

d. 分隔条宽度、深度要均匀一致，平整光滑，横平竖直，楞角整齐，滴水线槽流水坡间要正确、顺直，槽宽和深度不小于 10mm；

e. 抹灰完成后，在常温下 24h 后表面平整、无裂纹，即可在面层抹 4~5mm 聚合物水泥砂浆玻纤网格布防护层，然后在表面做面砖装饰层，如做涂料，宜采用弹性腻子和有机弹性涂料；

f. 外墙如贴面砖宜采用胶粘剂并按《建筑工程饰面砖粘结强度检验标准》(JGJ 110) 进行检验；

g. 注意环境影响，施工时应避免大风天气，当天气温度低于 5℃时，停止施工。

(9) 成品保护措施：

① 抹完水泥砂浆面层后的保温墙体，不得随意开凿孔洞，如确有开洞需要，如安装

物件等，应在砂浆达到设计强度后方可进行，待安装物件完毕后修补洞口。

② 翻拆架子时，应防止撞击，已修好的墙面、门窗洞口、边、角、垛处，应采取保护措施。其他作业也不得污染墙面，严禁踩踏窗台。

## 四、EPS（简称 SB 板）钢丝网架板现浇混凝土外墙外保温系统施工质量控制

机械固定 EPS 钢丝网架板外保温系统符合建筑节能需要，使用面积已达数百万平方米。适用于砌体、框架填充墙和现浇剪力墙建筑，施工简便，易于操作，钢丝抹灰层 25mm 厚，耐火性能超过 1.2h；钢丝网抹灰基层可靠，适合粘贴面砖饰面。以往多采用 1∶3水泥砂浆抹面，强度高，属刚性，灰层厚，易产生干缩和温度裂缝，严重影响使用寿命和保温效果。根据建筑节能发展需要，若采用此工艺需提高 SB 板现场安装质量，改进抹灰配比做法，合理设置保温系统的变形缝，全面改进，整体提高施工技术。

（一）系统特点

1. 外墙外保温用 EPS 钢丝网架板（又称 SB 板），是以阻燃型聚苯乙烯板为保温芯材，配有双向斜插入的高强度钢丝，并与单面覆以网目 50mm × 50mm 的 $\phi2.0$ 钢丝网片焊接，成为带有整体焊接钢丝网架的保温板材，根据保温需要斜插丝不穿透 EPS 板，按照国家建材行业标准《钢丝网架水泥聚苯乙烯夹芯板》（JC 623）要求，SB 板必须是机械连续自动焊接而成，严禁手工焊网。

2. SB 板可以和多种墙体复合，如实心砖墙、多孔砖墙、混凝土空心砌块墙体及现浇钢筋混凝土墙体。

3. 系统构造图，见图 2-10。

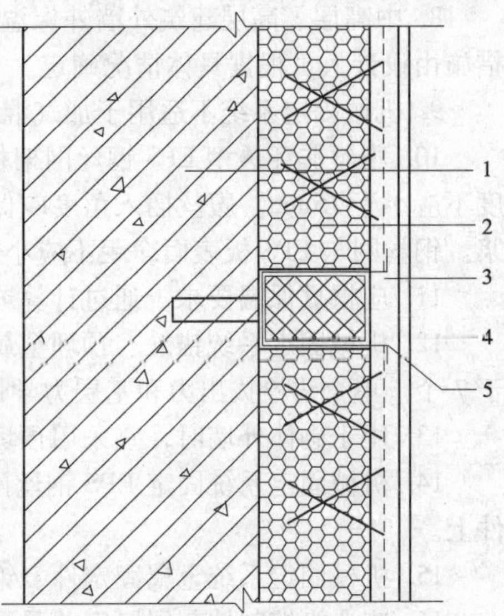


图 2-10　机械固定系统
1—基层；2—EPS 钢丝网架板；
3—掺外加剂的水泥砂浆厚抹面层；
4—饰面层；5—机械固定装置

（二）系统材料要求

1. 钢丝。SB 板板面网片的冷拔钢丝为 $\phi2.0\pm0.05$mm，用于斜插的镀锌冷拔钢丝为 $\phi2.0\pm0.05$mm，其抗拉强度不小于 550N/mm$^2$，钢网脱焊、漏焊点不得超过 2%，连续脱焊点不应多于 2 个，斜插丝脱焊点不得超过 2%。

2. 芯板。阻燃型聚苯乙烯芯板表观密度为 15～20kg/m$^3$，氧指数不小于 30，其余应符合《隔热用聚苯乙烯泡沫塑料》(GB 10801）的规定。

3. 抹灰砂浆。用于 SB 板砂浆面层宜采用不低于 M10 的抗裂水泥砂浆。如饰面层为弹性涂料时，为避免墙体开裂，应在墙面中层抹灰后压入耐碱玻纤网格布，网格布应符合《耐碱玻璃纤维网格布》(JC/T 841）的规定。

（三）系统构造及技术要求

1. 采用 SB 板与砌体复合时，应在墙体预埋 $\phi6$ 拉结筋，双向间距 500mm，梅花形布置，$\phi6$ 拉结筋距保温板端边 120～150mm。

2. 在每层外墙圈梁或框架梁上预埋铁件与承托角钢焊牢，焊缝厚度 $h_f=6$，四边围

焊。承托角钢尺寸根据芯板厚度确定。

3. 在完成的实心砖或钢筋混凝土墙体上复合 SB 板，锚固铁件可用$\phi 6$膨胀螺栓固定，梅花形布置，每平方米不少于 7 个或根据抗风计算增加。

4. SB 板局部加强采用增设局部钢丝网或增加钢筋的方法，钢丝网和钢筋与 SB 板钢丝网架之间采用绑扎连接方法。

5. 建筑装饰分格缝，凹进深度不得透过底层抹灰，分格间距根据设计。

6. 山墙等大面积抹灰超过 15m² 以上时，宜设变形缝，变形缝嵌填弹性密封膏。

7. 根据不同地区风荷载和建筑物高度，保温墙面所承受的最大风荷载和拉结筋、膨胀螺栓的拉拔力由生产厂家提供数据，由设计人员进行验算。

8. 中高层、高层建筑外墙外保温层的钢丝应有防雷接地措施，以防雷击事故。接地措施由设计人员根据具体情况确定。

9. 机械固定系统不适用于加气混凝土和轻集料混凝土基层。

10. 腹丝非穿透型 EPS 钢丝网架板腹丝插入 EPS 板中深度不应小于 35mm，未穿透厚度不应小于 15mm。腹丝插入角度应保持一致，误差不应大于 3°。板两面应预喷刷界面砂浆。钢丝网与 EPS 板表面净距不应小于 10mm。

11. 应根据保温要求，通过计算或试验确定 EPS 钢丝网架板厚度。

12. 机械固定系统锚栓、预埋金属固定件数量应通过试验确定，并且每平方米不应小于 7 个。单个锚栓拔出力和基层力学性能应符合设计要求。

13. 用于砌体外墙时，宜采用预埋钢筋网片固定 EPS 钢丝网架板。

14. 机械固定系统固定 EPS 钢丝网架板时应逐层设置承托件，承托件应固定在结构构件上。

15. 机械固定系统金属固定件、钢筋网片、金属锚栓和承托件应作防锈处理。

16. 应严格控制抹灰层厚度并采取可靠措施，确保抹灰层不开裂。

17. 机械固定钢丝网架聚苯乙烯泡沫塑料板外墙外保温层厚度参见表 2-22。

**严寒和寒冷地区居住建筑保温层厚度选用表**　　**表 2-22**

| 建筑物体型系数 | 采暖期室外平均温度（℃） | 代表性城市 | 外墙传热系数［W/(m²·K)］ | 外窗传热系数［W/(m²·K)］ | 聚苯板厚度（mm） | | | | |
|---|---|---|---|---|---|---|---|---|---|
| | | | | | 钢筋混凝土墙（200） | 混凝土空心砌块墙（190） | 灰砂砖墙（240） | 黏土多孔砖墙 | |
| | | | | | | | | DM（190） | $KP_1$（240） |
| ≤0.3 | 2.0～1.0 | 郑州、洛阳、宝鸡、徐州 | 1.10 | 4.70 | 35 | 30 | 30 | 30 | 30 |
| | | | 1.40 | 4.00 | 30 | 30 | 30 | | |
| | 0.9～0.0 | 西安、拉萨、济南、青岛、安阳 | 1.00 | 4.70 | 40 | 35 | 35 | | |
| | | | 1.28 | 4.00 | 30 | 30 | 30 | | |
| | −0.1～−1.0 | 石家庄、德州、晋城、天水 | 0.92 | 4.70 | 45 | 40 | 40 | 30 | 30 |
| | | | 1.20 | 4.00 | 30 | 30 | 30 | | |
| | −1.1～−2.0 | 北京、天津、大连、阳泉、平凉 | 0.90 | 4.70 | 45 | 40 | 40 | | |
| | | | 1.16 | 4.00 | 35 | 30 | 30 | | |

续表

| 建筑物体型系数 | 采暖期室外平均温度（℃） | 代表性城市 | 外墙传热系数［W/（$m^2$·K）］ | 外窗传热系数［W/（$m^2$·K）］ | 聚苯板厚度（mm） | | | | |
|---|---|---|---|---|---|---|---|---|---|
| | | | | | 钢筋混凝土墙（200） | 混凝土空心砌块墙（190） | 灰砂砖墙（240） | 黏土多孔砖墙 DM（190） | 黏土多孔砖墙 $KP_1$（240） |
| ≤0.3 | -2.1～-3.0 | 兰州、太原、唐山、阿坝、喀什 | 0.85 | 4.70 | 50 | 45 | 45 | 35 | 35 |
| | | | 1.10 | 4.00 | 35 | 30 | 30 | 30 | 30 |
| | -3.1～-4.0 | 西宁、银川、丹东 | 0.68 | 4.00 | 65 | 60 | 60 | 50 | 50 |
| | -4.1～-5.0 | 张家口、鞍山、酒泉、伊宁、吐鲁番 | 0.75 | 3.00 | 60 | 55 | 50 | 45 | 40 |
| | -5.1～-6.0 | 沈阳、大同、本溪、阜新、哈密 | 0.68 | 3.00 | 65 | 60 | 60 | 50 | 50 |
| | -6.1～-7.0 | 呼和浩特、抚顺、大柴旦 | 0.65 | 3.00 | 70 | 65 | 65 | 55 | 50 |
| | -7.1～-8.0 | 延吉、通辽、通化、四平 | 0.65 | 2.50 | 70 | 65 | 65 | 55 | 50 |
| | -8.1～-9.0 | 长春、乌鲁木齐 | 0.56 | 2.50 | 85 | 80 | 70 | 70 | 65 |
| | -9.1～-11.0 | 哈尔滨、牡丹江、克拉玛依、佳木斯、安达、齐齐哈尔、富锦 | 0.52 | 2.50 | 90 | 85 | 85 | 75 | 75 |
| | -11.1～-14.5 | 伊春、呼玛、海拉尔、满洲里、海伦、博克图 | 0.52 | 2.00 | 90 | 85 | 85 | 75 | 75 |
| >0.3 | 2.0～1.0 | 郑州、洛阳、宝鸡、徐州 | 0.80 | 4.70 | 55 | 50 | 45 | 40 | 35 |
| | | | 1.10 | 4.00 | 35 | 30 | 30 | 30 | 30 |
| | 0.9～0.0 | 西安、拉萨、济南、青岛、安阳 | 0.70 | 4.70 | 65 | 60 | 55 | 50 | 45 |
| | | | 1.00 | 4.00 | 40 | 35 | 35 | 30 | 30 |
| | -0.1～-1.0 | 石家庄、德州、晋城、天水 | 0.60 | 4.70 | 75 | 70 | 70 | 65 | 60 |
| | | | 0.85 | 4.00 | 50 | 45 | 45 | 435 | 35 |
| | -1.1～-2.0 | 北京、天津、大连、阳泉、平凉 | 0.55 | 4.70 | 85 | 80 | 80 | 70 | 70 |
| | | | 0.82 | 4.00 | 50 | 45 | 45 | 40 | 35 |
| | -2.1～-3.0 | 兰州、太原、唐山、阿坝、喀什 | 0.62 | 4.70 | 75 | 70 | 65 | 60 | 55 |
| | | | 0.78 | 4.00 | 55 | 50 | 50 | 40 | 40 |
| | -3.1～-4.0 | 西宁、银川、丹东 | 0.65 | 4.00 | 70 | 65 | 65 | 55 | 50 |
| | -4.1～-5.0 | 张家口、鞍山、酒泉、伊宁、吐鲁番 | 0.60 | 3.00 | 75 | 70 | 70 | 65 | 60 |
| | -5.1～-6.0 | 沈阳、大同、本溪、阜新、哈密 | 0.56 | 3.00 | 85 | 80 | 75 | 70 | 65 |
| | -6.1～-7.0 | 呼和浩特、抚顺、大柴旦 | 0.50 | 3.00 | 95 | 90 | 90 | 80 | 80 |
| | -7.1～-8.0 | 延吉、通辽、通化、四平 | 0.50 | 2.50 | 95 | 90 | 90 | 80 | 80 |
| | -8.1～-9.0 | 长春、乌鲁木齐 | 0.45 | 2.50 | 105 | 100 | 100 | 95 | 90 |

续表

| 建筑物体型系数 | 采暖期室外平均温度（℃） | 代表性城市 | 外墙传热系数［W/($m^2$·K)］ | 外窗传热系数［W/($m^2$·K)］ | 聚苯板厚度（mm） | | | | |
|---|---|---|---|---|---|---|---|---|---|
| | | | | | 钢筋混凝土墙（200） | 混凝土空心砌块墙（190） | 灰砂砖墙（240） | 黏土多孔砖墙 DM（190） | 黏土多孔砖墙 $KP_1$（240） |
| >0.3 | -9.1～-11.0 | 哈尔滨、牡丹江、克拉玛依、佳木斯、安达、齐齐哈尔、富锦 | 0.40 | 2.50 | 120 | 115 | 115 | 110 | 105 |
| | -11.1～-14.5 | 伊春、呼玛、海拉尔、满洲里、海伦、博克图 | 0.40 | 2.00 | 120 | 115 | 115 | 110 | 105 |

（四）SB 板安装质量控制

1. 施工准备

（1）材料：

SB 板、各种宽度的冷拔镀锌钢丝平网、角网、U 形网、$\phi6$ 钢筋、锚固铁件、膨胀螺栓和 22 号镀锌钢丝、承托角钢、预埋件。

（2）工具：

冲击钻、锤、扳手、断丝剪、钢尺、钢锯及常用工具。

（3）作业条件：

① 检查 SB 板质量：对于运输、堆放造成的变形，必须予以矫正，脱焊点必须补焊或用钢丝扎紧。

② 清理墙面：清除墙面上灰渣，并将墙面上不平整处补平。

2. 施工质量控制要点

（1）实心墙先在墙内预埋 $\phi6$ 拉结筋，筋长 320mm，预埋端设 20mm 弯钩，外露 160mm，拉结筋双向中距不应大于 500mm，多孔砖墙预埋拉结筋构造同实心墙；混凝土墙用 $\phi6$ 胀管螺钉固定，每平方米不少于 7 个固定胀管螺钉。拉结筋（或胀管螺钉）呈梅花形布置，外露拉结筋预刷两道防锈漆，沿门窗洞口的拉结筋距洞边宜为 75mm。

（2）在圈梁或框架梁上预埋连接件，其中距应不大于 1200mm，SB 板承托角钢与预埋连接件焊接。

（3）SB 板按设计裁板，拼接后安装就位。砌体墙拉结筋穿透 SB 板后扳倒，把钢丝网片压紧，并用钢丝扎紧。

（4）门窗洞口四角应铺 L 形 SB 板，不应采用直缝拼板，并在洞口四角 SB 板附加 45° 斜铺 400mm × 200mm 钢丝网。

（5）板与板应挤紧，聚苯板不碰头可用聚苯条塞实，要保证保温层严密。

（6）外墙阴阳角及门窗口、阳台底边处等，须附加钢丝网（平网、角网、U 网）。

（7）钢筋混凝土墙上复合 SB 板，可用 $\phi6$ 膨胀螺栓通过锚固件固定在墙体上。锚固件为镀锌薄钢板，槽深根据保温板厚度确定。

（8）大墙面超过 15$m^2$ 时，宜设置水平和垂直变形缝，变形缝净宽 20mm，内填聚乙烯棒形背衬，外嵌弹性密封膏。变形缝两侧 SB 板应用 U 形钢丝网包边，砂浆抹平后缝宽 20mm。

（五）外墙面抹灰

1. 抹灰前准备

（1）抹灰前，要认真清除板面灰尘、污垢、油渍等。

（2）检查加固阴阳角及拼缝网片，应顺直、平整、牢固。

2. 原材料

（1）抹面砂浆水泥：P·O　42.5 普通硅酸盐水泥；砂：中砂，含泥量不大于 3%。底层和中层水泥砂浆按 1∶4 比例配制。

（2）界面处理剂：聚合物水泥浆，内掺 4% 的抗裂剂和适量熟石灰粉，28d 抗压强度应达到 10MPa。面层为细砂水泥砂浆内掺 8% 抗裂剂和 1% 甲基纤维素。

（3）耐碱玻纤网格布。

3. 抹灰

（1）抹灰前，在 SB 板面未涂刷界面剂的部分，均匀喷涂或刷涂一层界面处理剂。

（2）抹灰分三层：底层、中层和罩面层。底层厚 12～15mm，中层 8～10mm，罩面层 3～5mm，总厚度不小于 25mm。山墙应在中层抹灰后，压入一层玻纤网格布，再抹罩面层灰。

（3）饰面：涂料饰面时，应在罩面层上先刮一层专用罩面腻子，不平处应用砂纸磨平。面砖饰面时，在罩面层上用专用粘结砂浆粘结面砖，专用胶粉勾缝。

## 第三节　浆料墙体节能工程施工质量控制

### 一、胶粉 EPS 颗粒保温浆料外墙外保温系统施工质量控制

（一）系统构造

1. 基本构造

胶粉 EPS 颗粒保温浆料外墙外保温系统（以下简称“保温浆料系统”）应由界面层、胶粉 EPS 颗粒保温浆料保温层、抗裂砂浆薄抹面层和饰面层组成（图 2-11）。胶粉 EPS 颗粒保温浆料经现场拌合后喷涂或涂抹在基层上形成保温层。薄抹面层中应满铺玻纤网。

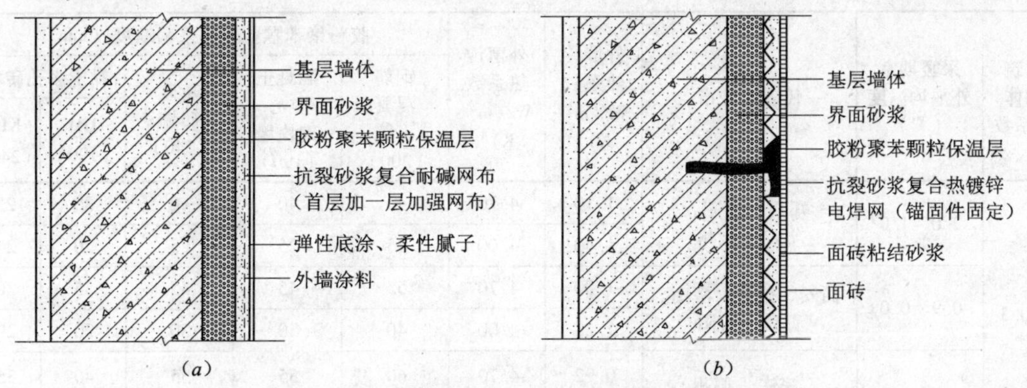


图 2-11　胶粉聚苯颗粒外墙外保温系统基本构造
（a）涂料饰面；（b）面砖饰面

2. 主要特点

(1) 无空腔构造，抗风压性能优异。

(2) 防火性能突出，适合于高层建筑和防火要求等级高的建筑部位使用。

(3) 施工适应性好，适合于各种建筑结构的公共建筑和居住建筑的节能保温工程。

(4) 防护面层抗冲击性能好，保温层无接缝，抗裂性能可靠。

(5) 施工性能好、速度快，一次抹灰厚度高，与其他外檐施工配合性好，防护面层易修复。

(二) 系统技术要求

1. 胶粉 EPS 颗粒保温浆料外墙外保温系统应由界面层、胶粉 EPS 颗粒保温浆料保温层、抗裂砂浆薄抹面层和饰面层组成（图 2-12）。胶粉 EPS 颗粒保温浆料经现场拌合后喷涂或抹在基层上形成保温层。薄抹面层中应满铺玻纤网。

2. 胶粉 EPS 颗粒保温浆料保温层设计厚度不宜超过 100mm。

3. 必要时应设置抗裂分隔缝。

4. 基层表面应清洁，无油污和脱模剂等妨碍粘结的附着物，空鼓、疏松部位应剔除。

5. 胶粉 EPS 颗粒保温浆料宜分遍抹灰，每遍间隔时间应在 24h 以上，每遍厚度不宜超过 20mm。第一遍抹灰应压实，最后一遍应找平，并用大杠搓平。

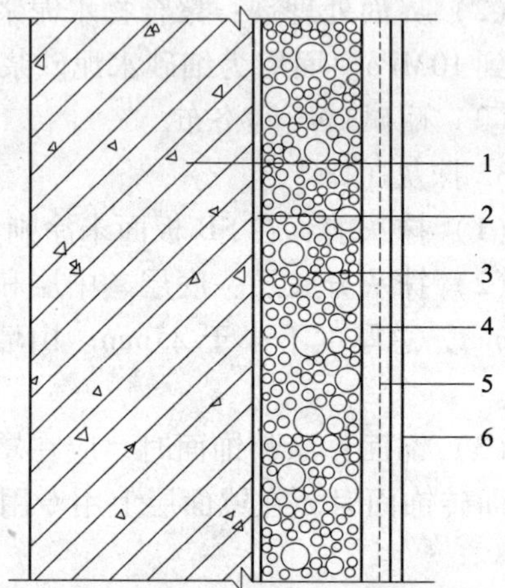


图 2-12　保温浆料系统

1—基层；2—界面砂浆；3—胶粉 EPS 颗粒保温浆料；4—抗裂砂浆薄抹面层；5—玻纤网；6—饰面层

6. 保温层硬化后，应现场检验保温层厚度，并现场取样检验胶粉 EPS 颗料保温浆料干密度。

7. 现场取样胶粉 EPS 颗粒保温浆料干密度不应大于 250kg/m³，并且不应小于 180kg/m³。现场检验保温层厚度应符合设计要求，不得有负偏差。

8. 胶粉聚苯颗粒保温浆料外墙外保温层厚度参见表 2-23。

严寒和寒冷地区居住建筑保温层厚度选用表　　表 2-23

| 建筑物体型系数 | 采暖期室外平均温度（℃） | 代表性城市 | 外墙传热系数 [W/(m²·K)] | 外窗传热系数 [W/(m²·K)] | 胶粉聚苯颗粒保温浆料厚度（mm） | | | | |
|---|---|---|---|---|---|---|---|---|---|
| | | | | | 钢筋混凝土墙（200） | 混凝土空心砌块墙（190） | 灰砂砖墙（240） | 黏土多孔砖墙 DM（190） | 黏土多孔砖墙 $KP_1$（240） |
| ≤0.3 | 2.0～1.0 | 郑州、洛阳、宝鸡、徐州 | 1.10 | 4.70 | 45 | 40 | 40 | 30 | 25 |
| | | | 1.40 | 4.00 | 35 | 25 | 25 | 20 | 20 |
| | 0.9～0.0 | 西安、拉萨、济南、青岛、安阳 | 1.00 | 4.70 | 55 | 45 | 45 | 35 | 30 |
| | | | 1.28 | 4.00 | 40 | 30 | 30 | 20 | 20 |
| | -0.1～-1.0 | 石家庄、德州、晋城、天水 | 0.92 | 4.70 | 60 | 55 | 55 | 40 | 35 |
| | | | 1.20 | 4.00 | 40 | 35 | 35 | 20 | 20 |

续表

| 建筑物体型系数 | 采暖期室外平均温度（℃） | 代表性城市 | 外墙传热系数[W/(m²·K)] | 外窗传热系数[W/(m²·K)] | 胶粉聚苯颗粒保温浆料厚度（mm） | | | | |
|---|---|---|---|---|---|---|---|---|---|
| | | | | | 钢筋混凝土墙（200） | 混凝土空心砌块墙（190） | 灰砂砖墙（240） | 黏土多孔砖墙 DM（190） | 黏土多孔砖墙 $KP_1$（240） |
| ≤0.3 | −1.1 ~ −2.0 | 北京、天津、大连、阳泉、平凉 | 0.90 | 4.70 | 60 | 55 | 50 | 45 | 40 |
| | | | 1.16 | 4.00 | 45 | 35 | 35 | 25 | 20 |
| | −2.1 ~ −3.0 | 兰州、太原、唐山、阿坝、喀什 | 0.85 | 4.70 | 65 | 60 | 55 | 50 | 45 |
| | | | 1.10 | 4.00 | 45 | 40 | 40 | 30 | 25 |
| | −3.1 ~ −4.0 | 西宁、银川、丹东 | 0.68 | 4.00 | 85 | 80 | 80 | 70 | 65 |
| | −4.1 ~ −5.0 | 张家口、鞍山、酒泉、伊宁、吐鲁番 | 0.75 | 3.00 | 75 | 70 | 70 | 60 | 55 |
| | −5.1 ~ −6.0 | 沈阳、大同、本溪、阜新、哈密 | 0.68 | 3.00 | 85 | 80 | 80 | 70 | 65 |
| | −6.1 ~ −7.0 | 呼和浩特、抚顺、大柴旦 | 0.65 | 3.00 | 90 | 85 | 85 | 75 | 70 |
| | −7.1 ~ −8.0 | 延吉、通辽、通化、四平 | 0.65 | 2.50 | 90 | 85 | 85 | 75 | 70 |
| | −8.1 ~ −9.0 | 长春、乌鲁木齐 | 0.56 | 2.50 | — | — | 100 | 90 | 85 |
| | −9.1 ~ −11.0 | 哈尔滨、牡丹江、克拉玛依、佳木斯、安达、齐齐哈尔、富锦 | 0.52 | 2.50 | — | — | — | 100 | 95 |
| | −11.1 ~ −14.5 | 伊春、呼玛、海拉尔、满洲里、海伦、博克图 | 0.52 | 2.00 | — | — | — | 100 | 95 |
| >0.3 | 2.0 ~ 1.0 | 郑州、洛阳、宝鸡、徐州 | 0.80 | 4.70 | 70 | 65 | 60 | 55 | 50 |
| | | | 1.10 | 4.00 | 45 | 40 | 40 | 30 | 25 |
| | 0.9 ~ 0.0 | 西安、拉萨、济南、青岛、安阳 | 0.70 | 4.70 | 85 | 80 | 75 | 65 | 60 |
| | | | 1.00 | 4.00 | 55 | 45 | 45 | 35 | 30 |
| | −0.1 ~ −1.0 | 石家庄、德州、晋城、天水 | 0.60 | 4.70 | 100 | 95 | 90 | 85 | 80 |
| | | | 0.85 | 4.00 | 65 | 60 | 55 | 50 | 45 |
| | −1.1 ~ −2.0 | 北京、天津、大连、阳泉、平凉 | 0.55 | 4.70 | 110 | 105 | 100 | 95 | 90 |
| | | | 0.82 | 4.00 | 70 | 65 | 60 | 50 | 45 |
| | −2.1 ~ −3.0 | 兰州、太原、唐山、阿坝、喀什 | 0.62 | 4.70 | 100 | 90 | 90 | 80 | 75 |
| | | | 0.78 | 4.00 | 75 | 65 | 65 | 55 | 50 |
| | −3.1 ~ −4.0 | 西宁、银川、丹东 | 0.65 | 4.00 | 90 | 85 | 85 | 75 | 70 |
| | −4.1 ~ −5.0 | 张家口、鞍山、酒泉、伊宁、吐鲁番 | 0.60 | 3.00 | 100 | 95 | 90 | 85 | 80 |
| | −5.1 ~ −6.0 | 沈阳、大同、本溪、阜新、哈密 | 0.56 | 3.00 | — | — | 100 | 90 | 85 |

续表

| 建筑物体型系数 | 采暖期室外平均温度（℃） | 代表性城市 | 外墙传热系数[W/(m²·K)] | 外窗传热系数[W/(m²·K)] | 胶粉聚苯颗粒保温浆料厚度（mm） | | | | |
|---|---|---|---|---|---|---|---|---|---|
| | | | | | 钢筋混凝土墙（200） | 混凝土空心砌块墙（190） | 灰砂砖墙（240） | 黏土多孔砖墙 | |
| | | | | | | | | DM（190） | $KP_1$（240） |
| >0.3 | -6.1～-7.0 | 呼和浩特、抚顺、大柴旦 | 0.50 | 3.00 | — | — | — | — | 100 |
| | -7.1～-8.0 | 延吉、通辽、通化、四平 | 0.50 | 2.50 | — | — | — | — | 100 |
| | -8.1～-9.0 | 长春、乌鲁木齐 | 0.45 | 2.50 | — | — | — | — | — |
| | -9.1～-11.0 | 哈尔滨、牡丹江、克拉玛依、佳木斯、安达、齐齐哈尔、富锦 | 0.40 | 2.50 | — | — | — | — | — |
| | -11.1～-14.5 | 伊春、呼玛、海拉尔、满洲里、海伦、博克图 | 0.40 | 2.00 | — | — | — | — | — |

注：栏内未注明厚度者，不能选用。

（三）系统施工质量控制要点

1. 施工条件

（1）基层墙体应符合《混凝土结构工程施工质量验收规范》(GB 50204）和《砌体工程施工质量验收规范》(GB 50203）的要求。

（2）门窗框及墙身上各种进户管线、水落管支架、预埋管件等按设计安装完毕，并预留出外保温层的厚度。

（3）施工中环境温度不应低于5℃，风力应不大于5级，风速不宜大于10m/s。雨天施工时应采取防雨措施。

2. 施工机具准备

（1）在进行保温施工前，按工程量的大小、进场工人的数量，安装好容积约300L砂浆搅拌机，按现场平面布置搭设搅拌机棚，接通水电，调试正常，搅拌棚的地点应选择背风向，靠近垂直运输机械。搅拌棚应三侧封闭，一侧作为进出料通道，应有顶棚，地面应平整坚实。

（2）保温施工若采用双排脚手架施工时，脚手架应搭设牢固，脚手板应分层铺严；若采用电动吊篮施工，电动吊篮应安装完毕，安全验收检查合格后方可使用。配套垂直运输机械应安装验收完毕后使用。

（3）铁抹子：保温浆料施工宜使用抹子面积较大的矩形抹子。

（4）阳角抹子、阴角抹子：保温浆料施工宜用塑料材质，抗裂砂浆宜用钢材质。

（5）托灰板。

（6）杠尺：铝合金杠尺长度2～2.5m和1.5m两种。

（7）靠尺：木靠尺3～5cm宽，2m长，单面为八字靠尺。

（8）猪鬃刷：2寸。

（9）方头铁锹。

(10) 搅拌桶：容积为20L左右的敞口搅拌桶。

(11) 手推车。

(12) 木方尺：单边长不小于15cm。

(13) 常用的检测工具：经纬仪及放线工具、2m托线板/杠尺、方尺、探针、钢尺等。

3. 材料配制

(1) 界面砂浆的配制：

界面剂：中细砂：水泥=1：1：1（质量比），用砂浆搅拌机或电动搅拌器搅拌。先加入1份界面剂与1份中细砂搅拌均匀后，再加入水泥搅拌均匀成浆状。

(2) 胶粉聚苯颗粒保温浆料的配制：

采用300L以上的砂浆搅拌机，或满足浆料在搅拌机中的容积不超过搅拌机容积70%的搅拌机。先将35～40kg水倒入搅拌机内（加入的水量以满足施工和易性为准），接着倒入一袋（25kg）胶粉料，搅拌5min后，再倒入一袋（200L）聚苯颗粒轻骨料，继续搅拌直至均匀（3min以上）。该浆料应随搅随用，且在4h内用完。

(3) 抗裂砂浆的配制：

① 当涂料饰面时：抗裂剂：中砂（细度模数3.0～2.3）：水泥=1：3：1（质量比）；② 当面砖饰面时：抗裂剂：中砂（细度模数3.0～2.3）：水泥=1：2：1（质量比）。用砂浆搅拌机或电动搅拌器搅拌。先加入抗裂剂、中砂搅拌均匀后，再加入水泥继续搅拌3min。所用中砂含水率应小于3%，抗裂砂浆配制及使用过程中均不得加水，并应在配制好后2h内用完。

(4) 柔性腻子的配制：

柔性腻子胶：白色硅酸盐水泥=1：0.4（质量比），用电动搅拌器搅拌均匀即可使用，应在2h内用完。

(5) 面砖粘结砂浆的配制：

由面砖专用胶液：中细砂（细度模数2.8～2.0）：水泥=(0.7～0.8)：1：1（质量比），用砂浆搅拌机或电动搅拌器搅拌。先加入面砖专用胶液、中细砂搅拌均匀后，再加入水泥继续搅拌3min，面砖粘结砂浆配制及使用过程中均不得加水，并应在配制好后2h内用完。

(6) 面砖勾缝材料的配制：

面砖勾缝胶粉：水=4：1（质量比），用电动搅拌器搅拌均匀，并应在配制好后2h内用完。

4. 施工程序

胶粉聚苯颗粒外墙外保温系统施工程序，见图2-13。

5. 施工操作要点

(1) 基层墙面处理：

保温施工前应会同相关部门做好结构验收，外墙面基层的垂直度和平整度应符合现行国家施工验收规范要求。进行保温层隐蔽施工前应做好如下检查工作：

① 外墙面的阳台栏杆、雨落管托架、外挂消防梯等外挂件应安装完毕并验收合格。墙面的暗埋管线、线盒、预埋件、空调孔应提前安装完毕并验收合格，并应考虑到保温层的厚度的影响。

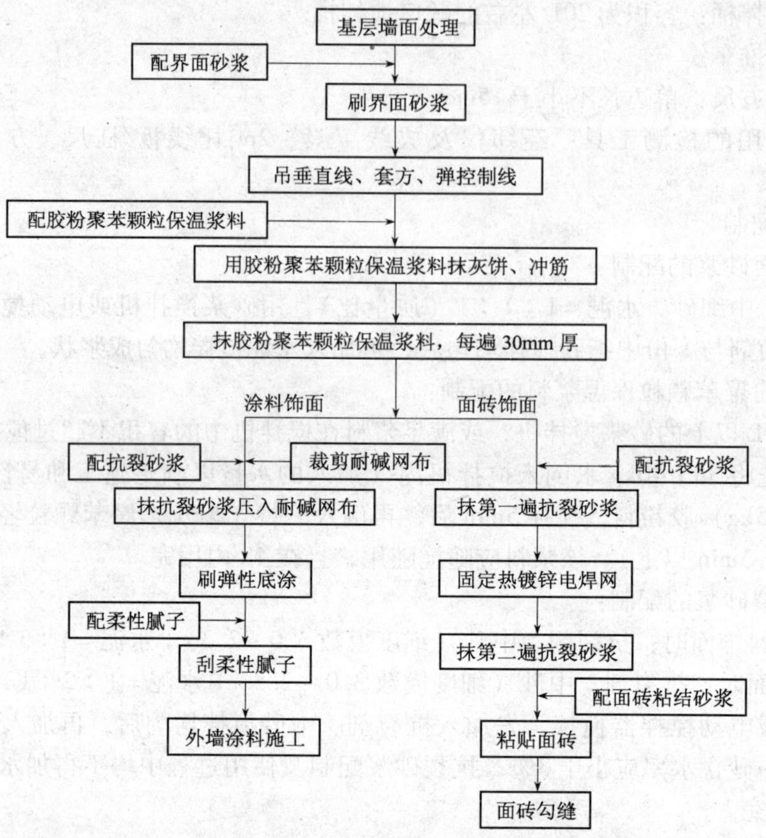


图2-13 胶粉聚苯颗粒外墙外保温系统施工程序

② 外窗辅框应安装完毕并验收合格。

③ 墙面脚手架孔、模板穿墙孔及墙面缺损处用水泥砂浆修补完毕，并验收合格。

④ 主体结构的变形缝、伸缩缝应提前做好处理。

⑤ 彻底清除基层墙体表面浮灰、油污、隔离剂、空鼓及风化物等影响墙面施工的物质。墙体表面凸起物大于10mm时应剔除。

⑥ 各种材料的基层墙面均应用涂料滚刷、满刷界面砂浆，注意界面砂浆层不宜施工过厚。

（2）吊垂直线、弹控制线，贴饼：

保温浆料施工前应在墙面做好施工厚度标志，应按如下步骤进行贴饼：

① 每层首先用2m杠尺检查墙面平整度，用2m托线板检查墙面垂直度。

② 在距每层顶部约10cm处，同时距大墙阴、阳角约10cm处，根据大墙角已挂好的钢垂直控制线厚度，用界面砂浆粘贴5cm×5cm聚苯板块作为标准贴饼。

③ 待标准贴饼固定后，在两水平贴饼间拉水平控制线，具体做法为：将带小线的小圆钉插入标准贴饼，拉直小线，使小线控制比标准贴饼略高1mm，在两贴饼之间按1.5m间隔水平粘贴若干标准贴饼。

④ 用线坠吊垂直线，在距楼层底部约10cm，大墙阴、阳角10cm处粘贴标准贴饼（楼层较高时应两人共同完成）之后，按间隔1.5m左右沿垂直方向粘贴标准贴饼。

⑤ 每层贴饼施工作业完成后，水平方向用 2～5m 小线拉线检查贴饼的一致性，垂直方向用 2m 托线板检查垂直度，并测量灰饼厚度，做好记录，计算出超厚面积工程量。

（3）保温层施工：

① 保温浆料应分层作业施工完成，每次抹灰厚度宜控制在 20mm 左右，分层抹灰施工至设计保温层厚度，每层施工时间间隔为 24h。

② 保温浆料底层抹灰顺序应按照从上至下，从左至右抹灰，在压实的基础上可尽量加大施工抹灰厚度，抹至距保温标准贴饼差 1cm 左右为宜。

③ 保温浆料中层抹灰厚度要抹至与标准贴饼齐平。中层抹灰后，应用大杠在墙面上来回搓抹，去高补低，最后再用铁抹子压一遍，使保温浆料层表面平整，厚度与标准贴饼一致。

④ 保温浆料面层抹灰应在中层抹灰 4～6h 之后进行，施工前应用杠尺检查墙面平整度，墙面偏差应控制在 ±2mm。保温面层抹灰时应以修补为主，对于凹陷处用稀浆料抹平，对于凸起处可用抹子立起来将其刮平，最后用抹子分遍再赶压墙面，先用 2m 杠尺检验水平，后用托线板检验垂直，要求垂直度、平整度达到验收标准。

⑤ 保温浆料施工时要注意清理落地浆料，落地浆料在 4h 内重新搅拌即可使用。

⑥ 阴阳角找方应按下列步骤进行：

a. 用木方尺检查基层墙角的直角度，用线坠吊垂直检验墙角的垂直度；

b. 保温浆料的中层灰抹后应用木方尺压住墙角保温浆料层上下搓动，使墙角保温浆料基本达到垂直，然后角部用阴、阳角抹子压光；

c. 保温浆料面层大角抹灰时要用方尺、抹子反复测量抹压修补操作，确保垂直度 +2mm，直角度 ±2mm；

d. 门窗侧口的墙体与门窗边框连接处应预留出相应的保温层的厚度，并对已做好门窗边框表面成品保护；

e. 门窗辅框安装验收合格后方可进行门窗口部位的保温抹灰施工，门窗口施工时应先抹门窗侧口、窗上口部分的保温层，再抹大墙面的保温层。窗台口部分应先抹大墙面的保温层，再抹窗台口部分的保温层。施工前应按门窗口的尺寸截好单边八字靠尺，作口应贴尺施工，以保证门窗口处方正与内、外尺寸的一致性。

⑦ 门、窗口滴水槽应在保温浆料施工完成后，在保温层上用壁纸刀沿线划开设定宽度的凹槽，槽深 15mm 左右，先用抗裂砂浆填满凹槽，然后将滴水槽嵌入预先划好的凹槽中，并保证与抗裂砂浆粘结牢固，收去滴水槽两侧檐口浮浆，滴水槽应镶嵌牢固、水平。滴水槽施工时应注意槽镶嵌的位置距窗侧口的墙面不应大于 2cm，距外保温墙面不应超过 3cm。

⑧ 保温浆料施工完成后应按检验批的要求作全面的质量检验。在自检合格的基础上，整理好施工质量记录，报总包方和相关方进行隐蔽检查验收。

（4）抗裂防护层及饰面层施工：

① 涂料饰面。待保温层施工结束 3～7d 后（强度达到用手掌按不动墙面为判断标准）且保温层厚度、平整度隐蔽验收合格以后，方可进行抗裂层施工。

a. 抗裂层施工前，应先将耐碱涂塑玻纤网格布按楼层高度分段裁好，将网格布裁成长度 3m 左右的布块，网格布包边应剪掉。

b. 按施工配比要求配制搅拌抗裂砂浆，注意砂浆应随搅随用，严禁使用过时砂浆。现场用砂时应过 2.5mm 的筛网，否则，抗裂砂浆层过于粗糙，影响工程质量。

c. 抹抗裂砂浆时，厚度应控制在 3～5mm，抹完宽度、长度相当于网格布面积的抗裂砂浆后，应立即用铁抹子将耐碱玻纤网格布压入新抹的抗裂砂浆中。网布之间搭接宽度应不小于 50mm，先将底部网格布搭接处压入抗裂砂浆中，然后再抹一些抗裂砂浆将上面搭接的网格布压入抗裂砂浆中，搭接处要充满抗裂砂浆，严禁在网格布搭接处不抹抗裂砂浆或不满抹抗裂砂浆干搭现象，最后要沿网格布纵向用铁抹子再压一遍收光，消除面层的抹子印。网格布压入程度以可见暗露网眼，但表面看不到裸露的网格布为宜。

d. 阴角处耐碱网格布要单面压槎搭接，其宽度应不小于 150mm；阳角处应双向包角压槎搭接，其宽度应不小于 200mm。网格布施工时根据架子情况可横向铺贴施工，也可竖向铺贴施工，但要注意要顺槎顺水搭接，严禁逆槎逆水搭接。

e. 网布铺贴要紧贴墙面保证平整，无褶皱，砂浆饱满度应达到 100%，不应出现大面积露布之处，大墙面要抹平、找直，阴阳角处要保证方正和垂直度。

f. 首层墙面应铺贴双层耐碱网格布，第一层铺贴网格布，网格布之间应采用对接方法进行铺贴（不搭接），第一层铺贴施工完成后，进行第二层网格布的铺贴，铺贴方法如前所述，两层网格布之间的抗裂砂浆应饱满，严禁干贴。

g. 建筑物首层外保温应在阳角处双层网格布之间设专用金属护角，护角高度一般为 2m。在第一层网格布铺贴好后，应放好金属护角，用抹子在护角孔处拍压出抗裂砂浆，抹第二遍抗裂砂浆压网格布，网格布覆盖包裹住护角，保证护角部位坚实、牢固，抗冲击。

h. 大面积铺贴网格布之前，应在门窗洞口处沿 45°角方向先粘贴一道网格布，网格布尺寸宜为 300mm×400mm，粘贴部位如图 2-14 所示。

i. 抗裂面层口角处需作压平修整时，可用鬃刷蘸取适量水涂刷新抹抗裂砂浆表面后再进行压光作业，可有效地防止抗裂砂浆粘抹子。压后窗台口处要平直，不要有毛刺，窗口阳角应用阳角抹子赶压修整顺直。

j. 抗裂层施工完成后应按检验批的要求对工程质量进行全面检查，检查方法同保温层平整度、垂直度检验方法。在自检合格的基础上，整理好施工质量记录，报总包方和相关方进行隐蔽检查验收。

k. 抗裂砂浆抹完后，严禁在此面层上抹普通水泥砂浆腰线、套口线或刮涂刚性腻子等达不到柔性指标的外装饰材料。

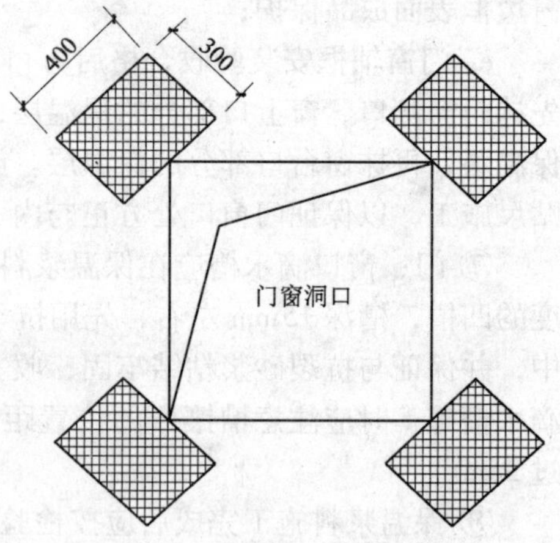

图 2-14　门窗洞口处增贴一道网格布示意图

l. 在抗裂砂浆施工 2h 后刷弹性底涂，使其表面形成防水透汽层。

m. 待抗裂砂浆基层干燥后，保温抗裂层验收合格后方可进行饰面层施工，对平整度达不到装饰要求的部位应刮柔性耐水腻子进行找补，这些部位包括：平整度不够的墙面、阴角、阳角、色带以及需要找平的部位。涂刮耐水腻子找平施工时，应用靠尺对墙面及找平部位进行检验，对于局部不平整处，应先刮柔性耐水腻子进行修复，刮涂柔性耐水腻子宜在柔性耐水腻子未干前进行打磨，打磨柔性耐水腻子宜用 0 号粗砂纸加打磨板进行打磨。大面积涂刮腻子应在局部修补之后进行，大面积涂刮腻子宜分两遍进行，但两遍涂刮方向应相互垂直。

n. 浮雕涂料可直接在弹性底涂上进行喷涂，其他涂料在腻子层干燥后进行刷涂或喷涂。若干挂石材，则根据设计要求直接在保温面层上进行干挂石材。

② 面砖饰面。待保温层施工结束 3 ~7d 后（强度达到用手掌按不动墙面为判断标准）且保温层厚度、平整度隐蔽验收合格以后，方可进行抗裂层施工。

a. 抗裂层施工前应先将热镀锌四角焊网按楼层高度用断丝钳子分段裁好，将热镀锌四角焊网裁成长度约 3m 左右的网片，并尽量将网片整平。

b. 抹第一遍抗裂砂浆时，厚度应控制在 3mm 左右，要求满抹，不得有漏抹之处。按楼层分层施工，第一层抗裂砂浆固化后，开始进行铺钉热镀锌四角焊网施工，要求第一层抗裂层的平整度不低于保温浆料层的平整度。

c. 铺钉热镀锌四角焊网应按从上而下，从左至右的顺序进行施工，首先将热镀锌四角焊网在墙面就位，热镀锌四角焊网张开后弯曲面向墙面，用约 5 ~6cm 长的折成 U 形的 12 号钢丝插入保温层，将热镀锌四角焊网临时固定，将热镀锌四角焊网固定于保温墙面上后立即用电动冲击钻在临时固定的热镀锌四角焊网上部打孔，在孔中插入塑料膨胀锚栓，用手锤将胀钉钉牢，塑料膨胀锚栓的分布应尽可能地按图 2-15 所示。控制胀栓密度应为每平米 5 ~6 个，锚固胀栓固定热镀锌四角焊网要钉入结构墙体，钉入深度应不小于 25mm。在轻体填充砌块墙上施工时，应尽可能地将铆钉打入砌块砂浆缝中，具体做法是在钉胀栓前先将砌块宽度标于施工墙体构造柱两侧，然后拉水平线将胀钉打在水平控制线内，以确保胀钉的拉拔强度。

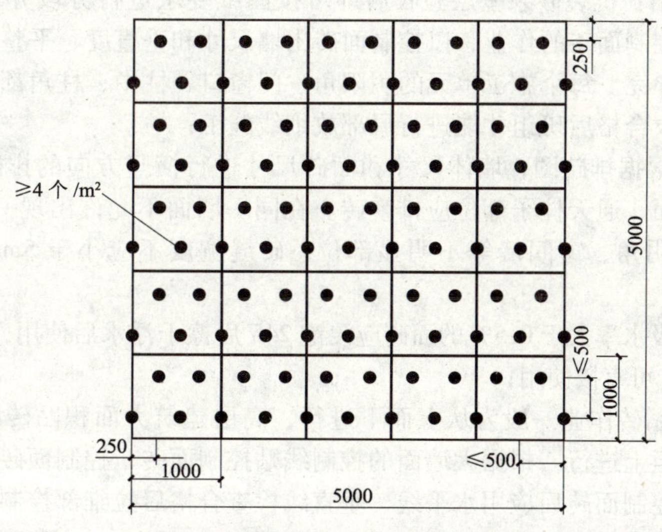


图 2-15 粘贴面砖锚固点分布图

d. 铺钉热镀锌四角焊网施工时要尽量使热镀锌四角焊网贴近墙面，对于热镀锌四角焊网局部翘起的部分应再用约 5 ~10cm 长的折成 U 形的 12 号钢丝插入保温层压平固定，要求热镀锌四角焊网局部翘起应小于2mm。热镀锌四角焊网边相互搭接宽度应在40mm左右（3格网格），搭接部位以不大于300mm的距离用镀锌钢丝将两网绑扎在一起。

e. 为使热镀锌四角焊网铺钉门窗口角和墙面阴阳角部位施工质量得到保证，可将门窗口角和墙面阴阳角部位的热镀锌四角焊网在施工前预先折成直角，再进行锚固施工。

f. 窗洞等侧口部位热镀锌四角焊网收口处的固定胀栓数每延米不应少于三个胀栓，门窗口的热镀锌四角焊网边应直接固定于墙体基层并紧靠辅框处进行锚固施工，锚入胀钉距基层墙体外侧的距离不宜小于30mm。

g. 在裁剪热镀锌四角焊网过程中不得将钢网形成死折，检查热镀锌四角焊网铺钉要紧贴墙面，保证平整度达到±2mm的要求。

h. 热镀锌四角焊网平整度检验合格后方可进行第二层抗裂砂浆的罩面施工，第二层抗裂砂浆抹灰层厚度应控制在5~7mm，热镀锌四角焊网要求100%地被抗裂砂浆覆盖，抗裂砂浆面层平整度、垂直度应控制在±2mm之内。

i. 抗裂砂浆抹灰2~3h之后可用木抹子在热镀锌四角焊网格上将抗裂砂浆面层搓毛，为下一层的连接提供相应的界面。

j. 抗裂砂浆口角处需做压平修整时，可在表面用鬃刷适量刷水后再进行压光作业，可有效地防止压光过程中灰浆粘抹子。窗台口处要平直，不得有毛刺，窗口阳角应用阳角抹子赶压修整顺直。

k. 抗裂砂浆施工完成后应按检验批的要求对施工质量进行全面检查，在自检合格的基础上，整理施工质量记录并报总包方和相关方进行隐蔽检查验收。

l. 抗裂砂浆抹完后，严禁在面层上涂抹普通水泥砂浆腰线以及做水泥砂浆套口等。

m. 粘贴面砖按一般面砖粘贴施工工艺进行，应采用保温层专用面砖粘贴砂浆。

（a）弹线分格：抗裂砂浆基层验收后即可按图纸要求进行分段分格弹线。同时，在面层进行粘标准控制面砖的作业，以控制面砖出墙尺寸和垂直度、平整度，注意每个立面的控制线应一次弹完。每个施工单元的阴阳角、门窗口、柱中、柱角都要弹线，控制线应用墨线弹制，验收合格后班组才能进行局部放细线施工；

（b）排砖：根据排砖图，墙体尺寸和面砖尺寸进行横竖方向的排砖，应注意保证面砖缝均匀，大墙面、通天柱子部位应排整砖。在同一墙面不允许出现一行以上的非整砖，非整砖要出现在阴角、窗间墙等不明显部位，砖缝宽度不应小于5mm，严禁采用密缝排砖；

（c）浸砖：吸水率大于0.5%的面砖应浸泡24h后擦干浮水后使用，吸水率小于0.5%的面砖不需要浸砖可直接使用；

（d）贴砖：贴砖作业一般为从上而下进行，高层建筑大面积贴砖应分段进行。每段贴砖施工应由下至上进行。根据大墙面的控制线贴控制面砖，控制面砖一般要贴在控制线的交角处，贴好控制面砖后应用水平线、垂直线检查合格后拉细部控制线施工。贴砖前墙面应充分浇水，待浇水层风干至潮湿无明水时即可施工。贴砖时，背面打灰要饱满，粘结灰浆中间略高四边略低，粘贴时要轻轻揉压，压出的灰浆用铁铲剔除。粘结灰浆厚度宜控制在3~5mm左右，面砖的垂直度、平整度应与控制面砖一致；

（e）面砖勾缝：施工前应在面砖施工检查合格后进行，勾缝时应先勾横缝再勾竖缝，缝深2~3mm、缝隙要顺直，轮廓要方正，颜色要一致。缝勾完后应立即用棉丝、海绵蘸水或清洗剂擦洗干净，勾缝后的面砖层严禁用盐酸等各种酸性物质清洗墙面，以免造成勾缝材料泛白。面砖粘贴后应及时勾缝，严禁在接近冬期施工时面砖粘贴后不做勾缝处理而越冬的施工现象发生。

## 二、胶粉颗粒贴砌聚苯板外墙外保温系统施工质量控制

（一）系统构造

1. 基本构造

胶粉聚苯颗粒贴砌聚苯板外墙外保温系统，由于聚苯板内粘贴层、外找平层和板缝填充层均为胶粉聚苯颗粒粘结保温浆料（简称“粘结保温浆料”），故该做法也称为“三明治做法”。

根据饰面层做法的不同，“三明治做法”可分为涂料饰面系统及面砖饰面系统两种。基本构造为保温粘结层由15mm厚粘结保温浆料抹于墙体表面，再贴砌开好横向槽并涂刷界面剂的聚苯板，预留的10mm板缝砌筑碰头灰挤出刮平，表面再用10mm厚粘结保温浆料找平，形成粘结保温浆料+聚苯板+粘结保温浆料无空腔复合保温层。抗裂防护层采用抗裂砂浆复合涂塑耐碱玻纤网格布（涂料饰面）或抗裂砂浆复合热镀锌钢丝网尼龙胀栓锚固（面砖饰面）构成抗裂防护层，表面刮涂抗裂柔性耐水腻子、涂刷饰面涂料或面砖粘结砂浆粘贴面砖构成饰面层，其体系构造如图2-16所示。

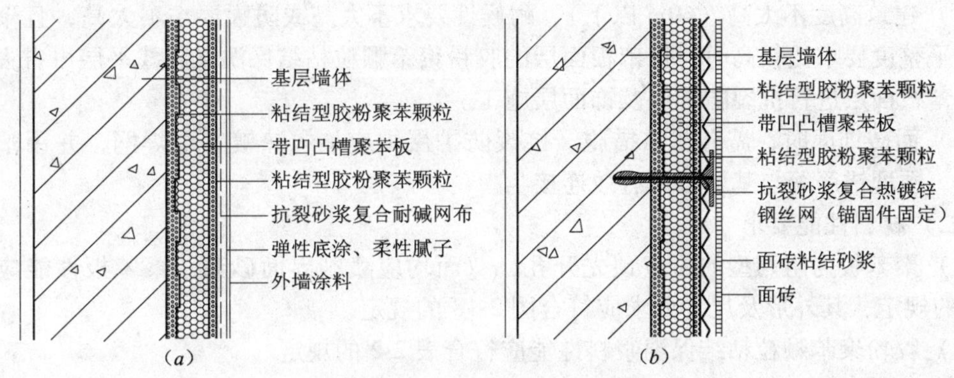


图2-16　胶粉聚苯颗粒贴砌聚苯板外墙外保温系统基本构造
（a）涂料饰面；（b）面砖饰面

2. 基本特点

（1）热桥部位，如门窗洞口、飘窗、女儿墙、挑檐、阳台、空调机搁板等部位应加强保温，不易用聚苯板进行保温的部位应抹胶粉聚苯颗粒保温浆料进行保温。

（2）膨胀聚苯板应预先开出梯形槽，每块板上还应开出两个用于透汽及粘贴加强用的塞孔（塞孔可为圆柱形、方柱形或纵截面为凸字形），膨胀聚苯板双面均应喷刷界面砂浆。其外形及尺寸要求应符合图2-17的规定。

（3）挤塑聚苯板每块板应预先开出两个用于透汽及粘贴加强用的塞孔（塞孔可为圆柱形、方柱形或纵截面为凸字形），挤塑聚苯板双面均应喷刷界面砂浆。其外形及尺寸要求应符合图2-18的规定。

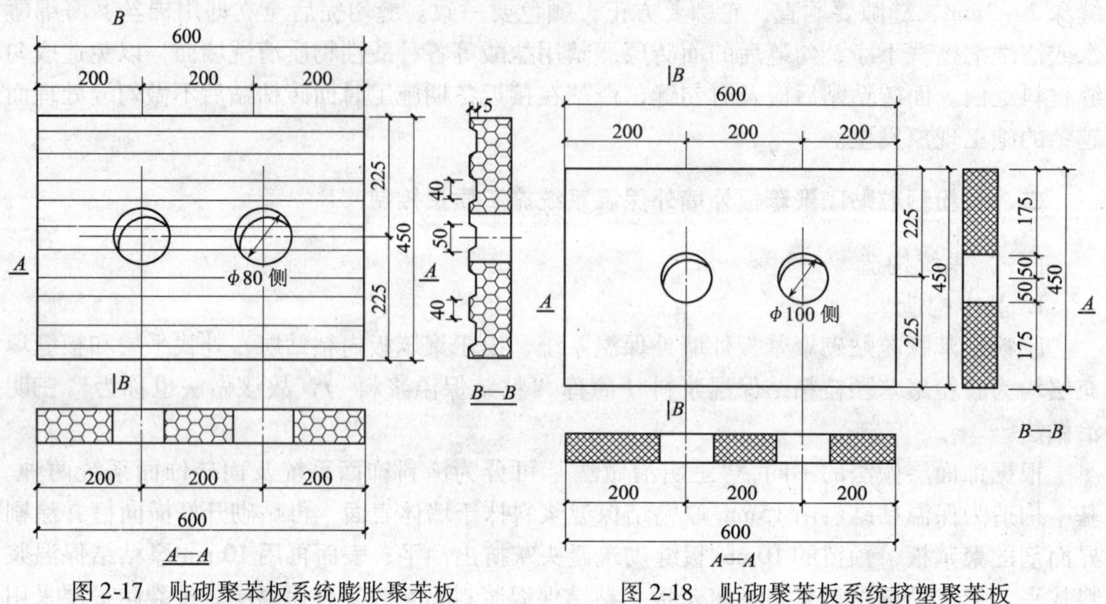


图 2-17　贴砌聚苯板系统膨胀聚苯板外形及尺寸要求

图 2-18　贴砌聚苯板系统挤塑聚苯板外形及尺寸要求

（4）聚苯板之间应留有 10mm 宽的板缝以便透汽，并有利于粘贴时不会在板四周形成空鼓。板缝及塞孔均用胶粉聚苯颗粒粘结保温浆料填实。

（5）建筑高度不太高（60m 以下）、耐候性要求不太高或防火要求不太高，且聚苯板粘贴的平整度要求比较高时，聚苯板面层的胶粉聚苯颗粒粘结保温浆料找平层可省去，直接在聚苯板面层进行抗裂防护层及饰面层施工。

（6）面砖饰面时，需有加强措施。抗裂防护层中应加入热镀锌电焊网，并用塑料膨胀锚栓、预埋锚筋等与基层墙体有效连接。

（二）材料性能要求

（1）聚苯板为阻燃型的，应预先开孔，双面均应喷刷界面砂浆。聚苯板性能应符合表 2-2 的规定，其外形及尺寸要求应符合图 2-18 的规定。

（2）胶粉聚苯颗粒粘结保温浆料性能应符合表 2-2 的规定。

（3）抗裂防护层、饰面层材料和其他辅助材料性能应符合要求。

（三）系统施工质量控制要点

1. 施工条件

（1）基层墙体应符合《混凝土结构工程施工质量验收规范》（GB 50204）和《砌体工程施工质量验收规范》（GB 50203）的要求。对于砌体工程，基层表面应抹水泥砂浆找平后方可进行施工。

（2）墙面应清理干净，清洗油渍，施工孔洞、架眼以及阳台板、墙板残缺处应用水泥砂浆修补整齐、清扫浮灰等；旧墙面松动、风化部分应剔除干净。

（3）外墙面上的雨水管卡、预埋铁件、设备穿墙管道等应提前安装完毕，并预留出外保温层的厚度。

（4）施工用吊篮或专用外脚手架搭设牢固，安全检验合格后方可上人施工。脚手架横竖杆距离墙面、墙角适度，脚手板铺设与外墙分格相适应。施工时应有防止工具、用具、材料坠落的措施。

（5）作业时环境温度不应低于5℃，风力不应大于5级，风速不宜大于10m/s。严禁雨天施工，雨期施工时应做好防雨措施。

2. 工具与机具

（1）强制式砂浆搅拌机、垂直运输机械、水平运输手推车、手提式搅拌器、手锯、水桶、剪刀、滚刷、铁锹、扫帚、手锤、壁纸刀。

（2）常用的检测工具：经纬仪及放线工具、托线板、方尺、探针、钢尺等。

（3）电动吊篮或专用保温施工脚手架。

3. 材料配制

胶粉聚苯颗粒粘结保温浆料的配制：采用300L以上的砂浆搅拌机或满足浆料在搅拌机中的容积不超过搅拌机容积70%的搅拌机。先将36～38kg水倒入搅拌机内（加入的水量以满足施工和易性为准），倒入一袋（35kg）胶粉料，搅拌5min，再倒入一袋（200L）聚苯颗粒复合轻骨料继续搅拌3min，直至搅拌均匀。该浆料应随搅随用，且在4h内用完。

4. 施工工艺流程

施工工艺流程见图2-19。

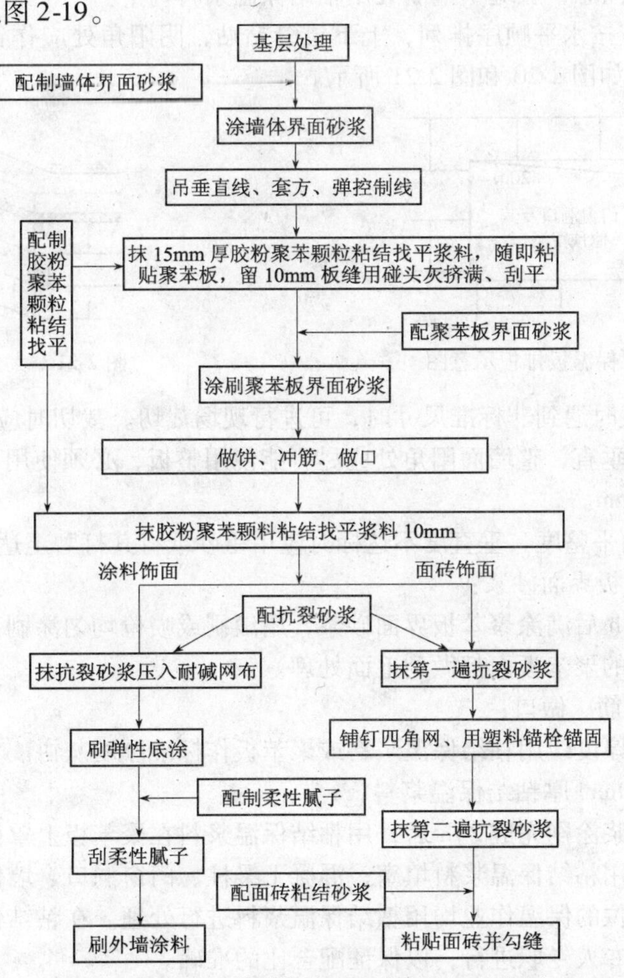


图2-19　胶粉聚苯颗粒贴砌聚苯板施工程序图

5. 施工要点

（1）基层处理：

墙面应清理干净、清洗油渍、清扫浮灰等。墙面松动、风化部分应剔除干净。墙表面凸起物不小于10mm时应剔除。

（2）界面处理：

对要求做界面处理的基层应满涂基层界面砂浆，用滚刷或喷枪将界面砂浆均匀涂刷，拉毛不宜太厚，保证所有墙面做到毛面处理。

（3）吊垂直、套方、弹控制线：

根据建筑要求，在墙面弹出外门窗水平、垂直控制线及伸缩线、装饰线等。在建筑外墙大角及其他必要处挂垂直基准钢线和水平线。

（4）贴砌聚苯板：

① 在墙角或门窗洞口处贴标准厚度板，拉水平控制线，抹约15mm厚的底层粘结保温浆料后随即粘贴预制好的聚苯板，凹槽向墙，粘贴聚苯板时应均匀轻柔挤压聚苯板，使聚苯板埋入浆料，随时用2m靠尺和托线板检查平整度和垂直度。聚苯板间应用浆料砌筑约10mm的板缝。注意，灰缝不饱满处用粘结保温浆料勾平。

② 排板时，应按水平顺序排列，上下错缝粘贴，阴阳角处应作错槎处理，窗口处聚苯板裁成刀把形，如图2-20和图2-21所示。

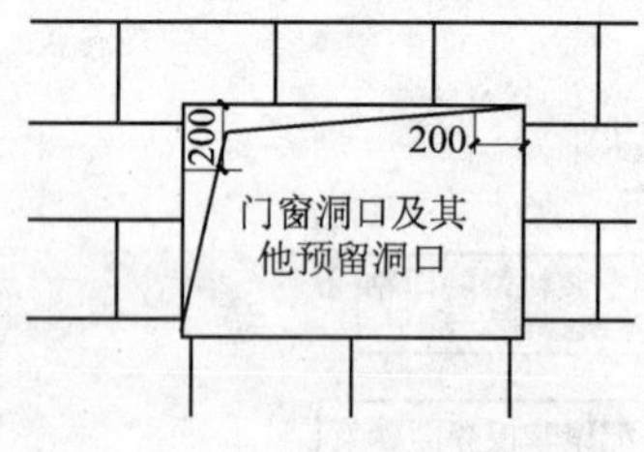


图2-20　保温板排板示意图

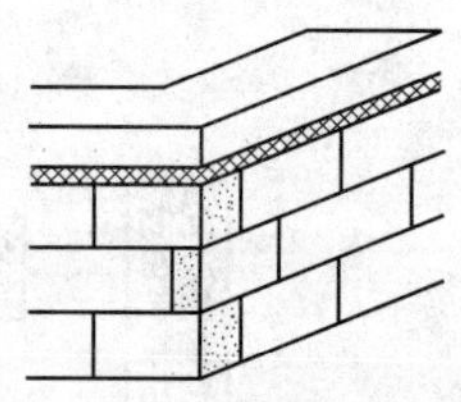

图2-21　大角排板图

③ 聚苯板排板时遇到非标准尺寸时，可进行现场裁切。裁切时应注意边口尺寸整齐，切口应与聚苯板面垂直，整墙面阳角处应尽可能使用整板，必须使用非整板时，非整板的宽度不应小于300mm。

④ 聚苯板表面平整度、垂直度不达标时应用粗砂纸将其打磨至达标为止。

（5）涂刷聚苯板界面砂浆：

聚苯板贴砌24h后满涂聚苯板界面砂浆，用滚刷或喷枪均匀涂刷，拉毛不宜太厚，但必须保证所有外露的聚苯板面都做到毛面处理。

（6）做饼、冲筋、做口：

套方作口，按厚度线用粘结保温浆料或聚苯板作标准厚度灰饼。

（7）抹面层10mm厚粘结保温浆料：

聚苯板界面砂浆涂刷完成24h后，用粘结保温浆料在聚苯板上罩面找平；聚苯板间若有预留间隔带应采用粘结保温浆料填塞；混凝土梁柱、门窗洞口、墙体边角处等特殊部位以及防火隔离带部位的保温作业均用粘结保温浆料进行处理。在粘结保温浆料和抗裂砂浆配制时，搅拌需设专人专职进行，以保证配合比的准确。

（8）划分格线、门、窗口滴水槽（按设计要求）：

在保温层施工完成后，根据设计要求弹出滴水槽控制线，用壁纸刀沿线划开设定的凹槽，槽深15mm左右，用抗裂砂浆填满凹槽，将塑料滴水槽（成品）嵌入凹槽与抗裂砂浆粘结牢固，收去两侧沿口浮浆，滴水槽应镶嵌牢固、水平。

（9）抗裂防护层及饰面层施工：

待保温层施工完成3～7d且保温层施工质量验收合格以后，即可进行抗裂层施工。抗裂防护层和饰面层施工按本章第2.3.5条的做法要求进行。

## 三、胶粉聚苯颗粒保温浆料外墙内保温工程施工质量控制

（一）施工准备

1. 材料

（1）水泥。矿渣水泥或普通水泥强度等级不低于32.5级，应有出厂证明和复试单，当出厂超过三个月时，水泥必须作复试并按试验结果使用，严禁使用受潮水泥。

（2）砂。平均粒径为0.35～0.5mm的中砂，砂的颗粒要求质地坚硬、洁净，含泥量不得大于3%，不得含有草根、树叶、碱质和其他有机物等杂质。砂在使用前应按使用要求过不同孔径的筛子。

（3）界面剂。界面剂应有产品合格证、性能检测报告，并应符合北京市地方标准《建筑用界面处理剂应用技术规程》（DBJ/T 01—40）的规定，进场后及时进行检验。

（4）胶粉料。其主要技术性能指标见表2-24。

**胶粉料主要技术性能指标**　　表2-24

| 项　目 | 单　位 | 指　标 |
|---|---|---|
| 初凝时间 | h | ≥4 |
| 终凝时间 | h | ≤16 |
| 安定性 | — | 合格 |
| 拉伸粘结强度（常温28d） | MPa | ≥0.6 |
| 浸水拉伸粘结强度（常温28d，浸水7d） | MPa | ≥0.4 |

（5）聚苯颗粒。其主要技术性能指标见表2-25。

**聚苯颗粒主要技术性能指标**　　表2-25

| 项　目 | 单　位 | 指　标 |
|---|---|---|
| 堆积密度 | $kg/m^3$ | 12～21 |
| 粒度（5mm筛孔筛余） | % | ≤5 |

（6）玻璃纤维网格布。其主要技术性能指标见表2-26。

**玻璃纤维网格布技术性能指标**　　表2-26

| 项　目 | 单　位 | 指　标 |
|---|---|---|
| 网孔中心距 | mm | 4×4 |
| 单位面积质量 | $g/m^2$ | ≥160 |

续表

| 项目 | | 单位 | 指标 |
|---|---|---|---|
| 断裂拉力 | 经向 | N/50mm | ≥1250 |
| | 纬向 | N/50mm | ≥1250 |
| 耐碱强度保留率 28d | 经向<br>纬向 | % | ≥90 |
| 涂塑量 | | g/m² | ≥20 |

（7）抗裂柔性腻子。其主要技术性能指标见表2-27。

抗裂柔性腻子技术性能指标　　表2-27

| 项目 | | 单位 | 指标 |
|---|---|---|---|
| 施工性 | | — | 刮涂无困难 |
| 干燥时间（表干） | | h | <5 |
| 打磨性 | | % | 20~80 |
| 耐水性（48h） | | — | 无异常 |
| 耐碱性（24h） | | — | 无异常 |
| 粘结强度 | 标准状态 | MPa | >0.60 |
| | 浸水后 | MPa | >0.40 |
| 低温储存稳定性 | | — | -5℃冷冻4h无变化，刮涂无困难 |
| 柔韧性 | | — | 直径50mm，无裂纹 |
| 稠度 | | mm | 110~130 |

2. 机具设备

（1）机械。强制式砂浆搅拌机、手提式搅拌器。

（2）工具。手推车、灰槽、灰勺、刮杠、靠尺板、铁抹子、木抹子、阴阳角抹子、壁纸刀、滚刷、铁锹、扫帚、手锤、錾子等。

（3）计量检测用具。磅秤、钢尺、水平尺、方尺、托线板、线坠、探针等。

（4）安全防护用品。口罩、手套、护目镜等。

3. 作业条件

（1）结构工程已验收合格。

（2）测设标高控制线（+500mm线），并经预检合格。

（3）门窗框已安装完，与墙体连接牢固，缝隙堵塞密实，有完好的保护措施。

（4）墙面的预埋件留出位置或已安装完。水电管线、箱、盒安装完。

（5）抹灰用的高凳或架子搭设完，脚手架铺设符合安全要求并检查合格。

4. 技术准备

（1）编制分项工程施工方案并经审批，对操作人员进行安全技术交底。

（2）在大面积施工前应先做样板，经监理、建设单位确认后，方可进行大面积施工。

（二）施工工艺

1. 施工工艺流程

配制砂浆→基层墙体处理→涂刷界面砂浆→吊垂直、套方、弹控制线、贴饼冲筋→抹胶粉聚苯颗粒保温浆料→保温层验收→抹抗裂砂浆、压入网格布→抗裂层验收→刮柔性抗裂腻子胶粉聚苯颗粒保温浆料构造，见图2-22。

2. 配制砂浆

(1) 界面砂浆的配制：配合比为水泥：中砂：界面剂 =1：1：1（重量比），准确计量，搅拌成均匀膏状。

(2) 胶粉聚苯颗粒保温浆料的配制：胶粉聚苯颗粒保温浆料由胶粉料与聚苯颗粒（两种材料分袋包装）组成，先将35～40kg水倒入砂浆搅拌机内，然后倒入一袋（25kg）保温胶粉料，搅拌3～5min后，再倒入一袋（200L）聚苯颗粒轻骨料继续搅拌3min，可按施工稠度适当调整加水量。搅拌均匀后倒出，随拌随用，并在4h内用完。配制完的胶粉聚苯颗粒保温浆料性能指标，见表2-28。

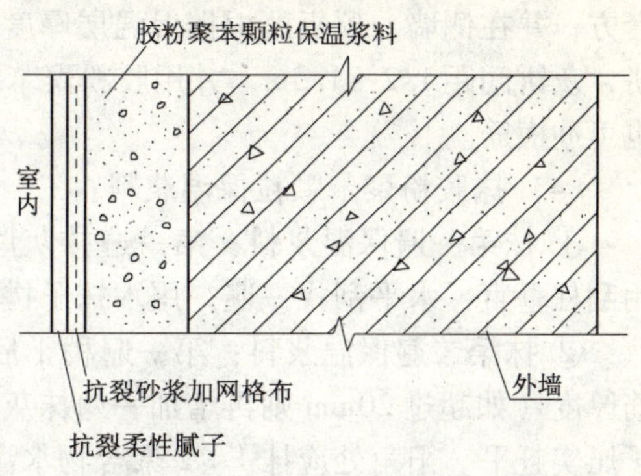

图2-22 胶粉聚苯颗粒保温浆料构造

胶粉聚苯颗粒保温浆料技术性能指标 表2-28

| 项　目 | 单　位 | 指　标 |
|---|---|---|
| 湿表观密度 | kg/m³ | ≤450 |
| 干表观密度 | kg/m³ | ≤230 |
| 导热系数 | W/(m·K) | ≤0.060 |
| 压缩强度 | kPa | ≥200 |
| 线性收缩率 | % | ≤0.3 |
| 软化系数 | — | ≥0.5 |
| 难燃性 | — | B1 |

(3) 抗裂砂浆的配制：配合比为抗裂剂：水泥：中砂 =1：1：3（重量比），加水用砂浆搅拌机或手提搅拌器搅拌均匀，稠度为80～130mm，拌好的砂浆不得任意加水，并在2h内用完。抗裂砂浆由聚合物乳液掺加多种外加剂制成，具有良好的拉伸粘结强度和浸水拉伸粘结强度等特点，其技术性能指标见表2-29。

抗裂砂浆技术性能指标 表2-29

| 项　目 | 单　位 | 指　标 |
|---|---|---|
| 砂浆稠度 | mm | 80～130 |
| 可操作时间 | h | ≥2.0 |
| 拉伸粘结强度（常温28d） | MPa | >0.8 |
| 浸水拉伸粘结强度（常温28d，浸水7d） | MPa | >0.6 |
| 抗弯曲性 | — | 5%弯曲变形无裂缝 |

3. 施工方法

(1) 基层墙体处理。剔除混凝土墙面凸出部分及杂物，用钢丝刷满刷一遍，然后用扫帚蘸清水将表面残渣、浮尘清扫干净；表面沾有油污时，用去污剂处理，并用清水冲洗晾干。将砖墙表面的舌头灰、残余砂浆、灰尘清理干净，堵好脚手眼，浇水湿润。

(2) 涂刷界面砂浆。用滚刷或扫帚蘸取界面砂浆均匀涂刷（甩）在墙面上，不得漏刷（甩），也不宜太厚。

（3）吊垂直、套方、弹控制线、贴饼冲筋。分别在门窗口角、垛、墙面等处吊垂直、套方，并在侧墙、顶板处根据保温层厚度弹出抹灰控制线。用胶粉聚苯颗粒保温浆料做灰饼，灰饼间距1.2～1.5m，并用胶粉聚苯颗粒保温浆料冲筋，筋宽50～100mm，可冲立筋也可冲横筋。

（4）抹胶粉聚苯颗粒保温浆料：

① 抹第一遍保温浆料：第一遍抹灰厚度为总厚度的一半（最大厚度不大于20mm），用刮杠垂直、水平刮找一遍，用木抹子搓毛。保温浆料抹上墙粘住后，不宜反复赶压。

② 抹第二遍保温浆料：第一遍稍干后抹第二遍保温浆料。第二遍抹灰厚度要达到冲筋厚度（如超过20mm则再增加一遍抹灰），每抹完一个墙面，用刮杠刮平找直后用铁抹子压实赶平。阳角处应抹1:2聚合物水泥砂浆。

（5）保温层验收。保温层固化干燥后（表面用手按不动为宜），用检测工具进行检验，表面应垂直平整、阴阳角方正顺直，对不符合要求的墙面进行修补。

（6）抹抗裂砂浆、压入网格布。在保温层验收合格后，用铁抹子在保温层上抹抗裂砂浆，厚度为3～4mm，不得漏抹。在刚抹好的砂浆上用铁抹子压入裁好的网格布，要求网格布竖向铺贴，并全部压入抗裂砂浆内。网格布不得有干贴现象，粘贴饱满度应达到100%，不得有褶皱、空鼓、翘边现象。接槎处搭接应不小于50mm，先压入一侧网格布，抹一些抗裂砂浆，再压入另一侧，两层搭接网格布之间要布满抗裂砂浆，严禁干槎搭接。阳角处两侧网格布双向绕角相互搭接。在门窗口、洞口边应45°斜向加贴一道200mm×400mm网格布。

（7）抗裂层验收。抹完抗裂砂浆，检查垂直平整和阴阳角方正，对于不符合要求的墙面，进行修补。厨房、卫生间抹完抗裂砂浆后，用木抹子搓平。

（8）刮柔性抗裂腻子。在抹完抗裂砂浆24h后即可刮抗裂柔性腻子，分2～3遍刮完，要求平整光滑，满足作涂饰的要求。对有防水要求的部位应刮柔性防水腻子。

4. 季节性施工

（1）雨期施工时，保温材料应入库存放，不得雨淋受潮。并经常测试砂子含水率，随时调整砂浆用水量。

（2）冬期施工时，室内环境温度不低于5℃。

（3）冬期施工拌保温浆料、抗裂砂浆应采用热水拌合，运输时采取保温措施，涂抹时保温浆料温度不得低于5℃。

（4）冬期施工应做好门窗封闭，采取保温措施。应设专人负责进行保温、测温工作，确保保温浆料、抗裂砂浆不受冻。

（三）质量要求及成品保护

1. 质量要求

（1）基层表面的尘土、污垢、油渍等应清除干净。

（2）外墙内保温材料的品种、性能应符合设计要求。

（3）保温层厚度及构造做法应符合建筑节能设计要求，厚度应均匀，不允许有负偏差。

（4）保温层与墙体以及各构造层之间应粘结牢固，无脱层、空鼓、裂缝，面层无粉化、起皮、爆灰等现象。

（5）抗裂砂浆无漏抹，网格布均匀压入抗裂砂浆，无漏贴，搭接和门窗洞口四角加贴符合设计要求。

（6）表面光滑、洁净，接槎平整，线角顺直清晰，表面纹路一致。

（7）边角平顺，表面光滑，门窗框与墙体间缝隙填塞密实、平整。

（8）洞、槽、盒位置、尺寸准确，表面整齐洁净，管道后面平整。

（9）外墙内保温抹灰允许偏差和检验方法见表2-30。

外墙内保温抹灰允许偏差及检验方法 表2-30

| 项 目 | 允许偏差（mm） | | 检 验 方 法 |
|---|---|---|---|
| | 保 温 层 | 抗 裂 层 | |
| 立面垂直 | 4 | 3 | 用2m托线板检查 |
| 表面平整 | 4 | 3 | 用2m靠尺及塞尺检查 |
| 阴阳角垂直 | 4 | 3 | 用2m托线板检查 |
| 阴阳角方正 | 4 | 3 | 用200mm方尺及塞尺检查 |

2. 成品保护

（1）门窗框上残存的砂浆应及时清理干净，铝合金门窗框应贴好保护膜。

（2）架子拆除时应轻拆轻放，对边角处应做木板保护，防止污染和损坏已抹好的墙面。

（3）禁止在地面上直接拌合胶粉聚苯颗粒保温浆料和抗裂砂浆，以防污染破坏地面。

（4）保护好墙上的埋件、电线槽（盒）、水暖设备和预留孔洞等，以防堵塞。

（5）超过使用时间的浆料不得使用；各构造层硬化前避免水冲、撞击和挤压。

3. 应注意的质量问题

（1）抹保温浆料前，应做好基层处理，均匀涂刷界面砂浆；保温浆料一次不得抹得过厚，应分层抹压，掌握好抹灰间隔时间，防止抹灰层下坠，产生空鼓、开裂。

（2）做好门窗洞口四角斜向网格布加强层的施工，防止在四角产生裂缝。

（3）门窗洞口、阳角等部位应用聚合物水泥砂浆做护角，避免棱角损坏。

## 四、现喷聚氨酯外墙外保温系统施工质量控制

（一）系统设计要点

1. 外墙硬泡聚氨酯保温层的设计厚度，应根据国家和本地区现行的建筑节能设计标准规定的外墙传热系数限值，进行热工计算确定。

2. 硬泡聚氨酯外墙外保温系统的性能要求应符合表2-31的规定。

硬泡聚氨酯外墙外保温系统性能要求 表2-31

| 项 目 | | 性 能 要 求 | 试验方法 |
|---|---|---|---|
| 耐候性 | | 80次热/雨循环和5次热/冷循环后，表面无裂纹、粉化、剥落现象 | JGJ 144 |
| 抗风压值（kPa） | | 不小于工程项目的风荷载设计值 | JGJ 144 |
| 耐冻融性能 | | 30次冻融循环后，保护层（抹面层、饰面层）无空鼓、脱落，无渗水裂缝；保护层（抹面层、饰面层）与保温层的拉伸粘结强度不小于0.1MPa，破坏部位应位于保温层 | JGJ 144 |
| 抗冲击强度（J） | 普通型 | ≥3.0，适用于建筑物二层以上墙面等不易受碰撞部位 | JGJ 144 |
| | 加强型 | ≥10.0，适用于建筑物首层以及门窗洞口等易受碰撞部位 | |

续表

| 项　　目 | 性　能　要　求 | 试验方法 |
|---|---|---|
| 吸水量 | 水中浸泡 1h，只带有抹面层和带有饰面层的系统，吸水量均不得大于或等于 10008g/m$^2$ | JGJ 144 |
| 热阻 | 复合墙体热阻符合设计要求 | JGJ 144 |
| 抹面层不透水性 | 抹面层 2h 不透水 | JGJ 144 |
| 水蒸气湿流密度［g/(m$^2$·h)］ | ≥0.85 | JG 149 |

注：水中浸泡 24h 后，对只带有抹面层和带有抹面层及饰面层的系统，吸水量均小于 500g/m$^2$ 时，不检验耐冻融性能。

3. 硬泡聚氨酯外墙外保温复合墙体的热工和节能设计应符合下列规定：

（1）保温层内表面温度应高于 0℃。

（2）保温系统应覆盖门窗框外侧洞口、女儿墙、封闭阳台以及外挑构件等热桥部位。

4. 喷涂硬泡聚氨酯外墙外保温系统构造可由找平层、喷涂硬泡聚氨酯层、界面剂层、耐碱玻纤网格布增强抹面层、饰面层等组成（图 2-23）；硬泡聚氨酯复合板外墙外保温系统不带饰面层的构造可由找平层、胶粘剂层、硬泡聚氨酯复合板层、耐碱玻纤网格布增强抹面层、饰面层等组成（图 2-24），带饰面层的构造可由找平层、胶粘剂层、带面层的硬泡聚氨酯板、饰面层等组成（图 2-25）。

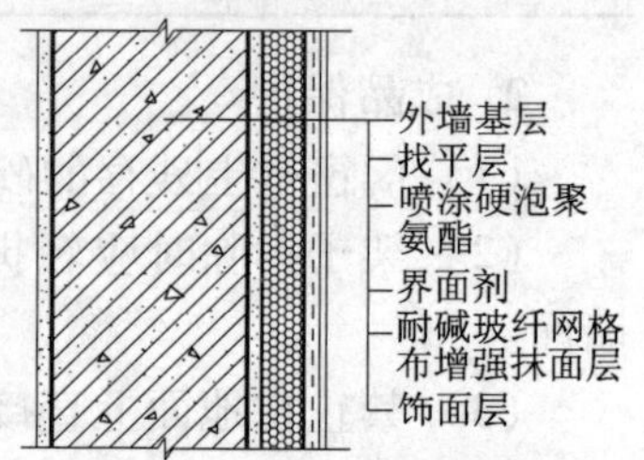


图 2-23　喷涂硬泡聚氨酯外墙外保温系统构造

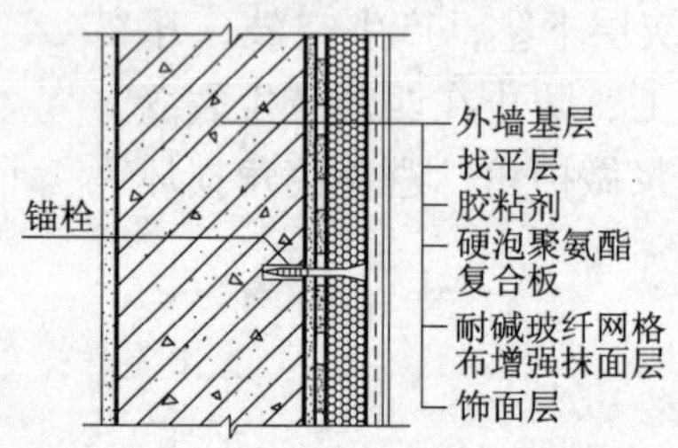


图 2-24　硬泡聚氨酯复合板外墙外保温系统构造

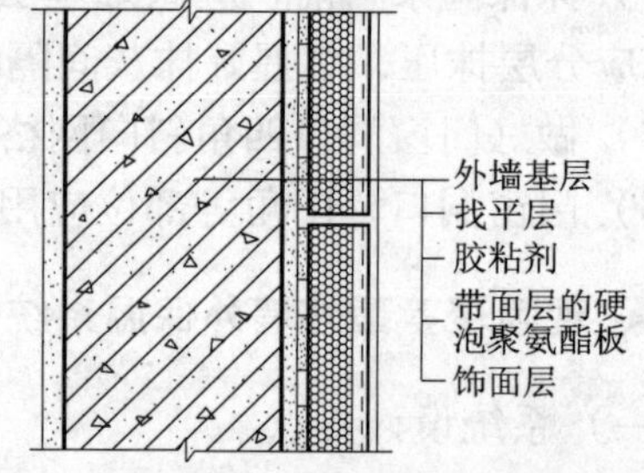


图 2-25　带抹面层（或饰面层）的硬泡聚氨酯板外墙外保温系统构造

注：采用带抹面层的硬泡聚氨酯板时，锚栓宜设置在板缝处。

5. 喷涂硬泡聚氨酯采用抹面胶浆时，抹面层厚度控制：普通型 3～5mm；加强型 5～7mm。饰面层的材料宜采用柔性腻子和弹性涂料，其性能应符合相关标准的要求。

注：普通型系指建筑物二层及其以上墙面等不易受撞击，抹面层满铺单层耐碱玻纤网格布；加强型系指建筑物首层墙面以及门窗口等易受碰撞部位，抹面层中应满铺双层耐碱玻纤网格布。

6. 硬泡聚氨酯外墙外保温工程的密封和防水构造设计，重要部位应有详图，确保水不会渗入保温层及基层，水平或倾斜的挑出部位以及墙体延伸至地面以下的部位应作防水处理。外墙安装的设备或管道应固定在基层墙体上，并应作密封和防水处理。

7. 硬泡聚氨酯板材宜采用带抹面层或饰面层的系统。建筑物高度在 20m 以上时，在受负风压作用较大的部位，应使用锚栓辅助固定。

8. 硬泡聚氨酯板外墙外保温薄抹面系统设计应符合下列规定：

（1）建筑物首层或2m以下墙体，应在先铺一层加强耐碱玻纤网格布的基础上，再满铺一层标准耐碱玻纤网格布。加强耐碱玻纤网格布在墙体转角及阴阳角处的接缝应搭接，其搭接宽度不得小于200mm；在其他部位的接缝宜采用对接。

（2）建筑物二层或2m以上墙体，应采用标准耐碱玻纤网格布满铺，耐碱玻纤网格布的接缝应搭接，其搭接宽度不宜小于100mm。在门窗洞口、管道穿墙洞口、勒脚、阳台、变形缝、女儿墙等保温系统的收头部位，耐碱玻纤网格布应翻包，包边宽度不应小于100mm。

9. 喷涂硬质聚氨酯泡沫塑料外墙外保温层厚度参见表2-32。

**居住建筑和公共建筑硬质聚氨酯泡沫塑料厚度选用表（mm）　　表2-32**

| 墙体传热系数［W/(m$^2$·K)］ | 基层墙体 | | | | | | | | | | | | | |
|---|---|---|---|---|---|---|---|---|---|---|---|---|---|---|
| | 钢筋混凝土墙（200） | | 混凝土空心砌块墙（190） | | 灰砂砖墙（240） | | 黏土多孔砖墙 | | | | 黏土实心砖墙 | | | |
| | | | | | | | DM（190） | | KP$_1$（240） | | （240） | | （370） | |
| | 厚度 | D | 厚度 | D | 厚度 | D | 厚度 | D | 厚度 | D | 厚度 | D | 厚度 | D |
| 0.40 | 60 | 2.92 | 55 | 2.25 | 55 | 3.66 | 50 | | 50 | | 55 | | 50 | |
| 0.45 | 50 | 2.82 | 50 | | 45 | | 45 | | 40 | | 45 | | 40 | |
| 0.50（0.52） | 45 | | 40 | | 40 | | 35 | | 35 | | 40 | | 35 | |
| 0.55（0.56） | 40 | | 35 | | 35 | | 30 | | 30 | | 35 | | 30 | |
| 0.60 | 35 | | 35 | | 30 | | 30 | | 25 | | 30 | | 25 | |
| 0.65（0.68） | 30 | | 30 | 1.98 | 30 | | 25 | | 20 | | 25 | | 20 | |
| 0.70 | 30 | | 25 | 1.93 | 25 | | 20 | | 20 | | 25 | | 20 | |
| 0.75（0.78） | 25 | 2.55 | 25 | | 20 | | 20 | | 15 | | 20 | | 15 | |
| 0.80 | 25 | 2.55 | 20 | | 20 | | 15 | | 15 | | 20 | | 15 | |
| 0.85 | 20 | 2.50 | 20 | | 20 | | 15 | | 15 | | 15 | | 10 | |
| 0.90（0.92） | 20 | 2.50 | 15 | | 15 | | 10 | | 10 | | 15 | | 10 | |
| 1.00 | 15 | 2.44 | 10 | | 15 | | 10 | | 10 | | 10 | | 10 | |
| 1.10 | 15 | 2.44 | 10 | | 10 | | 10 | | 10 | | 10 | | 10 | |
| 1.15（1.16） | 10 | 2.39 | 10 | | 10 | | 10 | | 10 | | 10 | | 10 | |
| 1.20 | 10 | | 10 | | 10 | | 10 | | 10 | | 10 | | 10 | >3.0 |
| 1.25（1.28） | 10 | | 10 | | 10 | | 10 | >3.0 | 10 | >3.0 | 10 | | — | |
| 1.40 | 10 | | 10 | | 10 | | — | | — | | 10 | >3.0 | — | |
| 1.50 | 10 | | 10 | | 10 | >3.0 | — | | — | | — | | — | |
| 1.80 | 10 | | 10 | | — | | — | | — | | — | | — | |
| 2.00 | 10 | | — | | — | | — | | — | | — | | — | |

注：表中厚度单位为毫米（mm），栏内“—”者，表示该墙体可不设此类保温材料；表中D值表示部分墙体热惰性指标。

（二）细部构造

1. 门窗洞口部位的外保温构造应符合以下规定：

（1）门窗外侧洞口四周墙体，硬泡聚氨酯厚度不应小于20mm；

（2）门窗洞口四角处的硬泡聚氨酯板应采用整块板切割成型，不得拼接；

（3）板与板接缝距洞口四角距离不得小于200mm；

（4）洞口四边板材宜采用锚栓辅助固定；

（5）铺设耐碱玻纤网格布时，应在四角处45°斜向加贴300mm×200mm的标准耐碱玻纤网格布（图2-26）。

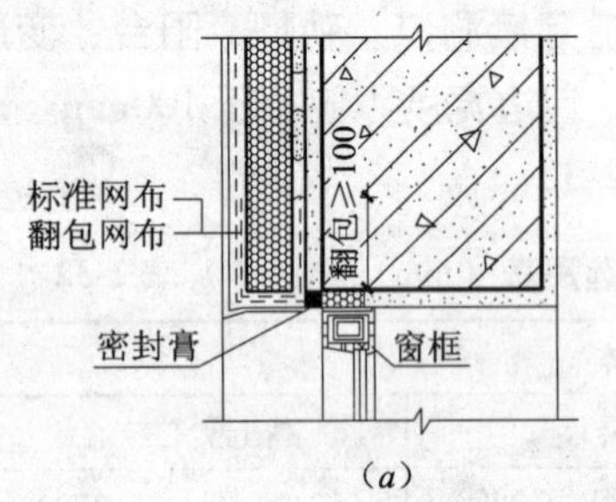


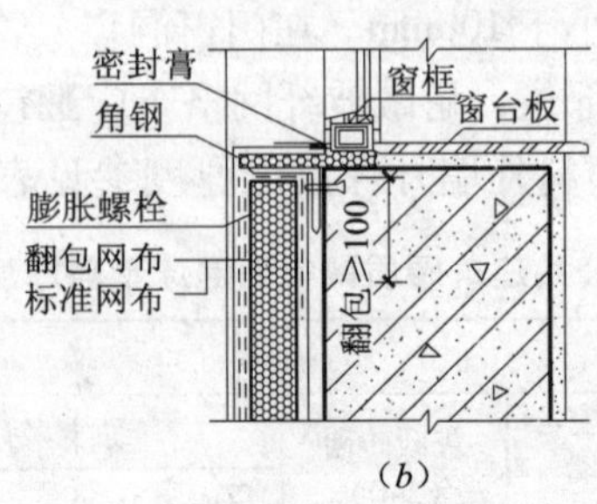


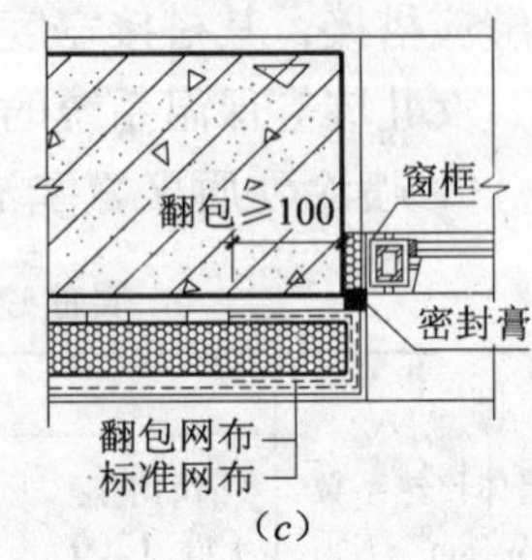


图2-26　门窗洞口保温构造

注：当采用喷涂硬泡聚氨酯外保温时，洞口外侧保温层可采用硬泡聚氨酯板粘贴或采用L形聚氨酯定型模板粘贴，其厚度均不小于20mm。

2. 勒脚部位的外保温构造应符合以下规定：

（1）勒脚部位的外保温与室外地面散水间应预留不小于20mm缝隙；

（2）缝隙内宜填充泡沫塑料，外口应设置背衬材料，并用建筑密封膏封堵；

（3）勒角处端部应采用标准网布、加强网布做好包边处理，包边宽度不得小于100mm（图2-27、图2-28）。

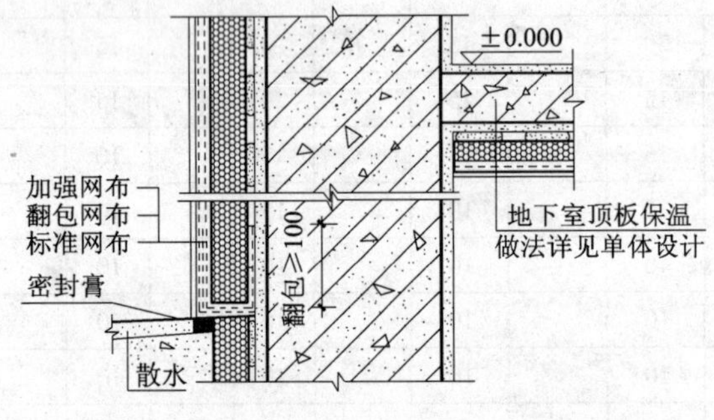


图2-27　有地下室勒脚部位外保温构造

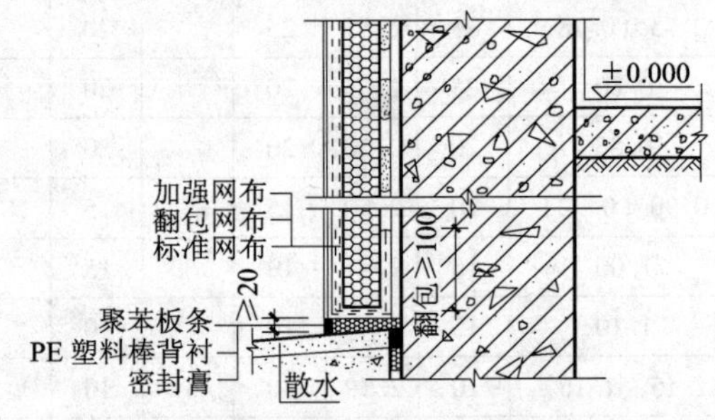


图2-28　无地下室勒脚部位外保温构造

3. 硬泡聚氨酯外墙外保温工程在檐口、女儿墙部位应采用保温层全包覆做法，以防止产生热桥。当有檐沟时，应保证檐沟混凝土顶面有不小于20mm厚度的硬泡聚氨酯保温层（图2-29）。

4. 变形缝的保温构造应符合下列规定：

（1）变形缝处应填充泡沫塑料，填塞深度应大于缝宽的3倍，且不小于墙体厚度。

（2）金属盖缝板宜采用铝板或不锈钢板。

（3）变形缝处应作包边处理，包边宽度不得小于100mm（图2-30）。

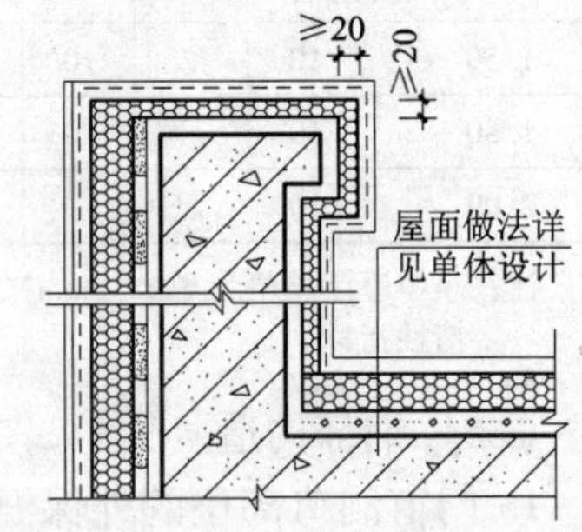


图2-29　檐口、女儿墙保温构造

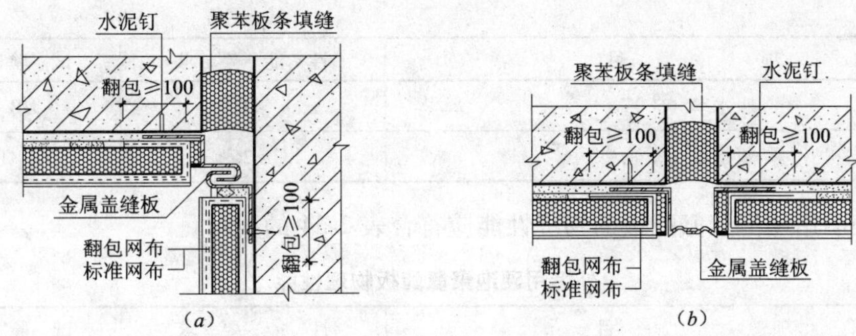


图 2-30　变形缝保温构造

（三）系统及材料性能要求

1. 一般规定

（1）硬泡聚氨酯外墙外保温工程除应符合《硬泡聚氨酯保温防水工程技术规范》(GB 50404）规定外，尚应符合现行行业标准《外墙外保温工程技术规程》(JGJ 144）和《膨胀聚苯板薄抹灰外墙外保温系统》(JG 149）的有关规定。

（2）硬泡聚氨酯外墙外保温工程应满足下列基本要求：

① 应能适应基层的正常变形而不产生裂缝或空鼓；

② 应能长期承受自重而不产生有害的变形；

③ 应能承受风荷载的作用而不产生破坏；

④ 应能承受室外气候的长期反复作用而不产生破坏；

⑤ 在罕遇地震发生时不应从基层上脱落；

⑥ 高层建筑外墙外保温工程应采取防火构造措施。

（3）硬泡聚氨酯外墙外保温工程施工期间以及完工后 24h 内，基层及环境温度不应低于 5℃。喷涂硬泡聚氨酯的施工环境温度和作业条件应符合《硬泡聚氨酯保温防水工程技术规范》(GB 50404）要求。硬泡聚氨酯板材在气温低于 5℃时不宜施工，雨天、雪天和 5 级风及其以上时不得施工。

（4）硬泡聚氨酯表面不得长期裸露，上墙后，应及时做界面砂浆层或抹面胶浆层。

（5）在正确使用和正常维护的条件下，硬泡聚氨酯外墙外保温工程的使用年限不应少于 25 年。

2. 材料要求

（1）外墙用（Ⅰ型）喷涂硬泡聚氨酯的物理性能应符合表 2-33 的要求。

**外墙用（Ⅰ型）喷涂硬泡聚氨酯物理性能**　　　**表 2-33**

| 项　　目 | 性 能 要 求 | 试 验 方 法 |
|---|---|---|
| 表观密度（$kg/m^3$） | ≥35 | GB 6343 |
| 导热系数［W/(m・K)］ | ≤0.024 | GB 3399 |
| 压缩性能（形变 10%）(kPa) | ≥150 | GB/T 8813 |
| 尺寸稳定性（70℃，48h）(%) | ≤1.5 | GB/T 8811 |
| 拉伸粘结强度（与水泥砂浆，常温）(MPa) | ≥0.10 并且破坏部位不得位于粘结界面 | GB 50404 附录 B |

续表

| 项目 | 性能要求 | 试验方法 |
|---|---|---|
| 吸水率（%） | 43 | GB 8810 |
| 氧指数（%） | ≥26 | GB/T 2406 |

（2）外墙用硬泡聚氨酯板的物理性能应符合表2-34的要求。

**外墙用硬泡聚氨酯板物理性能　　表2-34**

| 项目 | 性能要求 | 试验方法 |
|---|---|---|
| 表观密度（$kg/m^3$） | ≥35 | GB 6343 |
| 压缩性能（形变10%）(kPa) | ≥150 | GB/T 8813 |
| 垂直于板面方向的抗拉强度（MPa） | ≥0.10并且破坏部位不得位于粘结界面 | GB 50404附录C |
| 导热系数［W/(m·K)］ | ≤0.024 | GB 3399 |
| 吸水率（%） | ≤3 | GB 8810 |
| 氧指数（%） | ≥26 | GB/T 2406 |

（3）硬泡聚氨酯板的规格宜为1200mm×600mm，其允许尺寸偏差应符合表2-35的规定。

**硬泡聚氨酯板允许尺寸偏差　　表2-35**

| 项目 | 允许偏差（mm） |
|---|---|
| 厚度 | ≥50，+2.0 |
| | ≤50，+1.5 |
| 长度 | ±2.0 |
| 宽度 | ±2.0 |
| 对角线差 | 3.0 |
| 板边平直 | ±2.0 |
| 板面平整度 | 1.0 |

（4）胶粘剂的物理性能应符合表2-36的要求。

**胶粘剂物理性能　　表2-36**

| 项目 | | 性能要求 | 试验方法 |
|---|---|---|---|
| 可操作时间 | h | 1.5~4.0 | JG 149 |
| 拉伸粘结强度（MPa）（与水泥砂浆） | 原强度 | ≥0.60 | GB 50404附录D |
| | 耐水 | ≥0.40 | |
| 拉伸粘结强度（MPa）（与硬泡聚氨酯） | 原强度 | ≥0.10并且破坏部位不得位于粘结界面 | |
| | 耐水 | | |

（5）抹面胶浆的物理性能应符合表2-37 的要求。

抹面胶浆物理性能 表2-37

| 项 | 目 | 性能要求 | 试验方法 |
|---|---|---|---|
| 可操作时间（h） | | 1.5～4.0 | JG 149 |
| 拉伸粘结强度（MPa）（与硬泡聚氨酯） | 原强度 | ≥0.10并且破坏部位不得位于粘结界面 | GB 50404附录D |
| | 耐水 | | |
| | 耐冻融 | | |
| 柔韧性 | 压折比（水泥基） | ≤3.0 | JG 149 |
| | 开裂应变（非水泥基）(%) | ≥1.5 | |

（6）耐碱玻纤网格布性能应符合表2-38 的要求。

耐碱玻纤网格布性能 表2-38

| 项目 | 性能要求 | | 试验方法 |
|---|---|---|---|
| | 标准网布 | 加强网布 | |
| 单位面积质量（$g/m^2$） | ≥160 | ≥280 | GB/T 9914.3 |
| 耐碱拉伸断裂强力（经、纬向）(N/50mm) | ≥750 | ≥1500 | GB 50404附录E |
| 耐碱拉伸断裂强力保留率（经、纬向）(%) | ≥50 | ≥50 | |
| 断裂应变（经、纬向）(%) | ≤5.0 | ≤5.0 | GB 7689.5 |

（7）锚栓技术性能应符合表2-39 的要求。

锚栓技术性能 表2-39

| 项目 | 性能要求 | 试验方法 |
|---|---|---|
| 单个锚栓抗拉承载力标准值（kN） | ≥0.30 | JG 149附录F |
| 单个锚栓对系统传热增加值［$W/(m^2 \cdot K)$］ | ≤0.004 | |

（8）喷涂硬泡聚氨酯原材料的运输与储存应符合《硬泡聚氨酯保温防水工程技术规范》(GB 50404）规定。

（9）硬泡聚氨酯板材搬运时应轻放，保证板材外形完整，存放处严禁烟火，防止暴晒、雨淋。

（四）系统施工质量控制要点

1. 外墙基层应符合下列要求：

（1）墙体基层施工质量应经检查并验收合格。

（2）墙体基层应坚实、平整、干燥、干净。

（3）找平层应与墙体粘结牢固，不得有脱层、空鼓、裂缝。

（4）对于潮湿或影响粘结和施工的墙体基层，宜喷涂界面处理剂。

（5）外墙外保温工程施工，门窗洞口应通过验收，门窗框或辅框应安装完毕。伸出墙面的预埋件、连接件应按外墙外保温系统厚度留出间隙。

2. 喷涂硬泡聚氨酯外墙外保温工程施工除应符合有关规范规定外，尚应符合下列要求：

（1）施工前应根据工程量及工期要求准备好足够的材料，确保施工的连续性。

（2）硬泡聚氨酯的喷涂厚度应达到设计要求，对喷涂后不平的部位应及时进行修补，并按墙面垂直度和平整度的要求进行修整。

（3）硬泡聚氨酯表面固化后，应及时均匀喷（刷）涂界面砂浆。

（4）薄抹面层施工应先刮涂一遍抹面胶浆，然后横向铺设耐碱玻纤网格布，网格布搭接宽度不应小于100mm，压贴密实，不得有空鼓、皱折、翘曲、外露等现象，最后再刮涂一遍抹面胶浆。

3. 硬泡聚氨酯板外墙外保温工程施工应符合下列要求：

（1）施工前，应按设计要求绘制排版图，确定异型板块的规格及数量。

（2）施工前，应在墙体基层上用墨线弹出板块位置图。带面层、饰面层的硬泡聚氨酯板材应留出拼接缝宽度，宽度宜为5～10mm。

（3）粘贴硬泡聚氨酯板材时，应将胶粘剂涂在板材背面，粘结层厚度应为3～6mm。粘结面积不得小于硬泡聚氨酯板材面积的40%。

（4）硬泡聚氨酯板材的粘贴应自下而上进行，水平方向应由墙角及门窗处向两侧粘贴，并轻敲板面，使之粘结牢固。必要时，应采用锚栓辅助固定。

（5）带抹面层、饰面层的硬泡聚氨酯板粘贴24h后，用单组分聚氨酯发泡填缝剂进行填缝，发泡面宜低于板面6～8mm。外口应用密封材料或抗裂聚合物水泥砂浆进行嵌缝。

（6）当采用涂料作饰面层时，在抹面层上应满刮腻子后方可施工。

## 五、膨胀珍珠岩保温砂浆抹灰施工质量控制

1. 材料配制

（1）保温砂浆外观为白色或灰色胶粘料与膨胀珍珠岩的混合物，系分别以水泥或建筑石膏为胶结料，以膨胀珍珠岩为骨料，并加入少量助剂，按一定比例混合配制而成的建筑外墙内保温抹灰材料。

（2）保温砂浆干粉料在工厂加工配制混合后袋装，在工地按比例加水搅拌均匀后即可使用。

（3）保温砂浆可用机械或手工搅拌，机械搅拌顺序为：先将所需水量倒入搅拌机，开机后再加入保温砂浆干粉料，搅拌时间为2～3min；手工搅拌时，应先将保温砂浆干粉料置于铁板上，将粉料围成一个圆形，从中间最薄处将水逐渐加入，用铁锹拌合。加水量不应过多，但必须搅拌均匀。拌好的料浆，应在初凝前用完。超过初凝时间的料浆不得使用。严禁不断加水搅拌以延长使用时间。

（4）保温砂浆的性能指标应符合表2-40的要求。

**保温砂浆的性能指标**　　表2-40

| 项　目 | 水泥型 | 石膏型 | 项　目 | 水泥型 | 石膏型 |
|---|---|---|---|---|---|
| 初凝时间（h） | >2.5 | >1.0 | 抗折强度（MPa） | >1.0 | >0.6 |
| 终凝时间（h） | <12.0 | <8.0 | 抗压强度（MPa） | >2.0 | >0.8 |
| 硬化体密度（$kg/m^3$） | 650～750 | 500～650 | 导热系数［W/（m·K）］ | <0.130 | <0.125 |

2. 施工条件

（1）保温砂浆应通过基层的质量检验合格后方可施工。施工时环境温度应不低于5℃。

（2）保温砂浆抹灰，应在不致被后道工序所损坏或污染的条件下进行；宜在屋顶防水工程完工后进行，如屋顶尚未完工，必须采取防护措施；应在隔墙、门窗框、暗装管道和水电预埋件等完工后进行施工；应在散热器片安装前进行抹灰。

3. 基层处理

（1）施工前，应将基层表面的灰尘、污垢、油渍及残留灰块等清除干净。基层表面严重凸凹部分，应事先剔平或用1:3水泥砂浆分层补平，窗台砖应补齐。门窗口与墙体交接处，应填塞密实。墙面上的脚手眼及管线孔洞均应堵塞严密，电线管和接线盒用1:2.5水泥砂浆稳牢，接线盒用纸堵好。

（2）对于混凝土墙面及组合柱、过梁等表面，宜先涂刷表面处理剂，以增加粘结强度。

4. 施工质量控制要点

（1）抹灰前一天基层应浇水湿润，如基层过干，当天抹灰前再稍洒水湿润，但不宜过湿。

（2）抹灰前，应按设计要求弹出标准水平线、踢脚线或墙裙线；门窗口处宜用1:2.5水泥砂浆抹出宽50mm的护角，其厚度应符合抹灰要求。石膏型保温砂浆在抹灰层阳角及过梁底部，可用宽度为100mm的玻璃纤维网带加强防护，或做水泥护角。抹灰前应用保温砂浆做标准饼，然后冲筋，其厚度以墙面最高处的抹灰厚度不小于设计厚度为准，并进行垂直度检查。

（3）抹灰必须分层进行，每层抹灰厚度为10mm左右。当底层砂浆初凝，表面有一定强度后，随即进行上一层保温砂浆抹灰，待抹灰厚度达到冲筋表面，用大杠刮平，用木抹搓平，并进行垂直度、平整度检查。外墙保温砂浆抹灰与内墙普通抹灰的接槎，宜在内墙面上，距内外墙交角200~300mm处。

（4）水泥型保温砂浆抹完后，应抹罩面灰，罩面灰两遍成活，厚度约2mm，并压实赶光。石膏型保温砂浆抹完后，面层可刮饰面石膏，厚度约3mm。饰面石膏应分两次刮抹，先用铁抹子抹平，表面层稍洒点水，再用铁抹子溜光。

（5）新抹的保温砂浆均应尽量避免穿堂风直接吹袭，以免失水过快，产生龟裂。水泥型保温砂浆抹灰后3d内宜在门窗封闭条件下洒水养护；石膏型保温砂浆可自然养护，但抹灰后1d内应避免过度通风，保温砂浆冬期施工应有防冻措施。

（6）保温砂浆抹灰层在硬化期间严禁水冲、撞击和振动。

## 六、膨胀蛭石保温灰浆喷抹施工质量控制

膨胀蛭石灰浆（简称“蛭石灰浆”）是以膨胀蛭石为主体，以水泥、石灰、石膏为胶凝材料，加水按一定配合比配制而成。它可以采用抹、喷涂和直接浇筑等方法。

1. 材料配制

（1）水泥：以42.5级普通硅酸盐水泥为好，或选用早期强度高的水泥。

（2）石灰膏：块状生石灰经熟化成石灰膏后使用。熟化时宜用不大于3mm筛孔的筛

子过滤，熟化时间一般不少于15d。石灰膏应细腻洁白，不得含有未熟化颗粒，已冻结风化的石灰膏不得使用。

（3）膨胀蛭石：颗粒粒径应在10mm以下，并以1.2～5mm为主，1.2mm占15%左右，小于1.2mm的不得超过10%。机械喷涂时所选用的粒径不宜太大，以3～5mm为宜。

（4）膨胀蛭石灰浆的配合比及性能见表2-41。采用机械方法喷涂水泥石灰蛭石浆的配合比见表2-42。

膨胀蛭石灰浆的配合比及性能 表2-41

| 配合比及性能 | | 灰浆类别 | | |
|---|---|---|---|---|
| | | 水泥蛭石浆 | 水泥石灰蛭石浆 | 石灰蛭石浆 |
| 体积配合比 | 水泥 | 1 | 1 | |
| | 石灰膏 | | 1 | 1 |
| | 膨胀蛭石 | 4～8 | 5～8 | 2.5～4 |
| | 水 | 1.4～2.6 | 2.33～3.75 | 0.926～1.8 |
| 主要技术性能指标 | 密度（$kg/m^3$） | 638～509 | 749～636 | 497～405 |
| | 导热系数［W/(m·K)］ | 0.183～0.152 | 0.194～0.16 | 0.154～0.164 |
| | 抗压强度（MPa） | 1.15～3.53 | 2.09～1.2 | 1.78～3.31 |
| | 抗拉强度（MPa） | 0.731～0.194 | 0.928～0.575 | 0.21～0.19 |
| | 粘结强度（MPa） | 0.37～0.23 | 0.24～0.12 | 0.015～0.014 |
| | 吸湿率（%） | 4.00～2.54 | 1.01～0.78 | 1.56～1.54 |
| | 吸水率（%） | 88.4～137.0 | 62.0～87.0 | 114.0～133.5 |
| | 平衡含水率（%） | 0.41～0.60 | 0.37～0.45 | 0.57～1.27 |
| | 线收率（%） | 0.397～0.311 | 0.398～0.318 | 1.427～0.981 |

（5）为了便于施工，机械喷涂的灰浆内可加入灰浆总量3%的塑化剂稀释溶液（体积比）。塑化剂的配制方法如下：先用固体烧碱15g和85g水制成100g碱溶液，再加入50g松香，加热搅拌成浓缩塑化剂。喷涂时，把浓缩的塑化剂加水稀释成20倍溶液，即可使用。

（6）蛭石灰浆应随拌随用，一边使用一边搅拌，使浆液保持均匀。一般从搅拌到用完不宜超过2h，否则，因蛭石水化成粉末，影响隔热保温效果。

2. 基层处理

被喷抹的基层表面应清洗干净，并须凿毛，然后涂抹一道底浆，底浆用料配合比及适用部位见表2-43。

水泥石灰蛭石浆的使用 表2-42

| 项次 | 材料 | 底层配合比 | 面层配合比 | 适用部位 |
|---|---|---|---|---|
| 1 | 水泥：石灰膏：蛭石 | 1：1：5 | 1：1：6 | 墙面、地下坑壁 |
| 2 | 水泥：石灰膏：蛭石 | 1：1：12 | 1：1：10 | 墙面、顶棚 |

底浆的使用 表2-43

| 项次 | 名称 | 厚度（mm） | 适用部位 |
|---|---|---|---|
| 1 | 1：1.5水泥细砂浆 | 2～3 | 地下坑壁 |
| 2 | 1：3水泥细砂浆 | 2～3 | 墙面 |
| 3 | 水泥浆 | | 顶棚 |

3. 施工质量控制

（1）膨胀蛭石灰浆可采用人工粉刷或机械喷涂，不论采用哪种方法，均应分底层和面层两层施工，防止一次喷抹太厚，产生龟裂。底层完工后须经一昼夜方可再做面层，总厚度不宜超过30mm。

（2）采用人工抹蛭石灰浆的方法与普通水泥砂浆相同，抹时应用力适当。用力过大，易将水泥浆从蛭石缝中挤出，影响灰浆强度；用力过小，则与基层粘结不牢，且影响灰浆本身质量。

（3）采用机械喷涂，可用隔膜式灰浆泵或自行改装专用的喷浆机进行施工。喷嘴大小以$\phi$16～$\phi$26mm为宜，喷射压力可根据具体情况决定，可在0.05～0.08MPa范围内进行调整。喷涂墙面时，喷枪与墙面垂直，喷涂顶棚时，喷枪与顶棚成45°角为宜。喷嘴距基层表面约300mm左右为好。喷涂后的面层可用抹子轻轻抹平。落地灰浆可回收再用。

（4）室内过于潮湿及结露的基层，蛭石灰浆不易粘牢；过于干燥的环境，基层表面应先洒水润湿。喷抹蛭石灰浆应尽量避免在严冬和炎夏施工，否则，应采取防寒或降温养护措施。

（5）采用机械喷涂时，要采取措施防止和排除管道堵塞。

## 第四节　块材墙体节能工程施工质量控制

### 一、加气混凝土砌块墙体砌筑工程施工质量控制

（一）施工准备

1. 材料

（1）加气混凝土砌块。其外观质量、强度等级、体积密度、干燥收缩、抗冻性和导热系数应符合现行国家标准《蒸压加气混凝土砌块》（GB 11968）的要求。施工时所用的小砌块的产品龄期不应小于28d，承重加气混凝土砌块的强度等级应不低于A7.5。

注：加气混凝土砌块是以水泥、矿渣、砂、石灰等主要原材加入发气剂，经搅拌成型、蒸压养护而成的实心砌块。尺寸规格为600mm×200mm、600mm×250mm、600mm×300mm（长×高），宽度模数为25mm、50mm和60mm。加气混凝土砌块按其抗压强度分为A1.0、A2.0、A2.5、A3.5、A5.0、A7.5、A10七个强度等级；按其密度分为B03～B08六个密度级别（密度为300～850kg/m$^3$）；按其尺寸偏差与外观质量、密度和抗压强度分为优等品、一等品和合格品。

（2）水泥。一般采用强度等级42.5级普通硅酸盐水泥或32.5级矿渣硅酸盐水泥，应有出厂合格证。水泥进场使用前，应分批对其强度、安定性进行复验。检验批应以同一生产厂家、同一编号为一批。当在使用中对水泥质量有怀疑或水泥出厂超过三个月时，应复查试验，并按其结果使用。不同品种的水泥，不得混合使用。

（3）砂。宜用中砂，并应通过5mm孔径的筛，当配制强度等级M5以下的水泥混合砂浆时，砂的含泥量不超过10%；配制水泥砂浆及强度等级M5及以上的水泥混合砂浆时，砂含泥量不超过5%，并不得含有草根等有机质杂物。

（4）掺合料。石灰膏、粉煤灰和磨细生石灰粉等，其质量应符合有关要求，生石灰熟化时间不得少于7d，严禁使用冻结或脱水硬化的石灰膏。

(5) 水。应使用饮用水或不含有害物质的洁净水，水质应符合国家现行标准《混凝土用水标准》(JGJ 63) 的规定。

(6) 胶粘剂。用建筑胶粘剂，其质量应符合相应标准。

(7) 其他。混凝土块、木砖、$\phi6$ 钢筋、铁扒钉等。

2. 机具设备

(1) 机械。砂浆搅拌机、筛砂机、淋灰机、提升架等。

(2) 工具。铺灰铲、小撬棍、刀锯、铁锹、平直架、2m 靠尺、皮数杆、灰斗、吊篮、手推车、小线、砌块夹具等。

3. 作业条件

(1) 砌筑施工前，墙基层施工应完成并经验收合格，应将灰渣杂物及高出部分清除干净，并在砌筑前洒水湿润。

(2) 在结构墙、柱上弹出 500mm 标高水平线、加气混凝土墙边线、门口位置线。

(3) 做好地面垫层。在砌块墙底部，应砌筑烧结普通砖或浇筑混凝土基础带，其高度不宜小于 200mm。

(4) 按照设计要求，预先在结构墙柱上每 500mm 左右焊好预留拉结钢筋。

(5) 加气混凝土砌块应在砌筑前 1 ~ 2d 浇水湿润。

4. 技术准备

(1) 按墙段实量尺寸和砌块规格尺寸绘制砌块排列平、立面和构造详图。

(2) 根据砌块尺寸和灰缝厚度计算皮数和排数，制作好皮数杆并将皮数杆竖立在墙的两端。

(3) 遇有穿墙管线，应预先核实其位置、尺寸，以预留为主，减少事后剔凿，损害墙体。

(二) 施工质量控制

1. 施工工艺流程

施工工艺流程如图 2-31 所示。

2. 施工方法

(1) 基层处理。将砌筑加气混凝土墙根部和混凝土基础带表面上的杂物清扫干净，用砂浆找平，并用水平尺检查其平整度。砌筑时，应向砌筑面适当浇水。

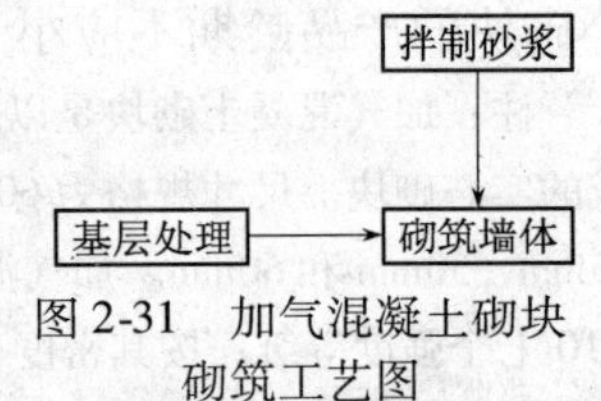

图 2-31 加气混凝土砌块砌筑工艺图

(2) 拌制砂浆：

1) 砌筑砂浆现场拌制时，各组分材料应采用重量计量，计量应准确（计量精度水泥控制在 ±2% 以内，砂和掺合料等控制在 ±5% 以内）。

2) 砌筑砂浆宜采用机械搅拌，并注意投料顺序，应先倒砂子，然后水泥、掺合料，最后加水，其拌合时间，不得少于 2min，且拌合均匀，颜色一致。

3) 砂浆应随拌随用，常温下拌好的砂浆应在拌合后 3 ~ 4h 内用完，当气温超过 30℃时，应在拌成后 2 ~ 3h 内使用完毕。对掺有缓凝剂的砌筑砂浆，其使用时间应视具体情况可适当延长。

4) 当砌筑砂浆出现泌水现象时，应在砌筑前再次拌合。

5) 凡在砂浆中掺入有机塑化剂、早强剂、缓凝剂、防冻剂等，应经检验和试配符合要求后，方可使用。有机塑化剂应有砌体强度的型式检验报告。

6）砂浆试块：每一检验批且不超过250$m^3$ 砌体的各种类型及强度等级的砌筑砂浆，每台搅拌机至少做一组试块（一组六块）。砂浆强度等级或配合比变化时，应另做试块。

（3）砌筑墙体：

1）砌筑前按砌块平、立面构造图进行排列摆块，不足整块的可以锯截成需要尺寸，但不得小于砌块长度的1/3。最下一层如灰缝厚度大于20mm 时，应用细石混凝土找平铺砌。

2）砌筑加气混凝土砌块单层墙，应将加气混凝土砌块立砌，墙厚为砌块的宽度；砌双层墙，是将加气混凝土砌块立砌两层，中间加空气层（厚度约为70～80mm），两层砌块间每隔500mm 墙高应在水平灰缝中放置$\phi$4～$\phi$6 的钢筋扒钉，扒钉间距600mm。

3）砌筑加气混凝土砌块应采用满铺满挤法砌筑，上下皮砌块的竖向灰缝应相互错开，长度不宜小于砌块长度的1/3 并不小于150mm。当不能满足要求时，应在水平灰缝中放置2 $\phi$6 的拉结钢筋或$\phi$4 的钢筋网片，拉结钢筋或钢筋网片的长度不小于700mm。转角处应使纵横墙的砌块相互咬砌搭接，隔皮砌块露端面。砌块墙的丁字交接处，应使横墙砌块隔皮露头，并坐中于纵墙砌块。

4）加气混凝土砌块墙体拉结筋的设置：

① 承重墙的外墙转角处、墙体交接处，均应沿墙高1m 左右在水平灰缝中放置拉结钢筋，拉结钢筋为3 $\phi$6，钢筋伸入墙内不小于1000mm。

② 非承重墙的外墙转角处，与承重墙体交接处，均应沿墙高1m 左右在水平灰缝中放置拉结钢筋，拉结钢筋为2 $\phi$6，钢筋伸入墙内不小于700mm。

③ 墙的窗口处，窗台下第一皮砌块下面应设置3 $\phi$6 拉结钢筋，拉结钢筋伸过窗口侧边应不小于500mm。墙洞口上边也应放置2 $\phi$6 钢筋，并伸过墙洞口每边长度不小于500mm。

④ 加气混凝土砌块墙的高度大于3m 时，应按设计规定做钢筋混凝土拉结带。如设计无规定时，一般每隔1.5m 加设2 $\phi$6 或3 $\phi$6 钢筋拉结带，以确保墙体的整体稳定性。

5）加气混凝土砌块墙体灰缝应横平竖直，砂浆饱满，水平灰缝厚度不得大于15mm，竖向灰缝宽度宜不大于20mm。

6）加气混凝土砌块墙每天砌筑高度不宜超过1.8m。

7）砌块与门窗口连接：当采用后塞口时，应预制好埋有木砖或铁件的混凝土块，按洞口高度，2m 以内每边砌筑3 块，洞口高度大于2m 时，每边砌筑4 块，混凝土块四周的砂浆要饱满密实。安装门框时用手电钻在边框预先钻出钉眼，然后用钉子将木框与混凝土内预埋木砖钉牢。

8）砌块与楼板连接：墙体砌到接近上层梁、板底部时，应留一定空隙，待填充墙砌完并至少间隔7d 后再用烧结普通砖斜砌挤紧挤牢，砖的倾斜度为60°左右，砂浆应饱满密实。

3. 季节性施工

（1）冬期施工：

1）冬期施工砌体工程，应有完整的冬期施工方案。当日最低气温低于0℃时，即使在冬期施工以外，也应按冬期施工办理。

2）冬期施工砂浆宜用普通硅酸盐水泥拌制。石灰膏等掺合料应防止受冻，如遭冻结，应经融化后方可使用。

3）拌制砂浆用砂，不得含有冰块或直径大于10mm的冻结块。

4）砌块不得遭水浸冻，使用前应清除表面冰雪，在气温低于0℃条件下砌筑时，砌块不得浇水，但必须增大砂浆的稠度。

5）冬期砌筑砂浆的拌合宜采用两步投料法。材料加热时，水加热温度不超过80℃，砂加热温度不超过40℃。砂浆使用温度不应低于+5℃。当采用掺盐砂浆砌筑时，宜将砂浆强度等级较常温提高一级。配筋砌体内不得采用掺盐砂浆法施工。

6）冬期施工砂浆试块的留置，应增加不少于一组与砌体同条件养护的试块，测试检验其28d的强度。

(2) 雨期施工。雨期砌筑应有防雨措施。砌块存放场地应做好排水沟，雨天应进行遮盖，防止雨水浸湿砌块，对于浸泡在雨水中的砌块不得立即上墙。

(三) 成品保护

(1) 砌块在装运过程中，应轻拿轻放，宜使用专用机具，严禁摔、掷及翻斗车自翻卸货，应计算好每处用量，分类整齐码放。砌块堆放场地应坚实平整并有防雨措施。

(2) 加气混凝土砌块墙上不得留脚手眼，搭拆脚手架时不得碰撞已砌好的墙体和门窗边角。

(3) 门框安装后，应将门框两侧300~600mm高度范围钉薄钢板保护，防止损坏。

(4) 加气混凝土墙上设备槽孔应以预留为主，不得随意剔凿，可划准尺寸用刀刃镂划，如造成墙体砌块松动或损坏，应进行补强处理。

(5) 落地砂浆应及时清除干净，以免与地面粘结，影响下道工序施工。

(四) 常见的质量问题

(1) 对于断裂砌块应粘结加工后再使用，严禁直接使用碎块砌筑。

(2) 砌筑时，应按排列组砌图正确组砌，避免排块及局部做法不合理。

(3) 在砌筑门、窗洞口时，应事先预制符合要求的混凝土垫块，并按设计构造图放置；过梁梁端部位应按规定砌好四皮砖或放混凝土垫块；在门窗洞口上口设钢筋混凝土带并整道墙贯通，以确保门窗洞口构造做法符合规定。

(4) 在结构施工时应按设计要求在板、梁底部预留好拉结筋，做到墙顶连接牢固。

(5) 应按设计及有关规定留置拉结筋、拉结带，以确保砌体整体牢固。

(6) 砌筑前应根据墙体尺寸及砌块规格，制作皮数杆，并将灰缝做好标记，拉通线砌筑，做到灰缝基本一致，墙面平整。

## 二、混凝土砌块外墙夹芯保温工程施工质量控制

混凝土承重小型空心砌块（简称“混凝土砌块”）是替代实心黏土砖的重要墙体材料，其砌筑施工工艺与其他砌体工程施工工艺相同。

混凝土砌块外墙夹芯保温有两种做法：一种是双层砌块墙做法；另一种是采用集承重、保温、装饰为一体的复合砌块直接砌筑。

(一) 双层砌块保温墙做法

混凝土砌块夹芯保温外墙，由结构层、保温层、保护层组成。结构层一般采用

190mm 厚主砌块，保温层一般采用聚苯板、岩棉或聚氨酯现场分段发泡，保温层厚度根据各地区的建筑节能标准确定，保护层一般采用 90mm 厚装饰砌块。

1. 节点构造

复合夹芯墙体构造（图 2-32）。结构层与保护层砌体间采用镀锌钢筋网片或拉结钢筋连接。$\phi_4^b$镀锌钢筋网片见图 2-33，每三皮砌块放一层网片。

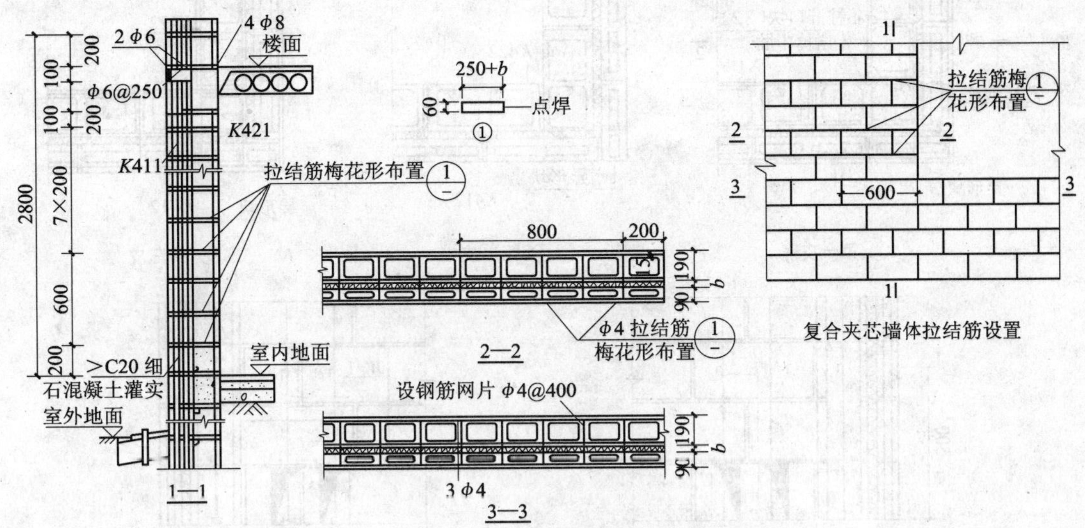


图 2-32　复合夹芯墙体构造

注：1. 拉结筋及钢筋片应作防锈处理。处理后方可使用；
2. 本图仅用于抗震设防烈度不大于 7 度地区；
3. 墙体灰缝内设置钢筋网片的部位不设拉结筋；
4. 拉结筋布置，水平间距不大于 800mm，竖向间距不大于 600mm，梅花形布置，拉结网片设置竖向间距不大于 600mm。

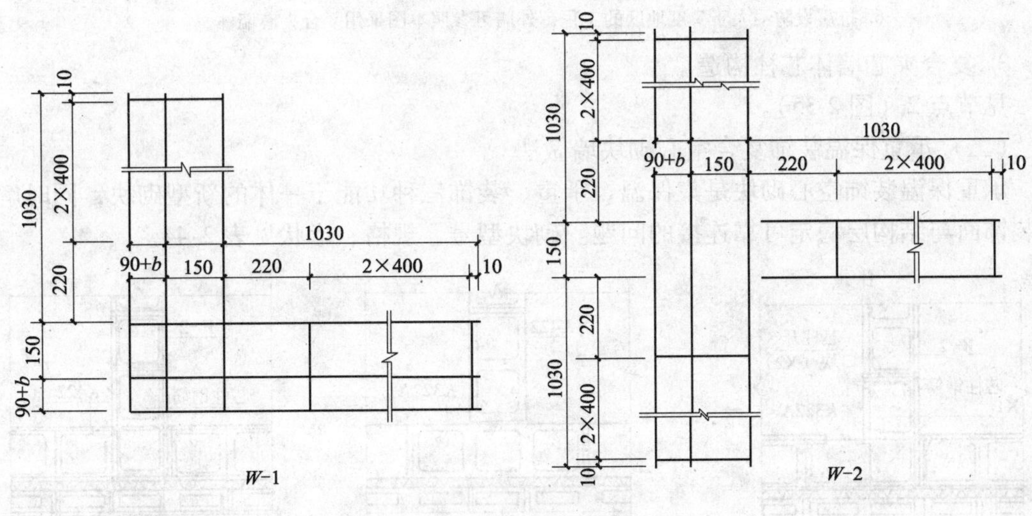


图 2-33　复合夹芯墙体拉结筋网片

b—保温层厚度

2. 复合夹芯墙体芯柱构造

见节点1（图2-34）。

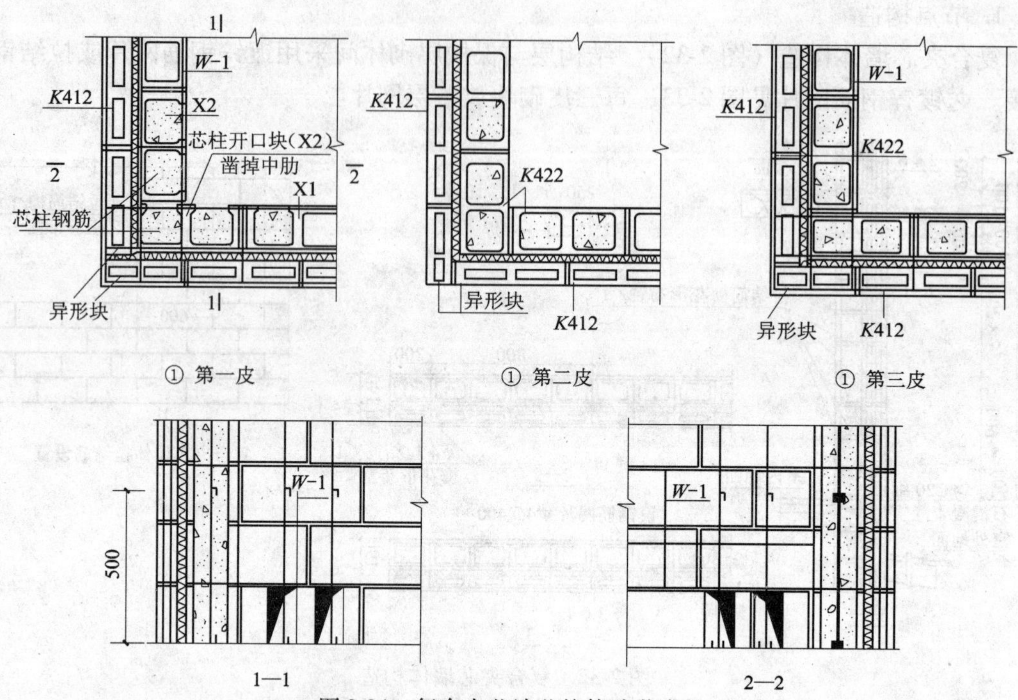


图2-34　复合夹芯墙芯柱构造节点1

注：1. 每层第一皮砌块砌筑时，芯柱部位应在室内侧设清理口，上下层的芯柱插筋通过清理口搭接。搭接长度500mm，浇筑混凝土前芯孔内废弃物应清除干净，封好清理口；
2. 芯柱应采用不小于C20高流动度、低收缩细石混凝土浇筑密实；
3. W-1详见图2-33复合夹芯墙体拉结筋网片；
4. 不设芯柱或清理口时，节点第一皮的排块采用第三皮方式，网片沿墙高每600mm一道；
5. 异形块根据各地保温层厚度值进行设计；
6. 抗震设防不大于7度地区的工程，外墙可参照本图采用复合夹芯墙体。

3. 复合夹芯墙体芯柱构造

见节点2（图2-35）。

（二）承重保温装饰复合空心砌块墙做法

承重保温装饰空心砌块是集保温、承重、装饰三种功能于一体的新型砌块，同时解决了装饰面与结构层稳定可靠连接的问题。砌块型号、规格、形状见表2-44。

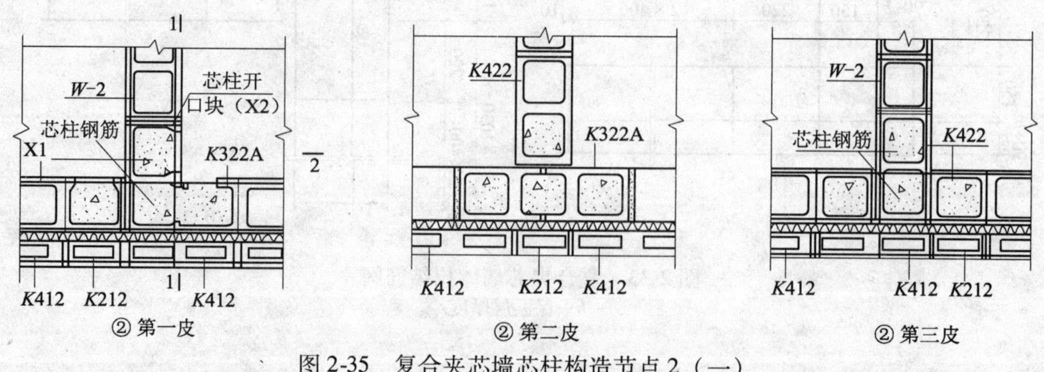


图2-35　复合夹芯墙芯柱构造节点2（一）

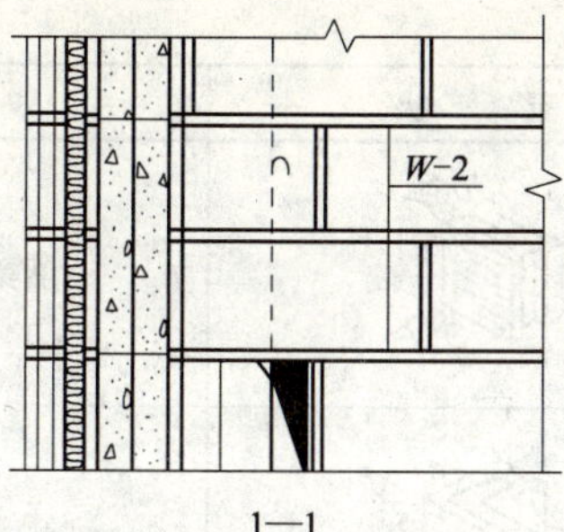

1—1

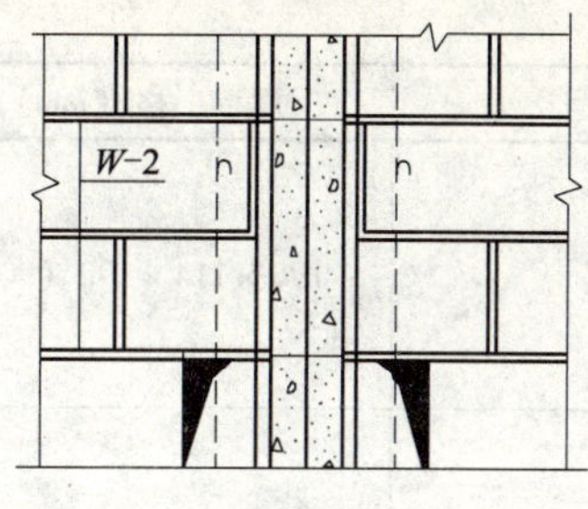

2—2

图 2-35　复合夹芯墙芯柱构造节点 2（二）

注：1. 每层第一皮砌块砌筑时，芯柱处须留出清理口，上下层的芯柱插筋通过清理口搭接。搭接长度 500mm，浇筑混凝土前芯孔内废弃物应清除干净，封好清理口；
2. 芯柱应采用不小于 C20 高流动度、低收缩细石混凝土浇筑密实；
3. *W*－2 详见图 2-33 复合夹芯墙体拉结筋网片；
4. 不设芯柱或清理口时，节点第一皮的排块采用第三皮方式，清理口上面的网片 *W*－2 不增设，网片 *W*－2 沿墙高每 600mm 一道；
5. 抗震设防不大于 7 度地区的工程，外墙可参照本图采用复合夹芯墙体。

**砌块型号、规格、形状**　　**表 2-44**

| 砌块型号 | 规　　格（mm） | 形　　状 | 说　　明 |
|---|---|---|---|
| $W_4$ | 390 × 280 × 190 | | 主砌块 |
| $W_3$ | 290 × 280 × 190 | | 辅助块 |
| $W_2$ | 190 × 280 × 190 | | 辅助块 |
| $Q_4$（$Q_4'$） | 390 × 114 × 190（90） | | 圈梁主块 |
| $Q_3$（$Q_3'$） | 290 × 114 × 190（90） | | 圈梁辅助块 |

续表

| 砌块型号 | 规　格（mm） | 形　状 | 说　明 |
|---|---|---|---|
| $Q_2$（$Q'_2$） | 190×114×190（90） | 130　190　190 | 圈梁辅助块 |
| $Q_1$（$Q'_4$） | 280×190×190（90） | 190　190　280 | L形辅助块 |

1. 砌块性能

承重保温装饰混凝土空心砌块的主要性能指标是：抗压强度不小于10MPa，抗折强度不小于1.60MPa，密度不小于1200kg/m$^3$，抗渗性不大于10mm，传热系数$K$不大于1.10W/(m$^2$·K)，隔声不小于50dB；聚苯板的密度18～20kg/m$^3$，导热系数不大于0.042W/(m·K)。

2. 夹芯保温工程施工质量控制

（1）结构层和保护层的混凝土砌块墙同时分段往上砌筑。砌筑时先砌结构层砌块，砌至600mm高时，放置聚苯板；再砌筑外层保护层砌块，砌至600mm高时，放置拉结钢筋网片，依次往上砌筑。

（2）也可先将全楼结构层砌块墙砌完，随砌随放置拉结钢筋网片或拉结钢筋（设拉结筋的部位不设拉结网片），再放置聚苯板，其后自下而上按楼层砌筑保护层砌块，并砌入钢筋网片。这种施工方法可减少砌筑工序对保护层装饰性砌块的污染。

## 三、多孔砖墙体施工质量控制

### （一）施工准备

1. 材料

（1）多孔砖：多孔砖是以黏土、页岩、煤矸石、粉煤灰为主要原料经焙烧而成，主要用于承重部位的砖，外形为直角六面体，长、宽、高尺寸（单位：mm）分别为290、240、190、180；175、140、115、90或由供需双方协商确定。用于墙体砌筑的多孔砖其品种、规格、外观质量、强度等级、抗风化性能必须符合现行国家标准《烧结多孔砖》（GB 13544）规定和设计要求，规格应齐全配套，并有出厂合格证、试验报告单。不允许有严重泛霜，不允许有大于15mm的爆裂区域，不允许用欠火砖、酥砖和螺旋纹砖。

（2）水泥：一般采用普通硅酸盐水泥或矿渣硅酸盐水泥，有出厂合格证明。水泥进场使用前，应分批对其强度、安定性进行复验。检验批应以同一生产厂家、同一编号为一批。当在使用中对水泥质量有怀疑或水泥出厂超过三个月时，应作复查试验，并按其结果使用。不同品种的水泥，不得混合使用。

（3）砂：宜用中砂，细度模数控制在2.5左右，过5mm孔径筛子。当配制强度等级M5以下的水泥混合砂浆，砂的含泥量不超过10%；配制水泥砂浆及强度等级M5及以上的水泥混合砂浆，砂含泥量不超过5%，并不含草根等有害杂物。

（4）掺合料：宜选用石灰膏、磨细生石灰粉、粉煤灰等，其质量应符合有关要求。生石灰粉熟化时间不得少于7d；当采用磨细生石灰粉时，其熟化时间不得少于2d。不得使用脱水硬化的石灰膏。

（5）水：使用饮用水或不含有害物质的洁净水，水质应符合国家现行标准《混凝土拌合用水标准》(JGJ 63）的规定。

（6）其他材料：塑化剂、防冻剂、微沫剂、拉结钢筋、预埋件、过梁、梁垫等。

2. 机具设备

（1）机械：砂浆搅拌机、卷扬机及井架、切割机、磅秤、翻斗车等。

（2）工具：吊斗、砖笼、手推车、胶皮管、筛子、铁锹、半截灰桶、小水桶、喷水壶、托线板、线坠、水平尺、小线、砖夹子、大铲、刨锛、皮数杆、钢卷尺、缝溜子、2m靠尺、笤帚等。

3. 作业条件

（1）地基、基础工程隐检手续已完成。

（2）按设计标高已抹好水泥砂浆防潮层。

（3）基层找平：施工前应用水准仪抄平，当第一皮砖下灰缝厚度超过20mm时，应采用C20豆石混凝土找平。

（4）已弹好轴线、墙身线、门窗洞口位置线，引测标高控制线，经验线符合设计要求，并办理预检手续。

（5）按建筑平面形式和施工段的划分，立好皮数杆，皮数杆的间距以15～20m为宜，转角、交角处均应设立。皮数杆设立应牢固、竖直，标高一致，办理完预检手续。

4. 技术准备

（1）绘制多孔砖排列平、立面图（即排砖图）。

（2）取得试验室的砂浆配合比通知单，准备好试模。

（3）根据多孔砖尺寸及建筑物层高确定灰缝厚度，绘制皮数杆，同时在皮数杆上标明门窗洞口及过梁尺寸。

（4）对操作工人进行技术交底。

（二）施工质量控制

1. 施工工艺流程

施工工艺流程如图2-36所示。

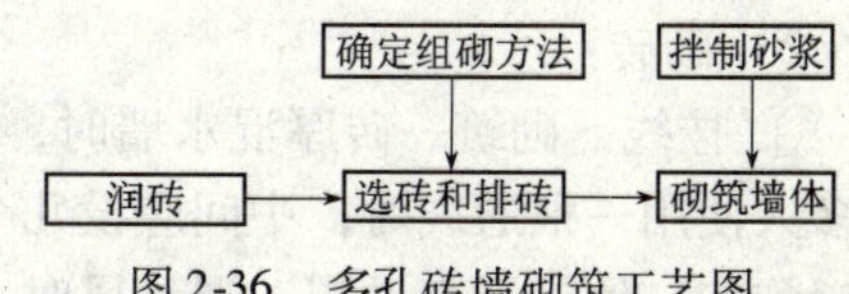

图2-36　多孔砖墙砌筑工艺图

2. 施工方法

（1）润砖：常温施工时，多孔砖在砌筑前1～2d浇水湿润，砌筑时，砖的含水率宜控制在10%～15%之间，一般当水浸入砖四周15～20mm时，含水率即满足要求。不得用干砖上墙。

（2）确定组砌方法：砌体应上下错缝、内外搭砌，宜采用一顺一丁、梅花丁或三顺一丁砌筑形式。砖柱不得采用先砌四周后填心的包心砌法。

（3）选砖和排砖：

1）选砖。选砖应按照标准进行。砌清水墙、柱用的多孔砖应选择边角整齐，无弯曲、裂纹，色泽均匀，敲击时声音响亮，规格基本一致的砖。

2）排砖撂底。依据墙体线、门窗洞口线及相应控制线，按排砖图在工作面试排。一般外墙第一层砖撂底时，两山墙排丁砖，前后檐纵墙排条砖。窗间墙、垛尺寸如不符合模数，可将门窗洞口的位置左右移动（≤60mm）。如有“破活”时，七分头或丁砖应排在窗口中间、附墙垛或其他不明显部位。移动门窗口位置时，应注意不要影响暖卫立管安装和门窗的开启。排砖应考虑门窗洞口上边的砖墙合拢时不出现“破活”。后檐墙排第一皮砖时，要考虑甩窗口后砌条砖，窗角上必须是七分头，墙面单丁才是“好活”。

注：清水墙排砖以整砖、半砖或七分头进行排列时俗称“好活”，否则，为“破活”。

（4）拌制砂浆：

1）砌筑砂浆，应通过试验确定配合比。砂浆现场拌制时，各组分材料应采用重量比计量。计量精度：水泥为±2%，砂、灰膏控制在±5%以内。

2）凡在砂浆中掺入有机塑化剂、防冻剂等，应经检验和试配符合要求后，方可使用。有机塑化剂应有砌体强度的型式检验报告。

3）砂浆应采用机械搅拌，搅拌时间自投料完算起，应符合下列规定：

① 水泥砂浆和水泥混合砂浆不得少于2min；

② 水泥粉煤灰砂浆和掺有外加剂的砂浆不得少于3min；

③ 掺有有机塑化剂的砂浆，应为3～5min。

4）砂浆的稠度应控制在60～80mm为宜。

5）砂浆应随拌随用。水泥砂浆和水泥混合砂浆应分别在拌成后3～4h内使用完毕；当施工期间最高气温超过30℃时，应在拌成后2～3h内使用完毕。超过上述时间的砂浆不得使用，并不得再次拌合后使用。

6）砂浆拌合后和使用中，当出现泌水现象，应在砌筑前再次拌合。

7）砂浆试块：每一检验批且不超过250m$^3$砌体的各种类型及强度等级的砌筑砂浆，每台搅拌机至少作一组试块（一组六块）。砂浆强度等级或配合比变化时，应另作试块。

（5）砌筑墙体：

1）盘角。砌砖应先盘大角。每次盘角不应超过五层，新盘大角要及时进行吊、靠，如有偏差应及时修整。要仔细对照皮数杆砖层和标高，控制水平灰缝均匀一致。大角盘好后，复查平整度和垂直度完全符合要求，再进行挂线砌筑。

2）砌砖：

① 挂线。砌筑一砖厚混水墙时，采用外手挂线；砌筑一砖半墙必须双面挂线；砌长墙多人使用一根通线时，中间应设几个支点，小线要拉紧，每层砖都要穿线看平，使水平灰缝均匀一致，平直通顺。遇刮风时，应防止挂线成弧状。

② 砌砖。砌筑墙体时，多孔砖的孔洞应垂直于受压面，砌筑前应试摆，砖要放平跟线。

③ 对抗震地区砌砖宜采用一铲灰、一块砖、一挤揉的“三一砌砖法”，即满铺、满挤操作法。对非抗震地区，除采用“三一砌砖法”外，也可采用铺浆法砌筑，铺浆长度不得超过750mm；当施工气温超过30℃时，铺浆长度不得超过500mm。

④ 砌体灰缝应横平竖直。水平灰缝厚度和竖向灰缝宽度宜为10mm，但不应小于8mm，也不应大于12mm。砌体灰缝砂浆应饱满，水平灰缝的砂浆饱满度不得低于80%；竖向灰缝宜采用加浆填灌的方法，严禁用水冲浆灌缝。竖向灰缝不得出现透明缝、瞎缝和假缝。

⑤ 砌清水墙应随砌随刮去挤出灰缝的砂浆，等灰缝砂浆达到“指纹硬化”（手指压出清晰指纹而砂浆不粘手）时即可进行划缝，划缝深度为 8 ~ 10mm，深浅一致，墙面清扫干净；砌混水墙应随砌随将舌头灰刮尽。

⑥ 砌筑过程中，要认真进行自检。砌完基础或每一楼层后，应校核砌体的轴线和标高；对砌体垂直度应随时检查。如发现有偏差超过允许范围，应随时纠正，严禁事后砸墙。

⑦ 砌体相邻工作段的高度差，不得超过一层楼的高度，也不宜大于 3.6m。临时间断处的高度差，不得超过一步脚手架的高度。工作段的分段位置，宜设在伸缩缝、沉降缝、防震缝、构造柱或门窗洞口处。

⑧ 常温条件下，每日砌筑高度应控制在 1.4m 以内。

⑨ 隔墙顶应用立砖斜砌挤紧。

3）木砖预留和墙体拉结筋：

① 木砖应提前做好防腐处理。预埋木砖应小头在外、大头在内，数量按洞口高度决定。

洞口高在 1.2m 以内，每边放 2 块；高 1.2 ~ 2m，每边放 3 块；高 2 ~ 3m，每边放 4 块。木砖位置一般在距洞口上边或下边三皮砖，中间均匀分布。

② 钢门窗、暖卫管道、硬架支模等的预留孔，均应在砌筑时按设计要求预留，不得事后剔凿。

③ 墙体拉结筋的长度、形状、位置、规格、数量、间距等均应按设计要求留置，不得错放、漏放。

4）留槎：

① 外墙转角处应双向同时砌筑；内外墙交接处必须留斜槎，斜槎水平投影长度不应小于高度的 2/3，留槎必须平直、通顺。

② 非承重墙与承重墙或柱不同时砌筑时，可留阳槎加设预埋拉结筋。拉结筋沿墙高按设计要求或每 500mm 预埋 2 $\phi$6 钢筋，其埋入长度从留槎处算起，每边不小于 1000mm，末端加 90°弯钩。

③ 施工洞口留阳槎也应按上述要求设水平拉结筋。

④ 留槎处继续砌砖时，应将其浇水充分湿润后方可砌筑。

5）过梁、梁垫的安装：

① 安装过梁、梁垫时，其标高、位置、型号必须准确，坐浆饱满。坐浆厚度大于 20mm 时，要铺垫豆石混凝土。当墙中有圈梁时，梁垫应和圈梁浇筑成整体。

② 过梁两端支承长度应一致。

③ 所有大于 400mm 宽的洞口均应按设计加过梁；小于 400mm 的洞口可加设钢筋砖过梁。

6）构造柱做法：

① 设置构造柱的墙体，应先砌墙，后浇混凝土。砌砖时，与构造柱连接处应砌成马牙槎，每个马牙槎沿高度方向的尺寸不宜超过 300mm，马牙槎应先退后进，构造柱应有外露面。

② 柱与墙拉结筋应按设计要求放置，设计无要求时，一般沿墙高 500mm，每 120mm 厚墙设置 1 根 $\phi$6 的水平拉结筋，每边深入墙内不应小于 1000mm。

7）勾缝：

① 墙面勾缝应横平竖直，深浅一致，搭接平顺。

② 清水砖墙勾缝应采用加浆勾缝，并宜采用细砂拌制的1：1.5水泥砂浆。当勾缝为凹缝时，凹缝深度宜为4~5mm。

③ 混水墙宜用原浆勾缝，但必须随砌随勾，并使灰缝光滑密实。

（三）成品保护

（1）墙体拉结筋、抗震构造柱钢筋及各种预埋件，暖卫、电气管线等，均应注意保护，不得任意拆改或损坏。

（2）砌清水墙时应防止砂浆溅脏墙面。在提升架进料口周围，应做好遮挡，保持墙面洁净。

（3）在吊放砖笼时，指挥人员的信号应准确无误，吊车司机应严守操作规程，防止碰撞墙体。

（4）尚未安装楼板或屋面板的墙和柱，应采取临时支撑措施，以保证遇到五级（含五级）以上大风时墙体的稳定性。

（四）常见的质量问题

（1）基础砖撂底要正确，收退大放角两边要相等，退到墙身之前要检查轴线和边线是否正确，如偏差较小可在基础部位纠正，不得在防潮层以上退台或出沿，以免基础墙与上部墙错台。

（2）排砖时，必须把立缝排匀，砌完一步架高度，每隔2m间距在丁砖立楞处用托线板吊直弹线，二步架往上继续吊直弹线，由底往上所有七分头的长度应保持一致，上层分窗口位置时必须同下窗口保持在同一竖直线上，以避免出现清水墙游丁走缝。

（3）立皮数杆要保证标高一致，盘角时灰缝要掌握均匀，砌砖时小线要拉紧，每层松紧度要一致，防止一层线松，一层线紧，以防止灰缝大小不匀。

（4）清水墙排砖时，为了使窗间墙、垛排成好活，把破活排在中间或不明显位置，在砌过梁上第一皮砖时，不得随意变活。

（5）砌墙遇有风时，挂线应绷直，不能成弧，以免墙随线走，造成砖墙鼓胀。

（6）砌筑中，应注意将半头砖分散使用在较大的墙体面上；砌首层或楼层的第一皮砖要核 对皮数杆的标高及层高；一砖厚墙应外手挂线；舌头灰应及时刮尽等，以避免砌成螺丝墙及浑水墙粗糙的现象。

（7）构造柱外砖墙应砌成马牙槎并应正确设置拉结筋。从柱脚砌砖开始，两侧都应先退后进，当马牙槎深120mm时，宜第一皮进60mm，再上一皮进120mm，以保证混凝土浇筑时角部密实。构造柱内的落地灰、砖渣等杂物必须清理干净，防止混凝土内夹渣。

（五）其他

应遵守现行国家标准和作业标准有关规定。

## 四、普通混凝土小型空心砌块墙体施工质量控制

（一）施工准备

1. 材料

（1）混凝土小型砌块：品种、规格、外观质量、含水率级别、强度等级、抗渗性、

抗冻性等必须符合现行国家标准《普通混凝土小型空心砌块》(GB 8293) 的规定及设计要求。有出厂证明，进场应复试。施工时所用的小砌块的产品龄期不应小于28d。

(2) 水泥：一般采用普通硅酸盐水泥或矿渣硅酸盐水泥，有出厂合格证明。水泥进场使用前，应分批对其强度、安定性进行复验。检验批应以同一生产厂家、同一编号为一批。当在使用中对水泥质量有怀疑或水泥出厂超过三个月时，应复查试验，并按其结果使用。不同品种的水泥，不得混合使用。

(3) 水：使用饮用水或不含有害物质的洁净水，水质应符合国家现行标准《混凝土拌合用水标准》(JGJ 63) 的规定。

(4) 砂：宜采用中砂，细度模数宜控制在 2.5 左右，过 5mm 孔径的筛子，配制强度等级 M5 以下水泥混合砂浆时，砂的含泥量不超过 10%；配制水泥砂浆及强度等级 M5 及以上的水泥混合砂浆时，砂的含泥量不超过 5%，并不含草根等杂物。

(5) 石灰膏：石灰熟化时间不少于 7d，已脱水硬化的石灰膏不得使用。经试配亦可采用符合标准的粉煤灰。

(6) 水平拉结网片：采用镀锌$\phi_4^b$冷拔低碳钢丝点焊网片。

(7) 其他材料：豆石、膨胀剂、减水剂、拉结钢筋、预埋件等。

2. 机具设备

(1) 机械：砂浆搅拌机、提升架、切割机、磅秤、翻斗车、振捣器。

(2) 工具：砌块砖笼、小推车、筛子、柳叶灰铲、木榔头（皮锤）、勾缝灰溜、皮数杆、水平尺、2m 靠尺、小线、托灰板、线坠、灰桶、插钎、喷壶、锯条等。

3. 作业条件

(1) 施工前必须做完基础工程，办理完隐、预检手续。

(2) 基层找平：施工前用水准仪抄平，当水平灰缝厚度超过 20mm 时，采用 C20 豆石混凝土找平。

(3) 弹好轴线、砌体墙身位置线、门窗洞口位置线，引测标高控制线，经验线符合图纸设计要求，办理预检手续。

(4) 搭设操作和卸料架子。

(5) 按建筑平面形式和施工段的划分，立好皮数杆，控制好灰缝和各部位标高。皮数杆间距不宜超过 15m，转角处均应设立。皮数杆应垂直、牢固、标高一致，办理预检手续。

4. 技术准备

(1) 绘制砌块排列平立面和构造详图。

(2) 对工人进行技术培训，未经培训合格者，不得上岗。

(3) 根据砌块尺寸和灰缝厚度计算皮数和排数，绘制皮数杆。

(4) 应对现场砌块的规格、数量及含水率进行检查。

(5) 砂浆和芯柱混凝土经试配确定配合比，准备好砂浆和混凝土试模。

(6) 砌块在工程正式施工之前，宜在施工现场组砌有代表性的一段样板墙，以确定相应质量标准和要求。

(二) 施工质量控制

1. 施工工艺流程

施工工艺流程如图 2-37 所示。

2. 施工方法

（1）选砖和排砖

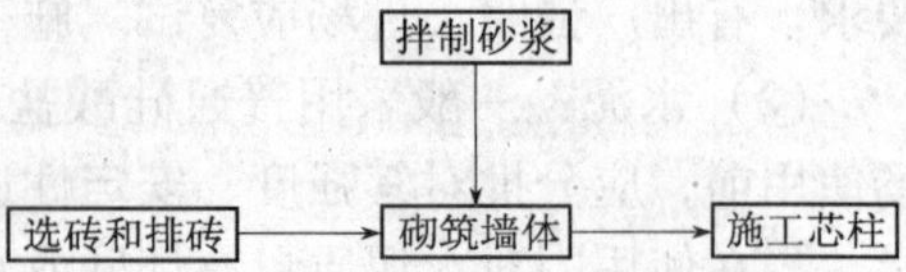

1）选砖。挑选小砌块，进行尺寸和外观检查。有缺陷的小砌块严禁在承重墙体中使用。清水墙体砌块还要检查颜色，色差大的不得上墙。

2）依据砌块墙体线、门窗洞口线以及相应控制线等，按照排砖图在工作面试排，砌块应尽量采用主规格整砖砌块，不许切砖。准确无误后请设计、建设或监理方确认。

选砖和排砖 → 砌筑墙体 → 施工芯柱；拌制砂浆 → 砌筑墙体

图 2-37　普通混凝土小型空心砖块墙体施工工艺流程图

3）外墙排砖原则是多用 390mm 长主砌块，如果通过移动门窗洞口、调整墙垛大小的方法，能减少 290mm、190mm 砌块的用量，应取得设计认可。

（2）拌制砂浆

1）混凝土小型砌块砌筑砂浆应具有高粘结性，良好的流动性、保水性，满足设计强度等级。

2）砂浆宜采用机械搅拌，搅拌时间不少于 2min。砂浆稠度应控制在 50 ~ 70mm 为宜。

3）砂浆应随拌随用。水泥砂浆和水泥混合砂浆应分别在拌成后 2.5 h 和 3h 内用完，夏季施工期间如最高气温超过 30℃，必须分别在 1.5 h 和 2h 内用完。砂浆如有泌水现象时，在砌筑前重新拌合。

4）外墙砌筑砂浆应具有防渗和收缩补偿功能，需加入适量高性能膨胀剂。凡在砂浆中掺入有机塑化剂、早强剂、缓凝剂、防冻剂等，应经检验和试配符合要求后，方可使用。有机塑化剂应有砌体强度的型式检验报告。

5）砂浆试块：每检验批且不大于 $250m^3$ 的砌体，每种强度等级的砂浆至少制作一组（每组 6 个）试块。砂浆试块底模为混凝土小型砌块。

（3）砌筑墙体

1）组砌方法：

① 砌筑应采用对孔错缝组砌方法，砌块上、下错缝，相互搭接，搭接长度应为主砌块的一半（190mm），必要时可使用 290mm 长辅助砌块，搭接长度不应小于 90mm；当墙体的个别部位不能保证此项规定时，应在灰缝中每皮设置拉结钢筋或钢筋网片，但竖向通缝不得超过两皮小砌块。

② 砌筑砌块应对孔反砌，壁肋光面、大面朝上（即上孔小、下孔大，底面朝上），采用“三一砌砖法”。水平灰缝和竖向灰缝厚度应控制在 8 ~ 12mm，宜为 10mm。水平灰缝采用坐浆法铺浆且铺浆长度不得超过 800mm；立缝采用砖端头平面铺灰、立面碰头挤压的方法坐浆。砌筑 190mm 厚墙体需单面挂线，超过 190mm 厚墙体应双面挂线。

③ 砌筑时从外墙转角开始盘角，每次盘角高度不超过 3 皮砖。盘角后应与皮数杆上的皮数、灰缝厚度、标高保持一致。

④ 砌块内外墙应同时砌筑，严禁留直槎。墙体临时间断处砌成斜槎，斜槎水平投影长度不应小于高度的 2/3。如留斜槎有困难（除墙转角处及抗震设防地区外），可从墙面伸出 190mm 砌成阴阳直槎，并沿墙高每皮砖在灰缝内预埋拉结筋或钢筋网片，必须准确埋入灰缝和芯柱内，从留槎处算起，每边锚入墙内均不应少于 600mm。

⑤ 砌筑时，应按设计要求在水平灰缝内放置通长$\Phi_4^b$冷拔低碳钢筋拉结网片或拉结筋，如遇两个方向交叉的钢筋网片，不得放在同一皮灰缝内。钢筋网片采用绑扎搭接，搭接长度满足一个网格长度（200mm）。$\Phi_4^b$拉结网片设计无特殊要求时，一般每三皮砖一道。

⑥ 随砌筑随刮去挤出灰缝的砂浆，待灰缝砂浆达到“指纹硬化”（手指压出清晰指纹而砂浆不粘手）时即可进行划缝，划缝要密实。灰缝要求深浅一致，横平竖直，搭接平整。灰缝深度宜控制在5～8mm左右。

⑦ 砌筑时，如需要移动已砌好的小砌块或被撞动的小砌块时，需清除原有砂浆，重新铺浆砌筑。

⑧ 砌体相邻工作段的高度差不得大于一个楼层或4m。变形缝中的杂物、落灰应及时清除。

⑨ 承重墙体不得采用小砌块与黏土砖等其他块体材料混合砌筑。

⑩ 常温条件下，每日砌筑高度宜控制在1.5m或一步脚手架高度内。

⑪ 在室外散水坡顶面以上、室内地面以下的砌体内，宜设置防潮层。

2）砌块墙体与混凝土柱、墙的连接：

① 砌块墙与混凝土柱、墙交接处的砌块砌筑成马牙槎形式，先退后进，每600mm（三皮砖高度）设2 $\phi 6$的水平拉结钢筋，拉结筋长度从留槎处算起，每边均不应小于600mm。

② 承重混凝土砌块墙体按照先砌筑墙体再浇筑混凝土柱、墙的原则施工。

③ 小砌块用于框架填充墙时，应与框架中预埋的拉结筋连接，当填充墙砌至顶面最后一皮，与上部结构接触处宜用实心砌块斜砌。

3）脚手眼设置：

砌体内不宜设脚手眼，如必须设置，可用190mm小砌块侧砌，砌完后用C15混凝土填实。但在墙体下列位置不得设置脚手眼。

① 过梁上部与过梁成60°角的三角形及梁跨度1/2范围内。

② 宽度小于1000mm的窗间墙。

③ 梁和梁垫下及其左右各500mm的范围内。

④ 砌体门窗洞口两侧200mm内和转角处450mm的范围内。

⑤ 外墙任何部位严禁设脚手眼。

4）过梁：

砌块墙体所有大于400mm宽的洞口均按设计加过梁，小于400mm的洞口加设2 $\phi 16$过梁钢筋。施工中需要设置的临时施工洞口，侧边离交接处墙面不小于600mm，并在顶部设过梁。填砌施工洞口的砌筑砂浆等级应提高一级。

5）预留预埋、管线敷设与设备固定：

① 门窗洞口采用预灌后埋式安装时，两侧砌块芯孔应先浇筑密实。暖气片、管线固定卡、开关插座、吊柜、挂镜线等需固定的位置可采用实心砌块砌筑。

② 对设计规定的洞口、管道、沟槽和预埋件等砌筑时及时预留和预埋。在小砌块砌体中不得预留或打凿水平沟槽，严禁在砌好的墙体上打凿孔、洞、槽。

③ 电气管线竖向管敷设在相应的砌块芯孔内。开关插座及箱盒位置采用开口砌块，如此处有芯柱，应分段浇筑混凝土。

④ 砌筑时，应在灰缝中埋设设备和管道支架。

6）防渗抗裂措施：

① 严格按照施工规范和设计图纸要求，设置洞口周边混凝土现浇带、拉结筋（钢筋网片）、芯柱，保证施工质量。

② 外墙砌块除必须满足养护28d要求外，若条件许可应提前委托生产，使砌块自然放置三个月以上，并控制其相对含水率，提高抗渗性。

③ 严格控制砂浆饱满度，宜试配掺用防水外加剂的防水砂浆，提高砌体防水和抗渗性能。

④ 芯孔设导水措施：外墙在未灌芯柱混凝土的砌块孔内预埋$\phi$10麻绳，间距不大于400mm，位置在每层楼板上第一皮砌块下，麻绳一端位于芯孔内，一端甩在墙外。也可采用卸水孔的方法：在灰缝中设$\phi$6孔，里高外低，其位置、间距同导水麻绳。

⑤ 清水外墙可采取二次勾缝，勾缝砂浆按设计要求加入颜料。勾缝深度不大于4mm，保证防水性能，起到装饰效果。勾缝后用锯条轻轻刮去灰缝边的砂浆，被轻微污染的外墙面采用同颜色的涂料刷涂。

⑥ 砌块外墙墙体内侧宜刮一道刚性防水（水泥）腻子。

⑦ 外檐施工完后，在外墙砌块砖表面喷刷一道无色憎水剂。

（4）施工芯柱

1）楼板混凝土浇筑前必须按设计安装好芯柱插筋，插筋锚固长度要满足设计要求或规范规定。芯柱插筋上下全高贯通，与各层圈梁整体浇筑。当上下不贯通时，钢筋锚固于上下层圈梁中。

2）芯柱钢筋采用绑扎连接，上下楼层的钢筋可在楼板面上搭接，搭接长度按设计要求施工。

3）每层砌筑第一皮小砌块时，在芯柱部位用侧面开砌块砌筑，转角和十字墙核心芯柱清扫孔与相邻清扫孔留成连通孔，每层墙体砌筑完毕必须清除芯柱孔洞内的杂物及削掉孔内凸出的砂浆，用水冲洗干净，绑牢校正芯柱钢筋，经隐检合格后，支模堵好清扫孔。

4）芯柱混凝土：

① 按设计强度浇筑细石混凝土，强度一般不低于C15，混凝土坍落度控制在200±20mm。

② 芯柱混凝土除满足强度要求外，尚应具有低收缩及微膨胀性，以避免混凝土浇筑后产生收缩，导致芯柱混凝土与砌块内壁分离。

③ 浇筑芯柱混凝土前，砌筑砂浆强度必须达到1.0MPa。

④ 每楼层高度的钢筋混凝土芯柱应连续浇筑，每浇灌400～500mm高度振捣一次。浇灌混凝土前应先注入50～100mm厚与混凝土强度等级相同的水泥砂浆，浇筑后的混凝土面低于最上一皮砌块表面500mm。

⑤ 芯柱施工前，应计算芯柱混凝土用量，进行计量浇筑，以防止出现少浇断柱质量问题。

3. 季节性施工

(1) 冬期施工

① 砌筑工程冬期施工，应有完整的冬期施工方案。当最低气温低于0℃时，即使在冬

期施工以外期间，也应按冬期施工办理。

② 混凝土小砌块冬期施工不得采用冻结法。砌筑前，应清除冰雪等冻结物，不得使用水浸后受冻的小砌块。

③ 砌筑砂浆宜用普通硅酸盐水泥拌制，砂内不得含有直径大于10mm的冻结块；石灰膏等应防止受冻。必要时可拌合抗冻砂浆，砂浆使用温度不应低于+5℃。

④ 冬期当日最低气温高于或等于-15℃时，采用抗冻砂浆的强度等级应按常温提高一级；气温低于-15℃时，不得进行砌筑。

⑤ 严寒地区在冬期来临前应做好防寒保温措施。每日砌筑后，必须使用保温材料覆盖新砌墙体。

⑥ 解冻期间应对砌体进行观察，当发现裂缝、不均匀下沉等情况，应分析原因并采取措施。

⑦ 过梁、芯柱混凝土冬期施工应符合国家现行标准《建筑工程冬期施工规程》(JGJ 104) 的施工要求。

(2) 雨期施工

① 雨期砌筑应有防雨措施。下雨时必须停止砌筑，并对新砌筑的墙体采取遮雨措施，以防雨水进入砖体和芯孔内。大雨过后要复核墙体的垂直度。

② 遇水冲淋的砌块晾干后方可使用。

(三) 成品保护

(1) 浇筑芯柱混凝土时应小心振捣，避免过振，防止振裂砌体。浇筑圈梁混凝土时应防止混凝土灌入芯孔中。

(2) 清水墙面砌筑时，在外侧平铺一根$\phi$8钢筋，防止砂浆流到墙面造成污染，同时以此控制灰缝的宽度和深度。浇筑梁板混凝土时应用塑料布覆盖墙体表面，防止混凝土或砂浆污染墙面。

(3) 对预埋拉结筋、芯柱钢筋应加强保护，不得随意踩倒、弯折。

(4) 暖卫、电气管线及预埋件应注意保护，防止损坏。与水、电专业密切配合施工，重视预留预埋，尽量避免后敷管线。确需开槽时应用机械切割，严禁随意剔凿。

(5) 现场搬运砌块应轻搬轻放，防止砌块表面损坏。吊运模板等材料时，指挥人员与吊车司机要密切配合，防止碰撞已砌好的墙体。吊装砌块严禁撞击楼板，应缓慢下落放在板面上，并尽量避免放在跨中处，且板下相应位置应采取减荷措施。

(6) 混凝土砌块堆放场地应平整，并做好排水设施，且比周边地面高出100mm，避免水浸泡砌块。雨期宜搭设防雨棚，防止下雨淋湿砌块。

(四) 常见的质量问题

(1) 严禁使用过期水泥，严格按配比计量、拌制砂浆，并按规定留置、养护好砂浆试块，确保砂浆强度满足设计要求。

(2) 按设计和规范的规定，设置拉结带、拉结筋及压砌钢筋网片。在砌筑时，作出标识，便于检查，以防遗漏。

(3) 严格按砌块排砖图施工，应注意砌块的规格并正确组砌，避免砌块反放。

(4) 严格按皮数杆控制分层高度，掌握铺灰厚度。基底不平时，事先用细石混凝土找平，及时检查墙面垂直度、平整度。

（5）做好专业之间的协调配合，确保孔洞、埋件的位置、尺寸及标高的准确，避免事后剔凿开洞，影响砌体质量。

（6）砌筑时，不得使用含水率过大的砌块，被水浸透的砌块严禁上墙；一般相对含水率应控制在40%以内，即现场宜采用喷洒润湿的砌块，不宜采用浇水浸泡砌块的方法。

## 五、保温砌模现浇钢筋混凝土网格剪力墙施工质量控制

保温砌模现浇钢筋混凝土网格剪力墙是指把超轻骨料混凝土制成的具有保温隔热功能的空心砌模，用作现浇墙体的模板，现浇混凝土后形成立面为网格状的钢筋混凝土剪力墙，并保留保温砌模。钢筋混凝土网格剪力墙作为承重和抗侧力结构构件，保温砌模起保温隔热的功能。

（一）施工准备

1. 材料准备

(1) 保温砌模应符合下列要求：

① 保温砌模的抗压强度应大于0.5MPa、抗折强度应大于0.3MPa，常温下自然养护龄期应不少于28d，热窑养护后静置龄期应不少于20d。

② 保温砌模应有产品合格证和质量检测证明，其尺寸允许偏差、外观质量和自然状态表观干密度应分别符合表2-45、表2-46和表2-47的规定。

**保温砌模尺寸允许偏差（mm）** **表2-45**

| 项目名称 | 合格品 |
|---|---|
| 长度 | ±3 |
| 宽度 | ±3 |
| 高度 | ±1.5 |
| 对角线 | ±4 |

**保温砌模外观质量** **表2-46**

| 项目名称 | | 合格品 |
|---|---|---|
| 缺棱掉角 | 数量（个） | ≤2 |
| | 三个方向投影最小值（mm） | ≤20 |
| 垂直度（mm） | | ≤3 |
| 弯曲度（mm） | | ≤3 |

**保温砌模自然状态重量** **表2-47**

| 型号 | 表观干密度（kg/块） | 允许偏差（%） |
|---|---|---|
| 200 | 3.6 | 4 |
| 250 | 3.8 | 4 |
| 300 | 5.3 | 4 |
| 310 | 5.6 | 4 |
| 320 | 5.1 | 4 |

（2）网格墙建筑结构所用钢筋应符合现行国家标准《混凝土结构设计规范》（GB 50010）的规定，应有出厂产品合格证和材质检验单，并应按规定进行复试，确认合格后方可使用。所用的地锚钢筋网片、竖向和水平钢筋网片应点焊连接并应符合国家现行标准《钢筋焊接及验收规程》（JGJ 18）的规定。施工现场应按规格码放钢筋，应采取措施防止钢筋锈蚀和污染。

（3）砌筑砌模墙体的砌筑胶浆材料应符合下列要求：

① 宜采用矿渣硅酸盐水泥或普通硅酸盐水泥，水泥应有产品合格证，并应按规定进行复试，确认合格后方可使用。

② 应采用中砂或细砂，砂的质量及检验方法应符合现行标准《普通混凝土用砂、石质量及检验方法标准》（JGJ 52）的规定，配置前应过筛除去大颗粒和杂物，砂的含泥量应不超过3%。

③ 拌合水的质量应符合现行标准《混凝土用水标准》（JGJ 63）有关规定。

④ 砌筑胶浆系聚合物改性水泥砂浆，硬化过程不产生有害物质，不返碱，其技术要求应符合表2-48的规定。

**砌筑胶浆技术要求**　　**表2-48**

| 检　验　项　目 | 技　术　指　标 |
|---|---|
| 抗压强度（MPa） | ≥1 |
| 粘结剪切强度（MPa） | ≥0.7 |
| 稠度（cm） | 7～8 |
| 抗下塌性 | 良好 |
| 可操作时间（h） | 2 |

（4）自密实混凝土应符合下列要求：

① 宜采用硅酸盐或普通硅酸盐水泥。

② 宜采用卵石，粒径不宜大于16mm，含泥量、泥块含量等指标应符合现行行业标准的有关规定。

③ 宜采用中砂或粗砂，含泥量应不超过3%，并应符合现行行业标准的规定。

④ 应采用Ⅱ级或Ⅱ级以上粉煤灰，并应有合格证及试验报告，性能指标应符合《用于水泥和混凝土的粉煤灰》（GB 1596）的有关规定。

⑤ 拌合水的质量应符合现行行业标准《混凝土用水标准》（JGJ 63）的规定。

⑥ 外加剂应符合国家现行标准的要求，并经过混凝土试配，性能合格方可使用。

⑦ 自密实混凝土的技术性能指标应符合表2-49的规定。

**自密实混凝土技术性能指标**　　**表2-49**

| 检　验　项　目 | 技　术　指　标 |
|---|---|
| 混凝土强度等级 | C25～C40（根据设计确定） |
| 坍落度（mm） | ≥260 |
| 扩展度（mm） | 600～700 |
| 排空时间（s） | 8～12 |

注：排空时间是指将坍落度筒倒置（小口朝下），下端用木板堵住，从大口处浇满混凝土后抽掉木板，混凝土全部流出所用的时间。

（5）耐碱玻璃纤维网格布的技术性能指标应符合表2-50的规定。

耐碱玻璃纤维网格布的技术性能指标 表2-50

| 检验项目 | 技术指标 |
| --- | --- |
| 网孔尺寸（mm） | 4×4.5×5 |
| 单位面积质量（$g/m^2$） | ≥160 |
| 经纬向断裂（N） | 750（50mm宽） |
| 断裂强度保持率（100℃氢氧化钙水溶液浸泡4h）（%） | ≥50 |

（6）聚合物砂浆的技术性能指标应符合表2-51的规定。

聚合物砂浆的技术性能指标 表2-51

| 检验项目 | 技术指标 |
| --- | --- |
| 常温下拉伸粘结强度（与水泥砂浆）（MPa） | ≥0.70 |
| 可操作时间（h） | ≥2 |
| 24h吸水量（$g/m^2$） | ≤1000 |
| 柔韧性水泥基28d压折比（抗压强度/压折强度） | ≤3 |
| 水蒸气透过湿流密度（$g/m^2$） | ≤1.00 |
| 抗裂性（厚度5mm以下） | 无裂纹 |
| 透水性（24h）（mL） | ≤3 |

2. 技术准备

（1）保温砌模应根据施工进度要求，分层配套运入施工现场，装卸时不得倾卸和抛掷，砌模堆放场地应夯实，并便于排水，堆放高度应不超过2m。

（2）基础施工前应校核建筑物的放线尺寸，其偏差应根据建筑物长度$L$不大于表2-52规定的允许最大偏差值。

基础放线尺寸允许最大偏差值 表2-52

| 建筑长度$L$（m） | 最大偏差（mm） |
| --- | --- |
| $L≤30$ | ±5 |
| $30<L≤60$ | ±10 |
| $60<L≤90$ | ±15 |
| $L≤90$ | ±20 |

（3）砌筑保温砌模前应熟悉施工图纸，并应根据墙体尺寸、楼层标高及门窗洞口尺寸及位置、组合柱的位置等编制砌模排列图。

（4）应对砌筑在地梁上和每层楼面上的第一层砌模加工清扫孔，清扫孔应在砌模的一侧，孔距为200mm、尺寸为130mm×120mm；应加工相当数量的半块砌模以备用。

（5）砌筑砌模前，应对基础和预埋竖向钢筋进行检查和验收，符合要求后方可砌筑。

（6）砌筑砌模前，应在墙体的阴阳角处立好皮数杆；皮数杆应标明砌模的皮数、灰缝厚度以及门窗洞口、过梁、圈梁和楼板等部位的位置。

（7）应准备好施工机具和起重设备，如：搅拌机、砂浆机、刀锯、水平仪、线坠、皮数杆、胶皮锤等，以及塔吊、汽车吊、混凝土泵或泵车、浇筑灰斗等。

（8）砌筑胶浆应采用机械搅拌，搅拌时间不得少于2min；胶浆的技术性能应符合表2-48的规定，配置砂浆应在2h内完，在使用中出现泌水现象应重新拌合。

（二）施工质量控制

1. 施工流程

保温砌模混凝土网格墙的施工流程可按图2-38执行。

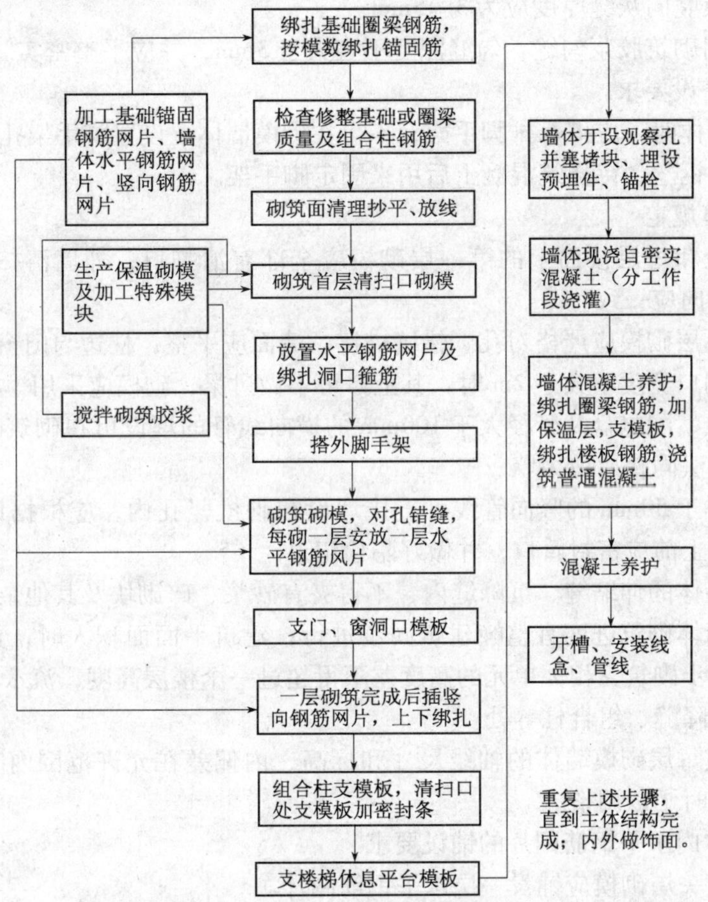


图2-38　保温砌模混凝土网格墙施工流程图

2. 砌模墙体砌筑施工要求

（1）砌筑前，应清理砌模上、下两个平面的污物。

（2）严禁使用断裂和壁肋有贯通裂缝的砌模。

（3）地梁上平面清扫后应按设计图纸弹线，应从门口或组合柱方向开始砌筑。

（4）皮数杆标高的偏差应不大于5mm，并应标出砌模数及门窗洞口、圈梁高度。

（5）内、外墙可同时砌筑，纵横墙应直槎对接，砌筑后应用胶浆抹对接缝。

（6）砌模的砌筑层高宜不大于3.2m，超过时应采取施工安全措施。

（7）砌模砌筑高度应根据施工季节的气温、风压、墙体部位等不同情况分别控制，日砌筑高度不宜超过1.5m。

（8）砌模墙体如有移动或被撞动时，应重新铺浆砌筑。

3. 砌模墙体的灰缝规定

(1) 灰缝应横平竖直，水平灰缝的胶浆饱满度不得低于90%，竖缝两侧的砌模应两边挂灰，砂浆饱满度不得低于85%，不得出现瞎缝、透缝。

(2) 铺灰长度应为400mm（一块砌模一铺），严禁用水冲浆灌缝，不得采用石子、木楔等物垫塞灰缝。

(3) 水平及竖向灰缝厚度应为3～5mm。

(4) 应采用砌筑胶浆勾缝，勾缝深度不宜大于3mm，并应平整密实。

4. 脚手架搭设要求

砌筑砌模墙体时，应搭双排脚手架；不得在砌模墙体上设置脚手架孔，可在圈梁、组合柱上预留8号钢丝，待浇筑混凝土后用来固定脚手架。

5. 砌筑砌模规定

(1) 地梁上和每层楼面上的第一层砌模应全部有清扫口，外墙清扫口应朝向内侧，内墙清扫口的朝向应一致。

(2) 上、下层砌模应严格对孔、错缝搭接，墙面应平整，柱边与门窗口应留直槎。

(3) 门窗洞口宽度不大于2m时，其上口可不做过梁，砌模应采用模板支托。

(4) 消防栓、配电盘及管径大于100mm的横向线管的埋设可在砌筑时根据其外廓尺寸预留洞口，做法同普通剪力墙。

(5) 直径小于50mm的竖向管线可直接埋设在砌模竖孔内，应根据设计要求附设加强筋，浇筑混凝土前应密封管口，并做好隐检记录。

(6) 砌模墙体的伸缩缝、沉降缝内，不得夹有砂浆、碎砌块及其他杂物。

(7) 砌模墙体砌筑进度宜整幢建筑同步进行；建筑平面面积大时，也可按施工流水段为单元分段同步砌筑，相邻单元的高度差不得超过一个楼层高度，流水段的分段位置宜设在伸缩缝、沉降缝、组合柱等处。

(8) 应校核每层砌模墙体的轴线尺寸和标高，内偏差在允许范围内时，可在浇筑圈梁或楼板混凝土时予以调整。

6. 砌模墙体内水平钢筋网片的铺设要求

(1) 每砌筑一层砌模应铺设一层水平钢筋网片。

(2) 水平钢筋网片应平放在砌模水平槽的中间位置，水平网片的横筋应位于砌模竖肢肋上。

(3) 水平钢筋网片的搭接长度应不小于$30d$（$d$为钢筋网片纵筋的直径），并应用钢丝绑扎，每侧应不少于2个绑扣。

(4) 砌模墙体与组合柱相接时，其水平钢筋网片伸进组合柱的长度应不小于$30d$，并应与组合柱的纵筋绑扎，每侧应不少于2个绑扣。

(5) 门窗洞口上面网格墙的水平筋应根据设计图纸采用，其铺设方法同墙体。

7. 砌模墙体内竖向钢筋网片的放置要求

(1) 地梁（圈梁）浇筑混凝土前应预埋墙体竖向锚固筋网片，锚固筋网片高出地梁（圈梁）上平面应不小于$48d$，间距应为200mm，锚固筋网片应垂直于该墙体轴线。

(2) 墙体砌筑到每层楼的层高时应在每个砌模孔内放置竖向钢筋网片，竖向钢筋网片应垂直于墙体轴线且宜居中，必要时，可在模外横向插入$\phi 6$短筋并调整竖筋位置。

（3）在砌模的清扫口内，竖向钢筋网片应与锚固钢筋网片搭接绑扎，竖向钢筋网片的上端应与墙体水平钢筋网片或圈梁纵筋绑扎。

（4）应根据层高加工竖向钢筋网片，网片长度应包括伸入圈梁的长度及和上层的搭接长度，层高范围内竖向钢筋网片不得搭接。

8. 浇筑墙体混凝土前的准备工作

（1）检查墙体砌筑的粘结强度和抗压强度，应达到胶浆强度的规定值。

（2）应将清扫口内的落地砂浆、垃圾及杂物全部清除干净，并用钢模板封堵支牢。

（3）应在墙体一侧钻观察孔，以备检查混凝土浇筑质量，观察孔的孔径可为50mm、水平间距不宜大于2m、沿高度间距不宜大于1.5m，应用木塞将观察孔堵严。

（4）应向砌模墙体孔内喷洒配合比为2∶1的水泥浆，以达到孔壁湿润为准。

（5）门窗洞口的侧面和上面应用模板封严，并应有牢固的支撑。

（6）施工流水分段处应用细钢丝网封堵、绑牢。

（7）必须将各处缝隙封严堵实。

9. 浇筑墙体混凝土要求

（1）砌模墙体砌筑完成不少于24h、砌模墙体及钢筋铺设经检验合格后方可浇筑墙体混凝土，并应通知质检及监理人员旁站监督混凝土浇筑。

（2）混凝土应在拌成后1h内浇筑。

（3）墙体混凝土浇筑点间距应不大于1m。

（4）可采用分层浇筑，每层浇筑高度宜不大于1.4m，第一层可浇至与窗下口平齐（可从窗下口处浇筑），以上部分可一次或分两次浇筑，分层处不得设在网格墙横肢断面内。

（5）在一个施工流水段内，浇筑高度应同步进行；宜实行混凝土定量浇筑，并应有专人检查混凝土水平流动的情况；出现个别崩模、跑浆时，应及时采取封堵措施。

（6）浇筑墙体混凝土时可不用振捣棒振捣，若混凝土流动不良或在钢筋密集处可用钢钎或小号振捣棒振实。

（7）应在下层混凝土初凝前，方可浇筑上层混凝土。

（8）墙体混凝土浇筑后不得喷水养护。

（9）常温下圈梁与楼板混凝土应在墙体混凝土达到设计强度50%后浇筑，楼板施工需满堂支模，采用装配整体式楼盖时需硬架支模。

10. 水、电管线安装要求

（1）主体结构完成，并验收合格后方可实施。

（2）水暖、消防、电器的箱体应在墙体预留的孔洞内安装，应采用预埋件或膨胀螺栓与混凝上墙体固定，箱体背面可采用砌保温板或钢丝网片抹聚合物水泥砂浆处理。

（3）对直径小于30mm的暗管线，可在墙面弹出安装线，依线在砌模墙体上剔槽，采用管卡子或胀栓固定牢固，并应用1∶3水泥砂浆填实、找平。

11. 墙体面层施工要求

（1）墙体预埋管件全部完成并验收合格后方可实施。

（2）面层施工前应检测墙体外观尺寸，超出允许偏差时应先行修整。

（3）门窗洞口处应采用聚合物砂浆粘贴玻纤布包角（玻纤布宽度30～400mm），门窗洞口四角沿45°方向应采用聚合物砂浆粘贴玻纤布条（玻纤布规格为100mm×400mm）。

（4）提高抹灰层粘结性能，可将水泥胶浆均匀甩在墙面上进行毛化处理，胶浆疙瘩应均匀牢固或喷刷界面剂。

（5）在门窗口角、墙跺、墙面等处吊垂直、套方，抹灰饼定基准。

（6）内外墙底层可采用下述做法：采用掺有抗裂剂的灰砂比为1:4的水泥砂浆，底灰厚度为5~7mm，并分层与所贴灰饼抹平，并用木杠刮平、找直、木抹搓毛。

（7）内墙面层可采用下述做法：底层砂浆充分硬化（不少于7d）后进行，用水淋湿墙面后抹防裂砂浆，厚度在3mm左右，用钢抹压光。

（8）外墙面层可采用下述做法：

① 外墙喷刷涂料：用水淋湿墙面，胶浆粘贴玻纤网布（网布搭接宽度不小于100mm），抹3mm厚聚合物抗裂砂浆，并压入玻纤网布内，抹平、压光，表面刮涂防水腻子，分格缝嵌入建筑密封膏后刷外墙涂料；

② 外墙粘贴面砖：用水淋湿墙面再阴干后，采用专用胶粘剂（厚度10mm左右）粘贴面砖（大面积粘贴前，应进行面砖粘贴强度和拉拔试验），外墙分格缝嵌入建筑密封膏。

12. 屋面保温隔热层施工要求

（1）保温层厚度含水率和表观密度应符合设计要求。

（2）屋面防水不得低于Ⅱ级，工程质量应符合现行国家标准《屋面工程质量验收规范》（GB 50207）的要求。

13. 楼面施工要求

楼面采用聚苯颗粒混凝土作保温隔热层时，其干密度不宜小于500kg/m$^3$，厚度不宜小于5mm。

14. 浴厕、女儿墙等防水部位施工要求

（1）应先涂界面剂，抹5~7mm厚掺有抗裂剂的1:4的水泥砂浆底灰，上抹3mm厚聚合物水泥砂浆，砂浆层基本干透后方可做防水层，面层做法可按北京地区浴厕防水做法的有关规定操作。

（2）防水层应作闭水试验，合格后方可继续下道工序。

（三）冬雨期及大风天施工

1. 冬季施工要求

（1）室外日平均气温连续5d低于5℃时应为冬期施工。

（2）不得使用雪水浸透后受冻的砌模，砌筑前应清除表面冰雪等冻结物。

（3）应采用普通硅酸盐水泥配置砂浆，砂浆所用的砂内不得含有冰块。

（4）搅拌混凝土时可掺入防冻剂，掺量需经试验确定，不得随意变动。

（5）拌合用水温度不得超过80℃。

（6）砂浆和混凝土拌制后应及时砌筑和浇筑，防止冻结。

（7）气温低于-10℃时，不得砌筑墙体和浇筑混凝土。

2. 雨期施工要求。

（1）砌模不应贴地堆放，应采取防雨措施，严格控制砌模的相对含水率。

（2）降雨量较大时应停止砌筑，并应对砌筑墙体采取遮雨措施，防止雨水浸入墙体，继续施工时应复核墙体的垂直度。

3. 大风时施工要求

(1) 浇筑混凝土应在起重机作业时的风速、风力限定条件下进行。

(2) 施工现场超过6级风时，不得砌筑砌模。

(3) 施工现场达到6级风时，没有浇筑混凝土的砌模墙体，且砌筑高度达到1m时，应采取临时支撑措施：在长墙两侧（特别在内墙处）、顶部可用脚手架管或木方水平贯通加固；水平加固杆件，每隔3m应用支撑与地面或脚手架固定；窗间墙或组合柱等竖向部位也应采取支撑措施。

# 第五节　预制复合墙板墙体节能工程施工质量控制

## 一、外墙挂板保温系统施工质量控制

### (一) 概述

外墙挂板——连环甲系统（以下简称“连环甲系统”），是集外装饰与保温为一体的新型外墙外保温体系。

1. 适用范围

(1) 适用于基层墙体为钢筋混凝土、烧结实心砖、多孔砖、混凝土空心砌块等承重墙体。其他墙体应进行现场固定件与基层墙体拉拔力测试，拉拔力不小于1.2kN的墙体；

(2) 适用于各种形式的低层及多层新建或改、扩建的工业与民用建筑外墙挂板——连环甲系统使用，可供建筑设计、建筑装修和施工安装人员参考；

(3) 适用于抗震设防烈度不大于8度的建筑物。

2. 系统简介

本系统是以挤塑聚苯乙烯泡沫板为保温材料，采用专用固定件将挤塑聚苯乙烯泡沫板固定在墙体的外表面上，然后，再安装装饰与围护为一体的装饰挂板所组成的外墙外保温与外装饰系统。其基本构造见图2-39。

3. 系统构成

(1) 为保证保温工程的质量，减少材料的浪费，本系统要求对不平整的墙面施作找平层。当墙面的平整度、垂直度检验合格，符合国家中级抹灰验收标准，方可进行下一步工序。

(2) 保温层采用连环甲系统专用挤塑泡沫板，它可以满足连环甲系统要求的墙体保温材料硬度与韧性，其厚度应根据国家或项目当地的建筑节能保温规范与标准的要求与计算方法确定。业主也可以根据国外先进的设计标准确定保温层厚度，以达到更加节能的效果。

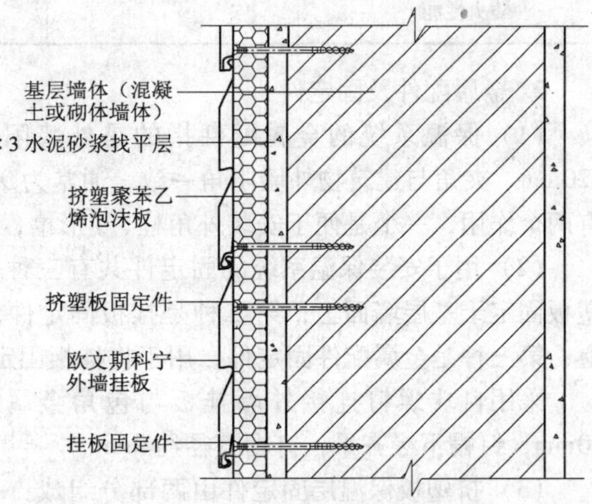


图2-39　连环甲外墙保温系统构造图

（3）保温层的安装，须采用专用保温层固定件固定。采用机械固定方式，避免了湿作业施工，提高了施工效率，缩短了工期，结合挂板固定件，可以有效地抵抗由正负风压更替产生的疲劳荷载，固定方式安全、可靠。

（4）外墙面层采用复合材料外墙挂板，采用专用挂板固定件与墙体连接。有多种颜色与形式，提供给设计师、业主更多的选择。

（5）本系统可应用于钢筋混凝土墙、各种砖墙或砌体墙等基层之上，如对保温层或挂板固定件在基层墙体上的抗拉拔力有疑问时，可采用现场测试。对于保温层固定件，单个固定件拉拔力应大于1.20kN；对于挂板固定件，单个固定件拉拔力应大于1.20kN。

（6）结构的安全性、耐久性、抗冲击性和可靠性是建筑物的必备条件，节能措施则是建筑物的内涵。连环甲系统由于采用了保温和物理性能优异的连环甲系统专用挤塑泡沫板，专用的保温层与外墙挂板固定件，配合外表美观、耐候性能优异的外墙挂板，使整个系统热工性能良好，主体结构更加坚固耐久。

（二）系统材料

1. 外墙挂板

挂板及其配件是一种高分子复合材料，其柔韧性好、耐候性能高，用于保温层外侧既美观又起到保护保温层的作用。常用的挂板有DL型和DLD型两种形式，规格为229mm（高）×4000mm（长）×1mm（厚）。常用颜色有白色、象牙白、杏仁色、丝绸色、古陶色、烟灰色等六种。挂板其各项性能指标均达到或超过美国ASTM标准及有关文件的要求。其部分性能指标见表2-53。

**挂板规格及性能** **表2-53**

| 测试项目 | 单位 | 测试标准 | 测试值 |
|---|---|---|---|
| 悬臂梁冲击强度（0℃） | (kg·cm)/cm | ASTM D256 | 10.40 |
| 悬臂梁冲击强度（23℃） | (kg·cm)/cm | ASTM D256 | 20.74 |
| 线性膨胀系数 | mm/(m·℃) | ASTM D696 | $5.67\times10^{-3}$ |
| 抗拉强度 | kPa | ASTM D4216 | 485.8 |
| 防火性能 | | ASTM—E84<br>GB/T 8627 1999 | 防火A级<br>防火B1级 |

2. 金属配件及固定件

（1）保温系统的金属配件指的是外墙阳角的金属包角。包角呈L形，每边长为120mm。夹角与建筑物外墙阳角一致，通常为90°。包角由镀锌钢板制作，厚1mm。包角有两个作用，一个是便于安装外角柱、J形槽，另一个作用是增加阳角的强度。

（2）用于安装保温系统的固定件共有三种：一种是挤塑板保温层固定件，用于将挤塑板固定于基层墙面上；第二种是挂板固定件，用于将挂板穿过挤塑板固定在基层墙体上；第三种是金属配件固定件，用于将挂板固定于金属配件上。

采用自攻螺钉连接外墙挂板与包角金属配件，自攻螺钉直径3.2mm，长度大于20mm，钉帽下缘齐平，钉帽直径约9mm。

（3）挤塑板保温层固定件由两部分组成：一是膨胀钉采用优质工程塑料制作，尾部有设计独特的回拧锚固结构；二是自攻螺钉采用高强度结构钢及防锈性能优异的灰磷镀层工艺，适用温度范围 -40 ~ 80℃，单个构件拉拔力及拉拔力设计值可参考表 8-54（安全系数 $k$ 取 3.0）。

挤塑板固定件的拉拔力及拉拔力设计值　　表 2-54

| 基层墙体 | 拉拔力 | 拉拔力设计值 |
|---|---|---|
| 钢筋混凝土墙体（C25） | 1.5kN | 0.5kN |
| 烧结实心砖墙体（MU10） | 1.4kN | 0.45kN |
| 多孔砖墙体（MU10） | 1.2kN | 0.4kN |
| 混凝土空心砌块（MU10） | 1.2kN | 0.4kN |

注：拉拔力为实测平均值。

（4）如基层墙体为其他材料，应进行现场固定件于基层墙体拉拔力测试，以确定拉拔力设计值，建议最低拉拔力为 1.2kN，拉拔力设计值为 0.4kN。

（5）外墙挂板保温层固定件采用优质工程塑料膨胀套管和不锈钢或经防锈处理的螺钉制作，尾部有设计独特的回拧锚固结构，适用温度范围 -40 ~ 80℃。要求钉帽直径不小于 9mm，钉身根部直径为 3.2mm，钉长不小于 80mm，单个构件的性能见表 2-55。

挂板固定件的拉拔力及拉拔力设计值　　表 2-55

| 基层墙体 | 拉拔力 | 拉拔力设计值 |
|---|---|---|
| 钢筋混凝土墙体（C25） | 1.5kN | 0.5kN |
| 烧结实心砖墙体（MU10） | 1.4kN | 0.45kN |
| 多孔砖墙体（MU10） | 1.2kN | 0.4kN |
| 混凝土空心砌块（MU10） | 1.2kN | 0.4kN |

注：拉拔力为实测平均值。

3. 保温隔热材料

（1）挤塑聚苯乙烯泡沫板（XPS）是一种高性能的硬质保温板材，它不仅具备极低的导热系数，更具有优越的抗湿、抗冲击、耐候等性能。XPS 板所特有的微细闭孔蜂窝状结构，使其拥有极高的抗压、抗剪强度，以及极低的吸水率。

（2）在长期高湿度或浸水环境下，XPS 板仍能保持其优良的保温隔热性能。

（3）热工计算表明：25mm 厚挤塑板的热阻相当于 650mm 厚实心黏土砖墙的热阻。

（4）由于 XPS 板所特有的微细闭孔蜂窝状结构，它的强度几乎不受浸水的影响，所以 XPS 板是最优质的保温材料。

（5）挤塑聚苯乙烯泡沫塑料板（XPS）规格及性能，见表 2-56。

挤塑聚苯乙烯泡沫塑料板规格及性能　　表 2-56

| 性能 | 单位 | 测试标准 | 性能标准及规格 | | | | |
|---|---|---|---|---|---|---|---|
| | | | R5 | R6 | R8 | R10 | R12 |
| 压缩强度 | kPa | GB 8813 | 150 ~ 250 | | | | |
| 表观密度 | $kg/m^3$ | GB 6343 | ≤35 | | | | |
| 导热系数 | W/(m·K) | GB 3399 | 0.0289（@25℃），0.026（@10℃） | | | | |

续表

| 性能 | 单位 | 测试标准 | 性能标准及规格 | | | | |
|---|---|---|---|---|---|---|---|
| | | | R5 | R6 | R8 | R10 | R12 |
| 热阻值 | | ASTM C518 | 5 | 6 | 8 | 10 | 12 |
| | $(m^2 \cdot K)/W$ | GB 3399 | 0.87 | 1.04 | 1.38 | 1.73 | 2.08 |
| 透湿系数 | ng/(Pa·m·s) | GB/T 17146 | ≤3.0 | | | | |
| 吸水率 | % (V/V) | GB/T 8810 | ≤2.0 | | | | |
| 氧指数 | % | GB/T 8626 | >30 | | | | |
| 厚度 | mm | GB 6342 | 25 | 30 | 40 | 50 | 60 |
| 宽度 | mm | | 600 | | | | |
| 长度 | mm | | 1800 | | | | |
| 边沿接口形式 | | | 平头，榫槽 | | | | |

4. 嵌缝材料

(1) 嵌缝用建筑密封膏应采用聚氨酯或硅酮型建筑密封膏，其性能指标应符合《聚氨酯建筑密封膏》(JC 482) 及《建筑用硅酮结构密封胶》(GB 16776) 的要求外，应与本系统有关产品进行相容试验，不相容不能使用。

(2) 发泡聚乙烯圆棒：用于填塞节点缝隙，作密封膏的隔离、背衬材料，其直径按缝宽的1.3倍选用。

(三) 系统施工质量控制

1. 施工条件

(1) 水泥砂浆找平层已做好，基层墙面应干燥并已验收合格，门窗框、各种管线、预埋件、预留孔洞、支架已安装到位。

(2) 施工现场环境温度在施工及施工后24h内均不得低于5℃，风力不大于5级。

(3) 为保证施工质量，施工面应避免阳光直射。必要时，应在脚手架上搭设防晒布，遮挡墙面。

(4) 雨天施工时应采取有效措施，防止雨水冲刷墙面。

(5) 墙体系统在施工过程中所采取的保护措施，应待泛水、密封膏等永久保护按设计要求施工完毕后方可拆除。

2. 主要施工工具

(1) 常用工具：2m靠尺、角尺、壁纸刀、冲击钻、电动螺钉刀、电锤、电热丝切割器、白铁皮剪刀、钢锯条、墨斗、托线板、卷尺、硅胶枪等。另外，基本的测量仪器也是需要的，如水准仪。

(2) 挂板专用施工工具：

1) 压痕器：用于在外墙挂板墙的最上侧或洞口下方的挂板终止层处，可用其在剪裁的挂板上压制倒刺卡口，以供固定挂板使用。

2) 钉槽冲孔器：在安装挂板中，用于扩展不满足安装要求宽度的钉槽口处，可在外墙挂板上压制钉槽口，以确保挂板在长方向上的自由伸缩。

(3) 安全防护用品：应配备必要的施工安全保护用品，以确保施工安全。

3. 施工程序

（1）本系统做法见施工流程图2-40。

（2）施工要点。

1）基层处理：

① 必须彻底清除基层表面浮灰、油污、隔离剂、基层表面局部突出物、空鼓及风化物等影响表面平整度和XPS板安装的材料。

② 对于旧房改造工程，应清除外墙表面的影响安装保温材料的物体。所有外墙上的门窗框、水落管支架、进户管线、墙面预埋件等，均应在保温隔热层施工前完工。

③ 对新建工程的结构墙体，应按现行外墙标准检测其平整度及垂直度，局部采用2m靠尺检查，最大偏差应小于4mm，超差部分应剔凿或用水泥砂浆修补平整。

④ 在挂板与其他外墙材料（如石材、涂料和面砖）的结合处，需检查这些外墙材料的交接处或交接线的水平或垂直度，如不满足，则必须在安装挂板前调整。

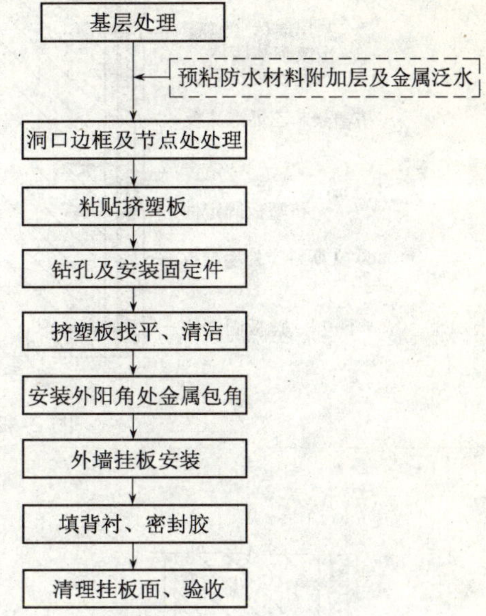


图2-40　施工工艺流程图

2）安装节点及洞口的金属泛水及防水垫层。安装节点及洞口泛水等，未特别说明处，泛水采用热镀锌钢板、不锈钢板1mm厚，附加防水层采用自粘式防水卷材，如在图2-41~图2-43中已指定泛水或附加防水层材料与材料厚度的节点，应按图施工。

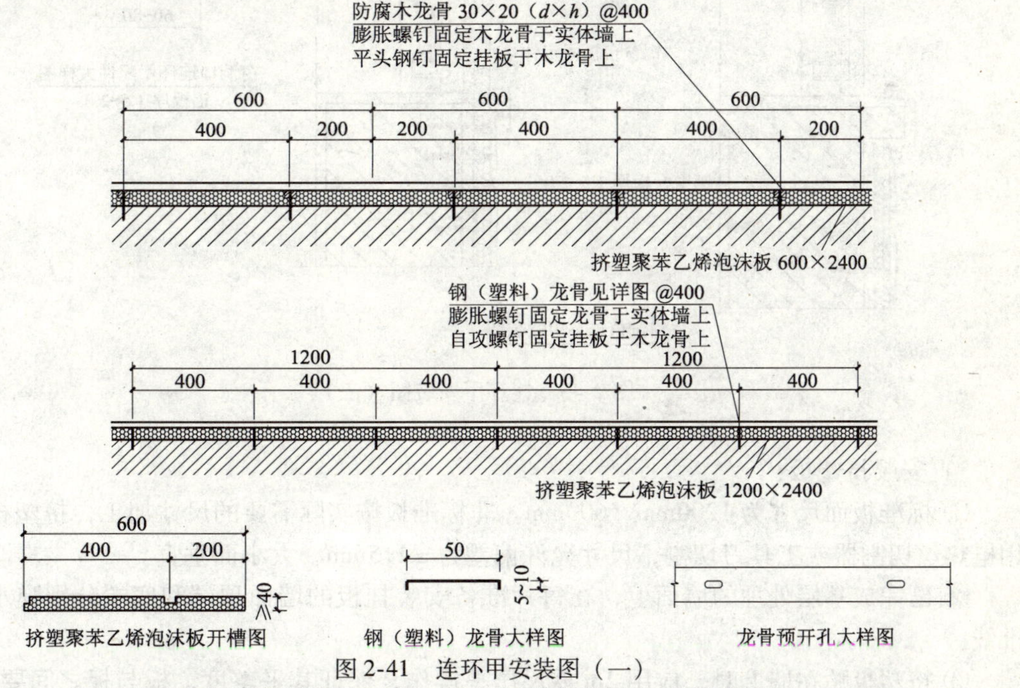


图2-41　连环甲安装图（一）

注：1. 钢龙骨应采用热镀锌钢板1.5mm厚，固定件应采取防止冷桥的措施；

2. 塑料龙骨应保证较高的龙骨刚度和较小的热膨胀系数，固定件应采取防止冷桥的措施。

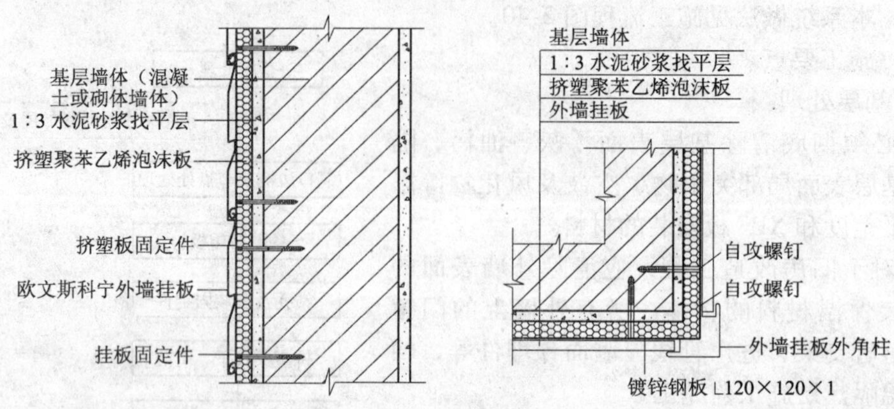


图 2-42　连环甲安装图（二）

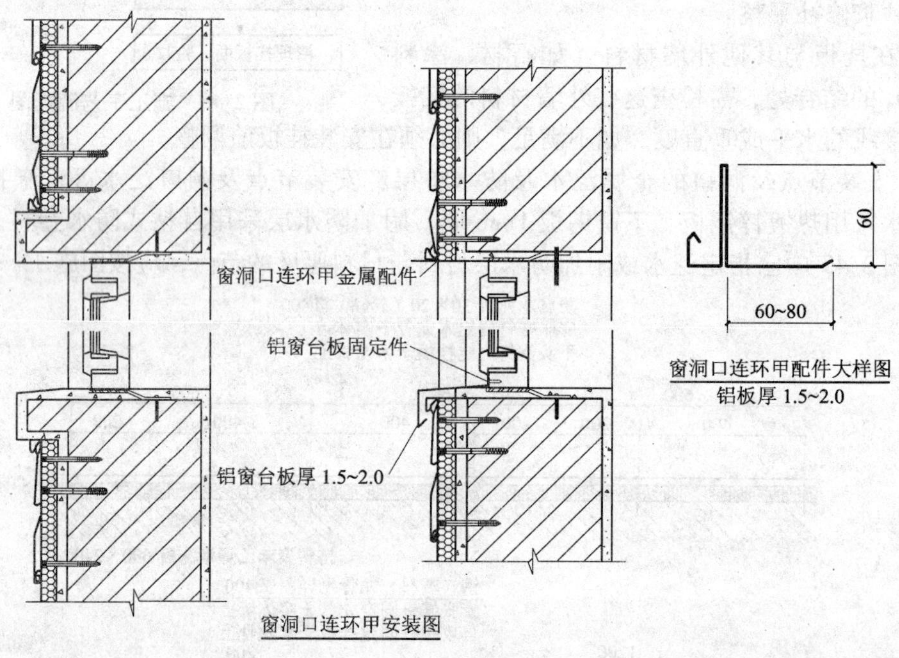


图 2-43　连环甲安装图（三）

3）安装挤塑板：

① 标准板面尺寸为1200mm×600mm。非标准板按实际需要的尺寸加工，挤塑板切割用电热丝切割器或工具刀切割，尺寸允许偏差为±1.5mm，大小面垂直。

② 已完成基层处理的墙面上，在每片准备安装挂板的墙面顶端和底端分别弹水平基准线。

③ 挤塑板贴在墙上时，应用2m 靠尺压平操作，保证其平整度，板与板之间要挤紧。每贴完一块，应及时施加挤塑板专用固定件固定。板间不留间隙，若因挤塑板面方正或裁

切不直形成缝隙，应用挤塑板条塞入并打磨平整。

④ 挤塑板应水平安装，保证连续结合，而且上下两排挤塑板宜竖向错缝板长1/2，保证最小错缝尺寸200mm。

⑤ 在墙体阴阳角处，应先排好尺寸，裁切挤塑板，使其安装时垂直交错连接，保证拐角处顺直且垂直。

⑥ 在安装窗框四周的阳角和外墙阳角时，应先作出基准线，作为控制阳角上下竖直的依据。

⑦ 按设计要求的位置用冲击钻钻孔，锚固深度为50mm，钻孔深度60mm。

⑧ 固定挤塑板的固定件，每平方米约7~10个。先钻孔（钻孔深度必须大于胀管锚入长度），再将胀管打入，最后，将自攻螺钉拧入。确保固定件可靠锚入墙体基层并达到规定的抗拔强度。

⑨ 任何面积大于0.1$m^2$的单块板必须加固定件，数量视形状及现场情况而定，对于小于0.1$m^2$的单块板应根据现场情况决定是否加固定件。

⑩ 固定件加密，阳角、檐口下、孔洞边缘四周应加密，其间距不大于300mm，距基层边缘不小于60mm，见门窗洞口及边角（图2-45）。

⑪ 自攻螺钉应用电动螺钉刀拧紧，并使工程塑料膨胀钉的帽子与挤塑板表面平齐或略拧入一些，确保膨胀钉尾部回拧使之与基层充分锚固。

⑫ 挤塑板接缝不平处应用粗砂纸打磨平整，并在施工挂板前保持板面清洁。

4）外墙挂板安装：

① 沿外墙阳角安装金属包角，包角沿外墙阳角通长布置，两侧每隔400mm高设一固定件固定。

② 安装起始条、J形槽和内外角柱，再安装挂板。

5）沉降缝、伸缩缝、防震缝做法：

沉降缝、伸缩缝、防震缝统称变形缝，其做法是在变形缝处填塞发泡聚乙烯圆棒，其直径应为变形缝宽的1.3倍，分两次勾填嵌缝膏，深度为缝宽的50%~70%。

## 二、预制墙体外保温系统施工质量控制

### （一）概述

预制墙体保温系统是一种新型的外墙外保温施工技术。工厂化预制生产的各种保温幕墙板，采用配套的机械连接构件，现场进行装配化安装，形成外墙外保温系统。

预制墙体保温系统与其他墙体保温系统相比：采用工业化过程进行生产，产品质量能够得到严格的控制；减少了现场的湿作业；减少了大量的施工环节，缩短了施工工期；避免了施工过程中的环境污染以及噪声污染，符合绿色文明施工要求，具有显著的优点。预制保温系统施工不受季节及气候影响，在北京地区能够进行冬期施工，特别是在既有建筑节能改造时，预制墙体保温系统更显示出优势和特点：能够适应各种既有建筑的基层墙面，不必对原有基层墙面进行复杂地清除处理。预制墙体保温系统采取机械连接方式，固定在既有墙体外侧，还能够部分达到改造既有建筑外观面貌目的。

预制墙体保温系统目前在国内的生产和应用刚刚开始。各种产品系统在结构构造、施

工环节、性能特点以及造价上有较大的区别，尚需在进一步的推广和应用过程中逐步成熟和完善，以满足各种环境条件下的建筑节能要求。

下面以 EVE 轻质保温幕墙板为例，介绍预制墙体保温系统。

(二) EVE 轻质保温幕墙板

EVE 轻质保温幕墙是一种工业化生产的大幅面干挂式外保温幕墙系统。集外墙保温功能与外墙装饰功能于一体，现场安装悬挂在建筑外表面，满足建筑节能与建筑装饰的需要。

1. EVE 轻质保温幕墙板的组成结构

EVE 轻质保温幕墙板的组成结构，见图 2-44。

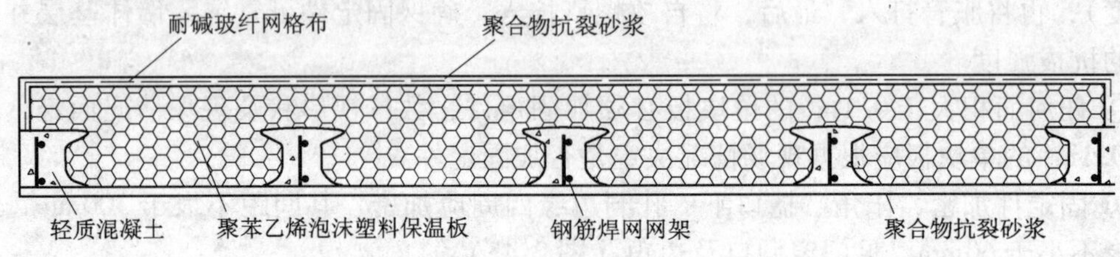


图 2-44　EVE 保温幕墙板构造剖面图

EVE 轻质保温幕墙板由多种材料复合而成，采用高强度轻质混凝土及钢筋网架结构，混凝土框架之间及其外侧填充复合 EPS 或 XPS 保温板，保温板外侧包覆耐碱玻纤网格布及聚合物抗裂砂浆，聚合物抗裂砂浆外侧涂布高档外墙装饰涂料。

2. EVE 轻质保温幕墙板特点

(1) 轻质性。

轻质保温幕墙板的面密度为 50kg/m$^2$，仅相当于粘贴一层外墙瓷砖的重量。

(2) 保温性。

轻质保温幕墙板的传热系数 0.55W/(m$^2$·K)，满足节能 65% 的建筑设计规范要求。

(3) 装饰性。

轻质保温幕墙板的外表面经工厂化饰面处理，可形成仿天然石材、仿金属铝塑板幕墙、仿饰面瓷砖等多种装饰效果，满足高档外观装饰要求。

(4) 安装性。

采用预埋或锚固在结构基层墙体上的金属挂件，将大幅面 EVE 轻质保温幕墙板安全、准确、快速安装悬挂在建筑外墙表面。干作业、无污染、无噪声、施工快、质量好。

3. EVE 轻质保温幕墙板技术性能

EVE 轻质保温幕墙板技术性能见表 2-57。

**EVE 轻质保温幕墙板主要性能指标**　　表 2-57

| 板规格 / 性能指标 | 3500×3000×100 (mm) | 3500×3000×120 (mm) | 3500×3000×140 (mm) |
|---|---|---|---|
| 面密度 | 48kg/m$^2$ | 50kg/m$^2$ | 55kg/m$^2$ |
| 抗弯荷载 | 1.5kN/m$^2$ | 1.5kN/m$^2$ | 1.5kN/m$^2$ |
| 抗冲击强度 (30kg 砂袋) | >5 次 | >5 次 | >5 次 |

续表

| 板规格<br>性能指标 | 3500×3000×100（mm） | 3500×3000×120（mm） | 3500×3000×140（mm） |
|---|---|---|---|
| 抗压强度（混凝土立方体） | 30MPa | 30MPa | 30MPa |
| 抗冻融性 | 25 次 | 25 次 | 25 次 |
| 耐火时限 | ＞0.5h | ＞0.5h | ＞0.5h |
| 干燥收缩值 | ＜0.4mm/m | ＜0.4mm/m | ＜0.4mm/m |
| 空气隔声量 | ＞30dB | ＞35dB | ＞35dB |
| 传热系数 | ≤0.55W/(m²·K) | ≤0.48W/(m²·K) | ≤0.42W/(m²·K) |

（三）EVE 轻质保温幕墙板应用范围

（1）EVE 轻质保温幕墙板适用于钢结构、混凝土框架结构等各种轻型建筑结构；

（2）适用于各种多层、高层以及低层新建房屋的外墙保温，外墙装饰；

（3）适用于既有建筑的节能改造，既有建筑的外观翻新改造。

（四）EVE 轻质保温幕墙板的构造

1. EVE 轻质保温幕墙板的连接节点

见图 2-45～图 2-51。

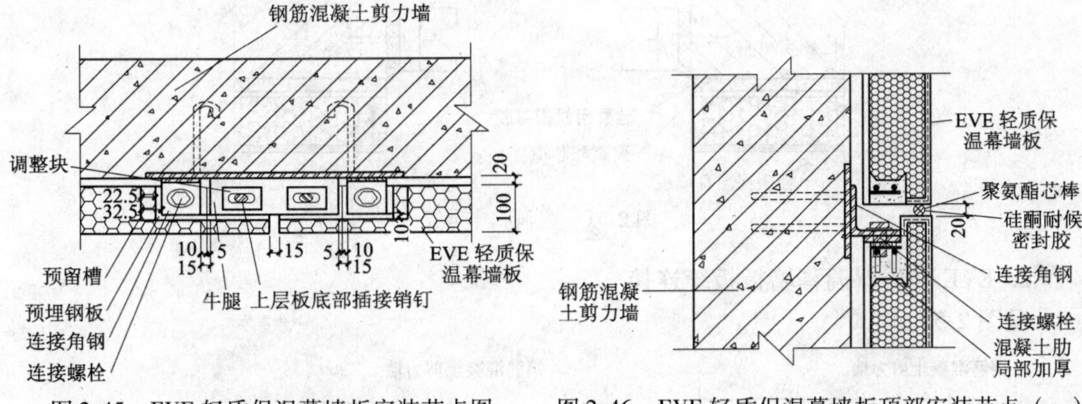


图 2-45　EVE 轻质保温幕墙板安装节点图　　图 2-46　EVE 轻质保温幕墙板顶部安装节点（一）

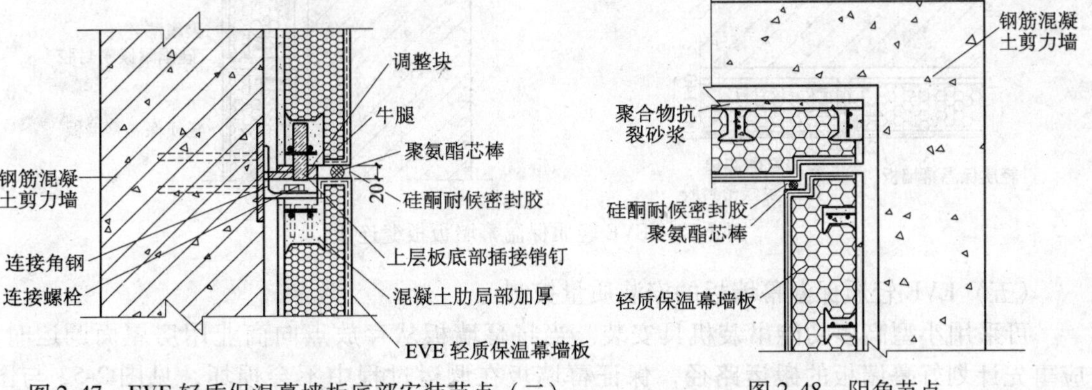


图 2-47　EVE 轻质保温幕墙板底部安装节点（二）　　图 2-48　阴角节点

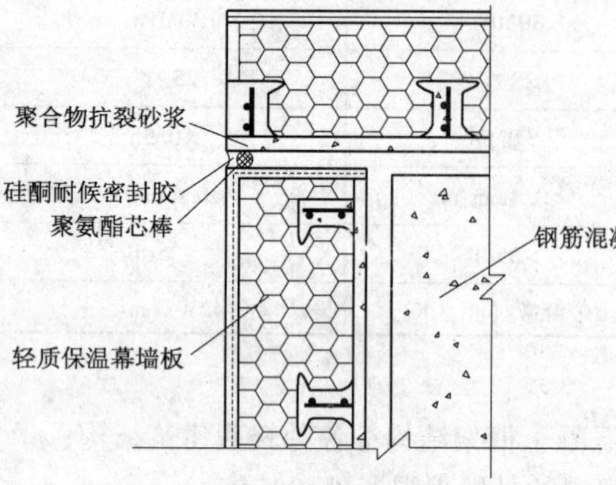

聚合物抗裂砂浆
硅酮耐候密封胶
聚氨酯芯棒
钢筋混凝土剪力墙
轻质保温幕墙板

图 2-49　阳角节点

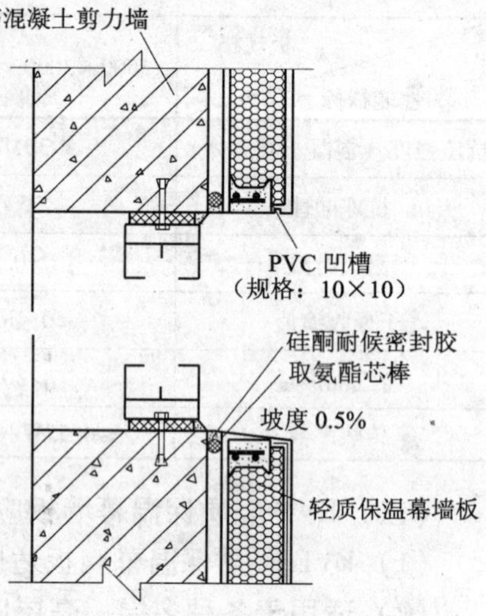

钢筋混凝土剪力墙
PVC 凹槽
（规格：10×10）
硅酮耐候密封胶
取氨酯芯棒
坡度 0.5%
轻质保温幕墙板

图 2-50　窗洞口节点 1

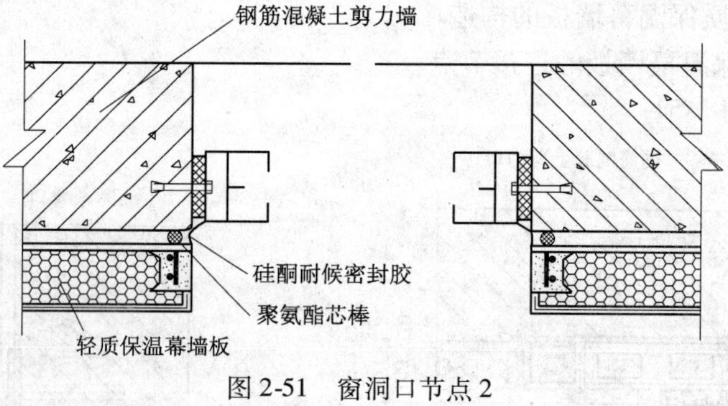

钢筋混凝土剪力墙
硅酮耐候密封胶
聚氨酯芯棒
轻质保温幕墙板

图 2-51　窗洞口节点 2

2. EVE 轻质保温幕墙板板缝连接

见图 2-52。

钢筋混凝土剪力墙
100~140
20
轻质保温幕墙板
聚氨酯芯棒
硅酮耐候密封胶
钢筋混凝土剪力墙
聚氨酯芯棒
硅酮耐候密封胶
轻质保温幕墙板
20

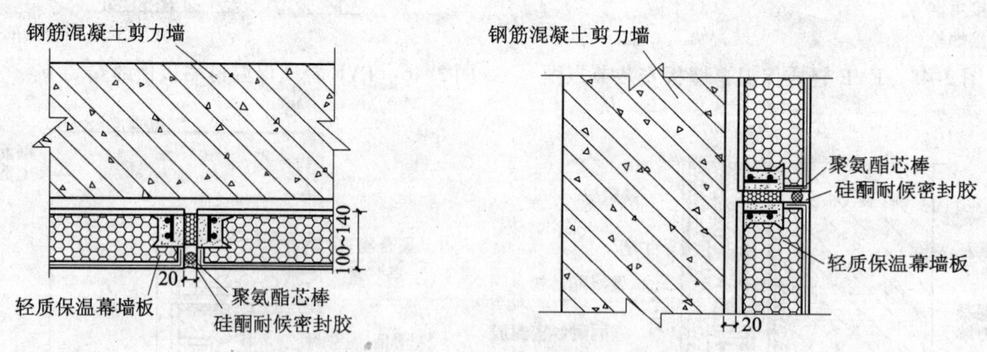

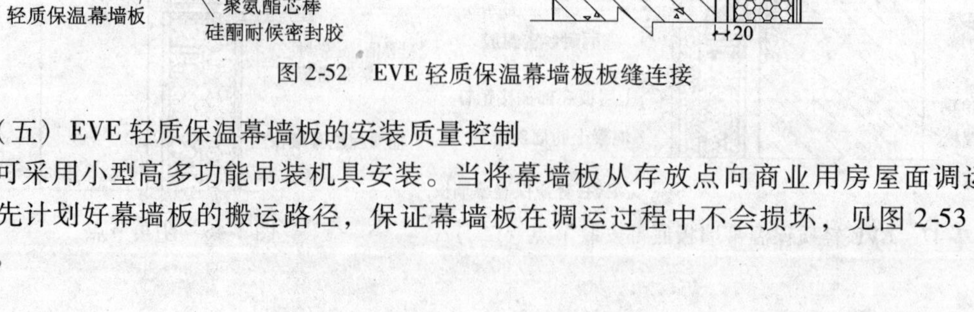

图 2-52　EVE 轻质保温幕墙板板缝连接

（五）EVE 轻质保温幕墙板的安装质量控制

可采用小型高多功能吊装机具安装。当将幕墙板从存放点向商业用房屋面调运时，应事先计划好幕墙板的搬运路径，保证幕墙板在调运过程中不会损坏，见图 2-53 与图 2-54。

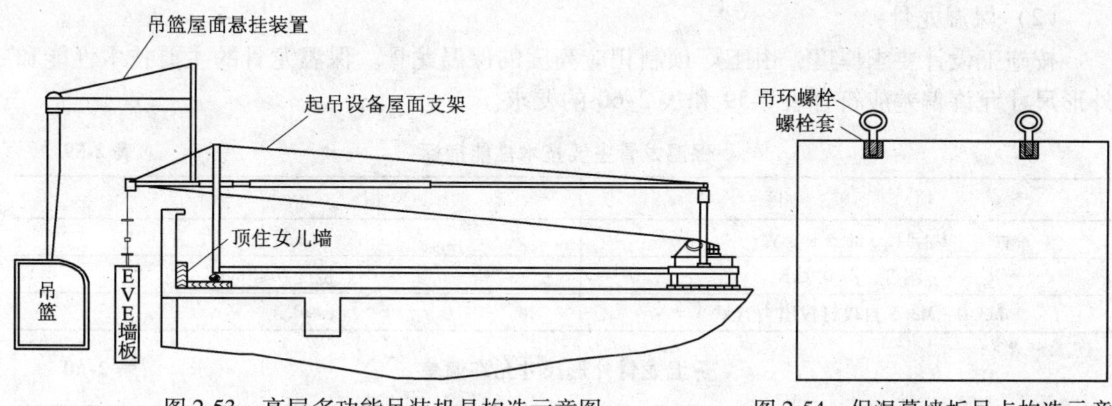


图 2-53 高层多功能吊装机具构造示意图

图 2-54 保温幕墙板吊点构造示意

注：螺栓套与墙板内部的钢筋网架焊接，墙板内部结构图略。

## 三、GKP 装配式龙骨薄板外墙外保温系统施工质量控制

（一）适用范围

本系统是以轻钢龙骨为框架，纤维增强硅酸钙板或水泥加压平板为面板，玻璃棉、岩棉或自熄型聚苯板为保温材料，采用机械连接方式的 种外保温技术。适用于：各类新建、扩建、改建民用建筑的外墙外保温工程；基层墙体可以是混凝土墙和各种砌体墙；建筑高度一般在 100m 以内，抗震设防烈度不大于 8 度。

（二）施工准备

1. 技术准备

（1）结合设计要求，进行装配式龙骨薄板外墙外保温二次设计。

（2）编制施工方案，对施工人员进行书面技术交底。

（3）对施工人员进行必要的技术培训。

2. 材料要求

（1）龙骨及支持体系：

龙骨及支持体系应与结构墙体连接牢固，能承受足够的吊挂力和拉拔力，表面必须作镀锌等防锈、防腐处理，其规格品种见表 2-58。

**龙骨及支撑体系规格、品种** **表 2-58**

| 编 号 | 名 称 | 截面形状 | 规 格（mm） |
|---|---|---|---|
| 1 | 宽龙骨 | ⊓ | 60×35 |
| 2 | 窄龙骨 | ⊓ | 40×35 |
| 3 | 角龙骨 | └ | 40×40 |
| 4 | 专用支座 | └ | 50×40×40 |
| 5 | 膨胀螺栓 | 标准件 | M6 |
| 6 | 双头螺柱 |  | M5×80 |
| 7 | 沉头螺钉 | 标准件 | M5×18、M5×20 |
| 8 | 自攻螺钉 | 标准件 | M3.5×40、M3.5×25 |

注：本表按保温材料为 5cm 厚设计，若厚度不同，尺寸应按设计作相应调整。

（2）保温龙骨：

按施工设计要求厚度，由工厂预制相应高度的保温龙骨。保温龙骨的主要技术性能和外形尺寸允许偏差应符合表2-59和表2-60的要求。

保温龙骨主要技术性能指标 表2-59

| 项目 | 指标 |
|---|---|
| 热阻 E[($m^2$·K)/W] | ≥1 |
| 刚度，$f$=0.2kN | 中点挠度 $\delta$≤3mm |
| M3.0~M3.5 自攻钉拔出力（kN） | ≥0.4 |

保温龙骨外形尺寸允许偏差 表2-60

| 项目 | | 允许偏差 | 项目 | 允许偏差 |
|---|---|---|---|---|
| 长度（mm） | ≤3000 | ±15 | 宽度（mm） | ±1.5 |
| | >3000 | ±20 | 侧向弯曲（mm） | ±1.5 |
| 高度（mm） | ≤50 | ±1.5 | 平整度（mm） | ±1.0 |
| | >50 | ±2.0 | | |

（3）薄板：

可采用工业化生产的纤维增强硅酸钙板或水泥加压平板（FC板），产品须满足国家现行标准《纤维增强硅酸钙板》(JC/T 564）或《建筑用石棉水泥平板》(JC 412）的要求，且厚度不均匀度不大于10%，其他性能指标见表2-61。

薄板性能指标 表2-61

| 名称 | 厚度（mm） | 不燃性 | 吸水率（%） | 表面平整（mm） |
|---|---|---|---|---|
| 纤维增强硅酸钙板 | 6或8 | 不燃 | ≤30 | 4 |
| 水泥加压平板（FC板） | 6或8 | 不燃 | ≤24 | 4 |

（4）保温材料：

可采用聚苯板、玻璃棉毡或岩棉等多种保温材料，其物理性能指标见表2-62。

保温材料性能指标 表2-62

| 名称 | 表观密度（kg/$m^3$） | 导热系数[W/(m·K)] | 不燃性 |
|---|---|---|---|
| 自熄型聚苯板 | 16~18 | ≤0.042 | 自熄 |
| 玻璃棉毡 | 18~20 | ≤0.053 | 不燃 |
| 岩棉 | 80 | ≤0.050 | 不燃 |

（5）饰面材料：

宜采用建筑涂料且应符合《建筑外墙弹性涂料应用技术规程》(DBJ/T 01—57)、《合成树脂乳液外墙涂料》(GB/T 9755)、《复层建筑涂料》(GB 9779)、《合成树脂乳液砂壁状建筑涂料》(GB 9153）的要求。

（6）外挂装饰板及配件：

外挂装饰板、起始条、收口条、J形槽、阴角柱、阳角柱等。其中，阴角柱可用J形槽代替，阳角柱可用彩钢板按设计图纸在工厂压制成不同规格长度的预制件。彩钢板厚度0.6~0.8mm，颜色由设计要求确定。

(7) 机械连接件:

1) 机械锚固件。制作螺钉的材料应是经表面防锈处理的金属或不锈钢；塑料套应用聚酰胺（PA6 或 PA6 ~6)、聚乙烯（PE）或聚丙烯（PP）等材料制成，不得使用再生材料。锚固件的长度按下式计算:

$$L = L_0 + \alpha$$

式中 $L$——锚固件长度；

$L_0$——保温龙骨高度；

$\alpha$——有效锚固深度。

2）有效锚固深度。根据基层墙体材料和设计要求并参照生产厂家产品使用说明书确定。锚固承载能力需大于设计承载力。锚固件性能指标应符合表 2-63 的要求。

**机械锚固件主要技术性能指标** **表 2-63**

| 试验项目 | 技术指标 |
|---|---|
| 单个锚栓最大拉力承载力（已考虑安全系数）(kN) | C25 以上的混凝土中≥0.6 |
| 单个锚栓对系统传热增加值 [W/(m$^2$·K)] | ≤0.004 |

(8) 其他材料:

① 发泡聚乙烯圆棒或条，其直径或宽度按缝宽的 1.3 倍选用。

② 建筑密封膏应采用聚氨酯、硅酮、丙烯酸酯型建筑密封膏，其技术性能除应符合《聚氨酯建筑密封膏》(JC 482)、《建筑用硅酮结构密封胶》(GB 16776)、《丙烯酸酯建筑密封膏》(JC/T 484) 的有关要求外，尚应与本系统有关产品进行相容试验。

③ 防水基料应符合《聚合物乳液建筑防水涂料》(JC/T 864)。

④ 嵌缝膏为建筑防水密封膏，最大伸长率不小于 150%。

3. 机具准备

冲击钻、电钻、云石机、墨斗、盒尺、锤子、螺丝刀、开刀、壁纸刀、托线板、2m 靠尺、刷子等。

4. 作业条件

(1) 基层墙体:

经过工程验收，达到质量标准的结构承重墙面或非承重墙面即可进行外墙外保温施工。

(2) 门窗洞口:

门窗洞口经过验收，洞口尺寸位置达到设计和质量要求；门窗框或辅框已立完。

(3) 气候条件:

施工环境不受季节影响（外饰面除外)。除风力大于 5 级和雨天不能施工外，基本可全天候施工。

(三) 施工质量控制

1. 基本构造

基本构造示意图见图 2-55。

2. 工艺流程

见图 2-56。

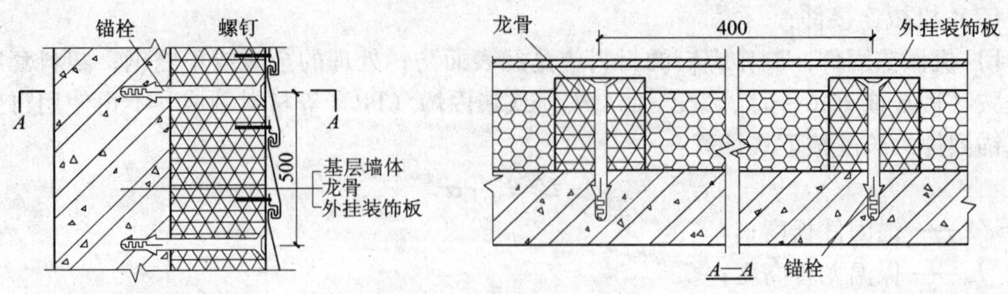


图 2-55　基本构造示意图

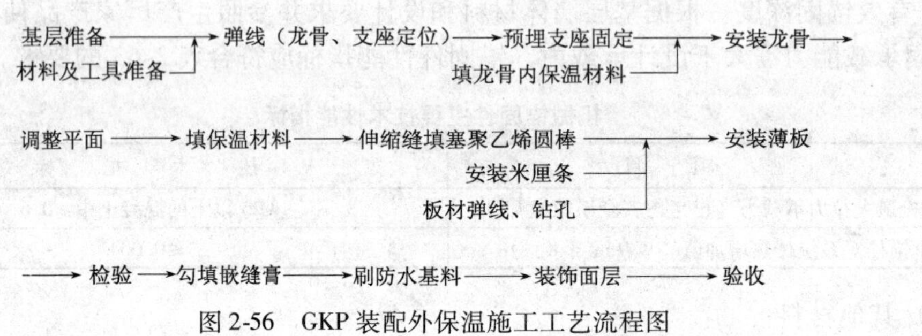


图 2-56　GKP 装配外保温施工工艺流程图

3. 操作工艺

（1）基层准备：

一般情况，基层不作处理，若局部高差超过龙骨可调整范围的，应剔凿或修补。

（2）弹线、龙骨、专用支座定位：

按图纸要求定出龙骨的位置和距离，标出其中心线并放出横竖龙骨的边线，然后在边线上按已装配的龙骨实物，定出专用支座的中心距位置，并使相邻中心线的专用支座交错排列（采用长短龙骨交叉使用）。基准线以窗口两边为准向左右进行。

（3）预埋专用支座固定件：

在结构层的定位位置上用冲击钻钻出 $\phi 10$ 深 40mm 的孔，将 $\phi 6$ 膨胀螺栓预埋好。

（4）安装龙骨、专用支座：

采用自上而下的顺序进行安装，先安装竖向龙骨再安装横向龙骨。预先将龙骨槽内填满聚苯板，并与专用支座组装好，然后按图纸要求固定于膨胀螺栓之上，使龙骨处于可调状态。注意阴阳角的处理，如图 2-57 阳角大样图和 2-58 阴角大样图所示。

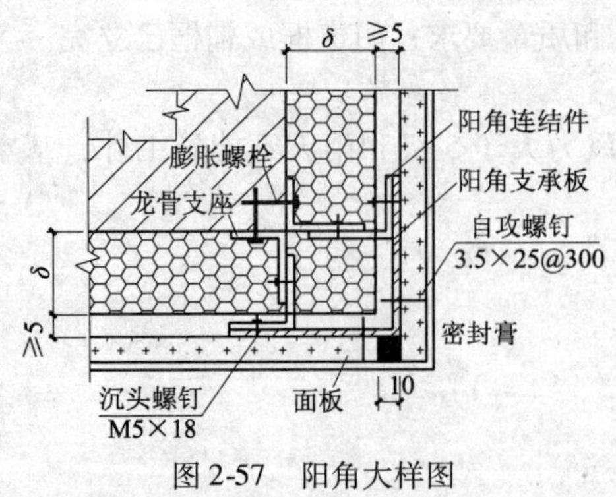


图 2-57　阳角大样图

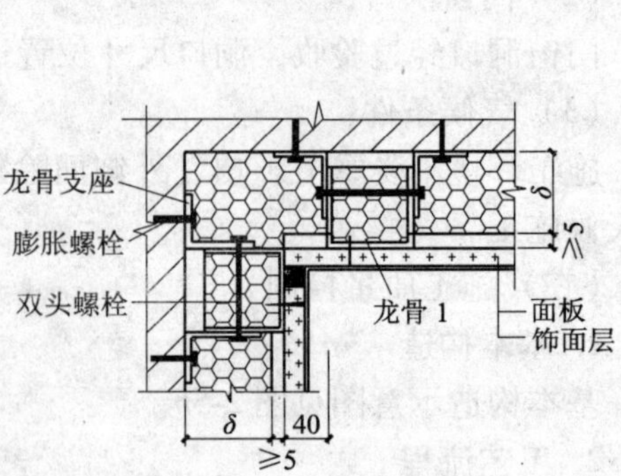

龙骨支座
膨胀螺栓
双头螺栓
龙骨 1
面板
饰面层
δ
≥5
δ
40
≥5

图 2-58　阴角大样图

（5）调整平面：

用2m靠尺和吊线法将龙骨位置调整好，然后将全部螺母拧紧，使龙骨平面误差不大于1.5mm，垂直误差不大于5mm（每层）。

（6）填保温材料：

按尺寸将保温材料填充于龙骨间，采用与保温材料相配套的固定方法固定。如聚苯板用粘贴或专用锚固件固定；玻璃棉毡用岩棉钉固定。

（7）伸缩缝处理：

在伸缩缝中填塞发泡聚乙烯圆棒，填塞后缝深为4mm左右，见图2-59。

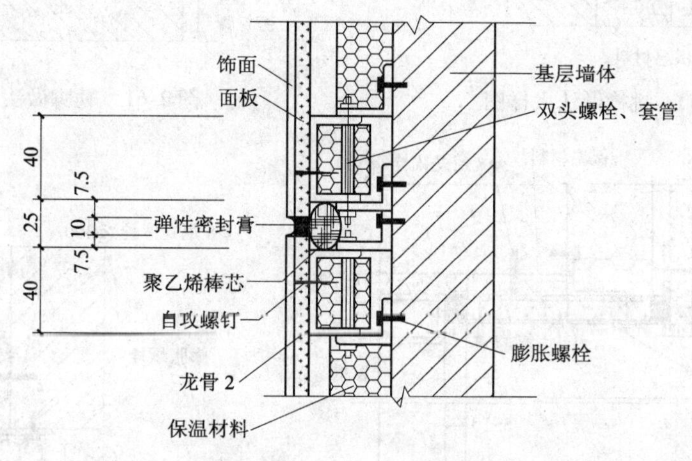


图2-59　伸缩缝做法大样图

（8）安装薄板：

1）将需安装的薄板按图纸要求裁切好，在薄板外表面弹出装钉线，预钻$\phi3$安装孔。在板边钻孔时若出现崩边现象，应错位20mm重新钻孔。

2）利用基准线控制安装薄板的位置，确保薄板安装横平竖直。

3）板定位后，在板面预钻孔位置上钻$\phi3$龙骨孔，然后用自攻螺钉固定，并使螺钉沉头略低于板面。

4）板与板之间安装留缝一般为10mm。

（9）勾填嵌缝膏：板与板之间的缝隙勾填嵌缝膏，分两次填实勾平。

（10）将面板用布擦去表面粉尘及浮土，清除多余的嵌缝膏残渣等杂物。

（11）板面缺陷处用腻子修补并打磨平整。

（12）刷防水基料两遍，每遍间隔时间大于30min。

（13）刷饰面涂料：在干燥后的防水基料上，均匀涂刷涂料两遍，颜色按设计要求。

（14）其他节点处理：见图2-60～图2-62。

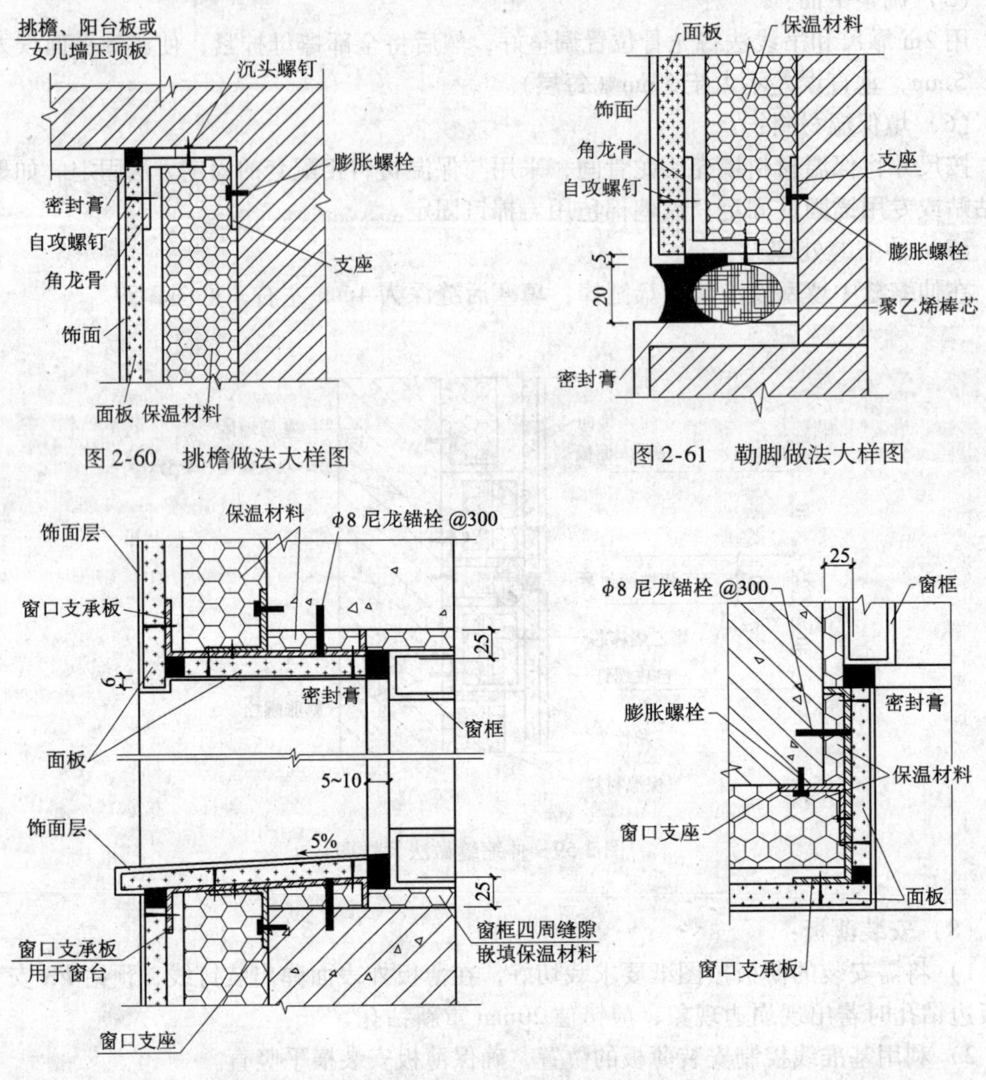


图 2-60　挑檐做法大样图

图 2-61　勒脚做法大样图

图 2-62　窗口做法示意图

## 第六节　墙体节能分项工程施工质量标准与验收

### 一、墙体节能工程施工质量标准

（一）主控项目

1. 用于墙体节能工程的材料、构件等，其品种、规格应符合设计要求和相关标准的规定。

检验方法：观察、尺量检查；核查质量证明文件。

检查数量：按进场批次，每批随机抽取 3 个试样进行检查；质量证明文件应按照其出厂检验批进行核查。

2. 墙体节能工程使用的保温隔热材料，其导热系数、密度、抗压强度或压缩强度、燃烧性能应符合设计要求。

检验方法：核查质量证明文件及进场复验报告。

检查数量：全数检查。

3. 墙体节能工程采用的保温材料和粘结材料等，进场时应对其下列性能进行复验，复验应为见证取样送检：

（1）保温材料的导热系数、密度、抗压强度或压缩强度；

（2）粘结材料的粘结强度；

（3）增强网的力学性能、抗腐蚀性能。

检验方法：随机抽样送检，核查复验报告。

检查数量：同一厂家同一品种的产品，当单位工程建筑面积在 20000m$^2$ 以下时各抽查不少于 3 次；当单位工程建筑面积在 20000m$^2$ 以上时各抽查不少于 6 次。

4. 严寒和寒冷地区外保温使用的粘结材料，其冻融试验结果应符合该地区最低气温环境的使用要求。

检验方法：核查质量证明文件。

检查数量：全数检查。

5. 墙体节能工程施工前应按照设计和施工方案的要求对基层进行处理，处理后的基层应符合保温层施工方案的要求。

检验方法：对照设计和施工方案观察检查；核查隐蔽工程验收记录。

检查数量：全数检查。

6. 墙体节能工程各层构造做法应符合设计要求，并应按照经过审批的施工方案施工。

检验方法：对照设计和施工方案观察检查；核查隐蔽工程验收记录。

检查数量：全数检查。

7. 墙体节能工程的施工，应符合下列规定：

（1）保温隔热材料的厚度必须符合设计要求；

（2）保温板材与基层及各构造层之间的粘结或连接必须牢固。粘结强度和连接方式应符合设计要求。保温板材与基层的粘结强度应作现场拉拔试验；

（3）保温浆料应分层施工。当采用保温浆料作外保温时。保温层与基层之间及各层之间的粘结必须牢固。不应脱层、空鼓和开裂；

（4）当墙体节能工程的保温层采用预埋或后置锚固件固定时，锚固件数量、位置、锚固深度和拉拔力应符合设计要求。后置锚固件应进行锚固力现场拉拔试验。

检验方法：观察；手扳检查；保温材料厚度采用钢针插入或剖开尺量检查；粘结强度和锚固力核查试验报告；核查隐蔽工程验收记录。

检查数量：每个检验批抽查不少于 3 处。

8. 外墙采用预置保温板现场浇筑混凝土墙体时，保温板的验收应符合《建筑节能工程施工质量验收规范》(GB 50411）的规定；保温板的安装位置应正确、接缝严密，保温板在浇筑混凝土过程中不得移位、变形，保温板表面应采取界面处理措施，与混凝土粘结应牢固。

混凝土和模板的验收，应按《混凝土结构工程施工质量验收规范》(GB 50204）的相关规定执行。

检验方法：观察检查；核查隐蔽工程验收记录。

检查数量：全数检查。

9. 当外墙采用保温浆料作保温层时，应在施工中制作同条件养护试件，检测其导热系数、干密度和压缩强度。保温浆料的同条件养护试件应见证取样送检。

检验方法：核查试验报告。

检查数量：每个检验批应抽样制作同条件养护试块不少于3组。

10. 墙体节能工程各类饰面层的基层及面层施工，应符合设计和《建筑装饰装修工程质量验收规范》(GB 50210）的要求，并应符合下列规定：

(1）饰面层施工的基层应无脱层、空鼓和裂缝，基层应平整、洁净，含水率应符合饰面层施工的要求；

(2）外墙外保温工程不宜采用粘贴饰面砖作饰面层，当采用时，其安全性与耐久性必须符合设计要求。饰面砖应作粘结强度拉拔试验，试验结果应符合设计和有关标准的规定；

(3）外墙外保温工程的饰面层不得渗漏。当外墙外保温工程的饰面层采用饰面板开缝安装时，保温层表面应具有防水功能或采取其他防水措施；

(4）外墙外保温层及饰面层与其他部位交接的收口处，应采取密封措施。

检验方法：观察检查；核查试验报告和隐蔽工程验收记录。

检查数量：全数检查。

11. 保温砌块砌筑的墙体，应采用具有保温功能的砂浆砌筑。砌筑砂浆的强度等级应符合设计要求。砌体的水平灰缝饱满度不应低于90%，竖直灰缝饱满度不应低于80%。

检验方法：对照设计，核查施工方案和砌筑砂浆强度试验报告。用百格网检查灰缝砂浆饱满度。

检查数量：每楼层的每个施工段至少抽查一次，每次抽查5处，每处不少于3个砌块。

12. 采用预制保温墙板现场安装的墙体，应符合下列规定：

(1）保温墙板应有型式检验报告，型式检验报告中应包含安装性能的检验；

(2）保温墙板的结构性能、热工性能及与主体结构的连接方法应符合设计要求，与主体结构连接必须牢固；

(3）保温墙板的板缝处理、构造节点及嵌缝做法应符合设计要求；

(4）保温墙板板缝不得渗漏。

检验方法：核查型式检验报告、出厂检验报告、对照设计观察和淋水试验检查；核查隐蔽工程验收记录。

检查数量：型式检验报告、出厂检验报告全数核查；其他项目每个检验批抽查5%，并不少于3块（处）。

13. 当设计要求在墙体内设置隔汽层时，隔汽层的位置、使用的材料及构造做法应符合设计要求和相关标准的规定。隔汽层应完整、严密，穿透隔汽层处应采取密封措施。隔汽层冷凝水排水构造应符合设计要求。

检验方法：对照设计观察检查；核查质量证明文件和隐蔽工程验收记录。

检查数量：每个检验批抽查5%，并不少于3处。

14. 外墙或毗邻不采暖空间墙体上的门窗洞口四周的侧面，墙体上凸窗四周的侧面，应按设计要求采取节能保温措施。

检验方法：对照设计观察检查；必要时抽样剖开检查；核查隐蔽工程验收记录。

检查数量：每个检验批抽查5%，并不少于5个洞口。

15. 严寒和寒冷地区外墙热桥部位。应按设计要求采取节能保温等隔断热桥措施。

检验方法：对照设计和施工方案观察检查；核查隐蔽工程验收记录。

检查数量：按不同热桥种类，每种抽查20%，并不少于5处。

（二）一般项目

1. 进场节能保温材料与构件的外观和包装应完整无破损，符合设计要求和产品标准的规定。

检验方法：观察检查。

检查数量：全数检查。

2. 当采用加强网作为防止开裂的措施时，加强网的铺贴和搭接应符合设计和施工方案的要求。砂浆抹压应密实，不得空鼓，加强网不得皱褶、外露。

检验方法：观察检查；核查隐蔽工程验收记录。

检查数量：每个检验批抽查不少于5处，每处不少于$2m^2$。

3. 设置空调的房间，其外墙热桥部位应按设计要求采取隔断热桥措施。

检验方法：对照设计和施工方案观察检查；核查隐蔽工程验收记录。

检查数量：按不同热桥种类，每种抽查10%，并不少于5处。

4. 施工产生的墙体缺陷，如穿墙套管、脚手眼、孔洞等，应按照施工方案采取隔断热桥措施，不得影响墙体热工性能。

检验方法：对照施工方案观察检查。

检查数量：全数检查。

5. 墙体保温板材接缝方法应符合施工方案要求。保温板接缝应平整严密。

检验方法：观察检查。

检查数量：每个检验批抽查10%，并不少于5处。

6. 墙体采用保温浆料时，保温浆料层宜连续施工；保温浆料厚度应均匀、接槎应平顺密实。

检验方法：观察、尺量检查。

检查数量：每个检验批抽查10%，并不少于10处。

7. 墙体上容易碰撞的阳角、门窗洞口及不同材料基体的交接处等特殊部位，其保温层应采取防止开裂和破损的加强措施。

检验方法：观察检查；核查隐蔽工程验收记录。

检查数量：按不同部位，每类抽查10%，并不少于5处。

8. 采用现场喷涂或模板浇筑的有机类保温材料作外保温时，有机类保温材料应达到陈化时间后方可进行下道工序施工。

检查方法：对照施工方案和产品说明书进行检查。

检查数量：全数检查。

## 二、墙体节能工程施工质量验收

（一）验收批划分

1. 采用相同材料、工艺和施工做法的墙面，每 500 ~ 1000$m^2$ 面积划分为一个检验批，不足 500$m^2$ 也为一个检验批。

2. 检验批的划分也可根据与施工流程相一致且方便施工与验收的原则，由施工单位与监理（建设）单位共同商定。

（二）隐蔽工程验收

墙体节能工程应对下列部位或内容进行隐蔽工程验收，并应有详细的文字记录和必要的图像资料：

1. 保温层附着的基层及其表面处理；
2. 保温板粘结或固定；
3. 锚固件；
4. 增强网铺设；
5. 墙体热桥部位处理；
6. 预置保温板或预制保温墙板的板缝及构造节点；
7. 现场喷涂或浇筑有机类保温材料的界面；
8. 被封闭的保温材料厚度；
9. 保温隔热砌块填充墙体。

（三）墙体节能工程施工质量验收

主体结构完成后进行施工的墙体节能工程，应在基层质量验收合格后施工，施工过程中应及时进行质量检查、隐蔽工程验收和检验批验收，施工完成后应进行墙体节能分项工程验收。与主体结构同时施工的墙体节能工程，应与主体结构一同验收。

# 第三章 幕墙节能分项工程设计施工质量控制与验收

## 第一节 玻璃幕墙施工质量控制

### 一、玻璃幕墙加工制作质量控制

（一）一般规定

（1）玻璃幕墙在加工制作前应与土建设计施工图进行核对，对已建主体结构进行复测，并应按实测结果对幕墙设计进行必要调整。

（2）加工幕墙构件所采用的设备、机具应满足幕墙构件加工精度要求，其量具应定期进行计量检定。

（3）采用硅酮结构密封胶粘结固定隐框玻璃幕墙构件时，应在洁净、通风的室内进行注胶，且环境温度、湿度条件应符合结构胶产品的规定，注胶宽度和厚度应符合设计要求。

（4）除全玻幕墙外，不应在现场打注硅酮结构密封胶。

（5）单元式幕墙的单元组件、隐框幕墙的装配组件均应在工厂加工组装。

（6）低辐射镀膜玻璃应根据其镀膜材料的粘结性能和其他技术要求，确定加工制作工艺；镀膜与硅酮结构密封胶不相容时，应除去镀膜层。

（7）硅酮结构密封胶不宜作为硅酮建筑密封胶使用。

（二）铝型材加工质量控制

1. 玻璃幕墙的铝合金构件的加工应符合下列要求：

（1）铝合金型材截料之前应进行校直调整；

（2）横梁长度允许偏差为 ±0.5mm，立柱长度允许偏差为 ±1.0mm，端头斜度的允许偏差为 −15′（图 3-1、图 3-2）；

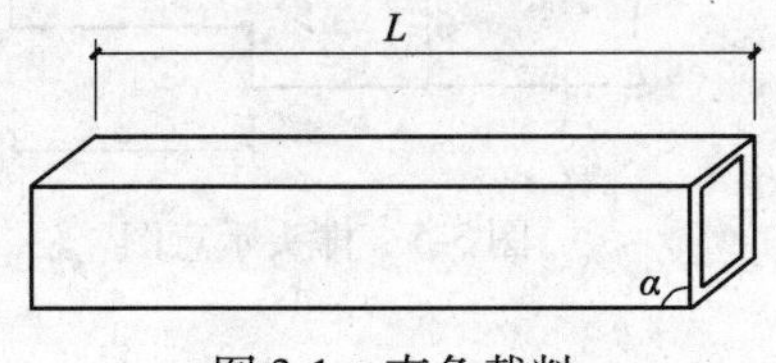

图 3-1 直角截料

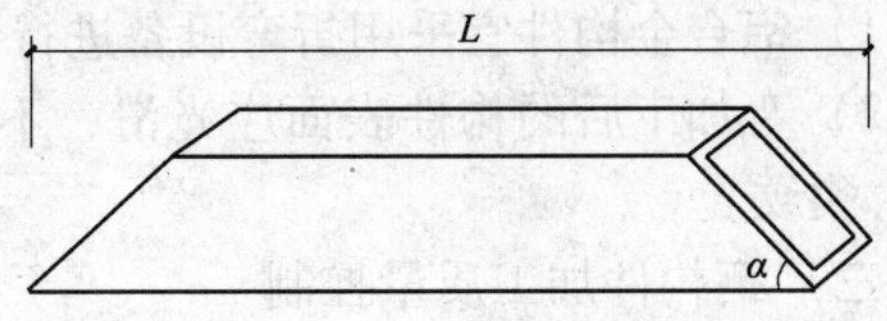

图 3-2 斜角截料

（3）截料端头不应有加工变形，并应去除毛刺；

（4）孔位的允许偏差为 −4 ~ 0.5mm，孔距的允许偏差为 −4 ~ 0.5mm，累计偏差为 ±1.0mm；

（5）铆钉的通孔尺寸偏差应符合现行国家标准《铆钉用通孔》(GB 152.1）的规定；

（6）沉头螺钉的沉孔尺寸偏差应符合现行国家标准《沉头螺钉用沉孔》(GB 152.2）的规定；

（7）圆柱头、螺栓的沉孔尺寸应符合现行国家标准《圆柱头、螺栓用沉孔》(GB 152.3）的规定；

（8）螺丝孔的加工应符合设计要求。

2. 玻璃幕墙铝合金构件中槽、豁、榫的加工应符合下列要求：

（1）铝合金构件槽口尺寸（图3-3）允许偏差应符合表3-1的要求；

**槽口尺寸允许偏差**（mm）　　**表3-1**

| 项　目 | $a$ | $b$ | $c$ |
|---|---|---|---|
| 允许偏差 | +0.5<br>0.0 | +0.5<br>0.0 | ±0.5 |

（2）铝合金构件豁口尺寸（图3-4）允许偏差应符合表3-2的要求；

**豁口尺寸允许偏差**（mm）　　**表3-2**

| 项　目 | $a$ | $b$ | $c$ |
|---|---|---|---|
| 允许偏差 | +0.5<br>0.0 | +0.5<br>0.0 | ±0.5 |

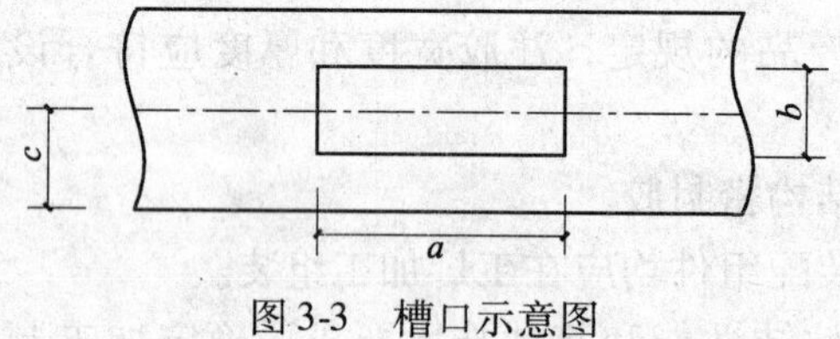
图3-3　槽口示意图

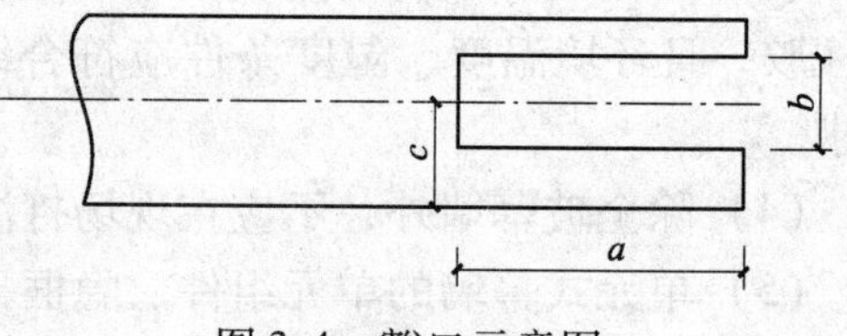
图3-4　豁口示意图

（3）铝合金构件榫头尺寸（图3-5）允许偏差应符合表3-3的要求。

**榫头尺寸允许偏差**（mm）　　**表3-3**

| 项　目 | $a$ | $b$ | $c$ |
|---|---|---|---|
| 允许偏差 | 0.0<br>-0.5 | 0.0<br>-0.5 | ±0.5 |

3. 玻璃幕墙铝合金构件弯曲加工应符合下列要求：

（1）铝合金构件宜采用折弯设备进行弯加工；

（2）弯加工后的构件表面应光滑，不得有皱折、凹凸、裂纹。

图3-5　榫头示意图

（三）钢构件加工质量控制

1. 平板型预埋件加工精度应符合下列要求：

（1）锚板边长允许偏差为±5mm；

（2）一般锚筋长度的允许偏差为+10mm，两面为整块锚板的穿透式预埋件的锚筋长度的允许偏差+5mm，均不允许负偏差。

（3）圆锚筋的中心线允许偏差为 ±5mm；

（4）锚筋与锚板面的垂直度允许偏差为 $l_S$/30（$l_S$ 为锚固钢筋长度，单位为：mm）。

2. 槽形预埋件表面及槽内应进行防腐处理，其加工精度应符合下列要求：

（1）预埋件长度、宽度和厚度允许偏差分别为 +10mm、+5mm 和 +3mm，不允许负偏差；

（2）槽口的允许偏差为 +1.5mm，不允许负偏差；

（3）锚筋长度允许偏差为 +5mm，不允许负偏差；

（4）锚筋中心线允许偏差为 ±1.5mm；

（5）锚筋与槽板的垂直度允许偏差为 $l_S$/30（$l_S$ 为锚固钢筋长度，单位为 mm）。

3. 玻璃幕墙的连接件、支承件的加工精度应符合下列要求：

（1）连接件、支承件外观应平整，不得有裂纹、毛刺、凹凸、翘曲、变形等缺陷；

（2）连接件、支承件加工尺寸（图 3-6）允许偏差应符合表 3-4 的要求。

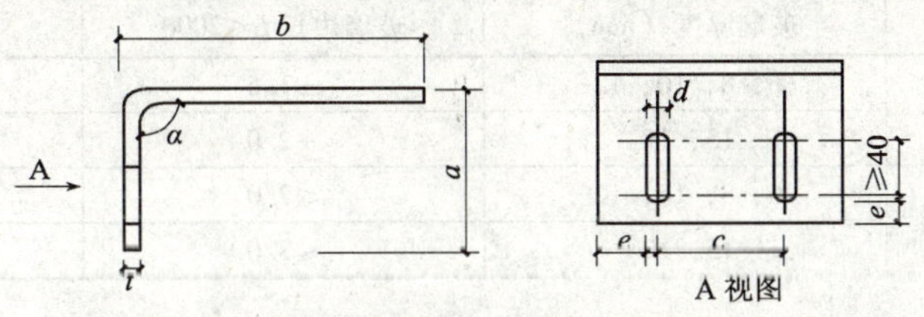


图 3-6　连接件、支承件尺寸示意图

连接件、支承件尺寸允许偏差（mm）　　表 3-4

| 项　　目 | 允 许 偏 差 | 项　　目 | 允 许 偏 差 |
|---|---|---|---|
| 连接件高 $a$ | +5，−2 | 边距 $e$ | +1.0，0 |
| 连接件长 $b$ | +5，−2 | 壁厚 $t$ | +0.5，−0.2 |
| 孔距 $c$ | ±1.0 | 弯曲角度 $\alpha$ | ±2° |
| 孔宽 $d$ | +1.0，0 | | |

4. 钢型材立柱及横梁的加工应符合现行国家标准《钢结构工程施工质量验收规范》（GB 50205）的有关规定。

5. 点支承玻璃幕墙的支承钢结构加工应符合下列要求：

（1）应合理划分拼装单元；

（2）管桁架应按计算的相贯线，采用数控机床切割加工；

（3）钢构件拼装单元的节点位置允许偏差为 ±2.0mm；

（4）构件长度、拼装单元长度的允许正、负偏差均可取长度的 1/2000；

（5）管件连接焊缝应沿全长连续、均匀、饱满、平滑、无气泡和夹渣，支管壁厚小于 6mm 时可不切坡口，角焊缝的焊脚高度不宜大于支管壁厚的 2 倍；

（6）钢结构的表面处理应符合有关规定；

（7）分单元组装的钢结构，宜进行预拼装。

6. 杆索体系的加工应符合下列要求：

（1）拉杆、拉索应进行拉断试验；

（2）拉索下料前应进行调直预张拉，张拉力可取破断拉力的 50%，持续时间可取 2h；

（3）截断后的钢索应采用挤压机进行套筒固定；

（4）拉杆与端杆不宜采用焊接连接；

（5）杆索结构应在工作台座上进行拼装，并应防止表面损伤。

7. 钢构件焊接、螺栓连接应符合现行国家标准《钢结构设计规范》（GB 50017）及行业标准《建筑钢结构焊接技术规程》（JGJ 81）的有关规定。

8. 钢构件表面涂装应符合现行国家标准《钢结构工程施工质量验收规范》（GB 50205）的有关规定。

（四）玻璃加工质量控制

1. 玻璃幕墙的单片玻璃、夹层玻璃、中空玻璃的加工精度应符合下列要求：

（1）单片钢化玻璃，其尺寸的允许偏差应符合表 2-5 的要求；

钢化玻璃尺寸允许偏差（mm）　表 3-5

| 项　目 | 玻璃厚度（mm） | 玻璃边长 $L\leqslant2000$ | 玻璃边长 $L>2000$ |
|---|---|---|---|
| 边　长 | 6，8，10，12 | ±1.5 | ±2.0 |
| | 15，19 | ±2.0 | ±3.0 |
| 对角线差 | 6，8，10，12 | ≤2.0 | ≤3.0 |
| | 15，19 | ≤3.0 | ≤3.5 |

（2）采用中空玻璃时，其尺寸的允许偏差应符合表 3-6 的要求；

中空玻璃尺寸允许偏差（mm）　表 3-6

| 项 | 目 | 允许偏差 |
|---|---|---|
| 边　长 | $L<1000$ | ±2.0 |
| | $1000\leqslant L<2000$ | +2.0，－3.0 |
| | $L\geqslant2000$ | ±3.0 |
| 对角线差 | $L\leqslant2000$ | ≤2.5 |
| | $L<2000$ | ≤3.5 |
| 厚　度 | $t<17$ | ±1.0 |
| | $17\leqslant t<22$ | ±1.5 |
| | $t\geqslant22$ | ±2.0 |
| 叠　差 | $L<1000$ | ±2.0 |
| | $1000\leqslant L<2000$ | ±3.0 |
| | $2000\leqslant L<4000$ | ±4.0 |
| | $L\geqslant4000$ | ±6.0 |

（3）采用夹层玻璃时，其尺寸允许偏差应符合表 3-7 的要求。

夹层玻璃尺寸允许偏差（mm）　表 3-7

| 项 | 目 | 允许偏差 |
|---|---|---|
| 边　长 | $L\leqslant2000$ | ±2.0 |
| | $L>2000$ | ±2.5 |

续表

| 项 | 目 | 允许偏差 |
| --- | --- | --- |
| 对角线差 | $L\leqslant2000$ | ≤2.5 |
| | $L>2000$ | ≤3.5 |
| 叠 差 | $L<1000$ | ±2.0 |
| | $1000\leqslant L<2000$ | ±3.0 |
| | $2000\leqslant L<4000$ | ±4.0 |
| | $L\geqslant4000$ | ±6.0 |

2. 玻璃弯加工后，其每米弦长内拱高的允许偏差为±3.0mm，且玻璃的曲边应顺滑一致；

玻璃直边的弯曲度，拱形时不应超过0.5%，波形时不应超过0.3%。

3. 全玻璃幕墙的玻璃加工应符合下列要求：

（1）玻璃边缘应倒棱并细磨；外露玻璃的边缘应精磨；

（2）采用钻孔安装时，孔边缘应进行倒角处理，并不应出现崩边。

4. 点支承玻璃加工应符合下列要求：

（1）玻璃面板及其孔洞边缘均应倒棱和磨边，倒棱宽度不宜小于1mm，磨边宜细磨；

（2）玻璃切角、钻孔、磨边应在钢化前进行；

（3）玻璃加工的允许偏差应符合表3-8的规定；

**点支承玻璃加工允许偏差** **表3-8**

| 项 目 | 边长尺寸 | 对角线差 | 钻孔位置 | 孔 距 | 孔轴与玻璃平面垂直度 |
| --- | --- | --- | --- | --- | --- |
| 允许偏差 | ±1.0mm | ≤2.0mm | ±0.8mm | ±1.0mm | ±12′ |

（4）中空玻璃开孔后，开孔处应采取多道密封措施；

（5）夹层玻璃、中空玻璃的钻孔可采用大、小孔相对的方式。

5. 中空玻璃合片加工时，应考虑制作处和安装处不同气压的影响，采取防止玻璃大面变形的措施。

（五）明框幕墙组件质量控制

1. 明框幕墙组件加工尺寸允许偏差应符合下列要求：

（1）组件装配尺寸允许偏差应符合表3-9的要求；

**组件装配尺寸允许偏差（mm）** **表3-9**

| 项 目 | 构件长度 | 允许偏差 |
| --- | --- | --- |
| 型材槽口尺寸 | ≤2000 | ±2.0 |
| | >2000 | ±2.5 |
| 组件对边尺寸差 | ≤2000 | ≤2.0 |
| | >2000 | ≤3.0 |
| 组件对角线尺寸差 | ≤2000 | ≤3.0 |
| | >2000 | ≤3.5 |

（2）相邻构件装配间隙及同一平面度的允许偏差应符合表3-10的要求。

**相邻构件装配间隙及同一平面度的允许偏差**（mm）　　**表3-10**

| 项　目 | 允许偏差 | 项　目 | 允许偏差 |
|---|---|---|---|
| 装配间隙 | ≤0.5 | 同一平面度差 | ≤0.5 |

2. 单层玻璃与槽口的配合尺寸（图3-7）应符合表3-11的要求。

**单层玻璃与槽口的配合尺寸**（mm）　　**表3-11**

| 玻璃厚度（mm） | $a$ | $b$ | $c$ |
|---|---|---|---|
| 5～6 | ≥3.5 | ≥15 | ≥5 |
| 8～10 | ≥4.5 | ≥16 | ≥5、 |
| 不小于12 | ≥5.5 | ≥18 | ≥5 |

3. 中空玻璃与槽口的配合尺寸（图3-8）应符合表3-12的要求。

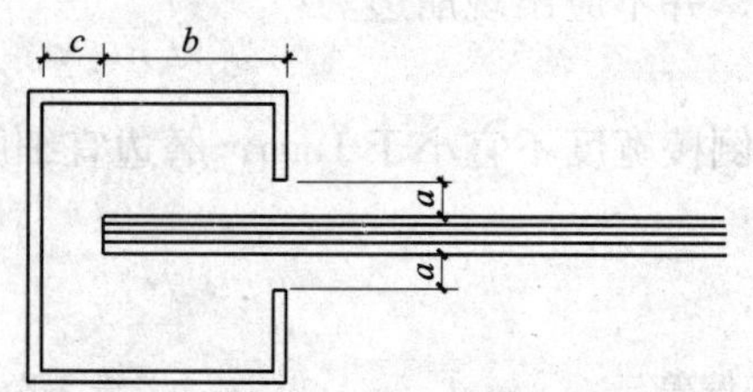


图3-7　单层玻璃与槽口的配合示意图

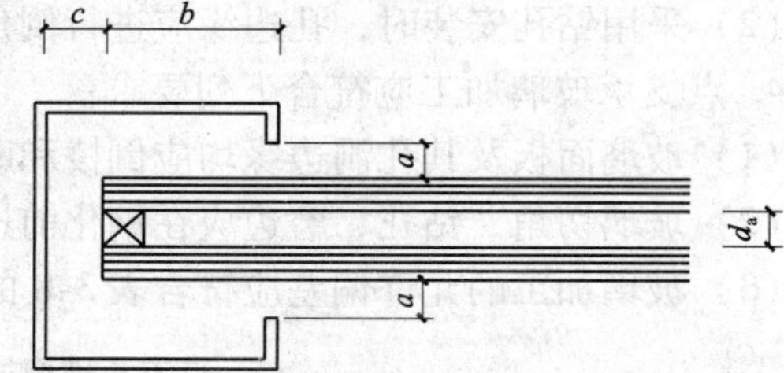


图3-8　中空玻璃与槽口的配合示意图

**中空玻璃与槽口的配合尺寸**（mm）　　**表3-12**

| 中空玻璃厚度（mm） | $a$ | $b$ | $c$ | | |
|---|---|---|---|---|---|
| | | | 下边 | 上边 | 侧边 |
| $6+d_a+6$ | ≥5 | ≥17 | ≥7 | ≥5 | ≥5 |
| $8+d_a+8$ 及以上 | ≥6 | ≥18 | ≥7 | ≥5 | ≥5 |

注：$d_a$ 为空气层厚度，不应小于9mm。

4. 明框幕墙组件的导气孔及排水孔设置应符合设计要求，组装时应保证导气孔及排水孔通畅。

5. 明框幕墙组件应拼装严密。设计要求密封时，应采用硅酮建筑密封胶进行密封。

6. 明框幕墙组装时，应采取措施控制玻璃与铝合金框料之间的间隙。玻璃的下边缘应采用两块压模成型的氯丁橡胶垫块支承，垫块的尺寸应符合要求。

（六）隐框幕墙组件质量控制

1. 半隐框、隐框幕墙中，对玻璃面板及铝框的清洁应符合下列要求：

（1）玻璃和铝框粘结表面的尘埃、油渍和其他污物，应分别使用带溶剂的擦布和干擦布清除干净；

（2）应在清洁后1h内进行注胶；注胶前再度污染时，应重新清洁；

（3）每清洁一个构件或一块玻璃，应更换清洁的干擦布。

2. 使用溶剂清洁时，应符合下列要求：

（1）不应将擦布浸泡在溶剂里，应将溶剂倾倒在擦布上；

（2）使用和储存溶剂，应采用干净的容器；

（3）使用溶剂的场所严禁烟火；

（4）应遵守所用溶剂标签或包装上标明的注意事项。

3. 硅酮结构密封胶注胶前必须取得合格的相容性检验报告，必要时应加涂底漆；双组分硅酮结构密封胶尚应进行混匀性蝴蝶试验和拉断试验。

4. 采用硅酮结构密封胶粘结板块时，不应使结构胶长期处于单独受力状态。硅酮结构密封胶组件在固化并达到足够承载力前不应搬动。

5. 隐框玻璃幕墙装配组件的注胶必须饱满，不得出现气泡，胶缝表面应平整光滑，收胶缝的余胶不得重复使用。

6. 硅酮结构密封胶完全固化后，隐框玻璃幕墙装配组件的尺寸偏差应符合表3-13的规定。

**结构胶完全固化后隐框玻璃幕墙组件的尺寸允许偏差**（mm）　**表3-13**

| 序　号 | 项　目 | 尺　寸　范　围 | 允　许　偏　差 |
|---|---|---|---|
| 1 | 框长、宽尺寸 | | ±1.0 |
| 2 | 组件长、宽尺寸 | | ±2.5 |
| 3 | 框接缝高度差 | | ≤0.5 |
| 4 | 框内侧对角线差及<br>组件对角线差 | 当长边≤2000时<br>当长边>2000时 | ≤2.5<br>≤3.5 |
| 5 | 框组装间隙 | | ≤0.5 |
| 6 | 胶缝宽度 | | +2.0，0 |
| 7 | 胶缝厚度 | | +0.5，0 |
| 8 | 组件周边玻璃与铝框位置差 | | ±1.0 |
| 9 | 结构组件平面度 | | ≤3.0 |
| 10 | 组件厚度 | | ±1.5 |

7. 当隐框玻璃幕墙采用悬挑玻璃时，玻璃的悬挑尺寸应符合计算要求，且不宜超过150mm。

（七）单元式玻璃幕墙

（1）单元式玻璃幕墙在加工前应对各板块编号，并应注明加工、运输、安装方向和顺序。

（2）单元板块的构件连接应牢固，构件连接处的缝隙应采用硅酮建筑密封胶密封，胶缝的施工应符合有关要求。

（3）单元板块的吊挂件、支撑件应具备可调整范围，并应采用不锈钢螺栓将吊挂件与立柱固定牢固，固定螺栓不得少于2个。

（4）单元板块的硅酮结构密封胶不宜外露。

（5）明框单元板块在搬动、运输、吊装过程中，应采取措施防止玻璃滑动或变形。

（6）单元板块组装完成后，工艺孔宜封堵，通气孔及排水孔应畅通。

（7）当采用自攻螺钉连接单元组件框时，每处螺钉不应少于3个，螺钉直径不应小于4mm。螺钉孔最大内径、最小内径和拧入扭矩应符合表3-14的要求。

**螺钉孔内径和扭矩要求** **表3-14**

| 螺钉公称直径（mm） | 孔径（mm） | | 扭矩（N·m） |
|---|---|---|---|
| | 最小 | 最大 | |
| 4.2 | 3.430 | 3.480 | 4.4 |
| 4.6 | 4.015 | 4.065 | 6.3 |
| 5.5 | 4.735 | 4.785 | 10.0 |
| 6.3 | 5.475 | 5.525 | 13.6 |

（8）单元组件框加工制作允许偏差应符合表3-15的规定。

**单元组件框加工制作允许尺寸偏差** **表3-15**

| 序号 | 项目 | | 允许偏差 | 检查方法 |
|---|---|---|---|---|
| 1 | 框长（宽）度（mm） | ≤2000 | ±1.5mm | 钢尺或板尺 |
| | | >2000 | ±2.0mm | |
| 2 | 分格长（宽）度（mm） | ≤2000 | ±1.5mm | 钢尺或板尺 |
| | | >2000 | ±2.0mm | |
| 3 | 对角线长度差（mm） | ≤2000 | ≤2.5mm | 钢尺或板尺 |
| | | >2000 | ≤3.5mm | |
| 4 | 接缝高低差 | | ≤0.5mm | 游标深度尺 |
| 5 | 接缝间隙 | | ≤0.5mm | 塞片 |
| 6 | 框面划伤 | | ≤3处且总长≤100mm | |
| 7 | 框料擦伤 | | ≤3处且总面积≤200mm$^2$ | |

（9）单元组件组装允许偏差应符合表3-16的规定。

**单元组件组装允许偏差** **表3-16**

| 序号 | 项目 | | 允许偏差（mm） | 检查方法 |
|---|---|---|---|---|
| 1 | 组件长度、宽度（mm） | ≤2000 | ±1.5 | 钢尺 |
| | | >2000 | ±2.0 | |
| 2 | 组件对角线长度差（mm） | ≤2000 | ≤2.5 | 钢尺 |
| | | >2000 | ≤3.5 | |
| 3 | 胶缝宽度 | | +1.0<br>0 | 卡尺或钢板尺 |
| 4 | 胶缝厚度 | | +0.5<br>0 | 卡尺或钢板尺 |
| 5 | 各搭接量（与设计值比） | | +1.0<br>0 | 钢板尺 |
| 6 | 组件平面度 | | ≤1.5 | 1m靠尺 |
| 7 | 组件内镶板间接缝宽度（与设计值比） | | ±1.0 | 塞尺 |

续表

| 序　号 | 项　　目 | 允许偏差（mm） | 检查方法 |
|---|---|---|---|
| 8 | 连接构件竖向中轴线距组件外表面（与设计值比） | ±1.0 | 钢尺 |
| 9 | 连接构件水平轴线距组件水平对插中心线 | ±1.0（可上、下调节时 ±2.0） | 钢尺 |
| 10 | 连接构件竖向轴线距组件竖向对插中心线 | ±1.0 | 钢尺 |
| 11 | 两连接构件中心线水平距离 | ±1.0 | 钢尺 |
| 12 | 两连接构件上、下端水平距离差 | ±0.5 | 钢尺 |
| 13 | 两连接构件上、下端对角线差 | ±1.0 | 钢尺 |

（八）玻璃幕墙构件检验

（1）玻璃幕墙构件应按构件的5%进行随机抽样检查，且每种构件不得少于5件。当有一个构件不符合要求时，应加倍抽查，复检合格后方可出厂。

（2）产品出厂时，应附有构件合格证书。

## 二、玻璃幕墙安装施工质量控制

（一）一般规定

1. 安装玻璃幕墙的主体结构，应符合有关结构施工质量验收规范的要求。

2. 进场安装的玻璃幕墙构件及附件的材料品种、规格、色泽和性能，应符合设计要求。

3. 玻璃幕墙的安装施工应单独编制施工组织设计，并应包括下列内容：

（1）工程进度计划；

（2）与主体结构施工、设备安装、装饰装修的协调配合方案；

（3）搬运、吊装方法；

（4）测量方法；

（5）安装方法；

（6）安装顺序；

（7）构件、组件和成品的现场保护方法；

（8）检查验收；

（9）安全措施。

4. 单元式玻璃幕墙的安装施工组织设计尚应包括以下内容：

（1）吊具的类型和吊具的移动方法，单元组件起吊地点、垂直运输与楼层上水平运输方法和机具；

（2）收口单元位置、收口闭合工艺及操作方法；

（3）单元组件吊装顺序以及吊装、调整、定位固定等方法和措施；

（4）幕墙施工组织设计应与主体工程施工组织设计的衔接，单元幕墙收口部位应与总施工平面图中施工机具的布置协调，如果采用吊车直接吊装单元组件时，应使吊车臂覆盖全部安装位置。

5. 点支承玻璃幕墙的安装施工组织设计尚应包括以下内容：

（1）支承钢结构的运输、现场拼装和吊装方案；

（2）拉杆、拉索体系预拉力的施加、测量、调整方案以及索杆的定位、固定方法；

（3）玻璃的运输、就位、调整和固定方法；

（4）胶缝的充填及质量保证措施。

6. 采用脚手架施工时，玻璃幕墙安装施工厂商应与土建施工单位协商幕墙施工所用脚手架方案。悬挂式脚手架宜为3层高；落地式脚手架应为双排布置。

7. 玻璃幕墙的施工测量应符合下列要求：

（1）玻璃幕墙分格轴线的测量应与主体结构测量相配合，其偏差应及时调整，不得积累；

（2）应定期对玻璃幕墙的安装定位基准进行校核；

（3）对高层建筑的测量应在风力不大于4级时进行。

8. 幕墙安装过程中，构件存放、搬运、吊装时不应碰撞和损坏，半成品应及时保护，对型材保护膜应采取保护措施。

9. 安装镀膜玻璃时，镀膜面的朝向应符合设计要求。

10. 焊接作业时，应采取保护措施防止烧伤型材或玻璃镀膜。

（二）施工准备

1. 安装施工之前，幕墙安装厂商应会同土建承包商检查现场清洁情况、脚手架和起重运输设备，确认是否具备幕墙施工条件。

2. 构件储存时应依照安装顺序排列，储存架应有足够的承载能力和刚度。在室外储存时应采取保护措施。

3. 玻璃幕墙与主体结构连接的预埋件，应在主体结构施工时按设计要求埋设。预埋件位置偏差不应大于20mm。

4. 预埋件位置偏差过大或未设预埋件时，应制定补救措施或可靠连接方案，经与业主、土建设计单位洽商同意后，方可实施。

5. 由于主体结构施工偏差而妨碍幕墙施工安装时，应会同业主和土建承建商采取相应措施，并在幕墙安装前实施。

6. 采用新材料、新结构的幕墙，宜在现场制作样板，经业主、监理、土建设计单位共同认可后方可进行安装施工。

7. 构件安装前均应进行检验与校正，不合格的构件不得安装使用。

（三）构件式玻璃幕墙

1. 玻璃幕墙立柱的安装应符合下列要求：

（1）立柱安装轴线偏差不应大于2mm；

（2）相邻两根立柱安装标高偏差不应大于3mm；同层立柱的最大标高偏差不应大于5mm；相邻两根立柱固定点的距离偏差不应大于2mm；

（3）立柱安装就位、调整后应及时紧固。

2. 玻璃幕墙横梁安装应符合下列要求：

（1）横梁应安装牢固，设计中横梁和立柱间留有空隙时，空隙宽度应符合设计要求；

（2）同一根横梁两端或相邻两根横梁的水平标高偏差不应大于1mm。同层标高偏差：当一幅幕墙宽度不大于35m时，不应大于5mm；当一幅幕墙宽度大于35m时，不应大于7mm；

(3) 当安装完成一层高度时，应及时进行检查、校正和固定。

3. 玻璃幕墙其他主要附件安装应符合下列要求：

(1) 防火、保温材料应铺设平整且可靠固定，拼接处不应留缝隙；

(2) 冷凝水排出管及其附件应与水平构件预留孔连接严密，与内衬板出水孔连接处应密封；

(3) 其他通气槽孔及雨水排出口等应按设计要求施工，不得遗漏；

(4) 封口应按设计要求进行封闭处理；

(5) 玻璃幕墙安装用的临时螺栓等，应在构件紧固后及时拆除；

(6) 采用现场焊接或高强螺栓紧固的构件，应在紧固后及时进行防锈处理。

4. 幕墙玻璃安装应按下列要求进行：

(1) 玻璃安装前，应进行表面清洁。除设计另有要求外，应将单片阳光控制镀膜玻璃的镀膜面朝向室内，非镀膜面朝向室外；

(2) 应按规定型号选用玻璃四周的橡胶条，其长度宜比边框内槽口长 1.5% ~2%；橡胶条斜面断开后应拼成预定的设计角度，并应采用胶粘剂粘结牢固，镶嵌应平整。

5. 铝合金装饰压板的安装，应表面平整、色彩一致，接缝应均匀严密。

6. 硅酮建筑密封胶不宜在夜晚、雨天打胶，打胶温度应符合设计要求和产品要求，打胶前应使打胶面清洁、干燥。

7. 构件式玻璃幕墙中硅酮建筑密封胶的施工应符合下列要求：

(1) 硅酮建筑密封胶的施工厚度应大于 3.5mm，施工宽度不宜小于施工厚度的 2 倍；较深的密封槽口底部应采用聚乙烯发泡材料填塞；

(2) 硅酮建筑密封胶在接缝内应两对面粘结，不应三面粘结。

(四) 单元式玻璃幕墙

1. 单元吊装机具的准备应符合下列要求：

(1) 应根据单元板块选择适当的吊装机具，并与主体结构安装牢固；

(2) 吊装机具使用前，应进行全面质量和安全检验；

(3) 吊具设计应使其在吊装中与单元板块之间不产生水平方向分力；

(4) 吊具运行速度应可控制，并有安全保护措施；

(5) 吊装机具应采取防止单元板块摆动的措施。

2. 单元构件的运输应符合下列要求：

(1) 运输前，单元板块应按顺序编号，并做好成品保护；

(2) 装卸及运输过程中，应采用有足够承载力和刚度的周转架，衬垫弹性垫，保证板块相互隔开并相对固定，不得相互挤压和窜动；

(3) 超过运输允许尺寸的单元板块，应采取特殊措施；

(4) 单元板块应按顺序摆放平稳，不应造成板块或型材变形；

(5) 运输过程中，应采取措施减小颠簸。

3. 在场内堆放单元板块时，应符合下列要求：

(1) 宜设置专用堆放场地，并应有安全保护措施；

(2) 宜存放在周转架上；

(3) 应依照安装顺序先出后进的原则，按编号排列放置；

(4) 不应直接叠层堆放；

(5) 不宜频繁装卸。

4. 起吊和就位应符合下列要求：

(1) 吊点和挂点应符合设计要求，吊点不应少于 2 个。必要时可增设吊点加固措施并试吊；

(2) 起吊单元板块时，应使各吊点均匀受力，起吊过程中应保持单元板块平稳；

(3) 吊装升降和平移应使单元板块不摆动、不撞击其他物体；

(4) 吊装过程应采取措施保证装饰面不受磨损和挤压；

(5) 单元板块就位时，应先将其挂到主体结构的挂点上，板块未固定前，吊具不得拆除。

5. 连接件安装允许偏差应符合表 3-17 的规定。

**连接件安装允许偏差　　表 3-17**

| 序　号 | 项　目 | 允许偏差（mm） | 检查方法 |
| --- | --- | --- | --- |
| 1 | 标高 | ±1.0（可上下调节时 ±2.0） | 水准仪 |
| 2 | 连接件两端点平行度 | ≤1.0 | 钢尺 |
| 3 | 距安装轴线水平距离 | ≤1.0 | 钢尺 |
| 4 | 垂直偏差（上、下两端点与垂线偏差） | ±1.0 | 钢尺 |
| 5 | 两连接件连接点中心水平距离 | ±1.0 | 钢尺 |
| 6 | 两连接件上、下端对角线差 | ±1.0 | 钢尺 |
| 7 | 相邻三连接件（上下、左右）偏差 | ±1.0 | 钢尺 |

6. 校正及固定应按下列规定进行：

(1) 单元板块就位后，应及时校正；

(2) 单元板块校正后，应及时与连接部位固定，并应进行隐蔽工程验收；

(3) 单元式幕墙安装固定后的偏差应符合表 3-18 的要求；

**单元式幕墙安装允许偏差　　表 3-18**

| 序　号 | 项　目 | | | 允许偏差（mm） | 检查方法 |
| --- | --- | --- | --- | --- | --- |
| 1 | 竖缝及墙面垂直度 | 幕墙高度 | $H \leqslant 30m$ | ≤10 | 激光经纬仪或经纬仪 |
| | | | $30m < H \leqslant 60m$ | ≤15 | |
| | | | $60m < H \leqslant 90m$ | ≤20 | |
| | | | $H > 90m$ | ≤25 | |
| 2 | 幕墙平面度 | | | ≤2.5 | 2m 靠尺、钢板尺 |
| 3 | 竖缝直线度 | | | ≤2.5 | 2m 靠尺、钢板尺 |
| 4 | 横缝直线度 | | | ≤2.5 | 2m 靠尺、钢板尺 |
| 5 | 缝宽度（与设计值比） | | | ±2 | 卡　尺 |
| 6 | 耐候胶缝直线度 | | $L \leqslant 20m$ | 1 | 钢　尺 |
| | | | $20m < L \leqslant 60m$ | 3 | |
| | | | $60m < L \leqslant 100m$ | 6 | |
| | | | $L > 100m$ | 10 | |

续表

| 序　号 | 项　目 | | 允许偏差（mm） | 检查方法 |
|---|---|---|---|---|
| 7 | 两相邻面板之间接缝高低差 | | ≤1.0 | 深度尺 |
| 8 | 同层单元组件标高 | 宽度不大于35m | ≤3.0 | 激光经纬仪或经纬仪 |
| | | 宽度大于35m | ≤5.0 | |
| 9 | 相邻两组件面板表面高低差 | | ≤1.0 | 深度尺 |
| 10 | 两组件对插件接缝搭接长度（与设计值比） | | ±1.0 | 卡尺 |
| 11 | 两组件对插件距槽底距离（与设计值比） | | ±1.0 | 卡尺 |

（4）单元板块固定后，方可拆除吊具，并应及时清洁单元板块的型材槽口。

7. 施工中如果暂停安装，应将对插槽口等部位进行保护；安装完毕的单元板块应及时进行成品保护。

（五）全玻幕墙

（1）全玻幕墙安装前，应清洁镶嵌槽；中途暂停施工时，应对槽口采取保护措施。

（2）全玻幕墙安装过程中，应随时检测和调整面板、玻璃肋的水平度和垂直度，使墙面安装平整。

（3）每块玻璃的吊夹应位于同一平面，吊夹的受力应均匀。

（4）全玻幕墙玻璃两边嵌入槽口深度及预留空隙应符合设计要求，左右空隙尺寸宜相同。

（5）全玻幕墙的玻璃宜采用机械吸盘安装，并应采取必要的安全措施。

（6）全玻幕墙施工质量应符合表3-19的要求。

**全玻幕墙施工质量要求　　表3-19**

| 序　号 | 项　目 | | | 允许偏差 | 测量方法 |
|---|---|---|---|---|---|
| 1 | 幕墙平面的垂直度 | 幕墙高度 | $H\leqslant30$m | 10mm | 激光仪或经纬仪 |
| | | | $30\text{m}<H\leqslant60$m | 15mm | |
| | | | $60\text{m}<H\leqslant90$m | 20mm | |
| | | | $H>90$m | 25mm | |
| 2 | 幕墙的平面度 | | | 2.5mm | 2m靠尺，钢板尺 |
| 3 | 竖缝的直线度 | | | 2.5mm | 2m靠尺，钢板尺 |
| 4 | 横缝的直线度 | | | 2.5mm | 2m靠尺，钢板尺 |
| 5 | 线缝宽度（与设计值比较） | | | ±2mm | 卡尺 |
| 6 | 两相邻面板之间的高低差 | | | 1.0mm | 深度尺 |
| 7 | 玻璃面板与肋板夹角与设计值偏差 | | | ≤1° | 量角器 |

（六）点支承玻璃幕墙

1. 点支承玻璃幕墙支承结构的安装应符合下列要求：

（1）钢结构安装过程中，制孔、组装、焊接和涂装等工序均应符合现行国家标准《钢结构工程施工质量验收规范》（GB 50205）的有关规定；

（2）大型钢结构构件应进行吊装设计，并应试吊；

（3）钢结构安装就位、调整后应及时紧固，并应进行隐蔽工程验收；

（4）钢构件在运输、存放和安装过程中损坏的涂层以及未涂装的安装连接部位，应按现行国家标准《钢结构工程施工质量验收规范》(GB 50205) 的有关规定补涂。

2. 张拉杆、索体系中，拉杆和拉索预拉力的施加应符合下列要求：

（1）钢拉杆和钢拉索安装时，必须按设计要求施加预拉力，并宜设置预拉力调节装置，预拉力宜采用测力计测定。采用扭力扳手施加预拉力时，应事先进行标定；

（2）施加预拉力应以张拉力为控制量；拉杆、拉索的预拉力应分次、分批对称张拉；在张拉过程中，应对拉杆、拉索的预拉力随时调整；

（3）张拉前必须对构件、锚具等进行全面检查，并应签发张拉通知单。张拉通知单应包括张拉日期、张拉分批次数、每次张拉控制力、张拉用机具、测力仪器及使用安全措施和注意事项；

（4）应建立张拉记录；

（5）拉杆、拉索实际施加的预拉力值应考虑施工温度的影响。

3. 支承结构构件的安装偏差应符合表 3-20 的要求。

**支承结构安装技术要求**　　**表 3-20**

| 名　称 | | 允许偏差（mm） |
|---|---|---|
| 相邻两竖向构件间距 | | ±2.5 |
| 竖向构件垂直度 | | $l$/1000 或≤5（$l$ 为跨度） |
| 相邻三竖向构件外表面平面度 | | 5 |
| 相邻两爪座水平间距和竖向距离 | | ±1.5 |
| 相邻两爪座水平高低差 | | 1.5 |
| 爪座水平度 | | 2 |
| 同层高度内爪座高低差 | 间距不大于 35m | 5 |
| | 间距大于 35m | 7 |
| 相邻两爪座垂直间距 | | ±2.0 |
| 单个分格爪座对角线差 | | 4 |
| 爪座端面平面度 | | 6.0 |

4. 点支承玻璃幕墙爪件安装前，应精确定出其安装位置。爪座安装的允许偏差应符合表 3-20 的规定。

5. 点支承玻璃幕墙面板安装质量应符合表 3-19 的相应规定。

## 第二节　金属与石材幕墙施工质量控制

### 一、材料

（一）一般规定

（1）金属与石材幕墙所选用的材料应符合国家现行产品标准的规定，同时应有出厂合格证。

（2）金属与石材幕墙所选用材料的物理力学及耐候性能应符合设计要求。

（3）硅酮结构密封胶、硅酮耐候密封胶必须有与所接触材料的相容性试验报告。橡胶条应有成分化验报告和保质年限证书。

（4）当石材含放射性物质时，应符合现行行业标准《天然石材产品放射性防护分类控制标准》(JC 518）的规定。

（5）金属与石材幕墙所使用的低发泡间隔双面胶带，应符合现行行业标准《玻璃幕墙工程技术规范》(JGJ 102）的有关规定。

（二）石材

1. 幕墙石材宜选用火成岩，石材吸水率应小于0.8%。

2. 花岗石板材的弯曲强度应经法定检测机构检测确定。其弯曲强度不应小于8.0MPa。

3. 石板的表面处理方法应根据环境和用途决定。

4. 为满足等强度计算的要求，火烧石板的厚度应比抛光石板厚3mm。

5. 幕墙石材的技术要求和性能试验方法应符合国家现行标准的规定：

（1）石材的技术要求应符合下列现行行业标准的规定：

①《天然花岗石荒料》(JC 204)；

②《天然花岗石建筑板材》(JC 205)。

（2）石材的主要性能试验方法应符合下列现行国家标准的规定：

①《天然饰面石材试验方法　干燥、水饱和、冻融循环后压缩强度试验方法》(GB 9966.1)；

②《天然饰面石材试验方法　弯曲强度试验方法》(GB 9966.2)；

③《天然饰面石材试验方法　体积密度、真密度、真气孔率、吸水率试验方法》(GB 9966.3)；

④《天然饰面石材试验方法　耐磨性试验方法》(GB 9966.5)；

⑤《天然饰面石材试验方法　耐酸性试验方法》(GB 9966.6)。

6. 石材表面应采用机械进行加工，加工后的表面应用高压水冲洗或用水和刷子清理，严禁用溶剂型的化学清洁剂清洗石材。

（三）金属材料

1. 幕墙采用的不锈钢宜采用奥氏体不锈钢材，其技术要求和性能试验方法应符合国家现行标准的规定：

（1）不锈钢材的技术要求应符合下列现行国家标准的规定：

①《不锈钢冷轧钢板》(GB/T 3280)；

②《不锈钢棒》(GB/T 1220)；

③《不锈钢冷加工钢棒》(GB/T 4226)；

④《不锈钢和耐热钢冷轧带钢》(GB 4239)；

⑤《不锈钢热轧钢板》(GB/T 4237)；

⑥《冷顶锻用不锈钢丝》(GB/T 4232)；

⑦《形状和位置公差未注公差值》(GB/T 1184)。

（2）不锈钢材主要性能试验方法应符合下列现行国家标准的规定：

①《金属弯曲试验方法》(GB/T 232)；

②《金属拉伸试验方法》(GB/T 228)。

2. 幕墙采用的非标准五金件应符合设计要求，并应有出厂合格证。同时应符合现行国家标准《紧固件机械性能 不锈钢螺栓、螺钉和螺柱》(GB/T 3098.6) 和《紧固件机械性能 不锈钢螺母》(GB/T 3098.15) 的规定。

3. 幕墙采用的钢材的技术要求和性能试验方法应符合现行国家标准的规定：

(1) 钢材的技术要求应符合下列现行国家标准的规定：

①《碳素结构钢》(GB/T 700)；

②《优质碳素结构钢》(GB/T 699)；

③《合金结构钢》(GB/T 3077)；

④《低合金高强度结构钢》(GB/T 1591)；

⑤《碳素结构和低合金结构钢热轧薄钢板及钢带》(GB/T 912)；

⑥《碳素结构和低合金结构钢热轧厚钢板及钢带》(GB/T 3274)；

⑦《结构用冷弯空心型钢尺寸、外型、重量及允许偏差》(GB/T 6728)；

⑧《冷拔无缝异型钢管》(GB/T 3094)；

⑨《高耐候结构钢》(GB/T 4171)；

⑩《焊接结构用耐候钢》(GB/T 4172)。

(2) 钢材主要性能试验方法应符合有关规定。

4. 钢结构幕墙高度超过40m时，钢构件宜采用高耐候结构钢，并应在其表面涂刷防腐涂料。

5. 钢构件采用冷弯薄壁型时，除应符合现行国家标准《冷弯薄壁型钢结构技术规范》(GBJ 18) 的有关规定外，其壁厚不得小于3.5mm，强度应按实际工程验算，表面处理应符合有关规范的规定。

6. 幕墙采用的铝合金型材应符合现行国家标准《铝合金建筑型材》(GB/T 5237.1) 中有关高精级的规定；铝合金的表面处理层厚度和材质应符合现行国家标准《铝合金建筑型材》(GB/T 5237.2 ~ GB/T 5237.5) 的有关规定。

7. 幕墙采用的铝合金板材的表面处理层厚度及材质应符合现行行业标准《建筑幕墙》(JG 3035) 的有关规定。

8. 铝合金幕墙应根据幕墙面积、使用年限及性能要求，分别选用铝合金单板（简称单层铝板）、铝塑复合板、铝合金蜂窝板（简称蜂窝铝板）；铝合金板材应达到国家相关标准及设计的要求，并应有出厂合格证。

9. 根据防腐、装饰及建筑物的耐久年限的要求，对铝合金板材（单层铝板、铝塑复合板、蜂窝铝板）表面进行氟碳树脂处理时，应符合下列规定：

(1) 氟碳树脂含量不应低于75%；海边及严重酸雨地区，可采用三道或四道氟碳树脂涂层，其厚度应大于40μm；其他地区，可采用两道氟碳树脂涂层，其厚度应大于25μm；

(2) 氟碳树脂涂层应无起泡、裂纹、剥落等现象。

10. 单层铝板应符合下列现行国家标准的规定，幕墙用单层铝板厚度不应小于2.5mm：

(1)《铝及铝合金轧制板材》(GB/T 3880)；

（2）《变形铝及铝合金牌号表示方法》（GB/T 16474）；

（3）《变形铝及铝合金状态代号》（GB/T 16475）。

11. 铝塑复合板应符合下列规定：

（1）铝塑复合板的上下两层铝合金板的厚度均应为0.5mm，其性能应符合现行国家标准《铝塑复合板》（GB/T 17748）规定的外墙板的技术要求；铝合金板与夹心层的剥离强度标准值应大于7N/mm；

（2）幕墙选用普通型聚乙烯铝塑复合板时，必须符合现行国家标准《建筑设计防火规范》（GB 50016）和《高层民用建筑设计防火规范》（GB 50045）的规定。

12. 蜂窝铝板应符合下列规定：

（1）应根据幕墙的使用功能和耐久年限的要求，分别选用厚度为10、12、15、20、25mm的蜂窝铝板；

（2）厚度为10mm的蜂窝铝板应由1mm厚的正面铝合金板、0.5～0.8mm厚的背面铝合金板及铝蜂窝粘结而成；厚度在10mm以上的蜂窝铝板，其正背面铝合金板厚度均应为1mm。

（四）建筑密封材料

1. 幕墙采用的橡胶制品宜采用三元乙丙橡胶、氯丁橡胶；密封胶条应为挤出成型，橡胶块应为压模成型。

2. 密封胶条的技术要求和性能试验方法应符合国家现行标准的规定：

（1）密封胶条的技术要求应符合下列现行国家标准的规定：

①《橡胶与乳胶命名》（GB 5576）；

②《建筑橡胶密封垫预成型实心硫化的结构密封垫用材料规范》（GB 10711）；

③《工业用橡胶板》（GB/T 5574）；

④《中空玻璃用弹性密封剂》（JC 486）；

⑤《建筑窗用弹性密封剂》（JC 485）。

（2）密封胶条主要性能试验方法应符合下列现行国家标准的规定：

①《硫化橡胶或热塑橡胶撕裂强度的测定》（GB/T 529）；

②《硫化橡胶邵尔A硬度试验方法》（GB/T 531）；

③《硫化橡胶密度的测定》（GB/T 533）。

（3）幕墙应采用中性硅酮耐候密封胶，其性能应符合表3-21的规定。

**幕墙硅酮耐候密封胶的性能**　　表3-21

| 项目 | 性能 | |
|---|---|---|
| | 金属幕墙用 | 石材幕墙用 |
| 表干时间 | 1～1.5h | |
| 流淌性 | 无流淌 | ≤1.0mm |
| 初期固化时间（≥25℃） | 3d | 4d |
| 完全固化时间（相对湿度≥50%，温度25±2℃） | 7～14d | |
| 邵氏硬度 | 20～30 | 15～25 |
| 极限拉伸强度 | 0.11～0.14MPa | ≥1.79MPa |

续表

| 项目 | 性能 | |
|---|---|---|
| | 金属幕墙用 | 石材幕墙用 |
| 断裂延伸率 | | ≥300% |
| 撕裂强度 | 3.8N/mm | |
| 施工温度 | 5～48℃ | |
| 污染性 | 无污染 | |
| 固化后的变位承受能力 | 25%≤δ≤50% | δ≥50% |
| 有效期 | 9～12个月 | |

（五）硅酮结构密封胶

（1）幕墙应采用中性硅酮结构密封胶；硅酮结构密封胶分单组分和双组分，其性能应符合现行国家标准《建筑用硅酮结构密封胶》(GB 16776）的规定。

（2）同一幕墙工程应采用同一品牌的单组分或双组分的硅酮结构密封胶，并应有保质年限的质量保证书。用于石材幕墙的硅酮结构密封胶还应有证明无污染的试验报告。

（3）同一幕墙工程应采用同一品牌的硅酮结构密封胶和硅酮耐候密封胶配套使用。

（4）硅酮结构密封胶和硅酮耐候密封胶应在有效期内使用。

## 二、加工制作质量控制

（一）一般规定

（1）幕墙在制作前，应对建筑物的设计施工图进行核对，并应对已建的建筑物进行复测，按实测结果调整幕墙图纸中的偏差，经设计单位同意后方可加工组装。

（2）加工幕墙构件所采用的设备、机具应保证幕墙构件加工精度的要求，量具应定期进行计量检定。

（3）用硅酮结构密封胶粘结固定构件时。注胶应在温度15℃以上30℃以下、相对湿度50%以上、且洁净、通风的室内进行，胶的宽度、厚度应符合设计要求。

（4）用硅酮结构密封胶粘结石材时，结构胶不应长期处于受力状态。

（5）当石材幕墙使用硅酮结构密封胶和硅酮耐候密封胶时，应待石材清洗干净并完全干燥后方可施工。

（二）幕墙构件加工制作

1. 幕墙的金属构件加工制作应符合下列规定：

（1）幕墙结构杆件截料前应进行校直调整；

（2）幕墙横梁长度的允许偏差应为±0.5mm，立柱长度的允许偏差应为±1.0mm，端头斜度的允许偏差应为-15′；

（3）截料端头不得因加工而变形，并不应有毛刺；

（4）孔位的允许偏差应为±0.5mm，孔距的允许偏差应为±5mm，累计偏差不得大于±1.0mm；

（5）铆钉的通孔尺寸偏差应符合现行国家标准《铆钉用通孔》(GB 152.1）的规定；

(6) 沉头螺钉的沉孔尺寸偏差应符合现行国家标准《沉头螺钉用沉孔》(GB 152.2)的规定;

(7) 圆柱头、螺栓的沉孔尺寸应符合现行国家标准《圆柱头、螺栓用沉孔》(GB 152.3) 的规定; 螺栓孔的加工应符合设计要求。

2. 幕墙构件中, 槽、豁、榫的加工应符合下列规定:

(1) 构件铣槽尺寸允许偏差应符合表3-22的规定。

铣槽尺寸允许偏差 (mm) 表3-22

| 项目 | $a$ | $b$ | $c$ |
|---|---|---|---|
| 允许偏差 | +0.5<br>0.0 | +0.5<br>0.0 | ±0.5 |

(2) 构件铣豁尺寸允许偏差应符合表3-23的规定。

铣豁尺寸允许偏差 (mm) 表3-23

| 项目 | $a$ | $b$ | $c$ |
|---|---|---|---|
| 允许偏差 | +0.5<br>0.0 | +0.5<br>0.0 | ±0.5 |

(3) 构件铣榫尺寸允许偏差应符合表3-24的规定。

铣榫尺寸允许偏差 (mm) 表3-24

| 项目 | $a$ | $b$ | $c$ |
|---|---|---|---|
| 偏差 | 0.0<br>-0.5 | 0.0<br>-0.5 | ±0.5 |

3. 幕墙构件装配尺寸允许偏差应符合表3-25的规定。

构件装配尺寸允许偏差 (mm) 表3-25

| 项目 | 构件长度 | 允许偏差 |
|---|---|---|
| 槽口尺寸 | ≤2000 | ±2.0 |
| | >2000 | ±2.5 |
| 构件对边尺寸差 | ≤2000 | ≤2.0 |
| | >2000 | ≤3.0 |
| 构件对角尺寸差 | ≤2000 | ≤3.0 |
| | >2000 | ≤3.5 |

4. 钢构件及表面防锈处理应符合现行国家标准《钢结构工程施工质量验收规范》(GB 50205) 的有关规定。

5. 钢构件焊接、螺栓连接应符合国家现行标准《钢结构设计规范》(GB 50017) 及《钢结构焊接技术规程》(JGJ 81) 的有关规定。

(三) 石板加工制作

1. 加工石板应符合下列规定:

(1) 石板连接部位应无崩坏、暗裂等缺陷; 其他部位崩边不大于5mm×20mm, 或缺角不大于20mm时可修补后使用, 但每层修补的石板块数不应大于2%, 且宜用于立面不明显部位；

（2）石板的长度、宽度、厚度、直角、异型角、半圆弧形状、异型材及花纹图案造型、石板的外形尺寸均应符合设计要求；

（3）石板外表面的色泽应符合设计要求，花纹图案应按样板检查，石板四周围不得有明显的色差；

（4）火烧石应按样板检查火烧后的均匀程度，火烧石不得有暗裂、崩裂情况；

（5）石板的编号应同设计一致，不得因加工造成混乱；

（6）石板应结合其组合形式，并应确定工程中使用的基本形式后进行加工；

（7）石板加工尺寸允许偏差应符合现行行业标准《天然花岗石建筑板材》(JC 205)的有关规定中一等品要求。

2. 钢销式安装的石板加工应符合下列规定：

（1）钢销的孔位应根据石板的大小而定。孔位距离边端不得小于石板厚度的3倍，也不得大于180mm；钢销间距不宜大于600mm；边长不大于1.0m时每边应设两个钢销，边长大于1.0m时应采用复合连接；

（2）石板的钢销孔的深度宜为22～33mm，孔的直径宜为7mm或8mm，钢销直径宜为5mm或6mm，钢销长度宜为20～30mm；

（3）石板的钢销孔处不得有损坏或崩裂现象，孔径内应光滑、洁净。

3. 通槽式安装的石板加工应符合下列规定：

（1）石板的通槽宽度宜为6mm或7mm，不锈钢支撑板厚度不宜小于3.0mm，铝合金支撑板厚度不宜小于4.0mm；

（2）石板开槽后不得有损坏或崩裂现象，槽口应打磨成45°倒角，槽内应光滑、洁净。

4. 短槽式安装的石板加工应符合下列规定：

（1）石板块上下边应各开两个短平槽，短平槽长度不应小于100mm，在有效长度内槽深度不宜小于15mm；开槽宽度宜为6mm或7mm；不锈钢支撑板厚度不宜小于3.0mm，铝合金支撑板厚度不宜小于4.0mm；弧形槽的有效长度不应小于80mm；

（2）两短槽边距离石板两端部的距离不应小于石板厚度的3倍且不应小于85mm，也不应大于180mm；

（3）石板开槽后不得有损坏或崩裂现象，槽口应打磨成45°倒角，槽内应光滑、洁净。

5. 石板的转角宜采用不锈钢支撑件或铝合金型材专用件组装，并应符合下列规定：

（1）当采用不锈钢支撑件组装时，不锈钢支撑件的厚度不应小于3mm；

（2）当采用铝合金型材专用件组装时，铝合金型材壁厚不应小于4.5mm，连接部位的壁厚不应小于5mm。

6. 单元石板幕墙的加工组装应符合下列规定：

（1）有防火要求的全石板幕墙单元，应将石板、防火板、防火材料按设计要求组装在铝合金框架上；

（2）有可视部分的混合幕墙单元，应将玻璃板、石板、防火板及防火材料按设计要求组装在铝合金框架上；

(3) 幕墙单元内石板之间可采用铝合金T形连接件连接；T形连接件的厚度应根据石板的尺寸及重量经计算后确定，且其最小厚度不应小于4.0mm；

(4) 幕墙单元内，边部石板与金属框架的连接，可采用铝合金L形连接件，其厚度应根据石板尺寸及重量经计算后确定，且其最小厚度不应小于4.0mm。

7. 石板经切割或开槽等工序后均应将石屑用水冲干净，石板与不锈钢挂件间应采用环氧树脂型石材专用结构胶粘结。

8. 已加工好的石板应立存放于通风良好的仓库内，其角度不应小于85°。

(四) 金属板加工制作

1. 金属板材的品种、规格及色泽应符合设计要求；铝合金板材表面氟碳树脂涂层厚度应符合设计要求。

2. 金属板材加工允许偏差应符合表3-26的规定。

金属板材加工允许偏差（mm） 表3-26

| 项目 | | 允许偏差 |
|---|---|---|
| 边长 | ≤2000 | ±2.0 |
| | >2000 | ±2.5 |
| 对边尺寸 | ≤2000 | ≤2.5 |
| | >2000 | ≤3.0 |
| 对角线长度 | ≤2000 | 2.5 |
| | >2000 | 3.0 |
| 折弯高度 | | ≤1.0 |
| 平面度 | | ≤2/1000 |
| 孔的中心距 | | ±1.5 |

3. 单层铝板的加工应符合下列规定：

(1) 单层铝板折弯加工时，折弯外圆弧半径不应小于板厚的1.5倍；

(2) 单层铝板加劲肋的固定可采用电栓钉，但应确保铝板外表面不应变形、褪色，固定应牢固；

(3) 单层铝板的固定耳子应符合设计要求。固定耳子可采用焊接、铆接或在铝板上直接冲压而成，并应位置准确，调整方便，固定牢固；

(4) 单层铝板构件四周边应采用铆接、螺栓或胶粘与机械连接相结合的形式固定，并应做到构件刚性好，固定牢固。

4. 铝塑复合板的加工应符合下列规定：

(1) 在切割铝塑复合板内层铝板和聚乙烯塑料时，应保留不小于0.3mm厚的聚乙烯塑料，并不得划伤外层铝板的内表面；

(2) 打孔、切口等外露的聚乙烯塑料及角缝，应采用中性硅酮耐候密封胶密封；

(3) 在加工过程中铝塑复合板严禁与水接触。

5. 蜂窝铝板的加工应符合下列规定：

(1) 根据组装要求决定切口的尺寸和形状，在切除铝芯时不得划伤蜂窝铝板外层铝板的内表面；各部位外层铝板上，应保留0.3~0.5mm的铝芯；

（2）直角构件的加工，折角应弯成圆弧状，角缝应采用硅酮耐候密封胶密封；

（3）大圆弧角构件的加工，圆弧部位应填充防火材料；

（4）边缘的加工，应将外层铝板折合180°，并将铝芯包封。

6. 金属幕墙的女儿墙部分，应用单层铝板或不锈钢板加工成向内倾斜的盖顶。

7. 金属幕墙的吊挂件、安装件应符合下列规定：

（1）单元金属幕墙使用的吊挂件、支撑件，宜采用铝合金件或不锈钢件，并应具备可调整范围；

（2）单元幕墙的吊挂件与预埋件的连接应采用穿透螺栓；

（3）铝合金立柱的连接部位的局部壁厚不得小于5mm。

（五）幕墙构件检验

1. 金属与石材幕墙构件应按同一种类构件的5%进行抽样检查，且每种构件不得少于5件。当有一个构件抽检不符合上述规定时。应加倍抽样复验。全部合格后方可出厂。

2. 构件出厂时，应附有构件合格证书。

### 三、安装施工质量控制

（一）一般规定

1. 安装金属与石材幕墙应在主体工程验收后进行。

2. 金属与石材幕墙的构件和附件的材料品种、规格、色泽和性能应符合设计要求。

3. 金属与石材幕墙的安装施工应编制施工组织设计，其中应包括以下内容：

（1）工程进度计划；

（2）搬运、起重方法；

（3）测量方法；

（4）安装方法；

（5）安装顺序；

（6）检查验收；

（7）安全措施。

（二）安装施工准备

1. 搬运、吊装构件时不得碰撞、损坏和污染构件。

2. 构件储存时应依照安装顺序排列放置，放置架应有足够的承载力和刚度。在室外储存时，应采取保护措施。

3. 构件安装前应检查制造合格证，不合格的构件不得安装。

4. 金属、石材幕墙与主体结构连接的预埋件，应在主体结构施工时按设计要求埋设。预埋件应牢固，位置准确，预埋件的位置误差应按设计要求进行复查。当设计无明确要求时，预埋件的标高偏差不应大于10mm，预埋件位置差不应大于20mm。

（三）幕墙安装施工

1. 安装施工测量应与主体结构的测量配合，其误差应及时调整。

2. 金属与石材幕墙立柱的安装应符合下列规定：

（1）立柱安装标高偏差不应大于3mm，轴线前后偏差不应大于2mm，左右偏差不应大于3mm；

（2）相邻两根立柱安装标高偏差不应大于3mm，同层立柱的最大标高偏差不应大于5mm，相邻两根立柱的距离偏差不应大于2mm。

3. 金属与石材幕墙横梁安装应符合下列规定：

（1）应将横梁两端的连接件及垫片安装在立柱的预定位置，并应安装牢固，其接缝应严密；

（2）相邻两根横梁的水平标高偏差不应大于1mm。同层标高偏差：当一幅幕墙宽度小于或等于35m时，不应大于5mm；当一幅幕墙宽度大于35m时，不应大于7mm。

4. 金属板与石板安装应符合下列规定：

（1）应对横竖连接件进行检查、测量、调整；

（2）金属板、石板安装时，左右、上下的偏差不应大于1.5mm；

（3）金属板、石板空缝安装时，必须有防水措施，并应有符合设计要求的排水出口；

（4）填充硅酮耐候密封胶时，金属板、石板缝的宽度、厚度应根据硅酮耐候密封胶的技术参数，经计算后确定。

5. 幕墙钢构件施焊后，其表面应采取有效的防腐措施。

6. 幕墙的竖向和横向板材的组装允许偏差应符合表3-27的规定。

**幕墙竖向和横向板材的组装允许偏差（mm）　表3-27**

| 项　　目 | 尺寸范围 | 允许偏差 | 检查方法 |
|---|---|---|---|
| 相邻两竖向板材间距尺寸（固定端头） | — | ±2.0 | 钢卷尺 |
| 两块相邻的石板、金属板 | — | ±1.5 | 靠尺 |
| 相邻两横向板材的间距尺寸 | 间距小于或等于2000mm时<br>间距大于2000mm时 | ±1.5<br>±2.0 | 钢卷尺 |
| 分格对角线差 | 对角线长小于或等于2000mm<br>时对角线长大于2000mm时 | ≤3.0<br>≤3.5 | 钢卷尺或伸缩尺 |
| 相邻两横向板材的水平标高差 | — | ≤2 | 钢板尺或水平仪 |
| 横向板材水平度 | 构件长小于或等于2000mm时 | ≤2 | 水平仪或水平尺 |
| | 构件长大于2000mm时 | ≤3 | |
| 竖向板材直线度 | — | 2.5 | 2.0m靠尺、钢板尺 |
| 石板下连接托板水平夹角允许向上倾斜，不准向下倾斜 | — | +2.0°<br>0 | 塞规 |
| 石板上连接托板水平夹角允许向下倾斜 | — | 0<br>−2.0° | — |

7. 幕墙安装允许偏差应符合表3-28规定。

8. 单元幕墙安装允许偏差除应符合本规范表3-28的规定外，尚应符合表3-29规定。

幕墙安装允许偏差 表3-28

| 项目 | | | 允许偏差（mm） | 检查方法 |
|---|---|---|---|---|
| 竖缝及墙面垂直度 | 幕墙高度 $H$（m） | $H \leqslant 30$ | ≤10 | 激光经纬仪或经纬仪 |
| | | $60 \leqslant H > 30$ | ≤15 | |
| | | $90 \leqslant H > 60$ | ≤20 | |
| | | $H > 90$ | ≤25 | |
| 幕墙平面度 | | | ≤2.5 | 2m 靠尺、钢板尺 |
| 竖缝直线度 | | | ≤2.5 | 2m 靠尺、钢板尺 |
| 横缝直线度 | | | ≤2.5 | 2m 靠尺、钢板尺 |
| 缝宽度（与设计值比较） | | | ±2 | 卡尺 |
| 两相邻面板之间接缝高低差 | | | ≤1.0 | 深度尺 |

单元幕墙安装允许偏差（mm） 表3-29

| 项目 | | 允许偏差 | 检查方法 |
|---|---|---|---|
| 同层单元组件标高（宽度小于或等于35m） | 宽度不大于35m | ≤3.0 | 激光经纬仪或经纬仪 |
| | 宽度大于35m | ≤5.0 | |
| 相邻两组件面板表面高低差 | | ≤1.0 | 深度尺 |
| 两组件对插件接缝搭接长度（与设计值比） | | ±1.0 | 卡尺 |
| 两组件对插件距槽底距离（与设计值比） | | ±1.0 | 卡尺 |

9. 幕墙安装过程中宜进行接缝部位的雨水渗漏检验。

10. 幕墙安装施工应对下列项目进行验收：

（1）主体结构与立柱、立柱与横梁连接节点安装及防腐处理；

（2）幕墙的防火、保温安装；

（3）幕墙的伸缩缝、沉降缝、防震缝及阴阳角的安装；

（4）幕墙的防雷节点的安装；

（5）幕墙的封口安装。

（四）幕墙保护和清洗

1. 对幕墙的构件、面板等，应采取保护措施，不得发生变形、变色、污染等现象。

2. 幕墙施工中其表面的粘附物应及时清除。

3. 幕墙工程安装完成后，应制定清洁方案，清扫时应避免损伤表面。

4. 清洗幕墙时，清洁剂应符合要求，不得产生腐蚀和污染。

## 第三节 幕墙节能分项工程质量标准与验收

### 一、幕墙节能分项工程质量标准

（一）主控项目

1. 用于幕墙节能工程的材料、构件等，其品种、规格应符合设计要求和相关标准的规定。

检验方法：观察、尺量检查；核查质量证明文件。

检查数量：按进场批次，每批随机抽取3个试样进行检查；质量证明文件应按照其出厂检验批进行核查。

2. 幕墙节能工程使用的保温隔热材料，其导热系数、密度、燃烧性能应符合设计要求。幕墙玻璃的传热系数、遮阳系数、可见光透射比、中空玻璃露点应符合设计要求。

检验方法：核查质量证明文件和复验报告。

检查数量：全数核查。

3. 幕墙节能工程使用的材料、构件等进场时，应对其下列性能进行复验，复验应为见证取样送检：

（1）保温材料：导热系数、密度；

（2）幕墙玻璃：可见光透射比、传热系数、遮阳系数、中空玻璃露点；

（3）隔热型材：抗拉强度、抗剪强度。

检验方法：进场时抽样复验，验收时核查复验报告。

检查数量：同一厂家的同一种产品抽查不少于一组。

4. 幕墙的气密性能应符合设计规定的等级要求。当幕墙面积大于3000m$^2$或建筑外墙面积50%时，应现场抽取材料和配件，在检测试验室安装制作试件进行气密性能检测，检测结果应符合设计规定的等级要求。

密封条应镶嵌牢固、位置正确、对接严密；单元幕墙板块之间的密封应符合设计要求；开启扇应关闭严密。

检验方法：观察及启闭检查；核查隐蔽工程验收记录、幕墙气密性能检测报告、见证记录。

气密性能检测试件应包括幕墙的典型单元、典型拼缝、典型可开启部分。试件应按照幕墙工程施工图进行设计。试件设计应经建筑设计单位项目负责人、监理工程师同意并确认。气密性能的检测应按照国家现行有关标准的规定执行。

检查数量：核查全部质量证明文件和性能检测报告。现场观察及启闭检查按检验批抽查30%，并不少于5件（处）。气密性能检测应对一个单位工程中面积超过1000m$^2$的每一种幕墙均抽取一个试件进行检测。

5. 幕墙节能工程使用的保温材料，其厚度应符合设计要求，安装牢固，且不得松脱。

检验方法：对保温板或保温层采取针插法或剖开法，尺量厚度；手扳检查。

检查数量：按检验批抽查10%，并不少于5处。

6. 遮阳设施的安装位置应满足设计要求。遮阳设施的安装应牢固。

检验方法：观察；尺量；手扳检查。

检查数量：检查全数的10%，并不少于5处；牢固程度全数检查。

7. 幕墙工程热桥部位的隔断热桥措施应符合设计要求，断热节点的连接应牢固。

检验方法：对照幕墙节能设计文件，观察检查。

检查数量：按检验批抽查10%，并不少于5处。

8. 幕墙隔汽层应完整、严密、位置正确，穿透隔汽层处的节点构造应采取密封措施。

检验方法：观察检查。

检查数量：按检验批抽查10%，并不少于5处。

9. 冷凝水的收集和排放应通畅，并不得渗漏。

检验方法：通水试验、观察检查。

检查数量：按检验批抽查10%，并不少于5处。

（二）一般项目

1. 镀（贴）膜玻璃的安装方向、位置应正确。中空玻璃应采用双道密封。中空玻璃的均压管应密封处理。

检验方法：观察；检查施工记录。

检查数量：每个检验批抽查10%，并不少于5件（处）。

2. 单元式幕墙板块组装应符合下列要求：

（1）密封条：规格正确，长度无负偏差，接缝的搭接符合设计要求；

（2）保温材料：固定牢固，厚度符合设计要求；

（3）隔汽层：密封完整、严密；

（4）冷凝水排水系统通畅，无渗漏。

检验方法：观察检查；手扳检查；尺量；通水试验。

检查数量：每个检验批抽查10%，并不少于5件（处）。

3. 幕墙与周边墙体间的接缝处应采用弹性闭孔材料填充饱满，并应采用耐候密封胶密封。

检查方法：观察检查。

检查数量：每个检验批抽查10%，并不少于5件（处）。

4. 伸缩缝、沉降缝、抗震缝的保温或密封做法应符合设计要求。

检验方法：对照设计文件观察检查。

检查数量：每个检验批抽查10%，并不少于10件（处）。

5. 活动遮阳设施的调节机构应灵活，并应能调节到位。

检验方法：现场调节试验，观察检查。

检查数量：每个检验批抽查10%，并不少于10件（处）。

## 二、幕墙节能分项工程质量验收

（一）检验批划分

《建筑装饰装修工程质量验收规范》（GB 50210）的相关规定：

1. 各分项工程的检验批应按下列规定划分：

（1）相同设计、材料、工艺和施工条件的幕墙工程每500～1000$m^2$应划分为一个检验批，不足500$m^2$也应划分为一个检验批。

（2）同一单位工程的不连续的幕墙工程应单独划分检验批。

（3）对于异型或有特殊要求的幕墙，检验批的划分应根据幕墙的结构、工艺特点及幕墙工程规模，由监理单位（或建设单位）和施工单位协商确定。

2. 检查数量应符合下列规定：

（1）每个检验批每100$m^2$应至少抽查一处，每处不得小于10$m^2$。

（2）对于异型或有特殊要求的幕墙工程，应根据幕墙的结构和工艺特点，由监理单位（或建设单位）和施工单位协商确定。

（二）隐蔽工程验收

幕墙节能工程施工中应对下列部位或项目进行隐蔽工程验收，并应有详细的文字记录和必要的图像资料：

1. 被封闭的保温材料厚度和保温材料的固定；
2. 幕墙周边与墙体的接缝处保温材料的填充；
3. 构造缝、结构缝；
4. 隔汽层；
5. 热桥部位、断热节点；
6. 单元式幕墙板块间的接缝构造；
7. 冷凝水收集和排放构造；
8. 幕墙的通风换气装置。

（三）幕墙节能工程施工质量验收

附着于主体结构上的隔汽层、保温层应在主体结构工程质量验收合格后施工。施工过程中应及时进行质量检查、隐蔽工程验收和检验批验收，施工完成后应进行幕墙节能分项工程验收。

# 第四章　门窗节能分项工程施工质量控制

建筑门窗的种类很多，门窗的品种按型材分，大致包括：铝合金门窗、隔热铝合金门窗、塑料门窗、木门窗、铝木复合门窗、钢门窗、不锈钢门窗、隔热钢门窗、隔热不锈钢门窗、玻璃钢门窗等。门窗以开启形式可分为推拉、平开、平开推拉、上悬、平开下悬、中悬、折叠等多种形式，如图 4-1。

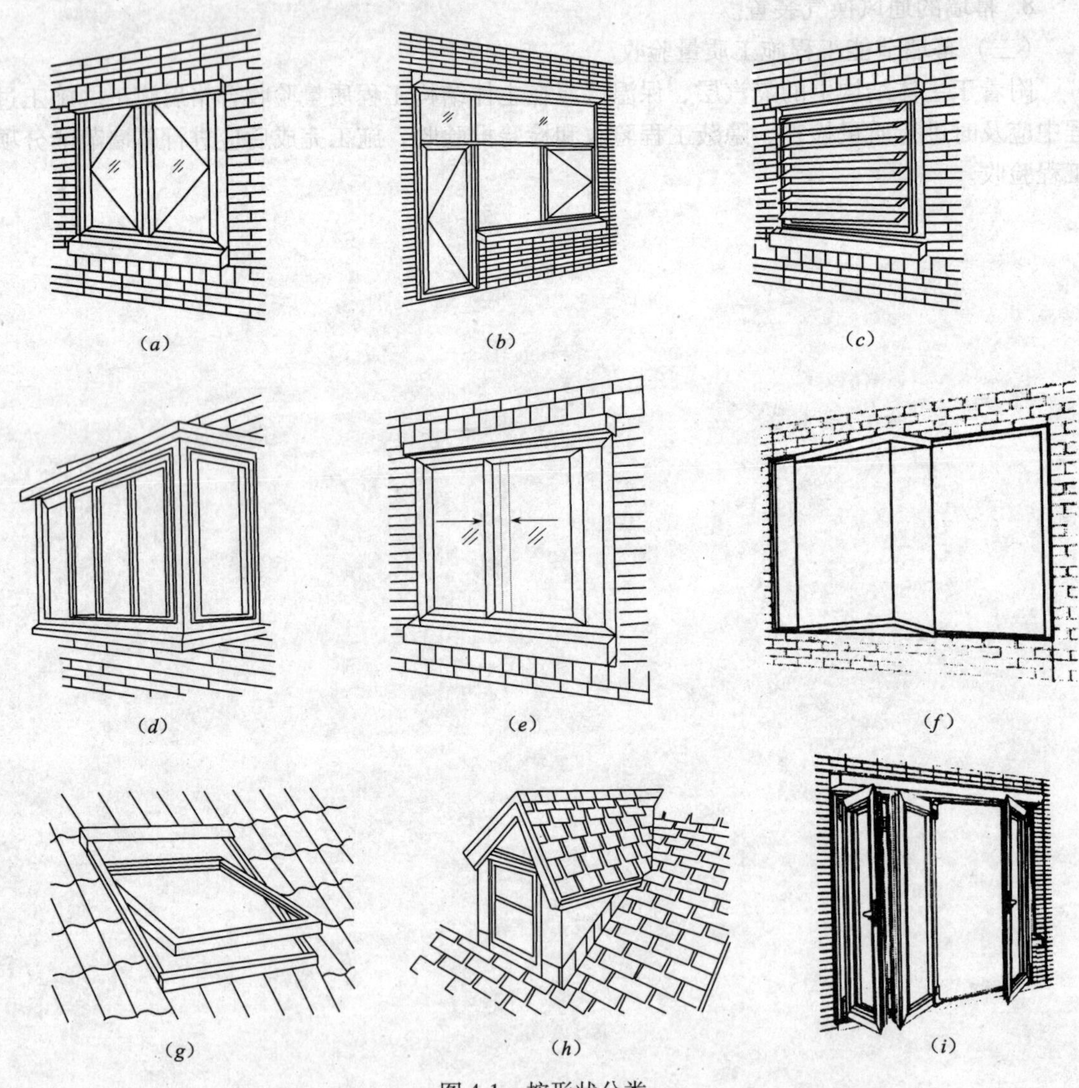


图 4-1　按形状分类

(a) 平开窗；(b) 门联窗；(c) 百叶窗；(d) 凸窗（飘窗）；(e) 推拉窗；
(f) 异型凸窗（异型飘窗）；(g) 天窗；(h) 老虎窗；(i) 折叠平开窗

# 第一节　金属门窗工程施工质量控制

## 一、铝合金门窗施工质量控制

近年来，随着建筑业的飞速发展，高层建筑林立，我国铝合金门窗的需要量不断增加，质量也有很大提高，门窗种类也随之增多。在现代建筑中使用的铝合金门窗，具有质量轻、刚性好、美观大方、清洁明亮、经久耐用等优点。经过阳极氧化着色型材制作的彩色铝合金门窗，更显得光彩夺目。

### （一）铝合金门窗的主要性能

铝合金门窗在出厂前必须经过严格的性能试验，达到规定的性能指标后，才能安装使用。铝合金门窗通常考核下列主要性能：

1. 强度

铝合金门窗的强度是用在压力箱内对窗进行压缩空气加压试验时所加风压的等级来表示的。一般性能的铝窗强度可达 1961～2353Pa，高性能铝窗可达 2353～2746Pa。在上述压力下测定窗扇，中央最大位移量应小于窗框内沿高度的 1/70。

2. 气密性

铝合金门窗在压力试验箱内，使窗的前后形成 4.9～24.9Pa 的压力差，用每 $1m^2$ 面积、每 1h 的通气量（$m^3$）表示窗的气密性，单位是 $m^3/(h \cdot m^2)$。一般性能的铝合金门窗，当前后压力差为 1000Pa 时，气密性可在 $8m^3/(h \cdot m^2)$ 以下，高密封性能的铝合金门窗可在 $2.0m^3/(h \cdot m^2)$ 以下。

3. 水密性

铝合金门窗在压力试验箱内，对窗的外侧加入周期为 2s 的正弦波脉动压力，同时向窗以 $4L/(m^2 \cdot min)$ 的淋水量人工降雨，进行连续 10min 的风雨交加试验，在室内一侧不应有可见的漏、渗水现象。水密性用试验时施加的脉冲风压平均压力表示，一般性能铝合金门窗为 343Pa，抗台风的高性能铝合金门窗可达 490Pa。

4. 开闭力

当装好玻璃后，窗扇打开或关闭所需的外力应在 49.0N 以下。

5. 隔声性

在音响试验室内对铝合金门窗的音响透过损失进行试验，可以发现，当音响频率达到一定值以后，铝窗的音响透过损失趋于恒定。用这种方法测定出隔声性能的等级曲线。有隔声要求的铝窗，音响透过损失可达 25dB，即响声透过铝窗后声级可降低 25dB。高隔声性能铝窗，音响透过损失等级可达 30～45dB。

6. 隔热性

通常用窗的热对流阻抗值来表示隔热性能。一般分成三级：$R_1 = 0.05(m^2 \cdot h \cdot ℃)/kJ$，$R_2 = 0.06(m^2 \cdot h \cdot ℃)/kJ$，$R_3 = 0.07(m^2 \cdot h \cdot ℃)/kJ$。采用 6mm 双层玻璃高性能的隔热窗，热对流阻抗值可以达到 $0.05(m^2 \cdot h \cdot ℃)/K^3$。

7. 尼龙导向轮耐久性

推拉窗活动窗扇用电动机经偏心连杆机构作连续往复行走试验。尼龙轮直径 12～

16mm，试验10000次；尼龙轮直径20～24mm，试验50000次；尼龙轮直径30～60mm，试验100000次。窗及导向轮等配件应无异常损坏。

8. 开闭锁耐久性

开闭锁在试验台上用电机拖动，以10～30次/min的速度进行连续开闭试验，当达到30000次时应无异常损伤。

（二）铝合金门窗安装材料

1. 铝合金门窗的规格、型号应符合设计要求，五金配件配套齐全，并具有出厂合格证、材质检验报告书并加盖厂家印章。

2. 防腐材料、填缝材料、密封材料、防锈漆、水泥、砂、连接板等应符合设计要求和有关标准的规定。

3. 进场前应对铝合金门窗进行验收检查，不合格者不准进场。运到现场的铝合金门窗应分型号、规格堆放整齐，并存放于仓库内。搬运时轻拿轻放，严禁扔摔。

（三）铝合金门窗的制作质量控制

1. 门扇制作时要求慎重选料与下料。选料时，要充分考虑材料表面的色彩、料型、壁厚等因素，以保证足够的刚度、强度与装饰性。在确认材料的特点与适用部位之后，要按照设计尺寸进行下料。

2. 在一般的家庭住宅装修中，如果没有详细的设计图样，仅有门窗洞口尺寸和门扇划分尺寸，下料时要在门窗洞口尺寸中减去安装缝、门窗框尺寸，其余按照门窗扇数均分调整大小。要先计算、画简图，再按图下料。下料原则是竖向框架要满足门窗扇通长高度需要，横档则是总宽度减去竖向框架的宽度。

3. 切割时，要用切割锯严格按照下料的尺寸准确切割。

4. 门扇组装时，应先在竖梃上拟安装部位用手电钻钻孔，用螺栓连接。钻孔孔径应大于螺栓直径。角铝连接部位靠上或靠下，视角铝规格而定，角铝规格一般选用22mm×22mm，钻孔可在上下10mm处，钻孔直径小于自攻螺钉。两边梃的钻孔部位应一致，否则，会使横档不平。

5. 门扇各节点的固定，上下横档（也有的地区称之为冒头）多数用带螺纹的钢筋固定，中横档用角铝（亦称为角马子）以自攻螺钉固定。先将角铝用自攻螺钉连接在两个边梃上，上下冒头中穿入螺纹钢筋，螺纹钢筋再从钻孔中深入边梃，中横档套在角铝上。接着用扳手将上、下冒头用螺母拧紧，中横档再用手电钻上、下钻孔，用自攻螺钉拧紧即可。

6. 安装锁具与拉手时，应先在拟安装的部位用手电钻钻孔，再用曲线锯切割锁孔洞，随后将锁具安装上去。在门梃边上，门锁两边要对正，为保证安装精度，一般在门扇安装后再安装门锁。

7. 制作门框时要根据门的大小，按照设计尺寸下料。一般都选择50mm×70mm、50mm×100mm、100mm×25mm型材作门框梁。具体做法与门扇制作相同。

8. 门框组装时，应先在门的上框和中框部位的边框上钻孔安装角铝，然后将中、上框套在角铝上，用自攻螺栓固定。最后，在门框左右设扁钢连接件，并用自攻螺栓紧固。

9. 铝合金窗的制作与安装方法，同样包括材料与机具的准备、窗扇制作、窗框制作、窗扇的安装等工序，其中材料与机具的准备、窗扇的安装等工序与铝合金门的准备与安装方法相同。

10. 窗扇制作，包括选料、下料和组装。窗扇制作的选料要求基本与门扇制作相同，选好竖向边梃和上、下冒头的窗料以后，将两侧竖向边梃上、下端铣出榫槽，槽的长度分别等于上、下内框的高度，然后在边梃壁上适当的高度钻孔，用不锈钢螺钉固定角铝。

11. 窗扇组装时，将上、下冒头深入边的上、下端榫槽之中（铝合金型材断面在设计时已考虑到使上、下冒头的宽度等于边梃内壁的宽度），在上、下冒头与角铝的搭接处钻孔，用不锈钢螺钉拧入，组装窗扇的四只脚都要垂直，随时调整，经检查无扭曲变形后固定，以防窗扇变形影响安装。

（四）铝合金门窗的安装质量控制

铝合金门、窗在安装方法上有些不太一样，不同类型的窗在安装的具体构造上也略有差别，所以，对铝合金门、窗的安装，只能就一些基本程序提出基本步骤和方法。

1. 施工准备：

（1）铝合金门窗框、扇。根据设计要求选择不同的产品系列，产品表面不允许有沾污和碰伤的痕迹。

（2）附件。不锈钢螺钉、铝制拉铆钉、滑轮组、开窗、门锁、尼龙毛刷等。

（3）施工工具。24 英寸铝质水平尺、射钉枪、电钻、打胶筒、玻璃吸盘、锤子等。

（4）玻璃。一般为 3 ~6mm 厚的茶色或白色平板玻璃。

（5）其他。连接件、橡胶条、垫料、门弹簧、塑料胶纸、玻璃胶、木楔等。

2. 检查门窗洞口和预埋件：

（1）铝合金门窗同普通钢门窗、涂色镀锌钢板门窗及塑料门窗的安装一样，必须采用后塞口的方法，严禁采用边安装边砌口或是先安装后砌口。当设计有预埋铁件时，门窗安装前应复查预留洞口尺寸及预埋件的埋设位置，如与设计不符合，应予以纠正。

（2）门窗洞口的允许偏差：高度和宽度偏差为 5mm；对角线长度差为 5mm；洞下口面水平标高为 5mm；垂直度偏差不超过 1. 5/1000；洞口的中心线与建筑物基准轴线偏差不大于 5mm。

（3）洞口预埋件的间距必须与门窗框上连接件的位置配套，门窗框上的连接件间距一般为 500mm，但转角部位的连接件位置距转角边缘应为 100 ~200mm。门窗洞口墙体厚度方向的预埋件中心线，如设计无规定时，其位置距内墙面：38 ~60 系列为 100mm；90 ~100 系列为 150mm。

3. 放线。

放线时，应注意以下几个方面：

（1）同一立面的门窗的水平及垂直方向应该做到整齐一致。这样，应先检查预留洞口的偏差。对于尺寸偏差较大的部位，应及时提请有关单位，并采取妥善措施处理。

（2）在洞口弹出门、窗位置线，门、窗可以立于墙的中心线部位，也可将门、窗立于内侧，使门、窗框表面与饰面平。不过，将门、窗立于洞口中心线的做法用得较多，因为这样便于室内装饰收口处理。特别是有内窗台板时，这样处理更好。

（3）对于门，除了上面提到的确定位置外，还要特别注意室内地面的标高。地弹簧的表面，应该与室内地面饰面标高一致。

4. 门窗框就位：

（1）按照弹线位置将门窗框立于洞内，调整正、侧面垂直度、水平度和对角线合格后，用对拔木楔作临时固定。木楔应垫在边、横框能够受力部位，以防止铝合金框料由于被挤压而变形。

（2）对于面积较大的铝合金门窗框，应事先按设计要求进行预拼装。先安装通长的拼樘料，然后安装分段拼樘料，最后安装基本单元门、窗框。门窗框横向及竖向组合应采取套插；如采用搭接应形成曲面组合，搭接量一般不少于8mm，以避免因门窗冷热伸缩及建筑物变形而引起裂缝；框间拼接缝隙用密封胶条密封。组合门窗框拼樘料如需采取加强措施时，其加固型材应经防锈处理，连接部位应采用镀锌螺钉。

5. 门窗框固定：

（1）当门窗的设计要求为采用预埋铁件进行安装时，铝合金门窗框上预先加工的连接件为镀锌铁脚（或称镀锌锚固板、铆固头），可直接用电焊将其与洞口内预埋铁件焊接。采用焊接操作时，严禁在铝合金框上接地打火，并应用石棉布保护好窗框。另一种做法是在门窗洞口上事先预留槽口，安装时将门窗框上的镀锌铁脚插埋于槽口内，而后用C25级细石混凝土或1：2水泥砂浆嵌堵密实。

（2）当门窗洞口为混凝土墙体并未预埋铁件或未预留槽口时，其门窗框连接锚固板可用射钉枪射入$\phi 4 \sim \phi 5$射钉进行紧固。

（3）对于砖砌结构的门窗洞墙体，门窗框连接铆固板不宜采用射钉紧固做法，应使用冲击电钻钻入不小于$\phi 10$的深孔，用胀铆螺栓紧固连接件。

（4）如果属于自由门的弹簧安装，应在地面预留洞口，在门扇与地弹簧安装尺寸调整准确后，要浇筑C25级细石混凝土固定。

（5）铝合金门边框和中竖框，应埋入地面以下20~50mm；组合窗框间立柱上、下端，应各嵌入框顶和框底墙体（或梁）内25mm以上；转角处的主要立柱嵌固长度应在35mm以上。

（6）当采用上述射钉、金属胀铆螺栓或是采用钢钉紧固铝合金门窗框连接件时，其紧固点位置距离（柱、梁）边缘不得小于50mm，且应注意错开墙体缝隙，以防止紧固失效。

6. 填缝：

填缝所用的材料，原则上按设计要求选用。但不论使用何种填缝材料，其目的均是为了密闭和防水。根据现行规范要求，铝合金门窗框与洞口墙体应采用弹性连接，框周缝隙宽度宜在20mm以上，缝隙内分层填入矿棉或玻璃棉毡条等软质材料。框边须留5~8mm深的槽口，待洞口饰面完成并干燥后，清除槽口内的浮灰渣土，嵌填防水密封胶。

7. 门窗扇安装：

铝合金门窗扇的安装，须是在土建施工基本完成的条件下方准进行，以保护其免遭损伤。框装扇必须保证框扇立面在同一平面内，就位准确，启闭灵活。平开窗的窗扇安装前，先固定窗铰，然后再将窗铰与窗扇固定。推拉门窗应在门窗扇拼装时于其下横底槽中装好滑轮，注意使滑轮框上有调节螺钉的一面向外，该面与下横端头边平齐。对于规格较大的铝合金门扇，当其单扇框宽度超过900mm时，在门扇框下横料中需采取加固措施，通常的做法是穿入一条两端带螺纹的钢条。安装时，应注意要在地弹簧连杆与下横料安装完毕后再进行，也不得妨碍地弹簧座的对接。

8. 玻璃安装：

（1）当玻璃单块尺寸较小时，可用双手夹住就位。如一般平开窗，多用此办法。如果单块玻璃尺寸较大，为便于操作，往往用玻璃吸盘。

（2）玻璃就位后，应及时用胶条固定。玻璃应该摆在凹槽的中间，内、外两侧的间隙应不少于2mm，否则，会造成密封困难。但也不宜大于5mm，否则，胶条起不到挤紧、固定的作用。玻璃的下部不能直接坐落在金属面上，而应用氯丁橡胶垫块将玻璃垫起。氯丁橡胶垫块厚3mm左右。玻璃的侧边及上部，都应脱开金属面一小段距离，避免玻璃胀缩发生变形。

9. 清理：

（1）铝合金门、窗交工前，应将型材表面的塑料胶纸撕掉。如果发现塑料胶纸在型材表面留有胶痕，宜用香蕉水清理干净，玻璃应进行擦洗，对浮灰或其他杂物，应全部清理干净。待定位销孔与销对上后，再将定位销完全调出，并插入定位销孔中。

最后，用双头螺杆将门拉手上在门扇边框两侧。

（2）安装铝合金门的关键是要保持上下两个转动部分在同一条轴线上。

（五）铝合金门窗成品保护措施

1. 铝合金门窗装入洞口临时固定后，应检查四周边框和中间框架是否用规定的保护胶纸和塑料薄膜封贴包扎好，再进行门窗框与墙体之间缝隙的填嵌和洞口墙体表面装饰施工，以防止水泥砂浆、灰水、喷涂材料等污染损坏铝合金门窗表面。在室内外湿作业未完成前，不能破坏门窗表面的保护材料。

2. 应采取措施，防止焊接作业时电焊火花损坏周围的铝合金门窗型材、玻璃等材料。

3. 严禁在安装好的铝合金门窗上安放脚手架、悬挂重物。经常出入的门洞口，应及时保护好门框，严禁施工人员踩踏铝合金门窗和碰擦铝合金门窗。

4. 交工前撕去保护胶纸时，要轻轻剥离，不得划破、剥花铝合金表面氧化膜。

## 二、断桥铝合金窗安装施工质量控制

（一）材料选用、加工、运输

1. 材料的选用

工程使用的各种材料，均根据施工图纸和合同文件要求选定：

（1）断桥铝合金窗型材：64、53系列喷涂隔热型材（基本壁厚1.5mm），符合GB/T 5237要求，铝合金粉末喷涂型材；

（2）隔热条；

（3）平开窗开启系统：符合GB 9298要求；

（4）平开内倾窗及单内倾窗开启系统：符合国家标准GB 9298要求；

（5）密封胶条：优质三元乙丙胶条，符合GB/T 10712要求；

（6）中空玻璃：优质双道密封中空玻璃。钢化玻璃符合GB 9963、中空玻璃符合GB 11944要求；

（7）组角胶：单组分P86组角胶；

（8）其他附件及镀锌方钢管。

2. 选用断桥铝合金窗的质量标准

（1）保温性能$K \leqslant 3.0W/(m^2 \cdot K)$；

（2）空气隔声性能不小于35dB；

（3）抗风压性能不小于3500Pa；

（4）空气渗透性不大于$1.0m^3/(m^2 \cdot h)$；

(5) 雨水渗漏性不小于400Pa;

(6) 尺寸及对角线尺寸公差等级不低于 GB 12003 一级标准;

(7) 力学性能及外观质量必须符合 GB 8479 等规范合格标准。

3. 原材料的质量控制

在采购原材料前，工程技术人员首先对材料的材质及性能进行详细地检查、检测，符合要求再进行订货。材料进场后，质量部对材料的外观质量及尺寸按检验标准进行检验，符合各种材料生产厂家的产品质量证明书所注质量性能，检查确认合格方可进行加工。关键性材料（例如，隔热条、五金件、中空玻璃等）除检查上述证明文件外，还要检查其保用年限是否满足合同文件要求。

（二）产品加工与运输

1. 产品加工

(1) 加工前，检查加工现场使用的各类量具是否均经过检测部门检测并在有效期内，确保测量工具的精度；其他工具定期或随时检查。

(2) 严格按审批后的设计施工图纸进行钢副框、铝合金主框、窗扇及玻璃加工。

(3) 零部件安装前检验其质量及型号是否符合现行有关标准及合同文件的规定，不符合或不合格的产品禁用。

(4) 各构件的加工精度允许偏差严格按国家及行业标准执行。

(5) 加工完毕的构件，按 5% 抽样检查，且每种不得少于 5 件；当其中 1 件不合格时，加倍抽检，复检合格后方可验收。

(6) 成品、半成品出厂进入施工现场时，应附有出厂合格证及检验人员的签章。

2. 成品、半成品包装运输

(1) 因为断桥铝合金窗同时具有装饰作用，所以对出厂的铝合金主框、窗扇等均采用工程保护胶带粘贴在材料表面，带包装运到现场，以防止在运输、安装后受到磕、碰、磨损等损害。

(2) 玻璃运到工地现场后，放到作业棚或仓库内进行特殊保护。

(3) 所有材料运到工地现场，都将放在通风避雨的地方临时存放。

(4) 需要吊运组装后的铝合金窗，应用非金属绳索捆绑，严禁碰撞、挤压，以防铝合金窗损伤和变形。

(5) 型材包装后装车时，应沿车厢长度方向摆放，摆放要严密整齐、不留空隙，防止车辆行驶中发生窜动。型材摆放高度超出车箱板时，须捆扎牢固、防止脱落；型材与钢件等硬质材料混装时，必须采取有效隔离措施。

(6) 玻璃装车时需要立放，下部垫草垫，两块玻璃之间用胶条隔离，根据需要每 20 块左右的玻璃应捆扎一次，以确保车辆行驶中的振动和晃动不致造成玻璃破损。

(7) 运输途中应尽量保持车辆行驶平稳，路况不好时应注意慢行。

(8) 对于组装后的铝合金窗框、窗扇或副框等尺寸较小者可用编织带包裹，尺寸较大不便包裹者，可用厚胶条分隔，避免相互磕碰。

（三）现场安装

1. 断桥铝合金窗施工工艺流程

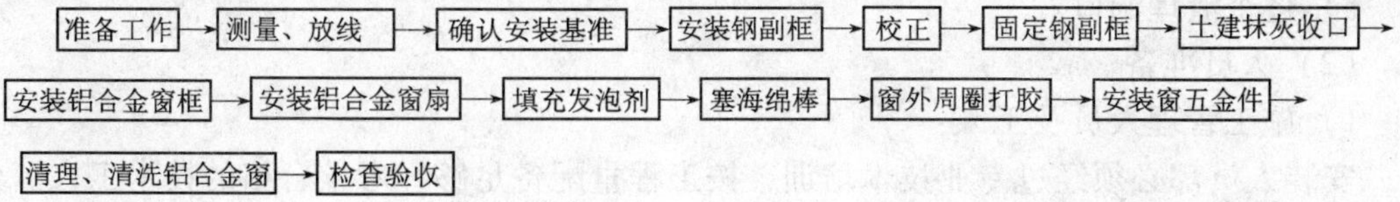

准备工作→测量、放线→确认安装基准→安装钢副框→校正→固定钢副框→土建抹灰收口→安装铝合金窗框→安装铝合金窗扇→填充发泡剂→塞海绵棒→窗外周圈打胶→安装窗五金件→清理、清洗铝合金窗→检查验收

2. 施工准备

(1) 技术准备

1) 施工组织准备：

安装作业人员在接到图纸后，先对图纸进行熟悉了解，不仅要对铝合金隔热窗施工图了解，对土建建筑结构图也需了解，主要了解以下几个方面内容：

① 对图纸内容进行全面地了解；

② 找出设计的主导尺寸（分格），不可调整尺寸和可调整尺寸；

③ 对照土建图纸验证设计及施工方案；

④ 了解立面变化的位置、标高变化的特点。

2) 上墙安装前，首先检查洞口表面平整度、垂直度应符合施工规范要求，对土建提供的基准线进行复核。事先与土建专业协商安装时间、上墙步骤、技术要求等，做到相互配合，确保产品安装质量。

3) 根据土建专业弹出的窗户安装标高控制线及平面中心位置线，测出每个窗洞口的平面位置、标高及洞口尺寸等偏差。要求洞口宽度、高度允许偏差为±10mm，洞口垂直水平度偏差全长最大不超过10mm，否则，由土建专业在窗副框安装前对超差洞口进行修补。

4) 根据实测的窗洞口偏差值，进行数据统计，根据统计结果最终确定每个窗户安装的平面位置及标高：

① 窗安装平面位置的确定。

根据每层同一部位窗洞口平面位置偏差统计数据，计算出该部位窗户平面位置偏差值平均数；然后统计出窗洞口中心线位置偏差出现概率最大的偏差值 $Q^1$。

当偏差值 $Q^1$ 的出现概率小于50%时，窗户安装平面位置为：窗洞中心线理论位置加上窗洞平面位置偏差值的平均数 $V^1$；当偏差值 $Q^1$ 的出现概率大于50%时，窗户安装平面位置为：窗洞中心线理论位置加上出现概率最大的偏差值 $Q^1$。

② 窗安装标高确定。

飘窗与"一"字形窗设计高度不一样，只是在安装上窗楣时取平。窗户的安装标高，每层确保同一层不同类型窗户的窗楣在同一标高。

由窗户的标高控制线测出的窗洞上口标高偏差值，根据本楼层所有窗户标高偏差值求得偏差值平均数 $V^2$ 及出现概率最大的偏差值 $Q^2$。当偏差值 $Q^2$ 的出现概率小于50%时，本楼层窗户的安装标高为：窗洞理论位置标高加上窗洞标高偏差值的平均数 $V^2$；当偏差值 $Q^2$ 的出现概率大于50%时，本楼层窗户的安装标高为：窗洞理论位置标高加上出现概率最大的偏差值 $Q^2$。

5) 确定窗在墙体内进出的位置：

工程中各种系列、形状的断桥铝合金窗主框安装成活后距离结构墙体外边线统一确定为20mm。因而，64系列窗钢副框安装完毕后外立面距离结构墙体外边线为36mm，53系列窗钢副框安装完毕后外立面距离结构墙体外边线为24mm。

6）逐个清理洞口。

（2）人员准备

1）施工管理人员及工人：

安装人员都必须经过专业技术培训，按工程量配备足够经考核合格的技术工人。

2）岗前培训：

① 工人进场后由项目经理对进场全部施工人员讲解工程的重要性，使全体施工人员了解工程大致情况及工地的各项要求。

② 由技术人员向操作工人详细讲解相关的标准、规范及施工现场安全管理有关规定及安全生产准则等。

③ 由施工人员进行施工方案、技术、安全等方面的交底，使工人在施工前做到心中有数，熟知各个环节的施工质量标准，以做到施工过程中严格控制。

3）加工、安装拟投入施工机具：

① 厂内投入机械设备，见表4-1；

**厂内投入机械设备表** **表4-1**

| 序号 | 名称 | 型号 | 数量（台） |
|---|---|---|---|
| 1 | 双头切割锯 | LSZ2-110 | 2 |
| 2 | 双头切割锯 | KT-383A | 1 |
| 3 | 箱式锯 | C10FCB | 2 |
| 4 | 端面铣 | LXDO-160 | 1 |
| 5 | 端面铣 | KT-313 | 2 |
| 6 | 自动送料单头切割锯 | KT-328A | 1 |
| 7 | 铝门窗组角机 | LZZO1 | 3 |
| 8 | 铝门窗组角机 | KT-333C | 2 |
| 9 | 钻铣床 | ZX7025 | 3 |
| 10 | 多头群钻 | KT-368 | 1 |
| 11 | 空压机 | LBH75250 | 2 |
| 12 | 刨槽机 | 3703 | 1 |

② 现场安装投入机具设备，见表4-2。

**现场安装投入机具设备表** **表4-2**

| 序号 | 名称 | 型号 | 数量 |
|---|---|---|---|
| 1 | 电焊机 | Bx6-180 | 10台 |
| 2 | 无齿切割锯 | Z3G-400 | 3台 |
| 3 | 砂轮机 | MOD3213S | 2台 |
| 4 | 单头切割锯 | C10FCB | 3台 |
| 5 | 自攻钻 | 6800DBV | 6把 |
| 6 | 手电钻 | DW173-A9 | 10把 |
| 7 | 电锤 | 2122LA | 6把 |
| 8 | 射钉枪 | SOQ-603 | 10把 |
| 9 | 水平仪 |  | 6台 |

续表

| 序号 | 名称 | 型号 | 数量 |
|---|---|---|---|
| 10 | 角磨机 | GWS6-100 | 2台 |
| 11 | 玻璃吸盘 | | 20个 |

3. 钢副框安装

（1）钢副框在外墙保温及室内抹灰施工前进行。按照作业计划将即将安装的钢副框运到指定位置，同时注意其表面的保护。

（2）将固定片镶入组装好的钢副框，四角各一对，距端部50～100mm。严格按照图纸设计安装点，采用膨胀螺栓和固定片安装。固定片按不同安装位置及工程要求，分别选用150mm×20mm×1.5mm及75mm×20mm×1.5 mm两种；射钉为M5×32加强钉。

（3）将副框放入洞口，按照调整后的安装基准线准确安装副框，并找正后用对拔木楔在四角临时固定。

将副框与主体结构用固定片和膨胀螺栓连接，安装点间距为500mm（洞口高1950mm的窗户侧两端为固定片，安装点间距控制在700mm以内）。

根据所用位置不同，膨胀螺栓分别选用M6×100及M6×80两种，保证进入结构墙体的长度不小于50mm。安装就位后，在膨胀螺栓钉帽处将膨胀螺栓与钢副框点焊连接，以防止膨胀螺栓在外力作用下松动，并及时对膨胀螺栓钉帽焊缝用防锈漆进行防锈处理。

（4）副框四周用水泥砂浆固定，间距约500mm。

（5）当封堵水泥砂浆强度达到3.5MPa以上后，取出木楔固定块。

（6）钢副框与墙体间缝隙用1∶2.5水泥砂浆封堵，要求100%填充（用水泥砂浆封堵该缝隙由土建专业完成）。

4. 铝合金主框、窗扇、五金件安装

（1）工艺流程：

施工准备→检查验收→将框、扇按层次摆放→初安装→调整→固定→自检→报验

（2）铝合金主框在外保温施工完毕、外墙涂料施工前进行安装，窗扇随着铝合金主框一起安装；窗扇可以在地面组装好，也可以在主框安装完毕验收后再安装。

（3）根据钢副框的分格尺寸找出中心，确定上下左右位置，由中心向两边按分格尺寸安装窗的主框，铝合金主框内侧（朝向室内一侧）与钢副框内侧齐平，铝合金主框外侧（朝向室外一侧）超出钢副框部位下打发泡剂，目的是使发泡剂与铝合金主框、钢副框、外窗台很好地粘结，以有效防止该部位出现渗漏。

① 用垂直升降设备将框、扇、玻璃先后运输到需安装的各楼层，由工人运到安装部位；

② 现场安装时应先对清图号、框号以确认安装位置，安装工作由顶部开始向下安装；

③ 上墙前对组装的铝窗进行复查，如发现有组装不合格或有严重碰、划伤者，缺少附件等应及时加以处理；

④ 将主框放入洞口，严格按照设计安装点将主框通过安装螺母调整；

⑤ 用调整螺钉将主框与副框连接牢固，每组调整螺母与调整螺钉的间距为350mm；

⑥ 铝合金主框安装完毕后，根据图纸要求安装窗扇；主框与窗扇配合紧密、间隙均

匀；窗扇与主框的搭接宽度允许偏差±1mm；

⑦ 窗附件必须安装齐全、位置准确、安装牢固，开启或旋转方向正确、启闭灵活、无噪声，承受反复运动的附件在结构上应便于更换。

5. 玻璃安装及打胶

(1) 固定窗玻璃，在钢副框抹灰养护后，窗框安装完毕，用调整垫块将玻璃调整垫好。

(2) 安装前将合页调整好，控制玻璃两侧预留间隙基本一致，然后安装扣条。安装玻璃时在玻璃上下用塑料垫块塞紧，防止窗扇变形；装配后应保证玻璃与镶嵌槽间隙，并在主要部位装有减震垫块，使其能缓冲启闭力的冲击。

(3) 清理和修型。

(4) 注发泡剂、塞海绵棒、打胶等密封工作在保温面层及主框施工完毕外墙涂料施工前进行。

(5) 首先用压缩空气清理窗框周边预留槽内的所有垃圾，然后向槽内打发泡剂，并使发泡剂自然溢出槽口；清理溢出的发泡剂并使其沿主框周圈成宽×深为10mm×10mm（53系列窗）、20mm×10mm（64系列窗）的凹槽。将海绵棒塞入槽内准确位置，然后将基层表面尘土、杂物等清理干净，放好保护胶带后进行打胶。注胶完成后将保护纸撕掉、擦净窗主框窗台表面（必要时可以用溶剂擦拭）。注胶后注意保养，胶在完全固化前不要被粘灰和碰伤胶缝。最后，做好清理工作。

(四) 断桥铝合金窗加工、安装质量要求

1. 断桥铝合金窗装配各项允许偏差见表4-3。

断桥铝合金窗装配各项允许偏差（mm）　　表4-3

| 分项名称 | 序号 | 检查项目 | | 允许偏差 | 检查方法 |
|---|---|---|---|---|---|
| 钢副框安装 | 1 | 钢副框槽口宽度、高度允许偏差 | ≤1500 | 2.5 | 用钢卷尺 |
| | | | >1500 | 3.5 | |
| | 2 | 钢副框槽口对边尺寸之差 | ≤2000 | 5 | 用钢卷尺 |
| | | | >2000 | 6 | |
| | 3 | 钢副框槽口对角线尺寸之差 | ≤2000 | 5 | 用钢卷尺 |
| | | | >2000 | 6 | |
| 铝合金主框安装 | 1 | 主框槽口宽度、高度允许偏差 | ≤2000 | ±1.0 | 用钢卷尺 |
| | | | >2000 | ±1.5 | |
| | 2 | 主框槽口对边尺寸之差 | ≤2000 | ±1.5 | 用钢卷尺 |
| | | | >2000 | ±2.5 | |
| | 3 | 主框槽口对角线尺寸之差 | ≤2000 | ±1.5 | 用钢卷尺 |
| | | | >2000 | ±2.5 | |
| 框、扇等相邻构件 | 1 | 同一平面高低差 | | ≤0.3 | 用钢卷尺 |
| | 2 | 装配间隙 | | ≤0.3 | 用钢卷尺 |

2. 断桥铝合金窗其他装配技术要求：

(1) 窗构件连接应牢固，需用填充材料使连接部分密封、防水。

(2) 窗结构应有可靠的刚性，根据需要允许设置加固件。

（3）窗框、扇配合严密，间隙均匀，其扇与框的搭接宽度允许偏差±1mm。

（4）窗用附件安装位置正确，齐全牢固，应起到各自的作用，具有足够的强度，启闭灵活，无噪声。承受反复运动的附件，在结构上应便于更换。

（5）窗用玻璃、五金、密封等附件，其质量应与门窗的质量等级相适应。

（6）装配后应保证玻璃与镶嵌槽间隙，并在主要部位装有减震垫块，使其能缓冲启闭力的冲击。

（7）窗的品种、规格、尺寸、性能、开启方向、安装位置、连接方式及铝合金窗的型材壁厚应符合设计要求。

（8）铝合金窗框与副框的安装必须牢固。预埋件数量、位置、埋设方式、与框的连接方式必须符合设计要求。

（9）金属窗扇安装必须牢固，并应开启灵活、关闭严密、无倒翘。

（10）窗扇固定玻璃的橡胶密封条应安装完好，不得出现皱褶、脱槽、两方向不交圈等。

（11）钢副框、窗框（含拼接料）正、侧面的垂直度偏差每米不大于2mm。

（12）钢副框、窗框（含拼接料）的水平度偏差每米不大于1.5mm。

（13）钢副框、窗横框的标高与基线比较偏差不大于5mm。

（14）转角窗应在同一设计立面内，相邻框在同一立面偏差不大于1mm，相邻窗在同一立面内偏差不大于5mm。

（15）各层楼窗侧面应在同一垂直直线内，总差不大于5mm。

（16）窗框对角线里角长度小于或等于2000mm时，对角线允差不大于1.0mm；对角线里角长度大于2000mm时，对角线之差不大于1.5mm。

（17）平开窗应关闭严密，扇与框搭接量应均匀，允许偏差1mm。

（18）平开窗同樘相邻扇横端高度允许偏差2mm。

（19）型材表面不应有碰伤，不应有腐蚀污染。

（五）质量控制

（1）每道工序施工时班组严格自检。

（2）专业分包公司质检部随时检查。

（3）每一分项安装完毕均提交总包方、监理、建设单位检查验收。

（4）隐蔽工程安装质量验收是现场施工中最为重要的一个环节。

（六）成品保护措施

1. 加工阶段的防护

（1）型材加工、存放所需台架等均垫胶垫等软质物。

（2）型材周转车、工具等凡与型材接触部位均以胶垫防护，不允许型材与钢质构件或其他硬质物品直接接触。

（3）加工完的铝合金窗框应立放，下部垫木方。

（4）玻璃周转用玻璃架上采取垫胶皮等防护措施。

（5）玻璃加工平台须平整，并垫毛毡等软质物。

2. 包装阶段的防护

（1）产品经检验合格后进行包装，包装应按照规定的方法和要求实施。

（2）型材包装采用先贴保护胶带，然后外包编织带的方法实施保护。包装前将其表面及腔内铝屑清除净，防止划伤型材；当包装过程中发现型材变形、表面划伤、气泡、腐蚀等缺陷或其他产品质量问题时应随即抽出，单独存放，不得出厂。

（3）对于截面尺寸较小的型材，应视具体尺寸用编织带成捆包扎；不同规格、尺寸、型号的型材不能混在一起包装；包装应严密，避免在周转运输中散包。

（4）包装完成后，如不能立即装车发送现场，要在指定地点摆放整齐存放。

3. 施工现场的防护

（1）未上墙的框料，在工地临时仓库存放，要求按类别、尺寸摆放整齐。

（2）框料上墙前，撤去包裹编织带，但框料表面粘贴的工程保护胶带不得撕掉，以防止室内外抹灰、刷涂料时污染框料。铝合金主框、窗扇表面的保护胶带应在本层外墙涂料、室内抹灰完毕及外脚手架拆除后撕掉。

（3）窗框与墙面打密封胶及喷涂外墙涂料时，应在玻璃铝合金主框及窗扇上贴分色纸，防止污染框料及玻璃。

（4）加强现场监管，防止拆除脚手架时碰撞铝合金框料表面，以防造成变形及表层镀膜损坏。

（5）在铝合金窗附近进行电焊或使用其他热源，必须采取适当措施，以防造成铝合金型材表层镀膜受损。

## 三、钢门窗施工质量控制

### （一）钢门窗类型与构造

1. 钢门窗类型

普通钢门窗主要分为实腹钢门窗和空腹钢门窗两大类，具体如下：

（1）实腹钢门窗。实腹钢门窗料主要采用热轧门窗框钢和小量冷轧或热轧型钢。框料高度分25、32、40mm三类，门用钢板1.5mm厚。材料的钢号、化学成分和产品加工质量、五金配件质量及装配效果，均应符合现行国家标准和有关规定。

（2）空腹钢门窗。空腹钢门窗选用普通碳素钢，门框扇料采用高频焊接钢管，门板采用1mm厚冷轧冲压槽形钢板；钢窗料采用1.2mm厚带钢高频焊接轧制成型。

钢门窗焊接采用二氧化碳保护焊。

涂料用红丹酚醛防锈漆；密封条为橡胶制品，伸长率大于等于25%，肖氏硬度为38±3°，拉断强度大于等于5.88MPa，老化系数（70±2℃的温度下经72h）不小于0.85；玻璃一般为3mm厚净片，但高于1100mm的大玻璃采用5mm厚净片玻璃。窗纱采用16目钢纱或铝纱。

2. 钢门窗基本构造

（1）钢窗的构造。钢窗从构造类型上有“一玻”及“一玻一纱”之分。实腹钢窗料的选择一般与窗扇面积、玻璃大小有关，通常25mm钢料用于550mm宽度以内的窗扇；32mm钢料用于700mm宽的窗扇；38mm钢料用于700mm宽的窗扇，见图4-2。

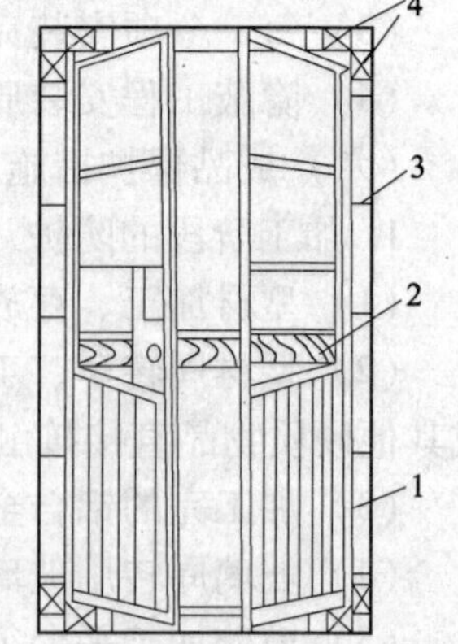

图4-2　钢门安装基本形式
1—门洞口；2—临时木撑；3—铁脚；4—木楔

(2) 钢门的构造。钢门的形式有半玻璃钢板门（也可为全部玻璃，仅留下少许钢板，常称为落地长窗）、满镶钢板的门（为安全和防火之用），见图 4-3。

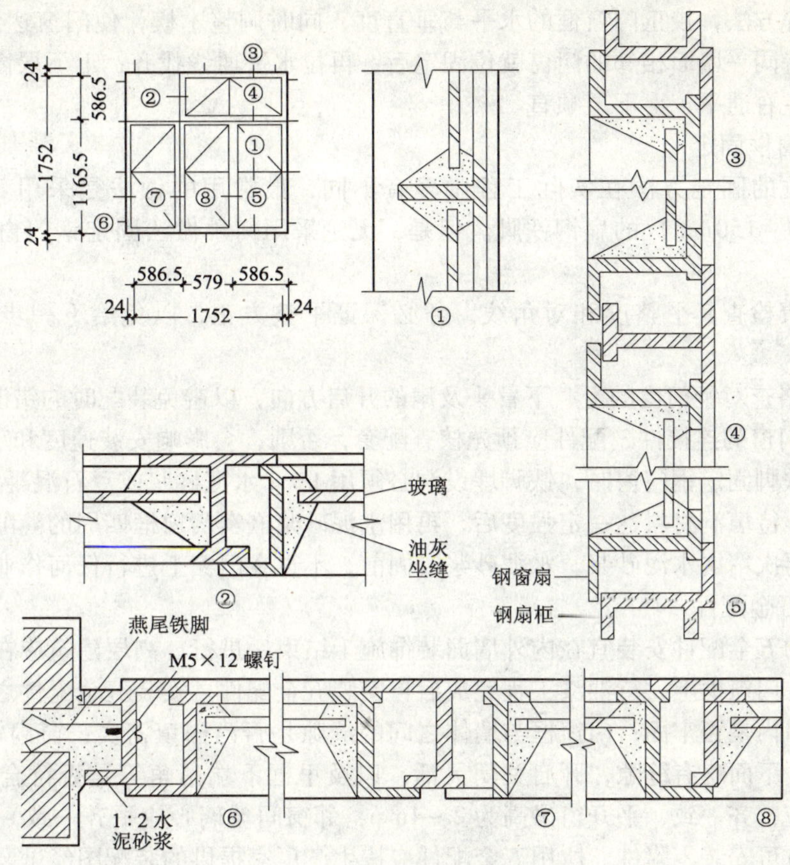


图 4-3　钢窗构造示例

（二）钢门窗安装材料

（1）钢门窗。钢门窗厂生产的合格的钢门窗，型号品种符合设计要求。

（2）水泥、砂。水泥 32.5 级以上，砂为中砂或粗砂。

（3）玻璃、油灰。按设计要求的玻璃、油灰。

（4）焊条。符合要求的电焊条。

进场前，应先对钢门窗进行验收，不合格的不准进场。运到现场的钢门、钢窗应分类堆放，不能参差挤压，以免变形。堆放场地应干燥，并有防雨、排水措施。搬运时轻拿轻放，严禁扔摔。

（三）钢门窗安装质量控制

1. 弹控制线

钢门窗安装前，应在离地、楼面 500mm 高的墙面上弹一条水平控制线；再按门窗的安装标高、尺寸和开启方向，在墙体预留洞口四周弹出门窗落位线。如为双层钢窗，钢窗之间的距离应符合设计规定或生产厂家的产品要求，如设计无具体规定，两窗扇之间的净距应不小于 100mm。

2. 立钢门窗及校正

将钢门窗塞入洞口内，用对拔木楔（或称木榫）作临时固定。木楔固定钢门窗的位置，须是设置于门窗四角和框梃端部，否则，容易产生变形。此后即用水平尺、吊线坠及对角线尺量等方法，校正门窗框的水平与垂直度，同时调整木楔，使门窗达到横平竖直、高低一致。待同一墙面相邻的门窗就位固定后，再拉水平通线找齐；上下层窗框吊线找垂直，以做到左右通平、上下层顺直。

3. 钢门窗框固定

钢门窗框的固定方法在实际工程中多有不同，最常用的做法是采用 3mm ×(12 ~ 18mm)×(100 ~150mm) 的扁钢铁脚。但是，无论采用何种做法固定钢门窗框，均应注意以下问题：

（1）认真检查其平整度和对角线，务必保证平整方正，以免给下一步的安装带来困难。

（2）严格查对钢门窗的上、下冒头及扇的开启方向，以避免装配时的错误。

（3）钢门窗的连接件、配件应预先核查配套，否则，会影响安装速度和工程质量。

当采用铁脚固定钢门窗时，铁脚埋设洞必须用 1∶2 水泥砂浆或豆石混凝土填塞严实，并浇水养护。待填洞材料达一定强度后，再用水泥砂浆嵌实门窗框四周的缝隙，砂浆凝固后取出木楔再次堵嵌水泥砂浆。水泥砂浆凝固前，不得在门窗上进行任何作业。

4. 安装五金配件

钢门窗的五金配件安装宜在内外墙面装饰施工结束后进行。高层建筑应在安装玻璃前将机螺栓拧在门窗框上，待油漆工程完成后再安装五金配件。安装五金配件之前，要检查钢门窗在洞口内是否牢固；门窗框与墙体之间的缝隙是否已嵌填密实；窗扇轻轻关拢后，其上面密合，下面略有缝隙，开启关闭灵活，以及里框下端吊角等是否符合要求（一般双扇窗吊角应整齐一致，平开窗吊高为 2 ~4mm，邻窗间玻璃心应平齐一致）。如有缺陷，须经调整后方可安装零附件。所用五金配件应按生产厂家提供的装配图经试装合格后，方可全面进行安装。各类五金配件的转动和滑动配合处，应灵活无卡阻现象。装配螺钉拧紧后不得松动，埋头螺钉不得高出零件表面。

5. 安装橡胶密封条

氯丁海绵橡胶密封条是通过胶带贴在门窗框的大面内侧。胶条有两种，一种是 K 型，适用于 25A 空腹钢门窗；另一种是 S 型，适用于 32mm 实腹钢门窗的密闭。胶带是由细纱布双面涂胶，用聚乙烯薄膜作隔离层。粘贴时，首先将胶带粘贴于门窗框大面内侧，然后剥除隔离层，再将密封条粘在胶带上。

6. 安装纱门窗

先对纱门和纱窗扇进行检查，如有变形应及时校正。高、宽大于 1400mm 的纱扇，在装纱前要将纱扇中部用木条作临时支撑，以防扇纱凹陷影响使用。在检查压纱条和纱扇配套后，将纱裁割得比实际尺寸长出 50mm，即可以绷纱。绷纱时，先用机螺钉拧入上下压纱条再装两侧压纱条，切除多余纱头，再将机螺钉的丝扣剔平并用钢板锉锉平。待纱门窗扇装纱完成后，于交工前再将纱门窗扇安装在钢门窗框上。最后，在纱门上安装护纱条和拉手。

## 四、涂色镀锌钢板门窗安装

（一）施工准备

（1）彩板门窗在运输、存放过程中，应严防磕碰与划伤，并严禁在腐蚀性较大及潮湿的地方进行存放。

（2）按图纸要求核对门窗规格、尺寸及开启方式，并检查门窗是否因运输或存放造成损坏，如挠曲变形、玻璃和零附件被损坏、划伤等。如有损伤，应予修复。

（3）按与土建工序交接关系，检查门窗洞口的尺寸及施工质量是否符合安装要求。

（4）安装脚手架及必要的安全设施。

（5）准备涂层修补剂，以便用于修补安装施工过程中对涂层造成的损伤。其颜色、性能应与表面涂层一致。

（6）准备必要的机具和辅助材料，如电锤、射钉枪和密封膏等。

（二）带副框的涂色镀锌钢板门窗安装

（1）按门窗图纸尺寸组装副框，用自攻螺钉将连接件固定在副框上。

（2）将副框装入洞口，用对拔木楔临时定位，调整定位的方法与普通钢门窗相同。

（3）将连接件与洞口两侧的预埋铁件焊接。预埋铁件的埋设位置，距门窗框四角应少于180mm，其间距应等距离分配。当门窗框尺寸小于1200mm时，每侧至少设2个预埋铁件；当门窗框尺寸为1500～1800mm时，每侧至少设3个预埋铁件；当门窗尺寸大于2100mm时，每侧设置预埋铁件不应少于4个。涂色镀锌钢板门窗的预留洞口尺寸，除有特殊要求者外，一般都是按300mm进级。当墙内没有预埋铁件时，也可采用射钉或胀铆螺栓按上述预埋铁件的布置原则，将门窗副框连接件与洞口墙体连接。

（4）进行洞口抹灰。抹灰前应对基层进行常规处理，在湿润的基层上用1：3水泥砂浆抹压平整。窗框副框底部抹灰时，要嵌入硬木条或玻璃条；副框两侧预留槽口，待抹灰凝结干燥后注密封膏防水。

（5）门窗洞口抹灰后可进行室内外的其他饰面施工，待洞口处水泥砂浆完全凝结硬化之后，即将门窗成品用自攻螺钉与副框连接固定。安装推拉窗时，应调整好滑块。此时，可用建筑密封膏将洞口与副框、副框与外框、外框与门窗之间的所有安装缝进行填充密封。

（6）揭去门窗型材构件表面的保护膜层，擦净门窗框扇及玻璃。

（三）不带副框的涂色镀锌钢板门窗安装

（1）按设计要求进行室内外及门窗洞口的饰面处理。洞口抹灰后的成型尺寸应略大于门窗外框尺寸，其间隙宽度方向为3～5mm，高度方向为5～8mm。

（2）在门窗洞口内根据固定点的配置原则确定固定点，按设计要求弹好安装控制线。

（3）根据固定点的位置用冲击电钻钻孔。

（4）将门窗放入洞口安装线位置，调整门窗的垂直度、水平度及对角线，合格后用木楔作临时固定。

（5）用胀铆螺栓将门窗框与洞口墙体连接固定。为了操作方便，在铆固安装时可暂将门窗扇卸下，待门窗框安装牢固后再装上门窗扇。

（6）用建筑密封膏将门窗框与墙体之间的所有缝隙加以封闭。

（7）揭去型材表面的保护膜层，擦净门窗框、扇及玻璃。

此外，也可采用射钉安装不带副框的涂色镀锌钢板门窗（但在砖墙上严禁用射钉固定），先安装外框后进行抹灰的做法。将门窗外框先用自攻螺钉固定好连接件，放入洞口内调整水平度、垂直度和对角线合格后，以木楔作临时固定，然后用射钉将门窗外框连接件与洞口墙体连接。最后进行室内外其他装饰，待洞口的抹灰砂浆干燥后，即清理门窗构件装入内扇。

## 第二节 塑料门窗工程施工质量控制

### 一、塑料门窗的类型

塑料门窗分为全塑门窗、塑料包覆门窗（以木料或金属为主体外包塑料）、复合门窗（一面为塑料，另一面为金属或木料）等。其中以优质 PVC 片材经真空吸塑机成型浮雕图案再与木或金属真空贴合而成的塑钢雕花门、塑钢雕花木门、塑钢线条装饰系列镭射门、塑贴装饰门等，均具有防潮、耐腐蚀、不变形、阻燃及优异的装饰性能，被广泛应用。此外还有全塑折叠门、塑料（及铝塑）百叶窗等。

（一）改性全塑整体门

改性全塑整体门是以聚氯乙烯树脂为主要原料，配以一定量的抗老化剂、阻燃剂、增塑剂、稳定剂和内润滑剂等多种优良助剂，经机械加工而成。改性全塑整体门的门扇是一个整体，在生产中采用一次成型工艺，摆脱了传统组装体的形式。其外观清雅华丽，装饰性强，可制成各种单一颜色，也可同时集三种颜色于一门扇之上。改性全塑整体门质量坚固，耐冲击性强，结构严密，隔声隔热性能均优越于传统木门，且安装简便，省工省料，使用寿命长，是理想的以塑代木产品。适用于宾馆、饭店、医院、办公楼及民用建筑的内门，也适用于作化工建筑的内门。改性全塑整体门的使用温度可在 -20 ~ +50℃之间。

（二）改性聚氯乙烯塑料夹层门

改性聚氯乙烯塑料夹层门系采用聚氯乙烯塑料中空型材为骨架，内衬芯材，表面用聚氯乙烯装饰板复合而成，其门框由抗冲击聚氯乙烯中空异型材经热熔焊接加工拼装而成。改性聚氯乙烯塑料夹层门具有材质轻、刚度好、防霉、防蛀、耐腐蚀、不易燃、外形美观大方等优点，适用于住宅、学校、办公楼、宾馆的内门及地下工程和化工厂房的内门。

（三）改性聚氯乙烯内门

改性聚氯乙烯内门是以聚氯乙烯为主要原料，添加适量的助剂和改性剂，经挤出机挤出成各种截面的异型材，再根据不同的品种规格选用不同截面异型材组装而成。具有质轻、阻燃、隔热、隔声好、防湿、耐腐，色泽鲜艳、不需油漆、采光性好、装潢别致等优点。可取代木制门，用于公共建筑、宾馆及民用住宅的内部。

（四）折叠式塑料异型组合屏风

折叠式塑料异型组合屏风是一种无增塑硬聚氯乙烯异型挤出制品，具有良好的耐腐蚀、耐候性、自熄性及轻质、强度高等特点。其表面可装饰花纹，既美观大方又节省油漆，易清洗，安装方便，使用灵活。适用于宾馆会客厅及房间的间隔装饰，也可用作一般公用建筑和民用住宅的室内隔断、浴帘及内门等。

（五）全塑折叠门

（1）同全塑整体门一样，全塑折叠门是以聚氯乙烯为主要原料配以一定量的防老化剂、阻燃剂、增塑剂、稳定剂等，经机械加工制成。全塑折叠门具有重量轻，安装与使用方便，装饰效果有豪华、高雅之感，推拉轨迹顺直，自身体积小而遮蔽面积大，以及适用于多种环境和场合等优点。特别适用于更衣间屏幕、浴室内门和用作大、中型厅堂的临时隔断等。

（2）全塑折叠门的颜色可根据设计要求定制，如棕色仿木纹及各种印花图案。其附件主要是铝合金导轨及滑轮等。

（六）塑料百叶窗

（1）塑料百叶窗是采用硬质改性聚氯乙烯、玻璃纤维增强聚丙烯及尼龙等热塑性塑料加工而成。其品种有活动百叶窗和垂直百叶窗帘等，如北京生产的垂直百叶窗帘片，所采用的便是各种颜色和花纹的聚酯薄片。传动系统采用丝杠及涡轮副机构，可以自动启闭及180°转角，实现灵活调节光照，造成室内光影交错的气氛。

（2）塑料百叶窗适用于工厂车间通风采光及人防工事、地下室坑道等湿度大的建筑工程；同时也适用于宾馆、饭店、影剧院、图书馆、科研计算中心、民用住宅等。

（七）玻璃钢门窗

（1）玻璃钢门窗是以合成树脂为基体材料，以玻璃纤维及其制品为增强材料，经一定成型加工工艺制作而成。其结构形式一般有实心窗、空腹窗及隔断门和走廊门扇等。

（2）空腹薄壁玻璃钢窗由于刚度较好，不易变形，使用效果也较好，因此被广泛采用。它是以无碱无捻方格玻璃布为增强材料，不饱和聚酯树脂为胶粘剂制成空腹薄壁玻璃钢型材，然后再加工拼装成窗。SMC压制窗由于具有成本低、使用方便、生产效率高和制品表面光洁度好等优点，也获得了较快发展。

（3）玻璃钢门窗与传统的钢门窗、木门窗相比，具有轻质、高强、耐久、耐热、绝缘、抗冻、成型简单等特点，其耐腐蚀性能更为突出。此类门窗除用于一般建筑之外，特别适用于湿度大、有腐蚀性介质的化工生产车间，火车车厢，以及各种冷库的保温门窗。

## 二、材料质量要求

（1）塑料门窗的规格、型号应符合设计要求，五金配件配套齐全，并具有出厂合格证。

（2）玻璃、嵌缝材料、防腐材料等应符合设计要求和有关标准的规定。

（3）进场前应先对塑料门窗进行验收检查，不合格者不准进场。运到现场的塑料门窗应分型号、规格以不小于70°的角度立放于整洁的仓库内，需先放置垫木。仓库内的环境温度应小于50℃；门窗与热源的距离不应小于1m，并不得与腐蚀物质接触。

（4）五金配件型号、规格和性能均应符合现行国家标准的有关规定；滑撑铰链不得使用铝合金材料。

## 三、塑料门窗制作质量控制

（一）工艺流程

塑料门窗的制作包含两个主要方面，即塑料门的制作和塑料窗的制作。但实际上，两者在制作工艺上基本相同。所以，这里我们只介绍塑料窗的制作，塑料门的制作可以此作为参考。

塑料窗组装生产线常采用的工艺流程，见图4-4。

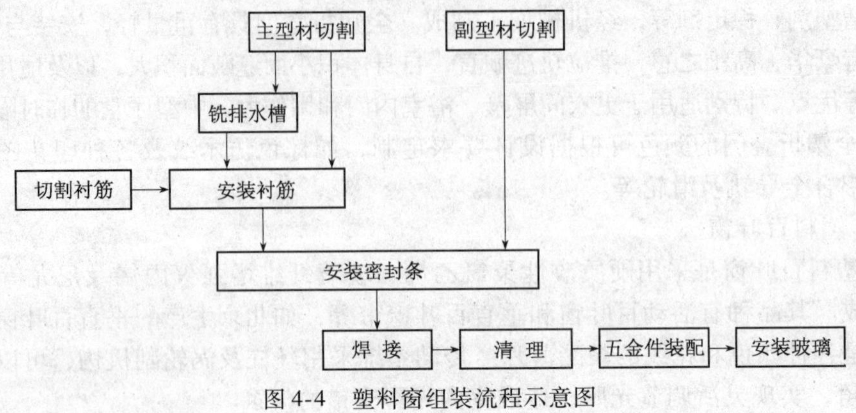


图4-4　塑料窗组装流程示意图

（二）制作工艺

结合塑料窗的组装流程及操作要领，在塑料窗的组装工艺中，必须注意：

1. 型材的定长切割

组成窗框的每段型材都是按预先计算好的下料尺寸，用切割锯截成带有角度的料段。用一台双角切割锯，将型材加工成双45°角、双尖角或双直角的料段。

2. 型材的“V”形口切割

“V”形口加工要注意两点：一是“V”形口深度；二是“V”形口的定位尺寸。这往往是影响窗型尺寸的主要因素。

3. 安装增强型材

安装增强型材是为了增加塑料型材的刚度。由于塑料的刚性较钢、木差，因此，对于大面积的窗或当PVC窗被用于风压较大的地区（或部位）时，均需设法增加窗的刚度。但一般不采用增大截面的办法，而是采用在异型材内衬加增强型材的方法解决。一般，当窗框异型材的长度大于1.6m或窗扇异型材的长度大于1m时，就必须衬用增强型材。

4. 焊接

（1）用于塑料焊接的方法很多，如超声波焊接、线振动焊接、旋压焊接、无线电频率焊接、电磁感应焊接、激光焊接、热气体焊接、热板焊接等。对聚氯乙烯窗框异型材，多采用热板焊接。这种焊接对于各种不规则断面的异型材均可获得较高的焊角强度。

（2）焊接的工艺条件根据型材的壁厚及原料配方而定。对于聚氯乙烯窗框异型材，其焊接温度可在240～260℃，熔融时间和焊接时间均为30s。

5. 焊角清理

型材焊接后，在焊接处会留有凸起的焊渣，这些焊渣不但会影响窗的外观，而且还会直接影响窗的使用功能，所以必须加以清除。清理设备可用自动清角机和气动工具。

6. 密封

塑料窗根据使用要求可加单层密封、双层密封或三层密封，常用的为双层密封。窗的位置不同所采用的密封条形式也不相同。密封条的材料一般有橡胶、塑料或橡塑混合体三种。密封条的装配，可用一小压轮便可直接将其嵌入槽中。

7. 排水槽及五金装配

（1）窗框的排水槽是$\Phi 5 \times 20$mm 的槽孔。在多腔室的型材中，排水槽不应开在加筋的空腔内，以免腐蚀衬筋。单腔型材不宜开排水孔。进水口和出水口的位置应错开，间距一般为120mm 左右。排水孔的加工可用气动工具或五金孔加工，在专用设备上进行。

（2）五金装配需要很高的加工精度，是在带有定位、夹紧、铣孔和自动供钉、上钉装置等的设备上进行的。

8. 玻璃的安装

在制作塑料窗时，玻璃的安装通常采用干法安装，即先在窗扇异型材一侧中空肋的凹槽内嵌入密封条，并在窗玻璃位置先放置好底座和玻璃垫块，然后将玻璃安装到位，最后将已镶好密封条的玻璃压条在中空肋对侧的预留位置上嵌固固定。

## 四、塑料门窗安装质量控制

塑料门窗安装应当采用后塞口式安装方法，也就是说，塑料门窗的安装不得采用边安装边砌口或先安装后砌口的方法。其作业条件及具体操作工艺如下：

（一）施工准备

（1）对于加气混凝土墙洞口，应预埋胶粘圆木。

（2）门窗及玻璃的安装应在墙体湿作业完工且硬化后进行。当需要在湿作业前进行时，应采取保护措施。

（3）当门窗采用预埋木砖法与墙体连接时，对木砖应进行防腐处理。

（4）对于同一类型的门窗及其相邻的上、下、左、右洞口应保持通线，洞口应横平竖直；对于高级装饰工程及放置过梁的洞口，应制作洞口样板。

（5）组合窗的洞口，应在拼樘料的对应位置设预埋件或预留洞。

（6）门窗安装应在洞口尺寸检验合格，并办好工种间交接手续后进行。

（二）施工工艺

1. 检查窗洞口

塑料窗在窗洞口的位置，要求窗框与基体之间需留有10～20mm 的间隙。塑料窗组装后的窗框应符合规定尺寸，一方面要符合窗扇的安装，另一方面要符合窗洞尺寸的要求，但如窗洞有差距时应进行窗洞修整，待其合格后才可安装窗框。

2. 固定窗框

固定窗框包括固定方法和确定连接点两个主要工作。其具体操作如下：

（1）直接固定法。即木砖固定法。窗洞施工时预先埋入防腐木砖，将塑料窗框送入洞口定位后，用木螺钉穿过窗框异型材与木砖连接，从而把窗框与基体固定。对于小型塑料窗，也可采用在基体上钻孔，塞入尼龙胀管，即用螺钉将窗框与基体连接。

（2）连接件固定法。在塑料窗异型材的窗框靠墙一侧的凹槽内或凸出部位，事先安装之字形铁件作连接件。塑料窗放入窗洞调整对中后用木楔临时稳固定位，然后将连接铁件的伸出端用射钉或胀铆螺栓固定于洞壁基体。

（3）假框法。先在窗洞口内安装一个与塑料窗框相配的“Π”形镀锌钢板金属框，然后将塑料窗框固定其上，最后以盖缝条对接缝及边缘部分进行遮盖和装饰。或者是当旧木窗改为塑料窗时，把旧窗框保留，待抹灰饰面完成后即将塑料窗框固定其上，最后加盖封口板条。此做法的优点是可以较好地避免其他施工对塑料窗框的损伤，并能提高塑料窗安装效率。见图 4-5。

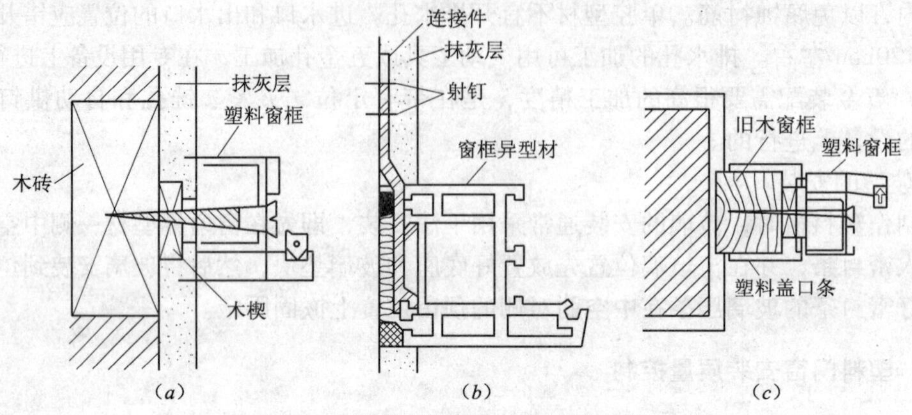


图 4-5　塑料窗框与墙体的连接固定

(*a*) 直接固定法；(*b*) 连接件固定法；(*c*) 假框法

3. 连接点位置的确定

在确定塑料窗框与墙体之间的连接点的位置和数量时，应主要从力的传递和 PVC 窗的伸缩变形需要两个方面来考虑。连接点的位置应能使窗扇通过铰链作用于窗框的力尽可能直接地传递给墙体。连接点的数量，由于目前多采用离散固定的方法，因此必须要有足够多的固定点，以防止塑料窗在温度应力、风压及其他静载的作用下产生变形。并且连接点的位置和数量还必须适应 PVC 变形较大的特点（线膨胀系数 $5\times10^{-5}$/℃，冬夏最大伸缩量一般为 1.7mm/m），以保证在塑料窗与墙体之间的微小位移不会影响到窗户的性能及连接本身。

在具体布置连接点时，首先应保证在与铰链水平的位置上，应设连接点。并应注意相邻两连接点之间的距离不应大于 700mm。而且在转角、直档及有搭钩处的间距应更小一些。为了适应型材的线性膨胀，一般不允许在有横档或竖梃的地方设框墙连接点，相邻的连接点应该在距其 150mm 处。

4. 框墙间隙处理

塑料窗框与建筑墙体之间的间隙，应填入矿棉、玻璃棉或泡沫塑料等绝缘材料作缓冲层，在间隙外侧再用弹性封缝材料如氯丁橡胶条或密封膏密封，以封闭缝隙并同时适应硬质 PVC 的热伸缩特性。不可采用含沥青的嵌缝材料，以避免沥青材料对 PVC 的不良影响。此间隙可根据总跨度、膨胀系数、年最大温差先计算出最大膨胀量，再乘以要求的安全系数求出，一般取 10～20mm。在间隙的外侧，国外一般多用硅橡胶嵌缝条。但不论用何种弹性封缝料，重要的是应满足两个条件：一是该封缝料应能承受墙体与窗框间的相对运动而保持密封性能；二是不应对 PVC 有软化作用。例如，含有沥青的材料就不能采用，因为沥青可能会使 PVC 软化。在上述两项工作完成之后，就可进行墙面抹灰封缝。工程有要求时，最后还须加装塑料盖口条。

（三）成品保护措施

（1）塑料门窗在安装过程中及工程验收前，应采取防护措施，不得污损。

（2）已装门窗框、扇的洞口，不得再作运料通道。应防止利器划伤门窗表面，并应防止电、气焊火花烧伤或烫伤面层。

（3）严禁在门窗框、扇上安装脚手架、悬重物；外脚手架不得顶压在门窗框、扇或窗撑上，并严禁蹬踩窗框、窗扇或窗撑。

## 第三节 木质门窗工程施工质量控制

### 一、木门窗类型与构造

（一）木门窗的类型

1. 木门的类型

木门的一般形式有：夹板门（又称满鼓门）、镶板（木板、胶合板或纤维板等）门、半截玻璃门、拼板门、双扇门、联窗门、推拉门、平开木大门、钢木大门及弹簧门等；另有古典式各种花格门，可使用于仿古风格和体现民族风格的建筑装饰工程中。常见木门形式见图 4-6。

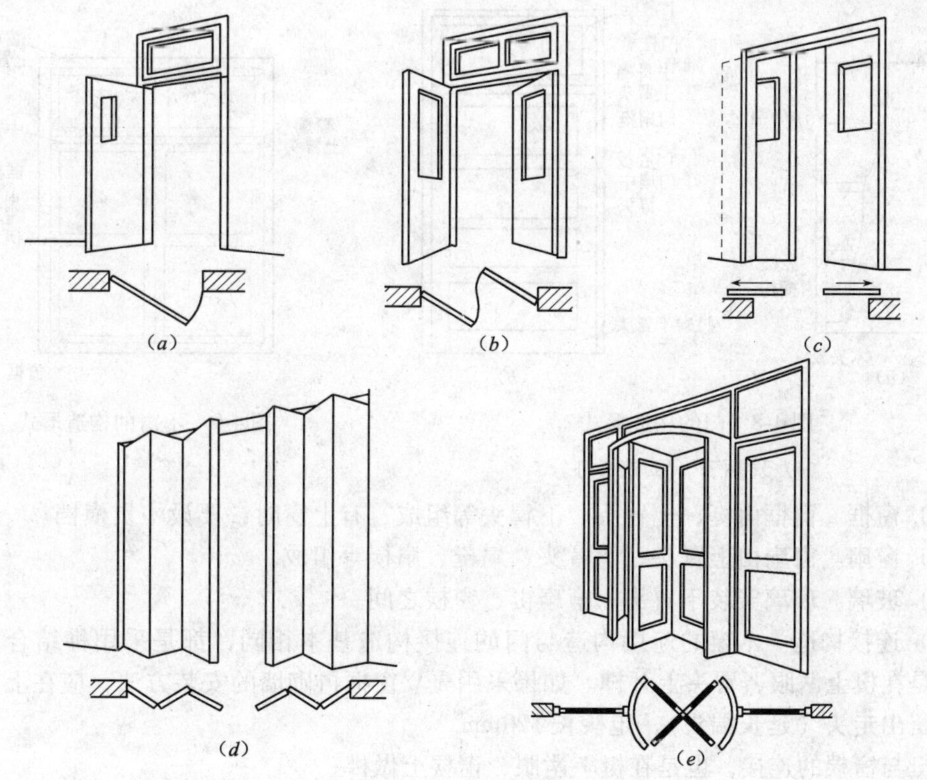


图 4-6 常见木门型式

（a）平开门；（b）弹簧门；（c）推拉门；（d）折叠门；（e）转门

2. 窗的类型

窗的开启方式主要决定于窗扇的转动五金的部位和转动方式，可根据使用要求选用。几种常用的类型见图 4-7。

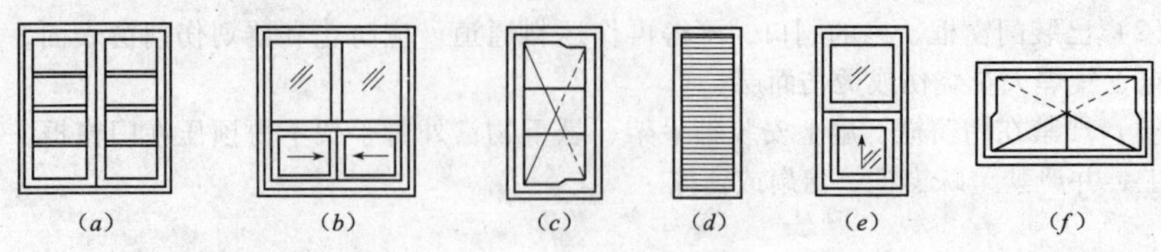


图 4-7 常见木窗形式

(a) 平开窗；(b) 推拉窗；(c) 立转窗；(d) 百叶窗；(e) 拉拉窗；(f) 中悬窗

(二) 木门窗基本构造

1. 木门的基本构造

门是由门框（门樘）和门扇两部分组成的。当门的高度超过 2.1m 时，还要增加门上窗（又称亮子或幺窗）。门的各部分名称见图 4-8。各种门的门框构造基本相同，但门扇却各不一样。

2. 木窗的基本构造

木窗由窗框、窗扇组成，在窗扇上按设计要求安装玻璃，见图 4-9。

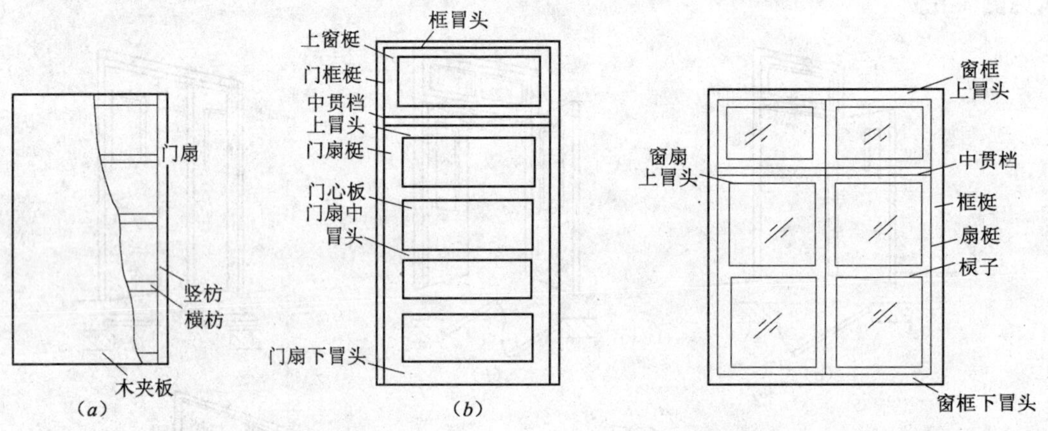


图 4-8 门的构造形式

(a) 蒙板门；(b) 镶板门

图 4-9 木窗的构造形式

(1) 窗框。窗框由梃、上冒头、下冒头等组成，有上窗时，要设中贯横档。

(2) 窗扇。窗扇由上冒头、下冒头、扇梃、扇棂等组成。

(3) 玻璃。玻璃安装于冒头、窗扇梃、窗棂之间。

(4) 连接构造。木窗的连接构造与门的连接构造基本相同，都是采用榫结合。按照规定，是在梃上凿眼，冒头上开榫。如果采用先立窗框再砌墙的安装方法，应在上、下冒头两端留出走头（延长端头），走头长 120mm。

窗梃与窗棂的连接，也是在梃上凿眼，窗棂上做榫。

## 二、木门窗制作安装材料

1. 制作普通木门窗所用木材的质量见表 4-4。

普通木门窗用木材的质量要求　　表 4-4

| 木材缺陷 | | 门窗扇的立梃、冒头，中冒头 | 窗棂、压条、门窗及气窗的线脚、通风窗立梃 | 门芯板 | 门窗框 |
|---|---|---|---|---|---|
| 活节 | 不计个数，直径（mm） | <15 | <5 | <15 | <15 |
| | 计算个数，直径 | ≤材宽的 1/3 | ≤材宽的 1/3 | ≤30mm | ≤材宽的 1/3 |
| | 任 1 延米个数 | 43 | ≤2 | 43 | 45 |
| 死节 | | 允许，计入活节总数 | 不允许 | 允许，计入活节总数 | |
| 髓心 | | 不露出表面的，允许 | 不允许 | 不露出表面的，允许 | |
| 裂缝 | | 深度及长度≤厚度及材长的 1/5 | 不允许 | 允许可见裂缝 | 深度及长度≤厚度及材长的 1/4 |
| 斜纹的斜率（%） | | ≤7 | ≤5 | 布限 | ≤12 |
| 油眼 | | 非正面，允许 | | | |
| 其他 | | 浪形纹理、圆形纹理、偏心及化学变色，允许 | | | |

2. 制作高级木门窗所用木材的质量见表 4-5。

高级木门窗用木材的质量要求　　表 4-5

| 木材缺陷 | | 门窗扇的立梃、冒头，中冒头 | 窗棂、压条、n 窗及气窗的线脚、通风窗立梃 | 门芯板 | 门窗框 |
|---|---|---|---|---|---|
| 活节 | 不计个数，直径（mm） | <10 | <5 | <10 | <10 |
| | 计算个数，直径 | ≤材宽的 1/4 | ≤材宽的 1/4 | ≤20mm | ≤材宽的 1/3 |
| | 任 1 延米个数 | ≤2 | 0 | 42 | ≤3 |
| 髓心 | | 不露出表面的，允许 | 不允许 | 不露出表面的，允许 | |
| 死节 | | 允许，包括在活节总数中 | 不允许 | 允许，包括在活节总数中 | 不允许 |
| 裂缝 | | 深度及长度≤厚度及材长的 1/6 | 不允许 | 允许可见裂缝 | 深度及长度≤厚度及材长的 1/5 |
| 斜纹的斜率（%） | | ≤6 | ≤4 | ≤15 | ≤10 |
| 油眼 | | 非正面，允许 | | | |
| 其他 | | 浪形纹理、圆形纹理、偏心及化学变色，允许 | | | |

3. 制作木门窗所用的胶料，宜采用国产酚醛树脂胶和脲醛树脂胶。普通木门窗可采用半耐水的脲醛树脂胶，高档木门窗应采用耐水的酚醛树脂胶。

4. 工厂生产的木门窗必须有出厂合格证。由于运输、堆放等原因受损的门窗框、扇，应予处理，达到合格要求后，方可用于工程。

5. 小五金零件的品种、规格、型号、颜色等均应符合设计要求，质量必须合格，地弹簧等五金零件应有出厂合格证。

## 三、木门窗制作质量控制

（一）配料与截料

（1）配料前，要熟悉图纸，了解门窗的构造、各部分尺寸、制作数量和质量要求。计算出各部件的尺寸和数量，列出配料单，按配料单进行配料。如果数量少，可直接配料。

（2）配料时，对木方材料要进行选择。不用有腐朽、斜裂、节疤大的木料，不干燥的木料也不能使用。同时，要先配长料后配短料，先配框料后配扇料，使木料得到充分合理的使用。

（3）制作门窗时，往往需要大量刨削，拼装时也会有损耗。所以，配料必须加大尺寸，即各种部件的毛料尺寸要比其净料尺寸加大些，最后才能达到图纸上规定的尺寸。门窗料的断面，如要两面刨光，其毛料要比净料加大4～5mm，如只是单面刨光，要加大2～3mm。

（4）在选配的木料上按毛料尺寸划出截断、锯开线，考虑到锯解木料时的损耗，一般留出2～3mm的损耗量。锯切时，要注意锯线直、端面平，并注意不要锯锚线，以免造成浪费。

（二）刨料

（1）刨料前，宜选择纹理清晰、无节疤和毛病较少的材面作为正面。对于框料，任选一个窄面为正面。对于扇料，任选一个宽面为正面。

（2）刨料时，应看清木料的顺纹和逆纹，应当顺着木纹刨削，以免戗槎。

（3）正面刨平直以后，要打上记号，再刨垂直的一面，两个面的夹角必须是90°，一面刨料，一面用角尺测量。然后，以这两个面为准，用勒子在料上画出所需要的厚度和宽度线。整根料刨好，这两根线也不能刨掉。

（4）门、窗的框料，靠墙的一面可以不刨光，但要刨出两道灰线。扇料必须四面刨光，划线时才能准确。料刨好后，应按框、扇分别码放，上下对齐。放料的场地要求平整、坚实。

（三）划线

（1）划线前，先要弄清楚榫、眼的尺寸和形式，什么地方做榫，什么地方凿眼。眼的位置应在木料的中间，宽度不超过木料厚度的1/3，由凿子的宽度确定。榫头的厚度是根据眼的宽度确定的，半榫长度应为木料宽度的1/2。

（2）对于成批的料，应选出两根刨好的料，大面相对放在一起，划上榫、眼的位置。使用角尺、画线竹笔、勒子时，都应靠在打号的大面和小面上。划的线经检查无误后，以这两根料为板再成批划线。要求划线要划得清楚、准确、齐全。

（四）凿眼

（1）凿眼时，要选择与眼的宽度相等的凿子。凿刃要锋利，刃口必须磨齐平，中间不能突起成弧形。先凿透眼，后凿半眼，凿透眼时先凿背面，凿到1/2眼深，最多不能超过2/3眼深后，把木料翻过来凿正面，直到把眼凿透。这样凿眼，可避免把木料凿劈裂。另外，眼的正面边线要凿去半条线，留下半条线，榫头开榫时也留半线，榫、眼合起来成一条线，这样的榫、眼结合才紧密。眼的背面接线凿，不留线，使眼比面略宽，这样的眼装榫头时，可避免挤裂眼口四周。

（2）凿好的眼，要求方正，两边要平直。眼内要清洁，不留木渣。千万不要把中间凿凹了。凹的眼加楔时，不能夹紧，榫头很容易松动，这是门窗出现松动、关不上、下垂等质量问题的原因之一。

（五）倒棱与裁口

（1）倒棱与裁口在门框梃上作出，倒棱是起装饰作用，裁口是对门扇在关闭时起限位作用。

（2）倒棱要平直，宽度要均匀；裁口要求方正平直，不能有戗槎起毛、凹凸不平的现象，最应避免的是裁口的角上木料没有刨净的现象。也有不在门框梃木方上做裁口，而是用一条小木条粘钉在门框梃木方上。

（六）开榫与断肩

（1）开榫也叫倒卯，就是按榫的纵向线锯开，锯到榫的根部时，要把锯立起来锯几下，但不要过线。开榫时要留半线，其半榫长为木料宽度的1/2，应比半眼深少1～2mm，以备榫头因受潮而伸长。开榫要用锯小料的细齿锯。

（2）断肩就是把榫两边的肩膀断掉。断肩时也要留线，快锯掉时要慢些，防止伤了榫根。断肩要用小锯。

（3）透榫锯好后插进眼里，以不松不紧为宜。锯好蹬半榫应比眼稍大。组装时在四面磨角倒棱，抹上胶用锤敲进去，这样的榫使用长久，不易松动。如果半榫锯薄了，放进眼里松动，可在半榫上加两个破头楔，抹上胶打入半眼内，使破头楔把半榫撑开借以补救。

（4）锯成的榫要求方正、平直，不能歪歪扭扭，不能伤榫根。如果榫头不方正、不平直，会直接影响到门窗不能组装得方正、结实。

（七）组装与净面

（1）组装门窗框、扇前，应选出各部件的正面，以便使组装后正面在同一面，把组装后刨不到的面上的线用砂纸打掉。门框组装前，先在两根框梃上量出门高，用细锯锯出一道锯口，或用记号笔划出一道线，这就是室内地坪线，作为立框的标记。

（2）门窗框的组装，是把一根边梃平放，将中贯档、上冒头（窗框还有下冒头）的榫插入梃的眼里，再装上另一边的梃，用锤轻轻敲打拼合，敲打时要垫木块，防止打坏榫头或留下敲打的痕迹，待整个门窗框拼好归方以后，再将所有的榫头敲实，锯断露出的榫头。

（3）门窗扇的组装方法与门窗框基本相同。但门扇中有门板，须先把门芯板按尺寸裁好，一般门芯板应比在门扇边上量得的尺寸小3～5mm，门芯板的四边去棱、刨光。然后，先把一根门梃平放，将冒头逐个装入，门芯板嵌入冒头与门梃的凹槽内，再将另一根门梃的眼对准榫装入，并用锤垫木块敲紧。

（4）门窗框、扇组装好后，为使其成为一个结实的整体，必须在眼中加木楔，将榫在眼中挤紧。木楔长度与榫头一样长，宽度比眼宽窄2～3mm，楔子头用扁铲顺木纹铲尖。加楔时，应先检查门窗框、扇的方正，掌握其歪扭情况，以便在加楔时调整、纠正。

（5）一般每个榫头内必须加两个楔子。加楔时，用凿子或斧子把榫头凿出一道缝，将楔子两面抹上胶插进缝内，敲打楔子要先轻后重，逐步打入，不要用力太猛。当楔子已打不动，孔眼已卡紧饱满时，就不要再敲，以免将木料撑裂。在加楔过程中，对框、扇要随时用角尺或尺杆卡窜角找方正，并校正框、扇的不平处，加楔时注意纠正。

（6）组装好的门窗框、扇用细刨或砂纸修平修光。双扇门窗要配好对，对缝的裁口刨好。安装前，门窗框靠墙的一面，均要刷一道沥青，以增加防腐能力。

（7）为了防止校正好的门窗框再变形，应在门框下端钉上拉杆，拉杆下皮正好是锯口或记号的地坪线。大一些的门窗框，在中贯档与梃间要钉八字撑杆。

（8）门窗框组装好要防止日晒雨淋，防止碰撞。

## 四、木门窗安装质量控制

施工现场一般以安装木门、窗框及内扇为主要施工内容。安装前，要检查核对好型号，按图纸对号分发就位。安门框前，要用对角线相等的方法复核门框方正程度。当在通长走道上嵌门框时，应拉通长麻线，以便控制门框面位于同一平面内，保持门框距角线高度的一致性。特别对多层建筑的外墙面尤其要注意，应使安装后的门、窗框有横平竖直的整齐感。

（一）施工条件

（1）木门窗已供应到现场并经检查核对，其他材料、施工机具均已准备就绪。

（2）门窗框和扇安装前应检查有无串角、翘扭、弯曲、劈裂，如有以上情况应修理或更换。

（3）门窗框、扇进场后，框的靠墙、靠地一面应刷防腐涂料，其他各面应刷清油一道。刷油后分类码放平整，底层应垫平、垫高，每层框间衬木板条通风，防止日晒雨淋。

（4）窗扇安装应在室内抹灰施工前进行；门扇安装应在室内抹灰完成和水泥地面达到强度以后进行。

（二）施工准备

（1）安装门、窗扇前，先要检查门窗框上、中、下三部分是否一样宽，如果相差超过5mm，就必须修整。

（2）核对门、窗扇的开启方向，并注记号，以免安错。

（3）安装扇前，预先量出门窗框口的净尺寸，考虑封缝（松动）的大小，才好进一步确定扇的宽度和高度，并进行修刨。修刨时，高度方向下冒头边略微修刨一下，主要是修刨上冒头边。宽度方向上的修刨，应将门扇定于门窗框中，并检查与门窗框配合的松紧度。由于木材有干缩湿胀的性质，而且门窗扇、门窗框上都需要有油漆及打底层的厚度，所以安装时要留缝（留缝宽度见表4-6），并按此尺寸进行修刨。

**木门窗安装的留缝宽度**　　**表4-6**

| 项　次 | 项　目 | | 留缝宽度（mm） |
|---|---|---|---|
| 1 | 门窗扇对口缝、扇与框间立缝 | | 1.5~2.5 |
| 2 | 工业厂房双扇大门对口缝 | | 2~5 |
| 3 | 框与扇间上缝 | | 1.0~1.5 |
| 4 | 窗扇与下坎间缝 | | 2~3 |
| 5 | 门扇与地面间缝 | 外门 | 4~5 |
| | | 内门 | 6~8 |
| | | 卫生间门 | 10~12 |
| | | 厂房大门 | 10~20 |
| 6 | 门扇与下坎间缝 | 外门 | 4~5 |
| | | 内门 | 3~5 |

（三）安装要点

（1）将修刨好的门窗扇，用木楔临时立于门窗框中，排好缝隙后画出铰链位置。铰链位置距上、下边的距离宜是门扇宽度的1/10，这个位置对铰链受力比较有利，又可避开榫头。然后把扇取下来，用扇铲剔出铰链合页槽。铰链合页槽应外边浅，里边深，其深度应当是把铰链合上后与框、扇平正为准。剔好铰链槽后，将铰链放入，上下铰链各拧一颗螺钉把扇挂上，检查缝隙是否符合要求，扇与框是否齐平，扇能否关住。检查合格后，再把螺钉全部上齐。

（2）双扇门窗扇安装方法与单扇的安装基本相同，只是多一道工序——错口。双扇门应按开启方向看，右手门是盖口，左手门是等口。

（3）门窗扇安装好后要试开，其标准是：以开到哪里就能停到哪里为好，不能有自开或自关的现象。如果发现门窗扇在高、宽上有短缺的情况，高度上应将补钉的板条钉在下冒头下面，宽度上，在装铰链一边的梃上补钉板条。

（4）为了开关方便，平开扇上、下冒头最好刨成斜面。

（5）门窗扇安装后要试验其启闭情况，以开启后能自然停止为好，不能有自开或自关现象。如果发现门窗在高、宽上有短缺，在高度上可将补钉板条钉于下冒头下面，在宽度上可在安装合页一边的梃上补钉板条。为使门窗开关方便，平开扇的上下冒头可刨成斜面。

### 五、木门窗成品保护措施

（1）安装过程中，须采取防水防潮措施。在雨期或湿度大的地区应及时油漆门窗。

（2）调整、修理门窗时不能硬撬，以免损坏门窗和小五金。

（3）安装工具应轻拿轻放，以免损坏成品。

（4）已装门窗框的洞口，不得再作运料通道，如必须用作运料通道，必须做好保护措施。

## 第四节　复合门窗工程施工质量控制

### 一、复合门窗概述

利用不同材料的特性，将其各自的特点通过材料加工复合而成的门窗框、梃材料，采用这种材料组合的窗户称为复合门窗。在两种以上材料组成的复合框、梃中，总有一种材料是主要受力杆件，起门窗结构主导作用。为便于称谓上有所区别，将起主要结构作用的材料放在前面，如铝木复合、木铝复合、塑铝复合等，称谓中依次表明铝、木、塑为结构作用的材料，而依次后缀的木、铝材料为装饰性材料。集铝合金窗与木窗或塑料窗的优点于一身，如木铝复合窗，室外部分采用铝合金，成型容易，寿命长，色彩丰富，表面可作粉末喷涂、氟碳喷涂、阳极氧化、电泳涂漆，防水、防尘、防紫外线；室内采用经过特殊工艺加工的高档优质木材，颜色多样，提供无数种花纹结构，能与各种室内装饰风格相协调，起到特殊的装饰作用。

（一）铝＋木复合门窗

（1）铝木复合窗采用由隔热铝合金型材和木成材进行结合的材料，有效地减少热损失。如图 4-10 所示，一般情况下，配合空气间层 12mm 的中空玻璃，$K$ 值可达到 2.5W/(m$^2$·K)，隔声 0～35dB。

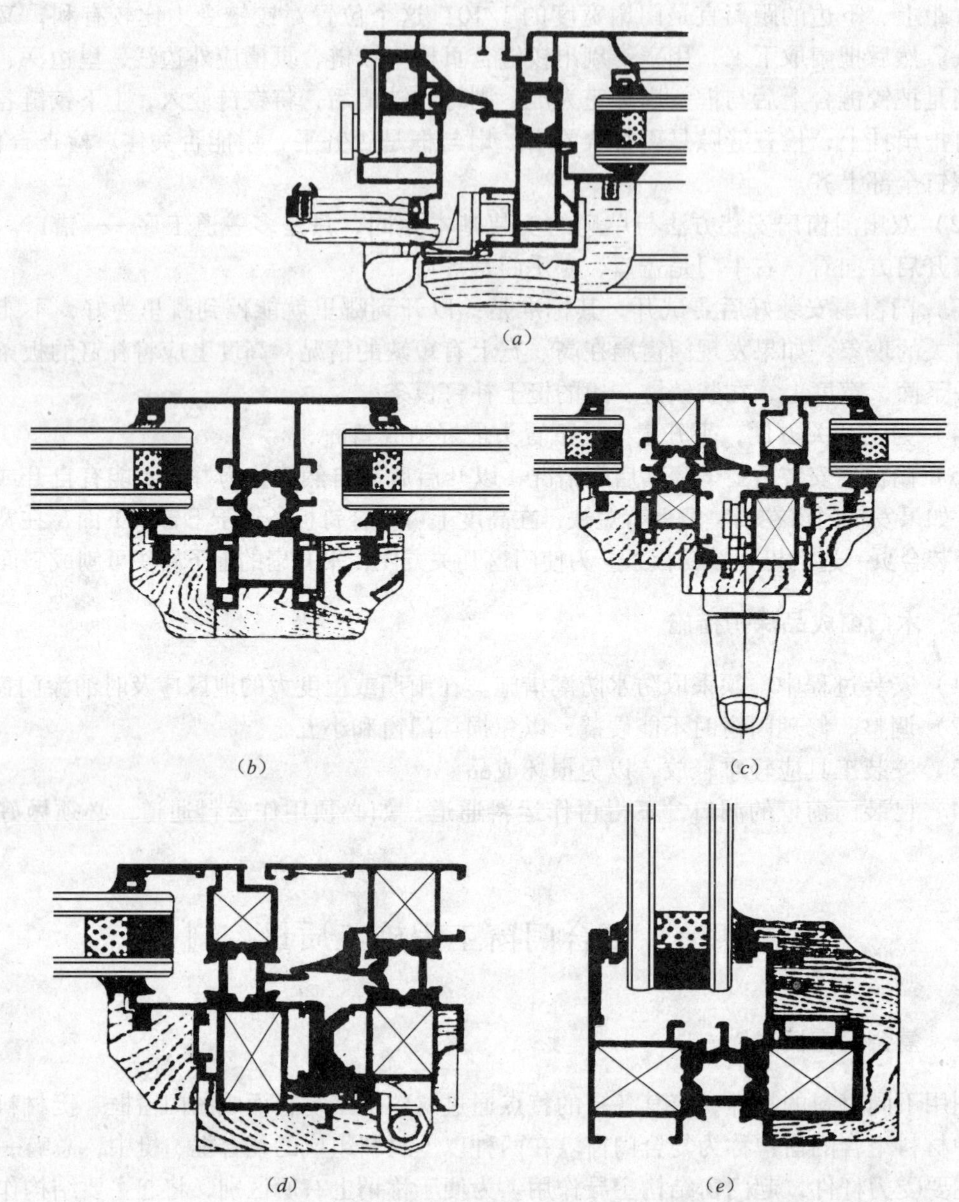


图 4-10　铝木复合窗构造

(2) 铝包木窗是在实木的基础上，用铝合金型材与木材通过机械方法连接而成的型材，通过特殊角连接组成的新型窗。这种门窗具有双重装饰效果，从室内看是温馨高雅的木窗，从室外看却又是高贵豪华的铝合金窗。这样，既能满足建筑物内外侧包封门窗材料的不同要求，保留纯木门窗的特性和功能，外层铝合金又起到了保护作用，且便于保养，可以在外层进行多种颜色的喷涂处理，维护建筑物的整体美。

(3) 类似北极地区的北欧红松与东北亚原始森林的落叶松是铝木门窗所选用的理想

木材，经过严格筛选，以及防腐、脱脂、阻燃等处理，并采用高强度的胶粘剂，使木材的强度、耐腐蚀性、耐候性等方面都得到了保障，可以经久耐用。

（4）铝木门窗最大的特点是保温、节能、抗风沙。它是在实木之外又包了一层铝合金，使门窗的密封性更强，可以有效地阻隔风沙的侵袭。当酷暑难耐之时，又可以阻挡室外燥热，减少室内冷气的散失；在寒冷的冬季也不会结冰、结露，还能将噪声拒之窗外。

（5）铝包木窗的开合方式很多，其中推拉平开多功能组合窗是近年引人注目的新型窗，还有一种铝木平开上悬窗，用一个把手就可以实现平开、上悬两种功能，同时满足窗户的通风及透气功能。

（6）单框双扇铝木复合窗，窗框外罩采用铝合金型材，外侧扇为铝合金窗扇，内侧扇为纯木窗扇，在两层窗扇之间可以加装百叶窗帘，无须开启窗户就可调整窗帘。

（二）木＋铝复合门窗

木铝复合窗如图 4-11 所示。

（三）塑＋铝复合门窗

塑铝复合门窗如图 4-12 所示。

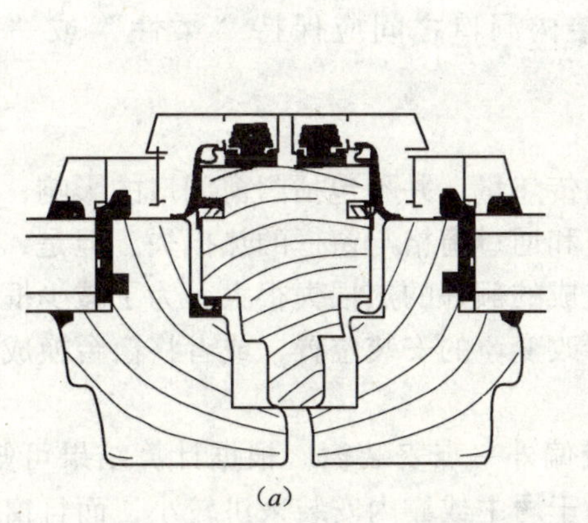

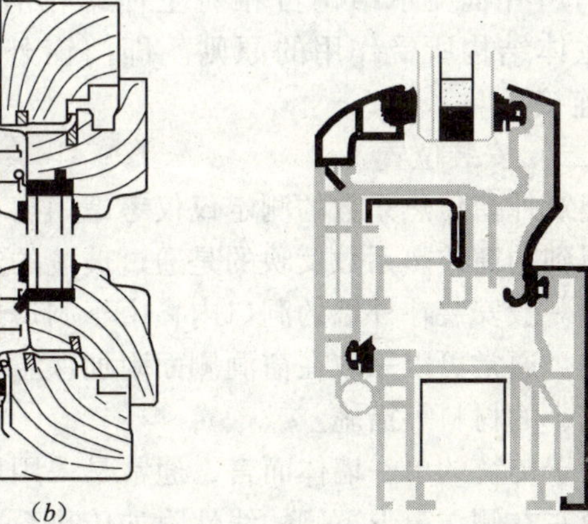

(*a*)　(*b*)

图 4-11　木铝复合门窗

(*a*) 中梃剖面；(*b*) 框剖面

图 4-12　塑铝复合门窗

## 二、洞口连接构造

（一）洞口结构形式

通常门窗安装在主体结构所设的结构洞口之内。建筑主体结构的洞口构造取决于主体结构形式，一般情况有：

（1）周边钢筋混凝土梁柱结构；

（2）上下钢筋混凝土过梁，两侧轻质砖结构；

（3）钢结构。

主体结构受外力和自身重量影响，洞口结构会产生各类变形，当变形施加到门窗外框时，多为平行四边形的门窗外框受力，直接导致角连接部和杆件受力，由此产生角部和拼料缝隙，增加了门窗整体空气渗透，气密性、水密性、隔声性能下降甚至失效，无疑，热工性能也无从保证，见图 4-13。

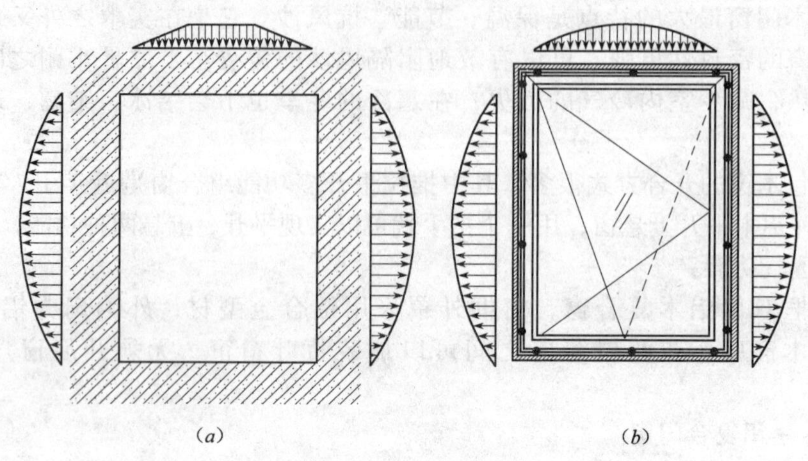


图 4-13 结构洞口应力
(a) 结构洞口应力；(b) 窗框应力

无论何种结构形式，要避免洞口结构垂直平面的荷载变形对门窗外框的影响，应遵循门窗外框支承结构可相对主体结构有一定位移能力或自身有一定变形能力、不分担主体结构所受作用的原则。即门窗外框和结构洞口之间应保持“柔性”或“弹性”连接。

(二) 安装位置

建筑外窗传热系数的测定仅仅考虑门窗本身的传热量，并不包括门窗洞口的影响，即实测得到的窗传热系数反映的是通过玻璃的热损失和通过窗格与窗框的热损失。但是，由于门窗一般安装在外墙的洞口内，由于洞口热桥造成的额外的热损失很大。为了减少框周边传热，通常可以采取在窗洞侧面附加保温材料、改变窗的安装位置，或者将窗台换成热导率较小的材料等措施。

对于传统的单一墙体而言，通常是采用居中或偏外一点安装窗。根据计算结果可知：此时窗左右侧、窗上下侧的线性附加传热系数相对于居中或靠内安装来讲较小，而且窗洞口处最低温度相对来说也较高。因此，居中或略偏外安装是比较合理的。

对于节能建筑中应用的复合保温墙体，则应根据墙体构造确定窗的安装位置，否则，可能出现局部温度过低甚至结露的现象，会在很大程度上削弱保温墙体的性能，而且窗安装位置的确定同窗的构造也有关。

(1) 外保温墙体窗。窗的安装同洞口四周的构造需仔细考虑，否则，窗洞口四周的传热损失也会很大，产生热桥。对于外保温墙体，窗左右侧最低温度出现在窗框与墙内交角处，在窗洞侧面上越向墙的内表面靠近温度越上升，至墙内表面与窗洞侧面的交角上，温度最高；且靠内安装窗时有结露可能；窗左右侧最低温度会随着保温层厚度的增加依次上升，但是，靠外安装窗时，窗左右侧最低温度较其他两种位置安装窗时的窗左右侧最低温度高，窗上下侧最低温度点出现在窗框上侧与墙体内交角处。

(2) 内保温墙体。当靠外安装窗时，窗洞口处的热桥线性附加传热系数比居中、靠内安装窗时相应的热桥线性附加传热系数大；靠内安装窗时，热桥线性附加传热系数最小，对于内保温墙体而言，靠内安装双层木窗时效果相对来说较好。

（3）夹心外保温墙。靠外安装双侧木窗时，窗洞口处的热桥损失较小；居中安装窗时比靠外安装时的结果稍大些；靠内安装窗时，窗洞口处的热桥损失最大，夹心外保温墙体中靠外安装窗或居中安装窗时保温效果较好，而靠外安装最好。

最后，得到的结果是：在任何一种墙体安装窗时，以窗安装位置靠近保温层时保温效果为最好。即对于任何墙体，任何材质的窗户来讲，以等温线为配合原则，当墙体和门窗的等温线越吻合，热工效率就越高，如图 4-14 所示。

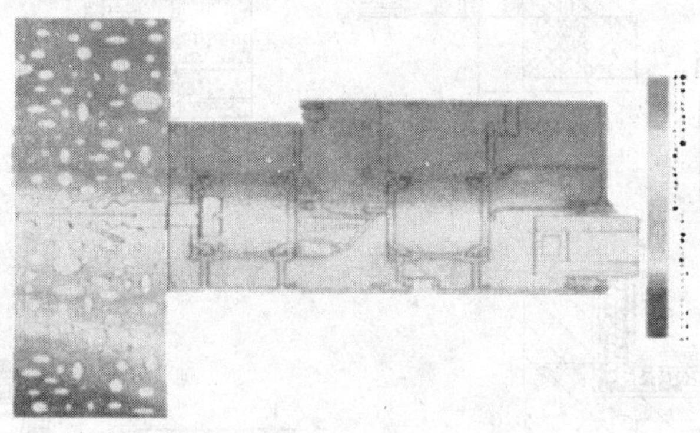

图 4-14 . 洞口与窗户的热传递分布

（三）连接形式

门窗与墙体连接方法主要有钢附框连接、燕尾铁脚焊接连接、燕尾铁脚与预埋件连接固定、钢片射钉连接、固定钢片金属膨胀螺栓连接等几种。所有燕尾铁脚和固定钢片表面应进行热浸镀锌处理，门窗连接固定点间距一般在 300～500mm 之间，不能大于 500mm。

（1）钢附框适用于门窗与各种墙体的连接，安装精度高，连接可靠，但成本较高。图 4-15 所示是不同面层墙体的洞口采用钢附框的连接形式。

（2）门窗与钢结构的连接可采用燕尾铁脚焊接连接方法。燕尾铁周边框与墙体之间的缝隙应采用水泥砂浆塞缝。水泥砂浆塞缝能使门窗外框与墙体牢固可靠地连接，并对门窗的框料起着重要的加固作用。当缝隙采用聚氨酯泡沫填缝剂或其他柔性材料填塞时，固定钢片应采用燕尾铁脚代替，以保证门窗与墙体的连接固定可靠度。

（3）门窗与砖墙的连接可用固定钢片（或燕尾铁脚）金属膨胀螺栓连接。在砖墙上严禁采用射钉固定门窗。同钢筋混凝土墙体一样，当采用固定钢片时，缝隙应采用水泥砂浆塞缝，当缝隙采用聚氨酯泡沫填缝剂或其他柔性材料填塞时，应采用燕尾铁脚固定。

冬期保温地区使用固定片连接时，有一种使用单侧固定的固定片，防止由于窗户两边固定片的连接导致局部热桥的形成，影响成窗的保温性能。单边固定片的固定方向，如果洞口墙体是外保温，应固定在室内侧；如洞口墙体是内保温，应固定在室外侧，如图 4-16 所示。

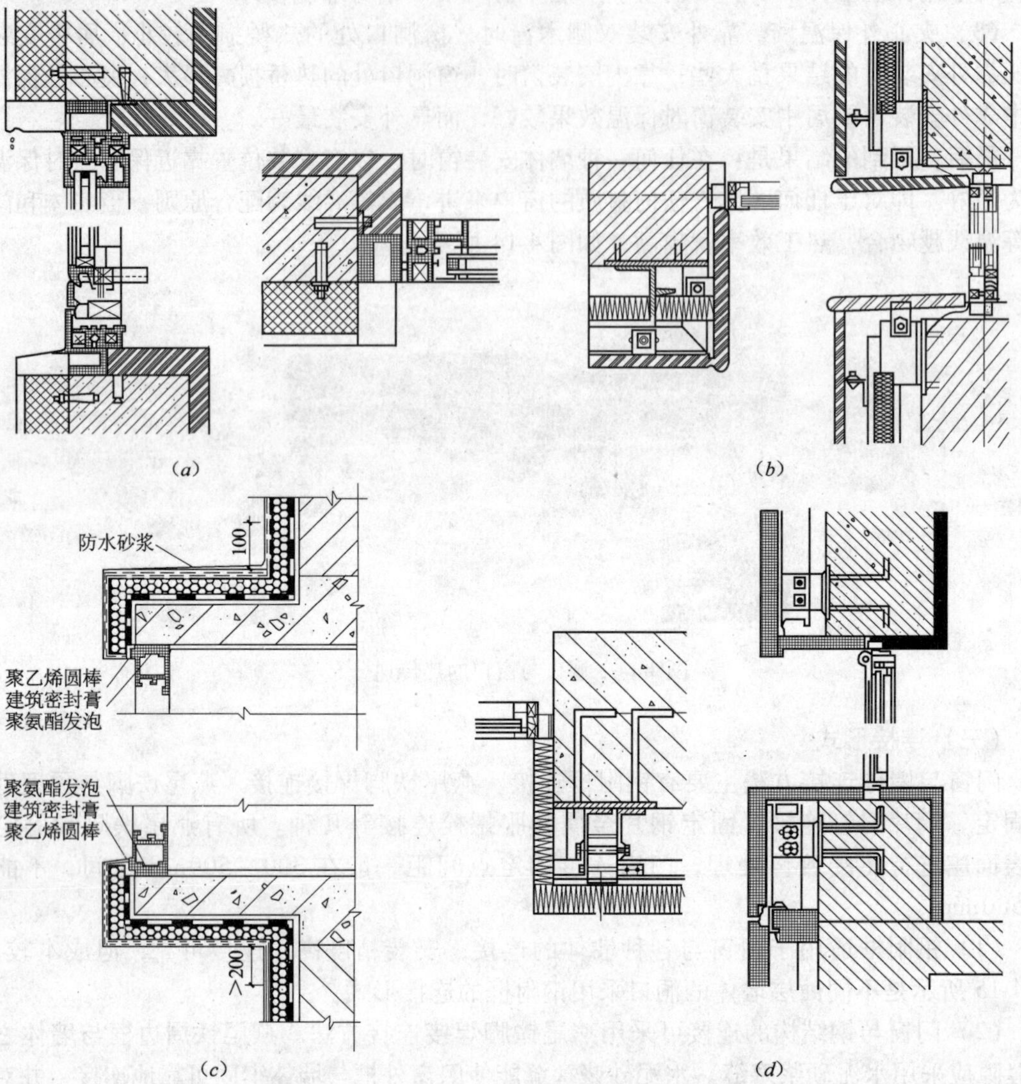

(*a*)　(*b*)

防水砂浆
100
聚乙烯圆棒
建筑密封膏
聚氨酯发泡
聚氨酯发泡
建筑密封膏
聚乙烯圆棒
>200

(*c*)　(*d*)

图 4-15　不同面层墙体的洞口采用钢附框的连接形式

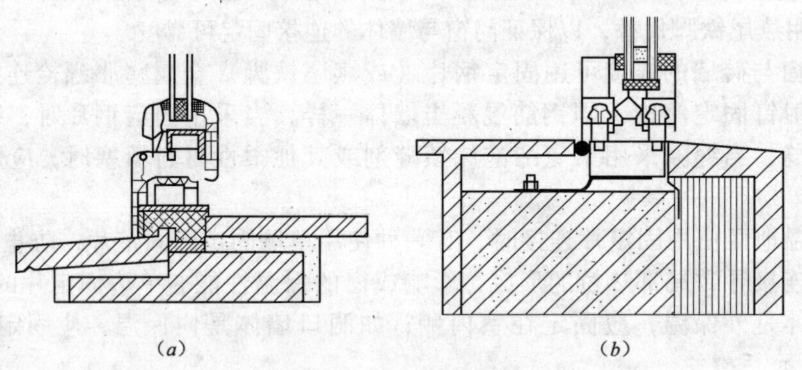

(*a*)　(*b*)

图 4-16　固定片连接

门窗四周与墙体结构之间的缝隙处理应防止热传导和对流。如在窗框与墙体的保温层之间采用重叠式连接工艺，使其不能形成热桥。在窗框与洞口墙体连接工艺中，使窗框与洞口墙体的保温层之间采用重叠式连接，再加之窗框与墙体间的保温材料作用，确保不能出现局部热桥现象。

塑料门窗框与墙体洞口的伸缩缝应由弹性材料填塞。实践表明，用丝麻材料填充不仅方式落后，而且材料成本并不低，密封效果根本谈不上；采用聚氯乙烯、聚苯乙烯或者聚乙烯泡沫塑料条填充虽然比较实际，但仅仅是起填充作用，密封效果也并不理想；用玻璃胶填充虽然密封性能好，但因其用量太大，成本太高，实不可取。国外通常采用聚氨酯发泡进行填充。此类填充材料不仅有填充作用，而且还有很好的密封效果和缓冲效果，其用量因发泡倍率较高而相对降低。操作时也很方便，对不规则的缝隙很容易填充。填充后还可以对泡沫的表面进行铲平修整或进行其他表面处理，胶体固化后并有一定的粘结强度，有助于门窗进一步固定。此类填充材料商品形式有两种：单组分和双组分。单组分的商品如市售的发胶喷灌，使用时只需套上专用喷枪，将罐体摇晃即可对准缝隙喷射填充，喷射量可调，操作十分方便。双组分聚氨酯填充胶是将固化剂和聚氨酯胶进行分装，使用时再由管路压入同一喷射枪。双组分胶使用时虽然比单组分胶麻烦一点，但比较经济。

### 三、复合门窗的组角构造

（1）保证角部连接强度的意义在于稳定四边形的框架构造，确保整窗不产生由于变形缝隙导致的渗透热损失。

（2）对于钢窗，焊接是最理想的连接方式。而对于隔热铝型材焊接在理论上是可行的，综合因素的原因是不可取的。最大的问题在于由于隔热使铝型材窗框成为两个仅靠隔热材料连接的平行铝框，所以为保证整个窗框的稳定，必须采用双组角，如图 4-17 所示。

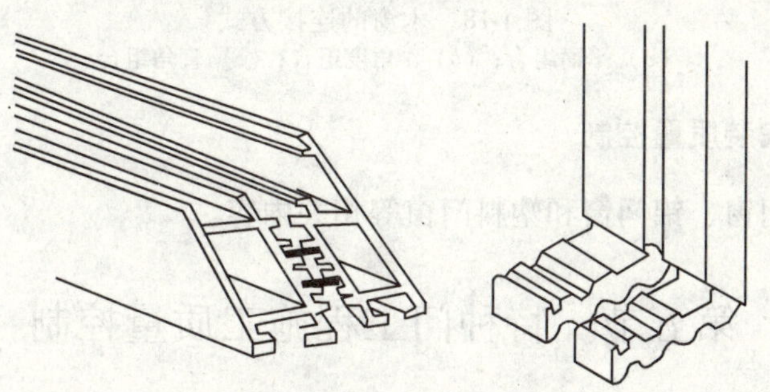

图 4-17　铝型材的双组角连接

（3）对于塑钢窗的角强度要求，相比金属框技术难度要大。在欧洲标准中，对型材的焊接性即焊角强度有严格要求，在欧式型材门窗标准体系中，角强度是塑料门窗的性能指标之一，也是 PVC 重要的力学性能指标。

（4）在 ASTM 标准体系中，无论是型材，还是门窗标准中角强度指标 3000 ~ 5000N。当门窗安装完毕，角强度对窗框、门框的作用相对于窗扇作用减少，因为这时框与墙体连接牢固，焊角一般都不会开裂。欧式门窗由于其玻璃是靠玻璃压条的压力固定在扇框上，若窗扇的角强度不够大时，受到重力、推拉力等力的作用，在开启过程中，可能会造成焊角开裂，而且门窗扇越高，其焊角开裂的可能性就越大，即对焊角强度的要求也就越高。

而美式门窗的玻璃是粘结在其扇框上，与扇框成为一个整体，其焊角不易在开启过程中受到外力的破坏。

（5）欧式推拉窗型材宽40mm左右，高60mm左右；美式推拉窗型材宽28mm左右，高33mm左右。欧式型材断面的截面积明显大于美式型材断面的截面积，其焊角强度显然是欧式远大于美式。型材的截面形状也不同，窗框厚度从45~100mm都达到一个相同的角强度指标，窗扇和窗框也要达到一个角强度指标，显然是不合理的，也是不可能的，应该将焊角强度与窗的大小、与玻璃安装方式等作为一个整体、一个系统来规范要求。门、窗框是固定的，门扇、窗扇是经常在使用中开启运动，所以，应该加强对门窗扇框的角强度测试。在德国，塑料窗基本上是60系列内平开下悬翻转窗，规定一个角强度指标，非常合理。而且平开扇框型材的断面大于其门窗框型材的断面，在相同的焊接环境下，扇框角强度应大于门窗框的角强度。

（6）木窗的连接方式仍然古老而有效，见图4-18。

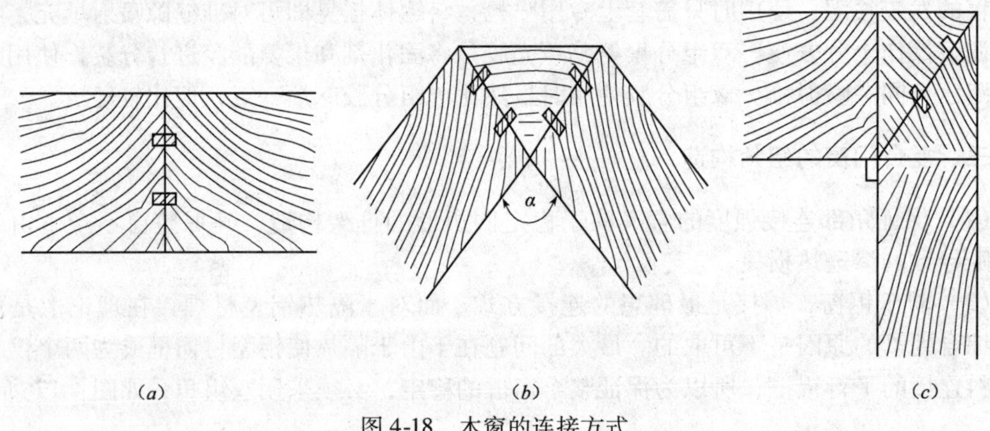


图4-18　木窗的连接方式
（a）平面组合；（b）α角度组合；（c）直角组合

**四、复合门窗安装质量控制**

分别见本章木门窗、铝门窗和塑料门窗等相关内容。

## 第五节　特种门工程施工质量控制

特种门包括：防火门、防盗门、自动门、全玻璃门、旋转门、金属卷帘门等。

**一、防火门**

（一）概述

防火门与烟感、光感、温感、报警器和喷淋等防火报警配套设置后，具有自动报警、自动关闭、防止火势蔓延等功能。主要用于高层建筑的防火分区、楼梯间和电梯间；也可安装于油库、机房、电影放映厅、剧院及单元民用高层住宅区。

（1）防火门的种类和耐火极限：

防火门有钢质防火门、复合玻璃防火门和木质防火门等。其耐火极限分为甲、乙、丙三级。

甲级防火门耐火极限：1.2h；

乙级防火门耐火极限：0.9h；

丙级防火门耐火极限：0.6h。

(2) 防火门产品须经中国消防产品质量认证委员会检查检验符合消防产品型式认可要求，批准发给产品型式认可证书，方可销售防火门。

(二) 施工图设计文件

施工图设计文件应规定：

(1) 防火门的品种、类型、规格、尺寸、开启方向、安装位置及其防火性能指标等。

(2) 防火门机械装置、自动装置或智能化装置的功能。

(3) 预埋件的数量、位置、埋设方式、与框的连接方式。

(4) 防火门的表面装饰。

(三) 产品、材料要求

1. 防火门产品的规格

一般有：高度（mm）1960、2100、2400、2700；宽度（mm）800、900、1000、1200、1500、1800等。

门高1000~2100mm、门宽1000mm以内，单扇、无亮窗；门宽1200~1800mm，双扇、无亮扇；

门宽2250~2700mm、门宽1000mm以内，单扇、有亮窗；门宽1200~1800mm，双扇、有亮窗。

防火门应按设计规定选购。其产品及与产品配套的小五金，应有出厂质量合格证和国家防火建筑材料质量监督检验中心检测防火性能检测报告。

2. 其他材料

(1) 主要材料有：

膨胀螺栓、射钉、水泥砂浆、岩棉、膨胀条、防火玻璃、闭合器、焊条、连接铁件、盖封板、密封条（不燃性材料）等。材料和产品质量应选用优等品

(2) 安装在防火门上的锁、合页、插销等五金配件的熔融温度不得低于950℃。

(四) 主要机具、工具

1. 主要机具

电焊机、冲击钻、射钉枪、丝锥等。

2. 主要工具

钢卷尺、铁水平尺、角尺、撬棍、线坠、靠尺、木楔、墨斗、手锤等。

(五) 作业条件

(1) 防火门的洞口尺寸经检查符合设计要求。

(2) 洞口内预埋在基体上的铁件位置和数量符合设计规定。

(3) 防火门及各种小五金和零件质量符合国家标准、行业标准的规定，并按设计要求选用。

(4) 待装的防火门有缺陷的，已进行校正、修复，无翘曲、变形、脱焊和漏刷防腐防火涂料等缺陷。

(5) 搭设了安装防火门的脚手架，准备了安装机具。

(6) 墙面抹灰和地面工程抹面亦已基本完成。

(六) 施工操作工艺（钢质防火门）

1. 弹线

按设计图规定的洞口尺寸，标高和开启方向，弹出防火门框安装位置线。

2. 立框子

(1) 先拆除门框下部的固定板，框口内口比门扇的高度大于30mm者，洞口两侧地面须预留槽口，门框埋入楼地面（地面建筑标高）以下20mm，用细石混凝土嵌填。然后将框子装入洞口的门框位置线上，用木楔初步固定门框。门框的正、侧面垂直度校正合格后，固定木楔，门框铁脚与预埋铁件焊牢。如果洞口没有预埋铁件时，则应按门框安装位置线，在门框铁脚的相应位置钻$\phi 12$膨胀螺栓孔，装入膨胀螺栓，门框校正合格固定后，门框铁脚与膨胀螺栓焊接牢固。

(2) 最后，框子与砌体之间的间隙用1：2水泥砂浆或C25细石混凝土填嵌密实，浇水养护。冬期施工，应采取防冻措施。

3. 门洞口粉刷

门框周嵌缝水泥砂浆或混凝土凝固达到设计强度后，即可进行洞口和墙体抹灰。抹灰时，抹灰层不得掩埋门框，应与框子贴墙面平齐。

4. 安装门扇及附件

(1) 门扇就位后，将扇装入门框内，检查门扇的垂直、平整度和缝隙，应符合设计要求和产品说明书后，安装五金配件。

(2) 安装在防火门的合页，不得使用双向弹簧，单扇门应装闭合器。门扇背火面上缝、侧缝及中缝处必须盖封板，并装设闭合器和顺序器。门框密封槽槽内应嵌装不燃性能材料制成的密封条。

(3) 门扇关闭后，门缝应均匀平整，开启自由轻便，松紧适度，无反弹现象，自动关闭必须灵敏。

(七) 成品保护

(1) 防火门在搬运和安装过程中，应有防护装置，并避免碰撞。

(2) 防火门装箱应运至安装位置，然后开箱检查。

(3) 电焊工必须持有效期内的上岗证作业，以保证防火门的安装质量。

(4) 防火门安装后，尚未交付使用前，要有专人管理，并应有保护设施。

## 二、防盗门

(一) 概述

防盗门又称防撬门。它是采用多台阶防撬门框和防撬扣边门扇，即关上门时，门扇的防撬扣边刚好与台阶型门框紧紧相扣；其次，设置有嵌入式固定撬栓，即关门后，门扇三面钢栓（锁舌）自动嵌入门框，使门扇与门框成为一体。还有，框、扇铰链（合页）为转动轴承，每边三副，隐形安装。加上特制的门锁，使防盗门具有明显的防撬功能而能防盗（图4-19）。防盗门常用规格，宽度为860、950mm，高度为1970、2050mm，门厚度为50、67mm等几种。

(二) 产品及材料要求

1. 产品要求

防盗门产品，其各项技术参数应符合国家GB 17565标准和设计要求。并应有产品出厂质量合格证和近期中国轻工总会建筑五金质量监测中心检验的检测报告。

2. 安装材料

膨胀螺栓、聚氨酯泡沫填缝剂、电焊条等。

（三）主要机具、工具

1. 主要机具

冲击电钻、电焊机等。

2. 主要工具

活动扳手、螺丝刀、木楔、灰线包、钢皮刮刀、钢铲刀、钢卷尺、手锤、铁水平等。

（四）作业条件

（1）检查门洞尺寸。按常用防盗门规格（宽度×高度）860mm×1970mm、950mm×2050mm的门框，其留洞尺寸为880mm×2000mm、980mm×2080mm。

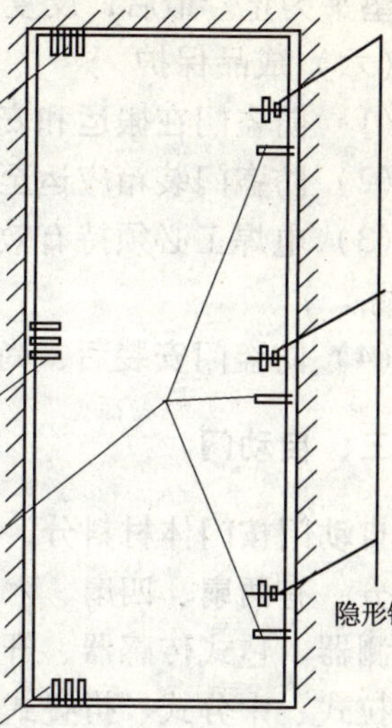

上锁舌
中锁舌
固定点
隐形铰链
下锁舌

图4-19 防盗门装置示意

（2）门洞要方正，尺寸应准确。如门洞尺寸过小，应用钢铲刀将表面砂浆层铲除；如门洞过大，其墙体可用1：2水泥砂浆抹压一层。

（3）外墙面抹灰应施工完毕。

（4）防盗门产品运到现场后，按设计要求和国家标准验收产品的外观质量和门框尺寸及检测报告。

（5）按墙面+50cm的水平基准线或用水准仪测设室外、室内地面的建筑标高，并作出明显标准。

（五）施工操作工艺

防盗门安装一般由产品厂家包安装、包售后服务。

1. 定位放线

按设计尺寸，在墙面上弹出门框四周边线。

2. 检查预埋铁件

防盗门门框每边设置三个固定点。按门框固定点的位置，在预埋铁板上划出连接点。如没有预埋铁板，则应在门框连接件的相应位置量准尺寸，在墙体上定点钻膨胀螺栓孔。$\phi$10或$\phi$12膨胀螺栓的长度为100~150mm，螺栓孔的深度为75~120mm。

3. 安装门框

将门框装入门洞，经反复检查校正垂直、平整度合格后，初步固定，用门框的连接铁件与预埋铁件点焊。或将门框上的连接铁件与膨胀螺栓连接点焊，再次调整垂直、平整度合格后，将焊点焊牢，膨胀螺栓螺帽紧固。采用焊接时，不得在门框上接地打火，并用石棉布遮住门框，以防门框损坏。框与墙周边缝隙，用罐装聚氨酯泡沫剂压注。

4. 安装门扇

防盗门的接缝缝隙较精细，又不允许用锤敲打框、扇，因此，门框的垂直、平整度控制要严。安装门扇时，应仔细校核。门扇就位后，按设计规定的开启方向安装隐形轴承铰链（合页）。如果门框不平行门扇，可在铁门框背面靠近螺栓位置加木楔试垫，使门框与门扇垫平为止。最后，反复开启无碰撞，且活动自如为合格。

（六）成品保护

（1）防盗门在搬运和安装过程中，应有防护装置，并避免碰撞。

（2）防盗门装箱应运至安装位置，然后开箱检查。

（3）电焊工必须持有效期内的上岗证作业，以保证防盗门的安装质量并不得损坏周边成品。

（4）防盗门安装后，尚未交付使用前，要有专人管理，并应有保护设施。

## 三、自动门

自动门按门体材料分，有铝合金门、不锈钢门、无框全玻璃门和异型薄壁钢管门；按扇型分，有两扇、四扇、六扇型等；按探测传感器分，有超声波传感器、红外线探头、遥控探测器、毡式传感器、开关式传感器和拉线开关或手动按钮式传感器；按开启方式分，有推拉式、中分式、折叠式、滑动式和平开式自动门等。

（一）产品规格及性能

1. 产品规格

见表4-7。

自动门规格 表4-7

| 类别 | 型式 | 规格尺寸（mm） | |
|---|---|---|---|
| | | 宽 | 高 |
| 中分式 | 双扇对开式 | 2600~6600 | 2100~2400 |
| | 双扇对开式弧形门 | 半径1200~2500 | 2100~2400 |
| 推拉式 | 双扇开启式 | 2600~6600 | 2100~2400 |
| | 单扇开启式 | 1300~6200 | 2100~2400 |
| 折叠式 | 4扇折叠式 | 950~1800 | 2000~2400 |
| | 2扇折叠式 | 750~900 | 2000~2400 |
| 滑动式 | 双扇滑动式 | 1500~2400 | 3040~4800 |
| | 单扇滑动式 | 760~1200 | 1520~2400 |
| 平开式 | 双扇开启式 | 900~2000 | 2000~2400 |
| | 单扇开启式 | 700~1000 | 2000~2400 |

2. 性能

见表4-8。

自动门性能 表4-8

| 品种 | 型号 | 项目 | 指标 | 备注 |
|---|---|---|---|---|
| 中分式 | ZM—E2型微波自动门 | 电源<br>功耗<br>门速调节范围<br>微波感应范围<br>感应灵敏度<br>报警延时时间<br>使用环境温度<br>断电时手推力 | AC220V/50Hz<br>150W<br>0~350mm/s<br>门前1.5~4m<br>现场调节至用户需要<br>10~15s<br>-20℃ +40℃<br><10N | 摘自上海红光建筑五金厂产品 |

续表

| 品 种 | 型 号 | 项 目 | 指 标 | 备 注 |
|---|---|---|---|---|
| 中分式 | YDLM100 系列<br>圆弧自动门 | 手动开门力<br>电源<br>功耗<br>探测距离<br>探测范围 | 35N<br>AC220V/50Hz<br>130W<br>1 ~ 3m（可调）<br>1.5m × 1.5m | 摘自黎明航空铝<br>窗公司产品 |
| | DS-11、DS-21、<br>DS-41、DS-51、<br>DS-41BD | 电源<br>平均开闭速度<br>微波感应范围<br>断电时手推力 | AC220V/50Hz<br>900mm/s<br>2.5m × 2.0m<br><20N | 摘自中建纳博克自动门<br>有限公司产品 |
| 推拉式 | TDLM100 系列 | 手动开门力<br>电源<br>功耗<br>探测距离<br>探测范围<br>保持时间 | 35N<br>AC220V/50Hz<br>130W<br>1 ~ 3m（可调）<br>1.5m × 1.5m<br>0 ~ 60s | 摘自黎明航空铝窗<br>公司产品 |
| | DS-11、DS-21、<br>DS-41、DS-51 | 电源<br>平均开闭速度<br>微波感应范围<br>断电时手推力 | AC220V/50Hz<br>450mm/s<br>2.5m × 2.0m<br><10N | 摘自中建纳博克自动门<br>有限公司产品 |
| 折叠式 | | 电源<br>平均开闭速度<br>断电时手推力 | AC220V/50Hz<br>开 1.8s 以上，闭 2.2s 以上<br><10N | 摘自中建纳博克自动门<br>有限公司产品 |
| 滑动门 | | 电源<br>平均开闭速度<br>断电时手推力 | AC220V/50Hz<br>开 1.8s 以上。闭 2.2s 以上<br><10N | |
| | LZM 系列 | 手动开门力<br>电源<br>功耗<br>探测距离<br>探测范围<br>保持时间 | 35N<br>AC220V/50Hz<br>130W<br>1 ~ 3m（可调）<br>1.5m × 1.5m<br>0 ~ 60s（可调） | 摘自黎明航空铝<br>窗公司产品 |
| 平开式 | LZP 系列 | 手动开门力<br>电源<br>功耗<br>探测距离<br>探测范围<br>保持时间 | 20N<br>AC220V/50Hz<br>25W<br>1.5 ~ 3.5m（可调）<br>2.0m × 2.2m<br>0 ~ 30s（可调） | 摘自黎明航空铝<br>窗公司产品 |
| | DF-41、EH-21J | 电源<br>开门速度<br>关门速度<br>最大探测距离<br>断电时手推力 | AC220V/50Hz<br>35°/s ~ 45°/s<br>20°/s ~ 30°/s<br>5 ~ 8m<br><10N | 摘自中建纳博克自动门<br>有限公司产品 |

3. 原理与构造

以 ZM-$E_2$ 型中分式微波自动门为例。

（1）原理。

ZM-$E_2$ 型自动门由感应开门目标讯号的微波感应器和进行讯号处理的二次电路控制两部分组成。微波传感器采用 x 波段微波讯号的“多普勒”效益原理，对感应范围内的活动目标所反映的作用讯号进行放大检测，从而自动输出开门或关门控制讯号。一档自动门出入控制一般需要用两只感应探头，一台电源配套使用。二次电路控制箱是将微波传感器的开、关门讯号转化成控制电动机正、反旋转的讯号处理装置。它由逻辑电路、触发电路、可控硅电路、自动报警停机电路及稳压电路等组成，主要电路采用集成电路技术，因而整机具有较高的稳定性和可靠性。微波传感器和控制箱均使用标准插接件，使同机种具有互换性和公用性。微波传感器及控制箱在自动门出厂前均已安装在机箱内。ZM-$E_2$ 型微波自动门电控系统原理见图 4-20。

（2）构造。

自动门的滑动扇上部为吊挂滚轮装置，下部设滚轮导向结构或槽轨导向结构。自动门的机电装置设于自动门上部的通长机箱内。ZM-$E_2$ 型微波自动门的机箱结构见图 4-21。

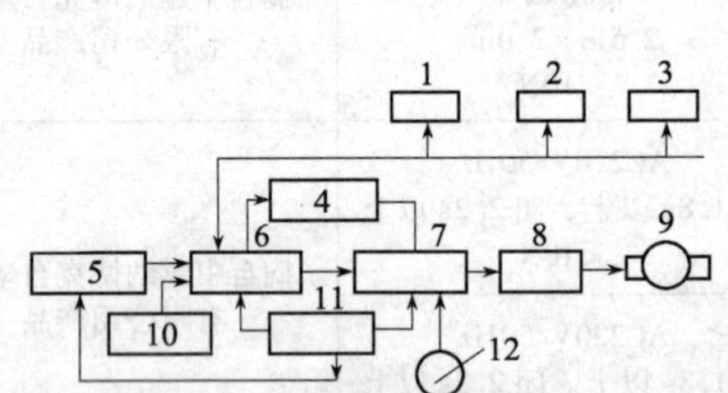


图 4-20 ZM-$E_2$ 型微波自动门电路系统原理图

1—CL；2—SO；3—OL；4—报警电路；5—微波传感器；6—逻辑电路；7—触发电路；8—主电路；9—ZD；10—手动开关；11—稳压电路；12—速度调节

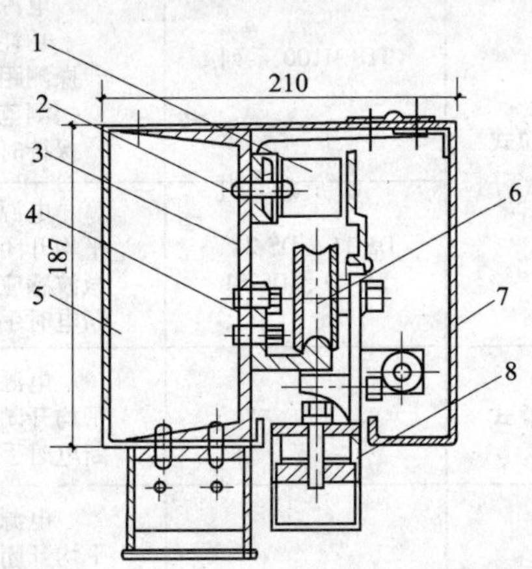


图 4-21 ZM-$E_2$ 型自动门机箱结构剖面图

1—限位接近开关；2—接近开关滑槽；3—机箱横梁；4—自动门扇上轨道；5—机箱前罩板（可开）；6—自动门扇上滑轮；7—机箱后罩板；8—自动门扇上横条

（二）材料要求

（1）自动门产品：应按设计规定在工厂制作或在市场上按设计要求进行选购。

（2）安装材料：

膨胀螺栓、螺栓、射钉、焊条、对拔木楔、抹布、小五金等。配套材料应为优质品。

（三）主要机具、工具

（1）主要机具：冲击电钻、射钉枪、电焊机、螺丝刀等。

（2）主要工具：常用电工工具、灰线包、线坠、扳手、手锤、钢卷尺、塞尺、毛刷、水平尺、靠尺、扫把等。

（四）作业条件

（1）检查自动门上部吊挂滚轮装置的预埋钢板位置是否正确，如有偏移，应及时进行处理。

（2）自动门各种零配件质量应符合现行国家标准、行业标准的规定，并按设计要求选用。不得使用不合格产品。

（3）门框、门扇和其他装饰件运至现场后，应存放在仓库内，妥为保管，搬运中不得受撞击变形，并应防止水泥、石灰浆或其他酸、碱物质污染门的表面。

（4）安排好安装脚手架和安装的安全设施。

（五）安装施工质量控制

1. 安装地面导向轨

（1）自动门一般在地面上安装导向性轨道，异型薄壁钢管自动门在地面上设滚轮导向铁件。

（2）地坪面施工时，应准确测定内外地面的标高，作可靠标志。然后按设计图规定的尺寸放出下部导向装置的位置线，预埋滚轮导向铁件或预埋槽口木条。槽口木条采用50mm × 70mm 方木，其长度为开启门宽的两倍。安装前撬出方木条，安装下轨道（图4-22）。安装的轨道必须水平，预埋的动力线不得影响门扇的开启。

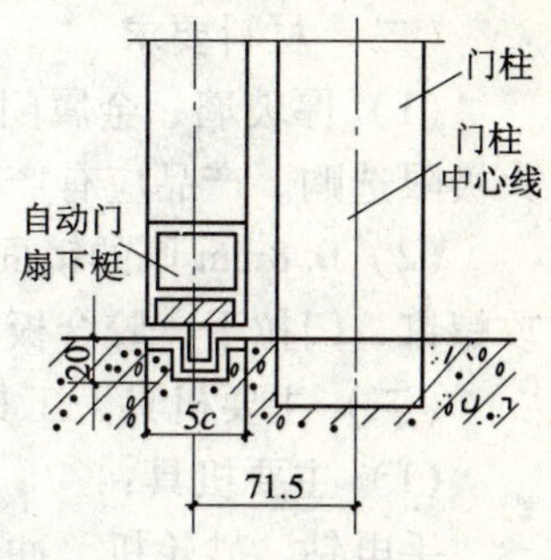

图 4-22　自动门下轨道埋设示意图

2. 安装横梁

自动门上部机箱层横梁一般采用 18 号槽钢，槽钢与墙体上预埋钢板连接支承机箱层。因此，预埋钢板（－8mm × 150mm ×150mm）必须埋设牢固。预埋钢板与横梁槽钢连接要牢固可靠。安装横梁下的上导轨时，应考虑门上盖的装拆方便。一般可采用活动条密封，安装后不能使门受到安装应力，即必须是零荷载。见图 4 23。

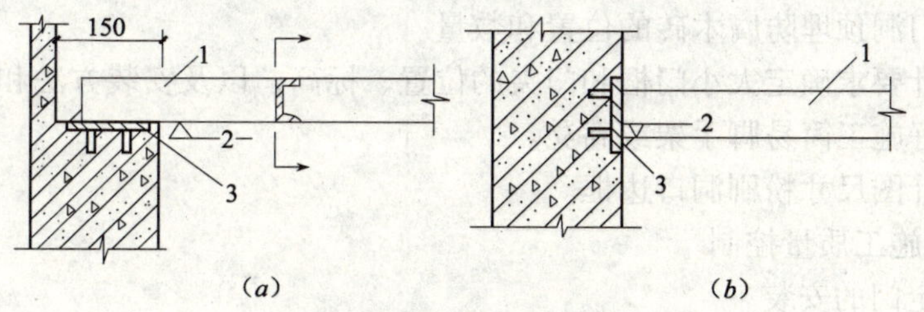

图 4-23　机箱横梁支承节点

（a）砌体结构采用；（b）混凝土结构采用

1—机箱横梁；2—横梁安装标高；3—预埋钢板

3. 调试

自动门安装后，对探测传感系统和机电装置进行反复调试，将感应灵敏度、探测距离、开闭速度等调试至最佳状态，以满足使用功能。

（六）成品保护

（1）自动门在搬运和安装过程中，应有防护装置，并避免碰撞。

（2）自动门装箱运至安装位置，然后开箱检查。

（3）横梁与基体预埋件连接时，应由持有上岗证的专业焊工操作，以保证焊接质量，避免机箱等设备受损坏。

（4）自动门安装后，尚未交付使用前，要有专人管理，并应有保护设施。

## 四、全玻门

（一）施工图设计文件

施工图设计文件应规定：

（1）全玻门的质量和各项性能。

（2）全玻门的品种、类型、规格、尺寸、开启方向、安装位置及防腐处理。

（3）带有机械装置、自动装置或智能化装置的全玻门，其机械装置、自动装置或智能化装置的功能要求。

（4）预埋件的数量、位置、埋设方式、与框的连接方式。

（二）材料要求

（1）厚玻璃、金属门夹和地弹簧按设计规定的品种、类型、规格、型号、颜色、耐火极限选购。产品应有产品质量合格证。

（2）0.8mm厚的镜面不锈钢板、方木、万能胶、钢钉、圆钉、玻璃胶、木螺钉、自攻螺钉、门拉手、胶合板、木条等。材质应选择优等品。

（三）主要机具、工具

（1）主要机具：

手电钻、砂轮机、冲击电钻、玻璃吸盘机、电锯、水准仪等。

（2）主要工具：

玻璃刀、钢卷尺、吊线坠、方尺、螺丝刀、扳手等。

（四）作业条件

（1）墙面和地面装饰施工已完毕。

（2）清理门洞预埋防腐木砖的位置和数量。

（3）按设计要求确定大小门框和门夹的位置、标高，以及安装方法和程序。

（4）准备好施工简易脚手架或高凳。

（5）按设计图尺寸粉刷洞口边框。

（五）安装施工质量控制

1. 玻璃固定门的安装

（1）定位放线：

根据施工设计图和节点大样，放出玻璃门的安装位置线，并准确测量室内、室外地面标高和门框顶部标高及中横框标高，作出标志。

（2）安装框顶限位槽：

门框顶部限位槽的做法，如图4-24所示。限位槽的宽度应大于玻璃厚度2~4mm，槽深为10~20mm。安装时，先由安装位置线（中心线）引出两条金属饰面板边线，然后靠框顶边线，跟线各装一根定位方木条，校正水平度合格后用钢钉或螺钉将方木紧固于框顶过梁上。按边线进行门框顶部限位槽的安装。通过胶合板垫板，调整槽口的槽深，用1.5mm厚的钢板或铝合金板，压制成限位槽框衬里，衬里与定位木条用木螺钉或自攻螺钉固定。在其表面包事先压制成型的镜面不锈钢饰面板，用万能胶紧粘于衬里上。

（3）装木底托：

按安装位置线，先将方木条固定在地面上，然后再用万能胶将成型镜面不锈钢饰面板粘贴于方木条上（图4-25）。方木条两端抵住门洞口边框，用钢钉将方木条直接钉在地面上。如地面已预埋防腐木砖，则用圆钉或木螺钉将方木条钉在木砖上。

两方木条之间留装玻璃和嵌胶的空隙。其缝宽及槽深，应与门框顶部一致。方木条固定后，用万能胶将压制成型的镜面不锈钢板粘贴在方木条上。底托应留出活动门位置。

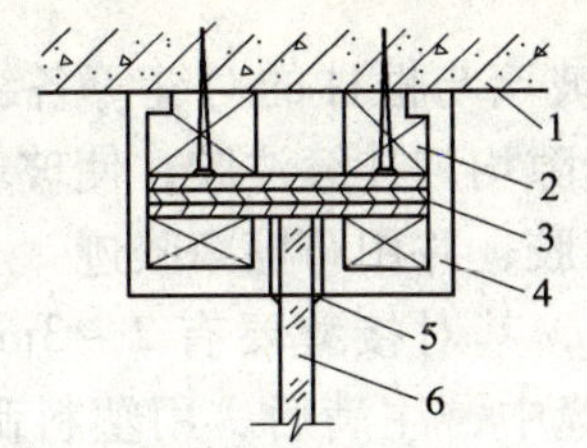


图 4-24　门框顶部限位槽构造

1—门顶过梁；2—定位方木限位槽；3—胶合板垫板；4—镜面不锈钢饰面板；5—注玻璃胶；6—厚玻璃

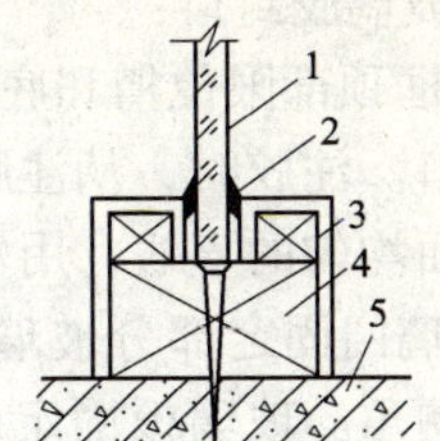


图 4-25　不锈钢饰面板木底托构造

1—厚玻璃；2—注玻璃胶；3—镜面不锈钢板；4—方木条；5—地坪

（4）安装竖门框、横框：

① 安装竖向边框时，按所弹中心线和门框截面边线，钉立竖框方木。竖框方木上抵顶部限位槽方木，下埋入地面内 30～40mm，竖向应与墙体预埋铁件连接牢固。骨架安装完工后，钉胶合板包框。最后，外包镜面不锈钢饰面板。竖框与顶部横框饰面板，应按 45°角斜接对头缝。

② 当活动全玻璃门扇之上为固定玻璃时，横框的构造应按设计规定施工。横框骨架两端应嵌固或焊牢在门洞口基体预留槽口内或预埋铁件上。骨架包衬采用胶合板，外包镜面不锈钢饰面板。

③ 如设计采用活动全玻门扇的上方、左右两侧为固定玻璃时，应根据设计规定，弹出活动门的净宽线以及门的净高。按线划出竖框柱的截面尺寸并定出横框截面。用方木钉活动门的竖门框柱和横框骨架。竖框柱应嵌入地面建筑标高下 30～40mm。然后骨架四周包里衬胶合板并钉牢。最后，外包镜面不锈钢饰面板。包饰面板时，要把饰面板对头接缝放在安装玻璃的两侧中间位置。接缝位置必须准确，并保证垂直。

（5）安装固定玻璃：

① 玻璃工用玻璃吸盘机把厚玻璃板吸住提起，移至安装位置，先将玻璃上部插入门框顶部的限位槽，随后玻璃板的下部放到底托上。玻璃下部对准中心线，两侧边部正好封住门框处的不锈钢饰面对缝口，要求做到内外都看不见饰面接缝口（图 4-26）。

② 在底托方木上的内外钉两根方木条，把厚玻璃夹在中间，方木条距厚玻璃面 3～4mm，注玻璃胶，然后在方木条上涂刷万能胶，将压制成型的不锈钢饰面板粘固在方木上。玻璃板竖直方向各部位的安装构造，见图 4-27。

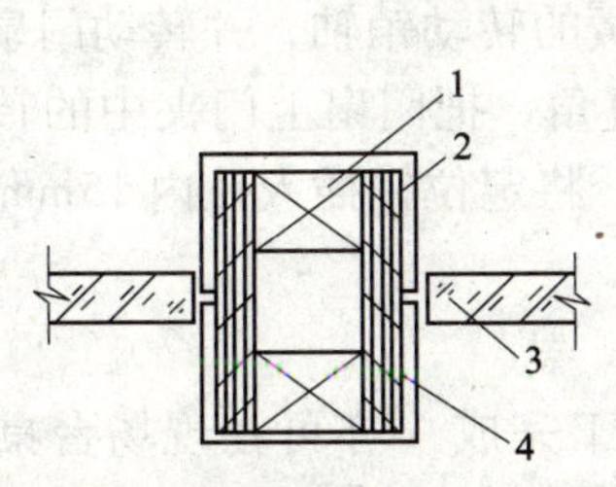


图 4-26　厚玻璃板与框柱间安装示意

1—方木；2—胶合板；3—厚玻璃；4—包框镜面不锈钢板

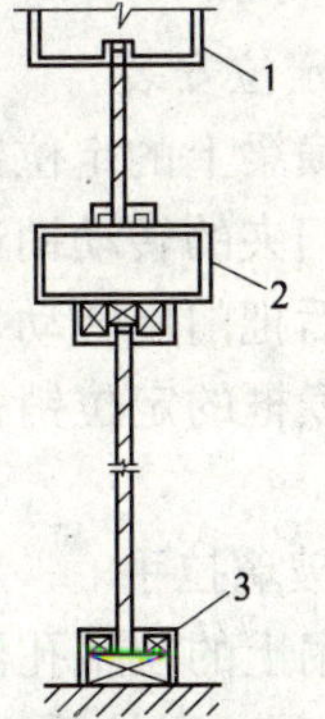


图 2-27　玻璃门竖向安装示意

1—大门框；2—横框或小门框；3—底托

（6）注玻璃胶封口：

① 在门框顶部限位槽和底部底托的两侧，以及厚玻璃与框柱的对缝等各缝隙处，注入玻璃胶封口。注胶时，从注胶缝隙的端头开始，顺缝隙均匀连续注胶，使玻璃的缝隙处形成一条表面均匀的直线，用塑料刮刀刮去多余的玻璃胶，并用布擦净胶迹。

② 当玻璃门固定部分玻璃面积过大，需要拼接时，其对接缝要有 2～3mm 的宽度，玻璃板边要倒角。玻璃板固定后，将玻璃胶注入对接缝中，注满后，用塑料刮刀将胶刮平，使缝隙形成一条洁净均匀的直线，并用干净的棉布擦去玻璃面上的胶迹。

2. 玻璃活动门的安装

玻璃活动门为无框门扇，活动门的启闭，靠门扇上下的金属门夹或部分金属铰接的地弹簧来实现。如图 4-28 所示。

（1）先安装门底弹簧和门框顶面的定位销。门底弹簧应与门顶定位销同一轴线。因此，安装时必须用吊线坠反复吊正，确保门底弹簧转轴与门顶定位销的中心线在同一垂直线上。

（2）玻璃门扇安装上下夹。

把上下金属门夹，分别装在玻璃门扇上下两端，并测量门扇高度。如果门扇的上下边框距门横框及地面的缝隙超过规定值。即门扇高度不够，可在上下门夹内的玻璃底部垫木胶合板条（图 4-29）。如门扇高度超过安装尺寸，则需裁去玻璃扇的多余部分。钢化玻璃则需按安装尺寸重新定制。

（3）玻璃门扇上下门夹固定。

定好门扇高度后，在厚玻璃与金属上下门夹内的两侧缝隙处，同时插入小木条，轻敲稳实，然后在小木条、厚玻璃、门夹之间的缝隙中注入玻璃胶，见图 4-29。

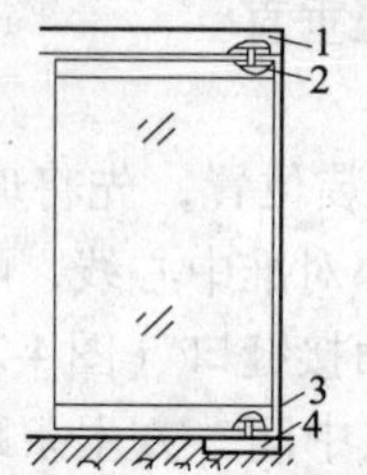


图 4-28 玻璃活动门扇示意
1—固定门框；2—门扇上门夹；3—门扇下门夹；4—地弹簧

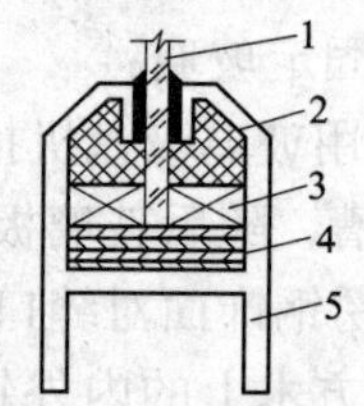


图 4-29 玻璃门上下门夹安装构造示意
1—门扇厚玻璃；2—玻璃胶；3—方木条；4—胶合板或橡胶垫；5—上下门夹

（4）门扇定位安装。

先将门框横梁上的定位销用本身的调节螺钉调出横梁平面 2mm，再将玻璃门扇竖起来，把门扇下门夹的转动销连接件的孔位对准门底弹簧的转动销轴，并转动门扇将孔位套入销轴上，然后把门扇转动 90°，使之与门框横梁成直角，把门扇上门夹中的转动连接件的孔对准门框横框的定位销，调节定位销的调节螺钉，将定位销插入孔内 15mm 左右，见图 4-30。

（5）安装玻璃拉手。

全玻璃门扇上的拉手孔洞，一般在裁割玻璃时加工完成（亦可在现场台桌上用电钻装上钻孔钻头打孔）。拉手连接部分插入孔洞中不能过紧，应略有松动。如插入过松，可在插入部分缠上软质胶带。安装前，在拉手插入玻璃的部分，涂少许玻璃胶，拉手根部与玻璃板紧密结合后再拧紧固定螺钉，以保证拉手无松动现象。

（六）成品保护

（1）全玻门在操作和安装过程中，应有防护装置，避免碰撞。

（2）全玻门装箱应运至安装位置，然后开箱检查。

（3）操作工必须持有效期内的上岗证作业，以保证全玻门安装过程中不损坏和污染其他成品。

（4）全玻门安装后，尚未交付使用前，要有专人管理，并应有保护设旋。

（七）施工注意事项

（1）全玻门使用的方木条、胶合板应经防腐、防潮、防蛀、防火处理。

（2）不锈钢的材质为镍铬合金。目前，含铁不锈钢板充斥市场，此种板极易锈蚀。因此，应采用“吸铁石鉴别”法，识别真假不锈钢板。

（3）方木条和木骨架的立边木枋，必须弹线修刨，保证边框成一条直线。

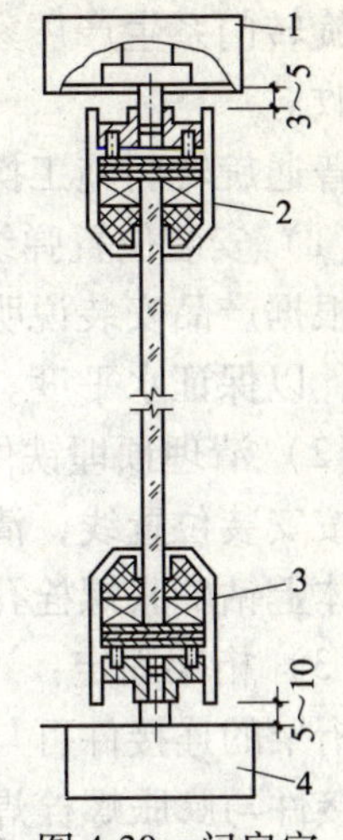


图 4-30 门扇定位安装方法示意

1—门框横梁；2—门扇上门夹；3—门扇的下门夹；4—门底弹簧

（4）镜面不锈钢下料时，要用机械剪切，以保证剪口平整一致。

（5）镜面不锈钢扣，应用机械加工成型，其卷边弯角应保证90°角。

（6）粘结饰面板的万能胶，其粘结强度和耐老化性能，必须符合行业标准的规定。

（7）镜面不锈钢饰面板，在竖框与顶部横框相接处应采用45°角。

（8）门底弹簧转轴与定位销必须调整到同一轴线上，使开关灵活。

（9）全玻门弹簧的自动定位应安装准确，开启角90° ±1. 5°，关闭时间控制的范围应不少于17s，以防玻璃弹簧门夹人。

（10）门框与墙面的结合处理，应符合设计规定。

## 五、旋转门

（一）安装材料

膨胀螺栓、射钉、螺栓、预埋铁件、密封胶、橡胶条等。材料质量应为优等品。

（二）主要机具、工具

（1）主要机具：

电焊机、冲击钻、射钉枪、水准仪等。

（2）主要工具：

扳手、半步扳手、角尺、线坠、手锤、水平尺、钢卷尺等。

（三）作业条件

（1）检查预留门洞口尺寸符合旋转门的安装尺寸和转壁位置要求。

（2）预埋件的位置和数量符合产品的安装要求。

（3）金属旋转门及各种零部件，符合国家现行国家标准、行业标准的规定，并已按设计要求选用。不合格的产品已剔除。

（四）安装施工质量控制

旋转门系生产厂家供应成品门，一般由生产厂家派专业人员负责安装，调试合格后交付验收。

普通旋转门施工操作工艺：

（1）安装位置弹线：

根据产品安装说明书，在预留洞口四周弹桁架安装位置线。位置线要用水准仪测设水平点，以保证水平度。

（2）清理预埋铁件：

按安装位置线，清理预埋铁件的数量和位置。如预埋铁件数量或位置偏离位置线，应在基体上钻膨胀螺栓孔，其钻孔位置应与桁架的连接件位置相对应。

（3）桁架固定：

桁架的连接件可与铁件焊接固定。如用膨胀螺栓，将膨胀螺栓固定在基体上，再将桁架连接件与膨胀螺栓焊接固定。

（4）装轴、固定底座：

底座下要垫平垫实，不得产生下沉，临时点焊上轴承座，使转轴在同一个中心线垂直于地坪面。

（5）装转门顶与转壁：

转壁不应预先固定，便于调整与活扇之间的间隙。

（6）转门顶按图安装好后装转门扇，旋转门扇保持90°（四扇式）或120°（三扇式）夹角，转动门窗，保证上下间隙。

（7）调整转壁位置，以保证门扇与转壁之间的间隙。

（8）焊上轴承座。上轴承座焊完后，用C25混凝土固定底座，埋入插销下壳，固定转壁。

（9）旋转检查。当底座混凝土达到设计的强度等级后，试旋转应合格。

（10）安装玻璃。试旋转满足设计要求后，在门上安装玻璃。

（11）油漆。钢质旋转门按设计要求的油漆品种和颜色涂刷或喷涂油漆。

（五）成品保护

（1）旋转门在搬运和安装过程中，应有防护装置，并避免碰撞。

（2）旋转门装箱应运至安装位置，然后开箱检查。

（3）电焊工必须持有效期内的上岗证作业，以保证旋转门的安装质量。

（4）旋转门安装后，尚未交付使用前，要有专人管理，并应有保护设施。

（六）施工注意事项

（1）安装放样时，转扇平面角应等分均匀，不得大小不一。

（2）安装时，旋转轴应准确吊线，使旋转轴同在一条垂直中心线上，上下点重合。

（3）扇面对角线和平整度应符合验收规范要求方可使用。

（4）转扇距圆弧边的间距，必须调整一致，不允许有擦边或间隙过大现象。

（5）封闭条带的安装位置应正确。

（6）操作时应及时擦除表面污染物，使转轴光洁。

（7）转扇涂刷颜色应一致，不得有色差。

（8）旋转门安装完毕，应设专人保护。

## 六、金属卷帘门

### （一）产品和材料要求

1. 产品要求

（1）根据设计要求选用。

（2）产品应有出厂质量合格证和使用说明书。

（3）卷帘门预埋件设置位置见表4-9、图4-31。

卷帘门预埋铁件埋设位置尺寸（mm） 表4-9

| 洞口宽 $W$ | 洞口高 $H$ | 导轨形式 | 墙面装修 | 净宽（$W$） | 净高（$H$） | $A$ | $m$ | $h$ |
|---|---|---|---|---|---|---|---|---|
| $W \leqslant 3000$ | ≤5000 | 8型 | 砂浆面 | $W-50$ | $H-30$ | $W+410$ | $W+240$ | 340 |
| | | | 大理石面 | $W-150$ | $H-75$ | $W+310$ | $W+140$ | 295 |
| $3000<W \leqslant 5000$ | ≤5000 | 14型 | 砂浆面 | $W-50$ | $H-30$ | $W+440$ | $W+270$ | 340 |
| | | | 大理石面 | $W-150$ | $H-75$ | $W+340$ | $W+170$ | 295 |
| $5000<W \leqslant 8000$ | ≤5000 | 16型 | 砂浆面 | $W-50$ | $H-30$ | $W+460$ | $W+290$ | 340 |
| | | | 大理石面 | $W-150$ | $H-75$ | $W+360$ | $W+190$ | 295 |

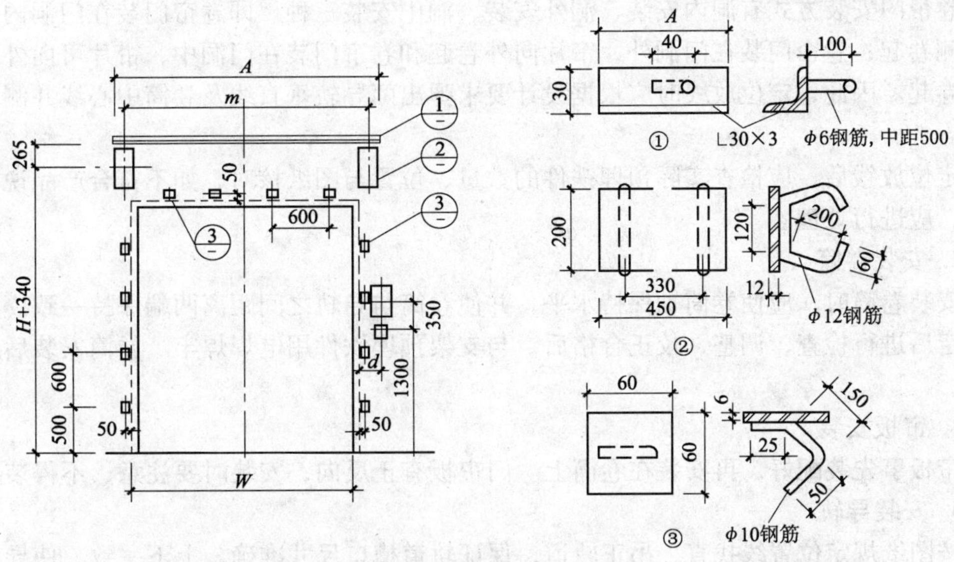


图4-31 卷帘门预埋铁件及埋设位置

①—导轨预埋铁件；②—支架预埋铁件；③—防护罩预埋铁件手电锯、电焊机、射钉枪等

2. 其他材料

膨胀螺栓、螺钉、预埋铁件、电焊条等。

### （二）主要机具、工具

1. 主要机具

手电锯、电焊机、射钉枪等。

2. 主要工具

电工用具、线坠、灰线袋、角尺、钢卷尺、水平尺等。

（三）作业条件

（1）按设计型号、查阅产品说明书和电器原理图；检查产品材质和表面处理及零附件，并测量产品各部件基本尺寸。

（2）检查卷帘洞口尺寸、导轨、支架的预埋铁件位置和数量与图纸相符，并已将预埋铁件表面清理干净。

（3）已准备好卷帘门安装机具和安装材料。

（4）已准备安装卷帘门的简易脚手架。

（四）安装施工质量控制

1. 施工工艺程序

（1）手动卷帘门工艺程序：

定位、放线→安装卷筒→安装手动机构→帘板与卷筒连接→安装导轨→试运转→安装防护罩。

（2）电动卷帘门工艺程序：

定位、放线→安装卷筒→安装电机、减速器→安装电气控制系统→空载试车→帘板与卷筒连接→安装导轨→安装水幕喷淋系统→试运转→安装防护罩。

2. 定位放线

卷帘门安装方式有洞内安装、洞外安装、洞中安装三种。即卷帘门装在门洞内，帘片向内侧卷起；卷帘门装在门洞外，帘片向外卷起和卷帘门装在门洞中，帘片可向外侧或向内侧卷起。因此，定位放线时应根据设计要求弹出两导轨垂直线及卷筒中心线并测量洞口标高。

定位放线后，应检查实际预埋铁件的数量、位置与图纸核对，如不符合产品说明书的要求，应进行处理。

3. 安装卷筒

安装卷筒时，应使卷筒轴保持水平，并使卷筒与导轨之间距离两端保持一致，卷筒临时固定后进行检查，调整、校正合格后，与支架预埋铁件用电焊焊牢。卷筒安装后应转动灵活。

4. 帘板安装

帘板事先装配好，再安装在卷筒上。门帘板有正反向，安装时要注意，不得装反。

5. 安装导轨

按图纸规定位置线找直、吊正轨道，保证轨道槽口尺寸准确，上下一致，使导轨在同一垂直平面上，然后用连接件与墙体上的预埋铁件焊牢。

6. 安装水幕喷淋系统

防火卷帘门应安装水幕喷淋系统。水幕喷淋系统，应与总控制系统连接。安装后，应试验。

7. 试运转

先手动试运行，再用电动机启闭数次，调整至无卡住、阻滞及异常噪声等现象为合格。

8. 安装卷筒防护罩

卷筒上的防护罩可做成方形或半圆形。一般由产品供应方提供。保护罩的尺寸大小，应与门的宽度和门帘板卷起后的直径相适应，保证卷筒将门帘板卷满后与防护罩有一定空隙，不发生相互碰撞，经检查合格后，将防护罩与预埋铁件焊牢。

（五）成品保护

（1）卷帘门在搬运和安装过程中，应有防护装置，并避免碰撞。

（2）卷帘门装箱应运至安装位置，然后开箱检查。

（3）电焊工必须持有效期内的上岗证作业，以保证安装质量并不损坏其他成品。

（4）卷帘门安装后，尚未交付使用前，要有专人管理，并应有保护设施。

（六）施工注意事项

（1）卷帘门帘板有正反向，不得装反。

（2）安装导轨的卷帘门，轨道应找直、吊正，保证轨道槽口尺寸准确，上下一致。使导轨同在一垂直平面上。

## 第六节　天窗工程施工质量控制

### 一、天窗的构造

（1）坡屋顶采光天窗一般采用传统的老虎天窗（图 4-32）或顺坡式成品斜屋顶天窗（图 4-33）。

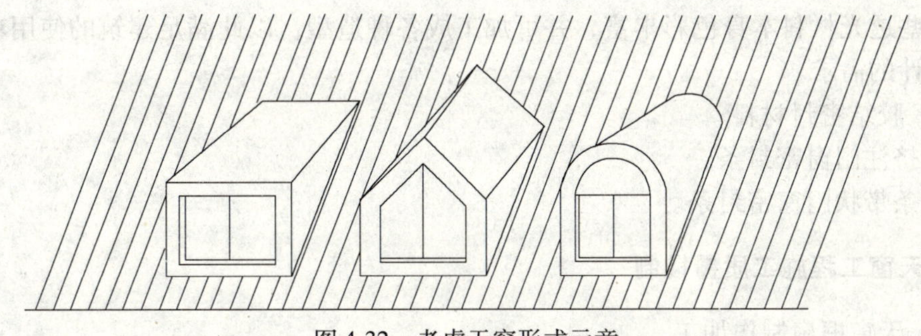

图 4-32　老虎天窗形式示意

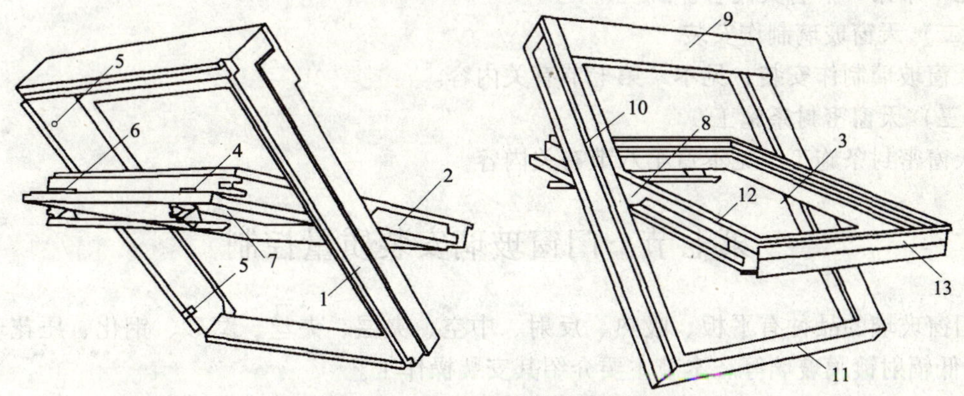


图 4-33　斜屋面成品天窗组成

1—窗框；2—窗扇；3—玻璃；4—商标；5—插销孔；6—插销；7—窗帘和遮阳帘；8—摩擦合页；9—顶框罩板；10—边框罩板；11—底框罩板；12—边扇罩板；13—底扇罩板

（2）从采光通风来讲，斜屋顶天窗比老虎天窗采光效果好，一樘玻璃面积相同的安装在坡度为45°斜屋顶上的天窗，其采光量要比普通老虎天窗多40%左右，而且使室内外空气形成对流。斜屋顶天窗的窗台距地900～1100mm，窗框顶部距地1850～2200mm，这样可获得较佳的空间效果，同时便于操作控制。

（3）坡屋顶上开设的老虎天窗，窗台一般距地900～1100mm。而且为防止溅水及保证铺瓦构造层次所需的高度，窗台还必须高出斜屋顶洞口之上300mm，并做好四周泛水部位的防水处理，以满足使用要求。

### 二、天窗的材料

（一）骨架材料种类

屋顶采光天窗的骨架材料有型钢、铝合金型材、不锈钢和复合木材等。钢材强度大，但需作防锈处理，并需经常进行维护和保养。铝合金型材可加工成隔断热桥的铝合金型材以及彩色的铝型材饰面，有静电粉末喷涂、氟碳喷涂等工艺做法。还可以选用不锈钢材料，但价格较高。也可采用复合木材作框，框外再包铝合金材料。由于木框热稳定性较好，加工制作方便。

（二）透光材料

屋顶采光天窗的透光材料应具有较好的透光性、耐久性、热工性和安全性。在设计中应选用安全玻璃，如钢化玻璃、夹层玻璃、中空玻璃等，也可采用透光率较高、安全可靠和具有保温隔热功能的阳光板，如双层有机玻璃、聚碳酸酯（PC）透光板、UPVC透光板等。这些透光材料本身色彩丰富，并可加工成各种造型，以此满足建筑的使用功能和立面造型设计的需求。

（三）胶结密封材料

（1）挤注门窗密封条。

（2）条带状门窗密封条。

### 三、天窗工程施工质量控制

（一）天窗框扇制作加工

见本章第一节有关内容。

（二）天窗玻璃制作安装

天窗玻璃制作安装，见本章第七节有关内容。

（三）天窗密封条施工

天窗密封条施工，见本章第八节有关内容。

## 第七节　门窗玻璃安装质量控制

门窗玻璃的品种有平板、吸热、反射、中空、夹层、夹丝、磨砂、钢化、压花玻璃、Low-e低辐射镀膜玻璃等。本节主要介绍其安装操作工艺。

## 一、施工图设计文件

施工设计图文件应规定：

(1) 门窗玻璃的品种、规格、尺寸、色彩、图案和涂膜朝向。

(2) 门窗玻璃的安装方法。

## 二、产品和安装材料

(一) 玻璃产品

应根据设计要求选定玻璃品种、厚度、色彩等。玻璃应有出厂质量合格证和产品性能检测报告。

(二) 安装材料

油灰、红丹底漆、厚漆（铅油）、玻璃钉、钢丝卡、油绳、煤油、木压条、橡胶压条、玻璃胶、橡皮垫、密封胶等。材料应选用优等品。

## 三、主要机具、工具

(一) 主要机具

电动真空吸盘、电动吊篮、冲孔电钻、电动螺丝刀、手持吸盘等。

(二) 主要工具

工作台、玻璃刀、钢丝钳、钢卷尺、木折尺、直尺、角尺、扁铲、油灰刀、靠尺、螺丝刀、木柄方锤、小锤、抹布或棉纱、工具袋、安全带等。

## 四、作业条件

(1) 门窗五金应安装完毕；框、扇及玻璃隔墙涂料涂刷基本完毕。

(2) 室内作业温度应在正温度以上。

(3) 存放玻璃的库房温度与作业面温度相差不能过大。玻璃如在过冷或过热环境中运入操作地点，应待玻璃与室内温度相近后方可进行安装。

(4) 玻璃安装前，门窗框扇应经检验合格。如有缺陷，应进行整修。

## 五、施工质量控制

(一) 玻璃裁割工艺

1. 玻璃裁割要遵循下列要求

(1) 根据安装所需的玻璃规格，应结合玻璃箱的玻璃规格合理套裁。

(2) 玻璃集中裁割。裁割时，应按“先裁大、后裁小、先裁宽、后裁窄”的顺序进行。

(3) 选择几档不同尺寸的门框、扇，量准尺寸进行试裁割和试安装。核实玻璃尺寸正确、留量合适后方可成批裁割。

(4) 玻璃裁割留量，一般按实测长、宽各缩小2~3mm。

(5) 裁割玻璃时，严禁在已划过的刀路上重新划第二遍，必要时，只能将玻璃翻过面来重划。

（6）钢化玻璃严禁裁划或用钳子扳。应按设计规格和要求，预先订货加工。

2. 玻璃裁割操作工艺

（1）2～3mm平板玻璃裁割：

裁割薄玻璃，可用12mm×12mm细木条直尺，用折尺量出玻璃框、扇尺寸（按门窗编号和截割尺寸配料单），再在直尺上定出所划尺寸。此时，要考虑留3mm空档和2mm刀口。对于我国北方寒冷地区的钢框、扇，要考虑门窗的收缩，留出适当空档。例如，玻璃框宽500mm，在直尺上495mm处钉一小钉，再加刀口2mm，则所划的玻璃应为497mm，则安装效果很好。操作时，将直尺上的小钉紧靠玻璃一端，玻璃刀紧靠直尺的另一端，一手掌握小钉挨住的玻璃边口不松动，另一手掌握刀刃端直向退划，不得有轻重和弯曲。

（2）4～6mm的厚玻璃裁割：

裁割4～6mm的厚玻璃，除了掌握薄玻璃裁割方法外，按下述方法裁割。采用5mm×40mm直尺，玻璃刀紧靠直尺裁割。裁割时，要在划口上预先刷上煤油，使划口渗油易于扳脱。

（3）5～6mm厚的大块玻璃裁割：

裁割5～6mm厚的大玻璃，方法与5mm×40mm直尺裁割相同。但因玻璃面积大，人需脱鞋站在玻璃上裁割。裁割前用绒布垫在操作台上，使玻璃受压均匀。裁割后双手握紧玻璃，同时向下扳脱。另一种方法是，一人爬在玻璃上，身体下面垫上麻袋布，一手掌握玻璃刀，一手扶直尺，另一人在后拉动麻布后退，刀子顺尺拉下，中途不停顿。中途停顿则找不到锋口。

（4）夹丝玻璃裁割：

夹丝玻璃的裁割方法与5～6mm平板玻璃相同。但夹丝玻璃裁割因高低不平，裁割时刀口容易滑动难掌握，因此，要认清刀口，握稳刀头，用力比一般玻璃要大，速度相应要快，这样才不致出现弯曲不直。裁割后，双手紧握玻璃，同时用力向下扳，使玻璃沿裁口线裂开。如有夹线未断，可在玻璃缝口内夹一细长木条，再用力往下扳，夹丝即可扳断，然后用钳子将夹线划倒，以免搬运时划破手掌。裁割边缘上宜刷防锈漆。

（5）压花玻璃裁割：

裁割压花玻璃时，压花面应向下，裁割方法与夹丝玻璃相同。

（6）磨砂玻璃裁割：

裁割磨砂玻璃时，毛面应向下，裁割方法与平板玻璃相同。但向下扳时用力要大要均匀，向上回时，要在裁开的玻璃缝处压一木条再上回。

（7）钢化玻璃不能裁割，应按门窗框框格的玻璃尺寸加工定制。

裁割各种矩形玻璃，要注意对角线长短必须一致，划口要齐直，不得弯曲。划异形玻璃，最好事先划出样板或做出套板，然后进行裁割，以求准确。

（二）玻璃加工工艺

1. 玻璃打孔眼

先定出圆心，用玻璃刀划出圆圈并从背面将其敲出裂痕，再在圈内正反两面划上几条相互交叉的直线和横线，同样敲出裂痕。再将一块尖头铁器轻而慢地把圆圈中心处击穿，用小锤逐点向外轻敲圆圈内玻璃，使玻璃破裂后取出即成毛边洞眼。最后用金刚石或油石磨光圆边即可。此法适用于直径大于20mm的洞眼。

2. 玻璃钻孔眼

定出圆心并点上墨水，将玻璃垫实平放于台钻平台上，不得移动。再将内掺煤油的280～320目金刚砂点在玻璃钻眼处，然后将安装在台钻上安平头工具钢钻头，对准圆心墨点轻轻压下，不能摇晃，旋转钻头，不断运动钻磨，边磨边点金刚砂。钻磨自始至终用力要轻而均匀，尤其是接近磨穿时，用力更要轻，要有耐心。此法适用于加工直径小于10mm的孔眼。直径在11～50mm之间的孔眼，目前，在普通手电钻的前端安上一个与钻孔直径相同的平头圆筒空心钻花，将玻璃平放在台桌上（垫绒毡布），以同样的操作方法（注意加注磨水）钻出一个圆孔洞。

3. 玻璃打槽

先在玻璃上按要求槽的长、宽尺寸划出墨线，将玻璃平放于固定在工作台上的手摇砂轮机的砂轮下，紧贴工作台，使砂轮对准槽口的墨线，选用边缘厚度稍小于槽宽的金刚砂轮，倒顺交替摇动摇把，使砂轮来回转动，转动弧度不大于周边的1/4，转速不能太快过猛，边磨边加水，注意控制槽口深度，直至打好槽口。目前，现场均用电动砂轮代替手动砂轮。

4. 玻璃磨边

先加工一个槽形容器，用长约2m，宽约40mm的等边角钢在其两端焊上薄钢板封口。槽口朝上置于工作凳上，槽内盛清水和金刚砂。将玻璃立放在槽内，双手紧握玻璃两边，使玻璃毛边紧贴槽底，用力推动玻璃来回移动，即可磨去毛边棱角。磨时勿使玻璃同角钢碰撞，防止玻璃缺棱掉角。目前，现场玻璃磨边均采用电动磨边机械和装置。

5. 玻璃磨砂

玻璃磨砂，现场常采用手工研磨。即将平板玻璃平放在垫有棉毛毡等柔性软料的操作台上。将280～300目金刚砂堆放在玻璃面上，并用粗瓷碗反扣住，后用双手轻压碗底，并推动碗底打圈移动研磨，或将金刚砂均匀地铺在玻璃上，再将一块玻璃覆盖在上面，一手拿稳上面一块玻璃的边角，一手轻轻压住玻璃另一边，推动玻璃来回打圈研磨；也可在玻璃上放置适量的石英砂，再加少量的水，用磨砂纸研磨。研磨从四角开始，逐步移向中间，直至玻璃呈均匀的乳白色，达到透光不透明即成。研磨时用力要适当，速度可慢一些，以避免玻璃压裂或缺角。此法只适用于现场少量玻璃的加工。一般在市场有商品磨砂玻璃可售，产品到现场后裁割即可。

（三）玻璃安装操作工艺

1. 塑料门窗安装玻璃

（1）首先将粘附在玻璃、塑料门窗框表面的尘土、油污等污染物和水膜擦除，并将玻璃槽口内的灰渣、异物清除干净，冲通排水孔。

（2）玻璃就位。将裁好的玻璃对号插入框、扇的凹槽中间，内外两侧的间隙应不少于2mm。

（3）用橡胶压条固定玻璃。先将橡胶压条嵌入玻璃两侧密封，然后将玻璃挤紧。橡胶压条规格要与凹槽的实际尺寸相符。所嵌的压条要和玻璃、玻璃槽口紧贴，安装不能偏位，不应强行填入压条、防止玻璃承受较大的安装应力，造成玻璃翘曲。

（4）检查橡胶压条设置的位置是否合适，防止出现排水通道受阻、泄水孔堵塞。

（5）用棉纱或抹布擦净玻璃表面的污染物，关好门窗扇，以免风吹框扇碰撞、振碎玻璃。

2. 钢门窗安装玻璃

(1) 将钢框、扇裁口内的灰尘、碎屑、杂物等污垢清除干净。

(2) 钢框、扇如有压弯、翘曲等变形，应经修整合格后方可安装玻璃。

(3) 试安装玻璃，使玻璃每边都能压住裁口宽度的3/4，但每个窗扇的裁口略有大小，同一规格的玻璃也有差异，故应先试后安。试安装不合格者应调换，直至合格为止。

(4) 用油灰刀在裁口内打油灰底。抹灰应均匀，抹厚1~3mm，并将裁口内高低填平。5mm以上的大玻璃，应用橡皮条或毡条嵌垫，但嵌垫材料应略小于裁口，安好后不得明露。

(5) 安上玻璃并挤压油灰使之紧贴，使四边有油灰挤出。玻璃安装时，先放下口，再推入上口。

(6) 用钢丝卡卡入扇的边框小眼内固定。长卡头压住玻璃，但不得露出油灰外，每边不小于两个。间距不得大于300mm。

(7) 在四边抹上油灰，并用油灰刀或扁铲切成三角斜面，四角成八字形。油灰表面要光滑，不得有中断、起泡、麻点、凹坑等疵病。油灰与玻璃的交线要平直，且与裁口线平行。使人在外看不见裁口，从里面看不见油灰。

(8) 采用钢压条固定时，应先取下压条，安入玻璃后，原条原框用螺钉拧紧固定。

(9) 采用玻璃橡胶压条粘贴施工时，先将钢框、扇粘贴面擦净，清除油污，再在钢框、扇上均匀涂刷一度胶粘剂（氯丁胶），安上玻璃，然后将准备好的橡胶压条粘贴面刷上胶粘剂安上，10min后用手指均匀地按压压条，使压条贴合。压条的两个粘贴面必须平直，在任一粘贴面不能有凹凸和缺陷。

(10) 擦净玻璃上的油灰印迹，关好框、扇，以免风吹震碎玻璃。

3. 铝合金门窗安装玻璃

(1) 除去附着在玻璃、铝合金表面的尘土、油污等污染物及水膜，并将玻璃槽口内的灰浆渣、异物清除干净、畅通排水孔，并复查框、扇开关的灵活度。

(2) 凹槽垫橡胶垫：

框、扇槽内，应干燥、洁净。然后将3mm厚的氯丁橡胶垫块垫入凹槽内，避免玻璃直接接触框、扇。

(3) 玻璃就位：

将已裁割好的玻璃（四周应磨钝），在铝合金框扇中进行就位。玻璃面积较小，可用双手夹住玻璃就位。如单块玻璃面积较大，应用手提吸盘吸住玻璃就位。就位的玻璃要摆在凹槽的中间，并应保持有足够的嵌入量（图4-34）。调整好玻璃的垂直水平度，使内外两侧间隙不少于2mm，也不大于5mm，避免玻璃直接接触框、扇，以防止因玻璃胀缩发生变形。

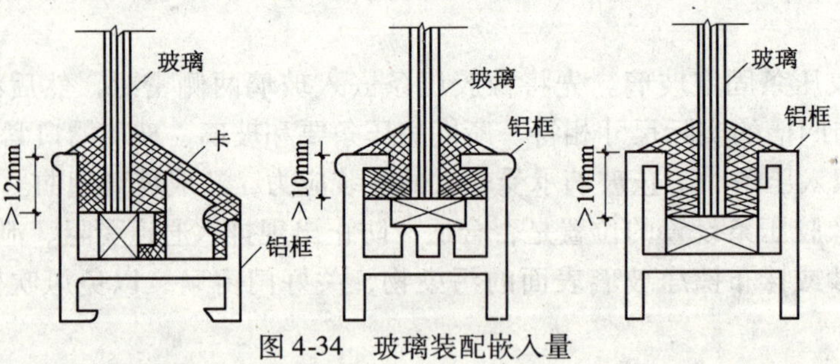


图4-34 玻璃装配嵌入量

（4）固定玻璃：

① 当采用橡胶条固定玻璃时，先将橡胶条在玻璃两侧挤紧，再在胶条上面注入硅酮系列密封胶。胶应均匀、连续地填满在周边内，不得漏胶。当采用橡胶块固定玻璃时，先用10mm左右的橡胶块，将玻璃挤住，再在其上面注入硅酮系列密封胶。

② 当采用橡胶压条固定玻璃时，先将橡胶压条嵌入玻璃两侧密封，然后将玻璃挤紧，上面不再注胶，但选用橡胶压条时，规格要与槽的实际尺寸相符，其长度不得短于玻璃周缘长度。所嵌的胶条要和玻璃、玻璃槽口紧贴，不得松动；安装不得偏位，不应强行填入胶条，否则，会造成玻璃严重翘曲。反射玻璃的严重翘曲，会产生严重的形象畸变。使用胶枪注胶时，要注得均匀、光滑，注入深度不小于5mm。

（5）安装中空玻璃和玻璃面积大于0.65$m^2$位于竖框中的玻璃时，应将玻璃搁置在两块相同的定位垫块上。搁置点离玻璃垂直边缘距离不少于玻璃宽度的1/4，且不宜少于150mm；位于扇中的玻璃，按开启方向确定定位垫块的位置。其定位垫块的宽度应大于所支撑玻璃件的厚度，长度不应小于25mm。

定位垫块下面可设铝合金垫片。垫片和垫片均固定在框扇上，不得采用木质的定位垫块、隔片和垫片。

（6）安装迎风面的玻璃时，玻璃镶入框内后，要及时用通长镶嵌条在玻璃两侧挤紧或用垫片固定，防止遇到较大阵风时使玻璃破损。

（7）平开门窗的玻璃外侧，要采用玻璃胶填封，使玻璃与铝框连接成整体。胶面向外倾斜30°~40°角。

（8）检查垫块、镶嵌条等设置的位置是否合适，防止出现排水通道受阻、泄水孔填塞现象。

（9）擦净玻璃表面污染物，关好框、扇，以防风吹震碎玻璃。

4. 涂色镀锌钢板门窗安装玻璃

涂色镀锌钢板框、扇玻璃，一般已在工厂安装，不需在现场安装。但其安装方法与铝合金框、扇基本相同。如在现场安装，应注意检查涂色镀锌钢板框、扇是否平直。有无翘曲等现象。如有缺陷，应及时整修好才能安装玻璃，以免造成安装困难甚至破坏玻璃。

5. 木门窗安装玻璃

木门窗框、扇玻璃，其安装工艺与钢门窗框、扇玻璃安装基本相同。

6. 彩色、压花玻璃安装

彩色、压花玻璃安装工艺，基本同钢框、扇玻璃，但安装中应注意的是：

（1）按设计要求的图案进行裁割。

（2）玻璃拼缝上下左右图案要吻合，不能错位、斜曲和松动，以免影响美观。

（3）压花玻璃应将花纹朝向室外；磨砂玻璃的磨砂面朝向室内；天窗则光面向上，上开或下开的亮子开启的光面向上，便于清除积灰。

7. 天窗安装玻璃

（1）工业厂房斜天窗设计无要求时，要采用夹丝玻璃，现场如无现货，可以采用平板玻璃，但要在玻璃下面加设一层镀锌钢丝网，以防玻璃破碎伤人。

（2）操作中注意流水方向盖叠安装，斜天窗坡度一般为1/4或大于1/4，盖叠长度不得少于30mm，坡度为1/4以下时，不得少于50mm。

（3）盖叠处要用钢丝卡固定，并在盖叠缝隙中加垫油绳，还须用密封胶或防锈油灰嵌塞密实，但油灰不得露出封口，以免该处年久裂口，造成漏水。

8. 玻璃压条、无框玻璃安装

（1）玻璃压条安装：

① 一般木框、木隔墙安装，玻璃不抹油灰而用木压条时（木压条本身应涂刷干性油），要在刷好底漆未刷面漆时进行。

② 钉在木压条上的钉帽应砸扁。

③ 安装时，先用铲刀或刨刀（油灰刀）将木压条撬开，并退出钉子，抹上底灰（油灰略为调稀）。

④ 装上玻璃，压条嵌好紧贴玻璃打入钉子，钉子不得倾斜，四角平直合缝，四角压条合角严密。压条与玻璃的缝隙不大于1mm。

⑤ 油灰勾抹严密，修补平整。

（2）无框玻璃安装：

① 当饰面玻璃不设框子时，须用螺栓和挂钩固定玻璃。

② 螺栓或挂钩应用橡皮或软物衬垫，衬垫要整齐美观。

③ 安装玻璃严禁用锤击或撬动，如不合适可取出重安。

## 六、成品保护

（1）门窗玻璃安装后要及时关闭，并将风钩挂好，插销插好，以防刮风损坏玻璃。

（2）安装玻璃时注意保护好窗台抹灰或饰面不受污染和损坏。

（3）填封密封胶条或玻璃胶的框、扇应等胶干（不少于24h），框、扇方可开启。

（4）防止强酸性洗涤剂溅到玻璃上，如已溅上，要用水冲洗干净。

（5）热反射玻璃的反射膜面，不得溅上碱性灰浆。否则，要用清水冲洗干净，以免反射膜变质。

（6）不得用酸性洗涤剂或含研磨粉的去污粉清洗反射玻璃的反射膜面，以免反射膜面留下痕迹或使反射膜脱落。

（7）焊接火花、切割发生的火花不得溅到玻璃上，以免玻璃遭受损伤。

（8）已完成玻璃安装的房间，应有专人看管，负责框、扇开关，避免玻璃受到破坏。

## 七、施工注意事项

（1）玻璃应储存在通风良好，无潮湿的库房内，防止玻璃发霉。

（2）夹丝玻璃裁割时，应防止两块玻璃互相在边缘处挤压，造成微小缺口而引起使用时破损。

（3）市售商品油灰应现场取样检测，其粘结强度和耐老化性能指标必须全部合格，不合格的油灰不得使用，严禁使用水货油灰，影响玻璃安装质量。

（4）玻璃裁割时，除应严格掌握配料尺寸外，对有气泡、水印、棱脊、波浪和裂纹的玻璃，必须剔除不用。

（5）玻璃安装前，对框、扇安装质量应进行检查，如有缺陷，未经处理，不得安装玻璃。槽口应清理干净，并不得有潮湿现象。

（6）油灰封缝的门窗扇，铺垫的底油灰应软硬适中，厚薄一致，厚度至少1mm，但不得大于3mm，不间断、无堆集地铺好底油灰后，再安装玻璃。为防止油灰冻结，油灰中可掺适量防冻剂或酒精。木门窗固定玻璃的钉帽应紧贴玻璃，垂直钉牢。圆钉长度12.7～19mm，每边不少于2颗。

（7）封缝的橡胶条，易在转角部位脱开，因此要在转角部位注上胶，使其牢固粘结。

（8）用木压条封缝的门窗框扇，木压条应采用杉木，其尺寸应符合安装要求，端部锯成45°角的斜面。安装玻璃前，先将木压条卡入槽口内，装玻璃时取下来，垫油灰后，将木压条紧贴玻璃，四边木压条卡紧后，用合适长度的钉子钉牢。钉帽应砸扁，冲入木压条面0.5mm。

（9）玻璃安装完工后，操作人员必须将玻璃面彻底擦拭干净，使玻璃明亮。

## 第八节 门窗密封条施工质量控制

### 一、门窗密封的意义

门窗密封是经济效益最好的一种建筑节能措施，可节能15%以上。门窗密封还可以改善居住和工作条件，在住宅里，冬天寒风通过门窗缝隙吹入室内，会妨碍老人、小孩的健康，而在工作场所，通风过度使人很不舒服，影响工作效率。此外，门窗密封还可以阻挡风沙、蚊蝇进入室内。然而，将门窗四周边缘的缝隙密封起来，是一件较为简单的事情。只要选择好适当的密封条，居民自已也可以动手做好。

### 二、安装门窗密封条施工质量控制

（一）密封条产品及构造

（1）门窗密封条产品品种规格繁多，分别适用于不同场所。但从施工的角度看，一种是条带状产品（安设门窗密封条），可直接安装固定；另一种是膏状产品（挤注门窗密封条），封装在小罐内，施工时用挤枪将密封膏挤注到门窗接缝处，待固化后即成密封条。

（2）安装门窗密封条产品有多种多样，主要有自粘性的，另用胶粘剂粘结的，用钉子或螺栓固定、可镶嵌在门窗框预留槽内等，见图4-35～图4-37。

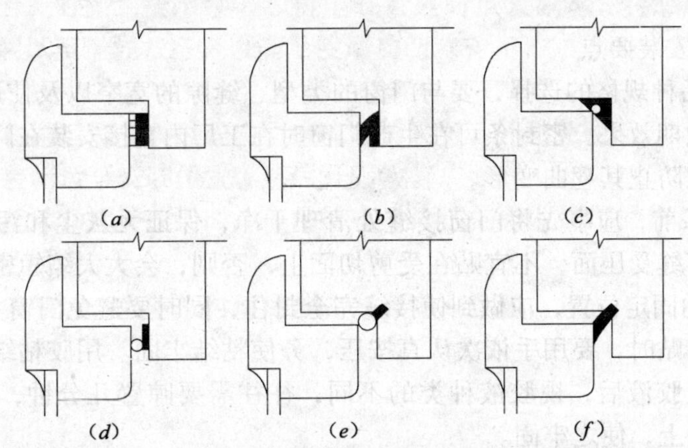


图4-35 各种压缩性密封条形状及固定位置示意图

（a）刷状条；（b）V形条；（c）角条；（d）管状平条；（e）管状角条；（f）鳍状条

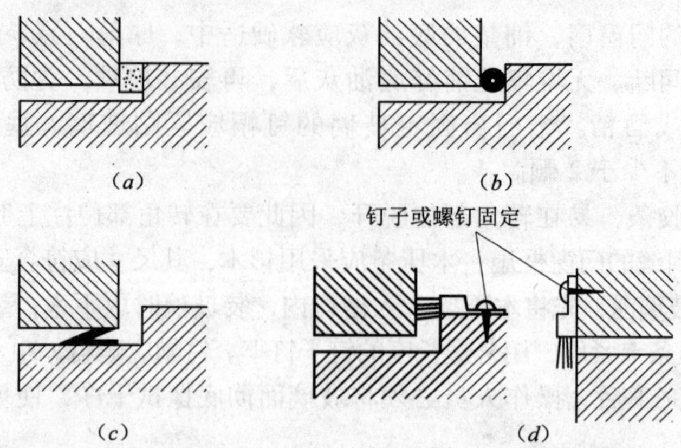


图4-36　不同密封条固定方法示意图

(a) 自粘性泡沫密封条；(b) 用胶粘结管状密封条；(c) 自粘性V形密封条；(d) 钉子或螺钉固定刷状密封条

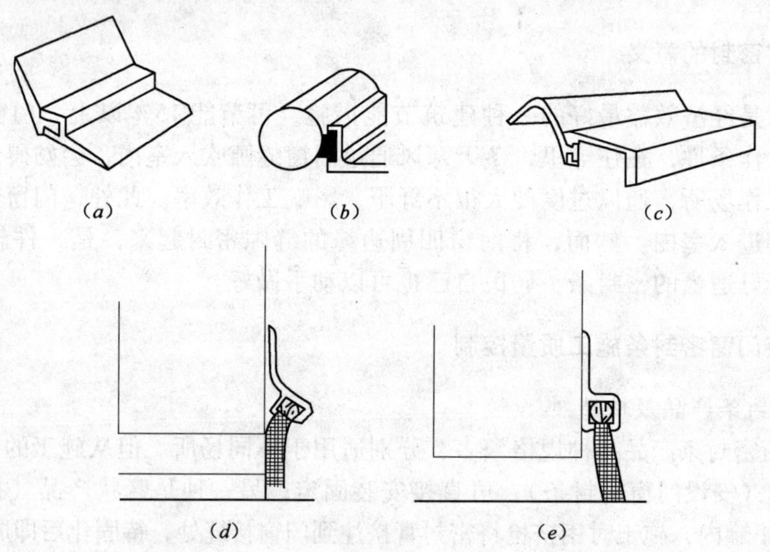


图4-37　几种用夹片固定的密封条示例

(a) 鳍状条；(b) 管状条；(c) 曲片条；(d) 弯刷条；(e) 平刷条

（二）密封条安装要点

（1）密封条品种规格的选择，要与门窗的类型、缝隙的宽窄以及使用的部位相匹配，否则，将达不到预期效果。密封条可在生产门窗时在工厂内直接安装在门窗上，但在门窗运输时，必须注意防止其翘曲变形。

（2）贴密封条前，应事先将门窗接缝处清理干净，保证无灰尘和污物。平开窗用密封条，应贴在门窗缝受压面，不宜贴在受剪切面上，否则，会大大缩短密封条寿命。

（3）密封条的固定位置，应做到使接缝完全封住，同时要避免门窗关得过紧或过松。自粘性密封条在粘贴时，要用手依次认真按压，务使粘结牢固。用胶粘结的密封条，在门窗框扇接缝处涂上胶液后，视胶液种类的不同，往往需要晾置几分钟，待胶液中溶剂挥发，再将密封条贴上，使之牢固。

### 三、挤注门窗密封条施工质量控制

将罐装单组分密封膏，用挤枪挤注在门窗框扇接缝处，关上后挤压成型固化，即成门窗密封条。其尺寸厚薄正好与门窗缝隙一致。由于我国大部分钢窗缝隙宽窄变化很大，此种密封条正好适应这种需要，造价又不高，十分实用。施工要点如下：

（1）将钢窗框扇之间接缝认真清理好，做到干净、干燥。

（2）对钢窗接缝处的非粘结面，贴上单面胶带，其表面再刷上防粘硅油。防粘硅油必须注意刷满，粘结面处不得漏刷。

（3）在密封膏罐外口处切一斜口，后面安上挤枪，对准接缝受压面挤注密封膏。挤注密封膏必须做到厚薄宽窄符合密封要求，均匀一致。

（4）根据施工时温湿度情况，24 ~48h 内膏状密封条固化。此时可推开钢窗开启扇，对已成型的密封条外观不整齐部分，用刀进行修整。如局部原先挤注厚度不够。可以补充挤注。

（5）经最终修整后，除去防粘纸（即单面胶带）。

## 第九节　门窗节能分项工程质量标准与验收

### 一、门窗节能分项工程质量标准

（一）主控项目

1. 建筑外门窗的品种、规格应符合设计要求和相关标准的规定。

检验方法：观察、尺量检查；核查质量证明文件。

检查数量：按《建筑节能工程施工质量验收规范》（GB 50411）第 6. 1. 5 条执行；质量证明文件应按照其出厂检验批进行核查。

2. 建筑外窗的气密性、保温性能、中空玻璃露点、玻璃遮阳系数和可见光透射比应符合设计要求。

检验方法：核查质量证明文件和复验报告。

检查数量：全数核查。

3. 建筑外窗进入施工现场时，应按地区类别对其下列性能进行复验，复验应为见证取样送检：

（1）严寒、寒冷地区：气密性、传热系数和中空玻璃露点；

（2）夏热冬冷地区：气密性、传热系数、玻璃遮阳系数、可见光透射比、中空玻璃露点；

（3）夏热冬暖地区：气密性、玻璃遮阳系数、可见光透射比、中空玻璃露点。

检验方法：随机抽样送检；核查复验报告。

检查数量：同一厂家同一品种同一类型的产品各抽查不少于 3 樘（件）。

4. 建筑门窗采用的玻璃品种应符合设计要求。中空玻璃应采用双道密封。

检验方法：观察检查；核查质量证明文件。

检查数量：按《建筑节能工程施工质量验收规范》（GB 50411）第 6. 1. 5 条执行。

5. 金属外门窗隔断热桥措施应符合设计要求和产品标准的规定，金属副框的隔断热桥措施应与门窗框的隔断热桥措施相当。

检验方法：随机抽样，对照产品设计图纸，剖开或拆开检查。

检查数量：同一厂家同一品种、类型的产品各抽查不少于1樘。金属副框的隔断热桥措施按检验批抽查30%。

6. 严寒、寒冷、夏热冬冷地区的建筑外窗，应对其气密性作现场实体检验，检测结果应满足设计要求。

检验方法：随机抽样现场检验。

检查数量：同一厂家同一品种、类型的产品各抽查不少于3樘。

7. 外门窗框或副框与洞口之间的间隙应采用弹性闭孔材料填充饱满，并使用密封胶密封；外门窗框与副框之间的缝隙应使用密封胶密封。

检验方法：观察检查；核查隐蔽工程验收记录。

检查数量：全数检查。

8. 严寒、寒冷地区的外门安装，应按照设计要求采取保温、密封等节能措施。

检验方法：观察检查。

检查数量：全数检查。

9. 外窗遮阳设施的性能、尺寸应符合设计和产品标准要求；遮阳设施的安装应位置正确、牢固，满足安全和使用功能的要求。

检验方法：核查质量证明文件；观察、尺量、手扳检查。

检查数量：按《建筑节能工程施工质量验收规范》(GB 50411) 第6.1.5条执行；安装牢固程度全数检查。

10. 特种门的性能应符合设计和产品标准要求；特种门安装中的节能措施，应符合设计要求。

检验方法：核查质量证明文件；观察、尺量检查。

检查数量：全数检查。

11. 天窗安装的位置、坡度应正确，封闭严密，嵌缝处不得渗漏。

检验方法：观察、尺量检查；淋水检查。

检查数量：按《建筑节能工程施工质量验收规范》(GB50411) 第6.1.5条执行。

(二) 一般项目

1. 门窗扇密封条和玻璃镶嵌的密封条，其物理性能应符合相关标准的规定。密封条安装位置应正确，镶嵌牢固，不得脱槽，接头处不得开裂。关闭门窗时密封条应接触严密。

检验方法：观察检查。

检查数量：全数检查。

2. 门窗镀（贴）膜玻璃的安装方向应正确，中空玻璃的均压管应密封处理。

检验方法：观察检查。

检查数量：全数检查。

3. 外门窗遮阳设施调节应灵活，能调节到位。

检验方法：现场调节试验检查。

检查数量：全数检查。

## 二、门窗节能分项工程质量验收

（一）检验批划分及检查数量

1. 建筑外门窗工程的检验批应按下列规定划分：

（1）同一厂家的同一品种、类型、规格的门窗及门窗玻璃每100樘划分为一个检验批，不足100樘也为一个检验批。

（2）同一厂家的同一品种、类型和规格的特种门每50樘划分为一个检验批，不足50樘也为一个检验批。

（3）对于异形或有特殊要求的门窗，检验批的划分应根据其特点和数量，由监理（建设）单位和施工单位协商确定。

2. 建筑外门窗工程的检查数量应符合下列规定：

（1）建筑门窗每个检验批应抽查5%，并不少于3樘，不足3樘时应全数检查；高层建筑的外窗，每个检验批应抽查10%，并不少于6樘，不足6樘时应全数检查。

（2）特种门每个检验批应抽查50%，并不少于10樘，不足10樘时应全数检查。

（二）隐蔽验收

建筑外门窗工程施工中，应对门窗框与墙体接缝处的保温填充做法进行隐蔽工程验收，并应有隐蔽工程验收记录和必要的图像资料。

（三）门窗节能工程半成品验收

建筑门窗进场后，应对其外观、品种、规格及附件等进行检查验收，对质量证明文件进行核查。

# 第五章　屋面节能分项工程施工质量控制与验收

## 第一节　松散保温材料的屋面节能工程施工质量控制

### 一、施工准备

（一）材料

（1）松散保温材料主要有工业炉渣、膨胀蛭石及膨胀珍珠岩等。

（2）松散保温材料的质量指标应满足设计要求，见表5-1。

**松散保温材料质量要求**　　**表5-1**

| 项　目 | 膨胀蛭石 | 膨胀珍珠岩 | 工业炉渣 |
|---|---|---|---|
| 粒径（mm） | 3～15 | >0.15（小于0.15的含量不大于8%） | 5～40，不得含有石块、土块、重矿渣和未燃烬的煤渣 |
| 堆积密度（$kg/m^3$） | ≤300 | ≤120 | 500～800 |
| 导热系数［W/(m·K)］ | ≤0.14 | ≤0.07 | 0.16～0.25 |

（二）机具设备

搅拌机、平板振捣器、平锹、木刮杠、水平尺、手推车、木拍子、木抹子等。

（三）作业条件

（1）铺设保温材料的基层（结构层）施工完毕，并办理隐检验收手续。

（2）铺设隔汽层的屋面应先将表面清扫干净，干燥、平整，不得有松散、开裂、空鼓等缺陷；隔汽层的构造做法必须符合设计要求和现行《屋面工程质量验收规范》GB 50207的规定。

（3）穿过结构的管根部位，应用细石混凝土填塞密实，以使管子固定。

（四）技术准备

（1）施工方案已编制完成，并做好技术交底及安全交底。

（2）保温材料进场后应对密度、粒径进行检查，并检查含水率是否符合设计要求。

### 二、施工工艺

（一）施工工艺流程

施工工艺流程如下：

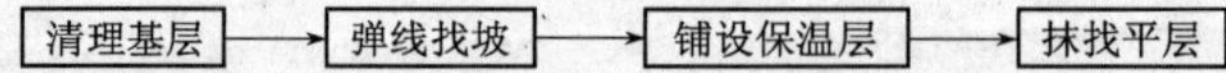

（二）施工方法

1. 清理基层

应将预制或现浇混凝土基层表面的尘土、杂物等清理干净，且表面干燥。

2. 弹线找坡

按设计坡度及流水方向，找出屋面坡度，确定保温层的厚度范围。

3. 铺设保温层

（1）松散保温层（工业炉渣、膨胀蛭石保温层、膨胀珍珠岩保温层），应经筛选，严格控制粒径和含水率。

（2）为了准确控制保温材料铺设的厚度，在屋面上每隔 1m 摆放与保温层同厚的木条控制厚度。

（3）松散保温材料应分层铺设，适当压实。每层铺设的厚度不宜大于 150mm，其压实的程度及厚度应根据设计要求经试验确定。压实后不得直接在保温层上推车或堆放重物。

（4）松散保温层应干燥，含水率不得超过设计规定，否则，应采取干燥措施或排汽措施。

（5）遇下雨或 5 级以上的风时不得铺设松散保温层。

（6）细部处理：

① 排气管和构筑物穿过保温层的管壁周边和构筑物的四周，应预留排气口；

② 女儿墙根部与保温层之间应设温度缝，缝宽以 15～20mm 为宜，并应贯通到结构基层；

③ 保温层的分格缝应符合设计要求和施工规范的规定。

4. 抹找平层

（1）保温层施工验收合格后，及时进行找平层施工。

（2）铺抹找平层时，可在松散保温层上铺一层塑料薄膜等隔水物，以阻止砂浆中水分被吸收，造成砂浆中缺水而强度降低和降低保温层的保温性能。

（3）为防止倒砂浆时挤走保温材料，抹找平层时，先用竹筛或钉有木框的钢丝网覆盖，然后将找平层砂浆倒入筛内，摊平后，取出筛子，找平抹光即可。

（三）季节性施工

（1）冬期施工应编制屋面工程冬期施工方案。

（2）屋面保温层严禁在雨天、雪天和 5 级风以上时施工。

## 三、成品保护

（1）松散保温材料在运输中应防水、防渗漏，严禁踩踏。产品应按标号、等级在室内堆放，堆放场地应平整、干燥。

（2）在已经铺好的松散保温层上行走、推小车必须铺垫脚手板。

（3）保温层施工完成后，应及时铺抹水泥砂浆找平层，以减少受潮和进水，尤其在雨期施工时，应及时采取覆盖保护措施。

### 四、施工应注意的问题

（1）使用前，松散保温材料应严格按照有关标准进行选择，并加强保管和处理，材料的密度应符合要求，颗粒和粉末含量比例应均匀，使用前应充分晾干，含水率符合要求。对不符合要求的材料不得使用。

（2）分层铺设时，在松散材料移动堆积中，应掌握好各层的厚度，找坡应均匀，认真进行操作；抹砂浆找平层时应防止挤压保温层，以免造成松散保温层铺设厚度不均匀。

（3）应注意避免保温层边角处质量问题（如边角不直，边槎不齐整），以免影响找坡、找平和排水。

## 第二节　现浇保温材料的屋面节能工程施工质量控制

### 一、施工准备

（一）材料

常用的材料包括沥青膨胀珍珠岩及聚氨酯硬泡体，均应符合相应标准和设计要求，有出厂合格证。

1. 沥青澎胀珍珠岩

沥青膨胀珍珠岩整体保温材料表观密度为 $500kg/m^3$，导热系数为 0.1～0.2W/(m·K)，强度为 0.6～0.8MPa。

（1）膨胀珍珠岩：以大颗粒为宜，表观密度为 $100～120kg/m^3$，含水率不大于 10%。

（2）沥青：60 号石油沥青。

2. 整体保温材料

聚氨酯硬泡体材料主要由多元醇与异氰酸酯两组分液体原料组成，采用无氟发泡技术，在一定状态下发生热反应，产生闭孔率不低于 95% 的硬泡体化合物。聚氨酯硬泡体密度应大于等于 $55kg/m^3$，导热系数应小于等于 0.022W/(m·K)，热衰减倍数 $V_o=44～91$，平均粘结强度应大于等于 40kPa，抗压强度应大于等于 0.3MPa，抗拉强度大于等于 500kPa，尺寸变化率应小于等于 1%。

（1）A 组分原料：多元醇应为密封桶装液体，在热反应过程中不应产生有毒气体；

（2）B 组分原料：异氰酸酯应为密封桶装液体，在热反应过程中不应产生有毒气体。

（二）机具

加热锅、搅拌机、聚氨酯硬泡体专用喷涂设备、平锹、木刮杠、水平尺、手推车、木拍板等。

（三）作业条件

（1）铺设保温材料的基层（结构层）应坚实、平整（基层表面不得有明显积水）、干燥（含水率应小于 8%），并办理隐检验收手续。

（2）当采用聚氨酯硬泡体时，施工前屋面与山墙、女儿墙、天沟、檐沟以及凸出屋面结构的连接处应抹成圆弧形，其圆弧半径 $R=80～100mm$。

（3）平屋面找坡层的坡度应符合要求（当采用聚氨酯硬泡体时，平屋面排水坡度不应小于2%）。

（4）穿过结构的管根部位，应用细石混凝土填塞密实。

（四）技术准备

（1）编制施工方案，进行技术和安全交底；对使用喷枪的工人进行技术培训。

（2）保温材料进场后，对材料的产品质量、合格证等进行检查。

## 二、施工质量控制

（一）施工工艺

施工工艺流程如下：

清理基层 → 拌合 → 铺设保温层 → 抹找平层

（二）施工方法

1. 清理基层

将基层表面的浮灰、油污、杂物等清理干净。

2. 拌合

（1）沥青膨胀珍珠岩配合比为（重量比）1：0.7～0.8。拌合时，先将膨胀珍珠岩散料倒在锅内加热并不断翻动，预热温度宜为100～120℃。然后倒入已熬好的沥青中拌合均匀。沥青在熬制过程中，要注意加热温度不应高于240℃，使用温度不宜低于190℃。

（2）沥青与膨胀珍珠岩宜用机械进行拌合，拌合以色泽均匀一致、无沥青团为宜。

3. 铺设保温层

（1）铺设保温层时，应采取“分仓”施工，每仓宽度为700～900mm，可采用木板分隔控制宽度和厚度。

（2）保温层的虚铺厚度和压实厚度应根据试验确定，一般虚铺厚度为设计厚度的130%（不包括找平层），铺后用木拍板拍实抹平至设计厚度。压实程度应一致，且表面平整。铺设时，应尽可能使膨胀珍珠岩的层理平面与铺设平面平行。

4. 抹找平层

沥青膨胀珍珠岩压实抹平并进行验收后，应及时施工找平层。找平层配合比为：水泥：粗砂：细砂=1：2：1，稠度为70～80mm（成粥状）。找平层初凝后洒水养护。

## 三、成品保护

（1）在已经铺好的保温层上行走、推小车必须铺垫脚手板。

（2）聚氨酯硬泡体材料喷涂施工后20min内，严禁上人行走。

（3）保温层施工完成后，应及时铺抹找平层或保护层，以减少受潮和进水，尤其在雨期施工时，应及时采取保护措施。

（4）屋面上的设备、管线等应在保温层施工前安装完毕，严禁破坏保温层。

## 四、施工应注意的问题

（1）施工时，应将基层清理干净，以免聚氨酯硬泡体保温层从基层上拱起或脱离。

（2）应注意避免保温层边角处的质量问题（如边角不直、边楼不齐整），以免影响找坡、找平和排水。

（3）屋面与山墙、女儿墙、天沟、檐沟以及凸出屋面结构的连接处，整体保温层的细部构造应符合设计要求，以免形成防水薄弱点。

## 第三节　喷涂保温材料的屋面节能施工质量控制

聚氨酯硬泡体材料是一种集防水、保温、隔热于一体的新型材料。它主要由多元醇与异氰酸酯两组分液体原料组成，采用无氟发泡技术，在一定状态下发生热反应，产生闭孔率不低于95%的硬泡体化合物——聚氨酯硬泡体。

聚氨酯硬泡体防水保温工程是使用专用喷涂设备，在现场作业面上连续喷涂施工完成的。喷涂施工完成后，在施工作业面上形成一层无接缝的连续壳体。

聚氨酯硬泡体具有导热系数小，节能保温效果好、抗压强度高、聚体连续性好、防水保温一体化等优点，得到了越来越广泛的应用。

聚氨酯硬泡体防水保温材料适用于混凝土结构、金属结构、木质结构的屋面、墙体的保温隔热。

### 一、施工准备

（一）材料

聚氨酯硬泡体防水保温材料的主要技术性能应达到下列要求。

（1）保温隔热性能：导热系数应小于0.024［W/(m·K)］。

（2）防水性能：聚氨酯硬泡体吸水率（%）应分别不大于：Ⅰ型3%、Ⅱ型2%、Ⅲ型1%；闭孔率（%）分别不大于：Ⅰ型90%、Ⅱ型92%、Ⅲ型95%。

（3）尺寸稳定性（70℃，48h）(%）分别不大于：Ⅰ型1.5%、Ⅱ型1.5%、Ⅲ型1%。

（4）密度：30～50kg/m³；

（5）压缩性能［形变10%时的强度（kPa）］分别不小于：Ⅰ型150、Ⅱ型200、Ⅲ型300。

（6）粘结强度：与混凝土、金属、木质等基面的平均粘结强度应不小于40kPa。

（7）对原材料的要求，A组分（多元醇）和B组分（异氰酸酯）在喷涂施工时，热反应过程中不得产生有毒气体。

（8）发泡剂等添加剂不应含氟等有毒物质。

（9）聚氨酯硬泡体防水保温材料的防火性能应符合《建筑设计防火规范》(GB 50016）的要求。

（二）主要机具

聚氨酯硬泡体专用喷涂设备、清理基层工具等。

（三）作业条件

（1）建筑屋面的结构层为混凝土时，应设找坡层或找平层。找坡层或找平层应坚实、平整、干燥（其含水率应小于8%），表面不应有浮灰和油污。

（2）平屋面的排水坡度不应小于2%，天沟、檐沟的纵向排水坡度不应小于1%。

（3）屋面与山墙、女儿墙、天沟、檐沟以及突出屋面结构的连接处应为圆弧形。

(4) 屋面上的设备、管线等应在聚氨酯硬泡体防水保温层喷涂施工前安装就位，管根部位应用细石混凝土填塞密实。

(四) 技术准备

(1) 根据工程特点编制施工方案。并进行安全、技术交底。

(2) 聚氨酯硬泡体防水保温层厚度的设计，应根据建筑防水与保温隔热性能要求而定，按屋面传热系数 $K[(W/m^2 \cdot K)]$ 的大小，一般分为4个厚度等级。

① 当屋面传热系数 $K \leqslant 0.80$ 时，防水保温层厚度应为25mm；

② 当屋面传热系数 $K \leqslant 0.70$ 时，防水保温层厚度应为30mm；

③ 当屋面传热系数 $K \leqslant 0.60$ 时，防水保温层厚度应为40mm；

④ 当屋面传热系数 $K \leqslant 0.50$ 时，防水保温层厚度应不小于50mm，最大厚度可达80mm。

(3) 材料进场后，对材料的合格证、技术性能检测报告及聚氨酯硬泡体的阻燃性能等进行检查。

(4) 对使用喷枪的操作人员应进行技术培训。

## 二、施工质量控制

(一) 工艺流程

施工工艺流程如下：

(二) 施工方法

1. 清理基层

当施工作业基面的表面有浮灰或油污时，聚氨酯硬泡体防水保温层会从作业基面上拱起或脱离，即为脱层或起鼓。因此，必须将基层表面的灰浆、油污、杂物彻底清理干净。

2. 聚氨酯硬泡体喷涂

(1) 聚氨酯硬泡体防水保温层施工应使用现场连续喷涂施工的专用喷涂设备。

(2) 聚氨酯硬泡体防水保温材料必须在喷涂施工前配制好。两组分液体原料（多元醇和异氰酸酯）与发泡剂等添加剂必须按工艺设计配比准确计量，投料顺序不得有误，混合应均匀，热反应应充分，输送管路不得渗漏，喷涂应连续均匀。

(3) 基层检查、清理、验收合格后即可喷涂施工。根据防水保温层厚度，一个施工作业面可分几遍喷涂完成，每遍喷涂厚度宜在10～15mm。当日的施工作业必须当日连续喷涂施工完毕。屋面上的异形部位应按“细部构造”进行喷涂施工。

(4) 聚氨酯硬泡体材料喷涂施工后20min内严禁上人行走。

(5) 聚氨酯硬泡体防水保温层检验、测试合格后，方可进行防护层施工。

(6) 聚氨酯硬泡体防水保温层喷涂施工，应喷涂1组3块200mm×200mm同厚度试块，以备材料的性能检测。

3. 保护层施工

(1) 聚氨酯硬泡体防水保温层表面应设置一层防紫外线照射的保护层。保护层可选用耐紫外线的保护涂料或聚合物水泥保护层。

(2) 当采用聚合物水泥保护层时，可将聚合物水泥刮涂在保温层表面，要求分3次刮涂，保护层厚度在5mm左右，每遍刮涂间隔时间不少于24h。

### 三、成品保护

(1) 聚氨酯硬泡体保温材料喷涂施工后20min内，严禁上人行走。

(2) 保温层完工后，应及时做保护层。聚合物水泥保护层上料、施工时应铺垫脚手板，避免破坏保温层。

(3) 喷涂施工现场环境温度不宜低于15℃，温度低则发泡不完全。空气相对湿度宜小于85%，风力宜小于3级。

(4) 喷涂施工时，操作人员应配戴防护用品，确保安全施工。

(5) 两组分材料在喷涂加热过程中应注意防火，材料储存应远离火源，防止发生火灾。

## 第四节 板材保温材料的屋面节能工程施工质量控制

### 一、施工准备

(一) 材料

(1) 板状保温材料：一般有聚苯乙烯泡沫塑料类、硬质聚氨酯泡沫塑料、泡沫玻璃、微孔混凝土类、膨胀蛭石（珍珠岩）制品。其产品应有出厂合格证，规格应一致，外形应整齐。其密度、导热系数、强度、吸水率及外观质量应符合设计要求。板状保温材料质量应符合设计和表5-2的要求。

板状保温材料质量要求 表5-2

| 项目 | 聚苯乙烯泡沫塑料类 | | 硬质聚氨酯泡沫塑料 | 泡沫玻璃 | 微孔混凝土类 | 膨胀蛭石（珍珠岩）制品 |
|---|---|---|---|---|---|---|
| | 挤压 | 模压 | | | | |
| 表观密度（$kg/m^3$） | ≥32 | 15~30 | ≥30 | ≥150 | 500~700 | 300~800 |
| 导热系数［W/(m·K)］ | ≤0.03 | ≤0.041 | ≤0.027 | ≤0.062 | ≤0.22 | ≤0.26 |
| 抗压强度（MPa） | — | — | — | ≥0.4 | ≥0.4 | ≥0.3 |
| 在10%形变下的压应力（MPa） | ≥0.15 | ≥0.06 | ≥0.15 | — | — | — |
| 70%，48h后尺寸变化率（%） | ≤2.0 | ≤5.0 | ≤5.0 | ≤0.5 | — | — |
| 吸水率（V/V,%） | ≤1.5 | ≤6 | ≤3 | ≤0.5 | — | — |
| 外观质量 | 板的外形基本平整，无严重凹凸不平；厚度允许偏差为5%，且不大于4mm | | | | | |

(2) 其他材料：沥青、界面剂、胶粘剂、水泥、砂、石灰质量均应符合相应标准。

(二) 机具设备

搅拌机、平锹、水平尺、手推车、木抹子等。

(三) 作业条件

(1) 铺设保温材料的基层已办完隐蔽工程检查和交接验收手续。

（2）铺设隔汽层的屋面应先将表面清扫干净，干燥、平整，不得有松散、开裂、空鼓等缺陷；隔汽层的构造做法必须符合设计要求和现行屋面工程施工质量验收规范的规定。

（3）穿过结构的管根部位，应用细石混凝土填塞密实，以使管子固定。

（四）技术准备

（1）施工方法、技术措施、质量保证措施已编制完成，并进行技术交底和安全交底。

（2）板状材料进场后，应对其密度、导热系数、强度、含水率等进行试验检查。

## 二、施工质量控制

（一）施工工艺

施工工艺流程如下：

（二）施工方法

1. 清理基层

应将预制或现浇混凝土基层表面的尘土、杂物等清理干净，使其平整、干燥。

2. 铺设保温层

（1）干铺板状保温层：直接铺设在结构层或隔汽层上，紧靠需隔热保温的表面，铺平、垫稳。分层铺设时，上、下两层板块接缝应相互错开，板间的缝隙应用同类材料的碎屑嵌填密实。

（2）粘贴的板状材料保温层，应砌严、铺平，分层铺设的接缝要错开。胶粘剂应视保温材料的性能选用。板缝间或缺棱掉角处应用碎屑加胶结材料拌匀填补密实。

（3）用沥青胶结材料粘贴时，板状材料相互之间和基层之间，均应满涂（或满蘸）热沥青胶结材料，以便相互粘贴牢固。热沥青的温度为160～200℃。

（4）用砂浆铺贴板状保温材料时，一般可用1∶2（体积比）水泥砂浆粘贴，板间缝隙应用水泥或保温砂浆填实并勾缝。保温砂浆配合比一般为水泥∶石灰∶同类保温材料碎粒（体积比）=1∶1∶10。保温砂浆中的石灰膏必须经熟化15d以上，石灰膏中严禁含有未熟化的颗粒。

（5）细部处理：

① 屋面保温层在檐口、天沟处，宜延伸到外坡外侧，或按设计要求施工。

② 排气管和构筑物穿过保温层的管壁周边和构筑物的四周，应预留排气口。

③ 女儿墙根部与保温层间应设置温度缝，缝宽以15～20mm为宜，并应贯通到结构层。

3. 抹找平层

保温层施工并验收合格后，应立即进行找平层施工。

## 三、成品保护

（1）在已经铺好的保温层上行走、推小车必须铺垫脚手板。

（2）保温层施工完成后，应及时铺抹水泥砂浆找平层，以减少受潮和进水，尤其在雨期施工时，应及时采取覆盖保护措施。

(3) 板状保温材料进场后，必须码放整齐，防潮防雨，搬运时轻搬轻放，以防缺棱掉角，影响使用。

**四、应注意的质量问题**

(1) 板状保温材料使用前，应严格按照有关标准进行选择，并加强保管和处理，板状保温材料的质量指标应符合要求，对不符合要求的材料不得使用。

(2) 应注意避免保温层边角处质量问题（如边角不直、边槎不齐整），以免影响找坡、找平和排水。

(3) 施工应严格按照要求操作，严格验收管理，以避免板状保温材料铺贴不实，影响保温、防水效果，造成找平层裂缝。

## 第五节　块材保温材料的保温屋面节能工程施工质量控制

**一、施工准备**

(一) 材料

(1) 加气混凝土（或泡沫混凝土）砌块保温材料进场抽样复验，表观密度 400～600kg/m³，抗压强度应不小于 2.0MPa。

(2) 保温材料进场应有出厂合格证，材料技术性能应符合设计要求。

(二) 主要机具

手推车、平锹、抹子、线盒等。

(三) 作业条件

(1) 铺设保温层的基层应平整、干燥、干净。

(2) 穿过屋面和墙面结构层的管根部位，应用细石混凝土填塞密实，管根固定牢固。

(四) 技术准备

同本章第四节有关内容。

**二、施工质量控制**

(一) 施工工艺

施工工艺流程如下：

(二) 操作要点

1. 基层处理

同本章第四节有关内容。

2. 保温层铺设

(1) 干铺保温层。加气混凝土砌块可直接铺在结构层或隔汽层上，紧靠需隔热保温的表面，逐行铺设，铺平、垫稳、缝对齐。相邻两行的加气块接缝应错开，厚度应一致。

分层铺设时，上、下两层加气混凝土砌块的接缝应错开。

接缝的缝隙应用碎加气混凝土砌块嵌填密实。

（2）粘贴保温层。加气混凝土砌块可采用粘贴法铺设。用粘结材料平粘在屋面基层上，贴严、粘牢。板缝间或缺棱掉角处应用碎加气块加粘结材料拌均后填补严密。粘贴加气混凝土砌块采用水泥、石灰混合砂浆。其比例为：水泥：石灰：砂子＝1：1：8。

3. 复合保温层的铺设

为了达到节能65%的要求，有的工程保温层设计为两种保温材料复合做法。

（1）当采用聚苯板与加气混凝土砌块复合保温时，聚苯板保温层在下，加气混凝土砌块铺在聚苯板上面。

（2）当采用聚氨酯泡沫板与加气混凝土砌块复合保温时，聚氨酯泡沫板保温层在下，加气混凝土砌块铺在聚氨酯泡沫板上面。

### 三、成品保护

（1）保温层在施工中及完工后，应采取保护措施。推小车应铺脚手板，不得破坏保温层。

（2）保温层完工后，经质量验收合格，应及时铺抹水泥砂浆找平层，以保证保温效果。

（3）加气混凝土砌块在搬运时应轻拿轻放，防止损伤断裂、缺棱掉角，保证外形完整。

（4）干铺加气混凝土砌块保温层可在负温施工。粘贴保温层宜在5℃以上施工。

（5）冬期施工时，加气混凝土砌块中不得含有冻雪、冻块；雨期施工时，保温材料应采取遮盖措施，防止雨淋、吸水。

（6）雨天、雪天、5级风以上的天气不得进行加气混凝土砌块保温层施工。

## 第六节　屋面节能分项工程施工质量标准与验收

### 一、屋面节能工程施工质量标准

（一）主控项目

1. 用于屋面节能工程的保温隔热材料，其品种、规格应符合设计要求和相关标准的规定。

检验方法：观察、尺量检查；核查质量证明文件。

检查数量：按进场批次，每批随机抽取3个试样进行检查。

质量证明文件应按照其出厂检验批进行核查。

2. 屋面节能工程使用的保温隔热材料，其导热系数、密度、抗压强度或压缩强度、燃烧性能应符合设计要求。

检验方法：核查质量证明文件及进场复验报告。

检查数量：全数检查。

3. 屋面节能工程使用的保温隔热材料，进场时应对其导热系数、密度、抗压强度或压缩强度、燃烧性能进行复验，复验应为见证取样送检。

检验方法：随机抽样送检，核查复验报告。

检查数量：同一厂家同一品种的产品各抽查不少于3组。

4. 屋面保温隔热层的敷设方式、厚度、缝隙填充质量及屋面热桥部位的保温隔热做法，必须符合设计要求和有关标准的规定。

检验方法：观察、尺量检查。

检查数量：每100$m^2$抽查一处，每处10$m^2$，整个屋面抽查不得少于3处。

5. 屋面的通风隔热架空层，其架空高度、安装方式、通风口位置及尺寸应符合设计及有关标准要求。架空层内不得有杂物。架空面层应完整，不得有断裂和露筋等缺陷。

检验方法：观察、尺量检查。

检查数量：每100$m^2$抽查一处，每处10$m^2$，整个屋面抽查不得少于3处。

6. 采光屋面的传热系数、遮阳系数、可见光透射比、气密性应符合设计要求。节点的构造做法应符合设计和相关标准的要求。采光屋面的可开启部分应按《建筑节能工程施工质量验收规范》(GB 50411) 第6章的要求验收。

检验方法：核查质量证明文件；观察检查。

检查数量：全数检查。

7. 采光屋面的安装应牢固，坡度正确，封闭严密，嵌缝处不得渗漏。

检验方法：观察、尺量检查；淋水检查；核查隐蔽工程验收记录。

检查数量：全数检查。

8. 屋面的隔汽层位置应符合设计要求，隔汽层应完整、严密。

检验方法：对照设计观察检查；核查隐蔽工程验收记录。

检查数量：每100$m^2$抽查一处，每处10$m^2$，整个屋面抽查不得少于3处。

(二) 一般项目

1. 屋面保温隔热层应按施工方案施工，并应符合下列规定：

(1) 松散材料应分层敷设、按要求压实、表面平整、坡向正确；

(2) 现场采用喷、浇、抹等工艺施工的保温层，其配合比应计量准确，搅拌均匀、分层连续施工，表面平整，坡向正确；

(3) 板材应粘贴牢固、缝隙严密、平整。

检验方法：观察、尺量、称重检查。

检查数量：每100$m^2$抽查一处，每处10$m^2$，整个屋面抽查不得少于3处。

2. 金属板保温夹芯屋面应铺装牢固、接口严密、表面洁净、坡向正确。

检验方法：观察、尺量检查；核查隐蔽工程验收记录。

检查数量：全数检查。

3. 坡屋面、内架空屋面当采用敷设于屋面内侧的保温材料作保温隔热层时，保温隔热层应有防潮措施，其表面应有保护层，保护层的做法应符合设计要求。

检验方法：观察检查；核查隐蔽工程验收记录。

检查数量：每100$m^2$抽查一处，每处10$m^2$，整个屋面抽查不得少于3处。

## 二、屋面节能工程施工质量验收

(一) 隐蔽工程验收

屋面保温隔热工程应对下列部位进行隐蔽工程验收，并应有详细的文字记录和必要的图像资料：

（1）基层；

（2）保温层的敷设方式、厚度；板材缝隙填充质量；

（3）屋面热桥部位；

（4）隔汽层。

（二）屋面节能工程施工质量验收

屋面保温隔热工程的施工，应在基层质量验收合格后进行。施工过程中应及时进行质量检查、隐蔽工程验收和检验批验收，施工完成后应进行屋面节能分项工程验收。

# 第六章 地面节能分项工程施工质量控制

## 第一节 楼地面节能设计

### 一、地面节能工程构造规定

1. 地面保温层、隔离层、保护层等各层的设置和构造做法以及保温层的厚度应符合设计要求，并应按施工方案施工。

2. 有防水要求的地面，其节能保温做法不得影响地面排水坡度，保温层面层不得渗漏。

3. 严寒、寒冷地区的建筑首层直接与土层接触的地面、采暖地下室与土层接触的外墙、毗邻不采暖空间的地面以及底面直接接触室外空气的地面应按设计要求采取保温措施。

### 二、采暖建筑地面热工要求

1. 采暖建筑地面的热工性能，应根据地面的吸热指数 $B$ 值，按表 6-1 的规定，划分成三个类别。

**采暖建筑地面热工性能类别** **表 6-1**

| 地面热工性能类别 | $B$ 值 $[W/(m^2 \cdot h^{-1/2} \cdot K)]$ |
|---|---|
| Ⅰ | <17 |
| Ⅱ | 17 ~ 23 |
| Ⅲ | >23 |

注：地面吸热指数 $B$ 值应按《民用建筑热工设计规范》(GB 50176) 附录二中（三）的规定计算。

2. 不同类型采暖建筑对地面热工性能的要求，应符合表 6-2 的规定。

**不同类型采暖建筑对地面热工性能的要求** **表 6-2**

| 采暖建筑类型 | 对地面热工性能的要求 |
|---|---|
| 高级居住建筑、幼儿园、托儿所、疗养院等 | 宜采用Ⅰ类地面 |
| 一般居住建筑、办公楼、学校等 | 可采用Ⅱ类地面 |
| 临时逗留用房及室温高于23℃的采暖房间 | 可采用Ⅲ类地面 |

3. 严寒地区采暖建筑的底层地面，当建筑物周边无采暖管沟时，在外墙内侧 0.5 ~ 1.0m 范围内应铺设保温层，其热阻不应小于外墙的热阻。

4. 楼面、地面节能设计中，几种楼面、地面保温层导热系数计算取值，见表 6-3。

**保温层导热系数计算取值**　　**表 6-3**

| 序　号 | 构造形式 | 保温层 名　称 | 保温层 密度（$kg/m^3$） | 导热系数计算取值 [W/(m·K)] |
|---|---|---|---|---|
| 1 | 不采暖地下室顶板作为首层地面 | 聚苯板 | 20 | 0.052 |
| 2 | 楼板下方为室外气温情况的楼面（地面）（外保温状况） | 聚苯板 | 20 | 0.055 |
| 3 | 楼板下方为室外气温情况的楼面（地面）（保温层置于混凝土面层之下的状况） | 聚苯板 | 20 | 0.052（聚苯板有效厚度取选用厚度的90%） |

5. 几种不采暖地下室顶板作为首层地面的热工指标，见表6-4。

**不采暖地下室顶板作为首层地面的热工指标**　　**表 6-4**

| 类　型 | 部位情况 | 构造做法 | 热惰性指标 $D$ | 传热系数 $K_o$ [W/(m²·K)] |
|---|---|---|---|---|
| 不采暖地下室上面的地面（楼板） | 地下室外墙有窗户情况 | 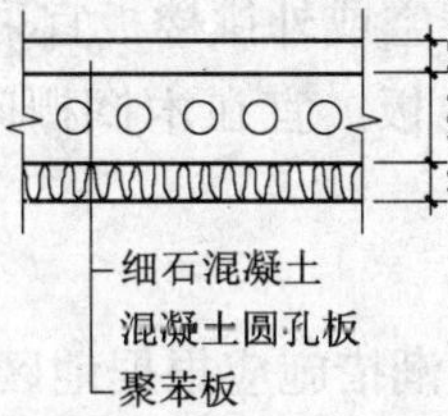 35 / 130 / 40；细石混凝土；混凝土圆孔板；聚苯板 | 2.82 | 1.09 |
| | 地下室外墙上无窗、楼板位于室外地坪以上情况 | 同上图构造，聚苯板厚度35mm | 2.78 | 1.20 |
| | 地下室外墙上无窗、楼板位于室外地坪以下情况 | 同上图构造，聚苯板厚度30mm | 2.75 | 1.37 |

注：聚苯板表面处理：① 地下室相对湿度一般，抹2mm饰面石膏，敷设玻纤布一层，再抹3mm饰面石膏；② 地下室相对湿度较高，刷EC浸渍剂一道，敷设玻纤布一层，抹3mmEC聚合物砂浆。

6. 几种楼板下方为室外气温情况的楼面热工指标，见表6-5。

**楼板下方为室外气温情况的楼面热工指标**　　**表 6-5**

| 类　型 | 构造做法 | 热惰性指标 $D$ | 传热系数 $K_o$ [W/(m²·K)] |
|---|---|---|---|
| 下方为室外气温情况的地面（楼板） | 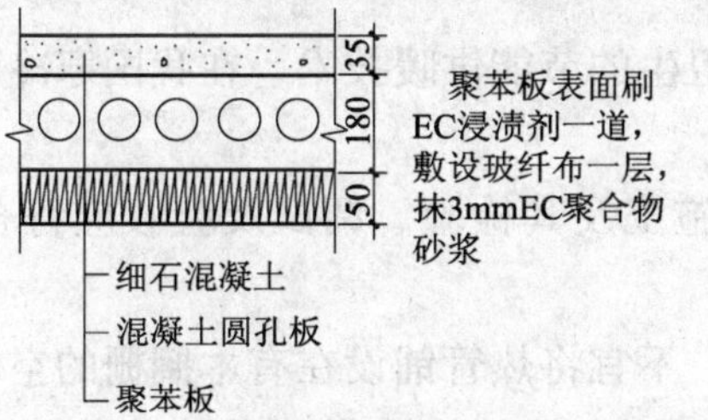 35 / 180 / 50；聚苯板表面刷EC浸渍剂一道，敷设玻纤布一层，抹3mmEC聚合物砂浆；细石混凝土；混凝土圆孔板；聚苯板 | 2.85 | 0.81 |
| |  35 / 50 / 180；细石混凝土；聚苯板；混凝土圆孔板 | 2.85 | 0.84 |

## 三、楼地面节能设计

（一）楼地面节能构造设计

1. 楼板的节能设计

楼板分层间楼板（底面不接触室外空气）和底面接触室外空气的架空或外挑楼板（底部自然通风的架空楼板），传热系数 $K$ 有不同的规定。保温层可直接设置在楼板上表面（正置法）或楼板底面（反置法），也可采取铺设木搁栅（空铺）或无木搁栅的实铺木地板。

（1）保温层在楼板上面的正置法，可采用铺设硬质挤塑聚苯板、泡沫玻璃保温板等板材或强度符合地面要求的保温砂浆等材料，其厚度应满足建筑节能设计标准的要求；

（2）保温层在楼板底面的反置法，可如同外墙外保温做法一样，采用符合国家、行业标准的保温浆体或板材外保温系统；

（3）底面接触室外空气的架空或外挑楼板宜采用反置法的外保温系统；

（4）铺设木搁栅的空铺木地板，宜在木搁栅间嵌填板状保温材料，使楼板层的保温和隔声性能更好。

2. 底层地面的节能技术

底层地面的保温、防热及防潮措施应根据地区的气候条件，结合建筑节能设计标准的规定采取不同的节能技术。

（1）寒冷地区采暖建筑的地面应以保温为主，在持力层以上土层的热阻已符合地面热阻规定值的条件下，最好在地面面层下铺设适当厚度的板状保温材料，进一步提高地面的保温和防潮性能；

（2）夏热冬冷地区应兼顾冬天采暖时的保温和夏天制冷时的防热、防潮，也宜在地面面层下铺设适当厚度的板状保温材料，提高地面的保温及防热、防潮性能；

（3）夏热冬暖地区底层地面应以防潮为主，宜在地面面层下铺设适当厚度保温层或设置架空通风道以提高地面的防热、防潮性能。

3. 地面辐射采暖技术

地面辐射采暖是成熟的、健康的、卫生的节能供暖技术，在我国寒冷和夏热冬冷地区已推广应用，深受用户欢迎。

地面辐射采暖技术的设计、材料、施工及其检验、调试及验收应符合《地面辐射供暖技术规程》（JGJ 142）的规定。

为提高地面辐射采暖技术的热效率，不宜将热管铺设在有木搁栅的空气间层中，地板面层也不宜采用有木搁栅的木地板。合理而有效的构造做法是将热管埋设在导热系数 $\lambda$ 较大的密实材料中，面层材料宜直接铺设在埋有热管的基层上。

不能直接采用低温（水媒）地面辐射采暖技术在夏天通入冷水降温，必须有完善的通风除湿技术配合，并严格控制地面温度使其高于室内空气露点温度，否则，会形成地面大面积结露。

## （二）常规地面保温构造

见图 6-1。

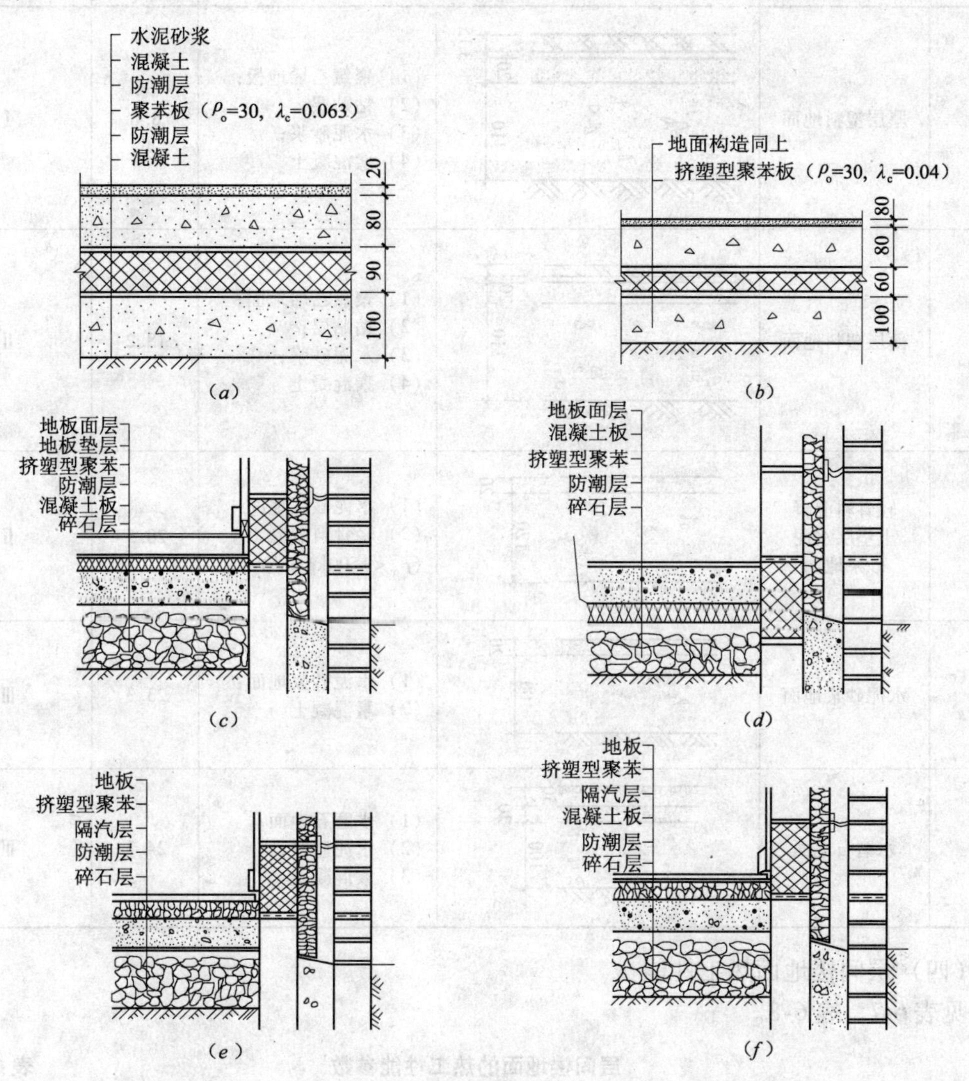


图 6-1　常规地面保温构造

## （三）几种地面吸热指数 *B* 值及热工性能类别

见表 6-6 的规定。

**几种地面吸热指数 *B* 值及热工性能类别**　　**表 6-6**

| 序　号 | 名　　称 | 地 面 构 造（由上至下） | | *B* 值 | 热工性能类别 |
|---|---|---|---|---|---|
| 1 | 硬木地面 | 20 / 3 / 20 / 100 | （1）硬木地板；<br>（2）粘贴层；<br>（3）水泥砂浆；<br>（4）素混凝土 | 9.1 | Ⅰ |

续表

| 序　号 | 名　　称 | 地面构造（由上至下） | B 值 | 热工性能类别 |
|---|---|---|---|---|
| 2 | 厚层塑料地面 | 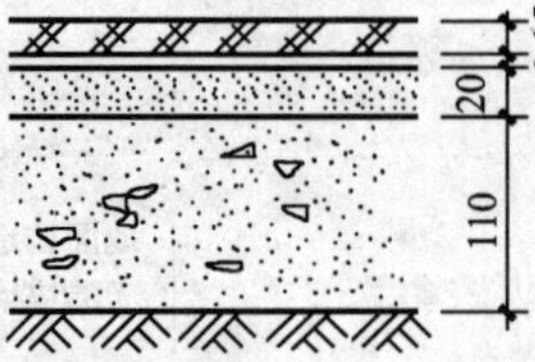 （1）聚氯乙烯地板；<br>（2）粘贴层；<br>（3）水泥砂浆；<br>（4）素混凝土 | 8.6 | Ⅰ |
| 3 | 薄层塑料地面 | 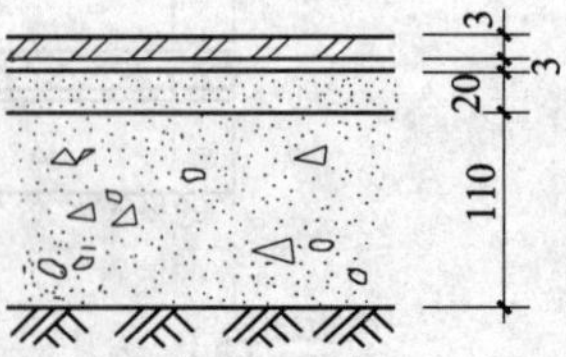 （1）聚氯乙烯地面；<br>（2）粘贴层；<br>（3）水泥砂浆；<br>（4）素混凝土 | 18.2 | Ⅱ |
| 4 | 轻骨料混凝土垫层水泥砂浆地面 | 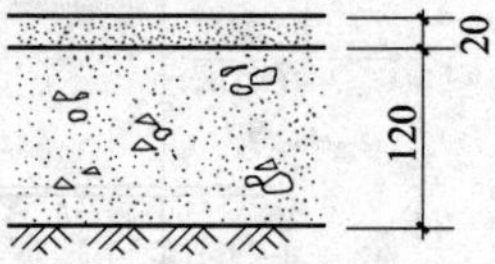 （1）水泥砂浆地面；<br>（2）轻骨料混凝土<br>（$\rho_o$ < 1500kg/$m^3$） | 20.5 | Ⅱ |
| 5 | 水泥砂浆地面 | 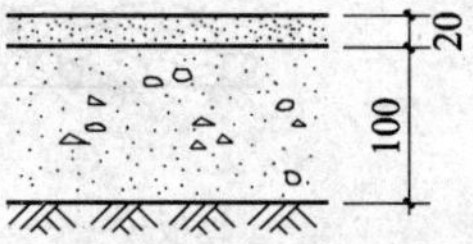 （1）水泥砂浆地面：<br>（2）素混凝土 | 23.3 | Ⅲ |
| 6 | 水磨石地面 | 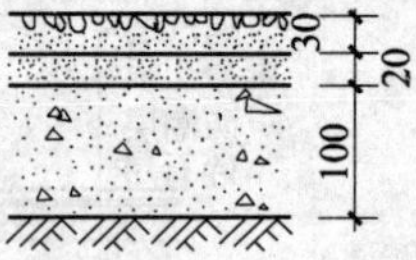 （1）水磨石地面；<br>（2）水泥砂浆；<br>（3）素混凝土 | 24.3 | Ⅲ |

（四）层间楼地面热工性能

见表6-7、表6-8。

**层间楼地面的热工性能参数**　　**表 6-7**

| 简　图 | 基本构造（由上至下） | 厚度 $\delta$（mm） | 干密度 $\rho_o$（kg/$m^3$） | 导热系数 $\lambda$ [W/(m·K)] | 修正系数 $a$ | 传热阻 $R_o$ [($m^2$·K)/W] | 传热系数 K [W/($m^2$·K)] |
|---|---|---|---|---|---|---|---|
| 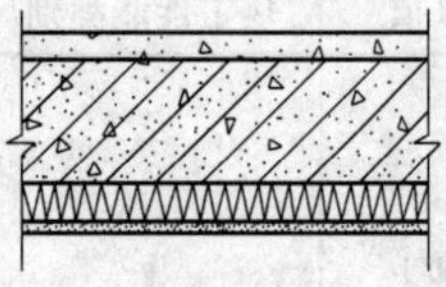 | （1）C20 细石混凝土 | 30 | 2300 | 1.51 | 1.0 | 0.57 | 1.78 |
| | （2）现浇钢筋混凝土楼板 | 100 | 2500 | 1.74 | 1.0 | | |
| | （3）保温砂浆 | 20 | 300 | 0.06 | 1.3 | | |
| | （4）抗裂石膏（网格布） | 5 | 1050 | 0.33 | 1.0 | | |
| | （5）柔性腻子 | | | | | | |

续表

| 简　图 | 基本构造（由上至下） | 厚度 δ (mm) | 干密度 $\rho_o$ (kg/m$^3$) | 导热系数 λ [W/(m·K)] | 修正系数 a | 传热阻 $R_o$ [(m$^2$·K)/W] | 传热系数 K [W/(m$^2$·K)] |
|---|---|---|---|---|---|---|---|
| | (1) C20 细石混凝土 | 30 | 2300 | 1.51 | 1.0 | 0.55 | 1.82 |
| | (2) 现浇钢筋混凝土楼板 | 100 | 2500 | 1.74 | 1.0 | | |
| | (3) 聚苯颗粒保温浆料 | 20 | 230 | 0.06 | 1.3 | | |
| | (4) 抗裂石膏（网格布） | 5 | 1800 | 0.93 | 1.0 | | |
| | (5) 柔性腻子 | | | | | | |
| | (1) 实木地板 | 12 | 700 | 0.17 | 1.0 | 0.72 | 1.39 |
| | (2) 细木工板 | 15 | 300 | 0.093 | 1.0 | | |
| | (3) 30×40 杉木搁栅@400 | 40 | 500 | 0.14 | 1.0 | | |
| | (4) 水泥砂浆 | 20 | 1800 | 0.93 | 1.0 | | |
| | (5) 现浇钢筋混凝土楼板 | 100 | 2500 | 1.74 | 1.0 | | |
| | (1) 实木地板 | 18 | 700 | 0.17 | 1.0 | 0.60 | 1.68 |
| | (2) 30×40 杉木搁栅@400 | 40 | 500 | 0.14 | 1.0 | | |
| | (3) 水泥砂浆 | 20 | 1800 | 0.93 | 1.0 | | |
| | (4) 现浇钢筋混凝土楼板 | 100 | 2500 | 1.74 | 1.0 | | |
| | (1) 水泥砂浆找平层 | 20 | 1800 | 0.93 | 1.0 | | |
| | (2) 上保温层：高强度珍珠岩板 | 40 | 400 | 0.12 | 1.3 | 0.67 | 1.49 |
| | (2) 上保温层：乳化沥青珍珠岩板 | 40 | 400 | 0.12 | 1.3 | 0.67 | 1.49 |
| | (2) 上保温层：复合硅酸盐 | 30 | 192 | 0.06 | 1.3 | 0.71 | 1.41 |
| | (3) 水泥砂浆找平及粘结层 | 20 | 1800 | 0.93 | 1.0 | | |
| | (4) 现浇混凝土楼板 | 20 | 2500 | 1.74 | 1.0 | | |
| | (5) 保温砂浆抹灰 | 20 | 600 | 0.15 | 1.0 | | |

**底部自然通风架空楼地板的热工性能参数　　表 6-8**

| 简　图 | 基本构造（由上至下） | 厚度 $\delta$ (mm) | 干密度 $\rho_o$ (kg/m³) | 导热系数 $\lambda$ [W/(m·K)] | 修正系数 $a$ | 传热阻 $R_o$ [(m²·K)/W] | 传热系数 $K$ [W/(m²·K)] |
|---|---|---|---|---|---|---|---|
| 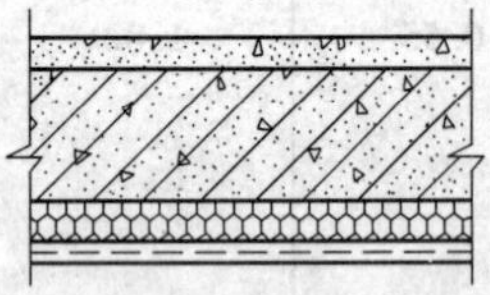 | (1) C20 细石混凝土 | 30 | 2300 | 1.51 | 1.0 | | |
| | (2) 现浇钢筋混凝土楼板 | 100 | 2500 | 1.74 | 1.0 | | |
| | (3) 胶粘剂 | | | | | | |
| | (4) ① 挤塑聚苯板 | 20 | 28 | 0.030 | 1.2 | 0.77 | 1.30 |
| | (4) ② 挤塑聚苯板 | 25 | 28 | 0.030 | 1.2 | 0.92 | 1.09 |
| | (5) 聚合物砂浆（网格布） | 3 | 1800 | 0.93 | 1.0 | | |
| | (6) 高弹涂料 | | | | | | |
| 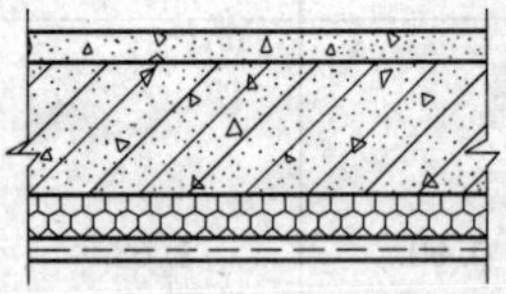 | (1) C20 细石混凝土 | 30 | 2300 | 1.51 | 1.0 | | |
| | (2) 现浇钢筋混凝土楼板 | 100 | 2500 | 1.74 | 1.0 | | |
| | (3) 胶粘剂 | | | | | | |
| | (4) ① 膨胀聚苯板 | 25 | 20 | 0.042 | 1.2 | 0.70 | 1.43 |
| | (4) ② 膨胀聚苯板 | 30 | 20 | 0.042 | 1.2 | 0.81 | 1.24 |
| | (5) 聚合物砂浆（网格布） | 3 | 1800 | 1.0 | 1.0 | | |
| | (6) 高弹涂料 | | | | | | |
| 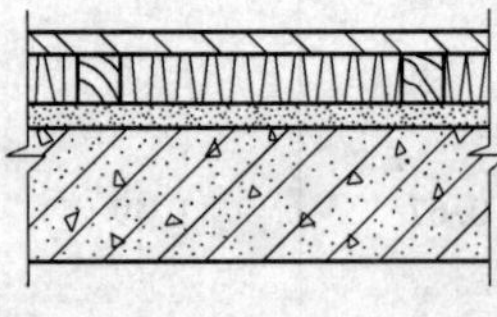 | (1) 实木地板 | 18 | 700 | 0.17 | 1.0 | 0.92 | 1.09 |
| | (2) 矿（岩）棉或玻璃棉板 | 30 | 100 | 0.14 | 1.3 | | |
| | (3) 30 × 40 杉木搁栅@400 | 40 | | | | | |
| | (4) 水泥砂浆 | 20 | 1800 | 0.93 | 1.0 | | |
| | (5) 现浇钢筋混凝土楼板 | 100 | 2500 | 1.74 | 1.0 | | |
| 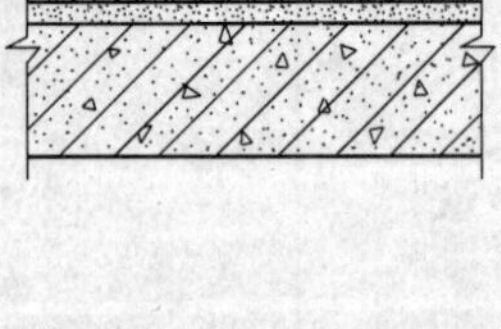 | (1) 实木地板 | 12 | 700 | 0.17 | 1.0 | 1.05 | 0.95 |
| | (2) 细木工板 | 15 | 300 | 0.093 | 1.0 | | |
| | (3) 矿（岩）棉或玻璃棉板 | 30 | 100 | 0.14 | 1.3 | | |
| | (4) 30 × 40 杉木搁栅@400 | 40 | | | | | |
| | (5) 水泥砂浆 | 20 | 1800 | 0.93 | 1.0 | | |
| | (6) 现浇钢筋混凝土楼板 | 100 | 2500 | 1.74 | 1.0 | | |

（五）地面防潮构造

见图6-2、图6-3。

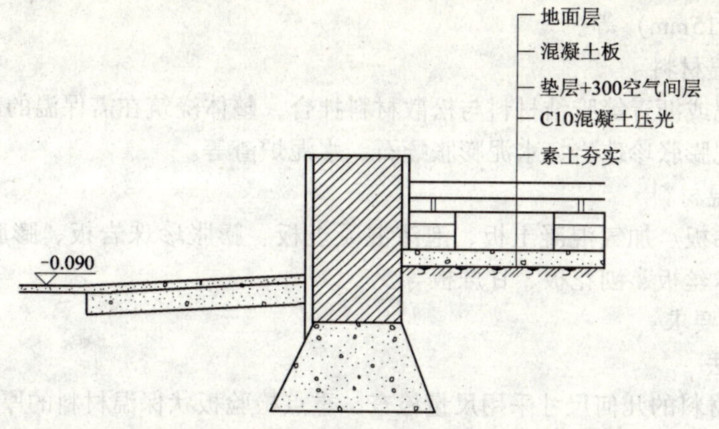


图6-2 空气防潮技术地面

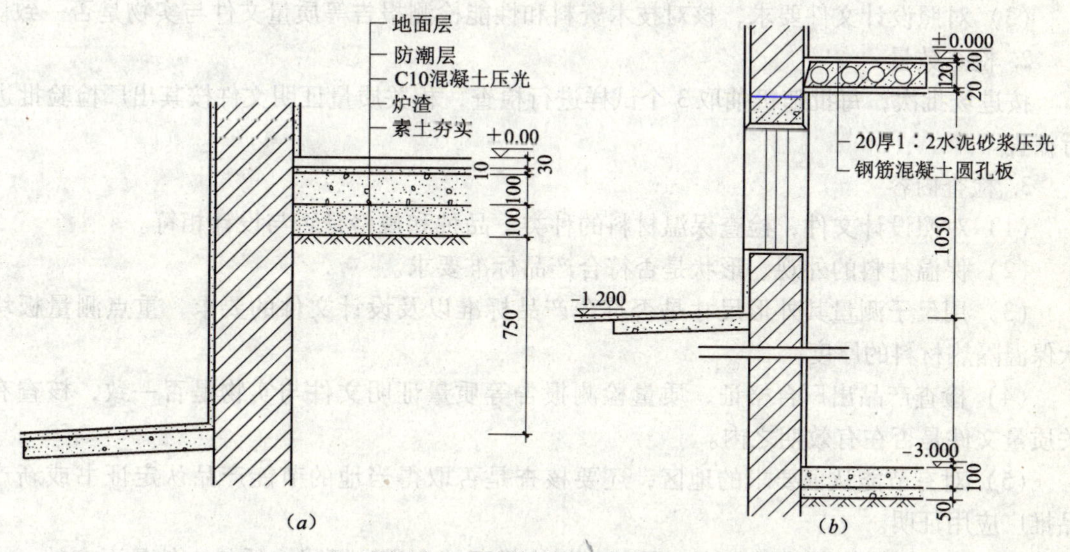


图6-3 几种普通防潮技术地面

（*a*）普通防潮技术地面；（*b*）架空防潮技术地面

# 第二节 底面接触室外空气或毗临不采暖空间的地面节能工程施工质量控制

## 一、材料选用及要求

### （一）材料选用

用于地面节能工程的保温材料，其品种、规格应符合设计要求和相关标准的规定。

底面接触室外空气（架空或外挑楼板）的地面节能保温隔热材料很多，按其形状可分为以下三种类型：

1. 松散保温材料

常用的松散材料有膨胀蛭石（粒径 3～15mm）、膨胀珍珠岩、矿棉、岩棉、玻璃棉、炉渣（粒径 3～15mm）等。

2. 整体保温材料

通常用水泥或沥青等胶结材料与松散材料拌合，整体浇筑在需保温的部位，如沥青膨胀珍珠岩、水泥膨胀珍珠岩、水泥膨胀蛭石、水泥炉渣等。

3. 板状保温材料

如聚苯乙烯板、加气混凝土板、泡沫混凝土板、膨胀珍珠岩板、膨胀蛭石板、矿棉板、岩棉板、木丝板、刨花板、甘蔗板等。

（二）材料要求

1. 检查方法

（1）保温材料的几何尺寸采用尺量检查，重点检验板状保温材料的厚度。

（2）产品外观质量采用目测观察和手摸检查。

（3）对照设计文件要求，核对技术资料和性能检测报告等质量文件与实物是否一致。

2. 检查数量

按进场批次，每批随机抽取 3 个试样进行检查，相关质量证明文件按其出厂检验批进行核查。

3. 检查内容

（1）对照设计文件，检查保温材料的种类、品种和规格是否与设计相符。

（2）保温材料的外观、形状是否符合产品标准要求。

（3）用尺子测量其外形尺寸是否符合产品标准以及设计文件的要求，重点测量板块状保温隔热材料的厚度。

（4）检查产品出厂合格证、质量检测报告等质量证明文件与实物是否一致，核查有关质量文件是否在有效期之内。

（5）对有节能认证要求的地区，还要核查是否取得当地的节能产品认定证书或新产品推广应用证明。

重点检查质量文件是否齐全，品种、规格是否符合设计要求；质量文件是否有效。

4. 地面常用保温材料性能

见表 6-9。

**地面常用板块状保温材料性能表**　　**表 6-9**

| 序号 | 材料名称 | 表观密度 (kg/m³) | 导热系数 [W/(m·K)] | 强度 (MPa) | 吸水率 (%) | 使用温度 (℃) |
|---|---|---|---|---|---|---|
| 1 | 模压聚苯乙烯泡沫板 | 15～30 | 0.041 | 10%压缩后 0.06～0.15 | 2～6 | -80～75 |
| 2 | 挤压聚苯乙烯泡沫板 | ≥32 | 0.03 | 10%压缩后 0.15 | ≤1.5 | -80～75 |
| 3 | 硬质聚氨酯泡沫塑料 | ≥30 | 0.027 | 10%压缩后 0.15 | ≤3 | -200～130 |
| 4 | 泡沫玻璃 | ≥150 | 0.062 | ≥0.4 | ≤0.5 | -200～500 |
| 5 | 松散膨胀珍珠岩 | 40～250 | 0.03～0.04 |  | 250 | -200～800 |

续表

| 序号 | 材料名称 | 表观密度（$kg/m^3$） | 导热系数［W/(m·K)］ | 强度（MPa） | 吸水率（%） | 使用温度（℃） |
|---|---|---|---|---|---|---|
| 6 | 水泥珍珠岩1:8 | 510 | 0.073 | 0.5 | 120~220 | |
| 7 | 水泥珍珠岩1:10 | 390 | 0.069 | 0.4 | 120~220 | |
| 8 | 水泥珍珠岩制品 | 300 | 0.08~0.12 | 0.3~0.8 | 120~220 | 650 |
| 9 | 水泥珍珠岩制品 | 500 | 0.063 | 0.3~0.8 | 120~220 | 650 |
| 10 | 憎水珍珠岩制品 | 200~250 | 0.056~0.08 | 0.5~0.7 | 憎水 | -20~650 |
| 11 | 沥青珍珠岩 | 500 | 0.1~0.2 | 0.6~0.8 | | |
| 12 | 松散膨胀蛭石 | 80~200 | 0.04~0.07 | | 200 | 1000 |
| 13 | 水泥蛭石 | 400~600 | 0.08~0.12 | 0.3~0.6 | 120~220 | 650 |
| 14 | 微孔硅酸钙 | 250 | 0.06~0.068 | 0.5 | 87 | 650 |
| 15 | 矿棉保温板 | 130 | 0.035~0.047 | | | 600 |
| 16 | 加气混凝土 | 400~800 | 0.14~0.18 | 3 | 35~40 | 200 |
| 17 | 水泥聚苯板 | 240~350 | 0.04~0.1 | 0.3 | 30 | |
| 18 | 水泥泡沫混凝土 | 350~400 | 0.1~0.16 | | | |

## 二、施工准备

（一）主要机具

搅拌机、水准仪、抹子、木杠、靠尺、筛子、铁锹、沥青锅、沥青桶、墨斗等。

（二）作业条件

（1）施工所需各种材料已按计划进入施工现场。

（2）填充层施工前，其基层质量必须符合施工规范的规定。

（3）预埋在填充层内的管线，以及管线重叠交叉集中部位的标高，应用细石混凝土事先稳固。

（4）填充层的材料采用干铺板状保温材料时，其环境温度不应低于-20℃。

（5）采用掺有水泥的拌合料或采用沥青胶结料铺设填充层时，其环境温度不应低于5℃。

（6）5级以上的风天、雨天及雪天，不宜进行填充层施工。

（三）技术准备

（1）填充层采用的松散、板块、整体保温板材材料等，其材料的密度和导热系数、强度等级或配合比均应符合设计要求。填充层材料自重不应大于9kN/$m^3$，其厚度应按设计要求确定。填充层的构造做法，见图6-4。

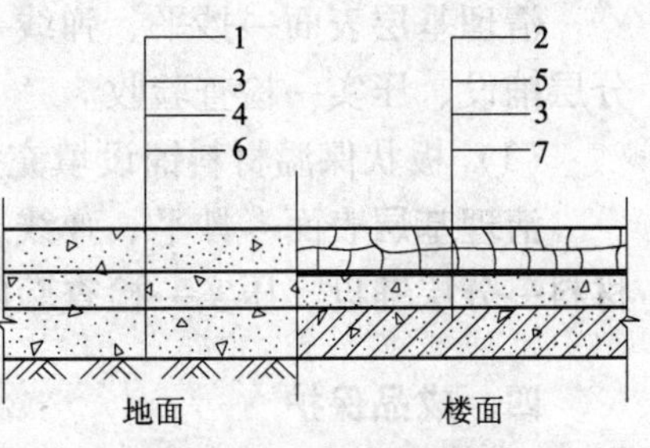


图6-4 填充层构造简图

1—松散填充层；2—板结块填充层；3—找平层；4—垫层；5—隔离层；6—基层（素土夯实）；7—楼层结构层

（2）松散材料可采用膨胀蛭石、膨胀珍珠岩、炉渣、水渣等铺设，其质量要求见表6-10，其中不应含有有机杂质、石块、土块、重矿渣块和未燃尽的煤块等。

松散材料质量要求　　表 6-10

| 项　目 | 膨胀蛭石 | 膨胀珍珠岩 | 炉　渣 |
|---|---|---|---|
| 粒径 | 3～15mm | ≥0.15mm 及≤0.15mm 的含量不大于 8% | 5～40mm |
| 表观密度 | ≤300kg/m³ | ≤120kg/m³ | 500～1000kg/m³ |
| 导热系数 | ≤0.14W/(m·K) | ≤0.07W/(m·K) | 0.19～0.256W/(m·K) |

（3）整体保温材料可采用质量符合上述规定的膨胀蛭石、膨胀珍珠岩等松散保温材料；以水泥、沥青为胶结材料或轻骨料混凝土等拌合铺设。沥青、水泥等应符合设计及国家有关标准的规定，水泥的强度等级应不低于 32.5 级。沥青在北方地区宜采用 30 号以上，南方地区应不低于 10 号。轻骨料应符合现行国家标准《粉煤灰陶粒和陶砂》(GB 2838)、《黏土陶粒和陶砂》(GB 2839)、《页岩陶粒和陶砂》(GB 2840）和《天然轻骨料》(GB 2841)。所用材料必须有出厂质量证明文件，并符合国家有关标准的规定。

## 三、施工质量控制

### （一）施工工艺

填充层应在工艺流程和施工操作过程中进行施工质量过程控制，见图 6-5。

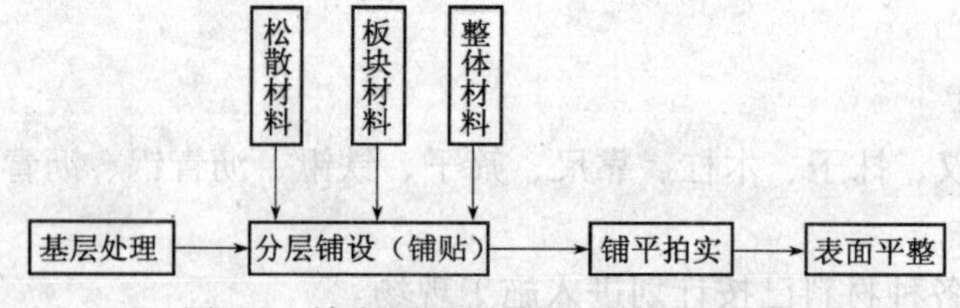


图 6-5　填充层施工质量过程控制简图

### （二）施工方法

（1）松散保温材料铺设填充层的工艺流程：

清理基层表面→抄平、弹线→管根、地漏局部处理及预埋件管线→分层铺设散状保温材料、压实→质量检查验收。

（2）整体保温材料铺设填充层的工艺流程：

清理基层表面→抄平、弹线→管根、地漏局部处理及管线安装→按配合比拌制材料→分层铺设、压实→检查验收。

（3）板状保温材料铺设填充层的工艺流程：

清理基层表面→抄平、弹线→管根、地漏局部处理及管线安装→干铺或粘贴板状保温材料→分层铺设、压实→检查验收。

## 四、成品保护

（1）材料堆放应避风避雨、防潮、搬运时要防止压挤，堆放高度不宜超过 1m。

（2）松散保温材料铺设的填充层拍实后，不得在填充层上行车和堆放重物。

（3）填充层验收合格后，应立即进行上部的找平施工。

# 第三节　底面接触土壤的地面节能工程施工质量控制

## 一、材料选用及要求

### （一）防潮（隔汽）层材料选用及要求

（1）防潮层可选用卷材、防水类涂料和水泥刚性防水材料，其品种很多，常用卷材有：SBS 改性沥青防水卷材、APP 改性沥青防水卷材、自粘性改性沥青防水卷材等，其性能见表 6-11 ~ 表 6-13。

**SBS 改性沥青防水卷材的物理力学性能　表 6-11**

<table>
<tr><td colspan="2">胎　基</td><td colspan="2">PY</td><td colspan="2">C</td></tr>
<tr><td colspan="2">型　号</td><td>Ⅰ</td><td>Ⅱ</td><td>Ⅰ</td><td>Ⅱ</td></tr>
<tr><td rowspan="3">可溶物含量（g/m²）≥</td><td>2mm</td><td colspan="2"></td><td colspan="2"></td></tr>
<tr><td>3mm</td><td colspan="4">2100</td></tr>
<tr><td>4mm</td><td colspan="4">2900</td></tr>
<tr><td rowspan="2">不透水性</td><td>压力（MPa）≥</td><td colspan="2">0.3</td><td>0.2</td><td>0.3</td></tr>
<tr><td>保持时间（min）≥</td><td colspan="4">30</td></tr>
<tr><td colspan="2" rowspan="2">耐热度（℃）</td><td>90</td><td>105</td><td>90</td><td>105</td></tr>
<tr><td colspan="4">无滑动、无流淌、无滴落</td></tr>
<tr><td rowspan="2">拉力（N/50mm）≥</td><td>纵向</td><td rowspan="2">450</td><td rowspan="2">800</td><td>350</td><td>500</td></tr>
<tr><td>横向</td><td>250</td><td>300</td></tr>
<tr><td rowspan="2">最大拉力时延伸率（%）≥</td><td>纵向</td><td rowspan="2">30</td><td rowspan="2">40</td><td colspan="2" rowspan="2"></td></tr>
<tr><td>横向</td></tr>
<tr><td colspan="2" rowspan="2">低温度（℃）</td><td>−18</td><td>−25</td><td>−18</td><td>−25</td></tr>
<tr><td colspan="4">无裂纹</td></tr>
<tr><td rowspan="2">撕裂强度（N）≥</td><td>纵向</td><td rowspan="2">250</td><td rowspan="2">350</td><td>250</td><td>350</td></tr>
<tr><td>横向</td><td>170</td><td>200</td></tr>
<tr><td rowspan="5">人工气候加速老化</td><td rowspan="2">外观</td><td colspan="4">1 级</td></tr>
<tr><td colspan="4">无滑动、无流淌、无滴落</td></tr>
<tr><td>拉力保持力（%）≥纵向</td><td colspan="2">80</td><td colspan="2"></td></tr>
<tr><td rowspan="2">低温柔度（℃）</td><td>−10</td><td>−20</td><td>−10</td><td>−20</td></tr>
<tr><td colspan="4">无裂纹</td></tr>
</table>

注：本表摘自 GB 18242。

**APP 改性沥青防水卷材的物理性能标准　　表 6-12**

| 序 号 | 胎　基 | | PY | | G | |
|---|---|---|---|---|---|---|
| | 型　号 | | Ⅰ | Ⅱ | Ⅰ | Ⅱ |
| 1 | 可溶物含量（$g/m^2$）≥ | 2mm | | | 1300 | |
| | | 3mm | 2100 | | | |
| | | 4mm | 2900 | | | |
| 2 | 不透水性 | 压力（MPa）≥ | 0.3 | | 0.2 | 0.3 |
| | | 保持时间 min≥ | 30 | | | |
| 3 | 耐热度（℃） | | 110 | 130 | 110 | 130 |
| | | | 无滑动、流淌、滴落 | | | |
| 4 | 拉力（N/50mm）≥ | 纵向 | 450 | 800 | 350 | 500 |
| | | 横向 | | | 250 | 300 |
| 5 | 最大拉力时延伸率（%）≥ | | 25 | 40 | | |
| 6 | 低温柔度（℃） | | −5 | −15 | −5 | −15 |
| 7 | 撕裂强度（N）≥ | 纵向 | 250 | 350 | 250 | 350 |
| | | 横向 | | | 170 | 200 |

注：本表摘自 GB 18243。

**自粘橡胶沥青防水卷材的物理力学性能标准　　表 6-13**

| 项　目 | | 表面材料 | | |
|---|---|---|---|---|
| | | PE | AL | N |
| 不透水性 | 压力（MPa） | 0.2 | 0.2 | 0.1 |
| | 保持时间（min） | 120，不透水 | | 30，不透水 |
| 耐热度 | | | 80℃，加热 2h，无气泡，无滑动 | |
| 拉力（N/5cm）≥ | | 130 | 100 | |
| 断裂延伸率（%）≥ | | 450 | 200 | 450 |
| 柔度 | | −20℃，$\phi$20mm，3s，180°无裂纹 | | |
| 剪切性能（N/mm） | 卷材与卷材≥ | 2.0 或粘合面外断裂 | | 粘合面外断裂 |
| | 卷材与铝板≥ | | | |
| 剥离性能（N/mm）≥ | | 1.5 或粘合面外断裂 | | 粘合面外断裂 |
| 抗穿孔性 | | 不渗水 | | |
| 人工候化处理 | 外观 | | 无裂纹，无气泡 | |
| | 拉力保持率（%）≥ | | 80 | |
| | 柔度 | | −10℃，$\phi$20mm，3s，180°无裂纹 | |

注：1. JC 840 标准适用于以 SBS 等弹性体、沥青为基料，以 PE 膜、铝箔为表面材料或无膜，采用防粘隔离层的自粘防水卷材。
2. 本表摘自 JC 840。

（2）水性沥青基防水涂料、聚合物水泥砂浆防水涂料、防渗宝Ⅰ型防水涂料性能见表 6-14 ~ 表 6-16。

**水性沥青基防水涂料质量标准**　　**表 6-14**

| 项目 | | 质量指标 | | | |
|---|---|---|---|---|---|
| | | AE-1 类 | | AE-2 类 | |
| | | 一等品 | 合格品 | 一等品 | 合格品 |
| 外观 | | 搅拌后为黑色或灰黑色均质膏体或黏稠体，搅匀和分散在水溶液中，无沥青丝 | 搅拌后为黑色或灰黑色均质膏体或黏稠体，搅匀和分散在水溶液中，无沥青丝 | 搅拌后为黑色或蓝褐色均质液体、搅拌棒上不粘附任何颗粒 | 搅拌后为黑色或蓝褐色液体，搅拌棒上不粘附明显颗粒 |
| 固体含量不小于（%） | | 50 | | 43 | |
| 延伸性不小于（mm） | 无处理 | 5.5 | 4.0 | 6.0 | 4.5 |
| | 处理后 | 4.0 | 3.0 | 4.5 | 3.5 |
| 柔韧性 | | (5±1)℃ | (10±1)℃ | (−15±1)℃ | (−10±1)℃ |
| | | 无裂纹、断裂 | | | |
| 耐热性 | | (80±2)℃，5h，无流淌、起泡和滑动 | | | |
| 粘结性不小于（MPa） | | 0.20 | | | |
| 不透水性 | | 0.1MPa，30min，不渗水 | | | |
| 抗冻性 | | 20 次无开裂 | | | |

注：1. 试件参考涂布量与工程施工用量相同：AE-1 类为 $8kg/m^2$，AE-2 类为 $2.5kg/m^2$。
2. 本表摘自 JC 408。

**聚合物水泥防水涂料的技术指标**　　**表 6-15**

| 项目 | | 指标 | |
|---|---|---|---|
| | | Ⅰ型 | Ⅱ型 |
| 外观 | | 白色液体 | |
| 固含量（%） | | ≥65 | |
| 干燥时间（h） | 表干 | ≤4 不粘手 | |
| | 实干 | ≤8 无粘着 | |
| 拉伸强度（MPa） | | 1.2 | 1.8 |
| 断裂伸长率（%） | | 200 | 80 |
| 低温柔性（≤10mm 棒） | | −10℃无裂纹 | |
| 不透水性（0.3MPa，30min） | | 不透水 | |
| 潮湿基面粘结强度（MPa） | | 0.5 | 1.0 |
| 抗渗性（背水面）(MPa) | | | ≥0.6 |

注：本表摘自 JC/T 894。

防渗宝Ⅰ型技术指标 表6-16

| 序号 | 检验项目 | | 标准要求 | 检验结果 |
|---|---|---|---|---|
| 1 | 凝结时间 | 初凝（min） | ≥15 | 57 |
| | | 终凝（min） | ≤90 | 83 |
| 2 | 3d净浆抗压强度（MPa） | | ≥13.0 | 21 |
| 3 | 3d净浆抗折强度（MPa） | | ≥3.0 | 4.4 |
| 4 | 7d抗渗压力（MPa） | 砂浆 | ≥1.5 | 1.7 |
| | | 涂层 | ≥0.4 | 0.5 |
| 5 | 7d粘结力（MPa） | | ≥1.4 | 1.6 |
| 6 | 冻融（-15℃~20℃，20次） | | 无开裂、起皮、剥落 | 无开裂、起皮、剥落 |
| 7 | 耐碱性（氢氧化钙浸泡500h） | | 无开裂、起皮、剥落 | 无开裂、起皮、剥落 |
| 8 | 耐高温（100℃水煮5h） | | 无开裂、起皮、剥落 | 无开裂、起皮、剥落 |
| 9 | 耐低温（-40℃，5h） | | 涂层无变化 | 涂层无变化 |

（二）保温板材选用及要求

同本章第二节有关内容。

## 二、防潮层施工质量控制

（一）卷材防潮层施工

1. 卷材防水层的基面应平整牢固、清洁干燥。

2. 铺贴卷材严禁在雨天、雪天施工；五级风及其以上时不得施工；冷粘法施工气温不宜低于5℃，热熔法施工气温不宜低于-10℃。

3. 铺贴卷材前，应在基面上涂刷基层处理剂，当基面较潮湿时，应涂刷湿固化型胶粘剂或潮湿界面隔离剂。基层处理剂配制与施工应符合下列规定：

（1）基层处理剂应与卷材及胶粘剂的材性相容；

（2）基层处理剂可采取喷涂法或涂刷法施工，喷、涂应均匀一致、不露底，待表面干燥后，方可铺贴卷材。

4. 铺贴高聚物改性沥青卷材应采用热熔法施工；铺贴合成高分子卷材采用冷粘法施工。

5. 采用热熔法或冷粘法铺贴卷材，应符合下列规定：

（1）底板垫层混凝土平面部位的卷材宜采用空铺法或点粘法，其他与混凝土结构相接触的部位应采用满粘法；

（2）采用热熔法施工高聚物改性沥青卷材时，幅宽内卷材底表面加热应均匀，不得过分加热或烧穿卷材。采用冷粘法施工合成高分子卷材时，必须采用与卷材材性相容的胶粘剂，并应涂刷均匀；

（3）铺贴时应展平压实，卷材与基面和各层卷材间必须粘结紧密；

（4）铺贴立面卷材防水层时，应采取防止卷材下滑的措施；

（5）两幅卷材短边和长边的搭接宽度均不应小于100mm。采用合成树脂类的热塑性卷材时，搭接宽度宜为50mm，并采用焊接法施工，焊缝有效焊接宽度不应小于30mm。

采用双层卷材时，上下两层和相邻两幅卷材的接缝应错开 1/3 ~ 1/2 幅宽，且两层卷材不得相互垂直铺贴；

（6）卷材接缝必须粘贴封严。接缝口应用材性相容的密封材料封严，宽度不应小于 10mm；

（7）在立面与平面的转角处，卷材的接缝应留在平面上，距立面不应小于 600mm。

（二）防水涂料防水层施工

（1）基层表面的气孔、凹凸不平、蜂窝、缝隙、起砂等，应修补处理，基面必须干净、无浮浆、无水珠、不渗水。

（2）涂料施工前，基层阴阳角应做成圆弧形，阴角直径宜大于 50mm，阳角直径宜大于 10mm。

（3）涂料施工前应先对阴阳角、预埋件、穿墙管等部位进行密封或加强处理。

（4）涂料的配制及施工，必须严格按涂料的技术要求进行。

（5）涂料防水层的总厚度应符合设计要求。涂刷或喷涂，应待前一道涂层实干后进行；涂层必须均匀，不得漏刷漏涂。施工缝接缝宽度不应小于 100mm。

（6）有机防水涂料施工完后应及时做好保护层，保护层应符合下列规定：

① 底板、顶板应采用 20mm 厚 1：2.5 水泥砂浆层和 40 ~ 50mm 厚的细石混凝土保护，顶板防水层与保护层之间宜设置隔离层；

② 侧墙背水面应采用 20mm 厚 1：2.5 水泥砂浆层保护；

③ 侧墙迎水面宜选用软保护层或 20mm 厚 1：2.5 水泥砂浆层保护。

（三）水泥刚性防潮层施工

（1）基层表面应平整、坚实、粗糙、清洁，并充分湿润、无积水。

（2）基层表面的孔洞、缝隙，应用与防水层相同的砂浆堵塞抹平。

（3）施工前应将预埋件、穿墙管预留凹槽内嵌填密封材料后，再施工防水砂浆层。

（4）普通水泥砂浆防水层的配合比见表 6-17。

**普通水泥砂浆防水层的配合比**　　表 6-17

| 名　称 | 配合比（质量比） | | 水　灰　比 | 适　用　范　围 |
|---|---|---|---|---|
| | 水泥 | 砂 | | |
| 水泥浆 | 1 | | 0.55 ~ 0.60 | 水泥砂浆防水层的第一层 |
| 水泥浆 | 1 | | 0.37 ~ 0.40 | 水泥砂浆防水层的第三、五层 |
| 水泥砂浆 | 1 | 1.5 ~ 2.0 | 0.40 ~ 0.50 | 水泥砂浆防水层的第二、四层 |

掺外加剂、掺合料、聚合物等防水砂浆的配合比和施工方法应符合所掺材料的规定，其中聚合物砂浆的用水量应包括乳液中的含水量。

（5）水泥砂浆防水层应分层铺抹或喷射，铺抹时应压实、抹平，最后一层表面应提浆压光。

（6）聚合物水泥砂浆拌合后应在 1h 内用完，且施工中不得任意加水。

（7）水泥砂浆防水层各层应紧密贴合，每层宜连续施工；如必须留茬时，采用阶梯坡形茬，但离阴阳角处不得小于 200mm；接茬应依层次顺序操作，层层搭接紧密。

（8）水泥砂浆防水层不宜在雨天及 5 级以上大风中施工。冬期施工时，气温不应低于

5℃，且基层表面温度应保持0℃以上。夏季施工时，不应在35℃以上或烈日照射下施工。

（9）普通水泥砂浆防水层终凝后，应及时进行养护，养护温度不宜低于5℃，养护时间不得少于14d，养护期间应保持湿润。

聚合物水泥砂浆防水层未达到硬化状态时，不得浇水养护或直接受雨水冲刷，硬化后应采用干湿交替的养护方法。在潮湿环境中，可在自然条件下养护。

使用特种水泥、外加剂、掺合料的防水砂浆，养护应按产品有关规定执行。

## 第四节 地面节能工程施工质量标准与验收

### 一、地面节能工程施工质量标准

（一）主控项目

1. 用于地面节能工程的保温材料，其品种、规格应符合设计要求和相关标准的规定。

检验方法：观察、尺量或称重检查；核查质量证明文件。

检查数量：按进场批次，每批随机抽取3个试样进行检查；质量证明文件应按照其出厂检验批进行核查。

2. 地面节能工程使用的保温材料。其导热系数、密度、抗压强度或压缩强度、燃烧性能应符合设计要求。

检验方法：核查质量证明文件和复验报告。

检查数量：全数核查。

3. 地面节能工程采用的保温材料，进场时应对其导热系数、密度、抗压强度或压缩强度、燃烧性能进行复验，复验应为见证取样送检。

检验方法：随机抽样送检，核查复验报告。

检查数量：同一厂家同一品种的产品各抽查不少于3组。

4. 地面节能工程施工前，应对基层进行处理，使其达到设计和施工方案的要求。

检验方法：对照设计和施工方案观察检查。

检查数量：全数检查。

5. 地面保温层、隔离层、保护层等各层的设置和构造做法，以及保温层的厚度应符合设计要求，并应按施工方案施工。

检验方法：对照设计和施工方案观察检查；尺量检查。

检查数量：全数检查。

6. 地面节能工程的施工质量应符合下列规定：

（1）保温板与基层之间、各构造层之间的粘结应牢固，缝隙应严密；

（2）保温浆料应分层施工；

（3）穿越地面直接接触室外空气的各种金属管道应按设计要求，采取隔断热桥的保温措施。

检验方法：观察检查；核查隐蔽工程验收记录。

检查数量：每个检验批抽查2处，每处$10m^2$；穿越地面的金属管道处全数检查。

7. 有防水要求的地面，其节能保温做法不得影响地面排水坡度，保温层面层不得渗漏。

检验方法：用长度500mm水平尺检查；观察检查。

检查数量：全数检查。

8. 严寒、寒冷地区的建筑首层直接与土壤接触的地面、采暖地下室与土壤接触的外墙、毗邻不采暖空间的地面以及底面直接接触室外空气的地面应按设计要求采取保温措施。

检验方法：对照设计观察检查。

检查数量：全数检查。

9. 保温层的表面防潮层、保护层应符合设计要求。

检验方法：观察检查。

检查数量：全数检查。

（二）一般项目

1. 采用地面辐射采暖的工程，其地面节能做法应符合设计要求，并应符合《地面辐射供暖技术规程》(JGJ 142）的规定。

检验方法：观察检查。

检查数量：全数检查。

## 二、地面节能工程施工质量验收

（一）检验批划分

地面节能分项工程检验批划分应符合下列规定：

（1）检验批可按施工段或变形缝划分；

（2）当面积超过$200m^2$时，每$200m^2$可划分为一个检验批，不足$200m^2$也为一个检验批；

（3）不同构造做法的地面节能工程应单独划分检验批。

（二）隐蔽工程验收

地面节能工程应对下列部位进行隐蔽工程验收，并应有详细的文字记录和必要的图像资料：

（1）基层；

（2）被封闭的保温材料厚度；

（3）保温材料粘结；

（4）隔断热桥部位。

（三）地面节能工程施工质量验收

地面节能工程的施工，应在主体或基层质量验收合格后进行。施工过程中应及时进行质量检查、隐蔽工程验收和检验批验收，施工完成后应进行地面节能分项工程验收。

# 第七章　采暖节能分项工程施工质量控制与验收

## 第一节　采暖节能工程系统制式的质量控制

### 一、系统制式

1. 采暖系统的制式也就是管道的系统形式，是经过设计人员周密考虑而设计的。采暖系统的制式设计的合理，采暖系统才能具备节能功能。如果在施工过程中擅自改变了采暖系统的设计制式，就有可能影响采暖系统的正常运行和节能效果。因此，要求施工单位必须按照设计的采暖系统制式进行施工。

2. 选择采暖系统制式的主要原则有：

（1）采暖系统应保证各个房间（楼梯间除外）的室内温度能进行独立调控；

（2）便于实现分户或分室（区）热量（费）分摊的功能；

（3）管路系统简单、管材消耗量少、节省初投资。

### 二、采暖系统制式选择

新建和既有改造建筑室内热水集中采暖系统的制式，在保证室温可调控、满足热计量要求，且方便运行管理的前提下，可采用下列任一制式。

1. 新建住宅采用共用立管的分户独立系统时，常用的室内采暖系统制式有：

（1）下供下回（下分式）水平双管系统；

（2）上供上回（上分式）水平双管系统；

（3）下供下回（下分式）全带跨越管的水平单管系统；

（4）放射式（章鱼式）系统；

（5）低温热水地面辐射采暖系统。

2. 新建公共建筑常用的室内采暖系统形式如下：

（1）上供下回垂直双管系统；

（2）下供下回垂直双管系统；

（3）下供下回水平双管系统；

（4）上供下回垂直单双管系统；

（5）上供下回全带跨越管（或装置 H 分配阀）的垂直单管系统；

（6）下供下回全带跨越管的水平单管系统；

（7）低温热水地面辐射采暖系统。

3. 既有住宅和既有公共建筑的室内采暖系统改造可采用以下几种形式：

(1) 原系统为垂直单管顺流系统时，宜改造为在每组散热器的供回水管之间均设跨越管（或装置 H 分配阀）的系统；

(2) 原系统为垂直双管系统时，宜维持原系统形式；

(3) 原系统为单双管系统时，既有住宅宜改造为垂直双管系统，或改造为在每组散热器的供回水管之间均设跨越管（或装置 H 分配阀）的垂直单管系统；既有公共建筑宜维持原系统形式；

(4) 当室内管道更新时，既有住宅的以上三种原有系统形式也可改造为设共用立管的分户独立系统；

(5) 原系统为低温热水地面辐射式采暖系统时，应在每一分支环路上设置室内远传型自力式恒温阀或电子式恒温控制阀等温控装置。

## 第二节　采暖节能工程散热设备安装质量控制

### 一、散热器分类及规格

散热器根据制造材质分为铸铁散热器、钢制散热器、铝制散热器和双金属复合散热器。其中铸铁散热器及钢制散热器最为常见，见表 7-1 ~ 表 7-4。

**铸铁柱型散热器技术参数　　表 7-1**

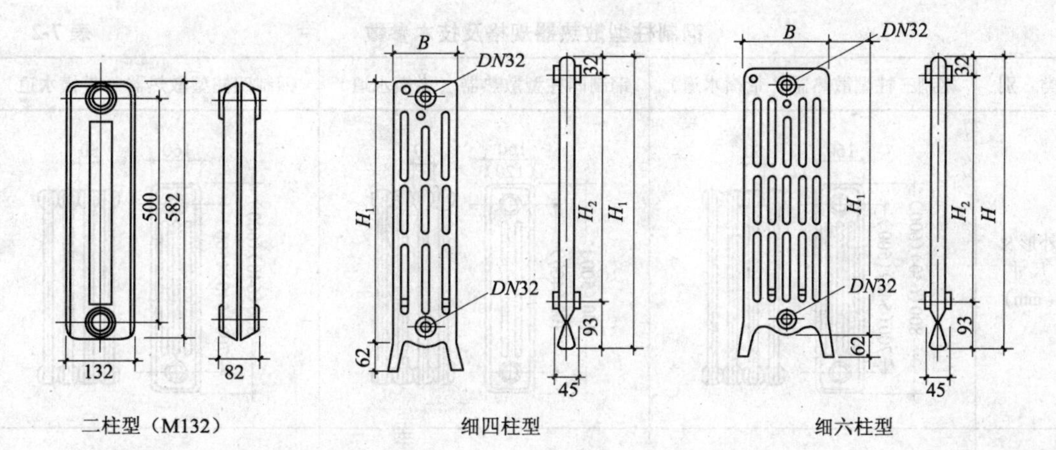


二柱型（M132）　　细四柱型　　细六柱型

| 名称 | 高度 H (mm) 腿片 | 高度 H (mm) 中片 | 上下孔中心距 $H_1$ (mm) | 每片厚度 (mm) | 每片宽度 B (mm) | 每片容量 (L) | 每片放热面积 ($m^2$) | 每片质量 (kg) | 每片发热量 (W) | 工作压力 (MPa) 热水 | 工作压力 (MPa) 蒸汽 | 试验压力 (MPa) | 接口直径 DN (mm) |
|---|---|---|---|---|---|---|---|---|---|---|---|---|---|
| 二柱 M132 | — | 585 | 500 | 82 | 132 | 1.32 | | 7.3 (6.5) | 130 | 0.4 | 0.2 | 0.6 | 40 |
| 四柱 760 | 760 | 682 | 600 | 60 | 143 | 1.15 | 0.25 | 7.0 (6.2) | 128 | ≤0.5 | ≤0.2 | 0.75 | 40 |
| 稀四柱 | 760 | 682 | 600 | 60 | 143 | 1.15 | 0.235 | 7.0 (6.2) | 128 | ≤0.8 | ≤0.2 | 1.2 | 40 |

续表

| 名称 | 高度 *H*（mm） | | 上下孔中心距 $H_1$（mm） | 每片厚度（mm） | 每片宽度 *B*（mm） | 每片容量（*L*） | 每片放热面积（$m^2$） | 每片质量（kg） | 每片发热量（W） | 工作压力（MPa） | | 试验压力（MPa） | 接口直径 *DN*（mm） |
|---|---|---|---|---|---|---|---|---|---|---|---|---|---|
| | 腿片 | 中片 | | | | | | | | 热水 | 蒸汽 | | |
| 四柱 813 | 813 | 732 | 642 | 57 | 164 | 1.37 | 0.235 | 8.0（7.55） | — | 0.5 | 0.2 | 0.8 | 32 |
| 四柱 1060 | 1060 | 982 | 900 | 60 | 163 | — | 0.28 | 12.5（11.7） | 187 | 0.5 | 0.2 | 0.75 | 40 |
| 稀四柱 | 1060 | 982 | 900 | 60 | 163 | — | | 12.5（11.7） | 187 | 0.8 | 0.2 | 1.2 | 40 |
| 细四柱 525 | 525 | 463 | 400 | 45 | 113 | 0.42 | — | 2.93 | 78.6 | 0.5 | — | 0.75 | 32 |
| 稀细四柱 | 525 | 463 | 400 | 45 | 113 | 0.42 | — | 2.93 | 78.6 | 0.8 | — | 1.2 | 32 |
| 细四柱 625 | 625 | 563 | 500 | 45 | 113 | 0.5 | — | 3.45 | 92.3 | 0.5 | — | 0.75 | 32 |
| 稀细四柱 | 625 | 563 | 500 | 45 | 113 | 0.5 | — | 3.45 | 92.3 | 0.8 | — | 1.2 | 32 |
| 细四柱 725 | 725 | 663 | 600 | 45 | 113 | 0.52 | — | 4.16 | 109.4 | 0.5 | — | 0.75 | 32 |
| 稀细四柱 | 725 | 663 | 600 | 45 | 113 | 0.52 | — | 4.16 | 109.4 | 0.8 | — | 1.2 | 32 |
| 五柱 700 | 700 | 626 | 544 | 50 | 215 | 1.22 | 0.28 | 10.1（9.2） | 208 | 0.4 | 0.2 | 0.6 | 32 |
| 五柱 800 | 800 | 766 | 644 | 50 | 215 | 1.34 | 0.33 | 1.1（10.2） | 251.2 | 0.4 | 0.2 | 0.6 | 32 |
| 细六柱 725 | 725 | 663 | 600 | 45 | 174 | 0.76 | — | 6.22 | 153.2 | 0.5 | — | 0.75 | 32 |
| 稀细六柱 | 725 | 663 | 600 | 45 | 174 | 0.76 | — | 6.22 | 153.2 | 0.8 | — | 1.2 | 32 |

**钢制柱型散热器规格及技术参数**　　　　**表 7-2**

| 类　别 | 钢制三柱型散热器（带横水道） | 钢制四柱型散热器（无横水道） | 钢制四柱型散热器（带横水道） |
|---|---|---|---|
| 外形及尺寸（mm） | 160；50；800（640）（600）；700（540）（500） | 160（120）；50；400（500）；300（400） | 160；50；800（640）（600）；700（540）（500） |
| 常用型号 | GZ3-1.6/7-8 型<br>（GZ3-1.2/5.4-8 型）<br>（GZ3-1.2/5.6-8 型） | GZ4-1.6/3-8 型<br>（GZ4-1.6/4-8 型） | GZ4-1.6/6.8 型<br>（GZ4-1.6/6.2-8 型）<br>（GZ4-1.6/7-8 型） |

由集中锅炉房直供的采暖系统，宜用以钢管为过水断面的串片式、翅片管等钢制散热器，以弥补钢制散热器不耐腐蚀的缺陷。

**钢制闭式串片散热器技术参数　　表 7-3**

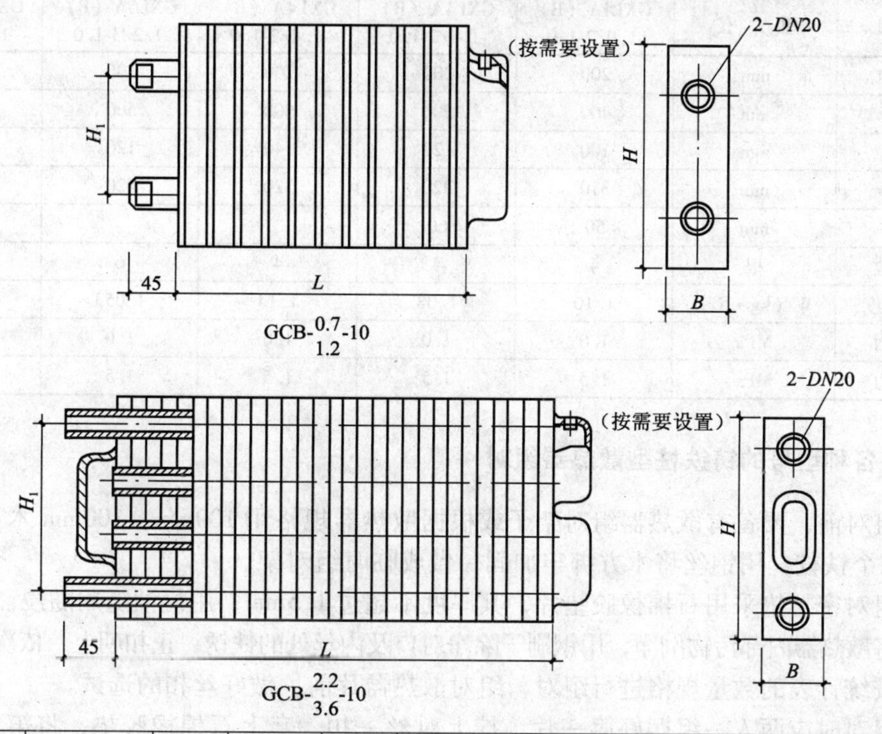


| 型　号 | 规格（mm） | 总高 $H$（mm） | 进出口中心距 $H_1$（mm） | 宽度 $B$（mm） | 长度 $L$（mm） | 接口规格（mm） | 质量（kg/m） | 水容量（L/m） | 散热量（W/m） | 工作压力（MPa） | 试验压力（MPa） |
|---|---|---|---|---|---|---|---|---|---|---|---|
| GCB-0. 7—10 | 150×80 | 150 | 70 | 80 | 400～140C 间隔 100 | DN20 | 10 | 0. 82 | 844 | 1. 0 | 1. 5 |
| GCB-1. 2—10 | 240×100 | 240 | 120 | 100 | | DN25 | 18 | 1. 44 | 1161 | 1. 0 | 1. 5 |
| GCB-2. 2—10 | 300×80 | 300 | 220 | 80 | | DN20 | 20 | 1. 65 | 1241 | 1. 0 | 1. 5 |
| GCB-3. 6—10 | 480×100 | 480 | 360 | 100 | | DN25 | 36 | 2. 88 | 1577 | 1. 0 | 1. 5 |

**钢制箱式螺旋翅片管散热器技术参数　　表 7-4**

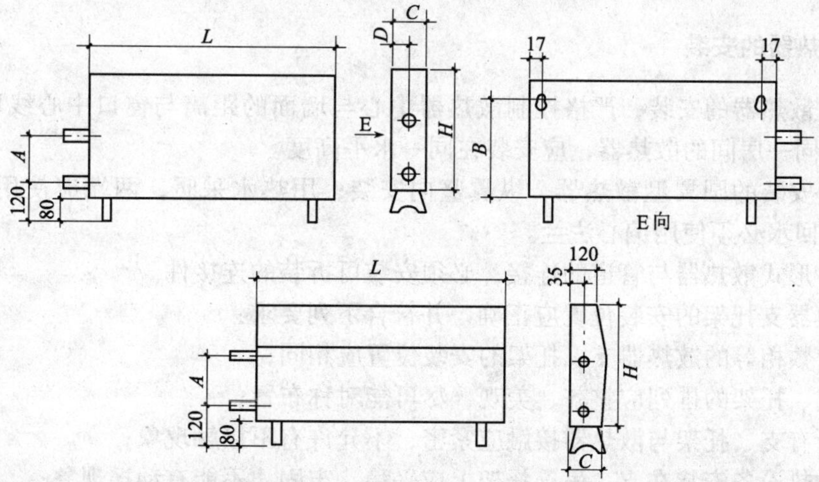

续表

| 项　目 | 单　位 | GXL4A (B) -1.0/2-1.0 | GXL4A (B) -1.2/2-1.0 | GXL4A (B) -1.4/2-1.0 | GXL6A (B) -1.2/3-1.0 | GXL6A (B) -1.4/3-1.0 |
|---|---|---|---|---|---|---|
| 中心距 $A$ | mm | 200 | 200 | 200 | 300 | 300 |
| 高度 $H$ | mm | 400 | 500 | 600 | 500 | 600 |
| 宽度 $C$ | mm | 100 | 120 | 140 | 120 | 140 |
| 尺寸 $B$ | mm | 310 | 320 | 320 | 420 | 420 |
| 尺寸 $D$ | mm | 50 | 60 | | | |
| 管排根数 | 根 | 4 | 4 | 4 | 6 | 6 |
| 金属热强度 | W/(kg·℃) | 1.10 | 1.08 | 1.14 | 1.053 | 1.041 |
| 工作压力 | MPa | 1.0 | 1.0 | 1.0 | 1.0 | 1.0 |
| 试验压力 | MPa | 1.5 | 1.5 | 1.5 | 1.5 | 1.5 |

## 二、各种型号的铸铁柱型散热器组对

1. 组对前，要备有散热器组对架子或根据散热器规格用100mm×100mm木方平放在地上楔四个铁桩，用钢丝将木方绑牢加固，做成临时组对架。

2. 组对密封垫采用石棉橡胶垫片，其厚度不超过1.5mm，用机油随用随浸。

3. 将散热器内部污物倒净，用钢刷子除净对口及内丝处的铁锈，正扣朝上，依次码放。

4. 按统计表的数量规格进行组对，组对散热器片前，做好丝扣的选试。

5. 组对时应两人一组摆好第一片，拧上对丝一扣，套上石棉橡胶垫，将第二片反扣对准对丝，找正后两人各用一手扶住炉片，另一手将对丝钥匙插入对丝内径，先向回徐徐倒退，然后再顺转，使两端入扣，同时缓缓均衡拧紧，照此逐片组对至所需的片数为止。

6. 一组散热器少于14片时，应在两端片上装带腿片；大于或等于15片时，应在中间再增组一带腿片；一组散热器超过20片时，应在靠近上下丝扣处，各加两根$\phi8$或$\phi10$的钢筋拉条，端头靠丝扣（套丝）紧固。

7. 组对的散热器安装前应作水压试验。灰铸铁散热器试验压力为0.6MPa，稀土铸铁散热器试验压力为1.2MPa。稳压时间2~3min，不渗不漏为合格。

8. 将组成的散热器慢慢立起，用人工或车运至集中地点。

## 三、散热器的安装

1. 铸铁散热器的安装，严格控制散热器中心与墙面的距离与窗口中心线取齐；安装在同一层或同一房间的散热器，应安装在同一水平高度。

2. 水平安装的圆翼型散热器，纵翼竖向安装；用热水采暖，两端应使用偏心法兰，蒸汽采暖，回水必须使用偏心法兰。

3. 各种形式散热器与管道的连接，必须安装可拆装的连接件。

4. 散热器支托架的安装位置应正确，并符合下列要求：

（1）片数相等的散热器支、托架的安装位置应相同；

（2）支、托架的排列应整齐、美观，尽可能对称布置；

（3）所有支、托架与散热器接触应紧密，不允许有不接触现象；

（4）散热设备安装在支、吊、托架上应平稳、牢固，不能有动摇现象；

（5）各种散热器的支托架安装数量应符合表 7-5 的要求。

**支托架安装数量表**　　表 7-5

| 散热器类型 | 每组片数 | 固定卡（个） | 下托钩（个） | 合计（个） |
|---|---|---|---|---|
| 各种铸铁及钢制柱型炉片铸铁辐射时流散热器，M132 型 | 3～12 | 1 | 2 | 3 |
| | 13～15 | 1 | 3 | 4 |
| | 16～20 | 2 | 3 | 5 |
| | 21 片及以上 | 2 | 4 | 6 |
| 铸铁圆翼型 | 每根散热器均按 2 个托钩计 | | | |
| 各种钢制闭式散热器 | 高在 300mm 及以下规格焊 3 个固定架，300mm 以上焊 4 个固定架，≤300mm 每组 3 个固定螺栓，＞300mm 每组 4 个固定螺栓 | | | |
| 各种板式散热器 | 每组装四个固定螺栓（或装四个厂家生产的托钩） | | | |

注：钢制闭式散热器也可以按厂家每组配套的托架安装。

### 四、散热器冷风门安装

（1）按设计要求，将需要打冷风门眼的炉堵放在台钻上打 $\phi 8.4$ 的孔，在台虎钳上用 1/8″丝锥攻丝。

（2）将炉堵抹好铅油，加好石棉橡胶垫，在散热器上用管钳上紧。在冷风门丝扣上抹铅油，缠少许麻丝，拧在炉堵上，用扳子上钊松紧适度，放风孔向外斜 45°（宜在综合试压前安装）。

（3）钢制串片式散热器、扁管板式散热器按设计要求，统计需打冷风门的散热器数量，在加工订货时提出要求，由厂家负责做好。

（4）钢板板式散热器的放风门采用专用放风门水口堵头，订货时提出要求。

（5）圆翼型散热器放风门安装，按设计要求在法兰上打冷风门眼，做法同炉堵上装冷风门。

## 第三节　采暖节能工程阀门及仪表安装质量控制

### 一、恒温阀

恒温阀是一种自力式调节控制阀，用户可根据对室温高低的要求，设定并调节室温。这样，恒温控制阀就确保了各房间的室温，避免了立管水量不平衡，以及双管系统上热下冷的垂直失调问题。同时，更重要的是当室内获得“自由热”，又称“免费热”，如阳光照射，室内热源——炊事、照明、电器及人体等散发的热量而使室温有升高趋势时，恒温阀会及时减少流经散热器的水量，不仅保持室温合适，同时达到节能目的。

恒温阀的选型及安装一般应遵循下列原则：

（1）新建和改造等工程中散热器的进水支管上均应安装恒温阀。

（2）恒温阀的特性及其选用，应遵循《散热器恒温控制阀》（JG/T 195）的规定，且应根据室内采暖系统制式选择恒温阀的类型，垂直单管系统应采用低阻力恒温阀，垂直双管系统应采用高阻力恒温阀。

（3）垂直单管系统可采用两通恒温阀，也可采用三通恒温阀，垂直双管系统应采用两通恒温阀。

(4) 采用低温热水地面辐射供暖系统时，每一分支环路应设置室内远传型自力式恒温阀或电子式恒温控制阀等温控装置，也可在各房间加热管上设置自力式恒温阀。

(5) 恒温阀感温元件类型应与散热器安装情况相适应。散热器明装时，恒温阀感温元件应采用内置型；散热器暗装时，应采用外置型。

(6) 恒温阀选型时，应按通过恒温阀的水量和压差确定规格。

(7) 恒温阀应具备防冻设定功能。

(8) 明装散热器的恒温阀不应被窗帘或其他障碍物遮挡，且恒温阀的阀头（温度设定器）应水平安装；暗装散热器恒温阀的外置型感温元件应安装在空气流通、且能正确反映房间温度的位置。

(9) 低温热水地面辐射供暖系统室内温控阀的温控器应安装在避开阳光直射和有发热设备且距地面 1.4m 处的内墙面上。

## 二、热计量装置

热计量装置，主要是指建筑物楼前的总热量表和户内的热量分摊装置。对于住宅建筑，楼前的总热量表是该栋楼耗热量的结算依据，而楼内住户应理解热量分摊，当然，每户应该有相应的装置，作为对整栋楼的耗热量进行户间分摊的依据。目前，在国内已有应用的热计量方法大致有温度法、热量分配表法、户用热量表法和面积法等。

1. 温度法

按户设置温度传感器，通过测量室内温度，并结合建筑面积和楼栋总热量表测出的供热量进行热量（费）分摊。温度法采暖热计量分配系统是在每户住户内的内门上侧安装一个温度传感器，用来对室内温度进行测量，通过采集器采集的室内温度经通信线路送到热量采集显示器。热量采集显示器接收来自采集器的信号，并将采集器送来的用户室温送至热量计算分配器；热量计算分配器接收采集显示器、热量表送来的信号后，按照规定的程序将热量进行分摊。这种方法的出发点是：按照住户的舒适度分摊热费，认为室温与住户的舒适是一致的，如果采暖期的室温维持较高，那么该住户分摊的热费也应该较多。遵循的分摊原则是：同一栋建筑物内的用户，如果采暖面积相同，在相同的时间内，相同的舒适度应缴纳相同的热费。它与住户在楼内的位置没有关系，不必进行住户位置的修正。因为节能是同一建筑物内各个热用户共同的责任。温度法可以做到根据受益来交费，可以解决热用户的位置差别及户间传热引起的热费不公平问题。另外，温度法与目前的传统垂直室内管路系统没有直接联系，可用于新建和既有改造住宅的任何采暖系统制式的热计量收费。

2. 热量分配表法

在每组散热器上设置蒸发式或电子式热量分配表，通过对散热器散发热量的测量，并结合楼栋总热量表测出的供热量进行热量（费）分摊。此法适合于住宅建筑中采用散热器供暖的任何采暖系统制式。热量分配表法简单，分配表价格低廉，测量精度够用。但由于每户居民在整幢建筑中所处位置不同，即便同样住户面积，保持同样室温，散热器热量分配表上显示的数字却是不相同的。比如顶层住户会有屋顶，与中间层住户相比多了一个屋顶散热面，为了保持同样室温，散热器必然要多散发出热量来；同样，对于有山墙的住户会比没有山墙的住户在保持同样室温时多耗热量。所以，需要将每户根据散热器热量分配表分摊的热量，并根据楼内每户居民在整幢建筑中所处位置折算成当量热量后，才能进行收费。散热器热量分配表对既有采暖系统的热计量收费改造比较方便，比如将原有垂直单管顺流系统，加装跨越管就可以，不需要改为每一户的水平系统。

3. 户用热量表法

按户设置户用热量表，通过测量流量和供、回水温差进行住户的热量计量，并结合楼栋总热量表测出的供热量进行热量（费）分摊。户用热表安装在每户采暖环路中，可以测量每个住户的采暖耗热量，但是，我们原有的、传统的垂直室内采暖系统需要改为每一户的水平系统。这种方法与散热器热量分配表一样，需要将各个住户的热量表显示的数据进行折算，使其做到“相同面积的用户，在相同的舒适度的条件下，交相同的热费”。这种方法仅适合于住宅建筑中共用立管的分户独立采暖系统形式（包括地面辐射采暖系统），但对于既有建筑中应用垂直的采暖管路系统进行“热改”时，不太适用。

4. 面积法

（1）根据热力入口处楼前总热量表的热量，结合各住户的建筑面积进行热费分摊。尽管这种方法是按照住户面积作为分摊热量（费）的依据，但不同于“热改”前的概念。这种方法的前提是该栋楼前必须安装总热量表，是一栋楼内的热量分摊方式。此法适合于资金紧张的既有住宅中的任何采暖系统形式的热改。

（2）当住宅建筑的类型、围护结构相同、分户热量（费）分摊装置一致时，不必每栋住宅都设楼栋总热量表，可几栋住宅共用一块总热量表。住宅建筑中需供暖的公共用房和公用空间，应设置单独的采暖系统和热计量装置。

（3）对于公共建筑的热计量，应在每栋公共建筑物的热力入口处设置总热量表，且公共建筑内部归属不同单位的各部分，在保证能分室（区）进行温度调控的前提下，宜分别设置热量计量装置。

## 三、平衡阀

（1）供热系统水力不平衡的现象现在依然很严重，而水力不平衡是造成供热能耗浪费的主要原因之一，同时，水力平衡又是保证其他节能措施能够可靠实施的前提。因此，对系统节能而言，首先应该做到水力平衡，而且必须强制要求系统达到水力平衡。除规模较小的供热系统经过计算可以满足水力平衡外，一般室外供热管线较长，计算不易达到水力平衡。为了避免设计不当造成水力不平衡，一般供热系统均应在建筑物的热力入口处设置手动水力平衡阀和水过滤器，并应根据建筑物内供暖系统所采用的调节方式，决定是否还要设置自力式流量控制阀（对定流量水系统而言）或自力式压差控制阀（对变流量水系统而言），否则，出现不平衡问题时将无法调节。平衡阀是最基本的平衡元件，实践证明，在系统进行第一次调试平衡后，在设置了供热量自动控制装置进行质调节的情况下，室内散热器恒温阀的动作引起系统压差的变化不会太大，因此，只在某些条件下才需要设置自力式流量控制阀或自力式压差控制阀。

（2）关于手动水力平衡阀、流量控制阀、压差控制阀，目前说法不一，例如，流量控制阀也有称为“动态（自动）平衡阀”，“定流量阀”等。为了尽可能地规范名称，并根据城镇建设行业标准《自力式流量控制阀》（CJ/T 179—2003）中对“自力式流量控制阀”的定义“工作时不依靠外部动力，在压差控制范围内，保持流量恒定的阀门”。因此，称流量控制阀为“自力式流量控制阀”；尽管目前还没有颁布压差控制阀行业标准，同样，称压差控制阀为“自力式压差控制阀”。至于手动或静态平衡阀，则统一称为手动水力平衡阀。

（3）手动水力平衡阀选型原则。手动水力平衡阀是用于消除环路剩余压头、限定环路水流量用的，为了合理地选择平衡阀的型号，在设计水系统时，一定要进行管网水力计算及环网平衡计算，按管径选取平衡阀的口径（型号）。对于旧系统改造时，由于资料不全并为方便施工安装，可按管径尺寸配用同样口径的平衡阀，直接以平衡阀取代原有的截止阀或闸阀。但需要作压降校核计算，以避免原有管径过于富裕使流经平衡阀时产生的压降过小，引起调试时由于压降过小而造成仪表较大的误差。校核步骤如下：按该平衡阀管辖的供热面积估算出设计流量，按管径求出设计流量时管内的流速 $v$（m/s），由该型号平衡阀全开时的 $\xi$ 值，按公式 $\Delta P=\xi(v^2\cdot\rho/2)$(Pa)，求得压降值 $\Delta P$（式中，$\rho=1000\text{kg/m}^3$），如果 $\Delta P$ 小于2～3kPa，可改选用小口径型号平衡阀，重新计算 $v$ 及 $\Delta P$，直到所选平衡阀在流经设计水量时的压降 $\Delta P\geqslant2\sim3$kPa 时为止。

（4）尽管自力式流量控制阀具有在一定范围内自动稳定环路流量的特点，但是其水流阻力也比较大，因此即使是针对定流量系统，对设计人员的要求也首先是通过管路和系统设计来实现各环路的水力平衡（即“设计平衡”）。当由于管径、流速等原因的确无法做到“设计平衡”时，才应考虑采用手动水力平衡阀通过初调试来实现水力平衡的方式；只有当设计认为系统可能出现由于运行管理原因（例如，水泵运行台数的变化等等）有可能导致的水量较大波动时，才宜采用阀权度要求较高、阻力较大的自力式流量控制阀。但是，对于变流量系统来说，除了某些需要特定定流量的场所（例如，为了保护特定设备的正常运行或特殊要求）外，不应在系统中设置自力式流量控制阀，而应设置自力式压差控制阀。

### 四、过滤器

在许多工程中，发现热力入口处没有安装水过滤器，这对以往旧的不节能采暖系统影响不大，但在节能采暖系统中，由于设置了温控和热计量及水力平衡装置等，对水质要求很严格，安装过滤器能起到保护这些装置不被堵塞而安全运行的作用。因此，设置过滤器是必需的，同时，数量和规格也必须符合设计要求。

### 五、温度计及压力表

温度计及压力表等是正确反映系统运行参数的仪表。在许多工程中，这些仪表并没有安装到位，也就无法判定系统的运行状态，更无法去进行系统平衡调节，因此，也就无法判断系统是否节能。

## 第四节　采暖节能工程的热力入口安装质量控制

室内采暖系统与室外供热管道的连接处，就是室内采暖系统入口，也称作热力入口。系统热力入口宜设在建筑物热负荷对称分配的位置，一般在建筑物中部，敷设在用户的地下室或地沟内。入口处一般装有必要的仪表和设备，用以调节、检测和统计供应热量，一般有温度计、压力表、过滤器或除污器等，必要时，应设调节阀和流量计，但系统小时不必全设。图7-1为热水采暖系统入口的示例。

热力入口是指室外热网与室内采暖系统的连接点及其相应的入口装置，一般是设在建筑物楼前的暖气沟或地下室等处。热力入口装置通常包括阀门、水力平衡阀、总热计量

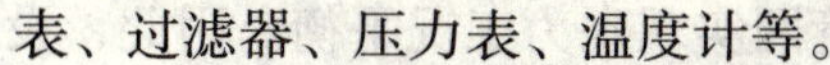

表、过滤器、压力表、温度计等。

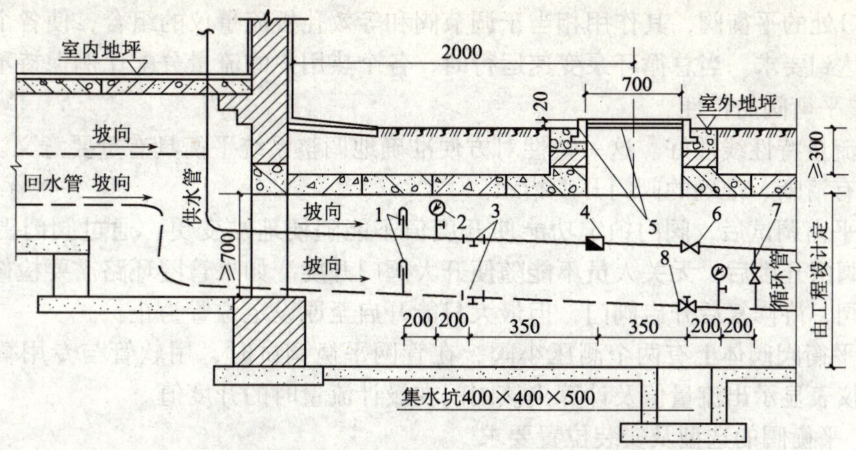


图 7-1 热水采暖系统入口装置

1—温度计；2—压力表；3—泄水丝堵；4—热水流量计；
5—井盖；6—阀门；7—闸板阀；8—平衡阀（或调节阀）

在实际工程中，有很多采暖系统的热力入口只有总开关阀门和旁通阀门，没有按照设计要求安装水力平衡阀、热计量装置、过滤器、压力表、温度计等入口装置。有的工程虽然安装了入口装置，但空间狭窄，过滤器和阀门无法操作、热计量装置、压力表、温度计等仪表很难观察读取。因此，热力入口装置常常是起不到其过滤、热能计量及调节水力平衡等功能，从而起不到节能的作用。

## 一、新建集中采暖系统热力入口的要求

1. 热力入口供、回水管均应设置过滤器。供水管应设两级过滤器，顺水流方向第一级为粗滤，滤网孔径不宜大于$\phi3.0$mm，第二级为精过滤，滤网规格宜为60目；进入热计量装置流量计前的回水管上应设过滤器，滤网规格不宜小于60目。

2. 供、回水管应设置必要的压力表或压力表管口。

3. 无地下室的建筑，宜在室外管沟入口或楼梯间下部设置小室，室外管沟小室宜有防水和排水措施。小室净高应不低于1.4m，操作面净宽应不小于0.7m。

4. 有地下室的建筑，宜设在地下室可锁闭的专用空间内，空间净高度应不低于2.0m，操作面净宽应不小于0.7m。

## 二、平衡阀

### （一）平衡阀的工作原理

平衡阀属于调节阀范畴，它的工作原理是通过改变阀芯与阀座的间隙（开度），来改变流经阀门的流动阻力，以达到调节流量的目的。从流体力学观点看，平衡阀相当于一个局部阻力可以改变的节流元件，实际上就是一种有开度指示的手动调节阀。

平衡阀与普通阀门的不同之处在于有开度指示、开度锁定装置及阀体上有两个测压小阀。管网系统安装完毕，并具备测试条件后，对管网进行平衡调试，用软管将被调试的平衡阀测压小阀与专用智能仪表连接，仪表能显示出流经阀门的流量值（及压降值），经与仪表人机对话向仪表输入该平衡阀处要求的流量值后，仪表经计算、分析，可显示出管路系统达

到水力平衡时该阀门的开度值，将各阀门开度锁定，使管网实现水力工况平衡。因此，设在热力入口处的平衡阀，其作用相当于调节阀和等效孔板流量仪的组合，使各个热用户的流量分配达到要求。当总循环泵变速运行时，各个热用户的流量分配比例保持不变。

（二）平衡阀的特性

（1）流量特性线性好。这一特性对方便准确地调整系统平衡具有重要意义。

（2）有清晰、准确的阀门开度指示。

（3）平衡调试后，阀门锁定功能使开度值不能随便地被变更。通过阀门上的特殊装置锁定了阀门开度后，无关人员不能随便开大阀门开度。如果管网环路需要检修，仍可以关闭平衡阀，待修复后开启阀门，但最大只能开启至原设定位置为止。

（4）平衡阀阀体上有两个测压小阀，在管网平衡调试时，用软管与专用智能仪表相连，能由仪表显示出流量值及计算出该阀门在设计流量时的开度值。

（三）平衡阀的选型及安装位置要求

（1）室内采暖为垂直单管跨越式系统，热力入口的平衡阀应选用自力式流量控制阀。

（2）室内采暖为双管系统，热力入口的平衡阀应选用自力式压差控制阀。

（3）自力式压差控制阀或流量控制阀两端压差不宜大于100kPa，不应小于8.0kPa，具体规格应由计算确定。

（4）管网系统中所有需要保证设计流量的热力入口处均应安装一只平衡阀，可安在供水管路上，也可安在回水管路上，设计如无特殊要求，从降低工作温度，延长其工作寿命等角度考虑，一般安装在回水管路上。

### 三、热计量装置

（一）热计量装置的选型

无论是住宅建筑还是公共建筑，无论建筑物中采用何种热计量方式，其热力入口处均应设置热计量装置——总热量表，作为房屋产权单位（物业公司）的住户结算时分摊热费的依据。从防堵塞和提高计量的准确度等方面考虑，该表宜采用超声波型热量表。

（二）热量计量装置的安装和维护

（1）热力入口装置中总热量表的流量传感器宜装在回水管上，以延长其寿命、降低故障率、降低计量成本；进入热量计量装置流量计前的回水管上应设置滤网规格不宜小于60目过滤器；

（2）总热量表应严格按产品说明书的要求安装；

（3）对总热量表要定期进行检查维护，内容为：检查铅封是否完好；检查仪表工作是否正常；检查有无水滴落在仪表上，或将仪表浸没；检查所有的仪表电缆是否连接牢固可靠，是否因环境温度过高或其他原因导致电缆损坏或失效；根据需要检查、清洗或更换过滤器；检查环境温度是否在仪表使用范围内。

## 第五节　采暖节能工程的保温层施工质量控制

### 一、作业条件

1. 管道及设备的保温应在防腐及水压试验合格后方可进行，如需先作保温层，应将管道的接口及焊缝处留出，待水压试验合格后再将接口处保温。

2. 建筑物的吊顶及管井需要作保温的管道，必须在防腐试压合格，保温完成隐检合格后，土建才能最后封闭，严禁颠倒工序施工。

3. 保温前必须将地沟管井内的杂物清理干净，施工过程遗留的杂物，应随时清理，确保地沟畅通。

4. 湿作业的灰泥保护壳，冬施时要有防冻措施。

## 二、保温层材料及厚度

室内供暖管道的保温材料及厚度，可按表7-6～表7-8选用。表中所列保温材料的物理特性见表7-9。

保温材料及厚度表（mm） 表7-6

| 公称直径 DN | 无缝钢管外径 D | 憎水珍珠岩管壳 | | 超细玻璃棉管壳 | | 岩棉管壳 | |
|---|---|---|---|---|---|---|---|
| | | 介质温度 100℃ | 介质温度 130℃ | 介质温度 100℃ | 介质温度 130℃ | 介质温度 100℃ | 介质温度 130℃ |
| 20 | 28 | 50 | 70 | 30 | 40 | 30 | 40 |
| 25 | 32 | 50 | 70 | 30 | 40 | 30 | 40 |
| 32 | 38 | 50 | 70 | 30 | 40 | 30 | 40 |
| 40 | 45 | 50 | 70 | 30 | 55 | 130 | 55 |
| 50 | 57 | 50 | 70 | 40 | 55 | 40 | 55 |
| 65 | 73 | 50 | 70 | 40 | 55 | 40 | 55 |
| 80 | 89 | 65 | 90 | 40 | 55 | 40 | 55 |
| 100 | 108 | 65 | 90 | 40 | 55 | 40 | 55 |
| 125 | 133 | 65 | 90 | 40 | 55 | 40 | 55 |
| 150 | 159 | 65 | 90 | 40 | 55 | 40 | 55 |
| 200 | 219 | 80 | 90 | 40 | 55 | 40 | 55 |
| 250 | 273 | 80 | 90 | 55 | 70 | 55 | 70 |
| 300 | 325 | 80 | 90 | 55 | 70 | 55 | 70 |

注：用于室内。

保温材料及厚度表（mm） 表7-7

| 公称直径 DN | 无缝钢管外径 D | 超细玻璃棉管壳 | | 岩棉管壳 | |
|---|---|---|---|---|---|
| | | 介质温度 100℃ | 介质温度 130℃ | 介质温度 100℃ | 介质温度 130℃ |
| 20 | 28 | 50 | 50 | 50 | 50 |
| 25 | 32 | 50 | 50 | 50 | 50 |
| 32 | 38 | 50 | 50 | 50 | 50 |
| 40 | 45 | 60 | 70 | 60 | 70 |
| 50 | 57 | 60 | 70 | 60 | 70 |
| 65 | 73 | 60 | 70 | 60 | 70 |
| 80 | 89 | 60 | 70 | 60 | 70 |
| 100 | 108 | 60 | 70 | 60 | 70 |
| 125 | 133 | 60 | 70 | 60 | 70 |
| 150 | 159 | 60 | 70 | 60 | 70 |
| 200 | 219 | 60 | 70 | 60 | 70 |
| 250 | 273 | 80 | 90 | 80 | 90 |
| 300 | 325 | 80 | 90 | 80 | 90 |

注：用于室外。

采暖供热管道最小保温层厚度 $\delta_{min}$ 表 7-8

| 保温材料 | 直径（mm） | | 最小保温厚度 |
|---|---|---|---|
| | 公称直径 DN | 外径 D | $\delta_{min}$（mm） |
| 岩棉或矿棉管壳<br>$\lambda_m = 0.0314 + 0.0002t_m$ [W/(m·K)]<br>$t_m = 70℃$<br>$\lambda_m = 0.0452$ [W/(m·K)] | 25~32<br>40~200<br>250~300 | 32~38<br>45~219<br>273~325 | 30<br>35<br>45 |
| 玻璃棉管壳<br>$\lambda_m = 0.024 + 0.00018t_m$ [W/(m·K)]<br>$t_m = 70℃$<br>$\lambda_m = 0.037$ [W/(m·K)] | 25~32<br>40~200<br>250~300 | 32~38<br>45~219<br>273~325 | 25<br>30<br>40 |
| 聚氨酯硬质泡沫保温管（直埋管）<br>$\lambda_m = 0.02 + 0.00014t_m$ [W/(m·K)]<br>$t_m = 70℃$<br>$\lambda_m = 0.03$ [W/(m·K)] | 25~32<br>40~200<br>250~300 | 32~38<br>45~219<br>273~325 | 20<br>25<br>35 |

注：1. 本表摘自《民用建筑节能设计标准（采暖居住建筑部分）》(JGJ 26)。
2. 表中 $t_m$ 为保温材料层的平均使用温度（℃），取管道内热媒与管道周围空气的平均温度。
3. 当系统供热面积大于或等于 $5\times10^4m^2$ 时，应将 200~300mm 管径的保温厚度在表 7-8 最小保温厚度的基础上再增加 10mm。

保温材料的物理特性 表 7-9

| 保温材料名称 | 导热系数 λ [W/(m·K)] | 密度 ρ（$kg/m^3$） | 导热系数计算公式 |
|---|---|---|---|
| 水泥膨胀珍珠岩 | 0.076 | 120 | $\lambda = 0.058 + 0.00026t_m$ |
| 岩棉管壳 | 0.0542 | 100~120 | $\lambda = 0.0314 + 0.0002t_m$ |
| 玻璃棉管壳 | 0.047 | 100~125 | |

注：$t_m$ 为材料温度，表中 λ 值是按 $t_m = 700℃$ 计算出的。

## 三、保温结构

保温结构一般由保温层和保护层组成。保温结构的设计或选用应符合保温效果好、造价低、施工方便、防火、耐火、美观等。

（一）保温层

保温层结构按保温材料和施工方法不同，可分为绑扎式、胶泥式、预制保温管式、浇灌式、填充式、喷涂式等。

1. 绑扎式

（1）将保温材料用钢丝或钢带固定在管道上，外包保护层，适用于成型保温材料，如预制瓦、管壳、棉毡类等。绑扎式是目前较普遍采用的保温形式。如图 7-2～图 7-4。

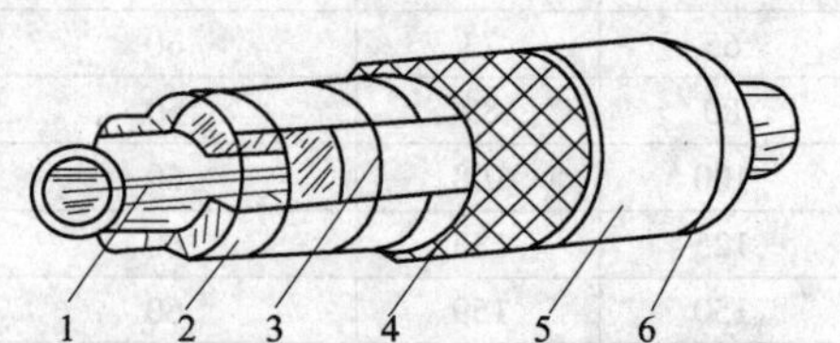


图 7-2 弧形预制保温瓦保温结构
1—管道；2—保温层；3—镀锌钢丝；4—镀锌钢丝网；5—保护层；6—油漆

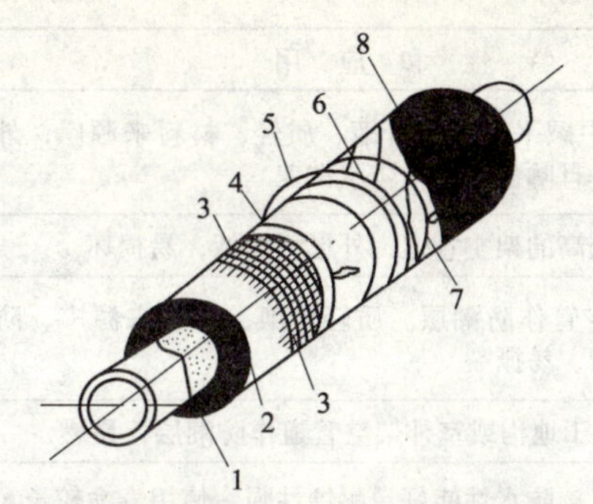


图7-3　玻璃纤维制品保温结构（甲型）

1—防锈漆；2—玻璃棉毡；3—ϕ1.0～1.6mm 镀锌钢丝或方格镀锌钢丝网（保温外径大于500mm时用）；4—350号石油沥青油毡；5—镀锌钢丝或打包钢板；6—管道包扎布（密纹玻璃布）；7—ϕ1.0mm 镀锌钢丝；8—冷底子油

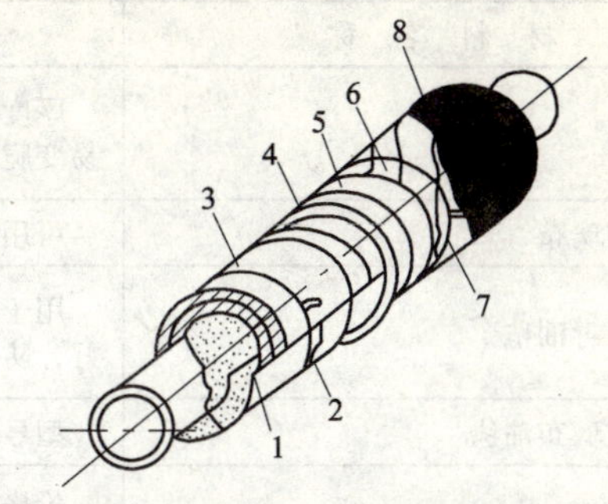


图7-4　玻璃纤维制品保温结构（乙型）

1—防锈漆；2—玻璃棉管壳；3—ϕ1.0～1.6mm 镀锌钢丝；4—350号石油沥青油毡；5—镀锌钢丝或打包钢板；6—管道包扎布（密纹玻璃布）；7—ϕ1.0mm 镀锌钢丝；8—冷底子油

（2）当保温层设计厚度大于100mm时，保温结构宜按双层考虑，双层的内外层缝隙应彼此错开，分层绑扎。

（3）使用软质或半软质保温材料时，设计中应根据材料的最佳保温密度或保证其在长期运行中不致塌陷的密度，规定其施工压缩量。

2. 胶泥式

（1）施工时可分层多次涂抹，所以又称涂抹式。根据不同的保温材料要求，每次涂抹的厚度不同，但都需在上一层完全干燥后再涂抹下一层，直至达到设计要求厚度，将表面抹光。

（2）常用的胶泥保温材料有：JGQ—174 硅酸镁保温涂料，碳酸镁石棉粉，碳酸钙石棉粉，硅藻土等。

3. 预制保温管直埋敷设

将供热管道、保温层和保护外壳三者紧密粘结在一起，形成整体式的预制保温管结构，如图7-5所示。

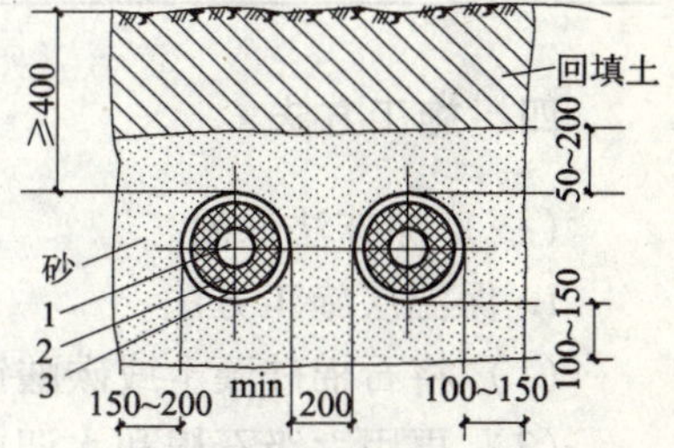


图7-5　预制保温管直埋敷设示意图

1—钢管；2—聚氨酯硬质泡沫塑料保温层；3—高密度聚乙烯保温外壳

（二）保护层

保护层应具有保护保温层和防水的性能，且要求其质轻、耐压强度高、化学稳定性好、不易燃烧、保温外形美观。

保护层结构应根据供应条件、设备和管道所处的环境、保温材料类型等因素选用。常用的保护层有三类：包扎式复合保护层、金属保护层和涂抹式保护层。

包扎式复合保护层与金属保护层属轻型结构。常用材料及使用环境见表7-10。

涂抹式保护层常用材料有沥青胶泥和石棉水泥。石棉水泥类涂抹式保护层不得在室外架空热力管道上使用。沥青胶泥保护层配方之一见表7-11。

**常用轻质保温外护层材料　　表 7-10**

| 材 料 名 称 | 特 性 和 应 用 |
|---|---|
| 玻璃布 | 厚度 0.1 ~ 0.16mm 中碱平纹布，价廉、质轻，材料来源广，外涂料易变脆、松动、脱落，日晒易老化，防水性差 |
| 铝箔玻璃布 | 可用于室内外温度较高的架空管道，外形不挺括，易损坏 |
| 改性沥青油毡 | 用于地沟或室外架空管作防潮层。质轻价廉，材料来源广，防水性好，防火性能差，易燃，易撕裂 |
| 沥青玻璃布油毡 | 型号 YG 84—74，用于地沟或室外架空管道作防潮层，易燃 |
| 改性聚氯乙烯防水卷材（PVC） | 价格适中，便于施工，防水性能好，耐蚀性强，使用寿命较长。使用温度 -20 ~ 80℃，阻燃，但长时间接触火焰仍会燃烧，并分解出有毒气体 |
| 铝—玻璃钢外护层复合材料（简称 AFC） | 厚度 0.6 ~ 1.0mm，外表平整挺括，可代替金属薄板和玻璃钢。防水性好、耐酸碱性强，阻燃，耐老化，使用寿命长，使用温度≤8℃，适用于室内外架空管道 |
| 铝箔玻璃钢<br>镀铝复合 PVC 卷材 | |
| 铝板、铝合金板，镀锌薄钢板，黑铁皮 | 厚度 0.5 ~ 0.8mm，质轻、价贵，防水性好，外观挺括，美观，机械强度高，可在工厂预制，因而施工速度快，适用于室内外架空管道 |

**自熄性沥青胶泥配方　　表 7-11**

| 材 料 名 称 | 重 量（kg） | 百分比（%） |
|---|---|---|
| 茂名 5 号沥青 | 1.5 | 26.3 |
| 橡胶粉（32 目） | 0.2 | 3.5 |
| 中质石棉泥 | 2.0 | 35.1 |
| 四氯乙烯 | 1.5 | 26.3 |
| 氯化石蜡 | 0.5 | 8.8 |

## 四、施工方法

### （一）涂抹法保温

1. 保温层施工方法

（1）将石棉硅藻土或碳酸镁石棉粉用水调成胶泥待用。

（2）再用六级石棉和水调成稠浆并涂抹在管道表面上，一次涂抹厚度为 5mm。

（3）等该涂抹底层干燥后，再将待用胶泥往上涂抹。涂抹应分层进行，每层厚度为 10 ~ 15mm。前一层干燥后，再涂抹后一层，达到保温厚度为止。管道转弯处保温层应有伸缩缝，中间填石棉绳。

（4）施工直立管道的保温层时，应先在管道上焊接支撑环，然后再涂抹保温胶泥。

① 支撑环的间距为 2 ~ 4m。

② 当管径大于等于 150mm 时，支撑环由 2 ~ 4 块宽度等于保温层厚度的扁钢所组成。

③ 当管径小于 150mm 时，可直接在管道上捆扎几道钢丝作为支撑环。

（5）进行涂抹式保温层施工时，其环境温度应在 5℃以上。

2. 保护层施工方法

（1）油毡玻璃丝布保护层：

① 将350号石油沥青油毡剪成宽度为保温层外缘周长加50～60mm、长度为油毡宽度的长条待用。

② 将待用长条以纵横搭接长度约50mm的方式包在保温层上，横向接缝用沥青封口，纵向接缝布置在管道侧面，且缝口朝下。

③ 油毡外面用Φ1～Φ1.6镀锌钢丝捆扎，并应每隔250～300mm捆扎一道，不得采取连续缠绕；当绝热层外径大于Φ600mm时，则用50mm×50mm的镀锌钢丝网捆扎在绝热层外面。

④ 用玻璃丝布以螺旋形缠绕于油毡外面。油毡玻璃丝布保护层表面应缠绕紧密，不得有松动、脱落、翻边、褶皱和鼓包等缺陷，且应按设计要求涂刷沥青或油漆。

（2）石棉水泥保护层：

① 当设计无具体要求时，可按70%～77%32.5级以上的水泥、20%～25%4级石棉、3%的防水粉（质量比），用水搅拌成胶泥。

② 当管道保温层外径小于等于200mm时，可在涂抹法施工的保温层外直接抹上胶泥，形成石棉水泥保护层；当管道保温层外径大于200mm时，应先在保温层上包扎镀锌钢丝网（30mm×30mm），用1.6～1.8mm直径的镀锌钢丝捆扎，然后再抹胶泥。当设计无具体规定时，保护层厚度为8～10mm。

③ 石棉水泥保护层表面应平整、圆滑、无明显裂纹，端部棱角应整齐，在三通弯头处应按伸缩缝的位置抹保温层；法兰和阀门处的保护层与保温层做平。

④ 按设计要求在石棉水泥保护层外涂刷油漆或沥青，涂刷应均匀，无流淌、堆积现象，光泽一致。

（3）塑料薄膜、玻璃布保护层：

① 塑料薄膜应采用工业用防水薄膜，厚度为0.4～0.6mm玻璃布采用中碱布。包装时将幅面裁成条宽200～300mm，以螺旋状紧绕在保温层外。

② 当管道有坡向时，由低向高绕卷，立管自下而上绕紧，前后搭接40mm。塑料薄膜紧贴保温层表面，玻璃布紧裹在塑料薄膜外面；玻璃布两端和每隔3～5m，用18号镀锌钢丝或宽15mm、厚0.4mm的钢带捆扎一圈。

③ 用腻子粉和成浆状在玻璃布外刷抹，主要将布缝封严抹平，再在外面刷上防水涂料两遍。

（二）缠包式保温

缠包式保温是将保温材料制成绳状，直接缠绕在管道上。这种方法所用的保温材料有：矿渣棉毡、玻璃棉毡、石棉绳或石棉带等。

1. 缠包式保温层施工方法

（1）先将矿渣棉毡或玻璃棉毡按管道外圆周长加搭接长度剪成条块待用。

（2）把按管道规格剪成的条块缠包在管道上。缠包时将棉毡压紧，如一层棉毡厚度达不到保温厚度时，可用两层或三层棉毡。

（3）缠包时，应使棉毡的横向接缝结合紧密，如有缝隙应用矿渣棉或玻璃棉填塞；其纵向接缝应放在管道顶部，搭接宽度为50～300mm（按保温层外径确定）。

（4）当保温层外径小于$\phi$500时，棉毡外面用$\phi$1～$\phi$1.4镀锌钢丝包扎，间隔为150～200mm；当外径大于等于$\phi$500时，除用镀锌钢丝捆扎外，还应以30mm×30mm镀锌钢丝网包扎。

（5）使用石棉绳（带）时，可将石棉绳（带）直接缠绕在管道上。根据保温层厚度及石棉绳直径可缠一层或两层，两层之间应错开，缝内填石棉泥，外面也可不做保护层。

石棉泥保温可用在高温蒸汽管道或临建工程上，主要为了施工和拆卸方便，一般可用在小直径热水管道上。

2. 保护层施工方法

（1）油毡玻璃丝布保护层做法见本节“四、（一）涂抹法保温”中的相应要求。

（2）金属保护层（也可用于预制装配式保温）：

① 将厚度为0.3～0.5mm的镀锌薄钢板或厚度为0.5～1mm的铝板，以管道保温层外周长作为宽度剪切下料，再用压边机压边，用滚圆机滚圆成圆筒状。

② 将金属圆筒套在保温层上，且不留空隙；使纵缝搭接口朝下，纵向搭接长度不小于30mm；环向接口应按管道坡向搭接，每段金属圆筒的环向搭接长度为30mm。

③ 金属圆筒紧贴保温层后进行紧固，间距为200～250mm。

（三）预制装配法保温

预制装配法保温是将保温材料预先制成管壳或瓦片，在管道上进行组装，一般制成半圆形管壳或瓦。目前，采取预制装配法保温的保温材料有膨胀珍珠岩、超细玻璃棉、岩棉、矿渣棉、硅酸盐、橡塑、聚氨酯等。

1. 保温层施工方法

（1）将泡沫混凝土、硅藻土或石棉蛭石等预制成能围抱管道的扇形块（或半圆形管壳）待用。构成环形块数可根据管外径大小而定，但应是偶数，最多不超过8块；厚度不大于100mm，否则，应做成双层。

（2）用矿渣棉管壳或玻璃棉管壳保温时，可用其直接绑扎在管道上。另一种施工方法是在已涂刷防锈漆的管道外表面上，先涂一层5mm厚的石棉硅藻土或碳酸镁石棉粉胶泥，将待用的扇形块按对应规格装配到管道上面。装配时，应使横向接缝和纵向接缝相互错开；分层保温时，其纵向缝里外应错开15°以上，而环形对缝应错开100mm以上，并用石棉硅藻土胶泥将所有接缝填实。

（3）预制块保温可用有弹性的胶皮带临时固定，也可用胶皮带按螺旋形松缠在一端管子上，再塞入各种经过试配的保温材料，并用$\phi$1.2～$\phi$1.6的镀锌钢丝或20mm×1.5mm薄钢板箍将保温层逐一固定，方可解下胶皮带移至下一段管上进行施工。

（4）当绝热层外径大于$\phi$200时，应用（30～50）mm×50mm镀锌钢丝网对其进行捆扎。

（5）在直线管段上，每隔5～7m应留伸缩缝。

2. 保护层施工方法

（1）膨胀珍珠岩瓦、石棉水泥瓦、硅藻土瓦等保温材料的保护层做法与涂抹法的保护层做法相同，有石棉水泥保护层、油毡玻璃丝布保护层等。

（2）玻璃棉、岩棉、硅酸盐、橡塑、聚氨酯等保温材料的保护层做法有以下几种：

① 在预制管壳时，先在管壳外预先做上保护用的牛皮纸，外粘铝箔。装配后再用

带铝箔的胶带纸将所有的缝隙和捆绑用的镀锌钢丝都贴严。

② 在预制管壳时，先在管壳外预先做上保护用的牛皮纸，装配时用玻璃布带缠绕，再在其上面刷防火漆两遍。

③ 金属保护层（做法见本条“（二）缠包式保温”中的相应要求）。

④ 油毡玻璃丝布保护层（做法见本条“（一）涂抹法保温”中的相应要求）。

（四）填充法保温

（1）保温材料为散料，对于可拆配件的保温可采用这种方法。

（2）施工时，在管壁固定好圆钢制成的支撑环，环的厚度和保温层厚度相同，然后用薄钢板、铝板或钢丝网包在支承环的外面，再填充保温材料。

（3）填充法也可采用多孔材料预制成的硬质弧形块作为支撑结构，其间距约为900mm。平织钢丝网按管道保温外周尺寸裁剪下料，并经卷圆机加工成圆形，才可包覆在支撑圆周上进行矿渣棉填充。

（4）填充保温结构宜采用金属保护壳。

### 五、伸缩缝设置

硬质保温材料施工中应预留伸缩缝。缝宽可参照表7-12。设置支撑圈的，应在支撑圈下预留伸缩缝。伸缩缝内填塞与硬质材料厚度相同的软质材料。该材料的使用温度应大于设备或管道表面温度。

保温结构伸缩缝 表7-12

| 保温管状况 | | 缝宽（mm） | 缝距（m） | 缝数 |
|---|---|---|---|---|
| 直管段介质温度（℃） | $t<300$ | 5 | 5~7 | |
| | $t\geqslant300$ | 20 | 3~4 | |
| 弯管直径（mm） | $DN<300$ | 20~30 | | 1 |
| | $DN\geqslant300$ | 20~30 | | 2 |

### 六、保温层的支撑与紧固

（1）立管保温每隔3m左右应设置保温承重托环，其宽度为保温层厚度的2/3。设备高度大于2m时，每隔2~3m设置保温层支撑板（或抱箍），其宽度为保温层厚度的2/3。

（2）设备保温结构应用销钉固定。用于固定保温层时，销钉间隔为250~500mm；用于固定金属外保护层时，销钉间距为500~1000mm，并使每张金属板端头不少于两个销钉。当采用支承圈固定金属外保护层时，每道支撑圈间距为1200~2000mm，并使每张金属板有两个支撑圈。

## 第六节 采暖节能工程的调试质量控制

### 一、采暖节能工程调试质量相关规定

现行国家标准《建筑给水排水及采暖工程施工质量验收规范》(GB 50242）就采暖节

能工程调试质量作了以下规定：

（一）室内采暖系统水压试验及调试

1. 采暖系统安装完毕，管道保温之前应进行水压试验。试验压力应符合设计要求。当设计未注明时，应符合下列规定：

（1）蒸汽、热水采暖系统，应以系统顶点工作压力加0.1MPa作水压试验，同时，在系统顶点的试验压力不小于0.3MPa。

（2）高温热水采暖系统，试验压力应为系统顶点工作压力加0.4MPa。

（3）使用塑料管及复合管的热水采暖系统，应以系统顶点工作压力加0.2MPa作水压试验，同时，在系统顶点的试验压力不小于0.4MPa。

检验方法：使用钢管及复合管的采暖系统应在试验压力下10min内压力降不大于0.02MPa，降至工作压力后检查，不渗、不漏；

使用塑料管的采暖系统应在试验压力下1h内压力降不大于0.05MPa，然后降压至工作压力的1.15倍，稳压2h，压力降不大于0.03MPa，同时各连接处不渗、不漏。

2. 系统试压合格后，应对系统进行冲洗并清扫过滤器及除污器。

检验方法：现场观察，直至排出水不含泥沙、铁屑等杂质，且水色不浑浊为合格。

3. 系统冲洗完毕应充水、加热，进行试运行和调试。

检验方法：观察、测量室温应满足设计要求。

（二）室外供热管网系统水压试验及调试

1. 供热管道的水压试验压力应为工作压力的1.5倍，但不得小于0.6MPa。

检验方法：在试验压力下，10min内压力降不大于0.05MPa，然后降至工作压力下检查，不渗不漏。

2. 管道试压合格后，应进行冲洗。

检验方法：现场观察，以水色不浑浊为合格。

3. 管道冲洗完毕应通水、加热，进行试运行和调试。当不具备加热条件时，应延期进行。

检验方法：测量各建筑物热力入口处供回水温度及压力。

4. 供热管道作水压试验时，试验管道上的阀门应开启，试验管道与非试验管道应隔断。

检验方法：开启和关闭阀门检查。

## 二、系统试压

（一）试压程序

室内采暖系统的试压包括两方面，即一切需隐蔽的管道及附件在隐蔽前必须进行水压试验；系统安装完毕，系统的所有组成部分必须进行系统水压试验。前者称为隐蔽性试验，后者称为最终试验。两种试验均应做好水压试验及隐蔽试验记录，经试验合格后方可验收。室内采暖管道用试验压力 $P_s$ 作强度试验，以系统工作压力 $P$ 作严密性试验，其试验压力要符合表7-13的规定。系统工作压力按循环水泵扬程确定；试验压力由设计确定，以不超过散热器承压能力为原则。

室内采暖系统水压试验的试验压力　表 7-13

| 管道类别 | 工作压力 $P$（MPa） | 试验压力 $P_s$（MPa） | |
|---|---|---|---|
| | | $P_s$ | 同时要求 |
| 低压蒸汽管道 | | 顶点工作压力的 2 倍 | 底部压力不小于 0.25 |
| 低温水及高压蒸汽管道 | 小于 0.43 | 顶点工作压力 +0.1 | 顶部压力不小于 0.3 |
| 高温水管道 | 小于 0.43 | $2P$ | |
| | 0.43 ~ 0.71 | $1.3P+0.3$ | |

（二）水压试验管路连接

（1）根据水源的位置和工程系统情况，制定出试压程序和技术措施，再测量出各连接管的尺寸，标注在连接图上。

（2）断管、套螺纹、上管件及阀件，准备连接管路。

（3）一般选择在系统进户入口供水管的甩头处，连接至加压泵的管路。

（4）在试压管路的加压泵端和系统的末端安装压力表及表弯管。

（三）灌水前的检查

（1）检查全系统管路、设备、阀件、固定支架、套管等，必须安装无误，各类连接处均无遗漏。

（2）根据全系统试压或分系统试压的实际情况，检查系统上各类阀门的开、关状态，不得漏检。

（3）检查试压用的压力表灵敏度。

（4）水压试验系统中阀门都处于全关闭状态。待试压中需要开启时再打开。

（四）水压试验

（1）打开水压试验管路中的阀门，开始向供暖系统注水。

（2）开启系统上各高处的排气阀，使管道及供暖设备里的空气排尽。待水灌满后，关闭排气阀和进水阀，停止向系统注水。

（3）打开连接加压泵的阀门，用电动打压泵或手动打压泵通过管路向系统加压，同时拧开压力表上的旋塞阀，观察压力逐渐升高的情况，一般分 2 ~ 3 次升至试验压力。在此过程中，每加压至一定数值时，应停下来对管道进行全面检查，无异常现象方可再继续加压。

（4）高层建筑其系统低点如果大于散热器所能承受的最大试验压力，则应分层进行水压试验。

（5）试压过程中，用试验压力对管道进行预先试压，其延续时间应不少于 10min。然后将压力降至工作压力，进行全面外观检查，在检查中，对漏水或渗水的接口作上记号，便于返修。在 5min 内压力降不大于 0.02MPa 为合格。

（6）系统试压达到合格验收标准后，放掉管道内的全部存水。不合格时，应待补修后再次按前述方法二次试压。

（7）拆除试压连接管路，将入口处供水管用盲板临时封堵严实。

## 三、管道冲洗

为保证采暖管道系统内部的清洁，在投入使用前应对管道进行全面地清洗或吹洗，以清除管道系统内部的灰、砂、焊渣等污物。此项工作是采暖施工过程的组成工序，是施工规范规定必须认真实施的施工技术环节。

（一）清洗前的准备工作

（1）对照图纸，根据管道系统情况，确定管道分段吹洗方案，对暂不吹洗管段，通过分支管线阀门关闭。

（2）不允许吹扫的附件，如孔板、调节阀、过滤器等，应暂时拆下以短管代替；对减压阀、疏水器等，应关闭进水阀，打开旁通阀，使其不参与清洗，以防污物堵塞。

（3）不允许吹扫的设备和管道，应暂时用盲板隔开。

（4）吹出口的设置：气体吹扫时，吹出口一般设置在阀门前，以保证污物不进入关闭的阀体内；用水清洗时，清洗口设于系统各低点泄水阀处。

（二）管道的清洗方法

管道清洗一般按总管—干管—立管—支管的顺序依次进行。当支管数量较多时，可视具体情况，关断某些支管，逐根进行清洗，也可数根支管同时清洗。

确定管道清洗方案时，应考虑所有需清洗的管道都能清洗到，不留死角。清洗介质应具有足够的流量和压力，以保证冲洗速度；管道固定应牢固；排放应安全可靠。为增加清洗效果，可用小锤敲击管子，特别是焊口和转角处。

清（吹）洗合格后，应及时填写清洗记录，封闭排放口，并将拆卸的仪表及阀件复位。

1. 水清洗

（1）采暖系统在使用前，应用水进行冲洗。冲洗水选用饮用水或工业用水。

（2）冲洗前，应将管道系统内的流量孔板、温度计、压力表、调节阀芯、止回阀芯等拆除，待清洗后再重新装上。

（3）冲洗时，以系统可能达到的最大压力和流量进行，并保证冲洗水的流速不小于1.5m/s。冲洗应连续进行，直到排出口处水的色度和透明度与入口处相同，且无粒状物为合格。

2. 蒸汽吹洗

（1）蒸汽管道应采用蒸汽吹扫。蒸汽吹洗与蒸汽管道的通汽运行同时进行，即先进行蒸汽吹洗，吹洗后封闭各吹洗排放口，随即正式通汽运行。

（2）蒸汽吹洗应先进行管道预热。预热时，应开小阀门用小量蒸汽缓慢预热管道，同时检查管道的固定支架是否牢固，管道伸缩是否自如，待管道末端与首端温度相等或接近时，预热结束，即可开大阀门增大蒸汽流量进行吹洗。

（3）蒸汽吹洗应从总汽阀开始，沿蒸汽管道中蒸汽的流向逐段进行。一般每一吹洗管段只设一个排汽口。排汽口附近管道固定应牢固，排汽管应接至室外安全的地方，管口朝上倾斜，并设置明显标记，严禁无关人员接近。

（4）排汽管的截面积应不小于被吹洗管截面积的75%。

（5）蒸汽管道吹洗时，应关闭减压阀、疏水器的进口阀，打开阀前的排泄阀，以排泄管作排出口，打开旁通管阀门，使蒸汽进入管道系统进行吹洗。

（6）用总阀控制吹洗蒸汽流量，用各分支管上阀门控制各分支管道吹洗流量。

（7）蒸汽吹洗压力应尽量控制在管道设计工作压力的75%左右，最低不能低于工作压力的25%。

（8）吹洗流量为设计流量的40%～60%。每一排汽口的吹洗次数不应少于2次，每次吹洗15～20min，并按升温—暖管—恒温—吹洗的顺序反复进行。

（9）蒸汽阀的开启和关闭都应缓慢，不应过急，以免引起水击而损伤阀件。

（10）蒸汽吹洗的检验，可用刨光的木板置于排汽口处检查，以板上无锈点和脏物为合格。对可能留存污物的部位，应用人工加以清除。

（11）蒸汽吹洗过程中不应使用疏水器来排除系统中的凝结水，而应使用疏水器旁通管疏水。

**四、通暖运行及调试**

（一）运行前的准备工作

（1）对采暖系统（包括锅炉房或换热站、室外管网、室内采暖系统）进行全面检查，如，工程项目是否全部完成，且工程质量是否达到合格；在试运行时各组成部分的设备、管道及附件、热工测量仪表等是否完整无缺；各组成部分是否处于运行状态（有无敞口处，阀件该关的是否都关闭严密，该开的是否开启，开度是否合适，锅炉的试运行是否正常，热介质是否达到系统运行参数等）。

（2）系统试运行前，应制定可行性试运行方案，且要有统一指挥，明确分工，并对参与试运行人员进行技术交底。

（3）根据试运行方案，做好试运行前的材料、机具和人员的准备工作。水源、电源应能保证运行。通暖一般在冬季进行，对气温突变影响，要有充分地估计，加之系统在不断升压、升温条件下，可能发生的突然事故，均应有可行的应急措施。

（4）冬季气温低于－3℃时，通暖系统应采取必要的防冻措施，如封闭门窗及洞口；设置临时取暖措施，使室温保持在＋5℃左右；提高供、回水温度等。如室内采暖系统较大（如高层建筑），则通暖过程中，应严密监视阀门、散热器以至管道的通暖运行工况，必要时采取局部辅助升温（如喷灯烘烤）的措施，以严防冻裂事故发生；监视各手动排气装置，一旦满水，应有专人负责关闭。

（5）试运行的组织工作。在通暖试运行时，锅炉房内、各用户入口处应有专人负责操作与监控；室内采暖系统应分环路或分片包干负责。在试运行进入正常状态前，工作人员不得擅离岗位，且应不断巡视，发现问题应及时报告并迅速抢修。

为加强联系，便于统一指挥，在高层建筑通暖时，应配置必要的通信设备。

（二）通暖运行

（1）对于系统较大、分支路较多并且管道复杂的采暖系统，应分系统通暖，通暖时应将其他支路的控制阀门关闭，打开放气阀。

（2）检查通暖支路或系统的阀门是否打开，如试暖人员少可分立管试暖。

（3）打开总入口处的回水管阀门，将外网的回水进入系统，这样便于系统的排气，待排气阀满水后，关闭放气阀，打开总入口的供水管阀门，使热水在系统内形成循环，检查有无漏水处。

（4）冬季通暖时，刚开始应将阀门开小些，进水速度慢些，防止管子骤热而产生裂纹，管子预热后再开大阀门。

（5）如果散热器接头处漏水，可关闭立管阀门，待通暖后再行修理。

（三）通暖后调试

通暖后调试的主要目的是使每个房间达到设计温度，对系统远近的各个环路应达到阻力平衡，即每个小环冷热度均匀，如最近的环路过热，末端环路不热，可用立管阀门进行调整。对单管顺序式的采暖系统，如顶层过热，底层不热或达不到设计温度，可调整顶层闭合管的阀门；如各支路冷热不均匀，可用控制分支路的回水阀门进行调整，最终达到设计要求温度。在调试过程中，应测试热力入口处热媒的温度及压力是否符合设计要求。

## 第七节　采暖节能分项工程质量标准与验收

### 一、采暖节能工程质量标准

（一）主控项目

1. 采暖系统节能工程采用的散热设备、阀门、仪表、管材、保温材料等产品进场时，应按设计要求对其类型、材质、规格及外观等进行验收，并应经监理工程师（建设单位代表）检查认可，且应形成相应的验收记录。各种产品和设备的质量证明文件和相关技术资料应齐全，并应符合国家现行有关标准和规定。

检验方法：观察检查；核查质量证明文件和相关技术资料。

检查数量：全数检查。

2. 采暖系统节能工程采用的散热器和保温材料等进场时，应对其下列技术性能参数进行复验，复验应为见证取样送检：

（1）散热器的单位散热量、金属热强度；

（2）保温材料的导热系数、密度、吸水率。

检验方法：现场随机抽样送检；核查复验报告。

检查数量：同一厂家同一规格的散热器按其数量的1%进行见证取样送检，但不得少于2组；同一厂家同材质的保温材料见证取样送检的次数不得少于2次。

3. 采暖系统的安装应符合下列规定：

（1）采取系统的制式，应符合设计要求；

（2）散热设备、阀门、过滤器、温度计及仪表应按设计要求安装齐全，不得随意增减和更换；

（3）室内温度调控装置、热计量装置、水力平衡装置以及热力入口装置的安装位置和方向应符合设计要求，并便于观察、操作和调试；

（4）温度调控装置和热计量装置安装后，采暖系统应能实现设计要求的分室（区）温度调控、分栋热计量和分户或分室（区）热量分摊的功能。

检验方法：观察检查。

检查数量：全数检查。

4. 散热器及其安装应符合下列规定：

（1）每组散热器的规格、数量及安装方式应符合设计要求；

（2）散热器外表面应刷非金属性涂料。

检验方法：观察检查。

检查数量：按散热器组数抽查5%，不得少于5组。

5. 散热器恒温阀及其安装应符合下列规定：

（1）恒温阀的规格、数量应符合设计要求；

（2）明装散热器恒温阀不应安装在狭小和封闭空间，其恒温阀阀头应水平安装，且不应被散热器、窗帘或其他障碍物遮挡；

（3）暗装散热器的恒温阀应采用外置式温度传感器，并应安装在空气流通且能正确反映房间温度的位置上。

检验方法：观察检查。

检查数量：按总数抽查5%，不得少于5个。

6. 低温热水地面辐射供暖系统的安装除了应符合规范 GB 50242 第9.2.3条的规定外尚应符合下列规定：

（1）防潮层和绝热层的做法及绝热层的厚度应符合设计要求；

（2）室内温控装置的传感器应安装在避开阳光直射和有发热设备且距地1.4m处的内墙面上。

检验方法：防潮层和绝热层隐蔽前观察检查；用钢针刺入绝热层、尺量；观察检查、尺量室内温控装置传感器的安装高度。

检查数量：防潮层和绝热层按检验批抽查5处，每处检查不少于5点；温控装置按每个检验批抽查10个。

7. 采暖系统热力入口装置的安装应符合下列规定：

（1）热力入口装置中各种部件的规格、数量，应符合设计要求；

（2）热计量装置、过滤器、压力表、温度计的安装位置、方向应正确，并便于观察、维护；

（3）水力平衡装置及各类阀门的安装位置、方向应正确，并便于操作和调试。安装完毕后，应根据系统水力平衡要求进行调试并作出标志。

检验方法：观察检查；核查进场验收记录和调试报告。

检查数量：全数检查。

8. 采暖管道保温层和防潮层的施工应符合下列规定：

（1）保温层应采用不燃或难燃材料，其材质、规格及厚度等应符合设计要求；

（2）保温管壳的粘贴应牢固、铺设应平整；硬质或半硬质的保温管壳每节至少应用防腐金属丝或难腐织带或专用胶带进行捆扎或粘贴2道，其间距为300～350mm，且捆扎、粘贴应紧密，无滑动、松弛及断裂现象；

（3）硬质或半硬质保温管壳的拼接缝隙不应大于5mm，并用粘结材料勾缝填满；纵缝应错开，外层的水平接缝应设在侧下方；

（4）松散或软质保温材料应按规定的密度压缩其体积，疏密应均匀；毡类材料在管道上包扎时，搭接处不应有空隙；

（5）防潮层应紧密粘贴在保温层上，封闭良好，不得有虚粘、气泡、褶皱、裂缝等缺陷；

（6）防潮层的立管应由管道的低端向高端敷设，环向搭接缝应朝向低端；纵向搭接缝应位于管道的侧面，并顺水；

（7）卷材防潮层采用螺旋形缠绕的方式施工时，卷材的搭接宽度宜为30~50mm；

（8）阀门及法兰部位的保温层结构应严密，且能单独拆卸，并不得影响其操作功能。

检验方法：观察检查；用钢针刺入保温层、尺量。

检查数量：按数量抽查10%，且保温层不得少于10段、防潮层不得少于10m、阀门等配件不得少于5个。

9. 采暖系统应随施工进度对与节能有关的隐蔽部位或内容进行验收，并应有详细的文字记录和必要的图像资料。

检验方法：观察检查；核查隐蔽工程验收记录。

检查数量：全数检查。

10. 采暖系统安装完毕后，应在采暖期内与热源进行联合试运转和调试。联合运转和调试结果应符合设计要求。采暖房间温度相对于设计计算温度不得低于2℃，且不高于1℃。

检验方法：检查室内采暖系统试运转和调试记录。

检查数量：全数检查。

（二）一般项目

采暖系统过滤器等配件的保温层应密实、无空隙，且不得影响其操作功能。

检验方法：观察检查。

检查数量：按类别数量抽查10%，且均不得少于2件。

## 二、采暖节能分项工程验收

（一）验收一般规定

采暖系统节能工程的验收，可按系统、楼层等进行，并应符合《建筑节能工程施工质量验收规范》(GB 50411）第3.4.1条的规定。

（二）隐蔽工程验收

采暖系统应随施工进度对与节能有关的隐蔽部位或内容进行验收，并应有详细的文字记录和必要的图像资料。

检验方法：观察检查；核查隐蔽工程验收记录。

检查数量：全数检查。

# 第八章　通风与空调节能分项工程的质量控制与验收

## 第一节　通风与空调节能工程材料与设备的质量控制

### 一、空调机组选择

选用空调机组时，应注意机组风量、风压的匹配，选择最佳状态点运行，不宜过分加大风机的风压，风压提高，风机耗功率显著增加。应选用漏风量及外形尺寸小的机组。国家标准规定，在700Pa压力时的漏风量不应大于3%，目前很多厂的产品漏风量均在5%以上，有的高达10%。实测证明：漏风量5%，风机功率增加16%；漏风量10%，风机功率增加33%；漏风量达到15%，风机功率增加50%。空气输送系数*ATF*为单位风机消耗功率所输送的显热量（kW/kW），选择机组时应校核和比较*ATF*的大小，选择*ATF*较大的机组。

### 二、通风与空调设备质量要求与进场验收

（一）材料（设备）质量

（1）设备应有装箱清单、设备说明书、产品合格证书和产品性能检测报告等随机文件，进口设备还应具有商检部门检验合格的证明文件。

（2）安装过程中所使用的各类型材、垫料、五金用品应有出厂合格证或有关证明文件。外观检查无严重损伤及锈蚀等缺陷。法兰连接使用的垫料应按照设计要求选用，并满足防火、防潮、耐腐蚀性能的要求。

（3）设备地脚螺栓的规格、长度以及平、斜垫铁的厚度、材质和加工精度应满足设备安装要求。

（4）设备安装所采用的减振器或减振垫的规格、材质和单位面积的承载率应符合设计和设备安装要求。

（5）通风机的型号、规格应符合设计规定和要求，其出口方向应正确。

（二）进场验收

（1）应按装箱清单核对设备的型号、规格及附件数量。

（2）设备的外形应规则、平直，圆弧形表面应平整无明显偏差，结构应完整，焊缝应饱满，无缺损和孔洞。

（3）金属设备的构件表面应作除锈和防腐处理，外表面的色调应一致，且无明显的划伤、锈斑、伤痕、气泡和剥落现象。

（4）非金属设备的构件材质应符合使用场所的环境要求，表面保护涂层应完整。

（5）通风机运抵现场应进行开箱检查，必须有装箱清单、设备说明书、产品质量合

格证书和产品性能检测报告等随机文件，进口设备还应具备商检合格的证明文件。

(6) 设备的进出口应封闭良好，随机的零部件应齐全无缺损。

## 三、空调制冷系统设备质量要求与进场验收

(一) 材料（设备）质量

(1) 制冷设备、制冷附属设备的型号、规格和技术参数必须符合设计要求，并具有产品合格证书、产品性能检验报告。

(2) 所采用的管道和焊接材料应符合设计规定，并具有出厂合格证明或质量鉴定文件。

(3) 制冷系统的各类阀门必须采用专用产品，并有出厂合格证。

(4) 铜管内外壁均应光洁，无疵孔、裂缝、结疤、层裂或气泡等缺陷。管材不应有分层，管子端部应平整无毛刺。铜管在加工、运输、储存过程中应无划伤、压入物、碰伤等缺陷。

(5) 管道法兰密封面应光洁，不得有毛刺及径向沟槽，带有凹凸面的法兰应能自然嵌合，凸面的高度不得小于凹槽的深度。

(6) 螺栓及螺母的螺纹应完整，无伤痕、毛刺、残断丝等缺陷。螺栓与螺母应配合良好，无松动或卡涩现象。

(7) 非金属垫片，如石棉橡胶板、橡胶板等应质地柔韧，无老化变质或分层现象，表面不应有折损、皱纹等缺陷。

(二) 进场验收

(1) 根据设备装箱清单说明书、合格证、检验记录和必要的装配图及其他技术文件，核对型号、规格以及全部零件、部件、附属材料和专用工具。

(2) 检查主体和零、部件等表面有无缺损和锈蚀等情况。

(3) 设备充填的保护气体应无泄露，油封应完好。开箱检查后，设备应采取保护措施，不宜过早或任意拆除，以免设备受损。

## 四、绝热材料质量要求与进场检验

(一) 常用绝热材料的技术性能

常用绝热材料的主要技术性能见表 8-1 所列。

常用绝热材料的技术性能 表 8-1

<table>
<tr><th colspan="3">名称</th><th>密度 (kg/m³)</th><th>导热系数 [W/(m·K)]</th><th>可燃性</th><th>使用温度 (℃)</th><th>备注</th></tr>
<tr><td rowspan="8">玻璃棉制品</td><td rowspan="2">短棉</td><td>沥青玻璃棉毡</td><td>≤80</td><td>0.041~0.047</td><td rowspan="8">不燃</td><td>≤250</td><td></td></tr>
<tr><td>醇醛玻璃棉毡</td><td>120~150</td><td>0.041~0.047</td><td>≤300</td><td></td></tr>
<tr><td rowspan="4">超细棉</td><td>醇醛超细玻璃棉毡</td><td><20</td><td>0.035~0.042</td><td>400</td><td></td></tr>
<tr><td>醇醛超细玻璃棉管壳</td><td>≤60</td><td>0.035~0.042</td><td>300</td><td></td></tr>
<tr><td>醇醛超细玻璃棉板</td><td>≤60</td><td>0.035~0.042</td><td>300</td><td></td></tr>
<tr><td>无碱超细玻璃棉板</td><td>≤60</td><td>0.033~0.040</td><td>600</td><td></td></tr>
<tr><td rowspan="2">中级纤维</td><td>中级玻璃纤维板</td><td>80</td><td>0.041~0.047</td><td>-25~300</td><td></td></tr>
<tr><td>中级玻璃纤维管壳</td><td>80</td><td>0.041~0.047</td><td>-25~300</td><td></td></tr>
</table>

续表

| 名称 | | 密度（$kg/m^3$） | 导热系数［W/(m·K)］ | 可燃性 | 使用温度（℃） | 备注 |
|---|---|---|---|---|---|---|
| 泡沫塑料制品 | 聚苯乙烯泡沫塑料板 | 30～50 | ≤0.035 | 自熄或普通 | -80～75 | |
| | 硬质聚氯乙烯泡沫塑料板 | 40～50 | 0.043 | 自熄 | 35～80 | |
| | 软质聚氯乙烯泡沫塑料板 | 27 | 0.052 | 自熄 | -60～60 | |
| | 聚乙烯泡沫塑料板 | 12～14 | 0.044 | 难燃 | 70～80 | |
| | 聚乙烯泡沫塑料管壳 | 29～31 | 0.047 | 难燃 | 80 | |
| | 橡塑海绵保温管 | 80～120 | 0.039 | 阻燃 | | |

（二）绝热主材的选择

绝热材料的选择宜选用成型制品，其性能应具备导热系数小、吸水性小、密度小、强度高，允许使用温度高于设备或管道内热介质的最高运行温度，阻燃、无毒等性能。对于内绝热的材料除上述要求外，还应具有灭菌性能，并且价格合理、施工方便。对于需要经常维护、操作的设备和管道附件，应采用便于拆装的成型绝热结构。

1. 技术性能要求：绝热材料的选择要满足设计文件上的技术参数。

2. 消防规范防火性能的要求：根据工程类别选择不燃或难燃材料，当工程选用绝热材料为难燃材料时，必须对其难燃性能进行检验，合格后方可使用。

3. 为了防止电加热器可能引起保温材料的燃烧，电加热器前后800mm风管的绝热必须使用不燃材料。

4. 为了杜绝相邻区域发生火灾而通过风管或管道外的绝热材料成为传递的通道，凡穿越防火隔墙两侧2m范围内风管、水管的绝热必须使用不燃材料。

5. 绝热材料选择除要符合上述设计参数和消防规范防火性能的要求外，还要注意影响绝热质量的因素。

6. 采用散材时要根据材料出厂合格证书或实验报告核对以下内容：

（1）颗粒的粒度（%）；

（2）密度（$kg/m^3$）；

（3）含水率（%）；

（4）导热系数［W/(m·K)］。

7. 采用板、块材、卷材时要根据材料出厂合格证书或实验报告核对以下内容：

（1）密度（$kg/m^3$）；

（2）棉的纤维平均直径（μm）；

（3）棉的渣球含量（%）；

（4）含水率（%）；

（5）导热系数［W/(m·K)］。

（6）强度；

（7）几何尺寸（长、宽、厚度）及物理性能的极限偏差是否在规定范围内。

（三）附属材料的选用

（1）玻璃丝布不要选择太稀松，经向和纬向密度（纱根数/cm）要满足设计要求。

（2）保温钉、胶粘剂等附属材料均应符合防火、环保要求，并要与绝热材料相匹配，不可产生溶蚀现象。

（3）胶粘剂、防火涂料必须是在保质期内的合格品。

（四）材料进场检验及保管

（1）材料进场时，要严格执行验收标准，检查材料出厂合格证，消防检测报告等资料。

（2）现场可进行测量的项目，如规格、厚度按规定数量进行观察抽检，对可燃性进行点燃试验。

（3）绝热主材应放在干燥的场所妥善保管，材料堆放下面要垫高，码放要整齐，要有防水、防潮、防挤压变形（成型制品）措施。

## 第二节　通风与空调节能工程的系统安装制式质量控制

### 一、送、排风系统

（一）风管制作与安装

1. 金属风管的制作

（1）风管法兰制作

风管与风管或风管与配件、部件的连接，一般使用便于安装和维修的法兰连接。法兰能增加风管的强度，拆卸方便。

法兰按风管断面形状，分为圆形法兰和矩形法兰。法兰制作所用材料规格应根据圆形风管的直径或矩形风管的长边边长来确定。法兰上螺栓及铆钉的间距，中、低压系统风管法兰的螺栓及铆钉孔的孔距不得大于150mm；高压系统风管不得大于100mm。矩形风管法兰的四角部位应设有螺孔。

1）圆形法兰制作。圆形法兰的制作，可分为手工和机械加工两种，目前多采用机械加工。施工现场条件不具备时，也可采用手工加工。

① 不锈钢法兰制作有两种方法：

a. 用不锈钢板以等离子切割机割制成型。

b. 热煨法：把加热后的不锈钢板用机械煨制。加热最好用电炉加热，加热温度可控制在1100～1200℃。要注意防止低于800℃时不锈钢板硬化产生表面裂纹。煨好后不能自然冷却，应重新加热至1100～1200℃在冷水中迅速冷却。这是为了防止不锈钢产生晶间腐蚀。

② 铝板法兰制作：铝板法兰用扁铝或角铝制作。如要用角钢代替铝板法兰时，应做好绝缘防腐处理，防止铝板风管与碳素钢法兰接触后产生电化学腐蚀，降低铝板风管的使用寿命。一般是在角钢法兰表面镀锌或喷涂绝缘漆。

③ 钢制圆形法兰的螺孔、铆钉孔的数量及螺栓、铆钉的直径，见表8-2。

2）矩形法兰是由四块角钢拼成。画线下料时，应注意焊接后法兰的内边不能小于风管的外边尺寸，应达到允许的偏差值。角钢切断和打孔严禁使用氧-乙炔切割。可用断料机或手工锯。角钢断口要平整，磨掉两端毛刺，并在平台上进行焊接。法兰的角度应在点焊后进行测量和调整，使两个对角线长度相等。法兰螺孔位置必须准确，保证风管安装顺利进行。钻孔方法同圆形风管法兰。

**圆形法兰螺孔、铆孔尺寸表**　　**表 8-2**

| 序 号 | 风管外径 D（mm） | 螺　孔 | | 铆　孔 | | 配用螺栓规格 | 配用铆钉规格 |
|---|---|---|---|---|---|---|---|
| | | $\phi_1$（mm） | $n_1$（个） | $\phi_2$（mm） | $n_2$（个） | | |
| 1 | 80～90 | | 4 | | | | |
| 2 | 100～140 | | 6 | | | M6×20 | |
| 3 | 150～200 | 7.5 | 8 | | | | |
| 4 | 210～280 | | 8 | | 8 | | |
| 5 | 300～360 | | 10 | 4.5 | 10 | M6×20 | $\phi$4×8 |
| 6 | 380～500 | | 12 | | 12 | | |
| 7 | 530～600 | | 14 | | 14 | | |
| 8 | 600～630 | | 16 | | 16 | | |
| 9 | 670～700 | | 18 | | 18 | | |
| 10 | 750～800 | | 20 | | 20 | | |
| 11 | 850～900 | | 22 | | 22 | | |
| 12 | 950～1000 | 9.5 | 24 | 5.5 | 24 | M8×25 | $\phi$5×10 |
| 13 | 1000～1120 | | 26 | | 26 | | |
| 14 | 1180～1250 | | 28 | | 28 | | |
| 15 | 1320～1400 | | 32 | | 32 | | |
| 16 | 1500～1600 | | 36 | | 36 | | |
| 17 | 1700～1800 | | 40 | | 40 | | |
| 18 | 1900～2000 | | 44 | | 44 | | |

矩形不锈钢法兰，是将不锈钢板冲剪成条状，按上述要求制作。

3）法兰制作质量验收要求如下：

① 风管法兰的焊缝应熔合良好、饱满，无假焊和孔洞；法兰平面度的允许偏差为2mm，同一批量加工的相同规格法兰的螺孔排列应一致，并具有互换性。

② 风管与法兰采用铆接连接时，铆接应牢固，不应有脱铆和漏铆现象；翻边应平整、紧贴法兰，其宽度应一致，且应不小于6mm 咬缝，与四角处不应有开裂与孔洞。

③ 风管与法兰采用焊接连接时，风管端面不得高于法兰接口平面。除尘系统的风管，宜采用内侧满焊、外侧间断焊形式，风管端面距法兰接口平面应不小于5mm。

当风管与法兰采用点焊固定连接时，焊点应熔合良好，间距不应大于100mm，法兰与风管应紧贴，不应有穿透的缝隙或孔洞。

④ 当不锈钢板或铝板风管的法兰采用碳素钢时，应根据设计要求作防腐处理；铆钉应采用与风管材质相同或不产生电化学腐蚀的材料。

（2）风管加固

1）一般规定：

① 圆形风管（不包括螺旋风管）直径大于等于800mm，且其管段长度大于1250mm 或总表面积大于4m$^2$，均应采取加固措施；

② 矩形风管边长大于630mm，保温风管边长大于800mm，管段长度大于1250mm 或

低压风管单边平面积大于1.2m²，中、高压风管大于1.0m²，均应采取加固措施；

③ 非规则椭圆风管的加固，应参照矩形风管执行。

2）加固的方法如下：

① 接头起高的加固法（即采用立咬口），如图8-1（*a*）所示；可以节省角钢，但加工比较麻烦，类似起高单立咬口形式，接头处易漏风，目前使用的不多。

② 风管的周边用角钢加固圈，如图8-1（*b*）所示；强度较好，应用较广泛，角钢规格可以略小于角钢法兰规格。

③ 风管大边用角钢加固，如图8-1（*c*）所示；只适用于风管大边超过规定而小边未超过规定的情况，其优点是施工方便，省工省料，明装风管较少使用，角钢规格与法兰相同。

④ 风管内壁纵向设置肋条加固，如图8-1（*d*）所示；风管一般为明装，以达到美观的要求，加固肋条用1～1.5mm的镀锌钢板制作，间断地铆接在风管内壁上，但较少采用。

⑤ 风管钢板上滚槽或压棱加固，如图8-1（*e*）所示。

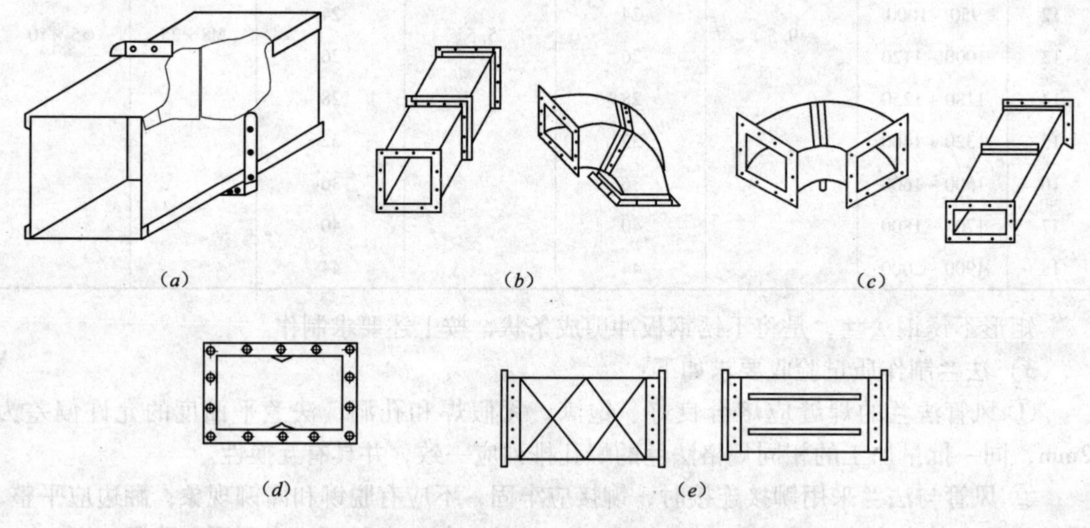

图8-1　风管加固示意图
（*a*）起高接头；（*b*）角钢框加固；（*c*）角钢加固；
（*d*）风管内壁加固；（*e*）风管钢板上滚槽或压棱加固

3）对风管加固的质量要求：

风管加固要达到牢固。优良产品要求做到整齐，每档加固的间距应适宜、均匀、相互平行。

（3）不锈钢板风管、配件和部件制作

不锈钢表面的钝化膜是保护材料本身不受腐蚀的屏障，钝化膜一旦局部破坏，就会由此点先形成腐蚀坑，逐步向内发展，甚至腐蚀穿整个截面。因此，在加工过程中，必须保护其表面的钝化膜。在制作不锈钢风管、配件和部件时要采取以下措施：

1）加工场地（平台）应铺设木板或橡胶板，工作前要把板上的铁屑、铁锈等杂物清扫干净。

2）画线时，不要用锋利的金属划针在不锈钢板表面画辅助线和冲眼，应先用其他材料做好样板，再到不锈钢板上套材下料。

3）由于不锈钢板的强度和韧性较高，而一般加工机械的工作能力都是按普通钢板设计制造的，因此，采用机械加工时，不要使机械超载工作，防止机械过度磨损或损坏。剪切不锈钢板时，应仔细调整好上、下刀刃的间隙，刀刃间的间隙一般为板材厚度的0.04倍。

4）制作不锈钢风管，当板厚大于1mm时采用焊接，板厚等于或小于1mm，采用咬口连接。

5）手工咬口时，要用木制或不锈钢、铜质的手工工具，不要用普通钢质工具。用机械加工应清除机台上的铁屑、铁锈等杂物。制作咬口应该一次成功，如反复拍制将导致加工困难，甚至产生破裂。

6）采用焊接时，一般用氩弧焊或电弧焊，而不采用气焊。因为气焊对板材的热影响区域大，受热时间长，破坏不锈钢的耐腐蚀性，使板材产生较大的局部变形。焊接前，可用汽油、丙酮将焊缝处的油污清洗干净，以防焊缝出现气孔、砂眼。

用氩弧焊焊接不锈钢，加热集中，热影响区域小，局部变形小。同时，氩气保护了熔化的金属，因而焊缝具有较高的强度和耐腐蚀性。

用电弧焊焊接不锈钢板时，一般应在焊缝的两侧表面涂白平粉，以免焊渣飞溅物粘附在表面上。焊接后，应清除焊渣和飞溅物，然后用10%的硝酸溶液酸洗，再用热水冲洗干净。

7）制作配件、部件要在不锈钢上钻孔时，须使用高速钢钻头，钻头的顶尖角度在118°~122°之间。切削速度不宜太快，约为钻削普通钢速度的一半。速度太快，容易烧坏钻头。

钻孔时，要先对准样冲眼中心，并在不锈钢下垫上硬实的物件，然后施加压力，让钻头切削而不在不锈钢表面旋转摩擦。不然，将使不锈钢表面硬化，加大钻削的困难。

8）不锈钢风管的法兰应采用不锈钢板制作，如果条件不许可，采用普通碳素钢法兰代用时，必须采取有效的防腐蚀措施，如在法兰上喷涂防锈底漆和绝缘漆等。风管与法兰作翻边连接。

9）不锈钢板风管与配件的表面，不得有划伤等缺陷；加工和堆放应避免与碳素钢材料接触。不锈钢板可以用喷砂方法消除表面的划痕、擦伤，使表面产生新的钝化膜，提高不锈钢板的防腐蚀性能。

（4）铝板风管制作

通风工程中常用的是纯铝板和经过退火处理的铝合金板。铝和空气中的氧接触可在其表面形成氧化铝薄膜，能防止外部的腐蚀。铝有较好的抗化学腐蚀性能，能抵抗硝酸的腐蚀，但易被盐酸和碱类所腐蚀。

1）加工场地（平台）。为防止砂石及其他杂物对铝板表面造成硬伤，在加工的地面上须预先铺一层橡胶板。并要随时清除各种废金属屑、边脚料、焊条头子等杂物。

2）所用的加工机械要清洁。如卷板机辊轴上不能有加工碳钢板时粘附上的氧化皮和铁屑等。

3）铝板壁厚小于或等于1.5mm时，可采用咬接；大于1.5mm时，可采用气焊或氩弧焊焊接。

4）焊接。由于铝板和焊丝表面一般都覆盖有油污、油漆、氧化铝薄膜，它们阻碍焊缝金属的熔合，使焊缝产生气孔、夹渣，以及未焊透等缺陷，所以在焊接前，应严格清除焊缝边缘两侧20～30mm以内和焊丝表面的油污、氧化物等杂质，要使其露出铝的本色。清洁方法有以下两种：

① 机械法。当铝板表面油污甚微，可用钢丝刷、锉刀、砂布等将焊缝处清除干净。若使用砂布，要注意清除残留于铝板表面的金刚砂粒，以免其进入焊接熔池。

② 化学清除法：

a. 除油。若表面比较清洁，可用热水或蒸汽吹洗。若只有轻微油污，可用温度为60～70℃的1%氢氧化钠、5%磷酸钠、3%水玻璃的混合液去除。

若油污严重，可用有机溶剂如丙酮、三氯乙烯、汽油、松香水、二氯乙烷、四氯化碳等去除。

b. 除氧化铝。用50～60℃，浓度为10%的氢氧化钠溶液清洗。对纯铝一般清洗15～20min。也可先用氧-乙炔加热焊接处至50～60℃，然后在焊缝处周围涂上10%的氢氧化钠溶液，腐蚀2min左右。在实际操作中，焊缝处的温度和溶液浓度很难保证，可用观察接口表面的颜色变化来确定，当腐蚀表面完全变白时即可。

经氢氧化钠溶液清洗后，用冷水冲洗，再用30%的硝酸溶液进行中和，然后再用冷水洗净。

经中和处理后的焊丝，不得出现麻点、墨斑现象。否则，焊丝应重新清洗。清洗合格的焊丝放入100℃左右的烘干炉中烘烤30min，然后放于干净的容器中。清洗好的焊丝只能存放1d，否则，焊前必须重新清洗。

焊接后应用热水去除焊缝表面的焊渣、焊药等。焊缝应牢固，不得有虚焊、穿孔等缺陷。

5）铝及铝合金板不得与铜、铁等重金属直接接触，以免产生电化学腐蚀。

6）铝板风管采用角形法兰，应以翻边连接，并用铝铆钉固定。用角钢作铝风管的法兰时，角钢必须镀锌或刷绝缘漆。

（5）塑料复合钢板风管制作

塑料复合钢板风管制作工艺和薄钢板基本相同。关键是不能损坏复合钢板的塑料层。这种风管加工时，一般只能采用咬口连接，不能用焊接，以免烧熔钢板表面的塑料层。咬口的机械不要有尖锐的棱边，以免轧出伤痕。施工过程中，注意不要在地上拖来拖去。放样画线时不要用锋利的金属划针，发现有损伤地方，应另行刷漆保护。

2. 非金属风管制作

（1）硬聚氯乙烯风管的成型

由于硬聚氯乙烯板属于热塑性塑料，故可利用其热态下的可塑性，将已切割好的塑料板加热到80～160℃。当塑料板处于柔软可塑状态时，按所需的形式进行整形，再将其冷却后即可形成整型后的固体状态，即热加工成各种规格的风管和各种形状的配件及管件。加热温度高，则塑料板的柔软性增加，整形加工容易，但硬聚氯乙烯塑料板随着加热温度的增高，其抗张强度会急剧下降，复杂形状的加工特别是进行压榨加工时，加热温度过高会使加工面损伤或破裂。

聚氯乙烯的导热系数较低，对热量吸收较慢，加热时，应使板材的表面均匀受热，尤其是较厚的板，应加热透彻均匀，避免局部受热。板材不能较长时间处于170℃以上，因为在这种温度下，会使塑料板形成韧性流动状态，并引起材料膨胀、起泡、分层现象。

聚氯乙烯塑料具有复原性，所以当达到加工的温度，进行整形冷却后，如再行加热到整型温度以上，它就会恢复原来（整形前）的形状。这个复原性，随着再次加热温度的增高而逐渐显著，当达到原来的加工温度时，则会完全恢复原来的形状。原来的加工温度越高，复原性则越低，因此，在热加工过程中，应趁热一次整形完毕。要尽量避免多次加热整形。

热加工得到所需要形状后，使之迅速冷却，为保证正确的形状，迅速且均匀冷却特别重要。

加热聚氯乙烯塑料板可用电加热（电热箱和塑料板折方用管式电加热器等）、蒸汽加热和空气加热等方法，也可用油漆加热槽和热水加热槽。一般常用的金属制电热箱如图 8-2所示。电热箱应能保证板材的加热温度，便于调节，结构牢固，便于板材的放入及取出，而且应有良好的绝缘和接地，以防操作人员发生触电事故。

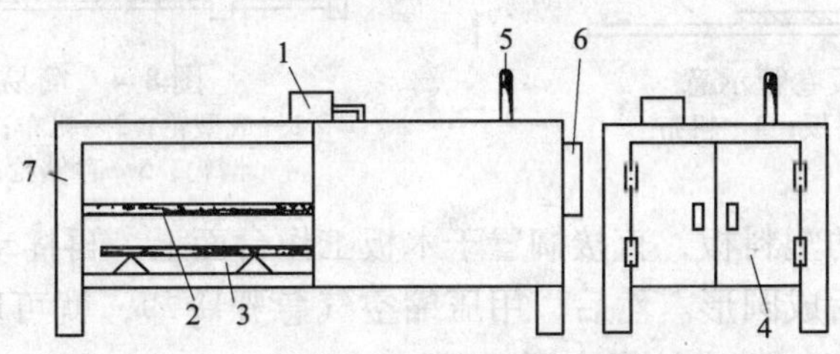


图 8-2 电热箱

1—恒温控制器；2—放置塑料板和钢板网支架；3—电热丝底板；
4—电热箱门；5—温度计；6—电源接线板；7—保温层

1）圆形风管加热成型。先使电热箱的温度保持在 130～150℃左右，待温度稳定后，把需加热的板材放入箱内加热，要使板材整个表面均匀受热。加热时间和板材的厚度有关，应按表 8-3 进行温度控制。

**塑料板加热时间** **表 8-3**

| 板材厚度（mm） | 2～4 | 5～6 | 8～10 | 11～15 |
|---|---|---|---|---|
| 加热时间（min） | 3～7 | 7～10 | 10～14 | 15～24 |

① 当塑料板材加热到柔软状态后，从烘箱内取出，把它放到垫有帆布的木模中卷成圆筒，如图 8-3 所示，待完全冷却后，将成形的塑料筒取出，再焊接成风管。

帆布的一端用薄钢板条钉在木板上，另一端在地板上。卷管时，应把帆布拉紧，把塑料板放入对齐后，再滚木模卷管。

木模是用红松做成的空心圆管，其外圆直径等于风管的内径，其长度应比风管长度略长 100mm。一般风管按板宽下料，板宽为 900mm 时，木模长度可为 1000mm。

塑料风管圆弧均匀与否，基本上取决于木模，所以木模外表面应光滑，圆弧应正确，有条件可用车床车圆，砂纸打光。

如果在工作台上成型，木模用转轴装在工作台的一端，上面装有手摇柄，帆布平铺在工作台上，它的一端钉在木模上。放入塑料板并对齐后，转动摇柄，木模就将帆布连带板材一道卷在木模上使之成型。

② 用钢圆筒作外模卷制。从电热箱中取出柔软的塑料板，立即塞入钢制的外模（圆筒）中，待整形和冷却硬化后可取出。铁制的外模可用厚度为1.5～2.5mm钢板制作，其内径可大于塑料风管的外径，一般大2～3mm为宜，其长度可略小于塑料风管的长度，一般小10～20mm。为了防止塞入时外模端部损伤塑料板，可将外模适当翻边并打磨光洁。

③ 在工地也有用简易成型机替代手工作业。成型机是通过帆布缠卷在手摇成型轮上，调整其外径，从而可卷制出各种不同直径的塑料圆形风管，如图8-4所示。

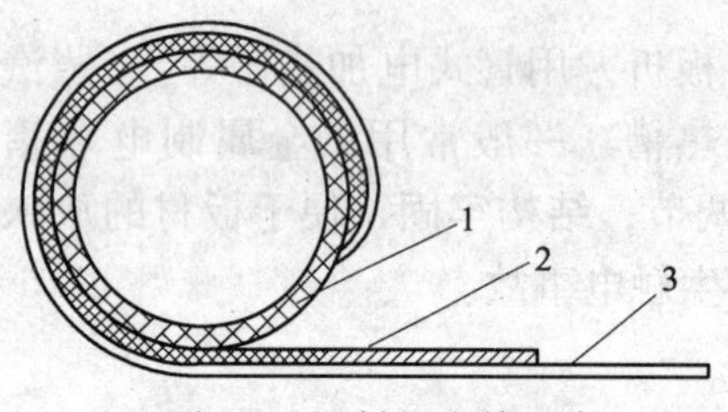


图8-3　塑料板卷管示意
1—木模；2—塑料板；3—帆布

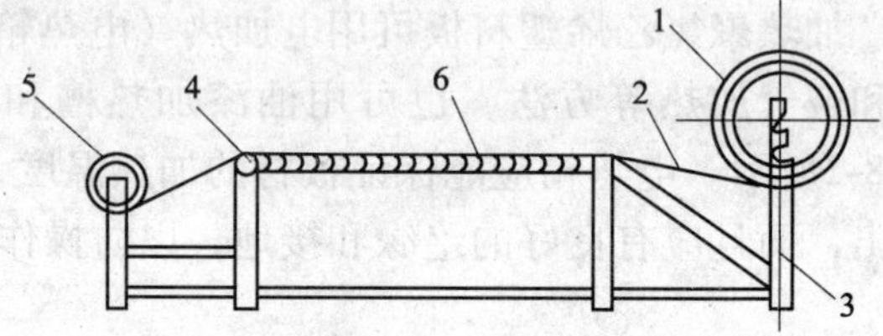


图8-4　简易成型机
1—成型轮；2—帆布；3—型钢支架；4—惰轮；5—存储轮；6—木板台面

把加热至柔软状的塑料板，直接搁置于木板工作台面上，再摇动成型轮，塑料板则随帆布卷入轮中，压制后成圆形。然后，用压缩空气急骤冷却，就可取下成型的圆形风管。加工一根风管只需3min，较大地提高了工效。

2）矩形风管成形。矩形风管四角可采用四块板料焊接成型或者采用抱角成型，但前者强度较低。在采用煨角成形时，纵向焊缝必须设在距煨角大于80mm处，如图8-5所示，能提高风管强度。

用普通的手动扳边机和两根管式电加热器配合进行。管式电加热器如图8-6所示，它是利用钢管中装设的电热丝通电加热的。电热丝和钢管之间应以瓷管绝缘。电热丝的功率应能保证钢管表面被加热到150～180℃的温度。

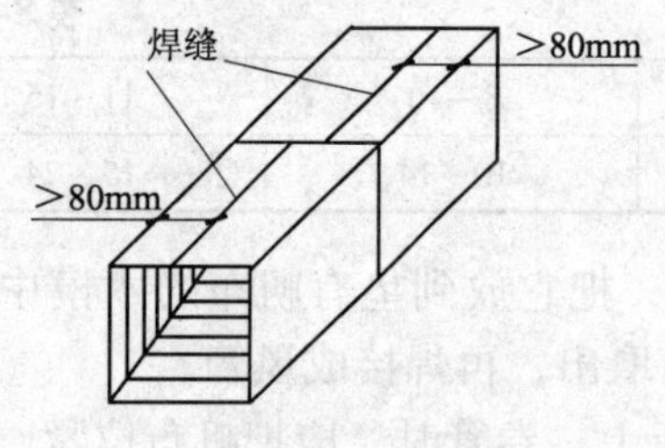


图8-5　煨角矩形风管示意图

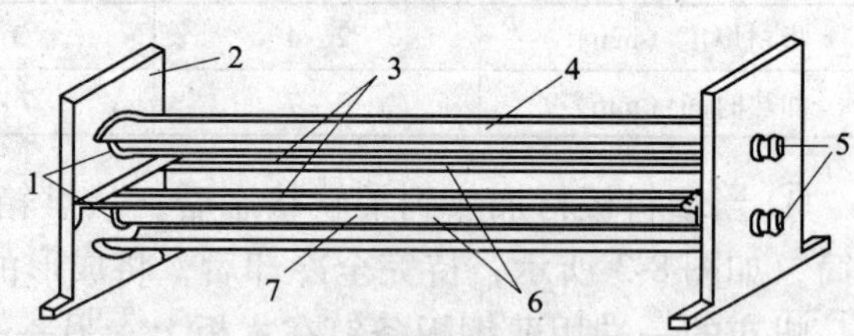


图8-6　塑料板折方用管式电加热器
1—绝缘套管；2—支座；3—搁塑料板支架；4—上反射罩；5—电源接线柱；6—管式电加热器；7—下反射罩

折方时，把划好折线的板材放在两根管式电加热器中间，并把折线对正加热器，使折线处进行局部加热。加热处变软时，迅速抽出放在手动扳边机上，把板材折成90°，待加热处冷却后才能取出。

塑料板折方处加热宽度一般为5～6倍的塑料板厚度。

（2）塑料焊接

塑料焊接是硬聚氯乙烯塑料风管及配件在制作时的主要连接方法。它是根据聚氯乙烯塑料加热到180～200℃时，利用塑料具有可塑性和粘附性的性质来进行。

1）焊缝的形式及断面的影响。焊缝形式应随风管、部件的结构特点及便于焊接来进行选择。

① 对接焊缝。这种焊缝的机械强度为最高，其他焊缝形式只在不能用对接焊缝时采用。

对接焊缝可以采用V形断面和X形断面。X形断面在同样焊缝张角及板厚时，焊条用的最少，因而比较经济。X形断面的热应力分布也较均匀，所以X形焊缝强度较V形焊缝强度好。

② 搭接焊缝。采用搭接焊缝时，由于焊条在板材表面上，而用层压法制成的板材，再次被局部加热到压制温度以上时，由于板材内应力作用，会产生分层和膨胀的趋向，因而薄片间的粘合度就被破坏，相应的降低焊缝强度。所以，搭接焊缝和下面的填角焊缝一般很少单独使用，大多用作辅助焊缝，以加强其他焊缝的气密性，或构件加固时使用。

③ 填角焊缝。同上所述的使用部位。

④ 对角焊缝。用于两板的直角合缝处。在矩形风管的四角处要避免用这种焊缝。

⑤ 机械热对挤压焊接。机械热对挤压焊接是由气压传动、机械传动、电加热等部分组成。这种焊接不用焊条，而且抗拉、抗弯强度比手工焊接高；适用于集中加工场所。其焊接的工序如图8-7所示。

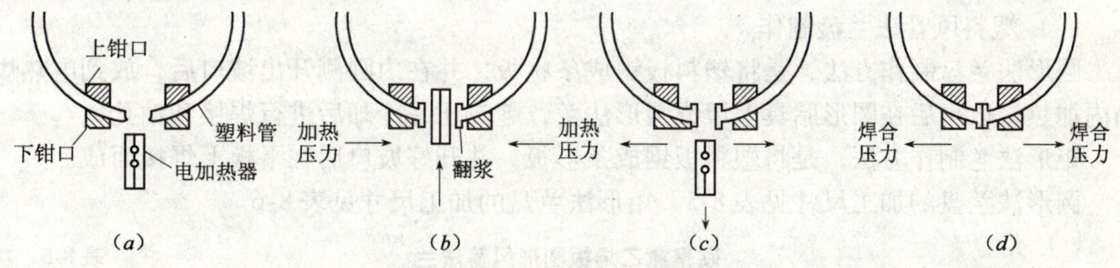


图8-7　热对挤压焊接工序图

（a）准备；（b）加热；（c）撤去电加热器；（d）焊合

2）为保证塑料对挤焊的质量，操作时应注意以下几点：

① 对接端面必须刨平，防止受热翻浆不均匀，使局部焊缝不能熔化粘结。

② 对挤焊后，板材将缩短2～3mm，下料刨边时就应考虑放出余量。

③ 加热器的表面温度应根据材质和环境温度进行调整，并要控制加热时间。若温度偏低，加热时间不够，会使对接面翻不出浆或翻浆不够，影响对挤焊质量；若温度偏高，加热时间过长，会使翻浆过快，翻浆宽度过宽，焊口熔浆过多地挤向两边，甚至烧焦。翻浆宽度一般为1.5～2mm，加热时间可参照表8-4。

**热对挤焊接加热时间**　　**表8-4**

| 板材厚度（mm） | 4 | 10 | 15 | 20 |
|---|---|---|---|---|
| 加热时间（s） | 8～10 | 15～16 | 20～30 | 23～48 |

④ 控制好挤焊压力。挤焊压力要适当，防止焊口错位和挤压不密实。在加热过程中，随着塑料翻浆应稍稍增加压力，使受热面与加热器保持良好接触。

⑤ 粘附在加热器上的塑料浆应随时消除，保持焊接面的清洁。

⑥ 焊合后板材要缩短，下料时应放出 2~3mm 的余量。

⑦ 为保证热对挤焊的焊接质量，应对焊口结合处锯边平口，平口的方法可根据具体情况选择工效较高的方法。图 8-8 所示的是采用气缸带动砂轮机铣刀来切割平齐焊口。

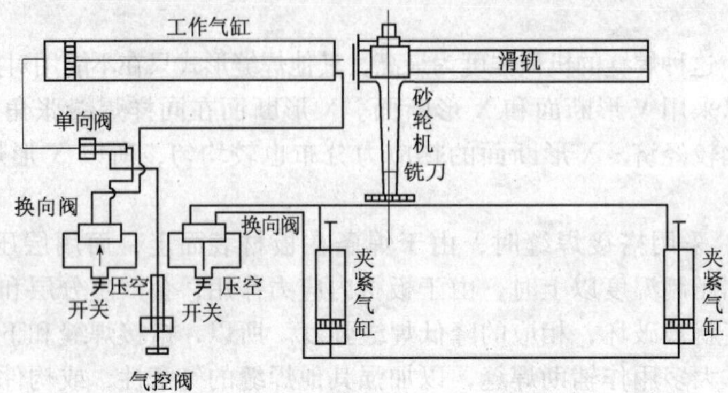


图 8-8　气动传动的半口机构造示意图

3）热对挤焊和手工焊的质量对比：

热对挤焊的特点是加热时间短，板材不易老化变质，这一新工艺操作简单、可靠、实用，不用焊条，焊缝挺直美观，比手工焊可提高工效，而且焊缝的机械强度接近母材强度，抗弯强度与手工焊相比更为显著。

（3）塑料风管法兰盘制作

圆形法兰盘制作方法，是将塑料板锯成条状板，并在内圆侧开出坡口后，放到电热烘箱内加热，取出后在圆形胎具上煨成圆形法兰，趁热压平冷却后进行焊接和钻孔。

矩形法兰制作方法，是将塑料板锯成条形板，并开好坡口后在平板上焊接而成。

圆形法兰盘的加工尺寸见表 8-5。矩形法兰盘的加工尺寸见表 8-6。

**硬聚氯乙烯板圆形风管法兰**　　**表 8-5**

| 风管直径（mm） | 法兰材料规格 | | | 连接螺栓（mm） |
|---|---|---|---|---|
| | 宽×厚（mm×mm） | 孔径（mm） | 孔数（个） | |
| 100~160 | 35×6 | 7.5 | 6 | M6×30 |
| 180 | 35×6 | 7.5 | 8 | M6×30 |
| 200~220 | 35×8 | 7.5 | 8 | M6×35 |
| 240~320 | 35×8 | 7.5 | 10 | M6×35 |
| 340~400 | 35×8 | 9.5 | 14 | M8×35 |
| 420~450 | 35×10 | 9.5 | 14 | M8×40 |
| 480~500 | 35×10 | 9.5 | 18 | M8×40 |
| 530~630 | 35×10 | 9.5 | 18 | M8×40 |
| 670~800 | 40×10 | 11.5 | 24 | M10×40 |
| 850~900 | 45×12 | 11.5 | 24 | M10×45 |
| 1000~1250 | 45×12 | 11.5 | 30 | M10×45 |
| 1320~1400 | 45×12 | 11.5 | 38 | M10×45 |
| 1500~1600 | 50×15 | 11.5 | 38 | M10×50 |
| 1700~2000 | 60×15 | 11.5 | 48 | M10×50 |

硬聚氯乙烯板矩形风管法兰　表 8-6

| 风管长边尺寸（mm） | 法兰材料规格 | | | 连接螺栓（mm） |
|---|---|---|---|---|
| | 宽×厚（mm×mm） | 孔径（mm） | 孔数（个） | |
| 120~160 | 35×6 | 7.5 | 3 | M6×30 |
| 200~250 | 35×8 | 7.5 | 4 | M6×35 |
| 320 | 35×8 | 7.5 | 5 | M6×35 |
| 400 | 35×8 | 9.5 | 5 | M8×35 |
| 500 | 35×10 | 9.5 | 6 | M8×40 |
| 630 | 40×10 | 9.5 | 7 | M8×40 |
| 800 | 40×10 | 11.5 | 9 | M10×40 |
| 1000 | 45×12 | 11.5 | 10 | M10×45 |
| 1250 | 45×12 | 11.5 | 12 | M10×45 |
| 1600 | 50×15 | 11.5 | 15 | M10×50 |
| 2000 | 60×18 | 11.5 | 18 | M10×60 |

（4）塑料风管的组配和加固

1）风管的组配与连接。

为避免腐蚀介质对风管法兰金属螺栓的腐蚀和自法兰间隙中泄漏，管道安装尽量采用无法兰连接。加工制作好的风管应根据安装和运输条件，将短风管组配成3m左右的长风管。风管组配采取焊接方式。风管的纵缝必须交错，交错的距离应大于60mm。圆形风管管径小于500mm，矩形风管大边长度小于400mm，其焊缝形式可采用对接焊缝；圆形风管管径大于560mm，矩形风管大于500mm，应采用硬套管或软套管连接，风管与套管再进行搭接焊接，并注意以下几点：

① 硬聚氯乙烯板风管及配件的连接采用焊接，可分别采用手工焊接和机械热对挤焊接。并保证焊缝应填满，焊条排列应整齐，不得出现焦黄、断裂等缺陷，焊缝强度不得低于母材的60%。

② 硬聚氯乙烯板风管亦可采用套管连接。其套管的长度宜为150~250mm，其厚度不应小于风管的壁厚。如图8-9（*a*）所示。

③ 硬聚氯乙烯板风管承插连接。当圆形风管的直径小于或等于200mm可采用承插连接，如图8-9（*b*）所示。插口深度为40~80mm。粘结处的油污应清除干净，粘结应严密、牢固。

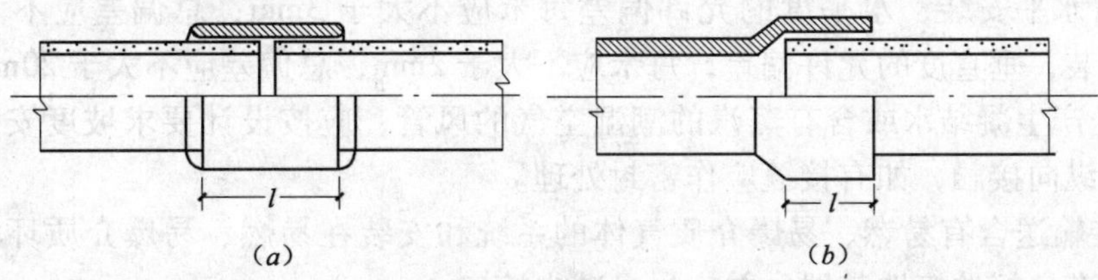


图8-9　风管连接
（*a*）套管连接；（*b*）承插连接

2）风管的加固。

为了增加风管的强度，应按图 8-10 和表 8-7 的方法进行加固。

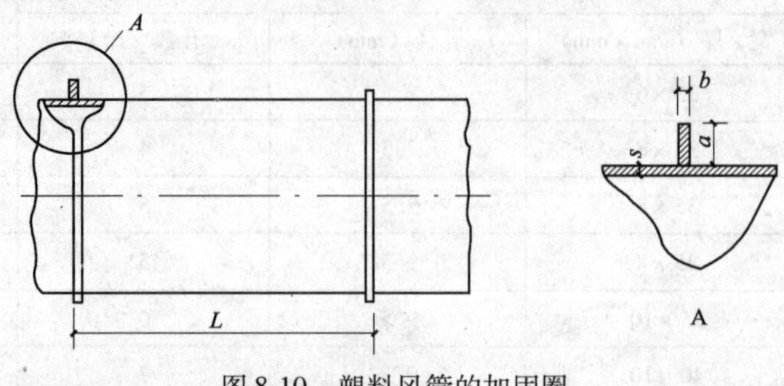


图 8-10　塑料风管的加固圈

塑料风管加固圈尺寸（mm）　　表 8-7

| 圆形 | | | | 矩形 | | | |
|---|---|---|---|---|---|---|---|
| 风管直径 | 管壁厚度（s） | 加固圈 | | 风管大边长度 | 管壁厚度（s） | 加固圈 | |
| | | 规格 $a \times b$ | 间距 $L$ | | | 规格 $a \times b$ | 间距 $L$ |
| 100～320 | 3 | | | 120～320 | 3 | | |
| 360～500 | 4 | | | 400 | 4 | | |
| 560～630 | 4 | 40×8 | ～800 | 500 | 4 | 35×8 | ～800 |
| 700～800 | 5 | 40×8 | ～800 | 630～800 | 5 | 40×8 | ～800 |
| 900～1000 | 5 | 45×10 | ～800 | 1000 | 6 | 45×10 | ～400 |
| 1120～1400 | 6 | 45×10 | ～800 | 1250 | 6 | 45×10 | ～400 |
| 1600 | 6 | 50×12 | ～400 | 1600 | 8 | 50×12 | ～400 |
| 1800～2000 | 6 | 60×12 | ～400 | 2000 | 8 | 60×15 | ～400 |

① 当风管直径或边长大于 500mm 时，连接处加三角支撑，支撑间距为 300～400mm。连接法兰的两个三角支撑应对称，使其受力均匀。

② 矩形风管四角应焊接成形，边长大于或等于 630mm 和煨角成形边长大于或等于 800mm 的风管、管段长度大于 1200mm 时，应采取加固措施。可用与法兰同规格的加固框或加固筋，用焊接固定。

3. 风管安装

（1）一般要求

① 风管内不得敷设电线、电缆以及输送有毒、易燃、易爆的气体或液体。

② 风管与配件可拆卸的接口，不得装在墙或楼板内。

③ 风管水平安装，水平度的允许偏差每米应不大于 3mm，总偏差应不大于 20mm；风管垂直安装，垂直度的允许偏差，每米应不大于 2mm，总偏差应不大于 20mm。

④ 输送产生凝结水或含有蒸汽的潮湿空气的风管，应按设计要求坡度安装。风管底部不宜设置纵向接触，如有接缝应作密封处理。

⑤ 安装输送含有易燃、易爆介质气体的系统和安装在易燃、易爆介质环境内的通风系统都必须有良好的接地装置，并应尽量减少接口。

输送易燃、易爆介质气体的风管，通过生活间或其他辅助生产房间必须严密，并不得设置接口。

⑥ 风管穿出屋面应设防雨罩，如图 8-11 所示。防雨罩应设置在建筑结构预制的井圈外侧，使雨水不能沿壁面渗漏到屋内；穿出屋面超出 1.5m 的立管宜设拉索固定。拉索不得固定在风管法兰上，严禁拉在避雷针上。

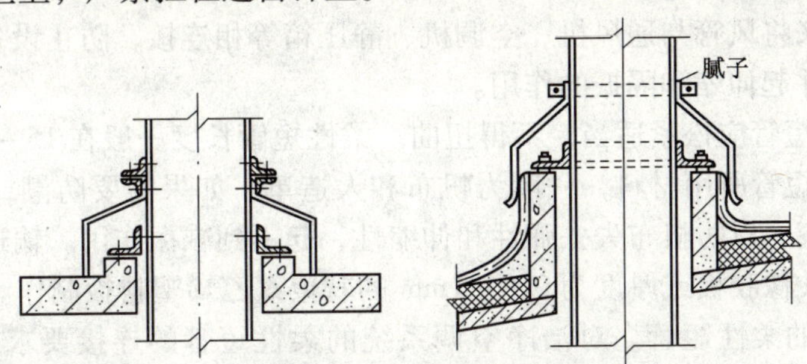


图 8-11　风管穿出屋面的防雨防漏措施示意图

⑦ 钢制套管的内径尺寸，应以能穿过风管的法兰及保温层为准，其壁厚应不小于 2mm。套管应牢固地预埋在墙、楼板（或地板）内。

（2）风管吊装与就位

① 风管安装前，先对安装好的支、吊（托）架进一步检查其位置是否正确，是否牢固可靠。根据施工方案确定的吊装方法（整体吊装或一节一节地吊装），按照先干管后支管的安装程序进行吊装。

② 吊装前，应根据现场的具体情况，在梁、柱的节点上挂好滑车，穿上麻绳，牢固地捆扎好风管，然后吊装。

③ 用绳索将风管捆绑结实。塑料风管、玻璃钢风管或复合材料管如需整体吊装时，绳索不得直接捆绑在风管上，应用长木板托住风管底部，四周应有软性材料加垫层，方可起吊。

④ 开始起吊，先慢慢拉紧起重绳，当风管离地 200 ~ 300mm 时，应停止起吊，检查滑车的受力点和所绑扎的麻绳、绳扣是否牢固，风管的重心是否正确。当检查没问题后，再继续起吊到安装高度，把风管放在支、吊架上，并加以稳固后，方可解开绳扣。

⑤ 水平安装的风管，可以用吊架的调节螺栓或在支架上用调整垫块的方法来调整水平。风管安装就位后，可以用拉线、水平尺和吊线的方法来检查风管是否横平竖直。

⑥ 对于不便悬挂滑车或固定地势限制，不能进行整体（即组合一定长度）吊装时，可将风管分节用麻绳拉到脚手架上，然后再抬到支架上对正法兰逐节进行安装。

⑦ 风管地沟敷设时，在地沟内进行分段连接。若地沟内不便操作时，可在沟边连接，用麻绳绑好风管，用人力慢慢将风管放到支架上。风管甩出地面或在穿楼层时甩头不少于 200mm。敞口应作临时封堵。风管穿过基础时，应在浇灌基础前下好预埋套管，套管应牢固地固定在钢筋骨架上。

⑧ 特殊风管在安装就位中，输送易燃、易爆气体或有这种环境下的风管应设接地，并且尽量减少接口，当通过生活间或辅助间时不得设有接口。不锈钢与碳素钢支架间垫以非金属垫片；铝板风管支架、抱箍应镀锌；硬聚氯乙烯风管穿墙或楼板应设套管，长度大于 20m 时设伸缩节；玻璃钢类风管树脂不得有破裂、脱落及分层，安装后不得扭曲；空

气净化空调系统风管安装应严格按程序进行，不得颠倒；风管、静压箱及其他部件，在安装前内壁必须擦拭干净，做到无油污和浮尘，注意封堵临时端口；当安装在或穿过围护结构时，接缝应密封，保持清洁、严密。

(3) 柔性短管安装

柔性短管用来将风管与通风机、空调机、静压箱等相连接，防止设备产生的噪声通过风管传入房间，并起伸缩和隔振的作用。

① 安装柔性短管应松紧适当，不得扭曲。柔性短管长度一般在15～150mm范围内。

② 制作柔性短管所用材料，一般为帆布和人造革。如果需要防潮，帆布短管应刷帆布漆，不得涂油漆，以防帆布失去弹性和伸缩性，起不到减振作用。输送腐蚀性气体的柔性短管应选用耐酸橡胶板或厚度为0.8～1mm的软聚氯乙烯塑料板制作。

③ 洁净风管的柔性短管。对洁净空调系统的柔性短管的连接要求，一是严密不漏，二是防止积尘，所以，在安装柔性短管时，一般常用人造革、涂胶帆布、软橡胶板等。柔性短管在拼缝时要注意严密，以免漏风。另外，还要注意光面朝里，安装时不能扭曲，以防集尘。

(4) 铝板风管安装

① 铝板风管法兰的连接应采用镀锌螺栓，并在法兰两侧垫以镀锌垫圈，防止铝法兰被螺栓刺伤。

② 铝板风管的支架、抱箍应镀锌或按设计要求作防腐处理。

③ 铝板风管采用角钢型法兰，应翻边连接，并用铝铆钉固定。采用角钢法兰，其用料规格应符合相关规定，并应根据设计要求作防腐处理。

(5) 非金属风管安装

非金属风管安装与金属风管基本相同。由于塑料风管的机械性能和使用条件与金属风管有所不同，因此应注意以下几点：

① 塑料风管较重，加之塑料风管受温度和老化的影响，所以支架间距一般为2～3m，并且一般以吊架为主。支架的有关数据见表8-8。

**聚氯乙烯风管的支架** 表8-8

| 矩形风管的长边或圆形管道的直径（mm） | 承托角钢规格（mm） | 吊环螺栓直径（mm） | 支架最大间距（m） |
|---|---|---|---|
| ≤500 | 30×30×4 | φ8 | 3.0 |
| 510～1000 | 40×40×5 | φ8 | 3.0 |
| 1010～1500 | 50×50×6 | φ10 | 3.0 |
| 1510～2000 | 50×50×6 | φ10 | 2.0 |
| 2010～3000 | 60×60×7 | φ10 | 2.0 |

② 支、吊、托架与风管的接触面较大，这是因为硬聚氯乙烯管质脆且易变形。在接触面处应垫入厚度为3～5mm的塑料垫片，并使其粘结在固定的支架上。

③ 硬聚氯乙烯线膨胀系数大，因此，支架抱箍不能将风管固定过紧，应当留有一定间隙，以便伸缩。

④ 塑料风管与热力管道或发热设备应保持有一定的距离，防止风管受热变形。

⑤ 风管上所采用的金属附件，如支架、螺栓和保护套管等，应根据防腐要求涂刷防腐材料。

⑥ 风管的法兰垫料应采用3～6mm厚的耐酸橡胶板或软聚氯乙烯塑料板。螺栓可用镀锌螺栓或增强尼龙螺栓。在螺栓与法兰接触处应加垫圈，增加其接触面，并防止螺孔因螺栓的拉力而受损。

⑦ 排除会产生凝结水的气体时的水平风管，应有1%～1.5%的坡度。

⑧ 塑料风管穿墙和穿楼板应装金属套管保护。钢套管的壁厚应不小于2mm。如果套管截面大，其用料厚度也应相应增大。预埋时，钢制套管外表面不应刷漆，但应除净油污和锈蚀。套管外应配有肋板，以便牢固地固定在墙体和楼板上。套管风管间应留有5～10mm的间隙或者能穿过风管法兰为度，使塑料风管可以自由沿轴向移动。套管端应与墙面齐平，预埋在楼板中的套管，要高出楼地面20mm。穿墙金属套管如图8-12（*a*）所示。

⑨ 塑料风管穿过屋面，应由土建设置保护圈，防止雨水渗入，并防止风管受到冲击。如图8-12（*b*）所示。

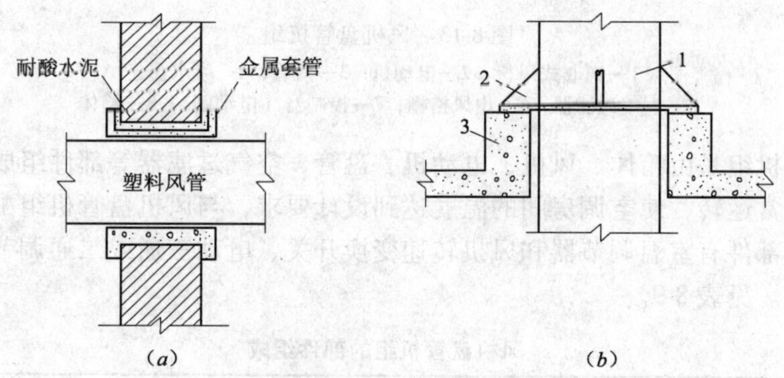


图8-12　塑料风管保护套管

（*a*）过墙套管；（*b*）保护圈

1—塑料风管；2—塑料支撑；3—混凝土结构

⑩ 硬聚氯乙烯风管与法兰连接处应该加焊三角支撑。

⑪ 室外风管的壁厚宜适当增加，外表涂刷两道铝粉漆或白油漆，防止太阳辐射使塑料老化。

⑫ 塑料风管穿出屋面时，在高出屋面1m处应加拉索，拉索的数量不少于3根。

⑬ 支管的重量不得由干管承担。所以，干管上要接较长的支管时，支管上必须设置支、吊、托架，以免干管承受支管的重量而造成破裂现象。

## 二、风机盘管机组与风机安装

### （一）风机盘管机组安装

风机盘管机组国内已有多家生产，其种类根据安装的位置不同，可分为立式明装、立式暗装、卧式明装、卧式暗装、立柱式明装、立柱式暗装及顶棚式等多种，其外形结构如图8-13所示。

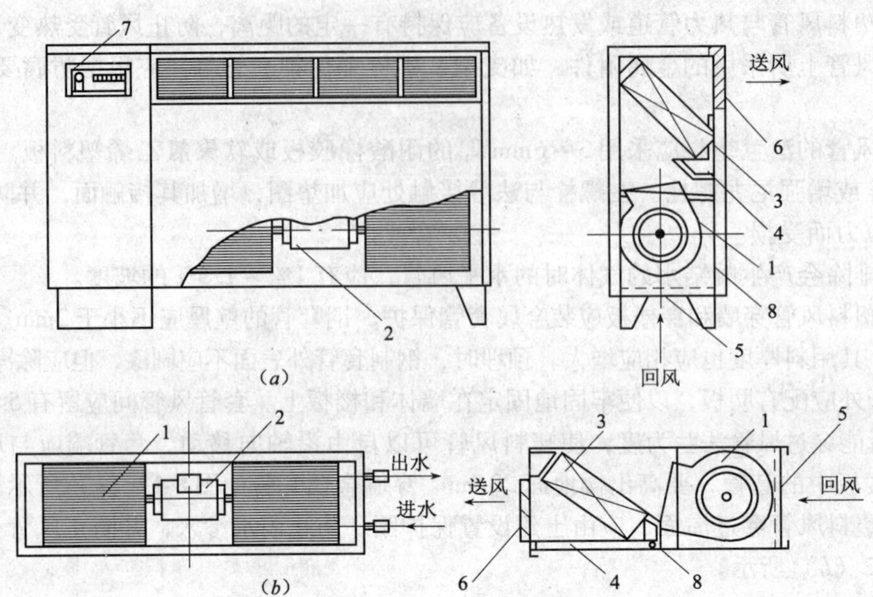


图 8-13　风机盘管机组

1—离心式风机；2—电动机；3—盘管；4—凝水盘；5—空气过滤器；6—出风格栅；7—控制器（电动阀）；8—箱体

风机盘管机组是由箱体、风机、电动机、盘管、空气过滤器等部件组成。为保证风机盘管机组的正常运转，使空调房间的温度达到设计要求，与风机盘管机组配套的部件必须齐备。配套的部件有室温调节器和风机转速变换开关、电动三通或二通调节阀、水过滤器及柔性接头等。见表 8-9。

**风机盘管机组的部件组成**　　**表 8-9**

| 类别 | 部件名称 | 说　明 |
|---|---|---|
| 基本部件 | 机组箱体 | 采用轻型钢骨架和薄钢板制成，其吸风和出风格栅制成固定式或可调式。围护面板可拆卸，便于设备的检修。明装机组箱体造型美观，表面油漆色调与建筑装饰协调 |
| | 风机 | 机组内装有两台风机。风机有双进风前向多叶式离心风机，或贯流式风机，其平衡性较好，是低噪声的风机 |
| | 电动机 | 采用单相电容调速低噪声电机，有高、中、低三档转速，借以改变风机的风量 |
| | 盘管 | 多采用铜管铝串片，夏季通以冷冻水，对空气进行冷却减湿处理，冬季通以热水用来加热空气。为收集凝结水还设有凝水盘 |
| | 空气过滤器 | 在机组的回风吸入口处，设有空气过滤器，用来过滤室内回风。过滤器一般为抽屉式的，可在不拆开机组的情况下，可进行更换或清洗 |
| 配套部件 | 室温调节器 | 室温调节器又叫恒温器，是室内空调装置用温度调节控制的，它与电动调节阀和风机盘管配套使用。<br>室温调节器有电子式和机械式两种，是由电子感温元件或双金属感温元件检测室内温度，通过电触点控制电动调节阀的通或断，变换风机盘管的送风温度达到空调房间温度自动调节的目的 |
| | 电动调节阀 | 与风机盘管配套用的电动调节阀有二通和三通调节阀，它是根据冷冻水系统的具体情况来选择的。<br>当冷冻水系统设有压差旁通调节阀时，可选用二通调节阀；当冷冻水系统无压差旁通调节阀时，为保证系统在变流量的情况仍能定水量运转，应选用三通调节阀 |

续表

| 类别 | 部件名称 | 说　　明 |
|---|---|---|
| 配套部件 | 水过滤器 | 水过滤器安装在风机盘管冷冻水或热水管道的入口处，其作用是清除管道中的机械杂质，以保护风机盘管免受堵塞 |
| | 柔性接头 | 柔性接头用于管道与风机盘管的连接处，以消除由于硬连接的漏水现象，同时可防止在连接过程中损坏风机盘管等弊病。<br>目前，常用的柔性接头有两种形式，一种是特制的橡胶柔性接头，接头的两端各设一只活接头，一端与管道连接，另一端与风机盘管连接；另一种是退火的紫铜管，两端用扩管器扩成喇叭口形，用锁母拧紧 |

风机盘管的安装方法与诱导器基本上相同，在安装过程中应注意下列事项：

（1）风机盘管就位前，应按照设计要求的形式、型号及接管方向进行复核，确认无误后才能安装。

（2）对于暗装的风机盘管，在安装过程中应与室内装饰工作密切配合，防止在施工中损坏装饰的顶棚或墙面。

（3）与风机盘管连接的冷冻水或热水管，接上水和回水的连接位置安装（即下送上回），以提高空气处理的热工性能。

（4）凝结水管路的坡度应坡向排水管，防止反坡而造成凝结水盘内的水外溢。

（二）风机的安装

1. 风机的开箱检查

风机开箱检查时，首先应根据设计图纸，按通风机的装箱单，核对名称、型号、机号、传动方式、旋转方向和风口位置等六部分进行检查。通风机符合设计要求后，应对通风机再进行下列检查：

（1）根据设备装箱单，核对叶轮、机壳和其他部位（如，地脚螺栓孔中心距、进、排风口法兰孔径和方位及中心距、轴的中心标高等）的主要尺寸是否符合设计要求；

（2）叶轮旋转方向应符合设备技术文件规定；

（3）进、排风口应有盖板严密遮盖，防止尘土和杂物进入；

（4）检查风机外露部分各加工面的防锈情况，及转子是否发生明显的变形或严重锈蚀、碰伤等，如有上述情况，应会同有关单位研究处理；

（5）检查通风机叶轮和进气短管的间隙，用手盘动叶轮，旋转时叶轮不应和进气短管相碰。叶轮的平衡在出厂时都经过校正，一般在安装时可不进行此项工作。

2. 风机的搬运和吊装

通风机应按设计图纸要求，安装在混凝土基础上、通风机平台上或墙、柱的支架上。由于通风机连同电动机较重，所以在平台上或较高的基础上安装时，可用滑轮或捯链进行吊装。搬运和吊装应注意下列事项：

（1）整体安装的风机，绳索不能捆缚在转子和机壳或轴承盖的吊环上。绳索应固定在风机轴承箱的两个受力环上或电机的受力环上，以及机壳侧面的法兰圆孔上。

（2）与机壳边接触的绳索，在棱角处应垫好软物，防止绳索受力被棱边切断。特别是现场组装的风机，绳索捆缚不能损伤机件表面、转子、轴颈和轴衬等处。

（3）输送特殊介质的通风机转子和机壳内涂敷的保护层，应严加保护，不能损坏。

3. 离心式通风机安装

通风机底座有安装在减振装置上和直接安装在基础上两种形式。

(1) 风机本体安装

要使通风机的叶轮旋转后，每次都不停留在原来位置上，并不得碰壳。安装后的允许偏差及检验方法见表8-10。表中传动轴水平度为：纵向水平度用水平尺在主轴上测，横向水平度用水平尺在轴承座的水平中分面上测定。

**通风机安装的允许偏差　表8-10**

| 项次 | 项目 | | 允许偏差 | 检验方法 |
|---|---|---|---|---|
| 1 | 中心线的平面位移 | | 10mm | 经纬仪或拉线和尺量检查 |
| 2 | 标高 | | ±10mm | 水准仪或水平尺、直尺、拉线和尺量检查 |
| 3 | 皮带轮轮宽中心平面偏移 | | 1mm | 在主、从动皮带轮端面拉线和尺量检查 |
| 4 | 传动轴水平度 | | 纵向0.2/1000<br>横向0.3/1000 | 在轴或皮带轮0°和180°的两个位置上，用水平仪检查 |
| 5 | 联轴器 | 两轴芯径向位移 | 0.04mm | 在联轴器互相垂直的四个位置上，用百分表检查 |
| | | 两轴线倾斜 | 0.2/1000 | |

离心式通风机装配时，机壳进风斗（吸气短管）的中心线与叶轮中心线应在一条直线上，并且机壳与叶轮的轴向间隙（图8-14）应符合设备技术文件的规定，如无规定时，可参考表8-11数据。

**进风斗与叶轮的间隙值　表8-11**

| 离心式风机机号 | 间隙（mm） | 离心式风机机号 | 间隙（mm） |
|---|---|---|---|
| 2~3 | ≤3 | 6~11 | ≤6 |
| 4~5 | ≤4 | 12以上 | ≤7 |

(2) 电动机安装

电动机的找正找平应以装好的通风机为准。当用三角皮带传动时，电动机可在滑轨上进行调整，滑轨的位置应保证风机和电动机的两轴中心线相互平行，并水平固定在基础上。滑轨的方向不能装反。安装在室外的排风机，应装设防雨罩。

(3) 三角皮带轮找正

用三角皮带轮传动的通风机，在安装电动机时，要对电动机上的皮带轮进行找正，以保证电动机和通风机的轴线相互平行，要使两个皮带轮的中心线相重合，三角皮带被拉紧。

皮带轮找正后的允许偏差，必须符合表8-12的规定。三角皮带传动的通风机和电动机轴的中心线间距和皮带的规格应符合设计要求。

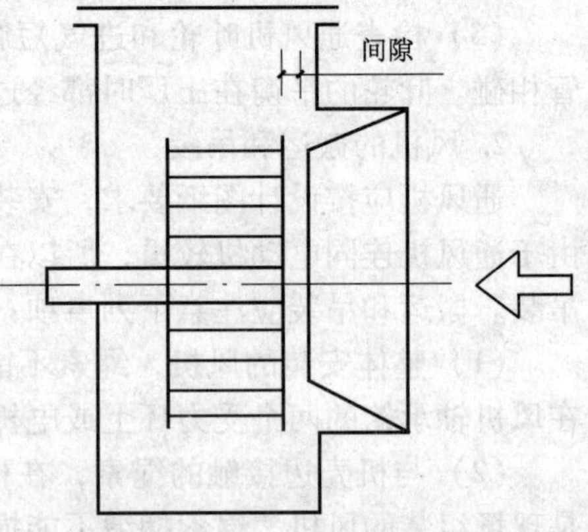


图8-14　通风机机壳进风斗与叶轮的轴向间隙示意图

风机安装允许偏差（mm）　　表 8-12

| 中心线的平面位移 | 标高 | 皮带轮轮宽中心平面位移 | 传动轴水平度 | | 联轴器 | 同心度 |
|---|---|---|---|---|---|---|
| | | | 纵　向 | 横　向 | 径向位移 | 轴向倾斜 |
| 10 | ±10 | 1 | 0.2/1000 | 0.3/1000 | 0.05 | 0.2/1000 |

（4）联轴器安装

联轴器连接通风机与电动机时，两轴中心线应该在同一直线上，其轴向倾斜允许偏差为0.2‰，其径向位移的允许偏差为0.05mm，如图 8-15 所示。

找正联轴器的目的是为要消除通风机主轴中心线和电动机传动轴中心线的不同心度和不平行度。否则，将会引起通风机振动，电动机和轴承过热等现象。

图 8-16 所示为联轴器在安装过程中可能出现的几种情况。

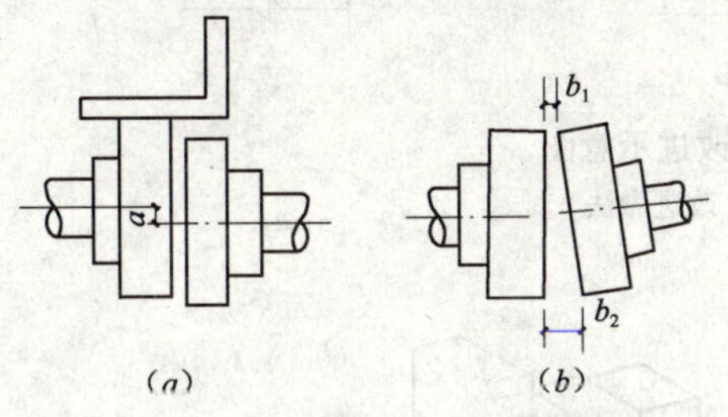


图 8-15　联轴器的找正示意图
（a）径向偏差；（b）倾斜偏差

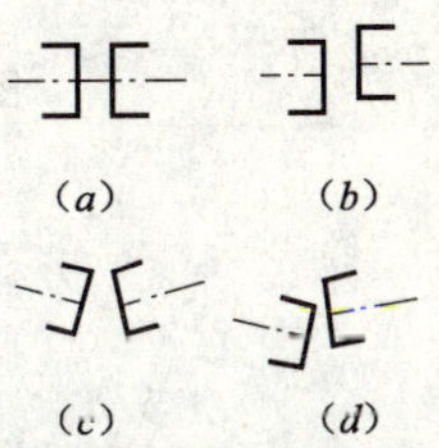


图 8-16　联轴器安装可能出现的几种情况
（a）两中心线完全重合；（b）两中心线有径向位移；（c）两中心线有角位移；（d）两中心线既有径向位移，又有角位移

① 为两中心线完全重合，这是最理想的情况。

② 表示不同心，有径向位移，但两轴的中心线是平行的。

③ 为两中心线不平行，有轴向倾斜。

④ 是既有径向位移，又有轴倾斜，这是安装中常见的情况。

在实际安装过程中，要想达到两中心线完全重合［图 8-16 中的（a）］是难以办到的，但只要达到表 8-12 中要求的允许偏差，就算合格。

（5）离心式通风机的进出口接管

离心式通风机进、出口处的动压较大，动压值越大，局部阻力就越大，因此进出口接管的做法对通风机效率影响是很明显的。

① 通风机出口接管。通风机出口应顺通风机叶片转向接出弯管，如图 8-17 所示。在现场条件允许的情况下，还应保证通风机出口至弯管的距离 $A$ 最好为风机出口长边的 1.5～2.5 倍。但在实际工程中往往由于现场条件的限制，不能按规定去做，应采取其他措施，如弯管内设导风叶片等予以弥补，如图 8-18 所示。

② 通风机进口接管口在实际工程中，常因各种具体情况或条件限制，有时采取一种不良的接口，而造成涡流区，增加了压力损失。可在弯管内增设导风叶片以改善涡流区，如图 8-19 所示。

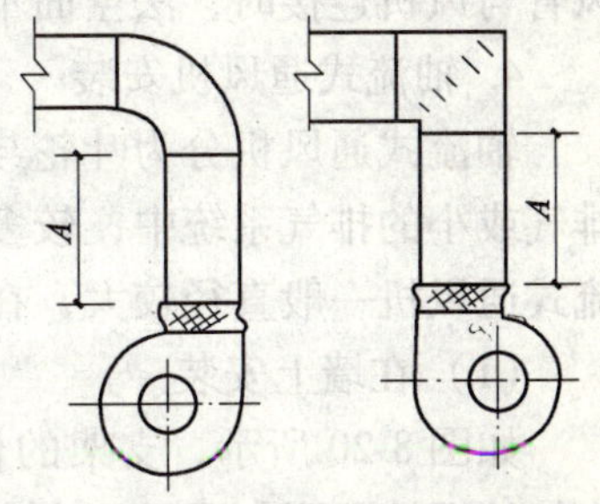


图 8-17　通风机出口接管示意图

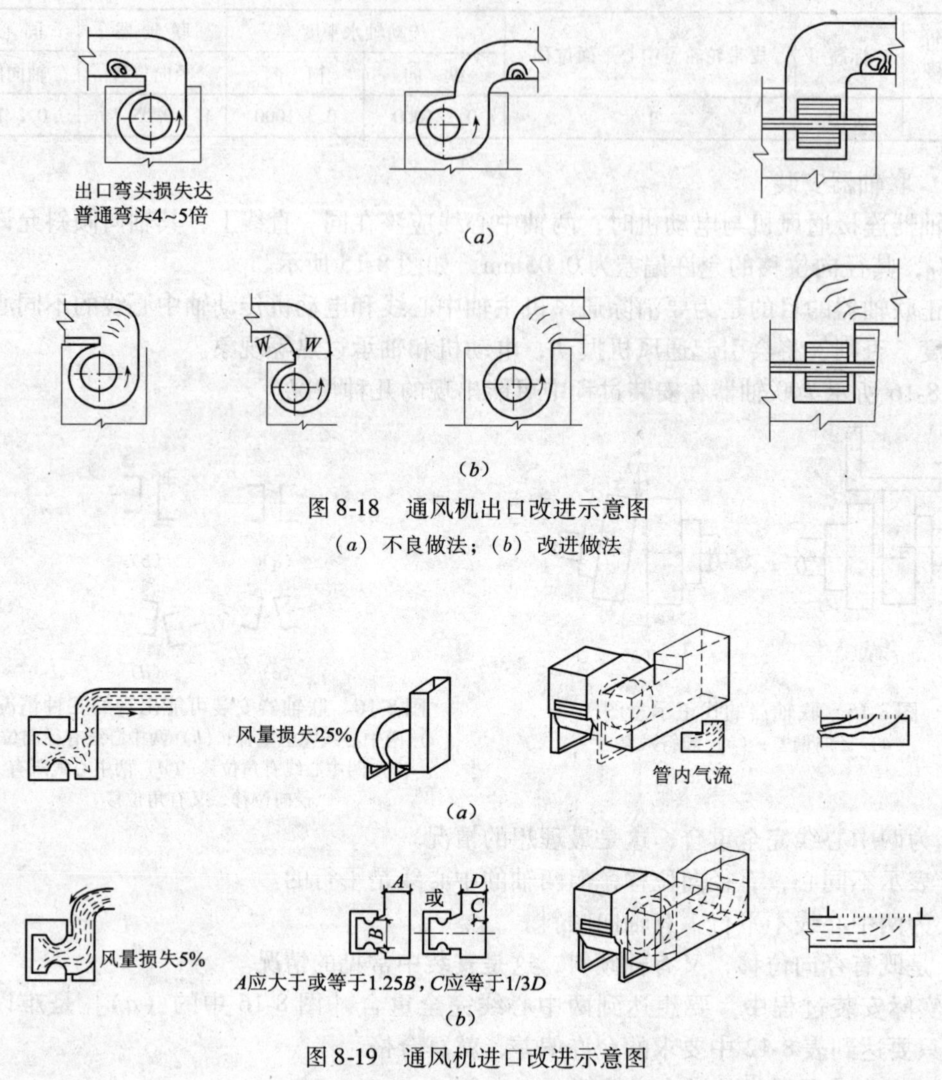


图 8-18　通风机出口改进示意图

(a) 不良做法；(b) 改进做法

图 8-19　通风机进口改进示意图

(a) 不良做法；(b) 改进做法

③ 通风机的进风口或进风管路直通大气时，应加装保护网或采取其他安全措施。

④ 通风机的进风管、出风管等应有单独的支撑，并与基础或其他建筑物连接牢固；风管与风机连接时，法兰面不得硬拉，机壳不应承受其他机件的重量，防止机壳变形。

4. 轴流式通风机安装

轴流式通风机分为叶轮与电机直联式和叶轮与电机用皮带传动两类。直联式用于局部排气或小的排气系统中，较多的是安装在风管中、墙洞内、窗上或支架上。皮带传动的轴流式通风机一般直径较大，在纺织行业中应用较普遍，风量大，噪声低。

(1) 在墙上安装

如图 8-20 所示，支架的位置和标高应符合设计图纸的要求。支架应用水平尺找平，支架的螺栓孔要与通风机底座的螺孔一致，底座下应垫 3 ~ 5mm 厚的橡胶板，以避免刚性接触。

（2）在墙洞内或风管内安装

墙的厚度应为240mm或240mm以上。土建施工时应及时配合留好孔洞，并预埋好挡板的固定件和轴流风机支座的预埋件。其安装方法如图8-21所示。

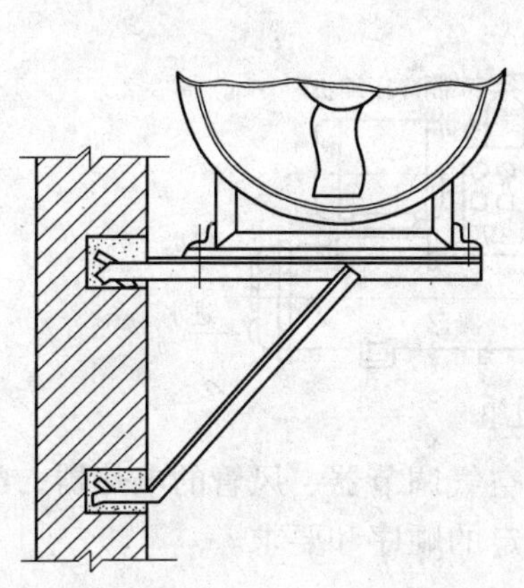

图8-20　轴流式通风机在墙上安装

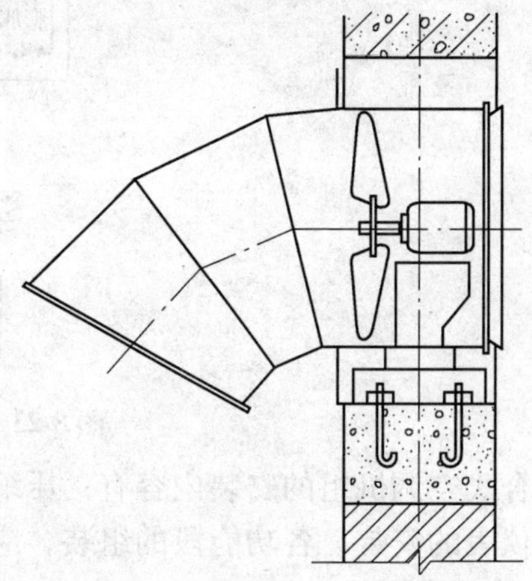

图8-21　轴流式通风机在墙洞内安装

（3）在钢窗上安装

在需要安装通风机的窗上，首先应用厚度为2mm的钢板封闭窗口，钢板应在安装前打好与通风机框架上相同的螺孔，并开好与通风机直径相同的洞。洞内安装通风机，洞外装铝质活络百叶格，通风机关闭时叶片向下挡住室外气流进入室内；通风机开启时，叶片被通风机吹起，排出气流，如图8-22所示。有遮光要求时，在洞内安装带有遮光百叶排风口。

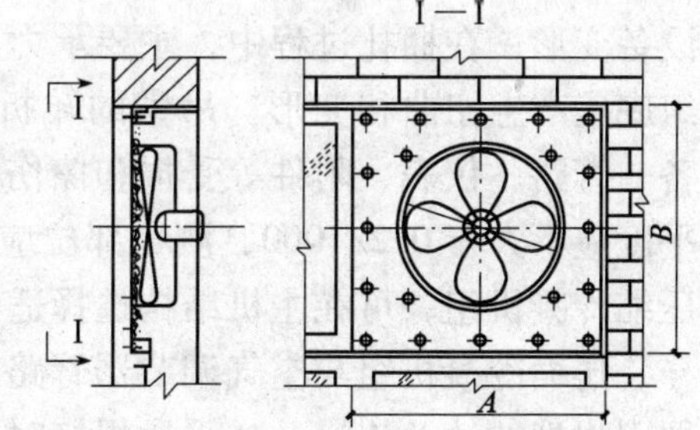


图8-22　轴流式通风机在钢窗上安装

（4）大型轴流风机组装间隙允差

大型轴流风机组装，叶轮与机壳的间隙应均匀分布，并符合设备技术文件要求。叶轮与进风外壳的间隙见表8-13。

**叶轮与主体风筒对应两侧间隙允差（mm）**　　**表8-13**

| 叶轮直径 | ≤600 | 600～1200 | 1200～2000 | 3000～3000 | 3000～5000 | 5000～8000 | ≥8000 |
|---|---|---|---|---|---|---|---|
| 对应两侧半径间隙之差不应超过 | 0.5 | 1 | 1.5 | 2 | 3.5 | 5 | 6.5 |

## 三、空调机组安装

### （一）组合式空调机组安装

组合式空调机组是由制冷压缩冷凝机组和空调器两部分组成。组合式空调机组与整体式空调机组基本相同，区别是将制冷压缩冷凝机组由箱体内移出，安装在空调器附近。电加热器安装在送风管道内，一般分为三组或四组进行手动或自动调节。电气装置和自动调节元件安装在单独的控制箱内。组装式空调机组如图8-23所示。

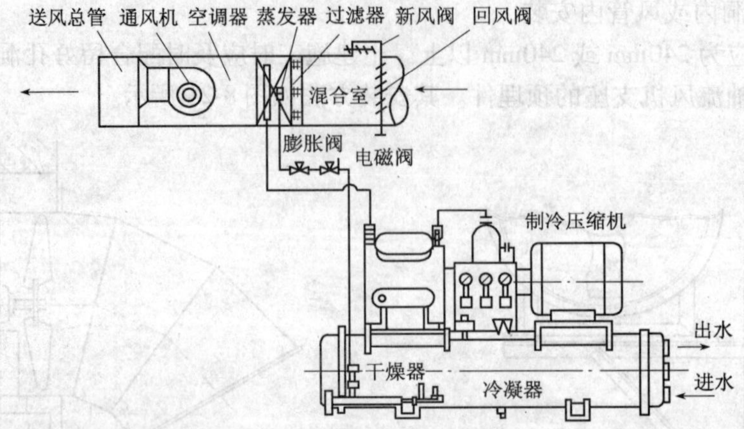


图 8-23 组合式空调机组

组合式空调机组的安装内容有：压缩冷凝机组、空气调节器、风管的电热器、配电箱及控制仪表的安装。各功能段的组装，应符合设计规定的顺序和要求。

1. 压缩冷凝机组的安装

压缩冷凝机组应安装在混凝土达到足够强度，表面平整，且位置、尺寸、标高、预留孔洞及预埋件等应符合设计要求的基础上。设备吊装时应注意用衬垫将设备垫妥，以防止设备变形；在捆扎过程中，主要承力点应高于设备重心，防止在起吊时倾斜；还应防止机组底座产生扭曲和变形。吊索的转折处与设备接触部位，应使用软质材料衬垫，避免设备、管路、仪表、附件等受损和擦伤油漆。设备就位后，应进行找平找正。机身纵横向水平度应不大于 0.2/1000，测量部位应在立轴外露部分或其他基准面上。对于公共底座的压缩冷凝机组，可在主机结构选择适当位置作基准面。

压缩冷凝机组与空气调节器管路的连接，压缩机吸入管可用紫铜管或无缝钢管与空调器引出端的法兰连接，如采用焊接时，不得有裂缝、砂眼等渗漏现象。压缩冷凝机组的出液管可用紫铜管与空调器上的蒸发器膨胀阀连接，连接前应将紫铜管螺母后，用扩管器制成喇叭形的接口，管内应确保干燥洁净，不得有漏气现象。

2. 空气调节器的安装

组合式空调机组的空气调节器的安装与整体式空调机组相同，可参照进行安装。

3. 风管内电加热器的安装

采用一台空调器，用来控制两个恒温房间，一般除主风管安装电加热器外，在控制恒温房间的支管上还得安装电加热器，这种电加热器叫微调加热器或收敛加热器，它是受恒温房间的干球温度来控制。

电加热器安装后，在其电加热器前后 800mm 范围内的风管隔热层应采用石棉板、岩棉等不燃材料，防止由于系统在运转出现不正常情况下致使过热而引起燃烧。

4. 漏风量测试

对现场组装的空调机组应作漏风量测试，其漏风量标准如下：

(1) 空调机组静压为 700Pa 时，通风率应不大于 3%；

(2) 用于空气净化系统的机组，静压应为 1000Pa，当室内洁净度低于 1000 级时，漏风率应不大于 2%；

(3) 洁净度高于或等于1000级时，漏风率应不大于1%。

(二) 新风空调器安装

新风空调器适用于各种采用新风系统的场合，也可用于风机盘管的新风系统。新风空调器与一般空调器相比要简单一些，它是由空气过滤器、冷热交换器、风机等组成。

新风空调器不带冷热源装置。使用时，室外空气经过过滤器，再经冷（热）交换器冷却或加热后送入空调房间。带新风的风机盘管空调系统的组成如图8-24所示。

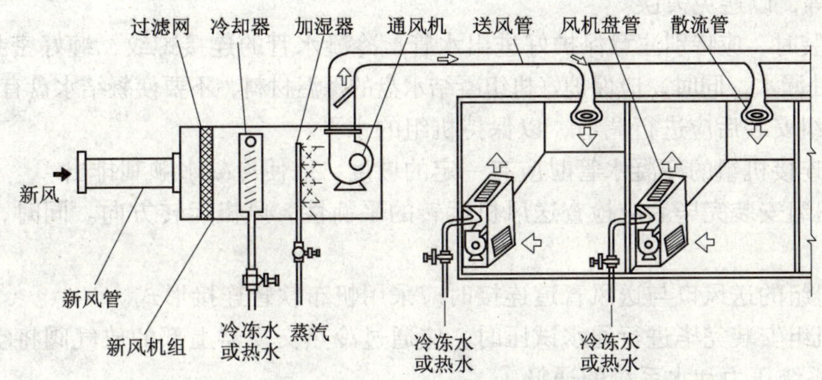


图8-24 带新风的风机盘管空调系统的组成

该系统主要由新风机组空调器和风机盘管空调器两大设备组成，下面主要介绍这两大设备及安装：

1. 新风机组空调器的组成与规格

新风机组空调器主要由空气过滤器、冷热交换器和送风机组成。常用的新风机组空调器有卧式、立式和吊顶式，下面以吊顶式新风机组空调器为例加以说明。

吊顶式新风机组高度尺寸较小，风机为低噪声风机，一般4000$m^3/h$以上的机组有两个或两个以上的风机，并且为了吊装上的方便，其底部框架的两根槽钢较长，有四个吊装孔，其孔径根据机组重量和吊杆直径确定。

因吊顶式新风机组空调器吊装于屋顶上，从承重方面考虑，在一般情况下机组的风量不超过8000$m^3/h$，如建筑结构确有足够的承载能力，也可吊装较大风量机组，有的达到20000$m^3/h$，但在安装时必须有保证措施。

2. 吊顶式新风机组的安装

(1) 安装前，应首先阅读生产厂家所提供的产品样本及安装使用说明书，详细了解其结构特点和安装要点。

(2) 因该种机组吊装于楼板上，故应确认楼板的混凝土强度是否达到预定的等级。承载能力是否满足要求。

(3) 确定吊装方案。在一般情况下，如机组风量和重量均不很大，而机组的振动又较小的情况下，吊杆顶部采用膨胀螺栓与屋顶连接，吊杆底部采用螺扣加装橡胶减振垫与吊装孔连接的方法。如果是大风量吊装式新风机组，重量较大，则应采用一定的保证措施，图8-25所示为大风量机组吊杆顶部连接图。

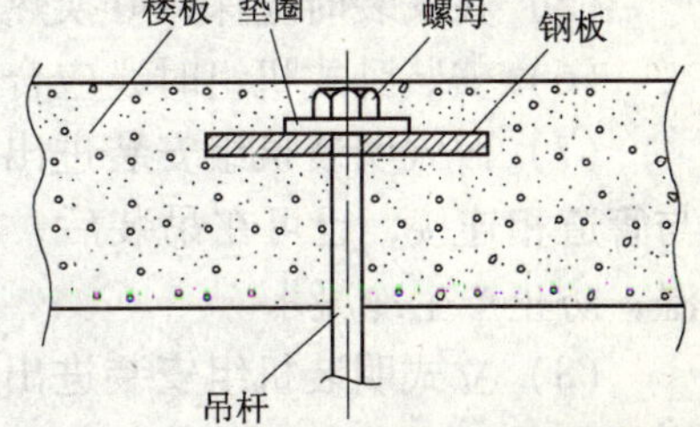


图8-25 大风量机组吊杆顶部连接图

(4) 合理选择吊杆直径的大小，保证吊挂安全。

(5) 合理考虑机组的振动，采取适当的减振措施，一般情况下，新风机组空调器内部的送风机与箱体底架之间已加装了减振装置。如果是小规格的机组，可直接将吊杆与机组吊装孔采用螺扣加垫圈连接，如果进行试运转机组本身振动较大，则应考虑加装减振装置。如在吊装孔下部粘贴橡胶垫使吊杆与机组之间减振，或在吊杆中间加装减振弹簧。

(6) 在机组安装时，应特别注意机组的进出风方向、进出水方向、过滤器的抽出方向是否正确等，以避免失误。

(7) 安装时，应特别注意保护好进出水管、冷凝水管的连接螺纹，缠好密封材料，防止管路连接处漏水，同时，应保护好机组凝结水盘的保温材料，不要使凝结水盘有裸露情况。

(8) 机组安装后应进行调节，以保持机组的水平。

(9) 在连接机组的冷凝水管时应有一定的坡度，以使冷凝水顺利排出。

(10) 机组安装完毕后应检查送风机运转的平衡性，风机运转方向。同时，冷热交换器应无渗漏。

(11) 机组的送风口与送风管道连接时应采用帆布软管连接形式。

(12) 机组安装完毕进行通水试压时，应通过冷热交换器上部的放气阀将空气排放干净。以保证系统压力和水系统的通畅。

3. 风机盘管空调器的安装

风机盘管空调器主要由风机和换热盘管组成，同时还有凝结水盘、控制器、过滤器、外壳、出风格栅、吸声和保温材料等。

风机盘管空调器的形式有：明装立式、明装卧式、暗装立式、暗装卧式、卡式和立柜式等。

国内风机盘管空调器执行的规格系列不尽相同，但大体上可分为两种规格系列：

第一种规格系列为：02，03，04，06，08，10，12。

第二种规格系列为：2.5，3.5，5，6.3，7.1，8，10，12.5，14，20。

风机盘管空调器的安装要求如下：

(1) 安装明装立式机组时，要求通电侧稍高于通水侧，以利于凝结水的排出。

(2) 在安装卧式机组时，应使机组的冷凝水管保持一定的坡度，以利凝结水的排出。

(3) 机组进出水管应加保温层，以免夏季使用时产生凝结水。进出水管的水管螺纹应有一定锥度，螺纹连接处应采取密封措施（一般选用聚四氟乙烯生料带），进出水管与外接管路连接时必须对准，最好是采用挠性接管（软接头）或铜管连接，连接时切忌用力过猛（因是薄壁管的铜焊件，以免造成盘管弯扭而漏水）。

(4) 机组凝结水盘的排水软管不得压扁、折弯，以保证凝结水排出畅通。

(5) 在安装时应保护好换热器翅片和弯头，不得倒塌或碰漏。

(6) 安装卧式机组时，应合理选择好吊杆和膨胀螺栓。

(7) 卧式明装机组安装进出水管时，可在地面上先将进出水管接出机外，待吊装后与管道相连接，也可在吊装后，将面板和凝结水盘取下，再进行连接，并及时将水管保温，防止产生冷凝水。

(8) 立式明装机组安装进出水管时，可将机组的风口面板拆下进行安装；并将水管进行保温，防止有冷凝水产生。

（9）机组回水管备有手动放气阀，运行前需将放气阀打开，待盘管及管路内空气排净后再关闭放气阀。

（10）机组壳体上备有接地螺栓，供安装时与保护接地系统连接。

（11）机组电源额定电压为 220 ± 10V，50Hz，线路连接按生产厂家所提供的“电气连接线路图”连接，要求连接导线颜色与接线标牌一致。

（12）因各生产厂家所生产的风机盘管空调器的进送风口尺寸不尽相同，故制作回风格栅和送风口时应注意不要出现差错。

（13）带温度控制器的机组的控制面板上有冬、夏转换开关，夏季使用时置于夏季，冬季使用时则置于冬季。

（14）安装时不得损坏机组的保温材料，如有脱落的则应重新粘牢，同时与送回风管及风口的连接处应连接严密。

（三）整体式空调机组安装

整体式空调机组是将制冷压缩冷凝机组、蒸发器、通风机、加热器、加湿器、空气过滤器及自动调节和电气控制装置等组装在一个箱体内。制冷量的范围一般为 6978 ~ 116300W，这种机组国内的形式不断增加。空调机组采用直接蒸发式表面冷却器和电极加湿器。电加热器安装在箱体内或送风管道内。制冷量的调节是根据空调房间的温、湿度变化，分别控制制冷压缩机的运行缸数或用电磁阀控制蒸发器制冷剂的流入量。空气加热除采用电加热或蒸汽、热水加热器外，有的空调机组具有调节换向阀，使制冷系统转变为热泵运转，达到空气加热的目的。

1. 整体式空调机组的分类

整体式空调机组按用途又分为恒温恒湿空调机组（即 H 型）和一般空调机组（即 L 型）。恒温恒湿空调机组又可分为一般空调机组和机房专用机组。机房专用空调机组用于电子计算机机房、程控电话机房等场合。按照冷凝器冷却介质又可分为风冷型和水冷型。整体式空调机组如图 8-26 所示。

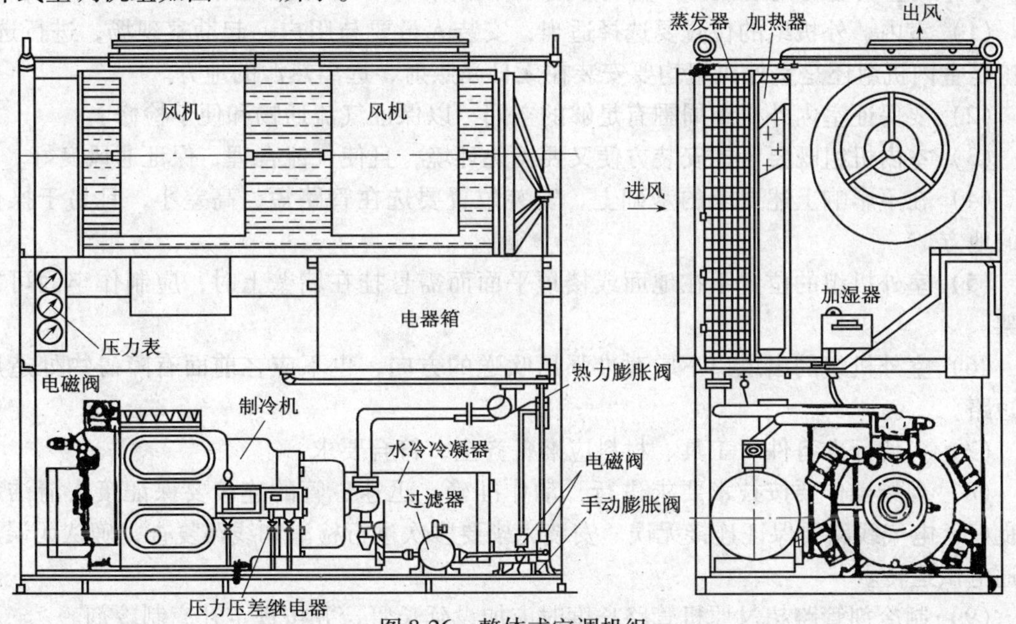


图 8-26　整体式空调机组

2. 安装准备

整体式空调机组安装前，应认真熟悉施工图纸、设备说明书及有关的技术文件。根据设备装箱单会同建设单位对制冷设备零件、部件、附属材料及专用工具的规格、数量进行点查，并做好记录。制冷设备充有保护性气体时，应检查压力表的示值，确定有无泄漏情况。

3. 安装步骤

(1) 机组安装时，直接安放在混凝土的基座上，根据要求也可在基座上垫上橡胶板，以减少机组运转时的振动。

(2) 机组安装的坐标位置应正确，并对机组找平找正。

(3) 水冷式的机组，要按设计或设备说明书要求的流程，对冷凝器的冷却水管进行连接。图8-27所示的是LH48型空调机组的冷凝器冷却水的流程。图中（$a$）适用于冷却水温度较低的地区，采用八水程接法；图中（$b$）适用于冷却水温度较高的地区，采用四水程接法。

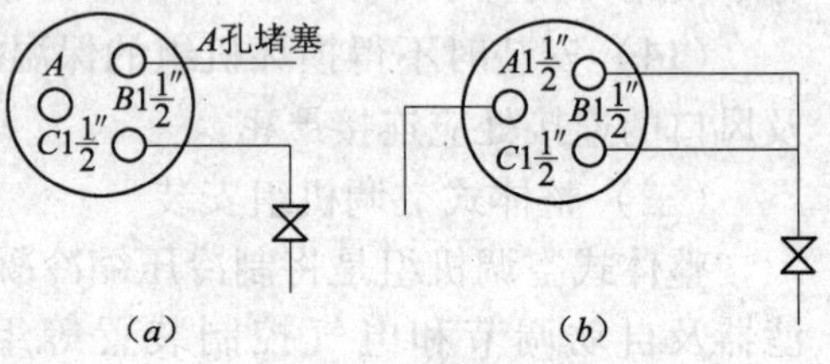


图8-27　冷却水管连接方式
（$a$）八水程接法；（$b$）四水程接法

(4) 机组的电气装置及自动调节仪表的接线，应参照电气、自控平面敷设电管、穿线，并参照设备技术文件接线。

（四）分体式空调机组安装

1. 分体式空调机组的组成

分体式空调机组由室内机、室外机以及连接管道和电缆线组成。视室内机的种类不同，可分挂墙式、吊顶式、吸顶式、落地式、柜式等。现以挂墙式为例简要介绍如下：

挂墙式的基本结构，如图8-28所示；其制冷循环原理，如图8-29所示。

2. 分体式空调器安装一般要求

分体式空调器的类型较多，安装方法不尽相同，其一般安装要求如下：

(1) 室内、外机组的位置要选择适当，安装人员要与用户一起勘察现场，进行选择。无论是室内机组还是室外机组均要安装在无日光照射、远离热源的地方。

(2) 要保证室内外机组周围有足够的空间，以保证气流通畅和便于检修。

(3) 室内机组既要考虑安装方便又要美化环境，且使气流合理，保证通风良好。

(4) 在不影响上述要求的基础上，安装位置要选在管路短、高差小，且易于操作检修的地方。

(5) 室外机组的位置不在地面或楼顶平面而需悬挂在墙壁上时，应制作牢固可靠的支架。

(6) 室外机组的出风口不应对准强风吹送的方向，也不应在前面有障碍物处造成气流短路。

(7) 一切标准备件、工具、材料应准备齐全，符合要求。

(8) 现场操作要按技术要求进行，动作准确、迅速，管的连接要保证接头清洁和密封良好，电气线路要保证连接无误。安装完毕要多次进行检漏和线路复查，确认无误后方可通电试运转。

(9) 制冷剂管路超过原机管路长度时应加设延长管，并按规定补充制冷剂。

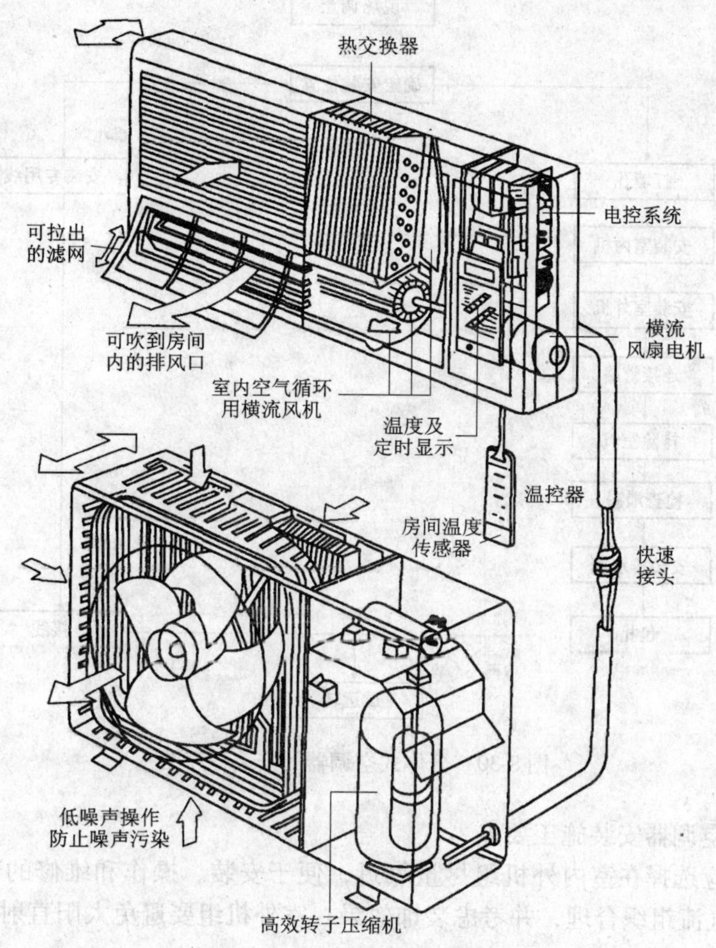


图 8-28 分体式空调器结构示意图

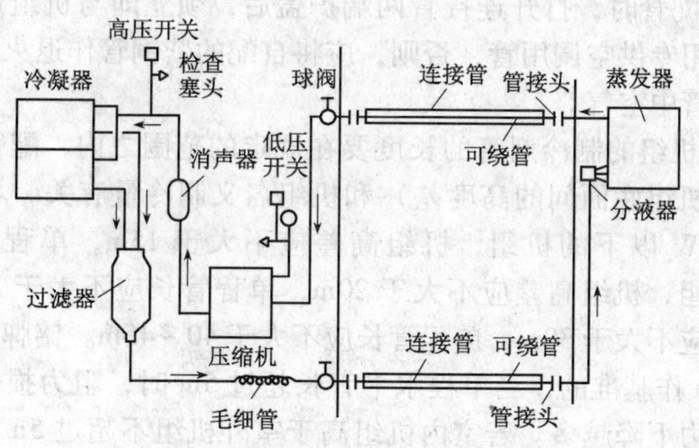


图 8-29 制冷循环原理图

（10）管路连接后一定要将系统内的空气排净（空气清洗）。

分体式空调器的安装程序如图 8-30 所示。

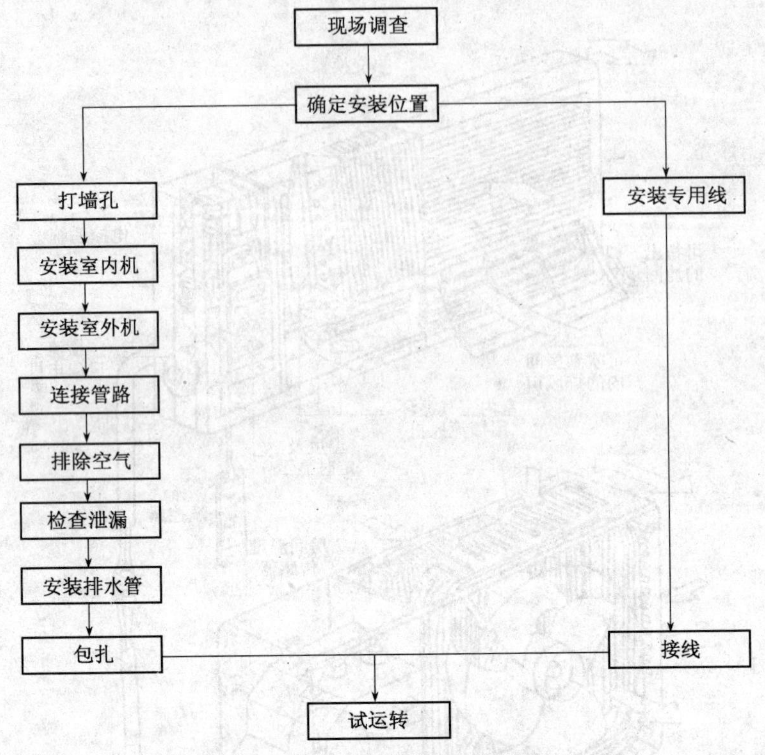


图 8-30 分体式空调器的安装程序图

3. 分体式空调器安装施工要点

（1）位置应选择在室内外机组尽量靠近，便于安装、操作和维修的部位，室内机组位置选择应使气流组织合理，并考虑装饰效果；室外机组要避免太阳直射，排风通畅，正面不要面向强风处。

（2）配管安装：

① 采用机组原配管时，打开连接管两端护盖后，须立即与机组连接，不应搁置；非原配管，应尽量采用专供空调用管，否则，应将自配的紫铜管作退火、酸洗和氮气吹污处理，连接时先排除管中空气。

② 连接室内外机组的制冷剂管的长度要在规定的范围之内，配管长度与室内外机组的安装高差（即两机组底面间的高度差）和机组名义制冷量有关。名义制冷量（即铭牌上的冷量）在4000W 以下的机组，机组高差应不大于15m，单程管长应不大于20m；4000～8000W 的机组，机组高差应不大于20m，单程管长应不大于30m；8000～15000W 的机组，机组高差应不大于30m，单程管长应不大于40～45m。铭牌制冷量的确定是以连接管单程长度为5m 作基准的，当单程水平管长超过5m 时，阻力损失增大，制冷能力将下降，越长制冷能力下降越多。若室内机组高于室外机组不超过5m，单程制冷剂管的等效长度为10、15、20、25m 时，实际制冷能力分别为名义制冷量的0.965、0.950、0.930和0.910 倍。单程等效长度为直管实际长度、弯管等效长度及存油弯等效长度的总和。为避免制冷量下降，单程制冷剂管长度超过5m 时，应根据机组的制冷量大小和连接管的延长程度，适当补充制冷剂，补充多少视厂家产品说明而确定。

③ 当室外机高于室内机时，低压气管由下往上每10m应设一个存油弯，以利压缩机回油；而液管在上部则应设液杯。

④ 连接管应尽量减少弯曲，必须弯曲时，弯曲角度应不小于90°。通常采用*DN*10和*DN*16的高低压管路最多弯曲10次，曲率半径应在40mm以上；采用*DN*12和*DN*20的高低压管路，最多弯曲15次，曲率半径应在60mm以上，加工弯管时，应注意不要压扁和损坏管道。

⑤ 安装时，排水管应置于制冷剂管的下方；排水管的高度应低于接水盘的放水口，沿水流方向应有不小于1%的坡度；接水盘下端的排水弯头和短接管应采用钢管，并加保温。

⑥ 雨天进行室外连管时，应注意防止雨水进入管中。

⑦ 连接管过墙时应加保护套管；墙洞要稍向户外倾斜；安装完毕后，应该用油灰将管与墙洞间缝隙封死。

⑧ 管道加工过程中切勿压坏铜管，气体管路和液体管路不可接反。

⑨ 管道连接采用快速接头的接法：

a. 一次性两个接头本体，装在室内机上的一个内藏薄片密封，焊接在连接管上的一个内藏锋利刃具。两本体结合时，用两把扳手进行紧固，旋至一定程度，刃具将薄膜片削出一个圆洞，便形成制冷剂的流动通道，继续拧紧接头螺母，直至两本体内的密封圈紧密贴合，便可密封，防止制冷剂泄漏。

b. 多次性生接头是弹簧阀式，两个接头本体未结合前，在各自内藏的弹簧作用下都处于密闭状态。当两个接头本体对接并拧紧结合螺母时，两本体内的弹簧皆被压缩，并且一个本体内的固定顶杆将把另一本体内的移动式托架阀门顶开，从而形成制冷剂的流动通道。拧结合螺母时，动作速度要快，一直把螺纹拧紧为止，务必使接头的金属密封圈压紧，以防制冷剂泄漏。

（3）充填制冷剂要求如下：

充注氟利昂22时要将制冷剂钢瓶直立充入气体，不可将制冷剂钢瓶倒置（充入液体有发生液击的危险）。

（4）切勿用氧气瓶进行抽真空，以免会发生爆炸。不应用氧气代替氮气进行充压试验，以防产生严重的后果。

（5）制冷剂管的保温与包扎，机组原配制冷剂管通常都已用保温套管做好保温层。自做保温层时，宜采用合适的保温套管，并应注意：

① 高低压管要各自单独保温，然后才可与导线、放水管一起包扎。

② 管子与压缩机、管子与管子之间的接头部分一定要用厚保温毡（垫）加以包裹，然后外面再用胶带包扎。

（6）配电要点如下：

① 空调器要专线供电，并装置专用开关及保险熔断器；配电导线的选择和安装应严格按照产品样本的说明和要求及电气接线图进行；特别要注意区分电源线和控制线，绝不可接错；电源线一般采用橡套线或电缆线；控制线一般用$2mm^2$的三芯线。

② 电源的接线端子不能松脱，要紧固牢靠。

③ 不可将电源的电线接至控制线路上，否则，会造成空调器故障（当把电源的电闸

合上的一瞬间会把控制基板击穿)。

④ 当有两台以上的机组排放在一起时，每台机组与另一台机组间的配线不能接错。否则，空调器不能正常运转。

⑤ 房间空调机的旋转式压缩机不能电源反相，若出现电源反相，由于有防止反相保护器，压缩机不会启动运转。当发现压缩机不能启动运转且是由反相引起时，将电源接线板上的两根接线对调一下即可。但是必须注意：在没有进行电源相序调整之前，绝对不许强行启动压缩机，不可按动室外机组上的启动继电器按钮，否则，压缩机将烧毁。

⑥ 当有多台室外机时，机组之间的位置应留有余地，以保证气流通畅，不发生气流短路和干扰。

(7) 室内外机组应保持水平，不可倾斜。室外机支架要保证强度，安装要稳固。

## 四、空调水系统安装

### (一) 管道冷热水系统安装

#### 1. 管道的焊接连接

(1) 管道焊接位置

管道焊接位置应遵守下列规定：

1) 管道附件及管道的焊缝上，不得开孔或连接支管。

2) 管道的对口焊接距离弯管的起弯点不得小于管子外径，且不得小于100mm，焊缝离支架边缘必须大于50mm。

(2) 钢管的焊接

钢管的焊接连接，可采用氧-乙炔气焊或电弧焊。*DN*50 以下的管子可使用氧-乙炔气焊。大于 *DN*50 的管子宜使用电弧焊。钢管的焊接连接必须满足下述条件：

1) 钢管坡口及组对：

① 管壁厚度大于或等于 3mm 必须坡口，按 V 形坡口的组对要求，应留有 1.5 ~ 2mm 对口间隙，以保证焊透；

② 气割的坡口，应除去表面氧化皮，并将影响焊接质量的高低不平处打磨平整；

③ 管子对口时，应使两根管子中心线在同一直线上，且不准强行对口焊接；

④ 管子对口时的错口偏差，应不超过管壁厚度 20%，且不超过 2mm；

⑤ 距管端 15 ~ 20mm 范围内的油污、铁锈等应清除干净。

2) 焊口的外观质量要求：

① 管道焊缝应有加强面高度和遮盖面宽度，设计无规定时，应符合表 8-14 和表 8-15 的规定，焊口尺寸的允许偏差应符合表 8-16 的规定；

**氧-乙炔焊焊缝加强面高度和宽度** **表 8-14**

| 厚 度 (mm) | 1 ~ 2 | 3 ~ 4 | 5 ~ 6 | 焊缝型式 |
|---|---|---|---|---|
| 焊缝加强高度 *h* (mm) | 1 ~ 1.5 | 1.5 ~ 2 | 2 ~ 2.5 | b h |
| 焊缝宽度 *b* (mm) | 4 ~ 6 | 8 ~ 10 | 10 ~ 14 | |

**手工电弧焊焊缝加强面高度和宽度**　　表 8-15

| 厚　度（mm） | | 2～3 | 4～6 | 7～10 | 焊缝型式 |
| --- | --- | --- | --- | --- | --- |
| 无坡口 | 焊缝加强高度 $h$（mm） | 1～1.5 | 1.5～2 | | |
| | 焊缝宽度 $b$（mm） | 5～6 | 7～9 | | |
| 有坡口 | 焊缝加强高度 $h$（mm） | | 1.5～2 | 2 | |
| | 焊缝宽度 $b$（mm） | 盖过每边坡口约 2mm | | | |

**管道焊口允许偏差**　　表 8-16

| 项　目 | | | 允许偏差 |
| --- | --- | --- | --- |
| 焊口平直度 | 管壁厚 10mm 以内 | | 管壁厚 1/4 |
| 焊缝加强面 | 高　度<br>宽　度 | | ±1mm |
| 咬　边 | 深　度 | | 小于 0.5mm |
| | 长度 | 连续长度 | 25mm |
| | | 总长度（两侧） | 小于焊缝长度的 10% |

② 外观检查如发现焊缝缺陷超过规定标准，应按表 8-17 进行整修。

**管道焊接缺陷允许程度及修整方法**　　表 8-17

| 缺陷种类 | 允许程度 | 修整方法 |
| --- | --- | --- |
| 焊缝尺寸不符合标准 | 不允许 | 焊缝加强部分如不足，应补焊，如过高过宽则作修整 |
| 焊瘤 | 严重的不允许 | 铲除 |
| 咬肉 | 深度大于 0.5mm<br>连续长度大于 25mm | 清理后补焊 |
| 焊缝或热影响区表面有裂纹 | 不允许 | 将焊口铲除重焊 |
| 焊缝表面弧坑、夹渣或气孔 | 不允许 | 铲除缺陷后补焊 |
| 管子中心线错开或弯折 | 超过规定的不允许 | 修整 |

注：1. 外观检查方法：肉眼直观检查或放大镜检查。
2. 焊缝上有缺陷的地方，如管径在 50mm 以内，每个焊口超过 3 处的；管径在 150mm 以上，缺陷超过 8 处的，焊缝应铲掉重焊。

2. 焊接法兰连接

（1）法兰焊接质量

法兰应垂直于管子中心线，用角尺找正法兰与管子垂直。管端插入法兰，插入深度为法兰厚度的 1/2。法兰的内外面均需焊接，法兰内侧的焊缝不得凸出密封面。

法兰焊接后应将毛刺及熔渣清除干净，内孔应光滑，法兰面应无飞溅物。

（2）法兰装配要求

法兰装配时，两法兰应相互平行，不得将不平行的法兰强制对口。垫片一般采用橡胶石棉板，垫片不得采用斜垫和多层垫，垫片尺寸应与法兰密封面相同。

法兰连接时应采用同规格的螺栓，安装方向一致，即螺母在同一侧。拧紧螺栓时应对称均匀、松紧一致，拧紧后的螺纹露出螺母的外露长度不大于螺杆直径的1/2。

3. 支（吊、托）架安装

（1）固定支架设置

必须按设计位置设置好固定支架，在两个伸缩器中间应设固定支架，利用弯管作自然补偿时应设固定支架。固定支架的结构应符合设计要求，以保证固定牢固，使管子不能移动。

（2）活动支架

活动支架应保证管子能自由伸缩：

① 管子下垫有滑托时，滑托与管子间应焊牢，焊接时要注意防止咬肉及烧穿管子；

② 导向支架滑托与滑槽两侧间应留有3～5mm间隙；

③ 滑托在支架上的安装位置应向膨胀的反方向留有一定的偏移量；

④ 有热伸长管道的吊杆，也应向热膨胀的反方向偏移。

（3）支架的固定

支架和管座必须设在牢固的结构物上。

① 墙内埋设的支架，埋入墙内部一般不得小于120mm，且应开脚。埋入前，应将墙洞内清理干净，并用水浇湿，用1∶2水泥砂浆和适量石子将其填实紧密；

② 采用膨胀螺栓锚固时，膨胀螺栓距结构物边缘的尺寸，螺栓间距及螺栓的承载能力应符合设计要求；

③ 在预埋铁件上焊接支架时，焊缝长度及高度应符合设计要求。

4. 钢管煨弯质量要求

（1）弯曲半径，热弯应不小于管子外径的3.5倍，冷弯不应小于管子外径的4倍。用于伸缩器的弯管应大于外径的4倍。

（2）弯管应无裂纹、分层、过烧等缺陷。

（3）弯管椭圆率及折皱不平度应不超过表8-18的允许偏差值。

**椭圆率及折皱不平度允许偏差（mm）**　　**表8-18**

| 项目 | | | | 允许偏差 |
|---|---|---|---|---|
| 1 | 水平管道纵、横方向弯曲（mm） | 每1m | 管径小于或等于100mm | 0.5 |
| | | | 管径大于100mm | 1 |
| | | 全长（25m以上） | 管径小于或等于100mm | ≯13 |
| | | | 管径大于100mm | ≯25 |
| 2 | 立管垂直度（mm） | 每1m | | 2 |
| | | 全长（5m以上） | | ≯10 |
| 3 | 弯管 | 椭圆率$\frac{D_{\max}\sim D_{\min}}{D_{\max}}$ | 管径小于或等于100mm | 10/100 |
| | | | 管径大于100mm | 8/100 |
| | | 折皱不平度（mm） | 管径小于或等于100mm | 4 |
| | | | 管径大于100mm | 5 |

5. 管道安装

（1）管道坡度

① 冷热媒水管道及汽水同向流动的蒸汽管道，坡度为0.003，不得小于0.002；

② 汽水逆向流动的蒸汽管道，坡度不得小于0.005；

③ 连接散热器的支管坡度、当支管全长小于或等于500mm，坡度值为5mm；大于500mm为10mm；当一根立管接往两根支管，任何一根超过500mm，其坡度值均为10mm。

（2）管道安装

1）干管与立管的连接，应有利于热胀冷缩，一般宜用2只以上的弯头连接，干管上三通不宜直接与立管连接。

2）管道安装应整齐美观，排列有序，以利于检修。

① 明装的管径小于或等于32mm双立管道，两管道中心距为80mm，允许偏差5mm，送水或送汽管应置于面向的右侧；

② 散热器立管与支管相交，直径32mm以下的立管应煨弯绕过支管；

③ 水平管道的纵横方向弯曲及立管的垂直度应不超过表8-18的允许偏差值。

6. 套管的安装

（1）套管安装应牢固不松动。套管比管道大2号，套管与管道之间间隙应均匀。以利管道自由地热胀冷缩。

（2）安装在楼板内的套管，其顶部应高出地面20mm，底面应与楼板面相平。安装在墙壁内的套管，其两端应与饰面相平。

7. 管道水压试验

（1）冷（热）媒水系统的试验压力，当工作压力小于1.0MPa时，为1.5倍工作压力，最低不小于0.6MPa；当工作压力大于1.0MPa时，为工作压力加0.5MPa。

（2）对于大型或高层建筑垂直位差较大的冷（热）媒水管道系统宜采用分区、分层试压和系统试压相结合的方法。一般建筑可采用系统试压方法。

（3）各类耐压塑料管的试验压力为1.5倍工作压力，（试验）工作压力为1.15倍的设计工作压力。

（4）水压试验结束，应做好水压试验记录。

8. 管道吹洗

（1）蒸汽吹洗

① 蒸汽吹洗前，应缓慢升温暖管，且恒温1h后进行吹扫，然后自然降温至环境温度；再升温暖管、恒温进行第二次吹扫，如此反复一般不少于3次；

② 需保温的管道吹洗工作宜在保温前进行，必要时可采取局部人体防烫措施；

③ 蒸汽吹洗检查，可用刨光木板置于排汽口处检查，板上应无铁锈、脏物为合格；

④ 吹洗合格后应做好吹洗记录。

（2）水冲洗

采用水冲洗时，水在管内的流速应不小于1.5m/s，吹洗工作应连续进行。吹洗的合格标准，在无设计规定情况下，通常只需以肉眼观察进、出口水的透明度趋向一致即可认为合格。

## 第三节　通风与空调节能仪表安装质量控制

### 一、阀门安装

（1）阀门安装位置、方向、高度应符合设计要求，不得反装。

（2）安装带手柄的手动截止阀，手柄不得向下。电磁阀、调节阀、热力膨胀阀、升降式止回阀等，阀头均应向上竖直安装。

（3）热力膨胀阀的感温包，应装于蒸发器末端的回气管上，应接触良好，绑扎紧密，并用隔热材料密封包扎，其厚度与保温层相同。

（4）安全阀安装前，应检查铅封情况和出厂合格证书，不得随意拆启。

（5）安全阀与设备间若设关断阀门，在运转中必须处于全开位置，并予铅封。

### 二、仪表安装

（1）所有测量仪表按设计要求均采用专用产品，压力测量仪表须用标准压力表进行校正，温度测量仪表须用标准温度计校正并做好记录。

（2）所有仪表应安装在光线良好，便于观察，不妨碍操作检修的地方。

（3）压力继电器和温度继电器应装在不受震动的地方。

## 第四节　通风与空调节能工程绝热和防潮层施工质量控制

### 一、风管及部件绝热

风管及部件保温操作工艺流程如图 8-31 所示。

1. 保温材料裁切

保温材料下料要准确，切割面要平齐，在裁料时要使水平、垂直面搭接处以短面两头顶在大面上（图 8-32）。

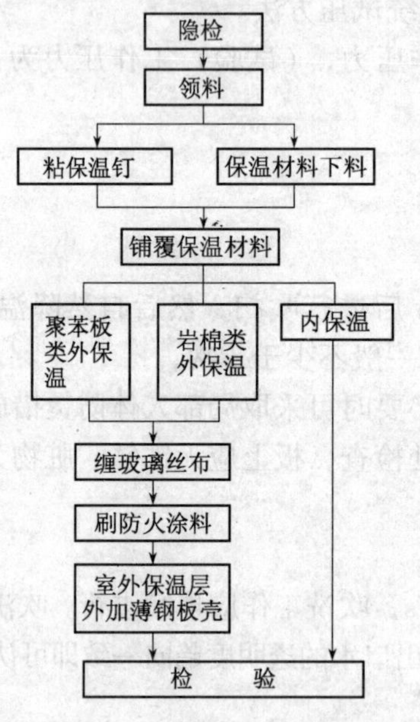


图 8-31　风管及部件保温操作工艺流程图

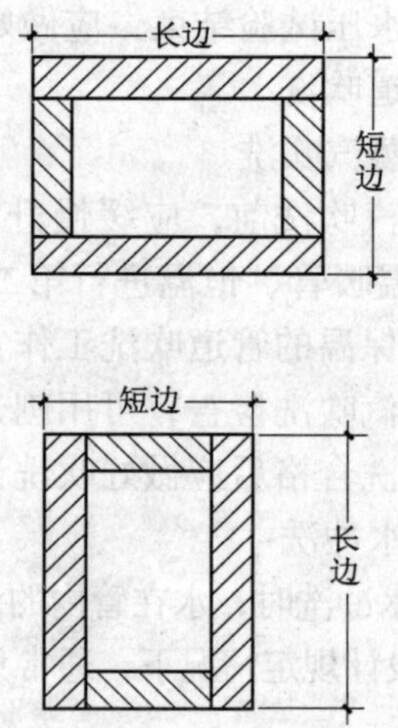


图 8-32　裁料方法

2. 保温钉粘结与保温材料铺覆

（1）粘结保温钉前要将风管壁上的尘土、油污擦净，将胶粘剂分别涂抹在管壁和保温钉的粘结面上，稍后再将其粘上。

（2）矩形风管及设备保温钉密度应均布，底面每平方米不少于 16 个，侧面不少于 10 个，顶面不少于 6 个。保温钉粘上后应待 12～24h 后再铺覆保温材料。

（3）保温材料铺覆应使纵、横缝错开（图 8-33）。

（4）小块保温材料应尽量铺覆在水平面上。

（5）岩棉板保温材料每块之间的搭头采取图 8-34 所示的做法。

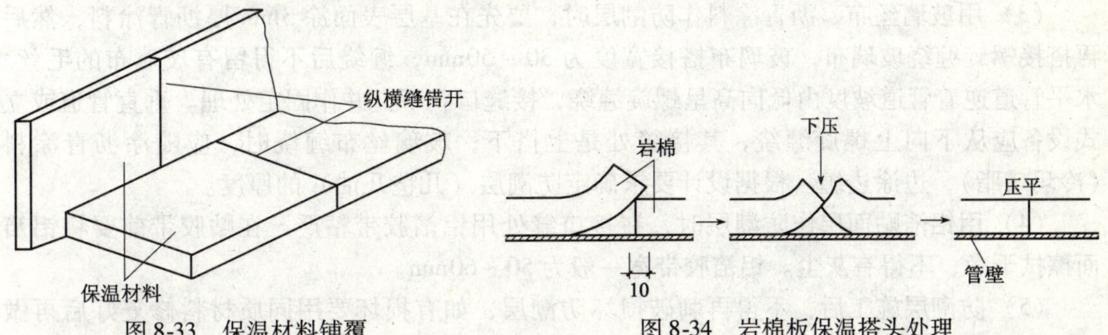


图 8-33　保温材料铺覆　　图 8-34　岩棉板保温搭头处理

3. 各类保温材料做法

（1）内保温。保温材料如采用岩棉类，铺覆后应在法兰处保温材料面上涂抹固定胶，防止纤维被吹起。岩棉内表面应涂有固化涂层。

（2）聚苯板类外保温。聚苯板铺好后，在四角放上薄钢板短包角，然后用薄钢带作箍，用打包钳卡紧。钢带箍每隔 500mm 打一道（图 8-35）。

（3）岩棉类外保温。对明管保温后应在四角加上长条薄钢板包角，用玻璃丝布缠紧。

4. 缠玻璃丝布

缠绕时，应使其互相搭接，使保温材料外表形成两层玻璃丝布缠绕（图 8-36）。玻璃丝布甩头要用卡子卡牢或用胶粘牢。

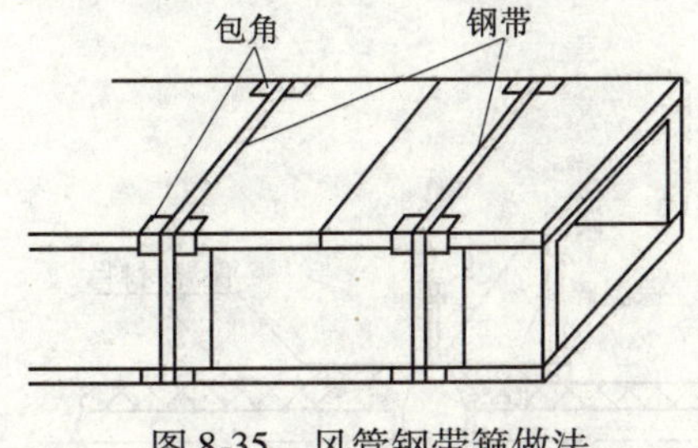


图 8-35　风管钢带箍做法

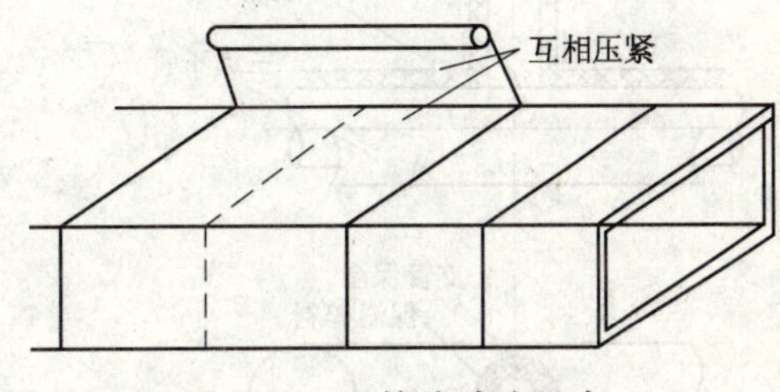


图 8-36　风管缠玻璃丝布

5. 外壳防护

（1）玻璃丝布外表面要刷二道防火涂料，涂层应严密均匀。

（2）室外露明风道在保温层外还应加上一层薄钢板外壳，外壳间的搭接处采取拉铆固定，搭接缝用腻子密封。

## 二、隔汽层的施工

保冷工程当采用通孔性的保温材料时必须设防潮层，防潮层施工质量的好坏，关系到保冷效果和保冷结构的寿命。防潮层施工前要检查基体（隔热层）有无损坏、材料接缝处是否处理严密、表面是否平整（采用硬质绝热材料时，基层表面不要有凸出面尖角和凹坑)，如有上述情况需处理后，再做防潮层施工。铺设前基层表面要干燥。

（1）防潮层材料要紧密粘在隔热层上，封闭要完整良好，不得有虚贴、气泡、褶皱、裂缝等缺陷。

（2）用油毡作防潮层时，油毡和基体、油毡和油毡之间要用与油毡相同的石油沥青涂料粘贴。

（3）用玻璃丝布、沥青涂料作防潮层时，要先在基层表面涂 3mm 厚沥青涂料，然后再搭接螺旋缠绕玻璃布，玻璃布搭接宽度为 30 ~ 50mm，缠绕后不得留有玻璃布的毛丝。水平管道逆着管道坡度由低向高呈螺旋缠绕，接缝口朝下，并作固定处理。垂直管道或立式设备应从下向上螺旋缠绕，其接缝处是上搭下；玻璃丝布缠绕时，应随涂沥青涂料（冷玛琋脂），边涂边缠。根据设计要求确定防潮层（几毡几油）的厚度。

（4）用铝箔贴面层作防潮层时，在接口缝处用铝箔胶带粘严，在贴胶带前要将铝箔面擦拭干净，不得有灰尘。铝箔胶带宽一般为 50 ~ 60mm。

（5）防潮层施工后，不得再刺破损坏防潮层，如有损坏要用同质材料修复好后再做保护层。

## 三、管件及管道附件保温

（1）水管道弯头、三通处绝热要将材料根据管径割成 45°斜角，对拼成 90°角，或将绝热材料按虾米弯头下料对拼。

（2）三通处的绝热一般先做主干管后做支管。主干管和开口处的间隙要用碎绝热材料塞严并密封。如图 8-37 所示。

（3）阀门、法兰、管道端部等部位的绝热一般采用可拆卸式结构，以便维修和更换。其绝热结构形式如图 8-38 ~ 图 8-40 所示。

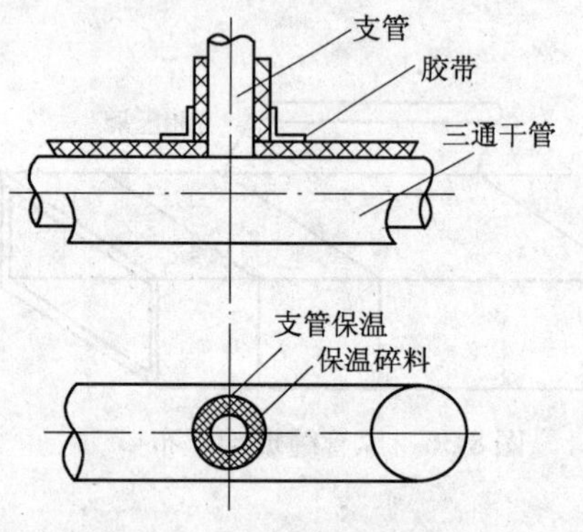


图 8-37 三通处的绝热形式

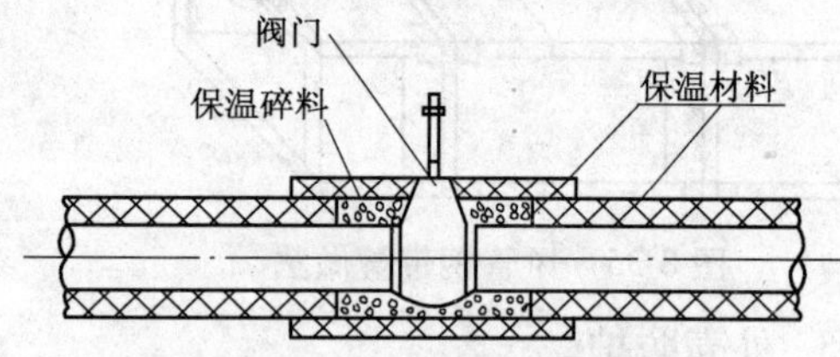


图 8-38 阀门的绝热结构形式

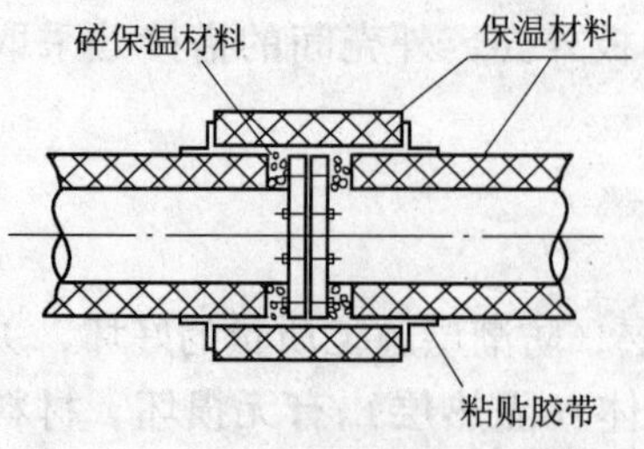


图 8-39 法兰的绝热结构形式

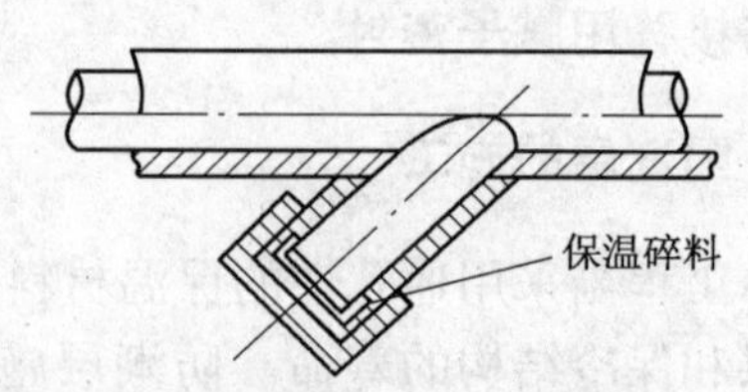


图 8-40 管道端部的绝热结构形式

## 四、交叉管道的保温

管道交叉时，两根管道均需绝热但距离又不够，应先保低温管道，后保高温管道。低温管绝热时要仔细认真，尤其是和高温管交叉的部位要用整节的管壳，纵向接缝要放在上面，管壳的纵、横向接缝要用胶带密封，不得有间隙。高温管和低温管相接处的间隙用碎保温材料塞严，并用胶带密封。其中只有一根管道需绝热时，为防止冷桥产生，可将不需绝热的管道在与绝热的管道交叉处两侧各延伸200～300mm进行绝热处理，如图8-41所示。

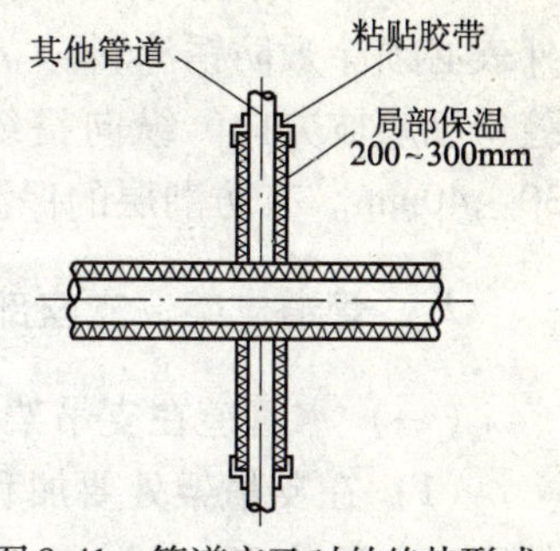

图8-41　管道交叉时的绝热形式

## 五、硬质绝热材料施工

管道绝热层采用硬质绝热材料（瓦块、管壳），瓦块厚度允许偏差±5mm，瓦块拼接时接缝要错开，其间隙用石棉灰填补。在绝热瓦块外用16号镀锌钢丝将瓦块捆紧，钢丝间距一般为200mm，每块瓦绑扎不少于两处。弯头处要在两端留伸缩缝，内填石棉绳。管壳外用16号镀锌钢丝将管壳捆紧，每根管壳绑扎不少于两处。弯头绝热时，如没有异形管壳应按弯头的外形尺寸将管壳切割成虾米腰状的小块进行拼接，每节捆扎一道。捆扎钢丝时应将钢丝嵌入绝热层，如不能嵌入绝热层，应紧靠绝热层，如图8-42所示。

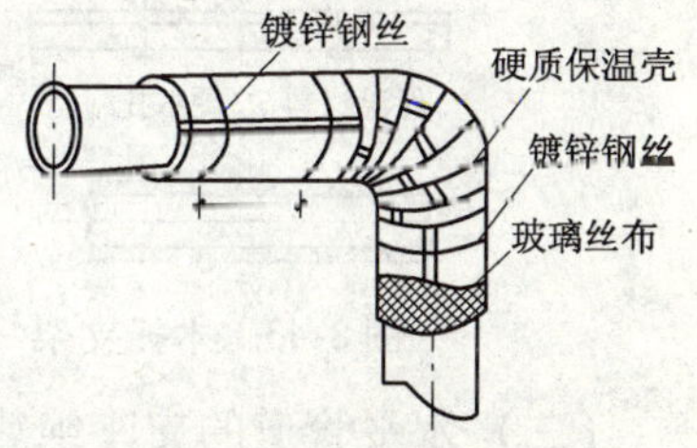

图8-42　管道绝热采用硬质材料时绝热结构

## 六、防潮层施工

（1）垂直管应自下而上，水平管应从低点向高点进行，环向搭缝口应朝向低端。

（2）防潮层应紧紧粘贴在隔热层上，封闭良好，厚度均匀，松紧适度，无气泡、折皱、裂缝等缺陷。

（3）用卷材作防潮层，可用螺旋形缠绕的方式牢固粘贴在隔热层上，开头处应缠两圈后再呈螺旋形缠绕，搭接宽度为30～50mm。

（4）用油毡纸作防潮层，可用包卷的方式包扎，搭接宽度为50～60mm。油毡接口朝下，并用沥青玛琋脂密封，每300mm扎镀锌钢丝或铁箍一道。

## 七、保护层施工

保温结构的外表必须设置保护层（护壳），一般采用玻璃丝布、塑料布、油毡缠裹或采用金属护壳。

（1）用玻璃丝布缠裹，垂直管应自下而上，水平管则应从最低点向最高点进行，开始应缠裹两圈后再呈螺旋状缠裹，搭接宽度应为1/2布宽，起点和终点应用胶粘剂粘结或用镀锌钢丝捆扎。应缠裹严密，搭接宽度均匀一致，无松脱、翻边、皱折和鼓包，表面应平整。

（2）玻璃丝布刷涂料或油漆，刷涂前应清除管道表面上的尘土、油污。油刷上蘸的涂料不宜太多，以防滴落在地上或其他设备上。

（3）金属保护层的材料，宜采用镀锌钢板或薄铝合金板。当采用普通钢板时，其里外表必须涂敷防锈涂料。立管应自上而下，水平管应从管道低处向高处进行，使横向搭接缝口朝顺坡方向。纵向搭缝应放在管子两侧，缝口朝下。如采用平搭缝，其搭缝宜为30～40mm。有防潮层的保温不得使用自攻螺栓，以免刺破防潮层，保护层端头应封闭。

## 八、管道支架、支座部位绝热施工

（一）水管道在支吊架上的绝热处理

（1）在支吊架处要加和保温材料厚度相同，并经防火、防腐处理的硬木木托，木托的宽度一般为30～50mm。其安装方式如图8-43所示。

（2）采用聚氨酯发泡成型的“速丽保”代替木托。其支架的形式如图8-44所示。

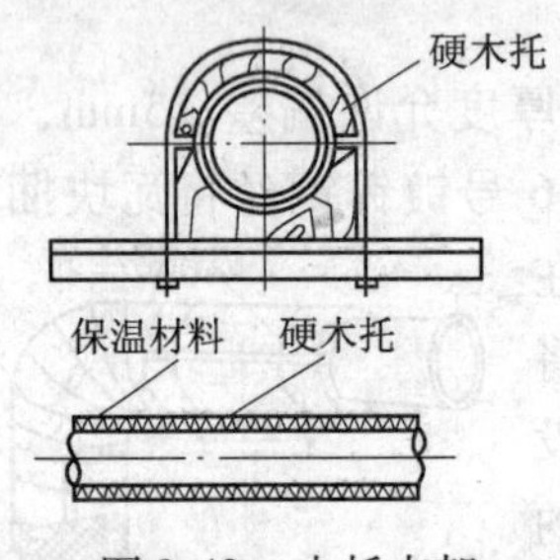


图8-43　木托支架

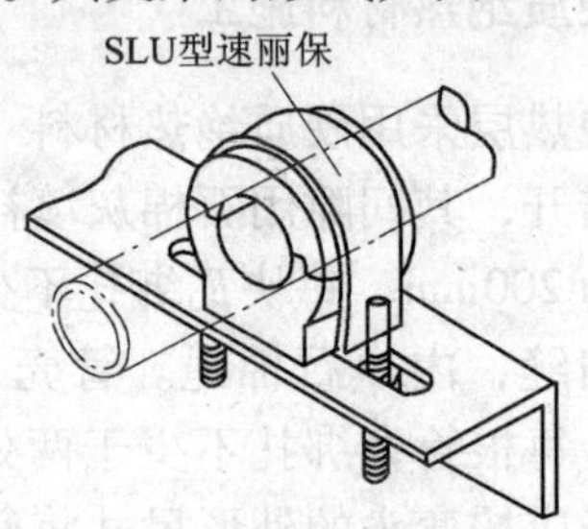


图8-44　“速丽保”管托支架

（二）水平管道的支座绝热

可采用现场聚氨酯发泡，对支座内填充、外包封，使其与空气隔绝。

（1）利用模具。根据现状尺寸预制支座外部的绝热板块（聚氨酯发泡半成品）。

（2）支座内部绝热。根据支座大小将一定数量和比例的聚氨酯原料配合好，将液体状态的绝热料迅速灌入支座内，并随即封堵注入口处。待其发泡固化后，刮除从注入口缝隙挤出的多余部分。

（3）固定支座外部绝热是用预制的聚氨酯板块材料，给支座四边和底部进行五面包封。首先将支座四边和底部的结合面涂（液状）聚氨酯，然后将预制的板块粘贴上，同时利用聚氨酯液体发泡膨胀将空隙填满。

（4）活动支座外部绝热，其底板两端悬出钢架，因此需要在悬出部分的下方钢架上焊接保温材料的槽钢托板。绝热时，先在悬出的支座底板下面粘贴约10mm的软质材料（闭孔聚乙烯海绵），与下面硬质聚氨酯板块的结合面上涂上一层液体石蜡或工业用凡士林，然后在槽钢托板上进行聚氨酯发泡，使两种材料紧密接触，而又能相对移动。

（5）绝热表面整理。将多余而不规则的尖角飞边用利刀修平，可在支座绝热层外面刷上一层面漆，颜色与管道支架一致，也可刷防火涂料与管道一致。

（三）水管道垂直穿过楼板固定支座绝热

上下层楼板间的绝热管壳不连续断开。固定支座部分采用可拆卸式绝热结构，绝热材料与支座、管道和钢套管的间隙要用碎绝热材料塞严，接缝要用胶带密封。其做法如图8-45所示。

（四）垂直管道绝热

应隔一定间距设保温支撑环，用来支撑绝热材料，以防止材料下坠。支撑环一般间距为3m，环下要留25mm左右间隙，填充导热系数相近的软质绝热材料。其结构形式如图8-46所示。

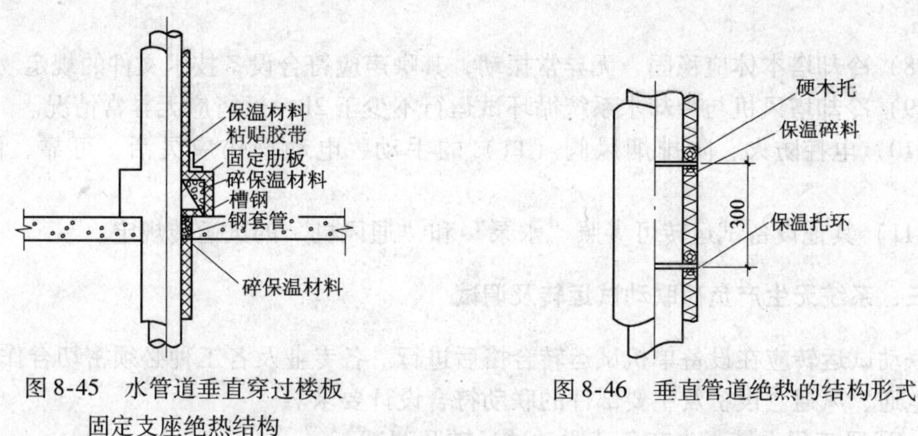


图8-45　水管道垂直穿过楼板固定支座绝热结构

图8-46　垂直管道绝热的结构形式

## 第五节　通风与空调节能安装试运转调试质量控制

### 一、作业条件

（1）通风空调系统必须安装完毕，运转调试之前会同建设单位进行全面检查，全部符合设计、施工及验收规范和工程质量检验评定标准的要求，才能进行运转和调试。

（2）通风空调系统运转所需用的水、电、汽及压缩空气等，应具备使用条件，现场清理干净。

### 二、设备单机试运转及调试

（1）通风机、空气调节机组中的风机的叶轮旋转方向正确、运转平稳、无异常振动与声响，其电机运行功率应符合设备技术文件的规定。

（2）风机在额定转速下连续运转2h后，滑动轴承外壳最高温度不得超过70℃；滚动轴承最高温度不得超过80℃。

（3）风机、空调机组、风冷热泵等设备运行时，产生的噪声不宜超过产品性能说明书的规定值。风机盘管机组的三速、温控开关的动作应正确，并与机组运行状态一一对应。

（4）通风机运转前必须加上适度的机械油，检查各项安全措施；盘动叶轮应无卡阻和碰壳；叶轮旋转方向必须正确；在额定转速下试运转时间不得少于2h。

（5）试运转应无异常振动，滑动轴承最高温度不得超过70℃；滚动轴承最高温度不得超过80℃。

（6）制冷机组的试运转应符合设备技术文件和国家现行标准《制冷设备、空气分离设备安装工程施工及验收规范》（GB 50274）的有关规定，正常运转不应少于8h。

（7）水泵叶轮旋转方向正确，无异常震动和声响，紧固连接部位无松动，其电机运行功率值符合设备技术文件的规定。在设计负荷下连续运转2h后，滑动轴承外壳最高温度不得超过70℃；滚动轴承外壳最高温度不得超过75℃。轴封填料的温升应正常，在无特殊要求的情况下，普通填料泄漏量不得大于60mL/h，机械密封的泄漏量不得大于5mL/h。

（8）冷却塔本体应稳固、无异常振动，其噪声应符合设备技术文件的规定。

（9）冷却塔风机与冷却水系统循环试运行不少于2h，运行应无异常情况。

（10）电控防火、防排烟风阀（口）的手动、电动操作应灵活、可靠、信号输出正确。

（11）其他设备试运转可参照“水泵”和“通风机”的试运转规定。

## 三、系统无生产负荷联动试运转及调试

联动试运转应在设备单机试运转合格后进行。各专业及各工种必须密切合作，做到水通、电通、风通。设备及主要部件的联动符合设计要求。

1. 通风工程系统无生产负荷联动试运转及调试

（1）通风系统的连续试运转不应少于2h。系统联动试运转中，设备及主要部件的联动必须符合设计要求，动作协调、正确，无异常现象。

（2）系统各风口的风量测定与调整，实测与设计风量的偏差不应大于15%。系统总风量调试结果与设计风量的偏差不应大于10%。

（3）湿式除尘器的供水与排水系统运行应正确。

（4）防排烟系统联合试运行与调试的结果（风量及正压），必须符合设计与消防的规定。

2. 空调工程系统无生产负荷联动试运转及调试

（1）各种自动计量检测元件和执行机构的工作应正确，满足建筑设备自动化（BA、FA等）系统对被测定参数进行检测和控制的要求。

（2）空调室内噪声应符合设计规定要求。

（3）有压差要求的房间、厅堂与其他相邻房间之间的压差，舒适性空调正压为0～25Pa；工艺性的空调应符合设计的规定。

（4）有环境噪声要求的场所，制冷、空调机组应按现行国家标准《采暖通风与空气调节设备噪声声功率级的测定——工程法》(GB 9068）的规定进行测定。洁净室内的噪声应符合设计的规定。

（5）舒适空调的温度、相对湿度应符合设计的要求。恒温、恒湿房间室内空气温度、相对湿度及波动范围应符合设计规定。

（6）空调工程水系统应冲洗干净，不含杂物，并排除管道系统中的空气，系统连续运行应达到正常、平稳；水泵的压力和水泵电机的电流不应出现大幅波动。系统平衡调整后，各空调机组的水流量应符合设计要求，允许偏差为20%。

（7）多台冷却塔并联运行时，各冷却塔的进、出水量应达到均匀一致。

（8）空调冷热水、冷却水总流量测试结果与设计流量的偏差不应大于10%。

3. 通风与空调工程的控制和监测设备

应能与系统的检测元件和执行机构正常沟通，系统的状态参数应能正确显示，设备联锁、自动调节、自动保护应能正确动作。

### 四、净化空调系统

（1）净化空调系统运行前应在回风、新风的吸入口处和粗中效过滤器前设置临时用过滤器（如无纺布等），实行对系统的保护。净化空调系统的检测和调整，应在系统进行全面清扫，且已运行24h及以上达到稳定后进行。

（2）洁净室洁净度的检测，应在空态或静态下进行或按合约规定。室内洁净度检测时，人员不宜多于3人，均须穿与洁净室洁净度等级相适应的洁净工作服。

（3）室内空气洁净度等级必须符合设计规定的等级或在商定验收状态下的等级要求。

高于等于5级的单向流洁净室，在门开启的状态下，测定距离门0.6m室内侧工作高度处空气的含尘浓度，亦不应超过室内洁净度等级上限的规定。

## 第六节 通风与空调节能分项工程质量标准与验收

### 一、通风与空调分项工程质量标准

（一）主控项目

1. 通风与空调系统节能工程所使用的设备、管道、阀门、仪表、绝热材料等产品进场时，应按设计要求对其类型、材质、规格及外观等进行验收，并应对下列产品的技术性能参数进行核查。验收与核查的结果应经监理工程师（建设单位代表）检查认可，并应形成相应的验收、核查记录。各种产品和设备的质量证明文件和相关技术资料应齐全，并应符合有关国家现行标准和规定：

（1）组合式空调机组、柜式空调机组、新风机组、单元式空调机组、热回收装置等设备的冷量、热量、风量、风压、功率及额定热回收效率；

（2）风机的风量、风压、功率及其单位风量耗功率；

（3）成品风管的技术性能参数；

（4）自控阀门与仪表的技术性能参数。

检验方法：观察检查；技术资料和性能检测报告等质量证明文件与实物核对。

检查数量：全数检查。

2. 风机盘管机组和绝热材料进场时，应对其下列技术性能参数进行复验，复验应为见证取样送检：

（1）风机盘管机组的供冷量、供热量、风量、出口静压、噪声及功率；

（2）绝热材料的导热系数、密度、吸水率。

检验方法：现场随机抽样送检；核查复验报告。

检查数量：同一厂家的风机盘管机组按数量复验2%，但不得少于2台；同一厂家同材质的绝热材料复验次数不得少于2次。

3. 通风与空调节能工程中的送、排风系统及空调风系统、空调水系统的安装。应符合下列规定：

（1）各系统的制式，应符合设计要求；

（2）各种设备、自控阀门与仪表应按设计要求安装齐全，不得随意增减和更换；

(3) 水系统各分支管路水力平衡装置、温控装置与仪表的安装位置、方向应符合设计要求，并便于观察、操作和调试；

(4) 空调系统应能实现设计要求的分室（区）温度调控功能。对设计要求分栋、分区或分户（室）冷、热计量的建筑物，空调系统应能实现相应的计量功能。

检验方法：观察检查。

检查数量：全数检查。

4. 风管的制作与安装应符合下列规定：

(1) 风管的材质、断面尺寸及厚度应符合设计要求；

(2) 风管与部件、风管与土建风道及风管间的连接应严密、牢固；

(3) 风管的严密性及风管系统的严密性检验和漏风量，应符合设计要求或现行国家标准《通风与空调工程施工质量验收规范》(GB 50243) 的有关规定；

(4) 需要绝热的风管与金属支架的接触处、复合风管及需要绝热的非金属风管的连接和内部支撑加固等处，应有防热桥的措施，并应符合设计要求。

检验方法：观察、尺量检查；核查风管及风管系统严密性检验记录。

检查数量：按数量抽查 10%，且不得少于 1 个系统。

5. 组合式空调机组、柜式空调机组、新风机组、单元式空调机组的安装应符合下列规定：

(1) 各种空调机组的规格、数量应符合设计要求；

(2) 安装位置和方向应正确，且与风管、送风静压箱、回风箱的连接应严密可靠；

(3) 现场组装的组合式空调机组各功能段之间连接应严密，并应作漏风量的检测，其漏风量应符合现行国家标准《组合式空调机组》(GB/T 14294) 的规定；

(4) 机组内的空气热交换器翅片和空气过滤器应清洁、完好，且安装位置和方向必须正确，并便于维护和清理。当设计未注明过滤器的阻力时，应满足粗效过滤器的初阻力小于等于 50Pa（粒径大于 5.0μm；效率：$80\% > E \geq 20\%$）；中效过滤器的初阻力小于等于 80Pa（粒径大于等于 1.0μm；效率：$70\% > E \geq 20\%$）的要求。

检验方法：观察检查；核查漏风量测试记录。

检查数量：按同类产品的数量抽查 20%，且不得少于 1 台。

6. 风机盘管机组的安装应符合下列规定：

(1) 规格、数量应符合设计要求；

(2) 位置、高度、方向应正确，并便于维护、保养；

(3) 机组与风管、回风箱及风口的连接应严密、可靠；

(4) 空气过滤器的安装应便于拆卸和清理。

检验方法：观察检查。

检查数量：按总数抽查 10%，且不得少于 5 台。

7. 通风与空调系统中风机的安装应符合下列规定：

(1) 规格、数量应符合设计要求；

(2) 安装位置及进、出口方向应正确，与风管的连接应严密、可靠。

检验方法：观察检查。

检查数量：全数检查。

8. 带热回收功能的双向换气装置和集中排风系统中的排风热回收装置的安装应符合下列规定：

（1）规格、数量及安装位置应符合设计要求；

（2）进、排风管的连接应正确、严密、可靠；

（3）室外进、排风口的安装位置、高度及水平距离应符合设计要求。

检验方法：观察检查。

检查数量：按总数抽检20%，且不得少于1台。

9. 空调机组回水管上的电动两通调节阀、风机盘管机组回水管上的电动两通（调节）阀、空调冷热水系统中的水力平衡阀、冷（热）量计量装置等自控阀门与仪表的安装应符合下列规定：

（1）规格、数量应符合设计要求；

（2）方向应正确，位置应便于操作和观察。

检验方法：观察检查。

检查数量：按类型数量抽查10%，且均不得少于1个。

10. 空调风管系统及部件的绝热层和防潮层施工应符合下列规定：

（1）绝热层应采用不燃或难燃材料，其材质、规格及厚度等应符合设计要求；

（2）绝热层与风管、部件及设备应紧密贴合，无裂缝、空隙等缺陷，且纵、横向的接缝应错开；

（3）绝热层表面应平整，当采用卷材或板材时，其厚度允许偏差为5mm；采用涂抹或其他方式时，其厚度允许偏差为10mm；

（4）风管法兰部位绝热层的厚度，不应低于风管绝热层厚度的80%；

（5）风管穿楼板和穿墙处的绝热层应连续不间断；

（6）防潮层（包括绝热层的端部）应完整，且封闭良好，其搭接缝应顺水；

（7）带有防潮层隔汽层绝热材料的拼缝处，应用胶带封严，粘胶带的宽度不应小于50mm；

（8）风管系统部件的绝热，不得影响其操作功能。

检验方法：观察检查；用钢针刺入绝热层，尺量检查。

检查数量：管道按轴线长度抽查10%；风管穿楼板和穿墙处及阀门等配件抽查10%，且不得少于2个。

11. 空调水系统管道及配件的绝热层和防潮层施工，应符合下列规定：

（1）绝热层应采用不燃或难燃材料，其材质、规格及厚度等应符合设计要求；

（2）绝热管壳的粘贴应牢固、铺设应平整；硬质或半硬质的绝热管壳每节至少应用防腐金属丝或难腐织带或专用胶带进行捆扎或粘贴2道，其间距为300～350mm，且捆扎、粘贴应紧密，无滑动、松弛与断裂现象；

（3）硬质或半硬质绝热管壳的拼接缝隙，保温时不应大于5mm、保冷时不应大于2mm，并用粘结材料勾缝填满；纵缝应错开，外层的水平接缝应设在侧下方；

（4）松散或软质保温材料应按规定的密度压缩其体积，疏密应均匀；毡类材料在管道上包扎时，搭接处不应有空隙；

（5）防潮层与绝热层应结合紧密，封闭良好，不得有虚粘、气泡、褶皱、裂缝等缺陷；

（6）防潮层的立管应由管道的低端向高端敷设，环向搭接缝应朝向低端；纵向搭接缝应位于管道的侧面，并顺水；

（7）卷材防潮层采用螺旋形缠绕的方式施工时，卷材的搭接宽度宜为30～50mm；

（8）空调冷热水管穿楼板和穿墙处的绝热层应连续不间断，且绝热层与穿楼板和穿墙处的套管之间应用不燃材料填实，不得有空隙，套管两端应进行密封封堵；

（9）管道阀门、过滤器及法兰部位的绝热结构应能单独拆卸，且不得影响其操作功能。

检验方法：观察检查；用钢针刺入绝热层，尺量检查。

检查数量：按数量抽查10%，且绝热层不得少于10段、防潮层不得少于10m、阀门等配件不得少于5个。

12. 空调水系统的冷热水管道与支、吊架之间应设置绝热衬垫，其厚度不应小于绝热层厚度，宽度应大于支、吊架支承面的宽度。衬垫的表面应平整，衬垫与绝热材料之间应填实，无空隙。

检验方法：观察、尺量检查。

检查数量：按数量抽检5%，且不得少于5处。

13. 通风与空调系统应随施工进度对与节能有关的隐蔽部位或内容进行验收，并应有详细的文字记录和必要的图像资料。

检验方法：观察检查；核查隐蔽工程验收记录。

检查数量：全数检查。

14. 通风与空调系统安装完毕，应进行通风机和空调机组等设备的单机试运转和调试。并应进行系统的风量平衡调试。单机试运转和调试结果应符合设计要求；系统的总风量与设计风量的允许偏差不应大于10%，风口的风量与设计风量的允许偏差不应大于15%。

检验方法：观察检查；核查试运转和调试记录。

检验数量：全数检查。

（二）一般项目

1. 空气风幕机的规格、数量、安装位置和方向应正确，纵向垂直度和横向水平度的偏差均不应大于2/1000。

检验方法：观察检查。

检查数量：按总数量抽查10%，且不得少于1台。

2. 变风量末端装置与风管连接前宜作动作试验，确认运行正常后再封口。

检验方法：观察检查。

检查数量：按总数量抽查10%，且不得少于2台。

## 二、通风与空调分项节能工程验收

1. 通风与空调节能工程验收基本规定

系统节能工程的验收，应根据工程的实际情况、结合本专业特点，分别按系统、楼层等进行。

空调冷（热）水系统的验收，一般应按系统分区进行；通风与空调的风系统可按风机或空调机组等所各自负担的风系统，分别进行验收。

对于系统大且层数多的空调冷（热）水系统及通风与空调的风系统工程，可分别按几个楼层作为一个检验批进行验收。

2. 隐蔽工程验收

通风与空调系统中与节能有关的隐蔽部位位置特殊，一旦出现质量问题后不易发现和修复。因此，应随施工进度对其及时进行验收。通常主要隐蔽部位检查内容有：地沟和吊顶内部的管道、配件安装及绝热、绝热层附着的基层及其表面处理、绝热材料粘结或固定、绝热板材的板缝及构造节点、热桥部位处理等。

# 第九章　空调与采暖系统冷热源及管网节能分项工程质量控制与验收

## 第一节　空调与采暖系统节能工程的冷热源设备与产品质量控制

### 一、空调与采暖系统冷热源设备及材料进场验收与核查

1. 产品进场验收与核查的内容

空调与采暖系统冷热源设备及其辅助设备、阀门、仪表、绝热材料等产品进场验收与核查的内容见表 9-1 所列。

**产品进场验收与核查的内容　　表 9-1**

<table>
<tr><th>序号</th><th colspan="3">项　　目</th><th>内　　容</th></tr>
<tr><td>1</td><td colspan="3">检查验收依据</td><td>按照设计要求</td></tr>
<tr><td>2</td><td colspan="3">检查验收内容</td><td>① 产品类型；② 产品规格；③ 产品外观</td></tr>
<tr><td rowspan="13">3</td><td rowspan="13">产品技术性能参数核查</td><td>(1)</td><td>锅炉</td><td>① 单台容量；② 额定热效率</td></tr>
<tr><td>(2)</td><td>热交换器</td><td>单台换热量</td></tr>
<tr><td>(3)</td><td>电力驱动压缩机的蒸汽压缩循环冷水（热泵）机组</td><td>① 额定制冷量（制热量）；② 输入功率；③ 性能系数（COP）；④ 综合部分负荷性能系数（IPLV）</td></tr>
<tr><td rowspan="3">(4)</td><td>电力驱动压缩机的单元式空气调节机</td><td rowspan="3">① 名义制冷量；② 输入功率；③ 能效比（EER）</td></tr>
<tr><td>风管送风式空气调节机组</td></tr>
<tr><td>屋顶式空气调节机组</td></tr>
<tr><td rowspan="2">(5)</td><td>蒸汽和热水型溴化锂吸收式机组</td><td rowspan="2">① 名义制冷量；② 供热量；③ 输入功率；④ 性能系数</td></tr>
<tr><td>直燃型溴化锂吸收式冷（温）水机组</td></tr>
<tr><td>(6)</td><td>集中采暖系统热水循环水泵</td><td>① 流量；② 扬程；③ 电机功率；④ 耗电输热比（EHR）</td></tr>
<tr><td>(7)</td><td>空调冷热水系统循环水泵</td><td>① 流量；② 扬程；③ 电机功率；④ 输送能效比（ER）</td></tr>
<tr><td>(8)</td><td>冷却塔</td><td>① 流量；② 电机功率</td></tr>
<tr><td rowspan="2">(9)</td><td>自控阀门</td><td rowspan="2">技术性能参数</td></tr>
<tr><td>仪表</td></tr>
</table>

2. 产品进场验收与核查的工作要求

空调与采暖系统冷热源设备及其辅助设备、阀门、仪表、绝热材料等产品进场验收与核查的结果应经监理工程师（建设单位代表）检查认可，并形成相应的验收、核查记录。

3. 产品进场验收与核查质量规定

产品进场验收，要求各种产品和设备的质量证明文件和相关技术资料应齐全，并应符合国家现行有关标准和规定。

## 二、冷热源设备与产品的验收

现行国家标准《公共建筑节能设计标准》(GB 50189) 中有关冷热源设备性能参数的规定值录于下，供施工验收参考。

1. 锅炉的额定热效率，应符合表 9-2 的规定。

**锅炉额定热效率**　　**表 9-2**

| 锅　炉　类　型 | 热效率（%） | 锅　炉　类　型 | 热效率（%） |
|---|---|---|---|
| 燃煤（Ⅱ类烟煤）蒸汽、热水锅炉 | 78 | 燃油、燃气蒸汽、热水锅炉 | 89 |

2. 电机驱动压缩机的蒸汽压缩循环冷水（热泵）机组，在额定制冷工况和规定条件下，性能系数（COP）不应低于表 9-3 的规定。

**冷水（热泵）机组制冷性能系数**　　**表 9-3**

| 类 | 型 | 额定制冷量（kW） | 性能系数（W/W） |
|---|---|---|---|
| 水　冷 | 活塞式/涡旋式 | <528<br>528～1163<br>>1163 | 3.8<br>4.0<br>4.2 |
| | 螺杆式 | <528<br>528～1163<br>>1163 | 4.10<br>4.30<br>4.60 |
| | 离心式 | <528<br>528～1163<br>>1163 | 4.40<br>4.70<br>5.10 |
| 风冷或蒸发冷却 | 活塞式/涡旋式 | ≤50<br>>50 | 2.40<br>2.60 |
| | 螺杆式 | ≤50<br>>50 | 2.60<br>2.80 |

3. 蒸气压缩循环冷水（热泵）机组的综合部分负荷性能系数（*IPLV*）不宜低于表 9-4 的规定。

**冷水（热泵）机组综合部分负荷性能系数**　　**表 9-4**

| 类 | 型 | 额定制冷量（kW） | 综合部分负荷性能系数（W/W） |
|---|---|---|---|
| 水　冷 | 螺杆式 | <528<br>528～1163<br>>1163 | 4.47<br>4.81<br>5.13 |
| | 离心式 | <528<br>528～1163<br>>1163 | 4.49<br>4.88<br>5.42 |

注：*IPLV* 值是基于单台主机运行工况。

4. 水冷式电动蒸气压缩循环冷水（热泵）机组的综合部分负荷性能系数（*IPLV*）按式（9-1）计算和检测条件检测：

$$IPLV = 2.3\% \times A + 41.5\% \times B + 46.1\% \times C + 10.1\% \times D \tag{9-1}$$

式中 *A*——100%负荷时的性能系数（W/W），冷却水进水温度30℃；

*B*——75%负荷时的性能系数（W/W），冷却水进水温度26℃；

*C*——50%负荷时的性能系数（W/W），冷却水进水温度23℃；

*D*——25%负荷时的性能系数（W/W），冷却水进水温度19℃。

5. 名义制冷量大于7100W、采用电机驱动压缩机的单元式空气调节机、风管送风式和屋顶式空气调节机组时，在名义制冷工况和规定条件下，其能效比（*EER*）不应低于表9-5的规定。

**单元式机组能效比** 　　**表9-5**

| 类 | 型 | 能效比（W/W） |
|---|---|---|
| 风冷式 | 不接风管 | 2.60 |
| | 接风管 | 2.30 |
| 水冷式 | 不接风管 | 3.00 |
| | 接风管 | 2.70 |

6. 蒸汽、热水型溴化锂吸收式冷水机组及直燃型溴化锂吸收式冷（温）水机组应选用能量调节装置灵敏、可靠的机型，在名义工况下的性能参数应符合表9-6的规定。

**溴化锂吸收式机组性能参数** 　　**表9-6**

<table>
<tr><th rowspan="3">机　型</th><th colspan="3">名　义　工　况</th><th colspan="3">性　能　参　数</th></tr>
<tr><th rowspan="2">冷（温）水进/出口温度（℃）</th><th rowspan="2">冷却水进/出口温度（℃）</th><th rowspan="2">蒸汽压力（MPa）</th><th rowspan="2">单位制冷量蒸汽耗量[kg/(kW·h)]</th><th colspan="2">性能系数（W/W）</th></tr>
<tr><th>制　冷</th><th>供　热</th></tr>
<tr><td rowspan="4">蒸汽双效</td><td>18/13</td><td rowspan="4">30/35</td><td>0.25</td><td rowspan="2">≤1.40</td><td></td><td></td></tr>
<tr><td rowspan="3">12/7</td><td>0.4</td><td></td><td></td></tr>
<tr><td>0.6</td><td>≤1.31</td><td></td><td></td></tr>
<tr><td>0.8</td><td>≤1.28</td><td></td><td></td></tr>
<tr><td rowspan="2">直　燃</td><td>供冷 12/7</td><td>30/35</td><td></td><td></td><td>≥1.10</td><td></td></tr>
<tr><td>供热出口60</td><td></td><td></td><td></td><td></td><td>≥0.90</td></tr>
</table>

注：直燃机的性能系数为：制冷量（供热量）/[加热源消耗量（以低位热值计）+电力消耗量（折算成一次性）]。

## 三、绝热管道及材料进场复验

绝热材料的导热系数、密度、吸水率等技术性能参数是否符合设计要求，将直接影响到空调与采暖系统冷热源及管网的绝热节能效果。因此，绝热材料进场应复验其性能技术参数。为确保材料质量，要求复验应为见证取样送检。

# 第二节 空调与采暖系统节能的辅助设备及管网安装质量控制

## 一、冷热源设备及管网安装

空调与采暖系统冷热源设备和辅助设备及其管网系统的安装，应符合下列规定：

(1) 管道系统的制式，应符合设计要求；

(2) 各种设备、自控阀门与仪表应按设计要求安装齐全，不得随意增减和更换；

(3) 空调冷（热）水系统，应能实现设计要求的变流量或定流量运行；

(4) 供热系统能根据热负荷及室外温度变化，实现设计要求的集中质调节、量调节或质-量调节相结合的运行。

## 二、自控阀门与仪表安装

在冷热源及空调系统中设置自控阀门和仪表，是实现系统节能运行等的必要条件。因此，安装要求为强制性规定。

冷热源侧自控阀门与仪表安装3项基本规定内容，见表9-7。

冷热源侧自控阀门与仪表的安装　　表9-7

| 序号 | 项目 | 功能 | 安装要求 | 检查验收 |
|---|---|---|---|---|
| 1 | 电动两通调节阀 | 当空调场所的空调负荷发生变化时，电动两通调节阀和电动两通阀，可以根据已设定的温度，通过调节流经空调机组的水流量，使空调冷热水系统实现变流量的节能运行 | (1) 规格、数量应符合设计要求；<br>(2) 方向应正确，位置应便于操作和观察 | 检验方法：观察检查。<br>检查数量：全数检查 |
| 2 | 水力平衡阀 | 水力平衡装置，可以通过对系统水力分布的调整与设定，保持系统的水力平衡，保证获得预期的空调和供热效果 | | |
| 3 | 冷（热）量计量装置 | 冷（热）量计量装置，是实现量化管理、节约能源的重要手段，按照用冷、热量的多少来计收空调和采暖费用，既公平合理，更有利于提高用户的节能意识 | | |

## 三、冷热源机组设备安装

冷热源机组设备，其规格、数量是否符合设计要求，安装位置及管道连接是否合理、正确，将直接影响空调与采暖系统的总能耗及空调场所的空调效果。因此，冷热源机组设备安装应严格按照设计及规范要求施工。冷热源机组5类设备的安装验收要求：

1. 锅炉；
2. 热交换器；
3. 电机驱动压缩机的蒸汽压缩循环冷水（热泵）机组；
4. 蒸汽或热水型溴化锂吸收式冷水机组；
5. 直燃型溴化锂吸收式冷（温）水机组等。

工程实践表明，许多工程在安装过程中，未经设计人员同意，擅自改变了有关设备的规格、台数及安装位置，有的甚至将管道接错。其后果是，因设备台数增加而增大了设备的能耗，增大了系统的能耗。

## 四、冷却塔与水泵安装

### （一）冷却塔安装

1. 冷却塔的分类

冷却塔的形式较多，一般按通风方式、淋水方式及水和空气的流动方向等进行分类。

（1）按通风方式分，有自然通风和机械通风两类。

（2）按淋水装置或配水系统分，有点滴式、点滴薄膜式、薄膜式和喷水式四类。

（3）按水和空气的流动方向分，有逆流式和横流式两类。

2. 空调制冷系统用冷却塔形式

空调制冷系统所用的冷却塔为逆流式和横流式为多，其淋水装置采用薄膜式的。一般单座塔和小型塔多采用逆流圆形冷却塔，而多座塔和大型塔多采用横流式冷却塔。图 9-1 所示是逆流式和横流式冷却塔的示意图。

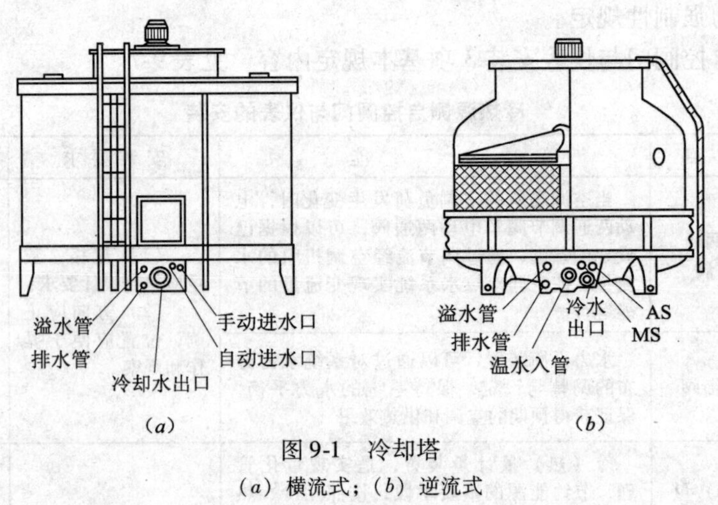


图 9-1 冷却塔

(a) 横流式；(b) 逆流式

3. 冷却塔的本体安装

冷却塔必须安装在通风良好的场所。避免安装在通风不良和出现湿空气回流的场合，否则，将会降低冷却塔的冷却能力。冷却塔一般安装在冷冻站的屋顶上，以形成一高压头，用来克服冷凝器的阻力损失。图 9-2 是冷却塔高位安装的流程图。水泵将需要处理的冷却水从水池抽出送至冷却塔，经冷却降温后从塔底集水盘向下自流压入冷凝器中，并继而靠水头压差自流入水池，以此循环。

安装时，应根据施工图纸的坐标位置就位，并应找平找正，设备要稳定牢固，冷却塔的出水管口及喷嘴方向、位置应正确。

### （二）水泵安装

在空调系统中水泵用于水冷式冷水机组的冷凝器中的冷却水与冷却塔循环和蒸发器中冷冻水与组合式空调器或新风机组、风机盘管的循环。在冬季工况时，水泵用于空调热水与组合式空调器或新风机组、风机盘管的循环。

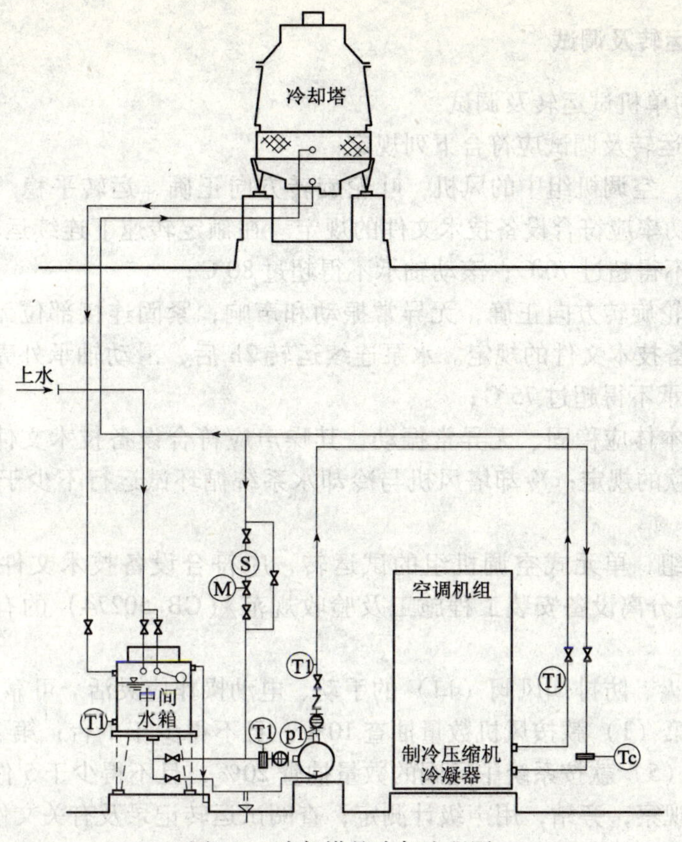


图 9-2　冷却塔的冷却流程图

通风、空调系统常用小型整体式离心水泵作为空气冷热处理、热湿交换、除尘喷淋及冷冻水、冷却循环用。

1. 水泵在安装前应复查下列项目：

(1) 基础的尺寸、位置、标高应符合设计要求；

(2) 开箱检查不应有缺件、损坏和锈蚀等情况，管口保护物和堵盖应完好；

(3) 水泵盘车应灵活、无卡阻现象，并无异常的声音。

2. 水泵的安装与通风机基本相同，水泵找正找平应符合下列要求：

水泵找平应以水平中分面、轴的外伸部分、底座的水平加工面为基准进行测量。

(1) 小型整体式水泵安装牢固，不应有明显的偏斜，泵体水平度每 1m 不得超过 0.1mm；

(2) 离心水泵的联轴器应保持同轴度，轴向倾斜每 1m 不得超过 0.8mm，径向位移不得超过 0.1mm；

(3) 主动轴与从动轴找正、连接后，应盘车检查是否灵活；

(4) 水泵与管路连接后，应复校找正。如由于管路连接而不正常时，应调整管路。

3. 水泵的管路安装应符合下列要求：

(1) 钢管内部和管端应清洗干净，并清除杂物；

(2) 钢管与水泵相互连接的法兰端面应平行、对中，不能借法兰螺栓或管接头强行连接；

(3) 水泵管路与水泵连接后，不应在水泵上部进行焊接或气割、防止焊渣进入泵内而损坏水泵的零件。

## 五、系统试运转及调试

### （一）设备的单机试运转及调试

1. 设备单机运转及调试应符合下列规定：

（1）通风机、空调机组中的风机，叶轮旋转方向正确、运转平稳、无异常振动与声响，其电机运行功率应符合设备技术文件的规定。在额定转速下连续运转2h后，滑动轴承外壳最高温度不得超过70℃；滚动轴承不得超过80℃；

（2）水泵叶轮旋转方向正确，无异常振动和声响，紧固连接部位无松动，其电机运行功率值符合设备技术文件的规定。水泵连续运转2h后，滑动轴承外壳最高温度不得超过70℃；滚动轴承不得超过75℃；

（3）冷却塔本体应稳固、无异常振动，其噪声应符合设备技术文件的规定。风机试运转按本条第1款的规定；冷却塔风机与冷却水系统循环试运行不少于2h，运行应无异常情况；

（4）制冷机组、单元式空调机组的试运转，应符合设备技术文件和现行国家标准《制冷设备、空气分离设备安装工程施工及验收规范》（GB 50274）的有关规定，正常运转不应少于8h；

（5）电控防火、防排烟风阀（口）的手动、电动操作应灵活、可靠，信号输出正确。

检查数量：第（1）款按风机数量抽查10%，且不得少于1台；第（2）、（3）、（4）款全数检查；第（5）款按系统中风阀的数量抽查20%，且不得少于5件。

检查方法：观察，旁站，用声级计测定，查阅试运转记录及有关文件。

2. 设备单机试运转及调试应符合下列规定：

（1）水泵运行时不应有异常振动和声响、壳体密封处不得渗漏、紧固连接部位不应松动、轴封的温升应正常；在无特殊要求的情况下，普通填料泄漏量不应大于60mL/h，机械密封的不应大于5mL/h；

（2）风机、空调机组、风冷热泵等设备运行时，产生的噪声不宜超过产品性能说明书的规定值；

（3）风机盘管机组的三速、温控开关的动作应正确，并与机组运行状态一一对应。

### （二）设备的联合试运转及调试

1. 通风与空调工程系统无生产负荷的联合试运转及调试，应在制冷设备和通风与空调设备单机试运转合格后进行。空调系统带冷（热）源的正常联合试运转不应少于8h，当竣工季节与设计条件相差较大时，仅作不带冷（热）源试运转。通风、除尘系统的连续试运转不应少于2h。

2. 系统无生产负荷的联合试运转及调试应符合下列规定：

（1）系统总风量调试结果与设计风量的偏差不应大于10%；

（2）空调冷热水、冷却水总流量测试结果与设计流量的偏差不应大于10%；

（3）舒适空调的温度、相对湿度应符合设计的要求。恒温、恒湿房间室内空气温度、相对湿度及波动范围应符合设计规定。

3. 通风工程系统无生产负荷联动试运转及调试应符合下列规定：

（1）系统联动试运转中，设备及主要部件的联动必须符合设计要求，动作协调、正确，无异常现象；

（2）系统经过平衡调整，各风口或吸风罩的风量与设计风量的允许偏差不应大于15%；

（3）湿式除尘器的供水与排水系统运行应正常。

4. 空调工程系统无生产负荷联动试运转及调试还应符合下列规定：

（1）空调工程水系统应冲洗干净、不含杂物，并排除管道系统中的空气；系统连续运行应达到正常、平稳；水泵的压力和水泵电机的电流不应出现大幅波动。系统平衡调整后，各空调机组的水流量应符合设计要求，允许偏差为20%；

（2）各种自动计量检测元件和执行机构的工作应正常，满足建筑设备自动化（BA、FA等）系统对被测定参数进行检测和控制的要求；

（3）多台冷却塔并联运行时，各冷却塔的进、出水量应达到均衡一致；

（4）空调室内噪声应符合设计要求；

（5）有压差要求的房间、厅堂与其他相邻房间之间的压差，舒适性空调正压为0~25Pa；工艺性的空调应符合设计要求；

（6）有环境噪声要求的场所，制冷、空调机组应按现行国家标准《采暖通风与空气调节设备噪声声功率级的测定——工程法》(GB 9068）的规定进行测定。洁净室内的噪声应符合设计的规定。

## 第三节　空调与采暖节能冷热源室外管网系统质量控制

### 一、空调冷源室外管网系统质量控制

（一）材料质量要求

（1）所采用的管道和焊接材料应符合设计规定，并具有出厂合格证明或质量鉴定文件。

（2）制冷系统的各类阀件必须采用专用产品，并有出厂合格证。

（3）无缝钢管内外表面应无显著腐蚀，无裂纹、重皮及凹凸不平等缺陷。

（4）铜管内外壁均应光洁，无疵孔、裂缝、结疤、层裂或气泡等缺陷。管材不应有分层，管子端部应平整无毛刺。铜管在加工、运输、储存过程中应无划伤、压入物、碰伤等缺陷。

（5）管道法兰密封面应光洁，不得有毛刺及径向沟槽，带有凹凸面的法兰应能自然嵌合，凸面的高度不得小于凹槽的深度。

（6）螺栓及螺母的螺纹应完整、无伤痕、无毛刺、残断丝等缺陷。螺栓与螺母应配合良好，无松动或卡涩现象。

（7）非金属垫片，如石棉橡胶板、橡胶板等应质地柔韧，无老化变质或分层现象，表面不应有折损、皱纹等缺陷。

（二）施工过程质量控制

1. 管道加工

（1）管子切口。

① 管子切口表面应平整，不得有裂纹、重皮、毛刺、凹凸、熔渣等缺陷。

② 切口平面允许倾斜偏差为管子直径的1%。

(2) 加工弯制：

① 铜管及铜合金弯管可用热弯或冷弯，椭圆率不大于8%。椭圆率应取弯管两端及中间三处的平均值。

② 铜管管口翻边应保持同心，不得出现裂纹、分层、豁口及折皱等缺陷，并应有良好的密封面。弯管方式及最小弯曲半径见表9-8。

**弯管方式及最小弯曲半径** **表9-8**

| 管子名称 | 弯管方式 | 最小弯曲半径 |
|---|---|---|
| 中、低压钢管 | 热弯 | $4D_g$ |
| | 冷弯 | $4.5D_g$ |
| | 热冲压或热推弯 | $1.5D_g$ |
| 有色金属管 | 冷、热弯 | $3.5D_g$ |

注：$D_g$ 为公称直径。

③ 制冷剂管道系统不得使用焊接弯管及折皱弯管。

④ 制作三通时，支管应按介质流向弯成90°弧形与主管相连(图9-3)。不得使用弯曲半径为1$D$或1.5$D$的压制弯管。

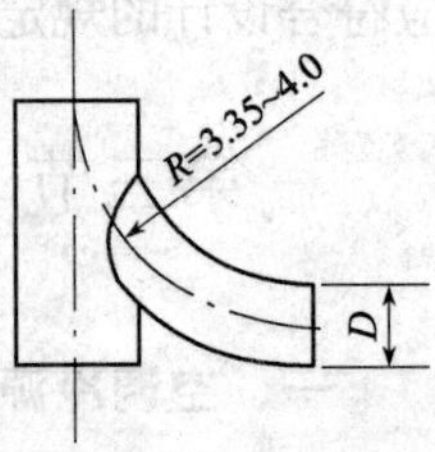

图9-3 三通管弯曲半径示意图

2. 管道安装

(1) 管道、管件及阀门清洗

① 氨及氟利昂系统管道安装前必须进行清洗，清除管道内外表面的锈蚀或污物。无缝钢管除锈时，可用圆形钢丝刷在管内往复拖拉数次，锈迹及污物除掉后，再用煤油清洗，然后用干净白布将管子内外壁擦干；铜管及配件可用煤油擦洗。清洗擦干后的管子可用干燥过的压缩空气吹洗检查，管嘴处喷出的空气在白纸上无污物时为合格。然后再将管子两端封闭，妥善保存。

② 阀门清洗。制冷系统所用阀门出厂时均涂防锈油，为防止其污染系统内的制冷剂和润滑油，影响制冷效果，各种阀门（安全阀除外）均应在安装前用煤油或工业汽油清洗，清除油污。清洗完毕后，将内外壁擦干，封闭进出口，妥善保存。

对具有合格证，进出口封闭良好，在技术文件规定的期限内阀门可不做解体清洗。否则，必须全面检查、拆卸和清洗，更换垫料、除污、除锈、研磨并重新组装，还必须作强度和严密性试验。

(2) 管道的流向、坡度

① 氟利昂制冷压缩机的吸、排气管道敷设：吸气管道水平管段的坡向应与气体流动方向一致（顺向），以便使润滑油能流回压缩机的曲轴箱内（图9-4）。

② 氨系统制冷压缩机的吸、排气管道敷设：由于氨属难溶性，所以氨系统吸气管的坡度与吸气方向相反，应坡向蒸发器（图9-5）。

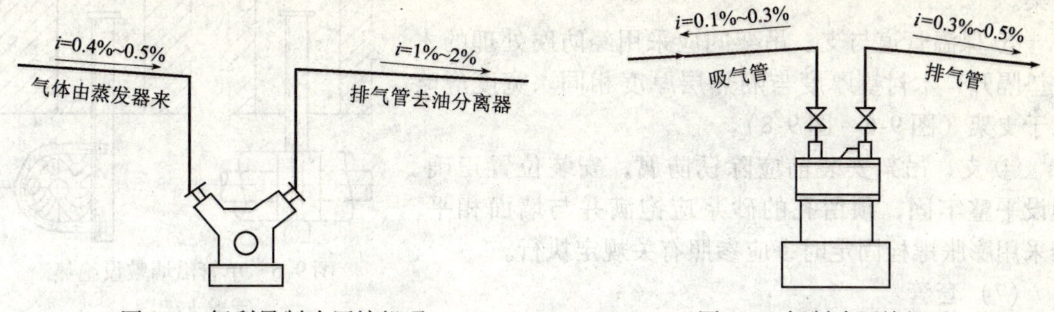


图 9-4 氟利昂制冷压缩机吸、排气管坡向、坡度

图 9-5 氨制冷压缩机吸、排气管的坡向、坡度

③ 制冷剂液体管道不得安装成有局部向上凸起的管段，即汽囊。气体管道不得安装成有局部向下凹陷的管段，避免出现“液囊”。管道积气或积液均会使系统增加流动阻力，并产生阻滞现象。

④ 从液体平管引出支管时，应从干管的底部或侧面接出；从气体干管引出支管时，应从干管的顶部接出。

（3）接压缩机的吸、排气管道安装

① 接压缩机的吸、排气管道，直接受压缩机的振动影响，应设单独固定支架，可以防止振动，减少固定噪声，并且便于检修。

② 与制冷压缩机连接的管道安装前必须保持内部干净，其固定焊口一般应远离设备，以避免焊接应力的影响。

③ 管道法兰与设备法兰连接前，应在自由状态下检查法兰的平行度和同轴度，严禁强迫对口。

（4）焊缝质量要求

① 焊缝及热影响区严禁有裂纹，焊缝表面无夹渣、气孔等缺陷。

② 氨系统管道焊缝应作射线探伤检查，固定焊口的探伤数量为10%，转动焊口的探伤数量为5%。

③ 紫铜管承插焊接时，承插口的扩口深度不应小于管径，扩口方向应迎介质流向。

（5）阀门及附件安装质量要求

① 阀门及附件应按规定的方向、位置、标高安装，如膨胀阀、截止阀制冷剂应低进高出。热力膨胀阀气由上方进入下方流出，这样阻力小，阀门上方填料部分，无论在开启还是关闭状况，总是处于低压流体一侧，不易发生泄漏。

② 安装有手柄的阀门时，手柄不得向下。电磁阀、调节阀、热力膨胀阀、升降式止回阀等的阀头均应向上竖直安装，否则，由于填料处不严密，会发生泄漏。

③ 热力膨胀阀的安装位置应高于感温包。感温包应安装在蒸发器末端的回气管上，与管道接触良好，绑扎紧密，并用隔热材料密封包扎，其厚度与保温层相同，以达到良好的传递效果。

（6）支、吊架

① 支、吊架的形式、位置、间距、标高应符合设计要求。

② 铜管直径大于或等于20mm，支架间距应适当减少，并应在弯管、阀门的附近设置

支架。

③ 保温管道与支、吊架间应采用经防腐处理的木衬垫隔开，木衬垫厚度与隔热层厚度相同。宽度应略宽于支架（图9-6～图9-8）。

④ 支、吊架安装前应除锈防腐，安装位置正确、埋设平整牢固，预留孔的砂浆应饱满并与墙面相平。若采用膨胀螺栓固定时，应参照有关规定执行。

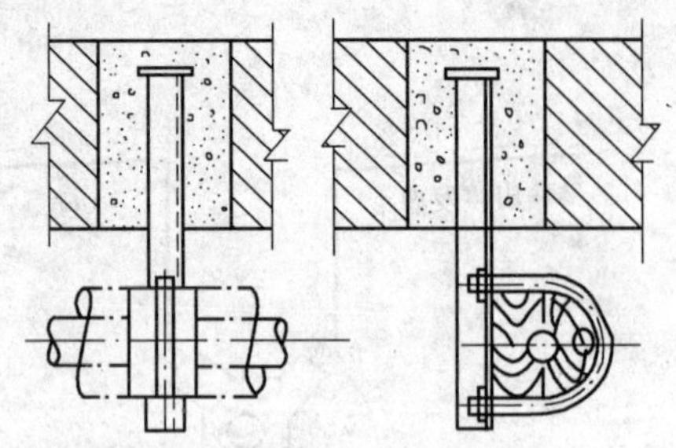

图9-6　单管沿墙敷设绝热管道支架图

（7）套管

① 管道穿墙或楼板应设钢制套管，并固定牢固，横平竖直。

② 管道焊缝、法兰及螺栓接头不得设置在套管内。

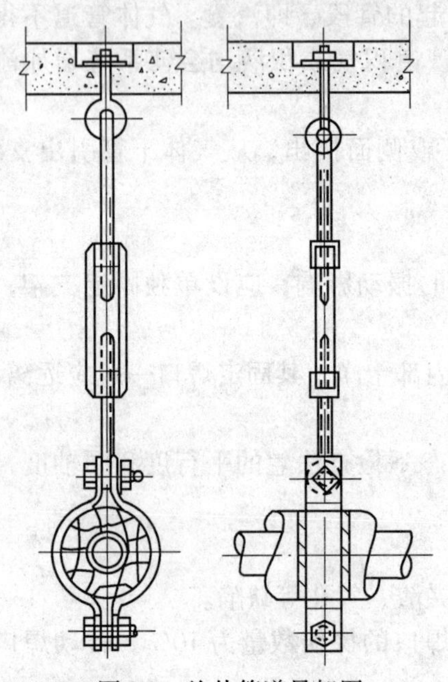

图9-7　绝热管道吊架图

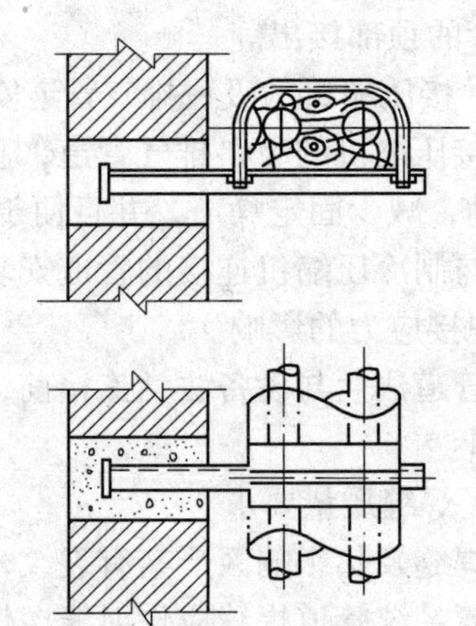

图9-8　双管沿墙敷设绝热管道支架图

③ 钢制套管应与墙面或楼板底面平齐，但应比楼板地面高出20mm以上。

④ 管道与套管之间的间隙穿过保温墙壁应用隔热不燃材料堵塞。套管与套管之间应留有10mm左右的间隔。

3. 管道系统的试验

（1）系统吹污

系统吹污时，所有阀门（除安全阀外）均处于开启状态。氨系统吹污介质为干燥空气，氟利昂系统可用惰性气体。吹污压力为0.6MPa。排污口选择在系统最低处，系统较长时可分段吹污。检查时，可用白布放置在排污口300～500mm处观察5min，无污物则认为合格。

吹污时可能有少量杂物滞留在阀门里，吹污结束后将阀芯取出清洗、吹干。

（2）气密性试验

制冷系统的总体气密性试验压力，应根据设计要求进行，若设计无规定时，可参照表9-9的规定进行。

**系统气密性试验压力**（MPa）　**表 9-9**

| 系 统 压 力 | 活 塞 式 制 冷 机 | | | 离心式制冷机 |
|---|---|---|---|---|
| | $R_{717}$ | $R_{22}$ | $R_{12}$ | $R_{11}$ |
| 低压系统 | 1.18 | 1.18 | 0.91 | 0.091 |
| 高压系统 | 1.77 | 1.77 | 1.57 | 0.091 |

气密性试验需保持24h，前6h压力下降不应大于0.03MPa，后18h压力无变化为合格（除去因环境温度变化而引起的误差）。

由于环境温度而影响的压力可按下式修正。

$$P_2 = P_1 \frac{273 + t_2}{273 + t_1} \text{（MPa）} \tag{9-2}$$

式中　$P_1$，$t_1$——试验开始时的压力及温度；

$P_2$，$t_2$——试验终了时的压力及温度。

（3）真空试验

真空试验以剩余压力表示，保持时间为24h。氨系统的试验压力不高于8.0kPa（即60mm汞柱），24h后压力以不发生变化为合格；氟系统的试验压力不高于5.32kPa（即40mm汞柱），24h后回升不大于0.53kPa为合格。

（4）充注制冷剂

充注制冷剂应按下列步骤进行：首先充注适量制冷剂，氨系统加压到0.1~0.2MPa，用酚酞试纸检漏。氟利昂系统加压到0.2~0.3MPa，用卤素喷灯或卤素检漏仪检漏，无渗漏时，再按技术文件规定继续加液。充注时应防止吸入空气和杂质，严禁用高于40℃的温水或其他方法对钢瓶加热。

## 二、采暖节能热源室外管网系统质量控制

### （一）管道安装

1. 管道连接、管道安装、阀门及配件安装质量控制

（1）管道连接质量控制

1）镀锌钢管螺纹连接

① 螺纹加工质量控制

a. 管螺纹加工前应检查铰板，板牙应完好，四块板牙安装顺序应正确，铰板后部的三脚卡爪中心应能汇集在一点。并检查管子外径及端面切口，管子外径应符合要求，端部必须圆整，切割平齐。

b. 切削过程必须注意以下几点：

a）管子应放置平整、垫实，铰板卡爪应夹紧，使管子中心线与铰板中心保持一致，防止铰出歪牙；

b）控制切削量，不论手工或机械套丝，应根据管径大小确定切削次数，管径大于25mm的，不可一次套成，应分2~3次套成；

c）套丝时，应用机油等冷却液对螺纹充分冷却，以防止烂牙；

d）采用机械套丝时，宜采用低速切削；手工套丝时应用力均匀，不能有冲击力；

e）套丝结束前应慢慢放松板牙，以保持螺纹锥度，保证连接紧密。

c. 对加工的螺纹质量应进行检查，螺纹质量应符合国家标准《非螺纹密封的管螺纹》（GB 7367）的规定。螺纹加工长度应包括完整螺纹、不完整螺纹及螺尾，其长度应符合表9-10规定。螺纹应清洁、规整，断丝或缺丝不大于螺纹全扣数的10%。

**圆锥管螺纹的加工长度**（mm） **表9-10**

| 公称直径 | 15 | 20 | 25 | 32 | 40 | 50 | 65 | 80 | 100 |
|---|---|---|---|---|---|---|---|---|---|
| 螺纹加工长度 | 15 | 17 | 19 | 22 | 22 | 26 | 26 | 31 | 38 |
| 螺纹牙数 | 8 | 9 | 8 | 9 | 9 | 11 | 11 | 23 | 16 |

② 管道螺纹连接质量控制

a. 连接前，用手将管件拧上，检查管螺纹松紧程度。用手拧上后，管螺纹应留有足够的装配余量可供拧紧，否则，应选用合适管件或加工螺纹时调整螺纹切削量。

b. 应正确地缠绕填料及上紧管件：

a）填料应顺时针方向，薄而均匀地紧贴缠绕在外螺纹上，上管件时，应使填料吃进螺纹间隙内，不得将填料挤出；

b）应使用合适的管子钳，使螺纹的连接紧密牢固。螺纹应一次上紧，不应倒回，拧紧后螺纹根部应有2～3扣的外露螺纹；

c）螺纹连接后，应进行外观检查，清除外露油麻，对被破坏的镀锌层应进行防腐处理；

d）镀锌钢管螺纹连接时，不得使用非镀锌的管件。

2）镀锌钢管螺纹法兰连接

① 安装前，检查法兰规格应符合设计要求，并清除内螺纹及法兰密封面上的铁锈、油污及灰尘，把密封面上的密封线剔清楚。

② 装上的管螺纹法兰应与管子中心线保持垂直，两片法兰间应相互平行。

③ 正确地安放垫片及拧紧螺栓：

a. 垫片不得凸入法兰内，其边缘接近螺栓孔为宜。不得安放双垫或偏垫。

b. 连接法兰的螺栓，直径和长度应符合标准。安装方向一致，即螺母在同一侧。拧紧螺栓时应对称均匀，松紧一致，拧紧后的螺栓突出螺母的长度不大于螺杆直径的1/2。

④ 法兰连接不得直接埋在地下，必须埋地时应设检查井。法兰及螺栓应涂防腐漆。

3）镀锌钢管卡箍（套）连接

① 卡箍（套）连接两管口端应平整、无缝隙。

② 沟槽应均匀，卡紧螺栓后管道应平直。

③ 卡箍（套）安装方向应一致。

4）铸铁给水管承插连接

① 水泥接口质量控制：

a. 施工前检查管子规格及压力等级应符合设计要求，并用手锤轻轻敲打承插口进行检查，如有裂纹或其他缺陷者不得使用；清除承插口上的毛刺、污物及管道内泥土等杂物。

b. 排管前应检查管沟地基，管道严禁铺设在冻土和未经处理的松土上。管沟的坐标标高应符合设计要求。

c. 应保证承插口的管子插入深度和插入间隙；承插接口间隙应不小于3mm，最大间隙应符合表9-11的规定，承插口的环形间隙应符合表9-12的规定。

铸铁管承插口的对口最大间隙（mm）　**表9-11**

| 管　径 | 沿直线铺设 | 沿曲线铺设 | 管　径 | 沿直线铺设 | 沿曲线铺设 |
|---|---|---|---|---|---|
| 75 | 4 | 5 | 300~500 | 6 | 14~22 |
| 100~200 | 5 | 7~13 | | | |

铸铁管承插接口的环形间隙（mm）　**表9-12**

| 管　径 | 标准环形间隙 | 允许偏差 | 管　径 | 标准环形间隙 | 允许偏差 |
|---|---|---|---|---|---|
| 75~200 | 10 | +3<br>−2 | 500 | 12 | +4<br>-2 |
| 250~450 | 11 | +4<br>−2 | | | |

d. 捻口时应将油麻和水泥分层填实，检查要求如下：

a）油麻拧成麻辫后，其直径应为间隙的1.5倍，长度比管子外圆周长100~150mm。油麻应打实，二圈之间接口应错开。油麻打入深度占整个环行间隙深度的1/3；

b）水泥应分层填实，用手锤敲打结实。管径小于300mm时采用“三填六打法”，即每填一层灰打二遍，共填三次灰。管径大于350mm时采用“四填八打法”，最后填满打实，达到灰口密实、饱满。填料凹入承口边缘的深度不得大于2mm，表面应平整光滑。

c）接口应做好养护，埋地管可在管口涂上湿润黄泥，浇水养护，养护期间的管道接口应防止受到振动的影响。

② 橡胶圈接口质量控制：

施工时应注意控制每个接口的偏转角度。

5）非镀锌管连接

① 钢管焊接连接质量控制：

a. 管道焊接位置应遵守下列规定：

a）管道附件及管道的焊缝上，不得开孔或连接支管；

b）管道的对口焊接距弯管的起弯点不得小于管子外径，且不得小于100mm，焊缝离支架边缘必须大于50mm。

b. 钢管的焊接连接，可采用氧-乙炔气焊或电弧焊。*DN*50以下的管子可使用氧-乙炔气焊。大于*DN*50的管子宜使用电弧焊。钢管的焊接连接必须满足下述条件：

a）钢管坡口及组对：

管壁厚度大于或等于3mm必须坡口，按V形坡口的组对要求，应留有1.5~2mm对口间隙，以保证焊透；

气割的坡口，应除去表面氧化皮，并将影响焊接质量的高低不平处打磨平整；

管子对口时，应使两根管子中心线在同一直线上，且不准强行对口焊接；

管子对口时的错口偏差，应不超过管壁厚度20%，且不超过2mm；

距管端15~20mm范围内的油污、铁锈等应清除干净。

b）管道及管件焊接的焊缝表面质量：

焊缝外形尺寸应符合图纸和工艺文件的规定，焊缝高度不得低于母材表面，焊缝与母材应圆滑过渡；

焊缝及热影响区表面应无裂纹、未熔合、未焊透、夹渣、弧坑和气孔等缺陷。

c. 钢管管道焊口尺寸的允许偏差应符合表 9-13 的规定。

**钢管管道焊口允许偏差**　　**表 9-13**

<table>
<tr><th colspan="3">项　目</th><th>允 许 偏 差</th></tr>
<tr><td>焊口平直度</td><td colspan="2">管壁厚 10mm 以内</td><td>管壁厚 1/4</td></tr>
<tr><td rowspan="2">焊缝加强面</td><td colspan="2">高　度</td><td rowspan="2">±1mm</td></tr>
<tr><td colspan="2">宽　度</td></tr>
<tr><td rowspan="3">咬　边</td><td colspan="2">深　度</td><td>小于 0.5mm</td></tr>
<tr><td rowspan="2">长　度</td><td>连续长度</td><td>25mm</td></tr>
<tr><td>总长度（两侧）</td><td>小于焊缝长度的 10%</td></tr>
</table>

d. 外观检查如发现焊缝缺陷超过规定标准，应按表 9-14 进行整修。

**管道焊接缺陷允许程度及修整方法**　　**表 9-14**

<table>
<tr><th>缺 陷 种 类</th><th>允 许 程 度</th><th>修 整 方 法</th></tr>
<tr><td>焊缝尺寸不符合标准</td><td>不允许</td><td>焊缝加强部分如不足，应补焊，如过高过宽则作修整</td></tr>
<tr><td>焊　瘤</td><td>严重的不允许</td><td>铲　除</td></tr>
<tr><td rowspan="2">咬　肉</td><td>深度大于 0.5mm</td><td rowspan="2">清理后补焊</td></tr>
<tr><td>连续长度大于 25mm</td></tr>
<tr><td>焊缝或热影响区表面有裂纹</td><td>不允许</td><td>将焊口铲除重焊</td></tr>
<tr><td>焊缝表面弧坑、夹渣或气泡</td><td>不允许</td><td>铲除缺陷后补焊</td></tr>
<tr><td>管子中心线错开或弯曲</td><td>超过规定的不允许</td><td>修　整</td></tr>
</table>

e. 弯制钢管，弯曲半径应符合下列规定：

a）热弯：应不小于管道外径的 3.5 倍；

b）冷弯：应不小于管道外径的 4 倍；

c）焊接弯头：应不小于管道外径的 1.5 倍；

d）管道上使用冲压弯头时，所使用的冲压弯头外径应与管道外径相同。

f. 焊接法兰连接质量控制：

a）法兰应垂直于管子中心线，用角尺找正法兰与管子垂直，管端插入法兰深度为法兰厚度的 1/2～2/3。法兰的内外面均需焊接，法兰内侧的焊缝不得凸出密封面。法兰焊接后应将毛刺及熔渣清除干净，内孔应光滑，法兰面应无飞溅物；

b）法兰装配时，两法兰应相互平行，不得将不平行的法兰强制对口。

g. 铜管焊接连接质量控制：

a）管径小于 22mm 时宜采用承插或套管焊接，承口应迎介质流向；当管径大于或等于 22mm 时宜采用对口焊接；

b）铜在焊接过程中，有易氧化、易变形、易蒸发（如锌等）、易产生气孔等不良现象，给焊接带来困难。因此，焊接铜管时，必须合理选择焊接工艺，正确使用焊具和焊料，严格遵守焊接操作规程，不断提高操作技术，才能获得优质的焊缝。铜管的焊接方法较多，目前广泛采用的为手工电弧焊和钎焊。钎焊是利用成分与基础金属不同的、熔点较焊件低的钎料和焊件一同加热，使钎料熔化，但焊件不熔化。借助毛细管吸力作用，使钎料填满连接处的间隙，而把焊件连接在一起。钎焊时，焊件温度较低，因而具有工件的金相组织和机械性能变化不大，变形较小，接头平整光滑，焊合过程简单，生产率高等优点。铜管钎焊一般在不承受冲击、弯曲负荷或承受较低冲击、振动负荷的场所使用。

h. 为保证焊缝质量，施焊时应注意以下几点：

a）铜的导电性强，施焊前焊件要预热（用氧-乙炔焰预热至200℃以上），并用较大电流焊接；

b）铜的电膨胀系数大，导热快，热影响区大，凝固时产生的收缩应力较大，因此装配间隙要大些；

c）根据管材成分和壁厚等因素，要正确选用焊条种类、直径和焊接电流强度；

d）焊接黄铜时，焊接电流强度应比紫铜小；

e）铜在焊接时应采用直流电源反极性接法；

f）铜管接头有对接、搭接（承插焊）等形式（图9-9、图9-10）；

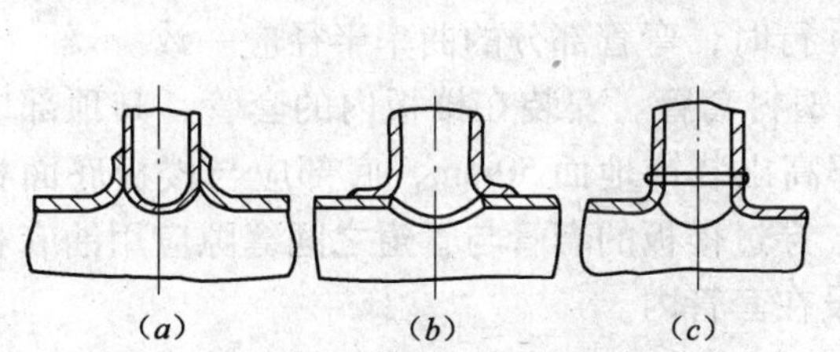


图9-9　铜管和支管的焊接连接
（a）管子孔口卷边和支管搭接焊；
（b）支管卷边连接；（c）管子卷边和支管对口焊

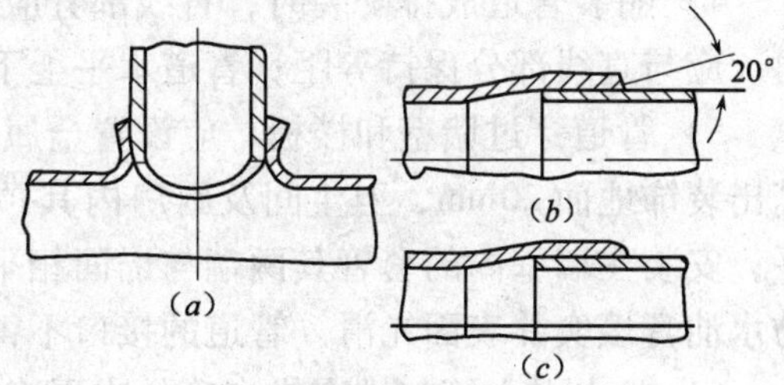


图9-10　铜管钎焊的接头形式
（a）铜管和支管钎焊连接；
（b）、（c）钎焊铜管搭接的两种形式

g）钎焊接头强度小，一般采用搭接形式。搭接长度为管壁的6~8倍。管子的公称直径小于25mm时，搭接长度为1.2~1.5$D$；

h）焊接前，必须清除管道上的污物。焊后趁焊件在热态下，用小平锤敲打焊件，以消除热应力。钎焊后的管道，必须除去残留的熔剂和熔渣。

i. 塑料管和复合管的连接形式：

a）塑料管一般采用承插粘结或热熔连接，复合管一般采用卡套式连接；

b）熔接后的结合面应有一均匀的熔接圈，不得出现局部熔瘤或熔接圈凹凸不均现象；

c）管道采用卡套式连接，安装时管道插入管件后应拧动管帽，压紧胶圈或管箍。

j. 塑料管及复合管煨制90°弯管时，弯曲半径应符合下列规定：

a）塑料管：应不小于管道外径的8倍；

b）复合管：应不小于管道外径的5倍。

k. 管道采用粘结接口，管端插入承口的深度不得小于表9-15的规定。

**管端插入承口的深度** **表 9-15**

| 公称直径（mm） | 20 | 25 | 32 | 40 | 50 | 75 | 100 | 125 | 150 |
|---|---|---|---|---|---|---|---|---|---|
| 插入长度（mm） | 16 | 19 | 22 | 26 | 31 | 44 | 61 | 69 | 80 |

（2）管道安装质量控制

1）管道安装时定位尺寸应正确。

① 明装管道安装时，一般管外壁与抹灰面的净距离为 20 ~ 30mm（承口连接以承口外壁计）。当管径小于或等于 32mm 时，为 20 ~ 25mm；大于 32mm 时，为 25 ~ 30mm。

② 暗敷塑料给水管道埋入墙体内，应与土建配合做好留槽或开管槽，管道埋墙深度从管外壁至墙面的距离不应小于 15mm，管件外表面不得突出墙面，管道在槽内应固定；管道经二次试压合格后方可补槽。

2）地下室或地下构筑物外墙有管道穿过的，应采取防水措施。对有严格防水要求的建筑物，必须采用防水套管。

3）管道穿过结构伸缩缝、抗震缝及沉降缝敷设时，应根据情况采取下列保护措施：

① 在墙体两侧采取柔性连接。

② 在管道或保温层外皮上、下留有不小于 150mm 的净空。

③ 在穿墙处做成方形补偿器，水平安装。

4）明装管道成排安装时，直线部分应互相平行。曲线部分：当管道水平或垂直并行时，应与直线部分保持等距；管道水平上下并行时，弯管部分的曲率半径应一致。

5）管道穿过墙壁和楼板，应设置金属或塑料套管。安装在楼板内的套管，其顶部应高出装饰地面 20mm，卫生间及厨房内其顶部高出装饰地面 50mm，底部应与楼板底面相平；安装在墙壁内的套管其两端与饰面相平。穿过楼板的套管与管道之间缝隙应用油麻和防水油膏填实并表面光滑。管道的接口不得设在套管内。

6）给水引入管与排水排出管的水平净距不得小于 1m。室内给水与排水管道平行铺设时，两管间的最小水平净距不得小于 0.5m；交叉铺设时，垂直净距不得小于 0.15m。给水管应铺在排水管上面，若给水管必须铺在排水管下面时，给水管必须加套管，其长度不得小于排水管管径的 3 倍。

7）给水立管和装有 3 个或 3 个以上配水点的支管始端，均应安装可拆卸的连接件。

8）冷、热水管道安装应符合下列规定：

① 上下平行安装时，热水管应在冷水管上方。

② 垂直平行安装时，热水管应在冷水管左侧。

9）水平管道应有 2‰ ~ 5‰的坡度坡向泄水装置。

10）管道应进行调直，安装时，应进行拉线及吊线检查。

11）塑料管和复合管明敷安装时，应利用管道折角进行自然补偿。当采用折角自然补偿有困难时，支管长度大于等于 6.0m，在引出点应设专用伸缩节，且在干管部位应设固定支承。当采用橡胶密封圈连接的管道，固定支承点间距不应大于 6.0m，且应在折角转弯的管件部位采用防止推脱措施。

（3）阀门及配件安装质量控制

1）阀门规格及安装位置应正确：

① 安装前应检查阀门的型号、规格，检查有否损坏，并清洗干净。安装时，应将阀门关闭，以免杂物落入，影响阀门严密性。

② 阀门安装位置应符合设计要求，进出口方向应符合介质流向。对于安装时有方向与位置要求的阀门，如升降式止回阀，升降的阀瓣的轴心一定要呈垂直方向。

2）阀门的连接应紧密，螺纹连接与法兰连接的要求与前述镀锌钢管螺纹连接及法兰连接的要求相同，但螺纹连接时，管道加工的外螺纹有效长度应与阀门上持有的外螺纹长度相适应。一般应稍短于管件连接时的螺纹长度，以防止连接时将阀门的螺纹壳体胀裂。

3）安装完的阀门应符合其使用功能要求。阀杆与阀芯的连接应灵活、可靠，阀门的启闭应灵活，阀杆的安装朝向应合理，要有利于操作维修，又不影响交通或其他设施的工作。

4）水表的安装：

① 水表应安装在便于检修、不受暴晒、污染和冻结的地方。

② 安装螺翼式水表，表前与阀门应有不小于 8 倍水表接口直径的直线管段。

③ 表外壳距墙外表面的净距为 10 ~ 30mm。

④ 水表前应有阀门，两边与管道连接应有活络接头，水表安装应牢固平整，不得歪斜。

⑤ 水表安装标高应符合设计要求。

5）在同一房间内，同类型的管道配件除有特殊要求外，应分别安装在同一高度上。

（4）支（吊、托）架及管座安装质量控制

1）支架形式及加工质量

支架形式、尺寸、规格应符合设计要求，支架孔、眼应采用电钻或冲床加工，其孔径应比管卡或吊杆直径大 1 ~ 2mm。管卡的尺寸与管子的配合应能达到接触紧密的要求。

2）支架设置位置

① 管道支架的设置位置应符合设计要求，设计未规定时，钢管水平安装的支架不应超过表 9-16 所规定的最大间距，塑料管水平安装的支架不应超过表 9-17 所规定的最大间距，铜管水平安装的支架不应超过表 9-18 所规定的最大间距。且支架应均匀布置，直线管道上的支架应采用拉线检查的方法使支架保持同一直线，以便使管道排列整齐，管道与支架之间紧密接触。铜管与金属支架间应加橡胶垫。

**钢管管道支架的最大间距** 表 9-16

| 公称直径（mm） | | 15 | 20 | 25<br>32 | 40 | 50 | 70 | 80 | 100 | 125 | 150 | 200 | 250 | 300 |
|---|---|---|---|---|---|---|---|---|---|---|---|---|---|---|
| 支架的最大间距（m） | 保温管 | 2 | 2.5<br>2.5 | 2.5 | 3 | 3 | 4 | 4 | 4.5 | 6 | 7 | 7 | 8 | 8.5 |
| | 不保温管 | 2.5 | 3<br>3.5 | 4 | 4.5 | 5 | 6 | 6 | 6.5 | 7 | 8 | 9.5 | 11 | 12 |

**塑料管和复合管管道支架的最大间距** 表 9-17

| 管 径（m） | | | 12 | 14 | 16 | 18 | 20 | 25 | 32 | 40 | 50 | 63 | 75 | 90 | 110 |
|---|---|---|---|---|---|---|---|---|---|---|---|---|---|---|---|
| 支架的最大间距（m） | 立 管 | | 0.5 | 0.6 | 0.7 | 0.8 | 0.9 | 1 | 1.1 | 1.3 | 1.6 | 1.8 | 2 | 2.2 | 2.4 |
| | 水平管 | 冷水管 | 0.4 | 0.4 | 0.5 | 0.5 | 0.6 | 0.7 | 0.8 | 0.9 | 1 | 1.1 | 1.2 | 1.35 | 1.55 |
| | | 热水管 | 0.2 | 0.2 | 0.25 | 0.3 | 0.3 | 0.35 | 0.4 | 0.5 | 0.6 | 0.7 | 0.8 | | |

**铜管管道支架的最大间距**　　表 9-18

| 公称直径（mm） | | 15 | 20 | 25 | 32 | 40 | 50 | 65 | 80 | 100 | 125 | 150 | 200 |
|---|---|---|---|---|---|---|---|---|---|---|---|---|---|
| 支架的最大间距（m） | 垂直管 | 1.8 | 2.4 | 2.4 | 3 | 3 | 3 | 3.5 | 3.5 | 3.5 | 3.5 | 4 | 4 |
| | 水平管 | 1.2 | 1.8 | 1.8 | 2.4 | 2.4 | 2.4 | 3 | 3 | 3 | 3 | 3.5 | 3.5 |

② 立管管卡安装，层高小于或等于 5m，每层须安装一个；层高大于 5m，每层不得小于 2 个。管卡安装高度，距地面应为 1.5～1.8m，2 个以上管卡应匀称安装，同一房间管卡应安装在统一高度上。

3）支架的支承

支架和管座必须设在牢固的结构物上。

① 墙内埋设的支架，埋入墙内部分一般不得小于 120mm，且应开脚。埋入前，应将墙洞内清理干净，并用水浇湿，用 1：2 水泥砂浆和适量石子将其填实紧密。

② 采用膨胀螺栓锚固时，膨胀螺栓距结构物边缘的尺寸，螺栓间距及螺栓的承载能力应符合设计要求。

③ 在预埋铁件上焊接支架时，焊缝长度及高度应符合设计要求。

④ 埋地管道的支座（墩），必须设置在坚实老土上，松土地基必须夯实。严禁将管墩浇筑在冻土或未经处理的松土上。

⑤ 固定支架与管道接触应紧密，固定应牢靠。

⑥ 滑动支架应灵活，滑托与滑槽两侧间应留有 3～5mm 的间隙，纵向移动量应符合设计要求。

⑦ 无热伸长管道的吊架、吊杆应垂直安装。

⑧ 有热伸长管道的吊架、吊杆应向热膨胀的反方向偏移。

（5）水压试验质量控制

管道和阀门的水压试验结果应符合设计要求或规范的规定：

① 各种材质的给水管道系统试验压力均为工作压力的 1.5 倍，但不得小于 0.6MPa。

② 阀门的强度试验和严密性试验应符合以下规定：阀门的强度试验压力为公称压力的 15 倍；严密性试验压力为公称压力的 11 倍；试验压力在试验持续时间内应保持不变，且壳体填料及阀门密封面无渗漏。阀门试压的试验持续时间应不少于表 9-19 的规定。

**阀门试验持续时间**　　表 9-19

| 工程直径 $DN$（mm） | 最短试验持续时间（s） | | |
|---|---|---|---|
| | 严密性试验 | | 强度试验 |
| | 金属密封 | 非金属密封 | |
| ≤50 | 15 | 15 | 15 |
| 65～200 | 30 | 15 | 60 |
| 250～450 | 60 | 30 | 180 |

③ 试验时，应充分排除系统中空气，试压用的压力表应在校验有效期内。

④ 水压试验时，应做好水压试验记录。

(6) 给水系统的吹洗质量控制

给水管道的吹洗一般采用饮用水。吹洗时，水在管内的流速应不小于3m/s，吹洗工作应连续进行。吹洗的合格标准，在设计无特殊规定的情况下，通常只需以肉眼观察进、出口水的透明度趋向一致即可认为合格。但生活给水系统管道在交付使用前还必须消毒，并经有关部门取样检验，符合国家饮用水标准方可使用。

(7) 管道、金属支架油漆质量控制

① 工件表面除锈及清洁度：

油漆前应清除金属表面的铁锈，焊渣及污垢，露出金属本身光泽。禁止一边除锈，一边涂漆。油漆应涂在干燥的金属表面上。涂漆应在水压试验后进行。

② 油漆涂刷质量：

油漆的种类应符合设计要求，除锈后应涂防锈漆，再刷面漆。禁止直接刷面漆，涂漆遍数应符合设计要求，必须在第一遍干燥后再涂第二遍，刷漆时颜色应一致，所刷油漆应薄而均匀，附着良好，以免发生流淌。所刷油漆应无脱皮、起泡或漏涂。

(二) 管道连接质量控制

(1) 焊接钢管的连接，管径小于或等于32mm时，应采用螺纹连接；管径大丁32mm时，采用焊接。

(2) 上供下回系统的热水干管变径应顶平偏心连接，蒸汽干管变径应底平偏心连接。

(3) 在管道焊接时，从干管接出垂直或水平分支管道，干管开孔所产生的钢渣及管壁等废弃物不得残留管内，且分支管道在焊接时不得插入干管内。

(4) 膨胀水箱的膨胀管及循环管上不得安装阀门。

(5) 当采暖热媒为110~130℃的高温水时，管道可拆件应使用法兰，不得使用长丝和活接头；法兰垫料应使用耐热橡胶板。

(6) 散热器支管长度超过15m时，应在中间安装管卡。

(三) 管道坡度质量控制

(1) 汽水同向流动的热水采暖管道和汽水同向流动的蒸汽管道及凝结水管道，坡度应为3‰，不得小于2‰。

(2) 汽水逆向流动的热水采暖管道和汽水逆向流动的蒸汽管道，坡度不得小于5‰。

(3) 散热器支管的坡度，应为1‰，坡度应利于排气和泄水。

(四) 管道附件安装质量控制

1. 减压器安装：

(1) 安装前，应核对其规格，调压范围应符合规定，安装后应调压至设计规定的使用压力，并做好调试后的标志和调试记录。

(2) 减压器前的管径应与阀体的直径一致，减压器后的管径可比阀前的管径大1~2号。

(3) 减压器两侧应安装截止阀和旁通管。

(4) 为了便于减压器的调整工作，阀前的高压管道和阀后的低压管道上都应安装压力表。阀后低压管道上应安装安全阀，安全阀排气管应接至室外。

2. 除污器安装

热介质应从管板孔的网格外进入，进行系统试压或清扫后，应将除污器打开，清除垃圾。

3. 疏水器安装

疏水器前宜安装过滤器，疏水器应安装在管道和设备的排水线以下。如凝结水管高于蒸汽管道或设备排水线，疏水器后应安装止回阀。

4. 喷射器安装

蒸汽喷射器的喷嘴与混合室、扩压管的中心线必须一致，出口后的直管段一般为2~3m。

5. 减压器、除污器、疏水器、蒸汽喷射器的几何尺寸（指其成组安装的长、宽、高组对尺寸）的允许偏差为±10mm。

## 第四节　空调与采暖系统冷热源及管网节能分项工程质量标准与验收

### 一、空调与采暖系统冷热源及管网节能分项工程质量标准

（一）主控项目

1. 空调与采暖系统冷热源设备及其辅助设备、阀门、仪表、绝热材料等产品进场时，应按照设计要求对其类型、规格和外观等进行检查验收，并应对下列产品的技术性能参数进行核查。验收与核查的结果应经监理工程师（建设单位代表）检查认可，并应形成相应的验收、核查记录。各种产品和设备的质量证明文件和相关技术资料应齐全，并应符合国家现行有关标准和规定。

（1）锅炉的单台容量及其额定热效率；

（2）热交换器的单台换热量；

（3）电机驱动压缩机的蒸汽压缩循环冷水（热泵）机组的额定制冷量（制热量）、输入功率、性能系数及综合部分负荷性能系数；

（4）电机驱动压缩机的单元式空气调节机、风管送风式和屋顶式空气调节机组的名义制冷量、输入功率及能效比；

（5）蒸汽和热水型溴化锂吸收式机组及直燃型溴化锂吸收式冷（温）水机组的名义制冷量、供热量、输入功率及性能系数；

（6）集中采暖系统热水循环水泵的流量、扬程、电机功率及耗电输热比；

（7）空调冷热水系统循环水泵的流量、扬程、电机功率及输送能效比（*ER*）；

（8）冷却塔的流量及电机功率；

（9）自控阀门与仪表的技术性能参数。

2. 空调与采暖系统冷热源及管网节能工程的绝热管道、绝热材料进场时，应对绝热材料的导热系数、密度、吸水率等技术性能参数进行复验，复验应为见证取样送检。

3. 空调与采暖系统冷热源设备和辅助设备及其管网系统的安装。应符合下列规定：

（1）管道系统的制式，应符合设计要求；

（2）各种设备、自控阀门与仪表应按设计要求安装齐全，不得随意增减和更换；

（3）空调冷（热）水系统。应能实现设计要求的变流量或定流量运行；

（4）供热系统应能根据热负荷及室外温度变化实现设计要求的集中质调节、量调节或质—量调节相结合的运行。

4. 空调与采暖系统冷热源和辅助设备及其管道和室外管网系统，应随施工进度对与节能有关的隐蔽部位或内容进行验收，并应有详细的文字记录和必要的图像资料。

5. 冷热源侧的电动两通调节阀、水力平衡阀及冷（热）量计量装置等自控阀门与仪表的安装，应符合下列规定：

（1）规格、数量应符合设计要求；

（2）方向应正确，位置应便于操作和观察。

6. 锅炉、热交换器、电机驱动压缩机的蒸汽压缩循环冷水（热泵）机组、蒸汽或热水型溴化锂吸收式冷水机组及直燃型溴化锂吸收式冷（温）水机组等设备的安装，应符合下列要求：

（1）规格、数量应符合设计要求；

（2）安装位置及管道连接应正确。

7. 冷却塔、水泵等辅助设备的安装应符合下列要求：

（1）规格、数量应符合设计要求；

（2）冷却塔设置位置应通风良好，并应远离厨房排风等高温气体；

（3）管道连接应正确。

8. 空调冷热源水系统管道及配件绝热层和防潮层的施工要求，可按照《建筑节能工程施工质量验收规范》(GB 50411) 第 10.2.11 条的规定执行。

9. 当输送介质温度低于周围空气露点温度的管道，采用非闭孔绝热材料作绝热层时，其防潮层和保护层应完整，且封闭良好。

10. 冷热源机房、换热站内部空调冷热水管道与支、吊架之间绝热衬垫的施工可按照《建筑节能工程施工质量验收规范》(GB 50411) 第 10.2.12 条执行。

11. 空调与采暖系统冷热源和辅助设备及其管道和管网系统安装完毕后，系统试运转及调试必须符合下列规定：

（1）冷热源和辅助设备必须进行单机试运转及调试；

（2）冷热源和辅助设备必须同建筑物室内空调或采暖系统进行联合试运转及调试；

（3）联合试运转及调试结果应符合设计要求，且允许偏差或规定值应符合表 9-20 的有关规定。当联合试运转及调试不在制冷期或采暖期时，应先对表 9-20 中序号 2、3、5、6 四个项目进行检测，并在第一个制冷期或采暖期内，带冷（热）源补作序号 1、4 两个项目的检测；

**联合试运转及调试检测项目与允许偏差或规定值**　　**表 9-20**

| 序　号 | 检　测　项　目 | 允许偏差或规定值 |
|---|---|---|
| 1 | 室内温度 | 冬季不得低于设计计算温度 2℃，且不应高于 1℃；<br>夏季不得高于设计计算温度 2℃，且不应低于 16℃ |
| 2 | 供热系统室外管网的水力平衡度 | 0.9～1.2 |
| 3 | 供热系统的补水率 | ≤0.5% |
| 4 | 室外管网的热输送效率 | ≥0.92 |
| 5 | 空调机组的水流量 | ≤20% |
| 6 | 空调系统冷热水、冷却水总流量 | ≤10% |

（二）一般项目

空调与采暖系统的冷热源设备及其辅助设备、配件的绝热，不得影响其操作功能。

## 二、空调与采暖系统冷热源及管网节能分项工程质量验收

（一）验收基本规定

空调与采暖系统冷热源设备、辅助设备及其管道和管网系统节能工程的验收，可分别按冷源和热源系统及室外管网进行，并应符合本书第一章第四节的规定。

（二）隐蔽工程验收

1. 验收要求

（1）应随施工进度对与节能有关的隐蔽部位及时进行验收；

（2）应有详细的文字记录和必要的图像资料。

2. 验收部位（或内容）

主要的隐蔽部位通常检查以下内容：

（1）地沟和吊顶内部的管道安装及绝热；

（2）绝热层附着的基层及其表面处理；

（3）绝热材料粘结或固定；

（4）绝热板材的板缝及构造节点；

（5）热桥部位处理等。

3. 通风与空调工程竣工验收时，应检查竣工验收的资料，一般包括下列文件及记录：

（1）图纸会审记录、设计变更通知书和竣工图；

（2）主要材料、设备、成品、半成品和仪表的出厂合格证明及进场检（试）验报告；

（3）隐蔽工程检查验收记录；

（4）工程设备、风管系统、管道系统安装及检验记录；

（5）管道试验记录；

（6）设备单机试运转记录；

（7）系统无生产负荷联合试运转与调试记录；

（8）分部（子分部）工程质量验收记录；

（9）观感质量综合检查记录；

（10）安全和功能检验资料的核查记录。

# 第十章　配电与照明节能分项工程质量控制与验收

## 第一节　建筑物低压配电和照明系统施工质量控制

### 一、配电母线与电缆安装

（一）母线质量要求

1. 铜、铝母线、铝合金管母线当无出厂合格证件或资料不全时，以及对材质有怀疑时，应按表 10-1 的要求进行检验。

**母线的机械性能和电阻率**　　**表 10-1**

| 母线名称 | 母线型号 | 最小抗拉强度 ($N/mm^2$)① | 最小伸长度 (%) | 2℃时最大电阻率 ($\Omega \cdot mm^2/m$) |
|---|---|---|---|---|
| 铜母线 | TMY | 255 | 6 | 0.01777 |
| 铝母线 | LMY | 115 | 3 | 0.0290 |
| 铝合金管母线 | LF21Y | 137 | | 0.0373 |

注：①$1N/mm^2 = 1MPa$。

2. 母线表面应光洁平整，不应有裂纹、折皱、夹杂物及变形和扭曲现象。

3. 成套供应的封闭母线、插接母线槽的各段应标志清晰，附件齐全，外壳无变形，内部无损伤。

螺栓固定的母线搭接面应平整，其镀银层不应有麻面、起皮及未覆盖部分。

（二）硬母线加工

1. 母线应矫正平直，切断面应平整。

2. 矩形母线应进行冷弯，不得进行热弯。

3. 母线弯制时应符合下列规定（图 10-1）：

（1）母线开始弯曲处距最近绝缘子的母线支持夹板边缘不应大于 $0.25L$，且不得小于 50mm。

（2）母线开始弯曲处距母线连接位置不应小于 50mm。

（3）矩形母线应减少直角弯曲，弯曲处不得有裂纹及显著的折皱，母线的最小弯曲半径应符合表 10-2 的规定。

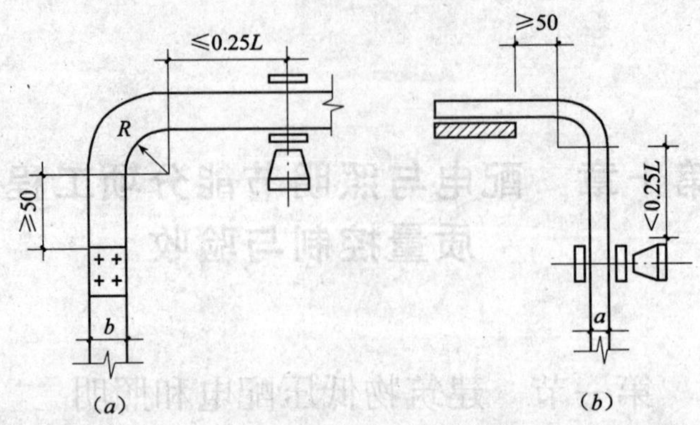


图 10-1　硬母线的立弯与平弯

（a）立弯母线；（b）平弯母线

a—母线厚度；b—母线宽度；L—母线两支持点间的距离

**母线最小弯曲半径（R）值**　　**表 10-2**

| 母线种类 | 弯曲方式 | 母线断面尺寸（mm） | 最小弯曲半径（mm） | | |
|---|---|---|---|---|---|
| | | | 铜 | 铝 | 钢 |
| 矩形母线 | 平弯 | 50×5 及其以下 | 2a | 2a | 2a |
| | | 125×10 及其以下 | 2a | 2.5a | 2a |
| | 立弯 | 50×5 及其以下 | 1b | 1.5b | 0.5b |
| | | 125×10 及其以下 | 1.5b | 2b | 1b |
| 棒形母线 | | 直径为 16 及其以下 | 50 | 70 | 50 |
| | | 直径为 30 及其以下 | 150 | 150 | 150 |

注：a—母线厚度。
　　b—母线宽度。

（4）多片母线的弯曲度应一致。

4. 母线扭转 90°时，其扭转部分的长度应为母线宽度的 2.5～5 倍（图 10-2）。

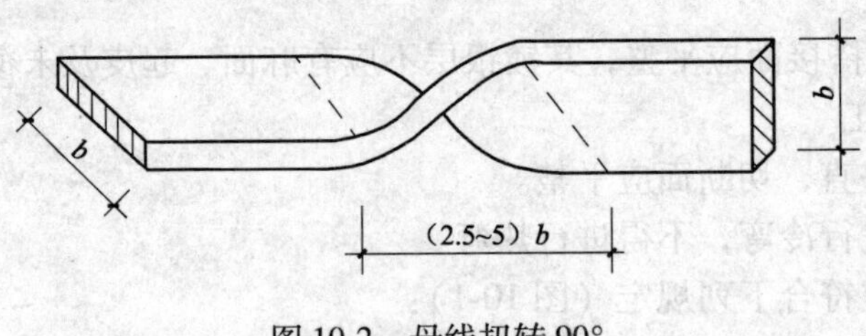


图 10-2　母线扭转 90°

b—母线的宽度

5. 铝合金管母线的加工制作应符合下列要求：

（1）切断的管口应平整，且与轴线垂直。

（2）管子的坡口应用机械加工，坡口应光滑、均匀，无毛刺。

（3）母线对接焊口距母线支持器夹板边缘距离不应小于 50mm。

（4）按制造长度供应的铝合金管，其弯曲度不应超过表 10-3 的规定。

**铝合金管允许弯曲度值　　表 10-3**

| 管子规格（mm） | 单位长度（m）内的弯度（mm） | 全长（$L$）内的弯度（mm） |
|---|---|---|
| 直径为 150 以下冷拔管 | <2.0 | $<2.0\times L$ |
| 直径为 150 以下热挤压管 | <3.0 | $<3.0\times L$ |
| 直径为 150～250 热挤压管 | <4.0 | $<4.0\times L$ |

注：$L$ 为管子的制造长度（m）。

（三）母线连接

1. 母线与母线，母线与分支线，母线与电器接线端子搭接时，其搭接面的处理应符合下列规定：

（1）铜与铜：室外、高温且潮湿或对母线有腐蚀性气体的室内，必须搪锡，在干燥的室内可直接连接。

（2）铝与铝：直接连接。

（3）钢与钢：必须搪锡或镀锌，不得直接连接。

（4）铜与铝：在干燥的室内，铜导体应搪锡，室外或空气相对湿度接近 100% 的室内，应采用铜铝过渡板，铜端应搪锡。

（5）钢与铜或铝：钢搭接面必须搪锡。

（6）封闭母线螺栓固定搭接面应镀银。

2. 矩形母线的搭接连接，应符合表 10-4 的规定；当母线与设备接线端子连接时，应符合现行国家标准《变压器、高压电器和套管的接线端子》的要求。

**矩形母线搭接要求　　表 10-4**

| 搭接形式 | 类别 | 序号 | 连接尺寸（mm） | | | 钻孔要求 | | 螺栓规格 |
|---|---|---|---|---|---|---|---|---|
| | | | $b_1$ | $b_2$ | $a$ | $\phi$(mm) | 个数 | |
| $b_1/4$, $\phi$, $b_1$, $b_2$, $b_1/4$, $a$ | 直线连接 | 1 | 125 | 125 | $b_1$ 或 $b_2$ | 21 | 4 | M20 |
| | | 2 | 100 | 100 | $b_1$ 或 $b_2$ | 17 | 4 | M16 |
| | | 3 | 80 | 80 | $b_1$ 或 $b_2$ | 13 | 4 | M12 |
| | | 4 | 63 | 63 | $b_1$ 或 $b_2$ | 11 | 4 | M10 |
| | | 5 | 50 | 50 | $b_1$ 或 $b_2$ | 9 | 4 | M8 |
| | | 6 | 45 | 45 | $b_1$ 或 $b_2$ | 9 | 4 | M8 |
| $b_1/2$, $\phi$, $b_1$, $b_2$, $b_1/2$, $a/2$, $a/2$ | 直线连接 | 7 | 40 | 40 | 80 | 13 | 2 | M12 |
| | | 8 | 31.5 | 31.5 | 63 | 11 | 2 | M10 |
| | | 9 | 25 | 25 | 50 | 9 | 2 | M8 |

续表

| 搭接形式 | 类别 | 序号 | 连接尺寸（mm） | | | 钻孔要求 | | 螺栓规格 |
|---|---|---|---|---|---|---|---|---|
| | | | $b_1$ | $b_2$ | $a$ | $\phi$（mm） | 个数 | |
| 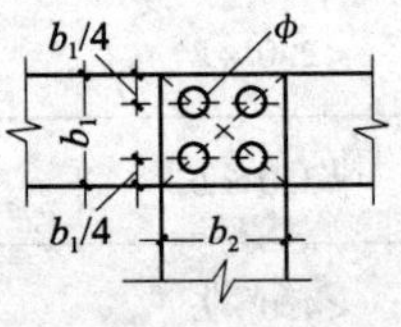 | 垂直连接 | 10 | 125 | 125 | | 21 | 4 | M20 |
| | | 11 | 125 | 100～80 | | 17 | 4 | M16 |
| | | 12 | 125 | 63 | | 13 | 4 | M12 |
| | | 13 | 100 | 100～80 | | 17 | 4 | M16 |
| | | 14 | 80 | 80～63 | | 13 | 4 | M12 |
| | | 15 | 63 | 63～50 | | 11 | 4 | M10 |
| | | 16 | 50 | 50 | | 9 | 4 | M8 |
| | | 17 | 45 | 45 | | 9 | 4 | M8 |
| 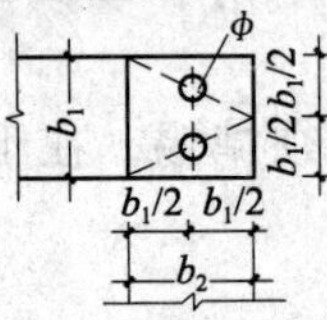 | 垂直连接 | 18 | 125 | 50～40 | | 17 | 2 | M16 |
| | | 19 | 100 | 63～40 | | 17 | 2 | M16 |
| | | 20 | 80 | 63～40 | | 15 | 2 | M14 |
| | | 21 | 63 | 50～40 | | 13 | 2 | M12 |
| | | 22 | 50 | 45～40 | | 11 | 2 | M10 |
| | | 23 | 63 | 31.5～25 | | 11 | 2 | M10 |
| | | 24 | 50 | 31.5～25 | | 9 | 2 | M8 |
| 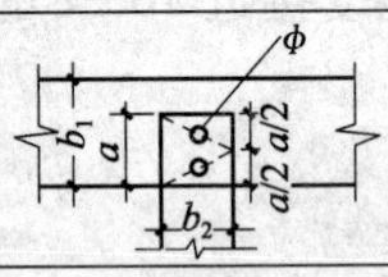 | 垂直连接 | 25 | 125 | 31.5～25 | 60 | 11 | 2 | M10 |
| | | 26 | 100 | 31.5～25 | 50 | 9 | 2 | M8 |
| | | 27 | 80 | 31.5～25 | 50 | 9 | 2 | M8 |
| 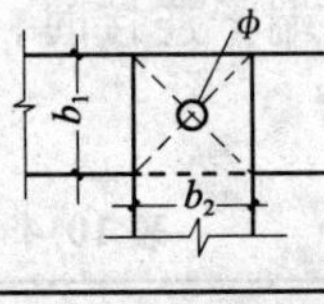 | 垂直连接 | 28 | 40 | 40～31.5 | | 13 | 1 | M12 |
| | | 29 | 40 | 25 | | 11 | 1 | M10 |
| | | 30 | 31.5 | 31.5～25 | | 11 | 1 | M10 |
| | | 31 | 25 | 22 | | 9 | 1 | M8 |

3. 矩形母线采用螺栓固定搭接时，连接处距支柱绝缘子的支持夹板边缘不应小于50mm；上片母线端头与下片母线平弯开始处的距离不应小于50mm（图10-3）。

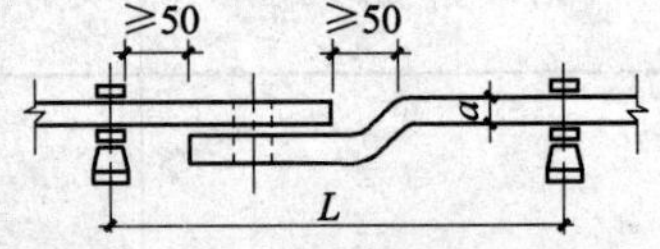


图10-3　矩形母线搭接

注：$L$—母线两支持点之间的距离。

4. 母线接头螺孔的直径宜大于螺栓直径1mm；钻孔应垂直，不歪斜，螺孔间中心距离的误差应为±0.5mm。

5. 母线的接触面加工必须平整、无氧化膜。经加工后其截面减少值：铜母线不应超过原截面的3%；铝母线不应超过原截面的5%。

具有镀银层的母线搭接面，不得任意锉磨。

6. 母线与母线或母线与电器接线端子的螺栓搭接面的安装，应符合下列要求：

（1）母线接触面加工后必须保持清洁，并涂以电力复合脂。

（2）母线平置时，贯穿螺栓应由下往上穿，其余情况下，螺母应置于维护侧，螺栓长度宜露出螺母2～3扣。

（3）贯穿螺栓连接的母线两外侧均应有平垫圈，相邻螺栓垫圈间应有3mm以上的净距，螺母侧应装有弹簧垫圈或锁紧螺母。

（4）螺栓受力应均匀，不应使电器的接线端子受到额外应力。

（5）母线的接触面应连接紧密，连接螺栓应用力矩扳手紧固，其紧固力矩值应符合表 10-5 的规定。

**钢制螺栓的紧固力矩值**　　**表 10-5**

| 螺栓规格（mm） | 力矩值（N·m） | 螺栓规格（mm） | 力矩值（N·m） |
|---|---|---|---|
| M8 | 8.8～10.8 | M16 | 78.5～98.1 |
| M10 | 17.7～22.6 | M18 | 98.0～127.4 |
| M12 | 31.4～39.2 | M20 | 156.9～196.2 |
| M14 | 51.0～60.8 | M24 | 274.6～343.2 |

7. 母线与螺杆形接线端子连接时，母线的孔径不应大于螺杆形接线端子直径 1mm。丝扣的氧化膜必须刷净，螺母接触面必须平整，螺母与母线间应加铜质搪锡平垫圈，并应有锁紧螺母，但不得加弹簧垫。

（四）电缆的敷设

1. 埋地敷设

（1）施工简单、投资省、散热条件好，应优先考虑采用。

（2）埋深不应小于 0.7m，并应敷于冻土层之下，上下各铺 100mm 厚的软土或砂层，上盖保护板，不得在其他管道上面或下面平行敷设。

（3）电缆在沟内应波状放置，预留 1.5% 的长度，以免冷缩受拉。

（4）无铠装电缆引出地面时，高度 1.8m 以下部分应穿钢管或加罩保护，以免机械损伤（电气专用房间除外）。

（5）电缆应与其他管道设施保持规定的距离。

（6）在含有腐蚀性物质的土壤中或有地电流的地方，电缆不宜直接埋地。如必须埋地时，宜选用塑料护套电缆或防腐电缆。

2. 电缆沟敷设

（1）室内电缆沟的盖板应与室内地面齐平。在易积水、灰处宜用水泥砂浆或沥青将盖板缝隙抹死。经常开启的电缆沟盖板宜采用钢盖板。

（2）室外电缆沟的盖板宜高出地面 100mm，以减少地面水流入沟内。当有碍交通和排水时，采用有覆盖层的电缆沟，盖板顶低于地面 300mm。

（3）沟盖板一般采用钢筋混凝土盖板，每块重量以两人能提起为宜，一般不超过 50kg。

（4）沟内应考虑分段排水，每 50m 设一集水井，沟底向集水井应有不小于 0.5% 的坡度。

（5）电缆沟进户处应设有防火隔墙。

3. 电缆穿管敷设

（1）管内径不能小于电缆外径的 1.5 倍。管的弯曲半径为管外径的 10 倍，且不应小于所穿电缆的最小弯曲半径。

（2）电缆穿管时，若无弯头，长度不宜超过 50m；有一个弯头时不宜超过 20m；有两个弯头时，应设电缆井，电缆中间接线盒应放在电缆井内，接线盒周围应有火灾延燃设施。

(3) 电缆在室内埋地、穿墙或穿楼板时，应有穿管保护。水平明敷时距地应不小于2.5m。垂直明敷时，高度1.8m以下部分应有防止机械损伤的措施。

## 二、三相照明配电干线各相负荷分配规定

1. 供照明用的配电变压器的设置应符合下列要求：

(1) 电力设备无大功率冲击性负荷时，照明和电力宜共用变压器；

(2) 当电力设备有大功率冲击性负荷时，照明宜与冲击性负荷接自不同变压器；如条件不允许，需接自同一变压器时，照明应由专用馈电线供电；

(3) 照明安装功率较大时，宜采用照明专用变压器。

2. 三相配电干线的各相负荷宜分配平衡，最大相负荷不宜超过三相负荷平均值的115%，最小相负荷不宜小于三相负荷平均值的85%。

3. 每一照明单相分支回路的电流不宜超过16A，所接光源数不宜超过25个；连接建筑组合灯具时，回路电流不宜超过25A，光源数不宜超过60个；连接高强度气体放电灯的单相分支回路的电流不应超过30A。

## 三、低压配电系统电源质量要求

### (一) 电压选择和电能质量

1. 电压等级

电气设备都是设计在额定电压下工作的。电气设备的额定电压就是保证设备正常运行且能获得最佳经济效果的电压。我国标准规定的电网和用电设备额定电压等级为：低压配电电压应采用220/380V，高压供电电压为6、10、35、110kV等。

2. 电压选择

用电单位的供电电压应从用电容量、用电设备特性、供电距离、供电线路的回路数、用电单位的远景规划、公共电网现状以及经济合理等因素综合考虑决定。我国《民用建筑电气设计规范》规定：用电设备容量在250kW以上时应以高压10kV供电，用电设备容量在250kW以下时，一般应以低压方式供电，低压配电电压应采用220/380V。当线路电流不超过30A时，可用220V单相供电。

3. 电能质量

电力系统的电压和频率直接影响电气设备的运行，所以说，电压和频率是衡量电能质量的两个基本参数。我国一般交流电力设备的额定频率为50Hz，称之为“工频”，频率的偏差一般不得超过±0.5Hz，频率的调整主要依靠发电厂。

对于民用供电系统来说，提高电能质量主要是提高电压质量的问题，一般所指的电压质量指标主要有以下几种：

(1) 电压偏移。是指设备的端电压与其额定电压有偏差。常用设备电压偏移的范围为：一般电动机和一般工作场所照明为-5%～5%，视觉要求较高的屋内场所为-2.5%～5%。电压偏低会明显缩短电动机的使用寿命，影响白炽灯的发光效率，导致荧光灯不易点燃。电压偏高会不同程度地缩短白炽灯、荧光灯和电机的寿命。常用的减少电压偏移的方法有：正确选择变压器的变比，合理补偿无功功率，尽量使三相荷载平衡。

(2) 电压波动。是由于负荷急剧变动引起的。电压波动对照明的影响最为明显，使照明灯发出明显闪烁，对人眼造成刺激。此外，电压波动也可影响电机的正常启动，使电子计算机无法正常工作，A 级计算机允许的电压波动范围为 -5% ~5%。常用的抑制电压波动的措施有：采用专线或专用变压器对负荷变动剧烈的大型电气设备单独供电；设法增大供电容量，减小系统阻抗；在系统电压波动严重时，减小或切除引起波动的负荷。

(3) 荧光灯、电动机等非线性元件的使用所产生的高次谐波也是影响电能质量的因素之一。

表 10-6 列出国内外有关标准的电源技术指标。

国内外电源技术指标 表 10-6

| 序号 | 技术指标 名称 \ 主要参数 | 稳态电压偏移范围（%） | 稳态频率偏移范围（%） | 电压波形畸变率（%） | 允许断电持续时间（ms） | 三相电压不平衡率（%） | 相角偏移（°） | 备注 |
|---|---|---|---|---|---|---|---|---|
| 1 | GB 50174—1993 | ±2 ±5<br>+7 -13 | ±0.2Hz<br>±0.5Hz<br>±1Hz | 3~5<br>5~8<br>8~10 | 0~4<br>4~200<br>200~1500 | | | |
| 2 | ZB 18001—1986 | ±5 ±10<br>+15 -20 | ±1<br>±2<br>±5 | 5<br>10<br>20 | 3<br>10<br>200 | | | 指工业控制与安装环境条件 |
| 3 | IEC 654—2—79 | ±1 ±10<br>+10 ±15<br>-15 -20 | ±0.2<br>±1<br>±5 | 2~5<br>10~20 | 3~10<br>5~200<br>1000 | | 120±1<br>120±2<br>120±5 | |
| 4 | IEC 364—33 | | | | 0~150<br>500~15000 | | | |
| 5 | JEIDA 29—82 | ±5 ±10<br>±15 -20 | ±1<br>±2<br>±5 | 5<br>10<br>20 | 3<br>10<br>200 | | | |
| 6 | APJ<br>RP 550 | ±2 | ±1Hz | 5 | 4<br>24<br>20000 | | | |
| 7 | FIPS,<br>PU 894 | ±3 +5<br>+5.8 -10<br>+13.3 | ±0.1%<br>±1%<br>±5% | 5<br>10<br>20 | | 1<br>3 | | |
| 8 | IEEE 241—83 | ±3 | 0.5Hz | 5 | | 2.5 | | |
| 9 | IEE 446—87 | +6<br>-15 | ±0.5Hz | 3~5 | | 3 | 120±2.5<br>120±6 | |

（二）技术规范相关规定

1. 一般照明光源的电源电压应采用 220V。1500W 及以上的高强度气体放电灯的电源电压宜采用 380V。

2. 照明灯具的端电压不宜大于其额定电压的 105%，亦不宜低于其额定电压的下列数值：

（1）一般工作场所，95%；

（2）远离变电所的小面积一般工作场所难以满足第（1）款要求时，可为90%；

（3）应急照明和用安全特低电压供电的照明，90%。

3. 应急照明的电源，应根据应急照明类别、场所使用要求和该建筑电源条件，采用下列方式之一：

（1）接自电力网有效地独立于正常照明电源的线路；

（2）蓄电池组，包括灯内自带蓄电池、集中设置或分区集中设置的蓄电池装置；

（3）应急发电机组；

（4）以上任意两种方式的组合。

4. 疏散照明的出口标志灯和指向标志灯宜用蓄电池电源。安全照明的电源应和该场所的电力线路分别接自不同变压器或不同馈电干线。备用照明电源宜采用上述第3项所列的第（1）或第（3）种方式。

5. 在电压偏差较大的场所，有条件时，宜设置自动稳压装置。

6.《民用建筑电气设计规范》(JGJ/T 16）相关规定：

（1）用电单位的供电电压应从用电容量、用电设备特性、供电距离、供电线路的回路数、用电单位的远景规划、当地公共电网现状和它的发展规划以及经济合理等因素考虑决定。

用电设备容量在250kW或需用变压器容量在160kV·A以上者应以高压方式供电；用电设备容量在250kW或需用变压器容量在160kV·A及以下者，应以低压方式供电，特殊情况也可以高压方式供电。

（2）用电单位的高压配电电压宜采用10kV；如6kV用电设备的总容量较大，选用6kV电压配电技术经济合理时，则应采用6kV。低压配电电压应采用220/380V。

（3）正常运行情况下用电设备端子处电压偏差允许值（以额定电压的百分数表示）可按下列要求验算：

① 一般电动机，±5%；

② 电梯电动机，±7%；

③ 照明：在一般工作场所为±5%；在视觉要求较高的屋内场所为+5%、-2.5%；对于远离变电所的小面积一般工作场所，难以满足上述要求时，可为+5%、-10%；应急照明、道路照明和警卫照明为+5%、-10%；

④ 其他用电设备，当无特殊规定时为±5%；

（4）电子计算机供电电源的电能质量应满足表10-7所列数值。

**计算机性能允许的电能参数变动范围表** **表10-7**

| 项目 \ 指标 \ 级别 | A级 | B级 | C级 |
|---|---|---|---|
| 电压波动（%） | -5～+5 | -10～+7 | -10～+10 |
| 频率变化（Hz） | -0.05～+0.05 | -0.5～+0.5 | -1～+1 |
| 波形失真率（%） | ≤5 | ≤10 | ≤20 |

（5）医用X射线诊断机的允许电压波动范围为额定电压的 -10% ~ +10%。

（6）为减少电压偏差，供配电系统的设计应符合下列要求：

① 正确选择变压器的变压比和电压分接头；

② 合理减少系统阻抗；

③ 合理补偿无功功率；

④ 尽量使三相负荷平衡。

（7）计算电压偏差时，应计入采取下列措施的调压效果：

① 自动或手动调整并联补偿电容器、并联电抗器。

② 自动或手动调整同步电动机的励磁电流。

③ 改变供配电系统运行方式。

（8）10（6）kV配电变压器不宜采用有载调压型，但在当地10（6）kV电源电压偏差不能满足要求，且用电单位有对电压要求严格的设备，单独设置调压装置技术经济不合理时，也可采用10（6）kV有载调压变压器。

（9）为了限制电压波动和闪变（不包括电动机启动时允许的电压波动）在合理的范围，对冲击性低压负荷宜采取下列措施：

① 采用专线供电。

② 与其他负荷共用配电线路时，宜降低配电线路阻抗。

③ 较大功率的冲击性负荷或冲击性负荷群与对电压波动、闪变敏感的负荷，宜分别由不同的配电变压器供电。

（10）为控制各类非线性用电设备所产生的谐波引起的电网电压正弦波形畸变在合理范围内，宜采取下列措施：

① 各类大功率非线性用电设备变压器的受电电压有多种可供选择时，如选用较低电压不能符合要求，宜选用较高电压。

② 对大功率静止整流器，宜采取下列措施：

a. 宜提高整流变压器二次侧的相数和增加整流器的整流脉冲数；

b. 多台相数相同的整流装置，宜使整流变压器的二次侧有适当的相角差；

c. 宜按谐波次数装设分流滤波器。

（11）为降低三相低压配电系统的不对称度，设计低压配电系统应遵守下列规定：

① 220V或380V单相用电设备接入220V或380V三相系统时，宜使三相平衡。

② 由地区公共低压电网供电的220V照明负荷，线路电流不超过30A时，可用220V单相供电，否则，应以220/380V三相四线制供电。

（12）当电压偏差或波动不能保证照明质量或光源寿命时，在技术经济合理的条件下，可采用有载自动调压电力变压器、调压器或照明专用变压器供电。

## 四、照明系统照度和功率密度值要求

### （一）照度

1. 照度标准值应按0.5、1、3、5、10、15、20、30、50、75、100、150、200、300、500、750、1000、1500、2000、3000、5000（lx）分级。

2. 符合下列条件之一及以上时，作业面或参考平面的照度，可按照度标准值分级提高一级。

（1）视觉要求高的精细作业场所，眼睛至识别对象的距离大于500mm时；

（2）连续长时间紧张的视觉作业，对视觉器官有不良影响时；

（3）识别移动对象，要求识别时间短促而辨认困难时；

（4）视觉作业对操作安全有重要影响时；

（5）识别对象亮度对比小于0.3时；

（6）作业精度要求较高，且产生差错会造成很大损失时；

（7）视觉能力低于正常能力时；

（8）建筑等级和功能要求高时。

3. 符合下列条件之一及以上时，作业面或参考平面的照度，可按照度标准值分级降低一级。

（1）进行很短时间的作业时；

（2）作业精度或速度无关紧要时；

（3）建筑等级和功能要求较低时。

4. 作业面邻近周围的照度可低于作业面照度，但不宜低于表10-8的数值。

**作业面邻近周围照度**　　**表10-8**

| 作业面照度（lx） | 作业面邻近周围照度值（lx） | 作业面照度（lx） | 作业面邻近周围照度值（lx） |
|---|---|---|---|
| ≥750 | 500 | 300 | 200 |
| 500 | 300 | ≤200 | 与作业面照度相同 |

注：邻近周围指作业面外0.5m范围之内。

5. 在一般情况下，设计照度值与照度标准值相比较，可有－10%～＋10%的偏差。

（二）照明功率密度值

1. 居住建筑每户照明功率密度值不宜大于表10-9的规定。当房间或场所的照度值高于或低于本表规定的对应照度值时，其照明功率密度值应按比例提高或折减。

**居住建筑每户照明功率密度值**　　**表10-9**

| 房间或场所 | 照明功率密度（$W/m^2$） | | 对应照度值（lx） |
|---|---|---|---|
| | 现行值 | 目标值 | |
| 起居室 | 7 | 6 | 100 |
| 卧室 | | | 75 |
| 餐厅 | | | 150 |
| 厨房 | | | 100 |
| 卫生间 | | | 100 |

2. 办公建筑照明功率密度值不应大于表10-10的规定。当房间或场所的照度值高于或低于本表规定的对应照度值时，其照明功率密度值应按比例提高或折减。

办公建筑照明功率密度值　　表 10-10

| 房间或场所 | 照明功率密度（$W/m^2$） | | 对应照度值（lx） |
|---|---|---|---|
| | 现行值 | 目标值 | |
| 普通办公室 | 11 | 9 | 300 |
| 高档办公室、设计室 | 18 | 15 | 500 |
| 会议室 | 11 | 9 | 300 |
| 营业厅 | 13 | 11 | 300 |
| 文件整理、复印、发行室 | 11 | 9 | 300 |
| 档案室 | 8 | 7 | 200 |

3. 商业建筑照明功率密度值不应大于表 10-11 的规定。当房间或场所的照度值高于或低于本表规定的对应照度值时，其照明功率密度值应按比例提高或折减。

商业建筑照明功率密度值　　表 10-11

| 房间或场所 | 照明功率密度（$W/m^2$） | | 对应照度值（lx） |
|---|---|---|---|
| | 现行值 | 目标值 | |
| 一般商店营业厅 | 12 | 10 | 300 |
| 高档商店营业厅 | 19 | 16 | 500 |
| 一般超市营业厅 | 13 | 11 | 300 |
| 高档超市营业厅 | 20 | 17 | 500 |

4. 旅馆建筑照明功率密度值不应大于表 10-12 的规定。当房间或场所的照度值高于或低于本表规定的对应照度值时，其照明功率密度值应按比例提高或折减。

旅馆建筑照明功率密度值　　表 10-12

| 房间或场所 | 照明功率密度（$W/m^2$） | | 对应照度值（lx） |
|---|---|---|---|
| | 现行值 | 目标值 | |
| 客房 | 15 | 13 | |
| 中餐厅 | 13 | 11 | 200 |
| 多功能厅 | 18 | 15 | 300 |
| 客房层走廊 | 5 | 4 | 50 |
| 门厅 | 15 | 13 | 300 |

5. 医院建筑照明功率密度值不应大于表 10-13 的规定。当房间或场所的照度值高于或低于本表规定的对应照度值时，其照明功率密度值应按比例提高或折减。

医院建筑照明功率密度值　表 10-13

| 房间或场所 | 照明功率密度（$W/m^2$） | | 对应照度值 (lx) |
|---|---|---|---|
| | 现行值 | 目标值 | |
| 治疗室、诊室 | 11 | 9 | 300 |
| 化验室 | 18 | 15 | 500 |
| 手术室 | 30 | 25 | 750 |
| 候诊室、挂号厅 | 8 | 7 | 200 |
| 病房 | 6 | 5 | 100 |
| 护士站 | 11 | 9 | 300 |
| 药房 | 20 | 17 | 500 |
| 重症监护室 | 11 | 9 | 300 |

6. 学校建筑照明功率密度值不应大于表 10-14 的规定。当房间或场所的照度值高于或低于本表规定的对应照度值时，其照明功率密度值应按比例提高或折减。

学校建筑照明功率密度值　表 10-14

| 房间或场所 | 照明功率密度（$W/m^2$） | | 对应照度值 (lx) |
|---|---|---|---|
| | 现行值 | 目标值 | |
| 教室、阅览室 | 11 | 9 | 300 |
| 实验室 | 11 | 9 | 300 |
| 美术教室 | 18 | 15 | 500 |
| 多媒体教室 | 11 | 9 | 300 |

7. 工业建筑照明功率密度值不应大于表 10-15 的规定。当房间或场所的照度值高于或低于本表规定的对应照度值时，其照明功率密度值应按比例提高或折减。

工业建筑照明功率密度值　表 10-15

| 房间或场所 | | 照明功率密度（$W/m^2$） | | 对应照度值 (lx) |
|---|---|---|---|---|
| | | 现行值 | 目标值 | |
| 1. 通用房间或场所 | | | | |
| 试验室 | 一般 | 11 | 9 | 300 |
| | 精细 | 18 | 15 | 500 |
| 检验 | 一般 | 11 | 9 | 300 |
| | 精细，有颜色要求 | 27 | 23 | 750 |
| 计量室，测量室 | | 18 | 15 | 500 |
| 变、配电站 | 配电装置室 | 8 | 7 | 200 |
| | 变压器室 | 5 | 4 | 100 |
| 电源设备室、发电机室 | | 8 | 7 | 200 |
| 控制室 | 一般控制室 | 11 | 9 | 300 |
| | 主控制室 | 18 | 15 | 500 |

续表

| 房间或场所 | | 照明功率密度（W/m²）现行值 | 目标值 | 对应照度值（lx） |
|---|---|---|---|---|
| 电话站、网络中心、计算机站 | | 18 | 15 | 500 |
| 动力站 | 风机房、空调机房 | 5 | 4 | 100 |
| | 泵房 | 5 | 4 | 100 |
| | 冷冻站 | 8 | 7 | 150 |
| | 压缩空气站 | 8 | 7 | 150 |
| | 锅炉房、煤气站的操作层 | 6 | 5 | 100 |
| 仓　库 | 大件库（如钢坯、钢材、大成品、气瓶） | 3 | 3 | 50 |
| | 一般件库 | 5 | 4 | 100 |
| | 精细件库（如工具、小零件） | 8 | 7 | 200 |
| 车辆加油站 | | 6 | 5 | 100 |
| 2. 机、电工业 | | | | |
| 机械加工 | 粗加工 | 8 | 7 | 200 |
| | 一般加工，公差≥0.1mm | 12 | 11 | 300 |
| | 精密加工，公差<0.1mm | 19 | 17 | 500 |
| 机电、仪表装配 | 大件 | 8 | 7 | 200 |
| | 一般件 | 12 | 11 | 300 |
| | 精密 | 19 | 17 | 500 |
| | 特精密 | 27 | 24 | 750 |
| 电线、电缆制造 | | 12 | 11 | 300 |
| 绕圈绕制 | 大线圈 | 12 | 11 | 300 |
| | 中等线圈 | 19 | 17 | 500 |
| | 精细线圈 | 27 | 24 | 750 |
| 线圈浇注 | | 12 | 11 | 300 |
| 焊接 | 一般 | 8 | 7 | 200 |
| | 精密 | 12 | 11 | 300 |
| 钣金 | | 12 | 11 | 300 |
| 冲压、剪切 | | 12 | 11 | 300 |
| 热处理 | | 8 | 7 | 200 |
| 铸造 | 熔化、浇铸 | 9 | 8 | 200 |
| | 造型 | 13 | 12 | 300 |
| 精密铸造的制模、脱壳 | | 19 | 17 | 500 |
| 锻工 | | 9 | 8 | 200 |
| 电镀 | | 13 | 12 | 300 |
| 喷漆 | 一般 | 15 | 14 | 300 |
| | 精细 | 25 | 23 | 500 |

续表

| 房间或场所 | | 照明功率密度（$W/m^2$） | | 对应照度值（lx） |
|---|---|---|---|---|
| | | 现行值 | 目标值 | |
| 酸洗、腐蚀、清洗 | | 15 | 14 | 300 |
| 抛光 | 一般装饰性 | 13 | 12 | 300 |
| | 精细 | 20 | 18 | 500 |
| 复合材料加工、铺叠、装饰 | | 19 | 17 | 500 |
| 机电修理 | 一般 | 8 | 7 | 200 |
| | 精密 | 12 | 11 | 300 |
| 3. 电子工业 | | | | |
| 电子元器件 | | 20 | 18 | 500 |
| 电子零部件 | | 20 | 18 | 500 |
| 电子材料 | | 12 | 10 | 300 |
| 酸、碱、药液及粉配制 | | 14 | 12 | 300 |

注：房间或场所的室形指数值等于或小于1时，本表的照明功率密度值可增加20%。

8. 设装饰性灯具场所，可将实际采用的装饰性灯具总功率的50%计入照明功率密度值的计算。

9. 设有重点照明的商店的营业厅，该楼层营业厅的照明功率密度值每平方米可增加5W。

## 第二节 建筑配套的道路照明施工质量控制

1. 灯具配件应齐全，无机械损伤、变形、油漆剥落、灯罩破裂等现象。

2. 室外灯具的引入线必须做好防水弯，避免雨水流入灯具内。灯具内可能接水处必须打泄水眼。

3. 室外路灯的安装应遵守下列规定：

（1）相线上必须串接熔断器。

（2）路灯上的拉撑宜和电杆成45°角；严禁把路灯引入线当作拉撑使用。

（3）路灯的引入线在进灯具时应作防水弯。

## 第三节 居住小区（庭院）照明施工质量控制

1. 景观照明的每套灯具的导电部分对地绝缘电阻值应大于2MΩ。

2. 在人员来往密集场所安装的落地式灯具应有围栏保护，当无围栏时，其安装高度应距地面2.5m以上。灯具的金属构架及可接近裸露导体的接地（PE）或接零（PEN）可靠。

3. 庭院灯具及路灯等灯具应与基础固定可靠，地脚螺栓螺母整齐统一，灯具的接线盒和熔断器盒，盒盖的防水密封垫完好。

4. 每套灯具的导电部分的绝缘电阻值应大于2MΩ，金属立柱及灯具金属外壳接地（PE）成接零（PEN）可靠，接地线应为单设干线，干线应按灯具布置位置形成环网，且有不少于2处与接地装置引出线连接。

## 第四节　泛光（彩灯）照明施工质量控制

1. 投光灯的底座应固定牢固，按需要方向将驱轴拧紧固定。

2. 垂直彩灯悬挂挑臂采用的槽钢不应小于10号，端部吊挂钢索用的开口吊钩螺栓直径不小于10mm，槽钢上的螺栓固定应两侧有螺母，且防松装置齐全，螺栓紧固。

3. 悬挂钢丝绳直径不得小于4.5mm，底撑圆钢直径不小于16mm，地锚采用架空外线用拉线盘，埋设深度应大于1.5m。

4. 建筑物顶部彩灯应采用有防雨性能的专用灯具，灯罩应拧紧；垂直彩灯采用防水吊线灯头，下端灯头距地面高于3m。

5. 彩灯的配线管道应按明配管要求敷设，且应有防雨功能，管路与管路间，管路与灯头盒间采用螺纹连接，金属导管及彩灯构架、钢索等应接地（PE）或接零（PEN）可靠。

## 第五节　配电与照明分项工程质量标准与验收

### 一、配电与照明分项工程质量标准

（一）主控项目

1. 照明光源、灯具及其附属装置的选择必须符合设计要求，进场验收时应对下列技术性能进行核查，并经监理工程师（建设单位代表）检查认可，形成相应的验收、核查记录。质量证明文件和相关技术资料应齐全，并应符合国家现行有关标准和规定。

（1）荧光灯灯具和高强度气体放电灯灯具的效率不应低于表10-16的规定。

**荧光灯灯具和高强度气体放电灯灯具的效率允许值　表10-16**

| 灯具出光口形式 | 开敞式 | 保护罩（玻璃或塑料） | | 格栅 | 格栅或透光罩 |
|---|---|---|---|---|---|
| | | 透明 | 磨砂、棱镜 | | |
| 荧光灯灯具 | 75% | 65% | 55% | 60% | |
| 高强度气体放电灯灯具 | 75% | | | 60% | 60% |

（2）管型荧光灯镇流器能效限定值应不小于表10-17的规定。

**镇流器能效限定值　表10-17**

| 标称功率（W） | | 18 | 20 | 22 | 30 | 32 | 36 | 40 |
|---|---|---|---|---|---|---|---|---|
| 镇流器能效因数（*BEF*） | 电感型 | 3.154 | 2.952 | 2.770 | 2.232 | 2.146 | 2.030 | 1.992 |
| | 电子型 | 4.778 | 4.370 | 3.998 | 2.870 | 2.678 | 2.402 | 2.270 |

(3) 照明设备谐波含量限值应符合表10-18的规定。

**照明设备谐波含量的限值　　表10-18**

| 谐波次数 $n$ | 基波频率下输入电流百分比数表示的最大允许谐波电流（%） | 谐波次数 $n$ | 基波频率下输入电流百分比数表示的最大允许谐波电流（%） |
|---|---|---|---|
| 2 | 2 | 7 | 7 |
| 3 | $30\times\lambda$ | 9 | 5 |
| 5 | 10 | $11\leqslant n\leqslant 39$（仅有奇次谐波） | 3 |

注：$\lambda$ 是电路功率因数。

2. 低压配电系统选择的电缆、电线截面不得低于设计值，进场时应对其截面和每芯导体电阻值进行见证取样送检。每芯导体电阻值应符合表10-19的规定。

**不同标称截面的电缆、电线每芯导体最大电阻值　　表10-19**

| 标称截面（$mm^2$） | 20℃时导体最大电阻（Ω/km）圆铜导体（不镀金属） | 标称截面（$mm^2$） | 20℃时导体最大电阻（Ω/km）圆铜导体（不镀金属） |
|---|---|---|---|
| 0.5 | 36.0 | 35 | 0.524 |
| 0.75 | 24.5 | 50 | 0.387 |
| 1.0 | 18.1 | 70 | 0.268 |
| 1.5 | 12.1 | 95 | 0.193 |
| 2.5 | 7.41 | 120 | 0.153 |
| 4 | 4.61 | 150 | 0.124 |
| 6 | 3.08 | 185 | 0.0991 |
| 10 | 1.83 | 240 | 0.0754 |
| 16 | 1.15 | 300 | 0.0601 |
| 25 | 0.727 | | |

3. 工程安装完成后应对低压配电系统进行调试，调试合格后应对低压配电电源质量进行检测。其中：

(1) 供电电压允许偏差：三相供电电压允许偏差为标称系统电压的±7%；单相220V为+7%、-10%。

(2) 公共电网谐波电压限值为：380V的电网标称电压，电压总谐波畸变率为5%，奇次（1~25次）谐波含有率为4%，偶次（2~24次）谐波含有率为2%。

(3) 谐波电流不应超过表10-20中规定的允许值。

**谐波电流允许值　　表10-20**

| 标准电压（kV） | 基准短路容量（MVA） | 谐波次数及谐波电流允许值（A） | | | | | | | | | | | |
|---|---|---|---|---|---|---|---|---|---|---|---|---|---|
| | | 2 | 3 | 4 | 5 | 6 | 7 | 8 | 9 | 10 | 11 | 12 | 13 |
| 0.38 | 10 | 78 | 62 | 39 | 62 | 26 | 44 | 19 | 21 | 16 | 28 | 13 | 24 |
| | | 谐波次数及谐波电流允许值（A） | | | | | | | | | | | |
| | | 14 | 15 | 16 | 17 | 18 | 19 | 20 | 21 | 22 | 23 | 24 | 25 |
| | | 11 | 12 | 9.7 | 18 | 8.6 | 16 | 7.8 | 8.9 | 7.1 | 14 | 6.5 | 12 |

（4）三相电压不平衡度允许值为2%，短时不得超过4%。

4. 在通电试运行中，应测试并记录照明系统的照度和功率密度值。

（1）照度值不得小于设计值的90%。

（2）功率密度值应符合《建筑照明设计标准》(GB 50034）中的规定。

（二）一般项目

1. 母线与母线或母线与电器接线端子，当采用螺栓搭接连接时，应采用力矩扳手拧紧，制作应符合《建筑电气工程施工质量验收规范》(GB 50303）标准中有关规定。

2. 交流单芯电缆或分相后的每相电缆宜品字形（三叶形）敷设，且不得形成闭合铁磁回路。

3. 三相照明配电干线的各相负荷宜分配平衡，其最大相负荷不宜超过三相负荷平均值的115%，最小相负荷不宜小于三相负荷平均值的85%。

## 二、配电与照明分项工程质量验收

（一）检验批划分

建筑配电与照明节能工程验收的检验批划分应按《建筑节能工程施工质量验收规范》(GB 50411）第3.4.1条的规定执行。当需要重新划分检验批时，可按照系统、楼层、建筑分区划分为若干个检验批。

（二）配电与照明分项工程质量验收

建筑配电与照明节能工程的施工质量验收，应符合《建筑节能工程施工质量验收规范》(GB 50411）和《建筑电气工程施工质量验收规范》(GB 50303）的有关规定、已批准的设计图纸、相关技术规定和合同规定的内容和要求。

# 第十一章　监测与控制节能分项工程质量控制与验收

## 第一节　采暖系统监测与控制节能工程质量控制

### 一、热源和热交换系统

（一）热源和热交换系统施工要求

1. 材料（设备）要求

（1）由 BAS 供货商提供的设备材料包括：

1）各种蒸汽、热水、压力、温度、油压、气压、有害物质浓度等传感器；

2）BA 系统至热水系统设备之间线槽、电管、电缆等材料；

3）与热水系统相连的应用软件开发。

以上产品均应具有出厂合格证、质量保证资料（含检测试验报告）以及详细的技术参数说明，并符合设计（或合同）要求和有关规范和标准。

（2）由热源供应商提供的设备，除符合产品生产厂提供的技术标准外，还应提供 BA 系统监测要求的信号，满足 BA 系统监测与控制要求的通信卡、通信协议（包括传输速率、格式等）和接口软件等产品质保资料及相关协议文件。

（3）热水系统的供电及二次线路的设计必须满足 BA 系统监测、控制和要求。

2. 施工控制要点

（1）施工准备：

根据图纸和合同规定，检查设备的型号、规格、数量、产地及主要技术数据性能是否相符，并检查其尺寸、位置是否符合设计要求，要严格按照规范进行施工。对有关材料设备，要从产品合格证、规格型号、外观质量、材质等进行严格检查，杜绝伪劣产品。管件衬垫宜采用石棉垫，螺纹要拧紧。焊接要求焊口平直度、焊缝加强面符合施工规范要求。

（2）传感器安装：

1）水管型压力和压差传感器的取压段大于管道口径的 2/3 时，可安装在管道顶部；如取压段小于管道口径的 2/3 时，应安装在管道的侧面或底部。另外，安装位置应选在水流流速稳定的地方，不宜选在阀门等阻力部件的附近和水流束呈死角处以及振动较大的地方。应安装在温、湿度传感器的上游侧。高压水管传感器应装在进水管侧，低压水管应装在回水管侧。

2）蒸汽压力传感器应安装在管道顶部或下半部与工艺管道水平中心线成 45°夹角的范围内；位置应选在蒸汽压力稳定的地方，不宜选在阀门等阻力部件的附近或蒸汽流动呈死角处以及振动较大的地方。另外，还应安装在温、湿度传感器的上游侧。

3）支架安装明装支架不得有半明半暗，管架、卡子螺栓不允许以小代大，以次充好；支架安装应机械开孔，不准使用电焊扩孔或气焊割孔；木砖、支架和托架要求与器具接触紧密。

（3）热源和热交换系统施工验收见表11-1。

**热源和热交换系统分项工程质量验收记录表**（GB 50339）　**表11-1**

| 单位（子单位）工程名称 | | | | 子分部工程 | |
|---|---|---|---|---|---|
| 分项工程名称 | | | | 验收部位 | |
| 施工单位 | | | | 项目经理 | |
| 分包单位 | | | | 分包项目经理 | |
| 施工执行标准名称及编号 | | | | | |
| 检　测　项　目 | | | 检查评定记录 | 监理（建设）单位验收记录 | |
| 1 | 热源系统 | 参数检测 | | | |
| | | 系统负荷调节 | | | |
| | | 预定时间表启停 | | | |
| | | 节能优化控制 | | | |
| | | 故障检测记录与报警 | | | |
| 2 | 热交换系统 | 参数检测 | | | |
| | | 系统负荷调节 | | | |
| | | 预定时间表启停 | | | |
| | | 节能优化控制 | | | |
| | | 故障检测记录与报警 | | | |
| 3 | 能耗计量与统计 | | | | |
| 检测意见：<br>检测机构负责人：　年　月　日 | | | | | |
| 监理（建设）单位验收结论：<br>专业监理工程师：<br>（建设单位项目专业技术负责人）：　年　月　日 | | | | | |

注：填表说明：

（1）本表检测项目须执行《智能建筑工程质量验收规范》（GB 50339）第6.3.9条的规定。

（2）第1项～第2项“热源系统”与“热交换系统”，系统功能为全部检测，被检系统合格率100%时为检测合格。

（3）第3项“能耗计量与统计”，满足设计要求时为合格。

3.《智能建筑工程质量验收规范》（GB 50339）质量规定

建筑设备监控系统应对热源和热交换系统进行系统负荷调节、预定时间表自动启停和节能优化控制。检测时，应通过工作站或现场控制器对热源和热交换系统的设备运行状态、故障等的监视、记录与报警进行检测，并检测对设备的控制功能。

核实热源和热交换系统能耗计量与统计资料。检测方式为全部检测，被检系统合格率100%时为检测合格。

（二）热源和热交换系统监测与控制要求

1. 供暖热水锅炉的监测控制

（1）监测和控制的目的

热水锅炉的监测控制对象可分为燃烧系统和水系统两部分，控制系统根据供热状况确定锅炉、循环泵的开启台数，设定供水温度及循环流量。供热热水锅炉采用计算机进行监测和控制的主要目的如下：

① 提高系统的安全性，保证系统能够正常运行；

② 全面监测并记录各种运行参数，降低运行人员工作量，提高管理水平；

③ 对燃烧过程和热水循环过程进行有效地控制调节，提高锅炉效率，节省运行能耗，并减少大气污染。

（2）燃烧的监测控制

1）系统和监测参数

① 排烟温度：一般采用热电偶或铜电阻来测量，配之相应的温度变送器产生 4～20mA 或 0～10mA 的电流信号；

② 排烟含氧量：目前应用较多的是采用氧化锆传感器，可以对 0.1%～21% 范围内的高温气体的含氧量实现较精确的测量，其输出通过变送器产生 4～20mA 或 0～10mA 的电流信号；

③ 炉膛出口、对流受热面进出口、省煤器出口、空气预热器出口等烟气温度；空气预热器出口热风温度，测点可根据具体要求增减，一般可用铜电阻或热电偶测量；

④ 炉膛、对流受热面进出口、省煤器出口、空气预热器出口、除尘器出口烟气压力；一次风、二次风压、空气预热器前后压差，测点可根据具体要求增减，一般采用微压差传感器，通过相应的变送器转换为 4～20mA 或 0～10mA 的电流信号；

⑤ 挡煤板高度测量：通过专门的机械装置将其转换为电阻信号，再变成标准电流信号。

2）控制参数

① 炉排速度：由可控硅调压，改变直流电机转速；

② 挡煤板高度：控制电机正反转，通过机械装置带动挡板运动；

③ 鼓风机风量：调整鼓风机各风室风阀或通过变频器调整风机转速；

④ 引风机风量：调整引风机风阀或通过变频器调整风机转速。

3）燃烧过程的控制调节

为了监测锅炉调节装置是否正常动作，还应配置适当的手段监测调节装置的实际状态，炉排速度和挡煤板高度可通过适当的机械机构结合霍尔元件等位置传感器来实现，风机风量的调节则可以通过风阀的阀位反馈信号或变频器的频率输出信号来实现。

燃烧过程的控制调节主要包括事故下的保护、启停过程控制、正常的燃烧过程调节三部分。

2. 电锅炉的监测与控制

（1）电锅炉运行参数的监测

① 锅炉出口热水温度；

② 锅炉出口热水压力；

③ 锅炉出口热水流量；

④ 锅炉回水干管压力；

⑤ 锅炉用电量计量。利用电流、电压传感器计量锅炉用电量；

⑥ 锅炉热量计算。利用供、回水温差和热水流量测量值，计算锅炉供热量，用以考核锅炉的热效率；

⑦ 电锅炉、给水泵的状态显示及故障报警。

（2）电锅炉运行参数的自动控制。

① 锅炉补水泵的自动控制。

采用压力传感器测量锅炉回水压力，当回水压力低于设定值，DDC 自动启动补水泵进行补水，当回水压力上升到限定值，补水泵自动停泵。当工作泵出现故障，备用泵自动投入。

② 锅炉供水系统的节能控制。

锅炉在冬季供暖时，根据分水器、集水器的供、回水温度及回水干管的流量测量值，计算所需热负荷，按实际热负荷自动起停电锅炉及给水泵的台数。

③ 锅炉的联锁控制。

启动顺序控制：给水泵—电锅炉；

停机顺序控制：电锅炉—给水泵。

3. 热交换站的监测与控制

（1）热交换站运行参数的监测

① 一次网供水温度；

② 一次网回水温度；一次供、回水温度之差间接反映了二次侧热负荷的需求情况，温差大则负荷大，温差小则负荷小；

③ 热交换器二次水出口温度；

④ 分水器供水温度；

⑤ 集水器回水温度，分水器供水温度与集水器回水温度之差，直接反映了二次侧热负荷的需求情况；

⑥ 二次网回水流量；

⑦ 二次网供、回水压差；

⑧ 膨胀水箱液位，利用液位开关，测量膨胀水箱低位液位，用以控制补水泵；

⑨ 电动调节阀的阀位显示；

⑩ 一次水循环泵及补水泵运行状态显示及故障报警。

（2）热交换站运行参数的自动控制

① 热交换站一次网回水调节，根据热交换站二次网供水温度测量值与给定值的比较，调节一次网回水调节阀，使二次网供水温度保持在设计要求范围内。

② 一次网供、回水压差控制，当二次网负荷变化时，供、回水管的压力也在变化。当供、回水压差超过限定值时，根据压差传感器测量值，调节二次网分水器与集水器之间连通管上的电动调节阀，部分水经旁通阀回集水器，减少系统的压差，使得压差恢复到设定值以下。

③ 二次网补水泵的控制，利用液位开关测量膨胀水箱水位，当水位降到下限值时，低液位开关接点闭合，启动补水泵；当水箱水位回升至上限值时，高液位开关接点闭合，停止补水泵。

④ 热交换站节能控制，利用二次侧供、回水温度和回水流量测量值，实时计算二次侧热负荷，根据热负荷自动启、停热交换器及二次水循环泵的台数。

## 二、冷冻和冷却水系统

### （一）冷冻和冷却水系统施工要求

1. 材料（设备）要求

（1）以下产品应具有出厂合格证，质量保证资料（含检测试验报告），以及详细的技术参数说明，并符合设计（或合同）要求及有关规范和标准。

① 各种阀门，水管温度传感器，压差与压力传感器，压差开关等设备；

② BA 系统至空调冷水系统设备之间的线槽、电管、电缆等材料；

③ 与冷水系统相连的应用软件。

（2）由冷冻和冷却系统供应商提供的设备，除符合产品生产厂提供的技术标准外，还应提供 BA 系统监测要求的信号。满足 BA 系统监测与控制要求的通信卡、通信协议（包括输速率、格式等）和接口软件等软硬产品质保资料和相关协议文件。

（3）冷水系统的供电和控制设备及二次线路设计必须满足 BA 系统提出的监控、状态、报警、参数等要求。

2. 施工控制要点

（1）模拟量测试

① 按设备说明书和设计要求，确认其有源或无源的模拟量输入输出的类型、量程（容量）与设定值（设计值）应符合。

② 用程序方式或手控方式对全部的 AI/AO 测试点进行扫描测试，并记录各测点的数值，观察受控设备的工作状态和运行情况，且注意与实际情况是否一致。

③ 使用程序和手动方式测试其每一测试点，在其量程范围内读取三个测点（全量程的 10%、50%、90%），其测试精度要达到该设备使用说明书规定的要求。

（2）数字量测试

① 信号电平的检查。按设备说明书和设计要求，确认其逻辑值与干接点输入相对应。或其输出的电压、电流范围和允许工作容量与继电器开关量的输出 ON/OFF 相对应。电压输入/输出或电流输入/输出的信号/开关特性必须符合设备使用说明书和设计要求。脉冲或累加信号按设备说明书和设计要求，确认其发生脉冲数与接收脉冲数一致，并符合设备说明书规定的最小频率、最小峰值电压、最小脉冲宽度、最大频率、最大峰值电压、最大脉冲宽度。

② 用程序方式或手动方式对全部测试点进行测试并记录、观察受控设备的电气控制开关工作状态是否正常或受控设备运行是否正常。

③ 按工程规定的功能进行检查，应符合要求。如按设计要求进行三态（快、慢、停）和间歇控制（1s、5s、10s）的检查。又如，数字量信号输入、正常、报警、线路开路、线路短路等的检查。

（3）冷源设备调试

① 检查冷冻和冷却系统的控制柜的全部电气元器件有无损坏，内部与外部接线是否正确无误，或提供生产出厂合格证。严防强电电源串入 DDC，直流弱电地与交流强电地应分开。

② 按监控点表要求，检查冷冻和冷却系统的温、湿度传感器，电动阀、风阀、压差开关等设备的位置、接线是否正确，输入/输出信号类型、量程应和设置相一致。

③ 手动位置时，确认各单机在非 BA 系统受控状态下应运行正常。确认 DDC 控制器和 I/O 模块的地址码设置应正确。

④ 确认 DDC 送电并接通主电源开关，观察 DDC 控制器和各元件状态应正常。

⑤ 按设计和产品技术说明书规定在确认主机、冷水泵、冷却泵、风机、电动蝶阀等

相关设备单独运行正常下，检查全部AO、AI、DO、DI点应满足设计和监控点表的要求。然后，确认系统在启动或关闭控制两种情况下，各设备按设计和工艺要求顺序投入或退出运行两种方式都应正确。

⑥ 增减空调机运行台数，增加其冷热负荷，检验平衡管流量的方向和数值，确认能启动或停止冷热机组的台数，以满足负荷需要。

⑦ 模拟一台设备故障停运，或者整个机组停运，检验系统是否自动启动一个预定的机组投入运行。

⑧ 按设计和产品技术说明规定，模拟冷却水温度的变化，确认冷却水温度旁通控制和冷却塔高、低速控制的功能，并检查旁通阀动作方向是否正确。

（4）冷冻和冷却水系统施工验收见表11-2。

**冷冻和冷却水系统分项工程质量验收记录表**（GB 50339）　**表11-2**

| 单位（子单位）工程名称 | | | | 子分部工程 | |
|---|---|---|---|---|---|
| 分项工程名称 | | | | 验收部位 | |
| 施工单位 | | | | 项目经理 | |
| 分包单位 | | | | 分包项目经理 | |
| 施工执行标准名称及编号 | | | | | |
| 检　测　项　目 | | | 检查评定记录 | 监理（建设）单位验收记录 | |
| 1 | 冷冻水系统 | 参数检测 | | | |
| | | 系统负荷调节 | | | |
| | | 预定时间表启停 | | | |
| | | 节能优化控制 | | | |
| | | 故障检测记录与报警 | | | |
| | | 设备运行联动 | | | |
| 2 | 冷却水系统 | 参数检测 | | | |
| | | 系统负荷调节 | | | |
| | | 预定时间表启停 | | | |
| | | 节能优化控制 | | | |
| | | 故障检测记录与报警 | | | |
| | | 设备运行联动 | | | |
| 3 | 能耗计量与统计 | | | | |
| 检测意见：<br>检测机构负责人：　　年　月　日 | | | | | |
| 监理（建设）单位验收结论：<br>专业监理工程师：<br>（建设单位项目专业技术负责人）：　　年　月　日 | | | | | |

注：填表说明：

（1）本表检测项目须执行《智能建筑工程质量验收规范》（GB 50339）第6.3.10条的规定。

（2）第1项～第2项“冷冻水系统”与“冷却水系统”，各系统全部检测，满足设计要求时为检测合格。

（3）第3项“能耗计量与统计”，满足设计要求为合格。

GB 50339 规范第 6. 3. 10 条冷冻和冷却水系统功能检测：

建筑设备监控系统应对冷水机组、冷冻冷却水系统进行系统负荷调节、预定时间表自动启停和节能优化控制。检测时应通过工作站对冷水机组、冷冻冷却水系统设备控制和运行参数、状态、故障等的监视、记录与报警情况进行检查，并检查设备运行的联动情况。

核实冷冻水系统能耗计量与统计资料。

检测方式为全部检测，满足设计要求时为检测合格。

（二）冷冻和冷却水系统监测与控制要求

1. 冷冻和冷却水系统监控的主要内容

（1）一次泵冷冻水系统

1）设备联锁

一次泵冷冻水系统在启动或停止过程中，冷水机组应与相应的电动阀门、冷冻水泵、冷却水泵和冷却塔等进行电气联锁。只有当所有附属设备都正常运行工作之后，冷水机组才能启动；而停机时的顺序则相反，应是冷水机组首先停机，其他设备顺序停机。整个联锁启动程序为：水泵—电动阀门—冷水机组；停机时，联锁程序相反。

2）压差控制

末端采用两通阀的空调水系统，冷冻水供、回水总管之间必须设置压差控制装置，通常由旁通电动两通阀及压差传感器组成。旁通阀的接入应尽可能设在水系统中水流较为平稳的管道上，压差传感器的两端接管应尽可能靠近旁通阀两端，也应考虑设在水系统中压力较平稳的地点，以减少水流量的波动，提高控制的精度。

3）设备运行台数的控制

为了延长各类设备的使用寿命，通常要求设备的运行累计时间尽可能相同。因此，每次初启动系统时，都应优先启动累计运行小时数最少的设备（除特殊设计要求，如某台冷水机组是专为低负荷节能运行而设置的），这就要求在控制系统有自动记录设备运行时间的功能。

（2）二次泵冷冻水系统

1）冷水机组台数控制

在二次泵系统中，由于连通管的作用，无法通过测量回水温度来决定冷水机组的运行台数。因此，二次泵系统冷水机组台数控制必须采用冷量控制的方式。

2）次级泵控制

① 次级泵台数控制。

采用次级泵台数控制方式时，次级泵全部为定速泵，同时应对压差进行控制，因此设有压差旁通电动阀。

a. 压差控制：当系统需水量小于次级泵组运行的总水量时，为了保证次级泵的工作点基本不变，稳定用户环路，应在次级泵环路中设旁通电动阀，通过压差控制旁通水量。当旁通阀全开而供、回水压差继续升高时，则应停止一台次级泵运行。当系统需水量大于运行的次级泵组总水量时，旁通阀全关且压差断续下降，这时应增加一台次级泵投入运行。

b. 流量控制：根据流量传感器流量测定值并与每台次级泵设计流量进行比较，即可方便地得出需要运行的次级泵台数，由于流量测量的精度较高，运用流量控制是更为精确的方法。这时的旁通阀只是作为水量旁通用，而不是参与次级泵台数控制。

② 变速控制。

次级泵为变速泵时，其控制参数既可是次级泵出口压力，又可是供、回水管的压差。通过测量被控参数并与给定值相比较，改变变频器输出频率，控制水泵转速。

在变速泵调速过程中，在用户侧供、回水压差的变化将破坏水路系统的水力平衡，因此在变速控制时，不能采用流量为被控参数而必须用压力或压差。

③ 联合控制。

这时水系统是采用一台变速泵与多台定速泵组合，其被控参数既可是压差，也可是压力。这种控制方式，既要控制变速泵转速，又要控制定速泵的运行台数。同时，从控制和节能要求来看，任何时候变速泵都应保持运行状态，且其参数会随着定速泵台数启/停时发生较大的变化。

（3）冷却塔的控制

冷水机组投入运行后，要求冷却塔控制系统开始工作，一旦冷却回水温度不能保证时，则自动启动冷却塔风机。

冷却塔的控制实际上是利用冷却水回水温度来控制相应的冷却塔风机（风机作台数控制或变速控制），不受冷水机组运行状态的限制，它是一个独立的控制系统。

2. 冷冻和冷却水系统的控制

（1）运行参数的监测

① 冷冻水供、回水温度；

② 冷冻水供、回水压力；

③ 冷冻水回水流量；

④ 冷却水供、回水温度；

⑤ 冷冻水、冷却水及旁通电动阀开度显示；

⑥ 冷水机组工作状态反馈、故障状态反馈；

⑦ 冷冻水循环泵、冷却水循环泵、冷却塔风机及补水泵运行状态反馈、故障状态反馈及手/自动状态反馈；

⑧ 补水箱高液位、低液位及溢流液位。

（2）自动控制

1）冷冻水系统的自动控制

冷冻水系统由冷冻水循环泵通过管道系统连接冷冻机蒸发器及各种使用冷水设备，包括空调机和风机盘管等而组成。监测和控制的主要任务是：

① 保证冷冻机蒸发器通过足够的水量以使蒸发器正常工作，并防止冻坏；

② 向冷冻水用户提供足够的冷水量以满足使用的要求；

③ 在满足使用要求的前提下尽可能减少循环水泵电耗。

2）冷却水系统的自动控制

冷却水系统是通过冷却塔和冷却水泵及管道系统向冷水机组提供冷却水，监控系统的作用是：

① 保证冷却塔风机、冷却水泵安全运行；

② 确保冷冻机冷凝器侧有足够的冷却水通过；

③ 根据室外气候情况及冷负荷，调整冷却水运行工况，使冷却水温度在要求的设定温度范围内。

每台冷却塔风机应通过控制系统进行启停控制，启停台数根据冷冻机开启台数、室外温湿度、冷却水温度、冷却水泵开启台数来确定。有的冷却塔风机采用双速电机，通过调整风机转速来调整冷却水温度，以适应外温及制冷负荷的变化，此时控制系统应控制其高/低速转换。

3）冷冻机组主机单元的控制

目前还没有形成一种统一的、开放的标准通信协议，因此实现计算机控制系统与冷冻机主机单元控制器之间的数据交换具有一定的难度，通常的作法有：

① 不与主机单元控制器通信，而是另外安装水温传感器、流量传感器等以监测主机的工作状态。当需要开/关主机或改变出口水温设定值时，通过值班人员进行相应的操作。主机的其他运行参数及故障报警信息也不能通过计算机系统传到中央值班室，冷冻机房必须有人常驻值班管理。

② 一些冷冻机厂商具有能够与自己的主机控制单元通信的集中控制器，从而根据负荷（实际上就是回水温度的变化）相应的改变启停台数实现群控，此外，辅助系统如冷冻水泵、冷却水泵、冷却塔风机等也由集中控制器统一控制。这样做实际上是缩小了中央计算机系统的管理范围，分离出一个相对独立的控制系统。但是，冷冻机组及循环水泵的控制在很大程度上与使用这些冷水的空调系统有关，将系统分离，很难适应总体的分析与控制调节。这样，应考虑系统之间的集成问题。

③ 最彻底的解决办法是实现冷冻机组的单元控制器与计算机系统的通信，目前已有不少厂家可以提供相应的通信协议，然后由系统集成商完成通信处理的数据转换程序，从而实现数据通信。随着市场的需求和发展，会迫使主机控制器生产厂家提供标准通信接口或公开通信协议，使得计算机系统和单元控制器实现统一的、开放的标准通信接口，进行自由的信息交换。

以上冷冻和冷却水系统的监视与控制包括冷冻机及各辅助系统的监测与控制。

## 第二节　通风与空气调节系统监测与控制节能工程质量控制

### 一、通风与空调系统的施工验收要求

（一）通风与空调系统施工要求

1. 材料（设备）要求

（1）由 BAS 供货商提供监测、控制与调节的输入/输出设备如下：

① 各类阀门、水管温度传感器、压差与压力传感器、压差开关等；

② 空气处理机、新风机中各种传感器、电动调节阀、驱动器、风门驱动器（其尺寸和技术参数必须与选用风门相匹配）；

③ 风机盘管的温控器、三速开关、电动阀；

④ VAV 末端装置的 VAV 驱动器和各种传感器；

⑤ BAS 至受控设备之间的线槽、电管、电缆、电线材料与空调系统相连的应用软件。

以上部品都应具有出厂合格证，详细的技术参数说明和质量保证书，并符合设计（或合同）要求及有关规范和标准。

（2）由空调系统供应商提供的设备与 BAS 相连的接口，则应提供设备的通信接口卡，通信协议和接口软件等产品质保资料及相关协议文件（含技术协调详细资料）。

（3）空调系统的供电及控制设备和二次线路设计必须满足 BAS 提出的监控、状态、报警、参数等要求

2. 施工控制要点

（1）温、湿度传感器

1）安装位置控制：

① 不应安装在阳光直射的位置；

② 应远离有较强振动、电磁干扰的区域；

③ 室外型温、湿度传感器应有防风雨的防护罩；

④ 应尽可能远离门、窗和出风口位置，与之距离不应小于 2m；

⑤ 并列安装的传感器，距离、高度应一致，高度差不应大于 1mm，同一区域内高度差不应大于 5mm。

2）连接线缆的控制要求：温度传感器至 DDC 之间的连接应尽量减少因接线引起的误差。镍温度传感器的接线电阻应小于 3Ω，1kΩ 铂温度传感器的接线总电阻应小于 1Ω。

3）风管式温、湿度传感器安装控制：

① 应安装在风速平稳、能反映风温的地方；

② 应在风管保温层完成后，安装在风管直管段或应避开风管死角的位置和蒸汽放空口位置；

③ 应安装在便于调试、维修的地方。

4）水管温度传感器安装控制：

① 不宜在焊缝及其边缘上开孔和焊接；

② 感温段大于管道口径的 1/2 时，可安装在管道的顶部；感温段小于管道口径的 1/2 时，应安装在管道的侧面或底部；

③ 开孔与焊接工作，必须在工艺管道的防腐、衬里、吹扫和压力试验前进行；

④ 安装位置应在水流温度变化灵敏和具有代表性的地方，不宜选择在阀门等阻力件附近和水流死角及振动较大的位置。

（2）流量传感器

① 涡轮式流量变送器应安装在便于维修并避免管道振动、避免强磁场及热辐射的场所；

② 涡轮式流量传感器安装时要水平，流体的流动方向必须与传感器壳体上所示的流向标志一致。如无标志，可按下列方向判断流向：流体的进口端导流器比较尖，中间有圆

孔；流体的出口端导流器不尖，中间没有圆孔；

③ 当可能产生逆流时，流量变送器后面装设止逆阀，流量变送器应装在测压点上游，距测压点 3.5～5.5$d$ 的位置，测温应设置在下游侧，距流量传感器 6～8$d$ 的位置（$d$ 为管道外径，下同）；

④ 流量传感器需要装在一定长度的直管上，以确保管道内流速平稳；

⑤ 流量传感器上游应留有 10$d$ 的直管，下游有 5$d$ 长度的直管；

⑥ 若传感器前后的管道中安装有阀门、管道缩径、弯管等影响流量平稳的设备，则直管段的长度还需相应增加；

⑦ 信号的传输线宜采用屏蔽和有绝缘保护层的电缆，宜在 DDC 侧一点接地。

（3）压力、压差传感器

① 应安装在便于调试、维修的位置；

② 应安装在温、湿度传感器的上游侧；

③ 应在风管保温层完成之前安装风管型压力、压差传感器；

④ 风管型压力、压差传感器应在风管的直管段，如不能安装在直管段，则应避开风管内通风死角和蒸汽放空口的位置；

⑤ 水管型蒸汽型压力与压差传感器安装的开孔与焊接工作必须在工艺管道的防腐、衬里、吹扫和压力试验前进行，不宜安装在管道焊缝及其边缘处上开孔及焊接。其直压段大于管道口径的 2/3 时，可安装在管道顶部，小于管道径 2/3 时，可安装在侧面或底部和水流流速稳定的位置，不宜选在阀门等阻力部件的附近和水流流速死角及振动较大的位置；

⑥ 除以上要求外，两者的安装还应符合产品说明书和设计的要求。

（4）风机盘管温控器、电动阀

① 温控开关与其他开关并列安装时，高度差不应大于 1mm，在同一室内，其高度差不应大于 5mm，温控开关外形尺寸与其他开关不一样时，以底边高度为准；

② 电动阀阀体上箭头的指向应与水流方向一致；

③ 风机盘管的电动阀应安装于风机盘管的回水管上；

④ 四管制风机盘管的冷热水管电动阀共用线应为零线；

⑤ 客房节能系统中风机盘管温控系统应与节能系统连接。

（5）电动风门驱动器

① 安装前，应按安装使用说明书的规定检查线圈、阀体间的电阻、供电电压、控制输入等符合设计和产品说明书的要求，且宜进行模拟动作。风阀控制器的输出力矩必须与风阀所需的相配，符合设计要求。它不能直接与风门挡板轴相连接时，可通过附件与挡板轴相连，其附件装置必须保证风阀控制器旋转角度的调整范围；

② 风阀控制器上的开闭箭头的指向应与风门开闭方向一致；

③ 风阀控制器宜面向便于观察的位置安装与风阀门轴的连接应固定牢固；

④ 风阀的机械机构开闭应灵活，无松动或卡阻现象。

（二）通风与空调系统施工验收要求

通风与空调系统的施工验收见表 11-3。

通风与空调系统分项工程质量验收记录表（GB 50339）　表 11-3

<table>
<tr><td colspan="3">单位（子单位）工程名称</td><td></td><td>子分部工程</td><td></td></tr>
<tr><td colspan="3">分项工程名称</td><td></td><td>验收部位</td><td></td></tr>
<tr><td>施工单位</td><td colspan="3"></td><td>项目经理</td><td></td></tr>
<tr><td>分包单位</td><td colspan="3"></td><td>分包项目经理</td><td></td></tr>
<tr><td colspan="3">施工执行标准名称及编号</td><td colspan="3"></td></tr>
<tr><td colspan="4">检　测　项　目</td><td>检查评定记录</td><td>监理（建设）单位验收记录</td></tr>
<tr><td rowspan="3">1</td><td rowspan="3" colspan="2">空调系统温度控制</td><td>控制稳定性</td><td></td><td rowspan="20"></td></tr>
<tr><td>响应时间</td><td></td></tr>
<tr><td>控制效果</td><td></td></tr>
<tr><td rowspan="3">2</td><td rowspan="3" colspan="2">空调系统相对湿度控制</td><td>控制稳定性</td><td></td></tr>
<tr><td>响应时间</td><td></td></tr>
<tr><td>控制效果</td><td></td></tr>
<tr><td rowspan="3">3</td><td rowspan="3" colspan="2">新风量自动控制</td><td>控制稳定性</td><td></td></tr>
<tr><td>响应时间</td><td></td></tr>
<tr><td>控制效果</td><td></td></tr>
<tr><td rowspan="3">4</td><td rowspan="3" colspan="2">预定时间表自动启停</td><td>稳定性</td><td></td></tr>
<tr><td>响应时间</td><td></td></tr>
<tr><td>控制效果</td><td></td></tr>
<tr><td rowspan="3">5</td><td rowspan="3" colspan="2">节能优化控制</td><td>稳定性</td><td></td></tr>
<tr><td>响应时间</td><td></td></tr>
<tr><td>控制效果</td><td></td></tr>
<tr><td rowspan="2">6</td><td rowspan="2" colspan="2">设备连锁控制</td><td>正确性</td><td></td></tr>
<tr><td>实时性</td><td></td></tr>
<tr><td rowspan="2">7</td><td rowspan="2" colspan="2">故障报警</td><td>正确性</td><td></td></tr>
<tr><td>实时性</td><td></td></tr>
<tr><td>8</td><td colspan="2"></td><td></td><td></td></tr>
<tr><td colspan="6">检测意见：<br>检测机构负责人：　　年　月　日</td></tr>
<tr><td colspan="6">监理（建设）单位验收结论：<br>专业监理工程师：<br>（建设单位项目专业技术负责人）：　　年　月　日</td></tr>
</table>

注：填表说明

（1）本表检测项目须执行《智能建筑工程质量验收规范》（GB 50339）第 6.3.5 条的规定。

（2）第 1 项～第 7 项，检测数量为每类机组按总数 20% 抽检，且不得少于 5 台，不足 5 台时全部检测，抽检设备全部符合设计要求时为检测合格。

《智能建筑工程质量验收规范》(GB 50339—2003) 第6.3.5条空调与通风系统功能检测:

建筑设备监控系统应对空调系统进行温、湿度及新风量自动控制、预定时间表自动启停、节能优化控制等控制功能进行检测。应着重检测系统测控点(温度、相对湿度、压差和压力等)与被控设备(风机、风阀、加湿器及电动阀门等)的控制稳定性、响应时间和控制效果,并检测设备连锁控制和故障报警的正确性。

检测数量为每类机组按总数的20%抽检,且不得少于5台,每类机组不足5台时全部检测。被检测机组全部符合设计要求为检测合格。

## 二、通风与空调系统控制与监测要求

### (一) 新风机组的控制

#### 1. 送风温度控制

送风温度控制是指定出风温度控制,其适用条件通常是该新风机组以满足室内卫生要求而不是负担室内负荷来使用的。

(1) 在整个控制过程中,其送风温度以保持恒定值为原则;

(2) 由于冬、夏季对室内温度环境要求不同,因此,冬、夏季送风温度应有不同的控制值,必须要考虑到控制器的冬、夏季工况的转换问题。

#### 2. 相对湿度控制

(1) 相对湿度控制主要在选择湿度传感器的设置位置和控制方式的选择,目前使用的加湿源主要有:蒸汽加湿、高压喷雾、超声波加湿、电加湿及循环水喷水加湿;

(2) 对于要求比较高的场合,应采用调节式阀门(直线特性),这种方式的稳定性较好,湿度传感器可设于机房内送风管道上;

(3) 对于一般要求的建筑物,可以采取位式控制方式,加湿器采用位式控制时,湿度传感器应设于典型房间(区域)或相对湿度变化较为平缓的位置,防止加湿器阀门开关动作过于频繁,造成振荡运行。

#### 3. $CO_2$ 浓度控制

室内活动处空气中 $CO_2$ 浓度控制小于或等于1000ppm。为此,应根据 $CO_2$ 浓度检测值增减新风量。

#### 4. 防冻控制与各种连锁控制

防冻及连锁是指在冬季室外气温低于0℃的地区,应考虑盘管的防冻问题。从电气及控制方面,应采取一定的措施:

(1) 联锁新风阀:为防止冷风过量,引起盘管冻裂,应在停止机组运行时,联锁关闭新风阀。当机组启动时,则首先打开新风阀,后开风机。除风阀外,电动水阀、加湿器和喷水泵都应进行电气联锁。在冬季运行时,热水阀应优先于所有机组内设备的启动而开启;

(2) 限制热盘管电动阀的最小开度:最小开度设置应能保证盘管内水不结冰的最小水量;

(3) 设置防冻温度控制:在热水盘管出水口设温度传感器,测量回水温度。当其所测值低至5℃左右时,防冻开关动作,控制器发出指令,停止机组工作,同时开大热水阀。

（二）空调与通风系统的控制

1. 定风量空调系统的监测与控制

（1）特点

定风量空调系统的特点是改变送风量的温度、湿度来满足室内冷（热）负荷的变化，维持室温不变。在该系统中，空调机接通电源后以恒转速运行，风量是恒定不变的。

（2）定风量空调系统运行参数的监测（以二管制定风量空调系统为例）

① 空调机新风温、湿度；

② 空调机回风温、湿度；

③ 送风机出口温、湿度；

④ 过滤器压差超限报警；

⑤ 防冻报警；

⑥ 送风机、回风机状态显示及故障报警；

⑦ 电动调节水阀、加湿阀开度显示。

（3）定风量空调系统的自动控制

① 空调回风温度的自动调节

空调回风温度的自动调节是把温度传感器测量的回风温度送入 DDC 控制器与给定值进行比较，根据 $\pm\Delta T$ 偏差值，由 DDC 按 PID 规律调节表冷调节水阀开度以控制冷冻（加热）水量，使室内温度达到控制要求。

② 空调系统回风湿度控制

回风湿度调节系统一般是按 PI（比例、积分）规律调节加湿阀，以保持室内相对湿度在要求的范围内。

③ 新风阀、回风阀及排风阀的比例控制

将测量的回风温、湿度值和新风温、湿度值由 DDC 控制器进行回风及新风焓值计算，按新风和回风的焓值比例，输出相应的电信号控制新风阀和回风阀的比例开度，使系统在最佳的新风/回风比状态下运行，以便达到节能的目的。

排风阀的开度控制从理论上讲，应和新风阀的开度相对应，排风量应等于新风量。

（4）联锁控制

① 空调机组启动顺序控制：送风机启动—新风阀开启—回风机启动—排风阀开启—调节水阀开启—加湿阀开启。

② 空调机组停机顺序控制：送风机停机—关加湿阀—关调节水阀—停回风机—新风阀、排风阀全关—回风阀全开。

③ 火灾停机。火灾时，由系统实施停机指令，统一停机。

2. 变风量空调系统的监测与控制

（1）特点

变风量空调系统的特点是送风温度基本不变，主要通过改变送风量来满足房间对冷热负荷的要求，也就是说，表冷器调节水阀开度基本维持不变，用改变送风机的转速来改变送风量，工程上通常采用变频器调速来调节送风机电机转速。

（2）变风量空调系统运行参数监测

① 送风主干风道的末端静压；
② 送、回风前后风道的差压；
③ 回风管道的温度；
④ 回风管道的相对湿度；
⑤ 送风机出口管道温度及湿度；
⑥ 空调机新风温度及湿度；
⑦ 空气过滤器两端差压状态及报警；
⑧ 送风机、回风机运行状态显示、故障报警；
⑨ 新风阀、回风阀、排风阀、表冷器调节水阀、加湿阀的位置反馈；
⑩ 防冻报警。

(3) 变风量空调系统的自动控制

1) 送风量的自动调节

① 变风量空调系统：通常把系统送风主干管末端的风道静压作为变风量系统的主调节参数，根据参数的变化来调节被调风机转速，以稳定末端静压。稳定末端静压的目的是使系统末端的空调房间有足够的风量，风量能够满足末端房间对冷/热负荷的要求。

② 系统的调节过程：当房间负荷需要风量增加（减少）时，管道静压降低（升高），传感器把静压变化量 $\pm\Delta P$ 测出，送到 DDC 控制器，经 PI 运算后输出控制信号到变频器，变频器根据此信号进行调节电机转速变化送风量，当送风量逐步与所需负荷平衡时，静压恢复到原来状态，系统在新的平衡点工作。

2) 回风机自动调节

在变风量系统中，调节回风机风量是保证送、回风平衡运行，在正常工况下运行时，回风机随送风机而动，送风量改变时也要求改变回风量，回风量应小于送风量。如果送、回机功率、特性相同，回风机的转速应小于送风机转速。

3) 相对湿度的自动控制

室内的相对湿度可通过改变送风含湿量来实现，工程中通常采用取回风管道的相对湿度作为主调参数，根据回风相对湿度值的变化调节加湿阀的开度，改变送风含湿量，保证房间有良好的舒适性。

4) 新风阀、回风阀及排风阀的比例控制

根据测量的新风温、湿度和回风温、湿度，由 DDC 控制器进行新风及回风焓值计算，以新风和回风的焓值比例控制新、回风阀的比例开度。排风量应等于新风量，所以一般认为排风阀的开度就是新风阀的开度。

5) 联锁控制

① 变风量空调系统的设备启、停顺序控制与定风量空调系统相同；

② 新风阀、排风阀与风机联锁，风机开阀开，风机关阀关，以防冬季冷空气冻坏换热器盘管和停机时空气粉尘进入风道；

③ 当新风管道设有一次加热器时，风机停机联锁切断加热器电源；

④ 风机停机时切断加湿器电源；

⑤ 火灾时，关停空调机电源。

# 第三节 配电与照明系统监测与控制节能工程质量控制

## 一、配电系统施工要求

（一）变配电系统施工要求

1. 材料（设备）要求：

（1）明确划分建筑物自动化系统（BAS）供应商与供配电供应商之间材料（设备）供应界面。双方所供设备必须满足系统设计要求或双方签订的界面技术协议。

（2）BAS 供货商应提供的设备和材料：

① 各种电量与非电量传感器；

② 脉冲式电度计量表（亦可由供配电供应商提供）；

③ BAS 至各供电柜的线槽、电缆等材料；

④ 与供配电、照明相连的应用软件，包括计量统计软件。

以上产品均应具有出厂合格证、详细的技术参数说明和质量保证书，并符合设计（或合同）要求。

（3）如果以通信方式与 BAS 相连，则由供配电供应商对供电柜设备应提供通信卡、通信协议和接口软件，并符合双方技术协议要求及产品有关的质保资料。

（4）高压供电柜、配电箱等设备的二次线路设计必须满足 BAS 提出的监测和运行状态与报警的要求。

（5）产品应有出厂合格证，柜、屏、台、箱、盘上应有铭牌、型号、规格及电压等级须符合设计要求，随带技术文件齐全。实行生产许可证和安全认证制度的产品，有许可证编号和安全认证标志。不间断电源柜有出厂试验记录。

（6）柜、屏、台、箱、盘器面应涂层完整、无损伤和明显碰撞凹陷，尺寸正确无变形，柜内元器件无损坏丢失，接线无脱落脱焊，柜（盘）运到现场应存放在室内，或放在干燥的、能避雨雪、风沙的场所，对有特殊保管要求的电气元件，则按产品规定妥善保管。

2. 施工控制要点

（1）设备接地。

电量变送柜或开关柜外壳及其有金属管的外接管应有接地跨接线，外壳应有良好的接地，满足设计及有关规范要求。

（2）监测设备安装与调试。

相应监测设备的 CT、PT 输出端通过电缆接入电量变送器柜，必须按设计和产品说明书提供的接线图接线，并检查其量程是否匹配（包括输入阻抗、电压、电流的量程范围），再将其对应的输出端接入 DDC 相应的监测端并检查量程是否匹配。

（3）变送器安装要求：

① 变送器接线时，严禁其电压输入端短路和电流输入端开路。通电前，必须检查其通断否；

② 必须检查变送器的输入、输出端的范围与设计和 DDC 所要求的信号是否相符。

（4）低压配电箱机关试验：

① 每电路配电开关及保护装置的规格、型号，应符合设计要求；

② 相间和相对地间的绝缘电阻值大于0.5MΩ；

③ 电气装置的交流工频耐压试验电压为1kV，当绝缘电阻值大于10MΩ时，可采用2500V兆欧表遥测替代，试验持续时间1min，无击穿闪烁现象。

（5）保护导体。

低压成套配电柜、控制柜（屏、台）和动力、照明配电箱（盘）应有可靠的电击保护，柜（屏、台、箱、盘）内保护导体应有裸露的连接外部保护导体的端子，当设计无要求时，柜（屏、台、箱、盘）内保护导体最小截面积 $S_p$ 不应小于表11-4的规定。

（6）照明配电箱（盘）安装：

① 箱（盘）内配线整齐，无绞接现象。导线连接紧密，不伤芯线，不断股。垫圈下螺钉两侧压的导线截面积相同，同一端子上导线连接不多于2根，防松垫圈等零件齐全；

② 箱（盘）内开关动作灵活可靠，带有漏电保护的回路，漏电保护装置动作电流不大于30mA，动作时间不大于0.1s；

③ 照明箱（盘）内，分别设置零线（N）保护地线（PE）汇流排，零线和保护地线经汇流排配出。

（7）机柜检查：

① 控制开关及保护装置规格、型号符合设计要求；

② 闭锁装置动作准确、可靠；

③ 主开关的辅助开关切换动作与主开关动作一致；

④ 柜、屏、台、箱、盘上的标识器件表明被控设备编号及名称，或操作位置，接线端子有编号，且清晰、工整，不易脱色；

⑤ 回路中的电子元件不应参加交流工频耐压试验，48V及以下回路可不作交流工频耐压试验。

（8）线槽敷线：

① 电线在线槽内有一定余量，不得有接头。电线按回路编号分段绑扎，绑扎点间距不大于2m；

② 同一回路的相线和零线，敷设于同一金属线槽内；

③ 同一电源的不同回路无抗干扰要求的线路可敷设于同一线槽内。敷设于同一线槽内有抗干扰要求的线路用隔板隔离，或采用屏蔽电线且屏蔽护套一端接地。

（9）变配电系统保护导体的截面积及验收记录见表11-4、表11-5。

**保护导体的截面积**（$mm^2$）　　**表11-4**

| 相线截面积 $S$ | 相应保护导体的最小截面积 $S_p$ | 相线截面积 $S$ | 相应保护导体的最小截面积 $S_p$ |
|---|---|---|---|
| $S \leqslant 16$ | $S$ | $400 < S \leqslant 800$ | 200 |
| $16 < S \leqslant 35$ | 16 | $S \ngtr 800$ | $S/4$ |
| $35 < S \leqslant 400$ | $S/2$ | | |

注：$S$ 指柜（屏、台、箱、盘）电源进线查线截面积。

变配电系统分项工程质量验收记录表（GB 50339） 表11-5

<table>
<tr><td colspan="3">单位（子单位）工程名称</td><td></td><td>子分部工程</td><td></td></tr>
<tr><td colspan="3">分项工程名称</td><td></td><td>验收部位</td><td></td></tr>
<tr><td colspan="2">施工单位</td><td colspan="2"></td><td>项目经理</td><td></td></tr>
<tr><td colspan="2">分包单位</td><td colspan="2"></td><td>分包项目经理</td><td></td></tr>
<tr><td colspan="3">施工执行标准名称及编号</td><td colspan="3"></td></tr>
<tr><td colspan="4">检　测　项　目</td><td>检查评定记录</td><td>监理（建设）单位验收记录</td></tr>
<tr><td>1</td><td colspan="3">电气参数测量</td><td></td><td rowspan="10"></td></tr>
<tr><td>2</td><td colspan="3">电气设备工作状态测量</td><td></td></tr>
<tr><td>3</td><td colspan="3">变配电系统故障报警</td><td></td></tr>
<tr><td>4</td><td colspan="3">高低压配电柜运行状态</td><td></td></tr>
<tr><td>5</td><td colspan="3">电力变压器温度</td><td></td></tr>
<tr><td>6</td><td colspan="3">应急发电机组工作状态</td><td></td></tr>
<tr><td>7</td><td colspan="3">储油罐液位</td><td></td></tr>
<tr><td>8</td><td colspan="3">蓄电池组及充电设备工作状态</td><td></td></tr>
<tr><td>9</td><td colspan="3">不间断电源工作状态</td><td></td></tr>
<tr><td>10</td><td colspan="3"></td><td></td></tr>
<tr><td colspan="6">检测意见：<br>检测机构负责人：　　年　月　日</td></tr>
<tr><td colspan="6">监理（建设）单位验收结论：<br>专业监理工程师：<br>（建设单位项目专业技术负责人）：　　年　月　日</td></tr>
</table>

注：填表说明：

（1）本表检测项目须执行《智能建筑工程质量验收规范》(GB 50339）第6.3.6条的规定。

（2）第1项～第3项，各类参数按20%抽检，且不得小于20点，被检参数合格率100%时为检测合格。

（3）第4项～第9项，各项参数全部检测，被检参数合格率100%时为检测合格。

（二）智能建筑工程质量规定

规范GB 50339第6.3.6条变配电系统功能检测：

建筑设备监控系统应对变配电系统的电气参数和电气设备工作状态进行监测，检测时应利用工作站数据读取和现场测量的方法对电压、电流、有功（无功）功率、功率因数、用电量等各项参数的测量和记录进行准确性和真实性检查，显示的电力负荷及上述各参数的动态图形能比较准确地反映参数变化情况，并对报警信号进行验证。

检测方法为抽检，抽检数量按每类参数抽20%，且数量不得少于20点，数量少于20点时全部检测。被检参数合格率100%时为检测合格。

对高低压配电柜的运行状态、电力变压器的温度、应急发电机组的工作状态、储油罐的液位、蓄电池组及充电设备的工作状态、不间断电源的工作状态等参数进行检测时，应全部检测，合格率100%时为检测合格。

## 二、变配电系统监测要求

（一）变配电系统的监测内容

（1）监测运行参数：包括电压、电流、功率和变压器温度等，为正常运行时计量管理、事故发生时故障原因分析提供数据。

（2）视电气设备运行状态，包括高低压进线断路器、主线联络断路器等各种类型开关的当前合、分状态；提供电气主接线图开关状态画面；发现故障自动报警，并显示故障位置。

（3）对所有用电设备的用电量进行统计及电费计算与管理；绘制用电负荷曲线。

（4）对各种设备的检修、保养维护进行管理。

（5）应急柴油发电机组监测内容应包括电压、电流等参数、机组运行状态、故障报警和油箱液位等。

（6）对蓄电池组的监测包括电压监视、过流过压保护及报警

（二）变配电系统的监测方法

（1）高压线路的电压及电流监测。

6～10kV 高压线路的电压及电流测量方法如图 11-1 所示。

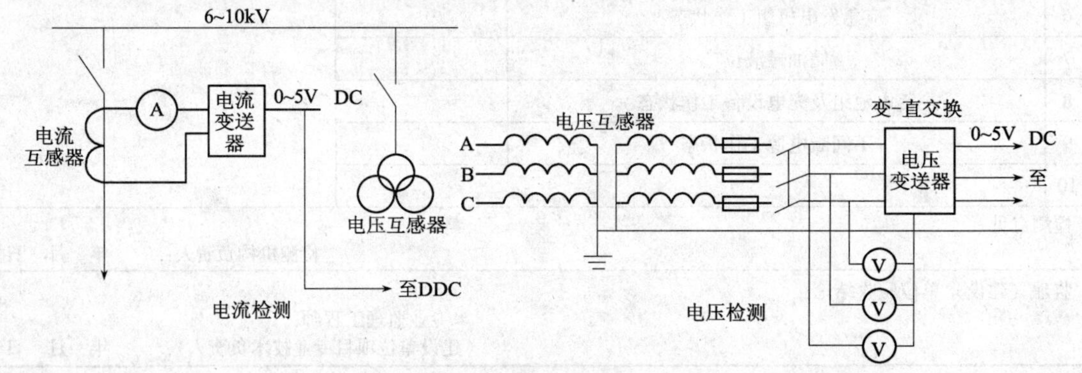


图 11-1 高压线路电压及电流测量原理图

（2）低压线路的电压及电流监测。

低压线路（380/220V）的电压及电流测量方法与高压线路基本相同，主要区别是电压及电流互感器的电压等级不同。

## 三、照明系统施工要求

（一）材料（设备）要求

（1）照明配电箱应有铭牌，回路编号齐全、正确并清晰。

（2）照明器具应有出厂合格证，并符合设计技术要求或合同要求。

（3）配电箱的器材一定符合合同要求（BAS 系统提出的开关控制信号，开关运行/手动和故障报警开关，电度计量器表）或双方技术协议要求。

（4）检查 BAS 控制照明回路（系统）有关供电容量规定，用电终端器具，线缆的配套性，应符合设计要求。查看产品技术说明书是否符合设计要求。

（5）灯具内配线严禁外露，灯具配件齐全，无机械损伤、变形，油漆剥落，灯罩破裂，灯箱歪翘等现象。

（6）照明灯具使用的导线其电压等级不应低于交流 500V，其最小线芯截面符合表 11-6 的规定。

（二）施工控制要点

1. 地线

（1）箱内地线排宜用软导线与盘接地端子相连；

（2）保护地线的截面应符合规定。例如，若相线截面为 $s$，则 $s \leq 16mm^2$ 时，保护地线截面为 $S$；$16mm^2 < S \leq 35mm^2$ 时，保护地线截面为 $16mm^2$；$S > 35mm^2$ 时，保护地线截面为 $S/2$；

（3）各保护地线应与接地母线相连，严禁串联；

（4）地线汇流排应用一根软铜线（黄绿花线）与壳体接地螺栓相连。

2. 配电箱安装

（1）配电箱体应安装牢固方正，倾斜度小于1%，垂直偏差：体高500mm以下为1.5mm；体高500m以上为3mm。保证箱门能开启自如。盘盖应紧贴墙面四周无缝隙。

（2）配电箱应有铭牌，回路编号齐全、正确并清晰，安装位置符合设计要求，箱体内外清洁，无损伤，施工质量员应严格把关，达不到要求的箱盒不许安装。箱盖板紧贴墙面，开闭灵活，箱体开孔合适，做到一管一孔，应利用敲落孔或用机械开孔，严禁用电焊或气割开孔。施工中，若导线被剪断，应将断线拉掉，重新穿线，总配电箱内应装设接地端子。

3. 配线管

暗配管应用 $\phi6 \sim \phi8$ 钢筋将所有金属管与金属箱体焊接连成一体；明配时，在各金属管道管壁上焊接接地螺栓，并用软铜线（如黄绿花线）将管与箱体的接地螺栓连接在一起，保证接地畅通良好。

4. 插座接线

（1）单相两孔插座，插座孔垂直排列时，上孔接相线，下孔接零线，水平排列时，右孔接相线，左孔接零线；

（2）单相三孔插座，上孔接保护线（PE线），右孔接相线，左孔接工作零线。插座的保护线必须单独敷设，不允许与工作零线混用；

（3）三相插座，保护线接正上方的上孔上、下孔从左到右分别接A、B、C相线，同样用途的三相插座，相序排列应一致；

5. 系统防雷

（1）避雷带应按设计要求，采用镀锌圆钢，并加以调直。若采用普通圆钢，截面应加大一级，且经设计同意。避雷脚应定位合理，以转角对称布置，直线段再按1m左右等分为原则。埋设成排脚头支架时，应弹线确保其直线度，并做到所有脚头端头平齐。

（2）引下线截面不得小于避雷带截面，搭接处焊缝应平整、饱满，不得有气孔、咬肉、夹渣等缺陷，且搭接倍数不小于6$d$（$d$为圆钢直径）。支持卡应固定牢固，间距均匀。避雷带跨越建筑物伸缩缝、沉降缝处，应设置补偿器。补偿器可用接地线本身弯成弧状代替。高出屋面的烟囱，透气管及铁爬梯，金属水箱等金属物体，应有防雷装置。

6. 系统接地

按规定接地体埋深应不小于0.6m，间距不小于5m。焊接面不小于扁钢宽度的2倍。焊好后，将药皮敲净，刷沥青防腐，重新调直扁钢，补齐接地端子弹簧垫子，断接卡连接应用不小于M8的镀锌螺栓，在变形缝处，利用本身材料作煨弯补偿。

7. 设备单体测试

(1) 按设计图纸和通信接口的要求，检查强电柜与DDC通信方式的接线是否正确，数据通信协议、格式、传输方式、速率应符合设计要求。

(2) 系统监控点的测试检查。根据设计图纸和系统监控点表的要求，按有关规定的方式逐点进行测试。确认受BAS控制的照明配电箱设备运行正常情况下，启动顺序、时间或照度控制程序，控制照明系统设计和监控要求，按顺序、时间程序或分区方式进行测试。

8. 照明系统施工验收见表11-6、表11-7。

**导线线芯最小截面积（$mm^2$）** **表11-6**

| 灯具安装场所及用途 | | 线芯最小截面 | | |
|---|---|---|---|---|
| | | 铜芯软线 | 铜线 | 铝线 |
| 灯头线 | 民用建筑室内 | 0.5 | 0.5 | 2.5 |
| | 工业建筑室内 | 0.5 | 1.0 | 2.5 |
| | 室外 | 1.0 | 1.0 | 2.5 |

**公共照明系统分项工程质量验收记录表（GB 50339）** **表11-7**

| 单位（子单位）工程名称 | | | 子分部工程 | |
|---|---|---|---|---|
| 分项工程名称 | | | 验收部位 | |
| 施工单位 | | | 项目经理 | |
| 分包单位 | | | 分包项目经理 | |
| 施工执行标准名称及编号 | | | | |
| 检测项目 | | | 检查评定记录 | 监理（建设）单位验收记录 |
| 1 | 公共照明设备监控 | 公共区域1 | | |
| | | 公共区域2 | | |
| | | 公共区域3 | | |
| | | 公共区域4 | | |
| | | 公共区域5 | | |
| | | 公共区域6（园区或景观） | | |
| | | 公共区域7（园区或景观） | | |
| 2 | 检查手动开关功能 | | | |
| 3 | | | | |
| 检测意见：<br>检测机构负责人： 年 月 日 | | | | |
| 监理（建设）单位验收结论：<br>专业监理工程师：<br>（建设单位项目专业技术负责人）： 年 月 日 | | | | |

注：填表说明：

(1) 本表检测项目须执行《智能建筑工程质量验收规范》(GB 50339) 第6.3.7条的规定。

(2) 以光照度或时间表为依据，检测控制动作正确性。

(3) 按照明回路20%抽检，且不得小于10路，抽检合格率100%时为检测合格。

（三）智能建筑工程公共照明系统功能检测

建筑设备监控系统应对公共照明设备（公共区域、过道、园区和景观）进行监控，应以光照度、时间表等为控制依据，设置程序控制灯组的开关，检测时应检查控制动作的正确性；并检查其手动开关功能。

检查测试方式为抽检，按照明回路总数的20%抽检，数量不得少于10路，总数少于10路时应全部检测。抽检数量合格率100%时为检测合格。

**四、照明控制系统监测要求**

1. 照明系统的控制与节能有重要关系，在大型商业建筑中照明的电耗仅次于空调系统，与常规管理相比，好的公共照明系统控制可节电30%～50%。

2. 首先将建筑物内外照明设备按需分成若干组别，通过在计算机上设定启动时间表，以时间区域程序来设定开/关，也可以通过采用门锁、红外线探测是否无人，进行照明控制，以达到节能效果。

3. 当建筑物内有突发事件发生时，照明设备组应作出相应的联动配合。如火警时，联动照明系统关闭，打开应急灯；当有保安报警时，相应区域的照明灯开启。

## 第四节　能源计量与建筑能源管理系统监测、控制节能工程质量控制

**一、建筑能源计量与建筑能源管理系统内容**

1. 设立必要的能耗信息采集与显示系统，即通过电表、水表、气表、热（冷）量表、室内外温湿度计，及其他传感器和变送器等现场仪表，对设备设施运行状况、运行能效等相关参数进行收集、显示、报警等，供运行人员在设备设施运行时，通过自控系统或人工实现调节控制功能及适当的维护维修措施，保证设备优化运行，保证设备设施的可维护性与可用性。根据需要也可对建筑物内不同业主用户的能耗进行计量，以便实行用户能源管理。

2. 对采集的数据进行分析，实施建筑能耗的优化管理，合理调度使用能源，保证在不同工况下使运行的建筑设备尽可能运行在各自的高效运行工作区内，各系统之间运行参数配置合理，达到运行节能的目的，实施建筑能耗的优化管理。

3. 严格运行管理和设备维修维护制度，保证在运设备的完好率。

4. 通过对节能数据进行分析，发现问题，制定合理的改进措施，实现运行节能管理所要求达到的期望值（目标值）。

**二、建筑能耗检测**

（一）建筑能耗检测内容

1. 建筑能耗主要由建筑物围护结构造成的能耗、供热系统产生的能耗、制冷系统产生的能耗、通风系统产生的能耗、照明系统产生的能耗、电气设备产生的能耗构成。因此，建筑能耗的检测内容主要是检测建筑物围护结构的保温性能、供热系统产出的能量、

供热系统产出能量的效率，制冷系统产出的能量、制冷系统产出能量的效率，通风系统输出的能量、通风系统产出能量的效率，照明系统输出的能量、照明系统产出能量的效率，电气设备产出的能量、电气设备产出能量的效率。

2. 供热系统产生的能量是指：供热系统能为建筑物提供出的总热量；制冷系统产出的能量是指制冷系统能为建筑物提供出的总冷量；通风系统输出的能量是指风机系统所产生的总输送风能量（风机系统的输出能量）；供热系统产出能量的效率是指供热系统产出的能量与供热系统产生能耗的百分比；制冷系统产出能量的效率是指制冷系统产出的能量与制冷系统产生能耗的百分比；通风系统产出能量的效率是指通风系统产出的能耗与实际用户获得的能量的百分比；电气设备产出能量的效率是指电气设备产出的能量与消耗能量的百分比。照明系统产出能量的效率是指：照明系统消耗的能量与光能量的百分比。这个效率主要取决于灯具的效率和灯具的使用效率。

（二）计量过程与能效计算

1. 计量的目的是为了获得各系统的能量效率，以便确定被浪费的能量，从而为节能的实施提供理论支持。计量的过程可分为以下几个步骤：

（1）确定计量的范围，只计量 HVAC 还是所有的耗能设备；

（2）准备一个详细而精确的计量测试方案；

（3）布设传感器以计量系统产生的能耗；

（4）布设传感器以计量系统产生的能量；

（5）布设传感器以计量能量的利用效率。

2. 建筑能耗检测设备只是完成了对能耗设备或系统能量转换状况和效率原始数据的采集，只有通过相应的数据处理，获得能量的传输效率和能量的利用效率后，才能根据能量的效率找到有针对性的节能措施。

数据处理的目的是为了获得能量的传输效率和能量的利用效率，能量传输效率是指获得的总能量与输出总能量之比；能量利用效率是用来表示传输到房间、大厅等人类活动场所的能量是否为人充分利用。能量传输效率的计算首先通过监测设备测量的数据计算出来，若以 $E_o$ 表示某个系统总能量输出，$E$ 表示输送到用户处的总能量，那么，能量传输效率 $\eta_t$ 可表示为：

$$\eta_t = E/E_o \times 100\%$$

由于能量利用效率的计算与人的活动密切相关，因此，首先用离散的方法表示建筑物中不同区域的能量利用效率，再将其求和获得能量利用效率。由于能量的使用还与时间有关，所以能量利用效率应针对不同时间段进行统计。若能量被利用，则设利用效率为 1（100%），否则，为 0。若将建筑物中的区域最多分为 $n$ 个，时间段以小时为单位，那么能量利用效率可表示为：

$$\delta_{kl} \in (1,0)\text{，其中 } k \in (0,n),\ t \in (0,23)$$

$$\eta_{ut} = \left(\sum_{0}^{n} \delta_{kl}/n\right) \times 100\%\text{，其中 } k \in (0,n),\ t \in (0,23)$$

无论能量管理还是节能的实现都与能效有关，能量优化管理就是为提高能效，而若对建筑智能化实施节能改造，改造的目的也是提高能效。

## 三、建筑能耗的优化管理

（一）能耗管理原则

1. 建筑物中的能量消耗是为人服务的，能耗管理的原则要本着“以人为本”的原则来管理，不能为节能而节能。因此，能耗管理的核心是将浪费的能量节省下来，尽可能提高能效（包括能量转换效率和能量利用效率），这也是能耗管理的最基本原则。

2. 能量利用效率主要与管理水平有关，能量转换效率与技术因素有关。无论提高哪种效率，都会减少终端能量的使用，从而达到明显的节能效果。

终端能量使用的效率是沿着能量转换链的三种效率相乘而得到的：

（1）初级能量（煤、油）转换成二次能量（电）的转换效率；

（2）输送二次能量从转换点到终端用户的传输效率；

（3）转换二次能量到能量服务终端的使用效率。

大多数人只注重前两种效率：转换（包括提取初级能量和把初级能量转换成二次能量）和传输。仅把注意力集中在前两种效率，会使人们忽略使用能量的真正目的。

把三种效率考虑在一起，对能源的最终有效使用和原始能源的分流进行比较，可以看出提高能源使用效率的最大潜能所在。因为沿着能源转换链，各转换效率是相乘的关系。虽然可以认为能源链各环节的节能同等重要，但下游的节能，即最接近能源最终使用环节的节能是最重要的。终端能量使用效率的提高，可以以最少的投资、在最短的时间内取得最大的效率。因此，为了最大限度节约原始能源和投资成本，有效的方法是从能量转换链的下游开始减少能量需求。例如，对 HVAC 系统首先应提出和解决的问题包括：满足需要的最小流量是多少？管道的阻力可以减小到多少？多大的电机可以恰好与所需的流量匹配？水泵的效率是多少？泵与系统内其他设备是否会互相影响，即是否耦合？然后，从最终需求及最大变化开始，再逆向分析能源传输转换链，直至能源的源头，以达到下游能源使用效率的最大化，从而最大幅度地减少上游能源链的消耗。

（二）能耗优化管理

1. 进行能耗优化管理的前提需要获得建筑正常工作时的能量消耗数据，要获得这个数值，除了上文提及的检测外，还需要对能量的使用作必要的审计。审计的内容主要包括：

（1）建筑物围护审计：测出建筑围护的能耗损失，如建筑结构、门窗等绝热程度差所引起的能耗。

（2）功能审计：确定特殊功能所需的总能量和确认节能的潜力。功能审计包括：供热、制冷、通风、照明、电气设备等。

（3）过程审计：确定每个处理功能所需的总能量和确认节能的潜力。包括：机械装置、制热、通风处理、空气处理和锅炉等。

根据收集信息的详细程度，能量审计可分为三种类型：预审计、具体审计和计算机模拟审计。

（1）预审计：巡回检查每个系统，包括分析能耗量和能耗数据估算，与相同类型工业设备的能耗均值或基准值的比较。通过实际运行和维护状况的改进，形成具有节能潜力的初步列表。如果表中显示有较大的节能潜力，这些预审计的信息也可以被用于随后更详细的审计。

(2) 具体审计：通过对现场设备、系统的特性分析以及现场测试和更详细的计算，对已经量化的能耗进行损失审计，分析基于每个系统的改进效率和节省的能量，一般还包括在经济分析基础上推荐的节能方案。

(3) 计算机模拟审计：常用于复杂设备或系统。这种审计包括更详细的功能能耗和更复杂耗能方式的评估。计算机仿真软件被用于预测建筑系统的性能和当天气等其他环境变化时的统计，其目标是建立一个与实际设备能耗相一致的对比基数。审计者将改进不同系统的效率并估量其与基数相对应的效果。这种方法还考虑到系统之间的相互作用，以防止过高评估节能的效果。

2. 通过能量审计，估算出整个建筑物和系统的能量传输效率和能量利用效率。首先通过上文提到的测量仪器检测出系统产生的能耗，根据不同的能源种类进行分类，计算出各系统产生能量的效率，提出节能的可行性。

3. 根据审计的结果，确定可以节省的能量来源和数量，以人工或自动方式管理能量的使用与调度。有条件的建筑应将建筑的环境因素（温、湿度）也作为能量的一部分进行管理，从而达到最优化的节能效果。

4. 确定了能量的转换效率后，根据获得的结果对相应的设备进行改造，以获得更优的转换效率。能量管理更多体现在提高能量利用效率上，根据能量审计获得能量利用效率后，对能量利用效率低的部门和系统，可通过减少能量供给、调整能量供给模式或改变部门或系统的运行模式来达到节能目的。

## 第五节 建筑节能监测与控制系统分项工程质量标准与验收

### 一、建筑节能监测与控制系统质量标准

（一）主控项目

1. 监测与控制系统采用的设备、材料及附属产品进场时，应按照设计要求对其品种、规格、型号、外观和性能等进行检查验收，并应经监理工程师（建设单位代表）检查认可，且应形成相应的质量记录。各种设备、材料和产品附带的质量证明文件和相关技术资料应齐全，并应符合国家现行有关标准和规定。

2. 监测与控制系统安装质量应符合以下规定：

(1) 传感器的安装质量应符合《自动化仪表工程施工及验收规范》(GB 50093) 的有关规定；

(2) 阀门型号和参数应符合设计要求，其安装位置、阀门前后直管段长度、流体方向等应符合产品安装要求；

(3) 压力和差压仪表的取压点、仪表配套的阀门安装应符合产品要求；

(4) 流量仪表的型号和参数、仪表前后的直管段长度等应符合产品要求；

(5) 温度传感器的安装位置、插入深度应符合产品要求；

(6) 变频器安装位置、电源回路敷设、控制回路敷设应符合设计要求；

（7）智能化变风量末端装置的温度设定器安装位置应符合产品要求；

（8）涉及节能控制的关键传感器应预留检测孔或检测位置，管道保温时应作明显标注。

3. 对经过试运行的项目，其系统的投入情况、监控功能、故障报警连锁控制及数据采集等功能，应符合设计要求。

4. 空调与采暖的冷热源、空调水系统的监测控制系统应成功运行，控制及故障报警功能应符合设计要求。

检验方法：在中央工作站使用检测系统软件，或采用在直接数字控制器或冷热源系统自带控制器上改变参数设定值和输入参数值，检测控制系统的投入情况及控制功能；在工作站或现场模拟故障，检测故障监视、记录和报警功能。

检查数量：全部检测。

5. 通风与空调监测控制系统的控制功能及故障报警功能应符合设计要求。

检验方法：在中央工作站使用检测系统软件，或采用在直接数字控制器或通风与空调系统自带控制器上改变参数设定值和输入参数值，检测控制系统的投入情况及控制功能；在工作站或现场模拟故障，检测故障监视、记录和报警功能。

检查数量：按总数的20%抽样检测，不足5台全部检测。

6. 监测与计量装置的检测计量数据应准确，并符合系统对测量准确度的要求。

检验方法：用标准仪器仪表在现场实测数据，将此数据分别与直接数字控制器和中央工作站显示数据进行比对。

检查数量：按20%抽样检测，不足10台全部检测。

7. 供配电的监测与数据采集系统应符合设计要求。

检验方法：试运行时，监测供配电系统的运行工况，在中央工作站检查运行数据和报警功能。

检查数量：全部检测。

8. 照明自动控制系统的功能应符合设计要求，当设计无要求时应实现下列控制功能：

（1）大型公共建筑的公用照明区应采用集中控制并应按照建筑使用条件和天然采光状况采取分区、分组控制措施，并按需要采取调光或降低照度的控制措施；

（2）旅馆的每间（套）客房应设置节能控制型开关；

（3）居住建筑有天然采光的楼梯间、走道的一般照明，应采用节能自熄开关；

（4）房间或场所设有两列或多列灯具时，应按下列方式控制：

① 所控灯列与侧窗平行；

② 电教室、会议室、多功能厅、报告厅等场所，按靠近或远离讲台分组。

检验方法：

（1）现场操作检查控制方式；

（2）依据施工图，按回路分组，在中央工作站上进行被检回路的开关控制，观察相应回路的动作情况；

（3）在中央工作站改变时间表控制程序的设定，观察相应回路的动作情况；

（4）在中央工作站采用改变光照度设定值、室内人员分布等方式，观察相应回路的控制情况；

(5) 在中央工作站改变场景控制方式，观察相应的控制情况。

检查数量：现场操作检查为全数检查；在中央工作站上检查按照明控制箱总数的5%检测，不足5台全部检测。

9. 综合控制系统应对以下项目进行功能检测，检测结果应满足设计要求：

(1) 建筑能源系统的协调控制；

(2) 采暖、通风与空调系统的优化监控。

检验方法：采用人为输入数据的方法进行模拟测试，按不同的运行工况检测协调控制和优化监控功能。

检查数量：全部检测。

10. 建筑能源管理系统的能耗数据采集与分析功能，设备管理和运行管理功能，优化能源调度功能，数据集成功能应符合设计要求。

检验方法：对管理软件进行功能检测。

检查数量：全部检查。

(二) 一般项目

检测监测与控制系统的可靠性、实时性、可维护性等系统性能，主要包括下列内容：

1. 控制设备的有效性，执行器动作应与控制系统的指令一致，控制系统性能稳定，符合设计要求；

2. 控制系统的采样速度、操作响应时间、报警反应速度应符合设计要求；

3. 冗余设备的故障检测正确性及其切换时间和切换功能应符合设计要求；

4. 应用软件的在线编程（组态）、参数修改、下载功能、设备及网络故障自检测功能应符合设计要求；

5. 控制器的数据存储能力和所占存储容量应符合设计要求；

6. 故障检测与诊断系统的报警和显示功能应符合设计要求；

7. 设备启动和停止功能及状态显示应正确；

8. 被控设备的顺序控制和连锁功能应可靠；

9. 应具备自动控制/远程控制/现场控制模式下的命令冲突检测功能；

10. 人机界面及可视化检查。

检验方法：分别在中央工作站、现场控制器和现场利用参数设定、程序下载、故障设定、数据修改和事件设定等方法，通过与设定的显示要求对照，进行上述系统的性能检测。

检查数量：全部检测。

## 二、建筑节能监测与控制系统质量验收

(一) 验收一般规定

(1) 监测与控制系统施工质量的验收应执行《智能建筑工程质量验收规范》(GB 50339)和《建筑节能工程施工质量验收规范》(GB 50411) 的相关规定。

(2) 监测与控制系统验收的主要对象应为采暖、通风与空气调节、配电与照明所采用的监测与控制系统，能耗计量系统以及建筑能源管理系统。

建筑节能工程所涉及的可再生能源利用、建筑冷热电联供系统、能源回收利用以及其

他与节能有关的建筑设备监控部分的验收，应参照本章的相关规定执行。

（3）监测与控制系统的施工单位应依据国家相关标准的规定，对施工图设计进行复核。当复核结果不能满足节能要求时，应向设计单位提出修改建议，由设计单位进行设计变更，并经原节能设计审查机构批准。

（4）施工单位应依据设计文件制定系统控制流程图和节能工程施工验收大纲。

（二）建筑节能监测与控制系统分项工程质量验收

（1）监测与控制系统的验收分为工程实施和系统检测两个阶段。

（2）工程实施由施工单位和监理单位随工程实施过程进行，分别对施工质量管理文件、设计符合性、产品质量、安装质量进行检查，及时对隐蔽工程和相关接口进行检查，同时，应有详细的文字和图像资料，并对监测与控制系统进行不少于168h的不间断试运行。

（3）系统检测内容应包括对工程实施文件和系统自检文件的复核，对监测与控制系统的安装质量、系统节能监控功能、能源计量及建筑能源管理等进行检查和检测。

系统检测内容为主控项目和一般项目，系统检测结果是监测与控制系统的验收依据。

（4）对不具备试运行条件的项目，应在审核调试记录的基础上进行模拟检测，以检测监测与控制系统的节能监控功能。

# 第十二章　建筑节能工程现场检测

## 第一节　围护结构现场实体检验

### 一、实体检验基本规定

（一）围护结构传热系数测量

围护结构传热系数的测量可分为实验室测量和现场测量两种。

1. 实验室测量

墙体的传热系数及屋面的传热系数、门窗等构件的传热系数在实验室中采用热箱法测量。早期我国测定的构件尺寸为1000mm×1000mm，现已能在静态热箱上对3.6m×2.8m的整面墙体及其构件进行测量，也可在实际自然条件下，在动态热箱上对实际构造的墙体及屋面进行测量。围护结构传热系数在实验室测量，具有测量精度高，不受时间、地点限制的特点，为总建筑能耗分析及建筑设备的选择提供了可靠的数据。根据所测得的数据，按式（12-1）可求得总传热系数$K_o$，按式（12-2）可求得构件的传热系数$K$，也可利用式（12-3）和式（12-4）分别求得内表面换热系数$\alpha_i$和外表面换热系数$\alpha_o$。

$$K_o=(Q-Q_B)/A(t_h-t_c) \tag{12-1}$$

$$K=(Q-Q_B)/A(t_1-t_2) \tag{12-2}$$

$$\alpha_i=(Q-Q_B)/A(t_h-t_1) \tag{12-3}$$

$$\alpha_o=(Q-Q_B)/A(t_2-t_c) \tag{12-4}$$

式中　$Q$——进入测量箱的总功率（W）；

$Q_B$——通过测量箱壁的散热量（W）；

$A$——试件测试部分面积（$m^2$）；

$t_h$，$t_c$——测量热箱、冷箱的空气温度（℃）；

$t_1$，$t_2$——试件热面和冷面的温度（℃）。

2. 现场测量

围护结构传热系数，是建筑能耗的重要基本参数，在建筑热工法现场测量中是最关键的一项指标。传热系数值越小，则保温性能越好。

围护结构传热系数现场测量方法有：热流计法、热箱法和红外热像法。其中热流计法是目前国内外较为成熟的检测方法，且已得到普遍应用。

（1）热流计法

热流计是建筑能耗测定的常用仪表，该法采用热流计及温度传感器测量通过构件的热流值和表面温度，通过计算得出其热阻和传热系数。

现场测量的内容包括：热流密度；室内、外气温；围护结构的内、外表面温度以及热流计的两表面温度。

热流计法主要采用热流计、热电偶在现场检测被围护结构的热流量和其内、外表面，在被测部位布置热流计，在热流计周围的内外表面布置热电偶，通过导线把所测试的各部分连接起来，将测试信号直接输入计算机，通过计算机数据处理，可打印出热流值及温度读数。当传热过程稳定后，开始计量，并计算出该围护结构的传热系数，从而判定建筑物是否达到节能标准要求。

热流计的测点应选在有代表性的部位，如结构复杂，需按不同部位求加权平均值，应在不同部位设置测点。热流测点一般设在围护结构内表面，热流计安装时尽可能采用埋入式。

为保证接触良好，并且装拆方便，常用胶液、石膏、黄油或凡士林粘贴。对连续采暖房屋的围护结构的传热系数测量，采用此法比较方便，且具有一定的精度。

测量时间应选在当地无风或微风的阴寒天气，避开寒潮期。连续观测时间，厚重性结构不少于7昼夜，轻型结构不少于3昼夜。

热流计及其标定应符合现行行业标准《建筑用热流计》(JG/T 3016) 的规定。温度传感器用于温度测量时，测量误差应小于0.5℃；用一对温度传感器直接测量温差时，测量误差应小于2%；用两个温度值相减求取温差时，测量误差应小于0.2℃。

热流和温度测量应采用自动化数据采集记录仪表，数据存储方式应适用于计算机分析。测量仪表的附加误差应小于2μV 或 0.05℃。采用累积式测法，人工记录时，每30min 记录一次；自动打印每10min 打印一次。围护结构传热系数 $K$ 按式（12-5）计算。

$$K = \bar{q} / \overline{\Delta t} \tag{12-5}$$

式中 $K$——围护结构传热系数，[W/(m²·℃)]；

$\bar{q}$——实测热流密度平均值，(W/m²)；

$\overline{\Delta t}$——被测结构内、外表面温差平均值，(℃)。

$$\bar{q} = \sum q_t / n \tag{12-6}$$

$$\overline{\Delta t} = \sum \Delta t_t / n \tag{12-7}$$

式中 $q_t$——$t$ 时刻的实测热流密度，(W/m²)；

$\Delta t_t$——$t$ 时刻结构内、外表面温差；

$n$——总共测量次数。

采用算术平均法进行数据分析时，应按下式计算围护结构的热阻，并符合下列规定：

$$R = \frac{\sum_{j=1}^{n} (\theta_{Ij} - \theta_{Ej})}{\sum_{j=1}^{n} q_j} \tag{12-8}$$

式中 $R$——围护结构的热阻，(m²·K/W)；

$\theta_{Ij}$——围护结构内表面温度的第 $j$ 次测量值，(℃)；

$\theta_{Ej}$——围护结构外表面温度的第 $j$ 次测量值，(℃)；

$q_j$——热流密度的第 $j$ 次测量值，(W/m²)。

1）对于轻型围护结构［单位面积比热容小于20kJ/(m²·K)］，宜使用夜间采集的数据（日落后1h 至日出）计算围护结构的热阻。当经过连续四个夜间测量之后，相邻两次测量的计算结果相差不大于5%时即可结束测量。

2）对于重型围护结构［单位面积比热容大于等于20kJ/(m²·K)］，应使用全天数据

(24h 的整数倍）计算围护结构的热阻，且只有在下列条件得到满足时方可结束测量：

① 末次 $R$ 计算值与 24h 之前的 $R$ 计算值相差不大于 5%；

② 检测期间内第一个 $INT$（$2\times DT/3$）天内与最后一个同样长的天数内的 $R$ 计算值相差不大于 5%

注：$DT$ 为检测持续天数，$INT$ 表示取整数部分。

（2）热箱法

热箱法是基于一维稳态传热原理，在试件两侧的箱体（冷箱和热箱）内分别建立所需的温度、风速和辐射条件，达到稳定状态后，测量试件两侧的空气温度、表面温度及输入到计量箱内的功率，就可计算出试件的热阻和总热阻。

热箱法装置由冷箱、热箱、控温和测温系统组成，如图 12-1 所示。热箱包括计量箱和保护箱，计量箱置于保护箱内，保护箱的作用是在计量箱周围建立适当的空气温度和表面换热系数，使流过计量箱壁的热流量及试件不平衡热流量减到最小，从而保证计量箱内加热器及电风扇产生的热量几乎全部经过试件传到冷箱。

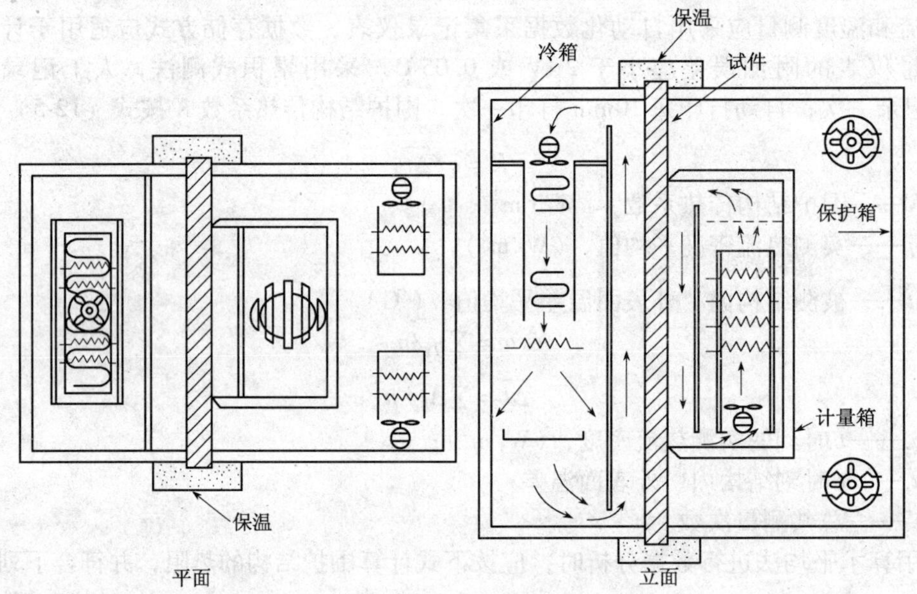


图 12-1 热箱法测量装置

1）试件的制备与安装：

① 取具有代表性的试件，其尺寸应符合箱体试件尺寸的要求；

② 测量前应将试件调节到气干状态，以减少试件中热流受到所含水分的影响；

③ 在试件两侧表面固定热电偶，安装试件时，边缘要进行密封和保温。

2）测量：

① 冷、热箱的温度应尽可能地与试件的使用温度相一致，最小温差为 20℃；

② 对冷、热箱分别进行降温和升温，根据试验要求调节冷、热侧的空气速度，调节保护箱的温度，使流过计量箱壁的热流量及试件不平衡热流量尽可能接近零；

③ 接近达到稳态后，两个至少为 3h 测量周期内功率和温度测量值及其计算的热阻平均值偏差小于 1%，并用每小时的数据不是单向变化的，试验方能终止；

④ 两个连续的3h测量得到的平均数据作为测定值，用下面的公式计算出最后结果：

$$R=\frac{A\ (t_i-t_e)}{Q} \tag{12-9}$$

$$R_0=\frac{A\ (t_{ai}-t_{ae})}{Q} \tag{12-10}$$

$$K=\frac{1}{R_0} \tag{12-11}$$

式中 $R$——试件的热阻，$(m^2\cdot K/W)$；

$A$——试件的计量面积，$(m^2)$；

$t_i$——试件热侧的表面温度，(℃)；

$t_e$——试件冷侧的表面温度，(℃)；

$Q$——计量箱内总输入功率，(W)；

$R_0$——试件的总热阻，$(m\cdot K/W)$；

$t_{ai}$——试件热侧的空气温度，(℃)；

$t_{ae}$——试件冷侧的空气温度，(℃)；

$K$——试件的传热系数，$[W/(m^2\cdot K)]$。

热箱法的主要特点是基本不受温度的限制，只要室外平均空气温度在25℃以下，相对湿度在60%以下，热箱内温度大于室外最高温度8℃以上即可以测试。据业内技术专家通过交流认为：热箱法在国内尚属研究阶段，其局限性亦是显而易见的，热桥部位无法测试，况且尚未发现有关热箱法的国际标准或国内权威机构的标准，故不推荐采用。

(3) 红外热像法

任何物体只要其温度高于绝对零度都会因分子的热运动而发射红外线，且发出的红外辐射能量与物体绝对温度的四次方成正比。

红外热像技术是一种非接触式的测量技术，不会破坏被测温度场；直观地显示物体表面的温度场，并以图像形式显示出来；温度分辨率高，可达0.01。

目前，红外热像仪法还在研究改进阶段，它通过摄像仪可远距离测定建筑物围护结构的热工缺陷，通过测得的各种热像图表征有热工缺陷和无热工缺陷的各种建筑构造，用于在分析检测结果时作对比参考，因此，只能定性分析而不能量化指标。

(二)《采暖居住建筑节能检验标准》(JGJ 132) 关于建筑物围护结构传热系数的规定

(1) 围护结构传热系数的现场检测宜采用热流计法或经国家质量技术监督部门认定的其他方法。

(2) 热流计及其标定应符合现行行业标准《建筑用热流计》(JG/T 3016) 的规定。

(3) 温度传感器用于温度测量时，测量误差应小于0.5℃；用一对温度传感器直接测量温差时，测量误差应小于2%；用两个温度值相减求取温差时，测量误差应小于0.2℃。

(4) 热流和温度测量应采用自动化数据采集记录仪表，数据存储方式应适用于计算机分析。测量仪表的附加误差应小于2μV或0.05℃。

(5) 测点位置应根据检测目的确定。测量主体部位的传热系数时，测点位置不应靠近热桥、裂缝和有空气渗漏的部位，不应受加热、制冷装置和风扇的直接影响。

(6) 热流计和温度传感器的安装应符合下列规定：

① 热流计应直接安装在被测围护结构的内表面上，且应与表面完全接触；

② 温度传感器应在被测围护结构两侧表面安装。内表面温度传感器应靠近热流计安

装，外表面温度传感器宜在与热流计相对应的位置安装。温度传感器连同0.1m长引线应与被测表面紧密接触，传感器表面的辐射系数应与被测表面基本相同。

(7) 检测应在采暖供热系统正常运行后进行，检测时间宜选在最冷月且应避开气温剧变的天气，检测持续时间不应少于96h。检测期间室内空气温度应保持基本稳定，热流计不得受阳光直射，围护结构被测区域的外表面宜避免雨雪侵袭和阳光直射。

(8) 检测期间，应逐时记录热流密度和内、外表面温度。可记录多次采样数据的平均值，采样间隔宜短于传感器最小时间常数的二分之一。

(9) 数据分析可采用算术平均法或动态分析法。

(三)《采暖居住建筑节能检验标准》(JGJ 132) 关于建筑物围护结构热工缺陷的规定

(1) 建筑物围护结构热工缺陷宜采用红外摄像法进行定性检测。

(2) 红外摄像仪及其温度测量范围应符合冬季现场测量要求。红外摄像仪传感器的使用波长应处在2.0~2.6μm、3.0~5.0μm或8.0~14.0μm之内，传感器分辨率不应低于0.1℃，其测量误差应小于0.5℃。

(3) 检测应在供热系统正常运行后进行。围护结构处于直射阳光下时不应进行检测。

(4) 用红外摄像仪对围护结构进行检测之前，应首先对围护结构进行普测，然后对可疑部位进行详细检测。

(5) 应对实测热像图进行分析并判断是否存在热工缺陷以及缺陷的类型和严重程度。可通过与参考热像图的对比进行判断。必要时，可采用内窥镜、取样等方法进行认定。

(6) 围护结构空气渗透性能宜采用经国家质量技术监督部门认定的测试方法进行检测。

## 二、围护结构非正常验收

《建筑工程施工质量验收统一标准》(GB 50300)(以下简称《统一标准》)对第一次验收未能符合规范要求质量的情况作了具体规定。在保证最终质量的前提下，给出了非正常验收的四种形式，即：①返工更换验收；②检测鉴定验收；③设计复核验收；④加固处理验收。仅在上述四种情况都不能满足的情况下才可拒绝验收。

(一) 建筑工程的非正常验收

1. 返工更换验收

《统一标准》第5.0.6条第1款规定："经返工重做或更换器具、设备的检验批，应重新进行验收。"

施工质量的检查验收，目的无非是为了保证建筑物的安全和使用功能。如能通过施工单位的返工、修补和更换设备、器具而能够达到上述目的，则没有理由不给予验收。标准条款中用"应"一词强调了返工更换验收的合理性。任何单位和个人不得以初次验收不合要求而禁止施工单位返工更换；也不得拒绝施工单位在返工更换后提出重新验收的要求。

2. 检测鉴定验收

《统一标准》第5.0.6条第2款规定："经有资质的检测单位检测鉴定，能够达到设计要求的检验批，应予以验收。"

根据有关的标准规定，经过法定单位的系统检测分析，可以出具有法定效力的检测鉴定报告，对被检部分的质量状态给出明确的结论。如果检测鉴定报告肯定被检测的检验批质量合格，则无理由不加以验收。《统一标准》中规定"应予验收"，该"应"字表明，验收单位不得以任何理由刁难和卡扣施工单位。当然，由于出具鉴定报告，该检测单位同样应该负相应的责任。

3. 设计复核验收

《统一标准》第 5.0.6 条第 3 款规定："经有资质的检测单位检测鉴定达不到设计要求，但经原设计单位核算，认可能够满足结构安全和使用功能的检验批，可予以验收。"

4. 加固处理验收

《统一标准》第 5.0.6 条第 4 款规定："经返修加固处理的分项、分部工程，虽改变外形尺寸，但仍能满足安全使用要求，可按技术处理方案和协商文件进行验收。"

(二)《统一标准》规定拒绝验收的工程

《统一标准》第 5.0.7 条规定："通过返修或加固处理仍不能满足安全使用要求的分部工程、单位（子单位）工程，严禁验收。"

## 第二节　外墙节能构造钻芯检验方法

### 一、钻芯检验范围

本方法适用于检验建筑外墙保温层节能结构是否符合设计或有关规范要求。

### 二、钻芯检验基本规定

1. 钻芯检验外墙节能构造应在外墙施工完工后、节能分部工程验收前进行。
2. 钻芯检验外墙节能构造应在监理（建设）人员见证下实施。

### 三、钻芯检验取样要求

1. 钻芯检验外墙节能构造的取样部位和数量，应遵守下列规定：

（1）取样部位应由监理（建设）与施工双方共同确定，不得在外墙施工前预先确定；

（2）取样部位应选取节能构造有代表性的外墙上相对隐蔽的部位，并宜兼顾不同朝向和楼层；取样部位必须确保钻芯操作安全，且应方便操作；

（3）外墙取样数量为一个单位工程每种节能保温做法至少取 3 个芯样。取样部位宜均匀分布，不宜在同一个房间外墙上取 2 个或 2 个以上芯样。

2. 钻芯检验外墙节能构造可采用空心钻头，从保温层一侧钻取直长 70mm 的芯样。钻取芯样深度为钻透保温层到达结构层或基层表面，必要时也可钻透墙体。

当外墙的表层坚硬不易钻透时，也可局部剔除坚硬的面层后钻取芯样。但钻取芯样后应恢复原有外墙的表面装饰层。

3. 钻取芯样时应尽量避免冷却水流入墙体内及污染墙面。从空心钻头中取出芯样时应谨慎操作，以保持芯样完整。当芯样严重破损难以准确判断节能构造或保温层厚度时，应重新取样检验。

4. 外墙取样部位的修补，可采用聚苯板或其他保温材料制成的圆柱形塞填充并用建筑密封胶密封。修补后宜在取样部位挂贴注"外墙节能构造检验点"的标志牌。

### 四、芯样检查与质量判定

1. 对钻取的芯样，应按照下列规定进行检查：

（1）对照设计图纸，观察、判断保温材料种类是否符合设计要求；必要时，也可采用其他方法加以判断；

(2) 用分度值为1mm的钢尺，在垂直于芯样表面（外墙面）的方向上量取保温层厚度，精确到1mm；

(3) 观察或剖开检查保温层构造做法是否符合设计和施工方案要求。

2. 在垂直于芯样表面（外墙面）的方向上实测芯样保温层厚度，当实测芯样厚度的平均值达到设计厚度的95%及以上且最小值不低于设计厚度的90%时，应判定保温层厚度符合设计要求；否则，应判定保温层厚度不符合设计要求。

3. 当取样检验结果不符合设计要求时，应委托具备检测资质的见证检测机构增加一倍数量再次取样检验。仍不符合设计要求时，应判定围护结构节能构造不符合设计要求。此时应根据检验结果委托原设计单位或其他有资质的单位重新验算房屋的热工性能，提出技术处理方案。

## 五、检验报告式样及内容要求

1. 实施钻芯检验外墙节能构造的机构应出具检验报告。检验报告的格式可参照表12-1样式。检验报告至少应包括下列内容：

**外墙节能构造钻芯检验报告　　表12-1**

<table>
<tr><td colspan="3" rowspan="3">外墙节能构造检验报告</td><td colspan="2">报告编号</td><td></td></tr>
<tr><td colspan="2">委托编号</td><td></td></tr>
<tr><td colspan="2">检测日期</td><td></td></tr>
<tr><td colspan="2">工程名称</td><td colspan="4"></td></tr>
<tr><td colspan="2">建设单位</td><td colspan="2"></td><td>委托人/联系电话</td><td></td></tr>
<tr><td colspan="2">监理单位</td><td colspan="2"></td><td>检测依据</td><td></td></tr>
<tr><td colspan="2">施工单位</td><td colspan="2"></td><td>设计保温材料</td><td></td></tr>
<tr><td colspan="2">节能设计单位</td><td colspan="2"></td><td>设计保温层厚度</td><td></td></tr>
<tr><td rowspan="9">检验结果</td><td>检验项目</td><td colspan="2">芯样1</td><td>芯样2</td><td>芯样3</td></tr>
<tr><td>取样部位</td><td colspan="2">轴线/层</td><td>轴线/层</td><td>轴线/层</td></tr>
<tr><td>芯样外观</td><td colspan="2">完整/基本<br>完整/破碎</td><td>完整/基本<br>完整/破碎</td><td>完整/基本<br>完整/破碎</td></tr>
<tr><td>保温材料种类</td><td colspan="2"></td><td></td><td></td></tr>
<tr><td>保温层厚度</td><td colspan="2">mm</td><td>mm</td><td>mm</td></tr>
<tr><td>平均厚度</td><td colspan="4">mm</td></tr>
<tr><td>围护结构<br>分层做法</td><td colspan="2">1 基层：<br>2<br>3<br>4</td><td>1 基层：<br>2<br>3<br>4</td><td>1 基层：<br>2<br>3<br>4</td></tr>
<tr><td>照片编号</td><td colspan="2"></td><td></td><td></td></tr>
<tr><td colspan="5"></td></tr>
<tr><td colspan="5">结论：</td><td>见证意见：<br>1 抽样方法符合规定；<br>2 现场钻芯真实；<br>3 芯样照片真实；<br>4 其他：<br><br>见证人：</td></tr>
<tr><td>批准</td><td></td><td>审核</td><td></td><td>检验</td><td></td></tr>
<tr><td>检验单位</td><td colspan="3">（印章）</td><td>报告日期</td><td></td></tr>
</table>

（1）抽样方法、抽样数量与抽样部位；

（2）芯样状态的描述；

（3）实测保温层厚度、设计要求厚度；

（4）按照《建筑节能施工质量验收规范》(GB 50411）第14.1.2条的检验目的给出是否符合设计要求的检验结论；

（5）附有带标尺的芯样照片并在照片上注明每个芯样的取样部位；

（6）监理（建设）单位取样见证人的见证意见；

（7）参加现场检验的人员及现场检验时间；

（8）检测发现的其他情况和相关信息。

2.《建筑节能施工质量验收规范》(GB 50411）附录C第C.0.9条给出钻芯检验外墙节能构造的检验报告主要内容，无论是由检测单位还是由施工单位进行检验，均应按照这些内容和报告格式的要求出具报告，并应保存检验原始记录以备查对。

## 第三节　系统节能性能检测

### 一、检测机构与检测要求

1. 被检测主体及时间：采暖、通风与空调、配电与照明工程在工程安装完成后。
2. 实施主体：建设单位。
3. 工作要求：检测机构应具有相应检测资质，检测后出具报告。

### 二、检测主要项目及要求

1. 采暖、通风与空调、配电与照明系统节能性能检测的主要项目及要求见表12-2，其检测方法应按国家现行有关标准规定执行。

**系统节能性能检测主要项目及要求　　表12-2**

| 序号 | 检测项目 | 抽样数量 | 允许偏差或规定值 |
|---|---|---|---|
| 1 | 室内温度 | 居住建筑每户抽测卧室或起居室1间，其他建筑按房间总数抽测10% | 冬季不得低于设计计算温度2℃，且不应高于1℃；<br>夏季不得高于设计计算温度2℃，且不应低于1℃ |
| 2 | 供热系统室外管网的水力平衡度 | 每个热源与换热站均不少于1个独立的供热系统 | 0.9～1.2 |
| 3 | 供热系统的补水率 | 每个热源与换热站均不少于1个独立的供热系统 | 0.5%～1% |
| 4 | 室外管网的热输送效率 | 每个热源与换热站均不少于1个独立的供热系统 | ≥0.92 |
| 5 | 各风口的风量 | 按风管系统数量抽查10%，且不得少于1个系统 | ≤15% |

续表

| 序号 | 检测项目 | 抽样数量 | 允许偏差或规定值 |
|---|---|---|---|
| 6 | 通风与空调系统的总风量 | 按风管系统数量抽查 10%，且不得少于 1 个系统 | ≤10% |
| 7 | 空调机组的水流量 | 按系统数量抽查 10%，且不得少于 1 个系统 | ≤20% |
| 8 | 空调系统冷热水、冷却水总流量 | 全数 | ≤10% |
| 9 | 平均照度与照明功率密度 | 按同一功能区不少于 2 处 | ≤10% |

2. 采暖、通风与空调及冷热源、配电与照明系统节能性能检测的主要项目及要求（表 12-2 中序号为 1～8 的检测项目），也是《建筑节能施工质量验收规范》（GB 50411）第 9～11 章中强制性条文规定的在室内空调与采暖系统及其冷热源和管网工程竣工验收时所必须进行的试运行及调试内容。

## 三、系统节能性能检测的项目和抽样数量

1. 系统节能性能检测的项目和抽样数量也可以在工程合同中约定，必要时可增加其他检测项目，但合同中约定的检测项目和抽样数量不应低于本规范的规定。

2. 所有的检测项目可以在工程合同中约定，必要时可增加其他检测项目。合同约定的检测项目和抽样数量不应低于《建筑节能施工质量验收规范》（GB 50411）规定。

# 第十三章　建筑节能分部工程质量验收

## 第一节　质量验收规定

### 一、质量验收条件

1. 检验批、分项、子分部工程验收全部合格。

2. 围护结构现场实体检验与系统节能性能检测、试运行。包括：

（1）外墙节能构造实体检验；

（2）严寒、寒冷和夏热冬冷地区的外窗气密性现场检测；

（3）系统节能性能检测；

（4）系统联合试运转与调试。

建筑节能工程满足上述要求，各项检验检测结果合格，确认其质量达到验收条件后方可进行工程质量验收工作。

### 二、质量验收划分

1. 建筑节能工程为单位建筑工程的一个分部工程。其分项工程和检验批的划分，应符合下列规定：

（1）建筑节能分项工程应按照表 1-2 划分。

（2）建筑节能工程应按照分项工程进行验收。当建筑节能分项工程的工程量较大时，可以将分项工程划分为若干个检验批进行验收。

（3）当建筑节能工程验收无法按照上述要求划分分项工程或检验批时，可由建设、监理、施工等各方协商进行划分。但验收项目、验收内容、验收标准和验收记录均应遵守本规范的规定。

（4）建筑节能分项工程和检验批的验收应单独填写验收记录，节能验收资料应单独组卷。

2. 为了与已有的《建筑工程施工质量验收统一标准》(GB 50300）和各专业验收规范一致，将建筑节能工程作为单位建筑工程的一个分部工程来进行划分和验收，并规定了其包含的各分项工程划分的原则。

在某些特殊情况下，节能验收的实际内容或情况难以按照以上规定进行划分和验收时，允许采取建设、监理、设计、施工等各方协商一致的划分方式进行节能工程的验收。但验收项目、验收标准和验收记录均应遵守《建筑节能施工质量验收规范》(GB 50411）的规定。

## 第二节　工程验收要求

### 一、验收程序及组织

1. 建筑节能工程验收的程序和组织应遵守《建筑工程施工质量验收统一标准》(GB 50300)的要求，并应符合下列规定：

(1) 节能工程的检验批验收和隐蔽工程验收应由监理工程师主持，施工单位相关专业的质量检查员与施工员参加；

(2) 节能分项工程验收应由监理工程师主持，施工单位项目技术负责人和相关专业的质量检查员、施工员参加；必要时可邀请设计单位相关专业的人员参加；

(3) 节能分部工程验收应由总监理工程师（建设单位项目负责人）主持，施工单位项目经理、项目技术负责人和相关专业的质量检查员、施工员参加；施工单位的质量或技术负责人应参加；设计单位节能设计人员应参加。

2. 建筑节能工程验收程序和组织，实践中应结合《建筑工程施工质量验收统一标准》(GB 50300) 相关规定进行。现将《建筑工程施工质量验收统一标准》(GB 50300) 关于"建筑工程质量验收程序和组织"的规定摘录如下，供参考。

(1) 检验批及分项工程应由监理工程师（建筑单位项目技术负责人）组织施工单位项目专业质量（技术）负责人等进行验收。

(2) 分部工程应由总监理工程师（建设单位项目负责人）组织施工单位项目负责人和技术、质量负责人等进行验收；地基与基础、主体结构分部工程的勘察、设计单位工程项目负责人和施工单位技术、质量部门负责人也应参加相关分部工程验收。

(3) 单位工程完工后，施工单位应自行组织有关人员进行检查评定，并向建设单位提交工程验收报告。

(4) 建设单位收到工程验收报告后，应由建设单位（项目）负责人组织施工（含分包单位)、设计、监理等单位（项目）负责人进行单位（子单位）工程验收。

(5) 单位工程有分包单位施工时，分包单位对所承包的工程项目应按本标准规定的程序检查评定，总包单位应派人参加。分包工程完成后，应将工程有关资料交总包单位。

(6) 当参加验收各方对工程质量验收意见不一致时，可请当地建设行政主管部门或工程质量监督机构协调处理。

(7) 单位工程质量验收合格后，建设单位应在规定时间内将工程竣工验收报告和有关文件，报建设行政管理部门备案。

### 二、工程质量合格规定

1. 建筑节能工程的检验批质量验收合格，应符合下列规定：

(1) 检验批应按主控项目和一般项目验收；

(2) 主控项目应全部合格；

(3) 一般项目应合格；当采用计数检验时，至少应有90%以上的检查点合格，且其余检查点不得有严重缺陷；

（4）应具有完整的施工操作依据和质量验收记录。

2. 建筑节能分项工程质量验收合格，应符合下列规定：

（1）分项工程所含的检验批均应合格；

（2）分项工程所含检验批的质量验收记录应完整。

3. 建筑节能分部工程质量验收合格，应符合下列规定：

（1）分项工程应全部合格；

（2）质量控制资料应完整；

（3）外墙节能构造现场实体检验结果应符合设计要求；

（4）严寒、寒冷和夏热冬冷地区的外窗气密性现场实体检测结果应合格；

（5）建筑设备工程系统节能性能检测结果应合格。

## 第三节　验收资料与记录

### 一、工程验收技术资料

1. 建筑节能工程验收时应对下列资料核查，并纳入竣工技术档案：

（1）设计文件、图纸会审记录、设计变更和洽商；

（2）主要材料、设备和构件的质量证明文件、进场检验记录、进场核查记录、进场复验报告、见证试验报告；

（3）隐蔽工程验收记录和相关图像资料；

（4）分项工程质量验收记录；必要时，应核查检验批验收记录；

（5）建筑围护结构节能构造现场实体检验记录；

（6）严寒、寒冷和夏热冬冷地区外窗气密性现场检测报告；

（7）风管及系统严密性检验记录；

（8）现场组装的组合式空调机组的漏风量测试记录；

（9）设备单机试运转及调试记录；

（10）系统联合试运转及调试记录；

（11）系统节能性能检验报告；

（12）其他对工程质量有影响的重要技术资料。

2. 以上为建筑节能工程验收时应核查的资料内容，并规定这些资料应纳入竣工技术档案。

### 二、节能工程质量资料与记录

1. 建筑节能工程分部、分项工程和检验批的质量验收表如下：

（1）分部工程质量验收表见 13-1；

（2）分项工程质量验收表见 13-2；

（3）检验批质量验收表见 13-3。

建筑节能分部工程质量验收表 表 13-1

<table>
<tr><td>工程名称</td><td></td><td colspan="2">结构类型</td><td colspan="2">层　数</td></tr>
<tr><td>施工单位</td><td></td><td colspan="2">技术部门负责人</td><td colspan="2">质量部门负责人</td></tr>
<tr><td>分包单位</td><td></td><td colspan="2">分包单位负责人</td><td colspan="2">分包技术负责人</td></tr>
<tr><td>序号</td><td colspan="2">分项工程名称</td><td>验收结论</td><td>监理工程师签字</td><td>备　注</td></tr>
<tr><td>1</td><td colspan="2">墙体节能工程</td><td></td><td></td><td></td></tr>
<tr><td>2</td><td colspan="2">幕墙节能工程</td><td></td><td></td><td></td></tr>
<tr><td>3</td><td colspan="2">门窗节能工程</td><td></td><td></td><td></td></tr>
<tr><td>4</td><td colspan="2">屋面节能工程</td><td></td><td></td><td></td></tr>
<tr><td>5</td><td colspan="2">地面节能工程</td><td></td><td></td><td></td></tr>
<tr><td>6</td><td colspan="2">采暖节能工程</td><td></td><td></td><td></td></tr>
<tr><td>7</td><td colspan="2">通风与空调节能工程</td><td></td><td></td><td></td></tr>
<tr><td>8</td><td colspan="2">空调与采暖系统的冷热源及管网节能工程</td><td></td><td></td><td></td></tr>
<tr><td>9</td><td colspan="2">配电与照明节能工程</td><td></td><td></td><td></td></tr>
<tr><td>10</td><td colspan="2">监测与控制节能工程</td><td></td><td></td><td></td></tr>
<tr><td colspan="3">质量控制资料</td><td></td><td></td><td></td></tr>
<tr><td colspan="3">外墙节能构造现场实体检验</td><td></td><td></td><td></td></tr>
<tr><td colspan="3">外窗气密性现场实体检测</td><td></td><td></td><td></td></tr>
<tr><td colspan="3">系统节能性能检测</td><td></td><td></td><td></td></tr>
<tr><td colspan="3">验收结论</td><td></td><td></td><td></td></tr>
<tr><td colspan="3">其他参加验收人员：</td><td></td><td></td><td></td></tr>
<tr><td rowspan="4">验收单位</td><td colspan="2">分包单位：</td><td colspan="3">项目经理：　年　月　日</td></tr>
<tr><td colspan="2">施工单位：</td><td colspan="3">项目经理：　年　月　日</td></tr>
<tr><td colspan="2">设计单位：</td><td colspan="3">项目负责人：　年　月　日</td></tr>
<tr><td colspan="2">监理（建设）单位：</td><td colspan="3">总监理工程师：<br>（建设单位项目负责人）　年　月　日</td></tr>
</table>

**分项工程质量验收汇总表**　　表 13-2

<table>
<tr><td>工程名称</td><td colspan="2"></td><td>检验批数量</td><td colspan="3"></td></tr>
<tr><td>设计单位</td><td colspan="2"></td><td>监理单位</td><td colspan="3"></td></tr>
<tr><td>施工单位</td><td></td><td>项目经理</td><td></td><td>项目技术负责人</td><td colspan="2"></td></tr>
<tr><td>分包单位</td><td></td><td>分包单位负责人</td><td></td><td>分包项目经理</td><td colspan="2"></td></tr>
<tr><td>序号</td><td>检验批部位、区段、系统</td><td colspan="2">施工单位检查评定结果</td><td colspan="3">监理（建设）单位验收结论</td></tr>
<tr><td>1</td><td></td><td colspan="2"></td><td colspan="3"></td></tr>
<tr><td>2</td><td></td><td colspan="2"></td><td colspan="3"></td></tr>
<tr><td>3</td><td></td><td colspan="2"></td><td colspan="3"></td></tr>
<tr><td>4</td><td></td><td colspan="2"></td><td colspan="3"></td></tr>
<tr><td>5</td><td></td><td colspan="2"></td><td colspan="3"></td></tr>
<tr><td>6</td><td></td><td colspan="2"></td><td colspan="3"></td></tr>
<tr><td>7</td><td></td><td colspan="2"></td><td colspan="3"></td></tr>
<tr><td>8</td><td></td><td colspan="2"></td><td colspan="3"></td></tr>
<tr><td>9</td><td></td><td colspan="2"></td><td colspan="3"></td></tr>
<tr><td>10</td><td></td><td colspan="2"></td><td colspan="3"></td></tr>
<tr><td>11</td><td></td><td colspan="2"></td><td colspan="3"></td></tr>
<tr><td>12</td><td></td><td colspan="2"></td><td colspan="3"></td></tr>
<tr><td>13</td><td></td><td colspan="2"></td><td colspan="3"></td></tr>
<tr><td>14</td><td></td><td colspan="2"></td><td colspan="3"></td></tr>
<tr><td>15</td><td></td><td colspan="2"></td><td colspan="3"></td></tr>
<tr><td colspan="4">施工单位检查结论：<br><br>项目专业质量（技术）负责人<br>年　月　日</td><td colspan="3">验收结论：<br><br>监理工程师：<br>（建设单位项目专业技术负责人）<br>年　月　日</td></tr>
</table>

**检验批/分项工程质量验收表** 编号： **表 13-3**

| 工程名称 | | 分项工程名称 | | 验收部位 | |
|---|---|---|---|---|---|
| 施工单位 | | 专业工长 | | 项目经理 | |
| 施工执行标准名称及编号 | | | | | |
| 分包单位 | | 分包项目经理 | | 施工班组长 | |
| 验收规范规定 | | | | 施工单位检查评定记录 | 监理（建设）单位验收记录 |
| 主控项目 | 1 | | 第 条 | | |
| | 2 | | 第 条 | | |
| | 3 | | 第 条 | | |
| | 4 | | 第 条 | | |
| | 5 | | 第 条 | | |
| | 6 | | 第 条 | | |
| | 7 | | 第 条 | | |
| | 8 | | 第 条 | | |
| | 9 | | 第 条 | | |
| | 10 | | 第 条 | | |
| 一般项目 | 1 | | 第 条 | | |
| | 2 | | 第 条 | | |
| | 3 | | 第 条 | | |
| | 4 | | 第 条 | | |
| 施工单位检查评定结果 | 项目专业质量检查员：<br>（项目技术负责人） 年 月 日 | | | | |
| 监理（建设）单位验收结论 | 监理工程师：<br>（建设单位项目专业技术负责人） 年 月 日 | | | | |

2. 表格应用说明：

（1）建筑节能工程分部、子分部、分项工程和检验批的质量验收记录格式。系参照其他验收规范的规定并结合节能工程的特点制定。

（2）当节能工程按分项工程直接验收时，表 13-2 可以省略，不必填写。此时使用表 13-3 即可。

# 附　　录

## 附录一　民用建筑节能管理规定

中华人民共和国建设部令第143号

第一条　为了加强民用建筑节能管理，提高能源利用效率，改善室内热环境质量，根据《中华人民共和国节约能源法》、《中华人民共和国建筑法》、《建设工程质量管理条例》，制定本规定。

第二条　本规定所称民用建筑，是指居住建筑和公共建筑。

本规定所称民用建筑节能，是指民用建筑在规划、设计、建造和使用过程中，通过采用新型墙体材料，执行建筑节能标准，加强建筑物用能设备的运行管理，合理设计建筑围护结构的热工性能，提高采暖、制冷、照明、通风、给排水和通道系统的运行效率，以及利用可再生能源，在保证建筑物使用功能和室内热环境质量的前提下，降低建筑能源消耗，合理、有效地利用能源的活动。

第三条　国务院建设行政主管部门负责全国民用建筑节能的监督管理工作。

县级以上地方人民政府建设行政主管部门负责本行政区域内民用建筑节能的监督管理工作。

第四条　国务院建设行政主管部门根据国家节能规划，制定国家建筑节能专项规划；省、自治区、直辖市以及设区城市人民政府建设行政主管部门应当根据本地节能规划，制定本地建筑节能专项规划，并组织实施。

第五条　编制城乡规划应当充分考虑能源、资源的综合利用和节约，对城镇布局、功能区设置、建筑特征，基础设施配置的影响进行研究论证。

第六条　国务院建设行政主管部门根据建筑节能发展状况和技术先进、经济合理的原则，组织制定建筑节能相关标准，建立和完善建筑节能标准体系；省、自治区、直辖市人民政府建设行政主管部门应当严格执行国家民用建筑节能有关规定，可以制定严于国家民用建筑节能标准的地方标准或者实施细则。

第七条　鼓励民用建筑节能的科学研究和技术开发，推广应用节能型的建筑、结构、材料、用能设备和附属设施及相应的施工工艺、应用技术和管理技术，促进可再生能源的开发利用。

第八条　鼓励发展下列建筑节能技术和产品：

（一）新型节能墙体和屋面的保温、隔热技术与材料；

（二）节能门窗的保温隔热和密闭技术；

（三）集中供热和热、电、冷联产联供技术；

（四）供热采暖系统温度调控和分户热量计量技术与装置；

（五）太阳能、地热等可再生能源应用技术及设备；

（六）建筑照明节能技术与产品；

（七）空调制冷节能技术与产品；

（八）其他技术成熟、效果显著的节能技术和节能管理技术。

鼓励推广应用和淘汰的建筑节能部品及技术的目录，由国务院建设行政主管部门制定；省、自治区、直辖市建设行政主管部门可以结合该目录，制定适合本区域的鼓励推广应用和淘汰的建筑节能部品及技术的目录。

第九条　国家鼓励多元化、多渠道投资既有建筑的节能改造，投资人可以按照协议分享节能改造的收益；鼓励研究制定本地区既有建筑节能改造资金筹措办法和相关激励政策。

第十条　建筑工程施工过程中，县级以上地方人民政府建设行政主管部门应当加强对建筑物的围护结构（含墙体、屋面、门窗、玻璃幕墙等）、供热采暖和制冷系统、照明和通风等电器设备是否符合节能要求的监督检查。

第十一条　新建民用建筑应当严格执行建筑节能标准要求，民用建筑工程扩建和改建时，应当对原建筑进行节能改造。

既有建筑节能改造应当考虑建筑物的寿命周期，对改造的必要性、可行性以及投入收益比进行科学论证。节能改造要符合建筑节能标准要求，确保结构安全，优化建筑物使用功能。

寒冷地区和严寒地区既有建筑节能改造应当与供热系统节能改造同步进行。

第十二条　采用集中采暖制冷方式的新建民用建筑应当安设建筑物室内温度控制和用能计量设施，逐步实行基本冷热价和计量冷热价共同构成的两部制用能价格制度。

第十三条　供热单位、公共建筑所有权人或者其委托的物业管理单位应当制定相应的节能建筑运行管理制度，明确节能建筑运行状态各项性能指标、节能工作诸环节的岗位目标责任等事项。

第十四条　公共建筑的所有权人或者委托的物业管理单位应当建立用能档案，在供热或者制冷间歇期委托相关检测机构对用能设备和系统的性能进行综合检测评价，定期进行维护、维修、保养及更新置换，保证设备和系统的正常运行。

第十五条　供热单位、房屋产权单位或者其委托的物业管理等有关单位，应当记录并按有关规定上报能源消耗资料。

鼓励新建民用建筑和既有建筑实施建筑能效测评。

第十六条　从事建筑节能及相关管理活动的单位，应当对其从业人员进行建筑节能标准与技术等专业知识的培训。

建筑节能标准和节能技术应当作为注册城市规划师、注册建筑师、勘察设计注册工程师、注册监理工程师、注册建造师等继续教育的必修内容。

第十七条　建设单位应当按照建筑节能政策要求和建筑节能标准委托工程项目的设计。

建设单位不得以任何理由要求设计单位、施工单位擅自修改经审查合格的节能设计文件，降低建筑节能标准。

第十八条 房地产开发企业应当将所售商品住房的节能措施、围护结构保温隔热性能指标等基本信息在销售现场显著位置予以公示，并在《住宅使用说明书》中予以载明。

第十九条 设计单位应当依据建筑节能标准的要求进行设计，保证建筑节能设计质量。

施工图设计文件审查机构在进行审查时，应当审查节能设计的内容，在审查报告中单列节能审查章节；不符合建筑节能强制性标准的，施工图设计文件审查结论应当定为不合格。

第二十条 施工单位应当按照审查合格的设计文件和建筑节能施工标准的要求进行施工，保证工程施工质量。

第二十一条 监理单位应当依照法律、法规以及建筑节能标准、节能设计文件、建设工程承包合同及监理合同对节能工程建设实施监理。

第二十二条 对超过能源消耗指标的供热单位、公共建筑的所有权人或者其委托的物业管理单位，责令限期达标。

第二十三条 对擅自改变建筑围护结构节能措施，并影响公共利益和他人合法权益的，责令责任人及时予以修复，并承担相应的费用。

第二十四条 建设单位在竣工验收过程中，有违反建筑节能强制性标准行为的，按照《建设工程质量管理条例》的有关规定，重新组织竣工验收。

第二十五条 建设单位未按照建筑节能强制性标准委托设计，擅自修改节能设计文件，明示或暗示设计单位、施工单位违反建筑节能设计强制性标准，降低工程建设质量的，处20万元以上50万元以下的罚款。

第二十六条 设计单位未按照建筑节能强制性标准进行设计的，应当修改设计。未进行修改的，给予警告，处10万元以上30万元以下罚款；造成损失的，依法承担赔偿责任；两年内，累计三项工程未按照建筑节能强制性标准设计的，责令停业整顿，降低资质等级或者吊销资质证书。

第二十七条 对未按照节能设计进行施工的施工单位，责令改正；整改所发生的工程费用，由施工单位负责；可以给予警告，情节严重的，处工程合同价款2%以上4%以下的罚款；两年内，累计三项工程未按照符合节能标准要求的设计进行施工的，责令停业整顿，降低资质等级或者吊销资质证书。

第二十八条 本规定的责令停业整顿、降低资质等级和吊销资质证书的行政处罚，由颁发资质证书的机关决定；其他行政处罚，由建设行政主管部门依照法定职权决定。

第二十九条 农民自建低层住宅不适用本规定。

第三十条 本规定自2006年1月1日起施行。原《民用建筑节能管理规定》(建设部令第76号) 同时废止。

# 附录二 民用建筑工程节能质量监督管理办法

建质［2006］192号

第一条 为了加强民用建筑工程节能质量的监督管理，保证民用建筑工程符合建筑节能标准，根据《建设工程质量管理条例》、《建设工程勘察设计管理条例》、《实施工程建设强制性标准监督规定》、《民用建筑节能管理规定》、《房屋建筑和市政基础设施工程施工图设计文件审查管理办法》、《建设工程质量检测管理办法》等有关法规规章，制定本办法。

第二条 凡在中华人民共和国境内从事民用建筑工程的新建、改建、扩建等有关活动及对民用建筑工程质量实施监督管理的，必须遵守本办法。

本办法所称民用建筑，是指居住建筑和公共建筑。

第三条 建设单位、设计单位、施工单位、监理单位、施工图审查机构、工程质量检测机构等单位，应当遵守国家有关建筑节能的法律法规和技术标准，履行合同约定义务，并依法对民用建筑工程节能质量负责。

各地建设主管部门及其委托的工程质量监督机构依法实施建筑节能质量监督管理。

第四条 建设单位应当履行以下质量责任和义务：

1. 组织设计方案评选时，应当将建筑节能要求作为重要内容之一。

2. 不得擅自修改设计文件。当建筑设计修改涉及建筑节能强制性标准时，必须将修改后的设计文件送原施工图审查机构重新审查。

3. 不得明示或者暗示设计单位、施工单位降低建筑节能标准。

4. 不得明示或者暗示施工单位使用不符合建筑节能性能要求的墙体材料、保温材料、门窗部品、采暖空调系统、照明设备等。按照合同约定由建设单位采购的有关建筑材料和设备，建设单位应当保证其符合建筑节能指标。

5. 不得明示或者暗示检测机构出具虚假检测报告，不得篡改或者伪造检测报告。

6. 在组织建筑工程竣工验收时，应当同时验收建筑节能实施情况，在工程竣工验收报告中，应当注明建筑节能的实施内容。

大型公共建筑工程竣工验收时，对采暖空调、通风、电气等系统，应当进行调试。

第五条 设计单位应当履行以下质量责任和义务：

1. 建立健全质量保证体系，严格执行建筑节能标准。

2. 民用建筑工程设计要按功能要求合理组合空间造型，充分考虑建筑体形、围护结构对建筑节能的影响，合理确定冷源、热源的形式和设备性能，选用成熟、可靠、先进、适用的节能技术、材料和产品。

3. 初步设计文件应设建筑节能设计专篇，施工图设计文件须包括建筑节能热工计算书，大型公共建筑工程方案设计须同时报送有关建筑节能专题报告，明确建筑节能措施及目标等内容。

第六条 施工图审查机构应当履行以下质量责任和义务：

1. 严格按照建筑节能强制性标准对送审的施工图设计文件进行审查，对不符合建筑节能强制性标准的施工图设计文件，不得出具审查合格书。

2. 向建设主管部门报送的施工图设计文件审查备案材料中应包括建筑节能强制性标准的执行情况。

3. 审查机构应将审查过程中发现的设计单位和注册人员违反建筑节能强制性标准的情况，及时上报当地建设主管部门。

第七条 施工单位应当履行以下质量责任和义务：

1. 严格按照审查合格的设计文件和建筑节能标准的要求进行施工，不得擅自修改设计文件。

2. 对进入施工现场的墙体材料、保温材料、门窗部品等进行检验。对采暖空调系统、照明设备等进行检验，保证产品说明书和产品标识上注明的性能指标符合建筑节能要求。

3. 应当编制建筑节能专项施工技术方案，并由施工单位专业技术人员及监理单位专业监理工程师进行审核，审核合格，由施工单位技术负责人及监理单位总监理工程师签字。

4. 应当加强施工过程质量控制，特别应当加强对易产生热桥和热工缺陷等重要部位的质量控制，保证符合设计要求和有关节能标准规定。

5. 对大型公共建筑工程采暖空调、通风、电气等系统的调试，应当符合设计等要求。

6. 保温工程等在保修范围和保修期限内发生质量问题的，施工单位应当履行保修义务，并对造成的损失承担赔偿责任。

第八条 监理单位应当履行以下质量责任和义务：

1. 严格按照审查合格的设计文件和建筑节能标准的要求实施监理，针对工程的特点制定符合建筑节能要求的监理规划及监理实施细则。

2. 总监理工程师应当对建筑节能专项施工技术方案审查并签字认可。专业监理工程师应当对工程使用的墙体材料、保温材料、门窗部品、采暖空调系统、照明设备，以及涉及建筑节能功能的重要部位施工质量检查验收并签字认可。

3. 对易产生热桥和热工缺陷部位的施工，以及墙体、屋面等保温工程隐蔽前的施工，专业监理工程师应当采取旁站形式实施监理。

4. 应当在《工程质量评估报告》中明确建筑节能标准的实施情况。

第九条 工程质量检测机构应当将检测过程中发现建设单位、监理单位、施工单位违反建筑节能强制性标准的情况，及时上报当地建设主管部门或者工程质量监督机构。

第十条 建设主管部门及其委托的工程质量监督机构应当加强对施工过程建筑节能标准执行情况的监督检查，发现未按施工图设计文件进行施工和违反建筑节能标准的，应当责令改正。

第十一条 建设、勘察、设计、施工、监理单位，以及施工图审查和工程质量检测机构违反建筑节能有关法律法规的，建设主管部门依法给予处罚。

第十二条 达不到节能要求的工程项目，不得参加各类评奖活动。

# 附录三 民用建筑节能工程质量监督工作导则

建质［2008］19号

## 1 总 则

1.0.1 为加强建筑节能工程质量监督管理工作，规范质量监督行为，依据《建设工程质量管理条例》、《民用建筑节能管理规定》（建设部令第143号）、《工程质量监督工作导则》和《民用建筑工程节能质量监督管理办法》，制定本工作导则。

1.0.2 本工作导则适用于新建、改建、扩建民用建筑节能工程的质量监督工作。本导则所称民用建筑是指居住建筑和公共建筑。

1.0.3 质量监督机构应采取抽查建筑节能工程的实体质量和相关工程质量控制资料的方法，督促各方责任主体履行质量责任，确保工程质量。

重点是监督检查、抽查建筑节能工程有关措施及落实情况，质量控制资料及相关产品的节能要求指标，加强事前控制，把检查各责任主体的节能工作行为放在首位。

1.0.4 民用建筑节能工程质量监督除应执行本工作导则的规定外，还应符合国家有关法律、法规和工程技术标准等规定。

1.0.5 质量监督机构应根据本地区民用建筑节能工程情况制定监督工作方案。

## 2 施工前期准备阶段的监督抽查内容

2.0.1 建筑节能工程施工图设计文件审查情况。

2.0.2 建筑节能工程施工图设计文件审查备案情况。

2.0.3 涉及建筑节能效果的设计变更重新报审和建设、监理单位确认情况。

2.0.4 建筑节能工程施工专项方案及建筑节能监理规划和实施细则编制、审批情况。

2.0.5 建筑节能专业施工人员岗前培训及技术交底情况。

2.0.6 建设、设计、施工（含分包）、监理等各方责任主体单位对建筑节能示范样板的确认情况。

## 3 施工过程的监督抽查内容

3.1 材料、构配件和设备质量

3.1.1 主要材料、构配件和设备的规格、型号、性能与设计文件要求是否相符。

3.1.2 主要材料、构配件和设备的合格证、中文说明书、型式检验报告、定型产品和成套技术应用型式检验报告、进场验收记录、见证取样送检复试报告的核查情况。

3.1.3 监理工程师对材料、构配件和设备的进场验收签认情况。

3.1.4 监督机构对建筑节能材料质量产生质疑时，监督机构应对建筑节能材料按一定比例委托具有相应资质的检测单位进行检测。

3.2 墙体节能工程

3.2.1 基层表面空鼓、开裂、松动、风化及平整度及妨碍粘结的附着物的处理。

3.2.2 保温层施工应结合不同工程做法根据规范规定，由各地制定监督抽查内容，重点对保温、牢固、开裂、渗漏、耐久性、防火等性能进行抽查。

3.2.3 雨水管卡具、女儿墙、分隔缝、变形缝、挑梁、连梁、壁柱、空调板、空调管洞、门窗洞口等易产生热桥部位保温措施。

3.2.4 施工产生的墙体缺陷（如穿墙套管、脚手眼、孔洞等）处理。

3.2.5 不同材料基体交接处、容易碰撞的阳角及门窗洞口转角处等特殊部位的保温层防止开裂和破损的加强措施。

3.2.6 隔汽层构造处理、穿透隔汽层处密封措施、隔汽层冷凝水排水构造处理。

3.3 非采暖公共间节能工程

3.3.1 非采暖公共间（如普通住宅楼梯间、高层住宅疏散楼梯间、电梯前室、公共通道、公共大堂大厅、地下室等）按图施工情况。

3.4 幕墙节能工程

3.4.1 幕墙工程热桥部位的隔断热桥措施。

3.4.2 幕墙与周边墙体间的缝隙处理。

3.4.3 建筑伸缩缝、沉降缝、抗震缝等变形缝的保温密封处理。

3.4.4 遮阳设施的安装。

3.5 门窗节能工程

3.5.1 外门窗框或副框与洞口、外门窗框与副框之间的间隙处理。

3.5.2 金属外门窗隔断热桥措施及金属副框隔断热桥措施。

3.5.3 严寒、寒冷、夏热冬冷地区建筑外窗气密性现场实体检验情况。

3.5.4 严寒、寒冷地区的外门安装及特种门安装的节能措施。

3.5.5 外门窗遮阳设施的安装。

3.5.6 天窗安装位置、坡度、密封节能措施。

3.5.7 门窗扇密封条的安装、镶嵌、接头处理。

3.5.8 门窗镀（贴）膜玻璃的安装方向及中空玻璃均压管密封及中空玻璃露点复检情况。

3.6 屋面节能工程

3.6.1 屋面保温、隔热层铺设质量、厚度控制。

3.6.2 屋面保温、隔热层的平整度、坡向、细部及屋面热桥部位的保温隔热措施。

3.6.3 屋面隔汽层位置、铺设方式及密封措施。

3.7 地面节能工程

3.7.1 基层处理的质量。

3.7.2 地面保温层、隔离层、防潮层、保护层等各层的设置和构造做法以及保温层的厚度。

3.7.3 地面节能工程的保温板与基层之间、各构造层的粘结及缝隙处理。

3.7.4 穿越地面直接接触室外空气的各种金属管道的隔断热桥保温措施。

3.7.5 严寒、寒冷地区的建筑首层直接与土壤接触的地面、采暖地下室与土壤接触的外墙、毗邻不采暖空间的地面及底面直接接触室外空气的地面等隔断热桥保温措施。

3.8 采暖节能工程

3.8.1 采暖系统安装应抽查以下内容：

1 采暖系统的制式及安装；

2 散热设备、阀门与过滤器、温度计及仪表安装；

3 系统各分支管路水力平衡装置安装及调试的情况；

4 分室（区）热量计量设施安装和调试的情况；

5 散热器恒温阀的安装。

3.8.2 采暖系统热力入口装置的安装应抽查以下内容：

1 热力入口装置的选型；

2 热计量装置的安装和调试的情况；

3 水力平衡装置的安装及调试的情况；

4 过滤器、压力表、温度计及各种阀门的安装。

3.8.3 采暖管道的保温层、防水层施工。

3.8.4 采暖系统安装完成后的系统试运转和调试。

3.9 通风与空调节能工程

3.9.1　通风与空调节能工程中的送、排风系统、空调风系统、空调水系统的安装应抽查以下内容：

1　各系统的制式及其安装；

2　各种设备、自控阀门与仪表安装；

3　水系统各分支管路水力平衡装置安装及调试的情况；

4　空调系统分栋、分户、分室（区）冷、热计量设备安装。

3.9.2　风管的制作与安装应抽查以下内容：

1　风管严密性及风管系统的严密性检测；

2　风管与部件、风管与土建风道及风管间的连接；

3　需要绝热的风管与金属支架的接触处、复合风管及需要绝热的非金属风管的连接和加固等处的冷桥处理。

3.9.3　各种空调机组的安装、与风管连接的情况及现场组装的组合式空调机组各功能段之间连接检测。

3.9.4　风机盘管机组的选型及安装和调试的情况。

3.9.5　空调与通风系统中风机的选型及安装。

3.9.6　带热回收功能的双向换气装置和集中排风系统中的排风热回收装置选型及安装。

3.9.7　空调机组回水管上的电动两通调节阀、风机盘管机组回水管上的电动两通（调节）阀、空调冷热水系统中的水力平衡装置、冷（热）量计量装置等自控阀门与仪表的选型及安装。

3.9.8　风管和空调水系统管道隔热层、防潮层选材。

3.9.9　空调水系统的冷热水管道及配件与支、吊架之间绝热衬垫安装和冷桥隔断的措施。

3.9.10　通风与空调系统安装完毕后的通风机和空调机组等设备的单机试运转和调试及通风空调系统无生产负荷下的联合试运转和调试检测。

3.10　空调与采暖系统冷热源及管网节能工程

3.10.1　空调与采暖系统冷热源设备和辅助设备及其管网系统的安装。

3.10.2　空调冷热源水系统管道及配件绝热层和防潮层的施工情况。

3.10.3　空调与采暖系统冷热源和辅助设备及其管道和管网系统安装完毕后的系统试运转及调试情况。

3.11　配电与照明节能工程

3.11.1　锅炉房动力用电、冷却塔水泵用电和照明用电计量设备安装。

3.11.2　住宅公共部分和公共建筑的照明的高效光源、高效灯具和节能控制装置安装。

3.11.3　水泵、风机等设备的节能装置安装。

3.11.4　低压配电系统及照明系统检测。

3.12　监测与控制节能工程

3.12.1　监测与自动控制系统的安装、调试和联动情况。

3.12.2　监测和自动控制系统与空调、采暖、配电和照明等系统联动运行、监测情况。

3.13　施工过程中的检测和试验

3.13.1　施工过程中是否按相关规范规定进行了各项测试、试验。

3.13.2　测试、试验的批次、数量是否符合要求。

3.13.3　测试、试验的结果是否满足设计要求。

## 4　质量问题的处理

4.0.1　监督检查发现违反规范规程的一般问题，应当下达《责令整改通知书》，并督促责任单位落实整改。

4.0.2　监督检查时发现违反规范规程中“强制性条文”的、没有进行施工图设计文件审查的、不按审查合格的设计文件施工的、没有进行建筑节能专项备案的、建筑节能设计变更未进行复审和备案的、没有建筑节能专项施工方案的、没有做建筑节能工程施工示范样板的，应当下达《责令暂停施工通知书》，经整改复查合格后，方可复工。

4.0.3　对在监督检查中发现的严重质量违规行为，监督机构应报告建设行政主管部门，由建设行政主管部门按有关法律、法规进行查处。

## 5　建筑节能工程竣工分部质量验收的监督

5.0.1　建筑节能工程验收应满足以下条件：

1　施工单位出具的建筑节能工程分部质量验收报告，建筑围护结构的外墙节能构造实体检验，严寒、寒冷和夏热冬冷地区的外窗气密性现场实体检测，采暖、通风与空调、照明系统检测资料等合格证明文件，以及施工过程中发现的质量问题整改报告等；

2　检查建筑节能分部工程重点部位隐蔽验收记录和相关图像资料；

3　检查相关节能分部工程检验批、分项工程、子分部工程验收合格标准及合格依据，以及检验批和分项工程的划分；

4　设计单位出具的建筑节能工程质量检查报告；

5　监理单位出具的建筑节能工程质量评估报告。

5.0.2　监督机构应对验收组成员组成及节能验收程序进行监督。

5.0.3　监督机构应对节能工程实体质量进行抽测、对观感质量进行检查。

5.0.4　节能工程竣工验收监督的记录应包括下列内容：

1　对节能工程建设强制性标准执行情况的评价；

2　对节能工程观感质量检查验收的评价；

3　对节能工程验收的组织及程序的评价；

4　对节能工程验收报告的评价。

## 6　工程质量监督报告的内容

6.0.1　节能工程概况。

6.0.2　对建筑节能施工过程中责任主体和有关机构质量行为及执行工程建设强制性标准的检查情况，包括图纸是否经过审图机构审查和到节能管理部门备案、节能材料进场是否经过复试、节能工程是否有专项施工方案、是否有施工示范样板、是否有节能专项验收等。

6.0.3　建筑节能工程实体质量监督抽查（包括监督检测）情况，监督机构对涉及建筑节能系统安全、使用功能、关键部位的实体质量或材料进行监督抽测、检测记录。

6.0.4　建筑节能工程质量技术档案和施工管理资料抽查情况。

6.0.5 建筑节能工程质量问题的整改和质量事故处理情况。

6.0.6 建筑节能施工过程中各方质量责任主体及相关有资格人员的不良记录内容。

6.0.7 建筑节能分部工程质量验收监督记录及监督评价和建议。

## 7 建筑节能工程质量监督档案

7.0.1 建筑节能工程质量监督档案是单位工程质量监督档案的组成部分。

7.0.2 建筑节能工程质量监督档案应包括以下主要内容：

1 建筑节能工程项目监督工作方案；

2 建筑节能工程施工过程监督抽查（包括监督检测）记录；

3 建筑节能工程质量分部验收监督记录；

4 节能分部施工中发生质量问题的整改和质量事故处理的有关资料；

5 建筑节能工程监督过程中所形成的照片（含底片）、音像资料。

# 参考文献


1. 中华人民共和国建设部、中华人民共和国国家质量监督检验检疫总局．建筑节能工程施工质量验收规范（GB 50411）．北京：中国建筑工业出版社，2007
2. 中华人民共和国建设部．外墙外保温工程技术规范（JGJ 144）．北京：中国建筑工业出版社，2005
3. 中华人民共和国建设部、中华人民共和国国家质量监督检验检疫总局．硬泡聚氨酯保温防水工程技术规范（GB 50414）．北京：中国计划出版社，2007
4. 建设部标准定额研究所．建筑外墙外保温技术导则．北京：中国建筑工业出版社，2005
5. 中国建筑科学研究院．民用建筑节能设计标准（JGJ 26）．北京：中国建筑工业出版社，1996
6. 中华人民共和国建设部．夏热冬暖地区居住建筑节能设计标准（JGJ 75）．北京：中国建筑工业出版社，2003
7. 中华人民共和国建设部．玻璃幕墙工程质量检验标准（JGJ/139）．北京：中国建筑工业出版社，2001
8. 中华人民共和国国家质量监督检验检疫总局、中华人民共和国建设部．地下工程防水技术规范（GB 50108）．北京：中国计划出版社，2001
9. 中华人民共和国建设部、中华人民共和国国家质量监督检验检疫总局．公共建筑节能设计标准（GB 50189）．北京：中国建筑工业出版社，2005
10. 国家技术监督局、中华人民共和国建设部．民用建筑热工设计规范（GB 50176）．北京：中国计划出版社，1993
11. 中华人民共和国建设部．多孔砖砌体结构技术规范（JGJ 137、2002 年版）．北京：中国建筑工业出版社，2001
12. 中华人民共和国建设部．玻璃幕墙工程技术规范（JGJ 102）．北京：中国建筑工业出版社，2003
13. 中国建筑科学研究院．金属与石材幕墙工程技术规范（JGJ 133）．北京：中国建筑工业出版社，2001
14. 同济大学、汕头经济特区金刚玻璃幕墙有限公司．点支式玻璃幕墙工程技术规程．北京：中国建筑工业出版社，2001
15. 中华人民共和国建设部．地面辐射供暖技术规程（JGJ 142）．北京：中国建筑工业出版社，2004
16. 国家技术监督局、中华人民共和国建设部．建筑地面设计规范（GB 50037）．北京：中国计划出版社，1996
17. 中华人民共和国建设部、国家质量监督检验检疫总局．屋面工程质量验收规范（GB 50207）．北京：中国建筑工业出版社，2002
18. 中华人民共和国建设部、中华人民共和国国家质量监督检验检疫总局．空调通风系统运行管理规范（GB 50365）．北京：中国建筑工业出版社，2005
19. 中华人民共和国建设部、国家质量监督检验检疫总局．建筑照明设计标准（GB 50034）．北京：中国建筑工业出版社，2004
20. 中华人民共和国建设部、国家质量监督检验检疫总局．智能建筑工程质量验收规范（GB 50339）．北京：中国建筑工业出版社，2003
21. 无锡市建筑工程局．建筑安装工程施工技术操作规程（DB 32/TPCJGJ 018）．南京：东南大学出版社，1992
22. 北京市建筑材料管理办公室、北京土木建筑学会、北京市建设物资协会建筑节能专业委员会．建筑节

能工程施工技术. 北京：中国建筑工业出版社，2007
23. 韩喜林. 新型建筑绝热保温材料应用、设计、施工. 北京：中国建材工业出版社，2005
24.《建筑工程节能施工手册》编委会. 建筑工程节能施工手册. 北京：中国计划出版社，2007
25. 北京土木建筑学会、越键. 建筑节能工程设计手册. 北京：经济科学出版社，2005
26. 北京土木建筑学会. 建筑节能工程施工手册. 北京：经济科学出版社，2005
27. 阎玉珍、顾宇. 建筑玻璃幕墙玻璃屋面材料与施工. 北京：中国建材工业出版社，2007
28. 马思远、章子和. 建筑建材节能法律法规文件汇编. 北京：中国建材工业出版社，2007
29.《建筑节能工程施工质量验收规范》编制组.《建筑节能工程施工质量验收规范》宣贯辅导教材. 北京：中国建筑工业出版社，2007
30. 王朝熙. 建筑装饰装修施工工艺标准手册. 北京：中国建筑工业出版社，2004
31.《建筑节能工程施工与质量验收》编委会. 建筑节能工程施工与质量验收. 北京：中国建材工业出版社，2007
32. 童英姿、王丽方. 天窗设计艺术与技术. 北京：中国建筑工业出版社，2007
33.《建筑工程节能设计手册》编委会. 建筑工程节能设计手册. 北京：中国计划出版社，2007
34. 上海市建筑业联合会、工程建设监督委员会. 建筑工程质量控制与验收——新版验收规范实施指南. 北京：中国建筑工业出版社，2002
35. 冯秋良. 安装工程质量达标实施指南. 北京：中国计划出版社，2005
36. 杨惠忠. 建筑节能技术集成及工程应用. 北京：中国电力出版社，2008
37. 朱维益. 建筑安装工程质量达标实施手册. 北京：机械工业出版社，2001
38. 北京土木建筑学会、北京科智成市政设计咨询有限公司. 新农村建设建筑节能技术. 北京：中国电力出版社，2008
39. 徐吉浣、寿炜炜. 公共建筑节能设计指南. 上海：同济大学出版社，2007
40. 李文苑. 现代建筑门窗与施工. 北京：中国建材工业出版社，2005